함께 즐기는 휴머노이드 로봇

로보티즈 OP편

김종욱 지음

홍릉과학출판사

머리말

휴머노이드 로봇은 인간의 신체 구조를 모방해서 상체와 하체로 구성 된 로봇 플랫폼을 일컫는데, 인간이 하는 모든 일들을 함께 또는 대신 하기 위해 전세계적으로 활발히 연구 개발되고 있습니다. 2011년 3월에 발생한 후쿠시마 원전사고 이전에는 휴머노이드 로봇이 가정이나 회사에서 사람을 안내하거나, 물건을 들어주거나, 노인에게 시간에 맞춰 약을 가져다주는 등의 생활지원형 지능 서비스에 초점이 맞춰졌다면, 그 이후에는 사람을 대신해서 위험한 작업을 수행하거나 재난 현장에서 사람을 구호하는 특수 상황형 서비스도 할 수 있도록 개선되고 있습니다.

2000년에 일본의 아시모, 2004년에 한국의 휴보가 대중에게 공개되고, 2015년 6월에 미국에서 DRC 결선이 치러짐으로써 두 다리르 서서 걷고, 문을 열고, 손으로 작업을 하며, 계단을 오르내리고, 인간과 대화하는 휴머노이드 로봇은 더 이상 공상과학 영화에서만 존재하는 것이 아니라 이제 우리의 현실 속으로 성큼성큼 한 발자국씩 다가오고 있다고 할 수 있습니다.

인간이 할 수 있는 모든 행동을 구현하고, 나아가 인간의 지성과 감성까지 갖춤으로써 진정한 소통을 하는 것을 목표로 하는 휴머노이드 로봇의 적용 영역은 무궁무진하지만, 고가의 로봇 부품들(각종 센서, 액추에이터, 임베디드 시스템)과, 다양하고 복잡한 신호 처리 및 모션 생성 기술의 어려움, 인간에 비해 현저히 낮은 상황 판단력과 지능 등의 이유로 휴머노이드 로봇 관련 기술은 다른 분야에 비해 상대적으로 더디게 발전하고 있습니다. 이를 해결하기 위해서는 지속적인 연구개발과 함께 휴머노이드 로봇에 관해 이론과 실무 능력을 고루 갖춘 전문 인력 양성이 시급하다고 할 수 있다.

아쉽게도, 20~40개의 모터로 구성된 복잡한 구조를 가지고 있는 휴머노이드 로봇에 대해 기구학과 동역학 이론을 바탕으로 체계적으로 설명되어 있으며, 로봇 실무 기술을 위해 예제 코드도 수록되어 있는 휴머노이드 로봇 전문서적은 세계적으로도 찾아보기가 어려운 상황입니다. 저자는 이에 대한 필요성을 느껴 2012년 8월에 ㈜로보티즈 사의 바이올로이드(BIOLOID)를 대상으로 로봇 공학의 이론과 실무, 그리고 모션 생성 예제를 수록한 책을 출판했습니다. 그리고 약 3년이 지난 지금 바이올로이드보다 하드웨어와 소프트웨어 면에서 크게 업그레이드 된 로보티즈 사의 ROBOTIS-OP(이전 이름은 DARwIn-OP)를 대상으로 이론적 내용과 예제를 대폭 보강한 전문교재를 출판하게 되었습니다.

이 책은 전 세계적으로 가장 많이 사용되고 있는 공학용 시뮬레이션 소프트웨어인 MATLAB을 다룰 줄 아는 공과대학 학부생, 대학원생, 공학자들이 휴머노이드 로봇에 관한 기초적 이론을 터득하고, 각종 모션과 다양한 패턴의 이족보행 등을 MATLAB으로 시뮬레이션한 후, 이를 C++ 프로그래밍 코드로 작성해서 Windows나 Linux OS 기반으로 실행되는 ROBOTIS-OP에 적용하는 것을 소스 코드와 함께 상세히 다뤘습니다. 이는 휴머노이드로봇 공학의 이론부터 기본적인 실무까지 체계적으로 다룸으로써 독자가 이 책을 통해 휴머노이드 로봇에 대해 흥미와 실력, 그리고 자신감을 갖출 수 있게 하기 위함입니다.

저자의 능력과 지면의 한계 때문에 이 책에서 각 기술 부문별로 상세한 내용을 모두 담지 못했지만 앞으로 지속적으로 개정판을 출간하여 '인간처럼 느끼고 생각하며 행동하는 휴머노이드 로봇'을 함께 만들어 갈 수 있도록 독자 여러분들의 따뜻한 관심과 격려를 부탁드리는 바입니다.

이 책이 출판되기까지 많은 노력을 아끼지 않으신 홍릉과학출판사 사장님과 직원 여러분, 그리고 이 책을 후원해 주신 ㈜로보티즈 김병수 대표님과 기술 자문에 성실히 응해 주신 김희일 책임연구원님, ROBOTIS-OP를 개발한 수많은 국내외 관련 연구원들께 심심한 감사를 드립니다.

마지막으로 이 책을 집필하는 동안 한없이 인내해주고 격려를 아끼지 않았던 사랑하는 아내와 두 딸(규리와 지운이), 그리고 가족들과 함께 이 기쁨을 함께 나누고 싶습니다.

감사합니다.

2015년 8월

\- 승학산 자락에서 김종욱 씀.

목 차

CHAPTER 3 휴머노이드 로봇 동역학 143

CHAPTER 4 로보티즈 OP 217

CHAPTER

1

서 론

1.1 | 로봇의 역사

인간의 형상을 닮은 휴머노이드 로봇은 ‘아톰’, ’마징가Z’, ‘태권V’와 같은 애니메이션이나 ‘로보캅’, ’터미네이터’, ’아이로봇’, ‘트랜스포머’ 같은 SF영화 속에 등장하며 사람들의 상상 속에 존재해 왔다(<그림 1.1>). 로봇의 원조인 산업용 로봇은 20세기 중반부터 상용화에 성공하여 제조 라인에 투입되어 왔고, iRobot 사의 로봇 청소기 Roomba는 2003년부터 전 세계에 시판되어 서비스 로봇의 스타 브랜드로 자리매김했다. 그동안의 기술적인 진보와 융합화로 인해 2020년대 중반이면 1가구 1로봇 시대, 일반인들이 한 대 이상의 동반자 로봇(companion robot)을 가지는 시대가 올 것이라는 것은 많은 로봇 전문가들의 공통적인 견해이다.

» **그림 1.1 로봇이 주연 또는 조연으로 등장한 영화들**

현대인에게 너무나 친숙해진 단어가 되어버린 로봇(robot)이라는 단어는 체코슬로바키아의 극작가 카렐 차페크(Karel Capek)가 1920년에 쓴 희곡 ‘로섬의 인조인간(Rossum’s Universal Robot)’에서 처음 사용되었다. 이 희곡은 주인공인 로섬 부자가 일만 열심히 하는 일종의 인조인간인 로보타(robota)를 만들었는데, 이들은 결국 이용만 당하는 자신들의 처지를 자각하고 인간들을 제거한다는 줄거리를 가지고 있다. 참고로 robota라는 단어는 체코슬로바키아어로 '일한다'와 '강제 노동'이라는 의미를 가지고 있다.

로봇은 인간을 대신해서 단순작업이나 높은 정밀도를 요하는 작업, 또는 위험한 작업을 수행하기 위해 전 세계의 수많은 대학과 연구소에서 연구되기 시작했고 산업용 로봇 분야에서 가장 먼저 개발에 성공해서 현장에 적용되었다. 산업용 로봇은 1954년 미국인 George Devol이 '프로그램이 가능한 장치'를 특허출원하고, 1961년 Joseph Engelberger가 General Motors 사의 조립 라인에 산업용 제조 로봇 Unimate(<그림 1.2>)를 개발하여 투입한 것이 세계 최초이다. 이후 1961년 포드 자동차에서 금형주조 기계의 탈착용 로봇이 최초로 산업현장에 도입된 이래로 다양한 산업용 로봇이 개발되었다.

» **그림 1.2** 최초의 산업용 로봇인 Unimate

산업용 로봇은 '재 프로그래밍이 가능한 범용 조작 기계'로 정의된 1세대 로봇으로서 용접, 조립, 도장(painting), 이송 등의 다양한 작업들을 고정밀도와 고신뢰도로 반복 수행할 수 있도록 설계 및 제작되고 있다. 산업용 로봇은 전력이 공급되고 전기적·기계적 고장이 없는 한 24시간 동안 작업할 수 있으므로 단순 노동인력을 점차적으로 대체하고 있으며, 세계 최대 전자제품 생산업체인 대만의 팍스콘(Foxconn)이 3년 안에 로봇 100만대를 생산라인에 투입하기로 발표한 것도 노동임금 절감을 위한 것이었다(2011년 7월 30일, 신화통신).

2012년도 세계 로봇 시장은 133.2억 달러 규모였는데, 이 중에서 산업용(제조용) 로봇은 86.8억 달러(65.2%)를 차지하여 전문 서비스용 로봇 34.2억 달러(25.7%), 개인 서비스용 로봇 12.2억 달러(9.2%)에 비해 과반 이상을 점유했다. 그러나 연평균 성장률은 개인 서비스용 로봇 17.7%, 전문 서비스용 로봇 15.1%, 제조용 로봇 8.2%의 순으로 집계되어 산업용 로봇의 성장이 점차 둔화되고 있음을 보여준다. 최근에는 산업용 로봇에 첨단 정보통신 기술, 사용자 친화형 소프트웨어, 임베디드 시스템, 인공지능, 사물인터넷(Internet of Things) 기술 등이 융합적으로 접목되어 Smart Factory에서 로봇이 인간과 효율적으로 협업하는 연구가 전 세계적으로 활발하게 진행되고 있다.

정해진 장소에서 미리 프로그램된 작업을 반복적으로 정확하게 수행하는 산업용 로봇과는 달리, 미국의 NASA에서 제작해서 1997년에 화성에 보내진 소저너(Sojourner) 같은 탐사로봇(rover)은 6개의 특수 구동바퀴, 태양 전지판과 카메라, 데이터 전송용 안테나, 그리고 냄새를 맡아 흙이나 바위의 성분을 알아낼 수 있는 후각 장치 등을 이용해서 화성 표면 암석의 원소 성분을 검출하고 수백 장의 사진을 지구로 전송하는 고난도의 작업을 수행하는 것을 목적으로 개발되었다. 당시 소저너는 성공적으로 임무를 완성했으며, 2004년에 화성에 보내진 Spirit 로버와 Opportunity 로버에는 화성의 표면에 있는 암석이나 토양의 샘플을 조사하기 위해 주위의 환경을 실시간으로 감지하고 그에 대응해서 자율적으로 주행하는 지능적 기술이 추가되었다. 이러한 탐사 로봇의 계보를 이어 2012년에 화성에 착륙한 Curiosity 로버(<그림 1.3>)는 화성의 지표면 아래에 액체 상태의 물이 존재할 가능

» **그림 1.3 화성 탐사로봇** Curiosity **로버**

성이 높음을 추론할 수 있는 탐사 정보를 NASA에 보내오는 등 화성에서 지속적인 활약을 하고 있다.

이처럼 과학과 기술이 발달할수록 로봇에게 자율적인 판단과 주행 및 복잡한 작업 수행 능력을 가능하게 하는 지능(intelligence)이 필요하게 되었으며 이러한 지능을 갖춘 로봇을 지능형 로봇이라고 한다.

일반적으로 지능형 로봇은 '외부 환경을 스스로 인식(perception)하고 상황을 판단(cognition)하여 자율적으로 동작(mobility)하는 기계장치'로 정의된다(지능형 로봇 개발 및 보급 촉진법, 2008년 2월). 보다 구체적으로 지능형 로봇은 환경 인식, 정보 획득, 지능적 판단, 자율적인 행동 등의 인공지능 기술을 이용해 인간을 지원하고, 어려운 상황에서 인간을 대신하거나 특수한 작업을 수행하는 기계, 전자, 정보, 생체공학의 복합체로 정의된다. 급속한 노령화와 저출산, 개인화, 사회적 네트워크화, 기술 융합, 웰빙 추구 등의 세계적 추세는 이러한 지능형 로봇의 필요성을 더욱 증가시키고 있다.

지능형 로봇은 다음과 같이 개인 서비스용 로봇, 전문 서비스용 로봇, 제조업용 로봇으로 크게 구분된다.

- 개인 서비스용 로봇: 청소로봇과 같은 가정용 로봇, 교육용 로봇, 오락용 로봇, 개인 비서 로봇, 간병 로봇, 친구 로봇 등 일반인을 대상으로 서비스를 제공하는 로봇
- 전문 서비스용 로봇: 의료용 로봇, 국방용 로봇, 건설용 로봇, 사회안전 로봇 등과 같이 전문가를 보조하며 사회에서 요구하는 서비스를 제공하는 로봇
- 제조업용 로봇: 산업용 로봇으로서 생산제조용 로봇, 농업용 로봇, 어업용 로봇 등 모든 산업생산 활동에 적용되는 로봇

지능형 로봇은 가정이나 사무실에 상주하며 인간에게 지능형 서비스를 제공하고 인간과 지적, 정서적 상호 교감을 할 수 있어야 한다. 사람이 주거하는 공간에 있는 가구의 손잡이나 주방, 가전제품들이 모두 사람의 신체 조건에 맞춰져 있음을 감안하며, 문턱이나 계단에서의 높은 이동성과 친근감 있는 외형을 고려한다면 가장 적합한 몸체 구조를 가지는 로봇은 바퀴형 로봇보다는 휴머노이드 로봇이라고 할 수 있다.

1.2 | 휴머노이드 로봇의 역사

휴머노이드 로봇은 인간의 신체 골격과 근육 구조를 모방해서 설계되었으며, 20~40 자유도를 가지는 복잡한 구조와 이족보행 기술의 어려움 때문에 대중 앞에 등장하는 데에 오랜 시간이 걸렸다.

인간의 형상을 닮은 로봇의 메커니즘에 관한 연구는 역사적 천재인 레오나르도 다빈치(Leonardo da Vinci)까지 거슬러 올라간다. 레오나르도 다빈치는 1495년에 <그림 1.4>와 같은 로봇 기사를 만들어 궁정 향연에 전시했는데, 풀리와 케이블을

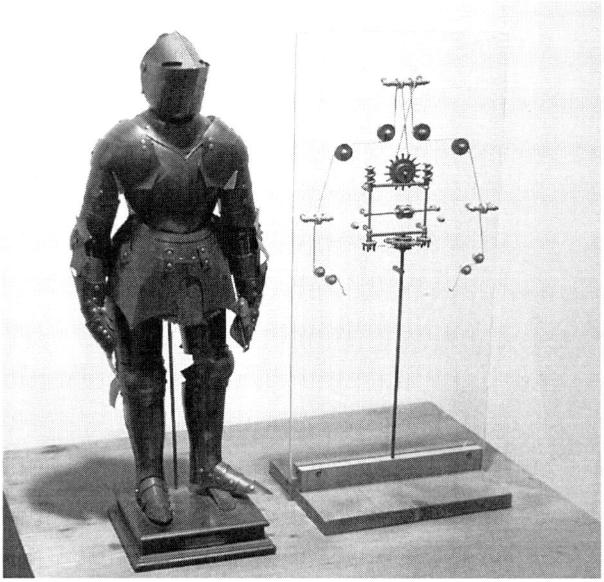

» **그림 1.4** 레오나르도 다빈치의 로봇 기사(robot knight)

조종하여 로봇이 앉고 일어서는 동작을 하며 팔을 움직여 투구의 면갑(面甲, visor)을 올릴 수도 있었다고 한다.

19세기에는 John Brainerd가 증기 엔진으로 움직이는 Steam Man을 개발했으며, Frank Reade Junior가 Electric Man을 개발해서 휴머노이드 로봇에 관한 관심을 불러 일으켰다.

20세기 초에 미국의 Westinghouse 사에서 Elektro라는 휴머노이드 로봇을 연구했으며, 1970년 쯤에 일본에서 본격적으로 다리가 달린 로봇에 관한 연구가 발표되기 시작했다. 이 무렵 러시아와 미국에서도 다리가 네 개 또는 여섯 개 달린 다족 로봇에 관한 연구가 활발히 진행되었다. 미국에서 1980~1983년에 개발된 6족(hexapod) cmU는 최고 속도가 초속 0.11 m에 달할 정도로 기술이 발전하게 되었다. 또한, MIT에서는 1980년대에 점프하는 로봇에 관한 연구가 활발하게 진행되었는데, Spring Flamingo, Uniroo라고 불리는 3차원 이족보행 로봇은 정적 보행과 동적 보행을 통해 걷기와 뛰기를 모두 할 수 있었다.

4족 로봇 중 자세 안정성과 성능 면에서 가장 뛰어난 로봇은 미국의 Boston Dynamics 사가 2005년에 발표한 BigDog이라고 할 수 있다. BigDog은 미국의 DARPA(Defense Advanced Research Projects Agency)의 후원 아래 험지에서 군수물자를 수송하는 용도로 개발되었으며, 110 kg의 체중에 시속 6.4 km를 달리고 150 kg의 물자를 운반할 수 있으며 35도의 가파른 경사면도 오를 수 있다. BigDog은 액추에이터로 전기 모터 대신 유압식 실린더를 사용하여 큰 힘을 낼 수 있으며, 약 50개의 센서가 내장되어 있어 온보드 컴퓨터로 정교한 자세 및 모션 제어를 실시간으로 수행할 수 있다. Boston Dynamics는 2008년에 BigDog을 개선하여 미끄러운 빙판에서도 잘 걸어가고, 옆에서 세게 걷어차도 균형을 잘 잡을 수 있는 AlphaDog을 발표했으며, 2013년 10월에는 시속 26 km까지 달릴 수 있는 WildCat을 발표하며 사족보행 로봇의 첨단 기술을 선도하고 있다(<그림 1.5>).

» **그림 1.5** Boston Dynamics 사의 BigDog(좌측)과 WildCat(우측)

일본은 안정적으로 보행하는 휴머노이드 로봇을 최초로 개발한 나라이며, 일본의 연구원들은 휴머노이드 로봇의 선구적인 연구를 지속적으로 수행하고 있다. 일본에서는 와세다 대학에서 1966년부터 WL(Waseda Legged) 시리즈로 이족보행 로봇에 관한 연구를 시작했으며, 1968년에 세계 최초의 걷는 로봇 WL-3를 개발했다. 또한, 1983년에 발표된 WL-10R은 10개의 서보모터로 관절을 구동시키며 전진과 후진 및 방향 틀기도 구현할 수 있었다. 와세다 대학의 최신 휴머노이드 로봇은 <그림 1.6>에 보인 2009년형 WABIAN(WAseda BIpedal humANoid)-2R인데 총 41개의 관절을 가지며 1.53 m의 키에 체중은 64.5 kg이다. 이 로봇의 평균 보행 속도는 초속 0.36 m이며 한 스텝 당 0.96초의 주기를 가진다.

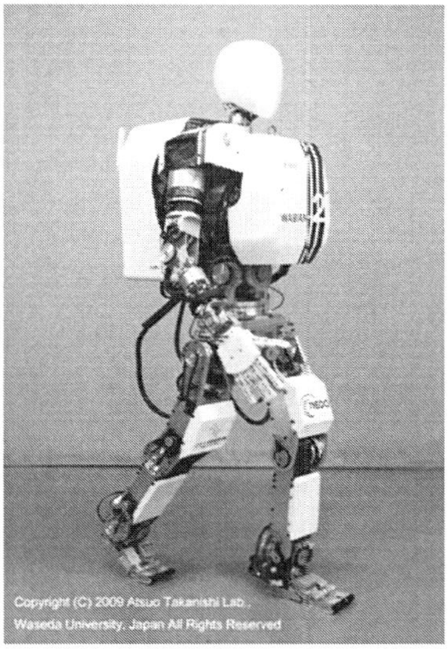

» **그림 1.6** 와세다 대학의 WABIAN-2R

일본의 자동차 제조회사인 Honda 사에서는 WL 로봇 시리즈의 우수한 기술을 전수 받아 1986년부터 1993년까지 E0~E6, 1993년부터 2000년까지 P1~P3의 휴머노이드 로봇 시리즈를 개발했다. 그 결과로서 2000년 11월에 Honda 사에서 ASIMO(Advanced Step in Innovative MObility)를 일반에게 최초로 공개했을 때 휴머노이드 로봇을 실제로 구현하는 것은 불가능하다고 주장하던 전 세계의 로봇 공학자들은 경악했다.

이후 Honda 사는 ASIMO를 지속적으로 업그레이드하여 사람의 자세와 몸짓을 이해할 수 있는 커뮤니케이션 능력을 개선한 2002년 형, 시속 3 km까지 달릴 수 있도록 동작 성능이 개선된 2004년 형, 8자로 달리는 것이 가능하고 인간과 손을 잡고 보행하고, 카트를 밀고 가거나 접시를 운반하는 것이 가능한 2005년 형, 다수의 ASIMO들과 함께 공동작업이나 개별작업을 동일 공간에서 진행할 수 있는 2007년 형, 주변 환경이나 주변 사람과의 대화, 물건의 위치 정보를 통해 자율적으로 다음 행동을 결정할 수 있으며 최대 시속 9 km까지 달릴 수 있는 운동능력 등을 갖춘 2011년 형, 각 손이 13자유도로 개량되어 물체를 정교하고 부드럽게 잡을 수 있고 수화도 할 수 있는 2014년 형 ASIMO를 지속적으로 발표하면서 휴머노이드 로봇의 새 역사를 쓰고 있다. 현재 ASIMO 연구원들은 인공지능 능력을 강화하는 데 주력하고 있으며, 인간 오퍼레이터 없이 자율적으로 보행할 수 있고 사람의 특정 행동을 관찰하고 그 결과를 예측할 수도 있다고 한다. 또한, ASIMO는 군중 가운데에서 특정 다수 인물을 영상으로 인식할 수 있으며, 여러 사람이 동시에 말할 때에도 다중 음성 인식이 가능하다. <그림 1.7>에 보인 ASIMO의 키는 130 cm이고 체중은 48 kg이며 57자유도(머리에 3, 팔에 7×2, 손에 13×2, 상체에 2, 다리에 6×2)를 가지고 있다(http://asimo.honda.com/).

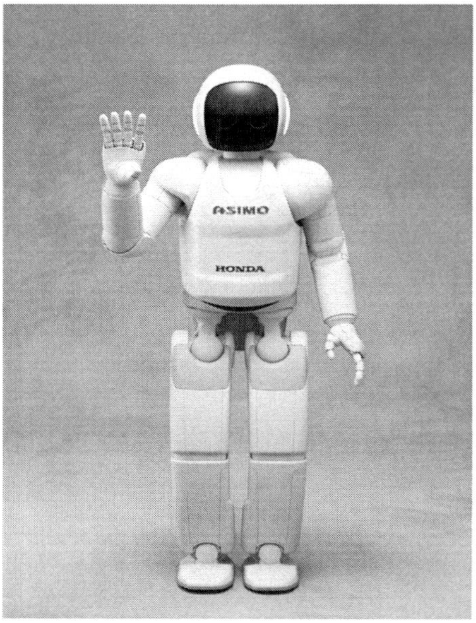

» **그림 1.7** Honda 사의 ASIMO

ASIMO보다 대중에게는 덜 알려져 있지만 휴머노이드 로봇 연구자에겐 더 유명한 휴머노이드 로봇이 바로 HRP(Humanoid Robotics Project) 시리즈다. HRP 시리즈는 ASIMO의 직전 프로토타입인 P3를 일본의 AIST(국립산업기술연구소)에서 개량한 것으로, '인간 협조·공조형 로봇 시스템의 연구'라는 HRP 프로젝트의 목표 아래 1998년 이후 지속적으로 연구가 진행되고 있다. 2002년에 개발 된 HRP2(<그림 1.8>)는 154 cm의 신장, 58 kg의 체중, 30자유도의 관절을 가지고 있으며 후속작인 HRP3는 4개의 손가락으로 작은 물건을 손으로 잡을 수 있다. 특히 2010년에 발표된 HRP4C(<그림 1.8>)는 로봇의 외형이 소녀의 얼굴과 신체 형상으로 대체되고 인간처럼 자연스러운 보행을 할 수 있어서 보다 인간적인 휴머노이드 로봇으로 진일보한 모델이라고 할 수 있다.

» **그림 1.8** 인간이 가고자 하는 방향에 맞춰 함께 판넬을 들고 보행하는 HRP2(좌측)와 소녀의 형상을 본 딴 HRP4C(우측)

ASIMO의 성공에 자극을 받아 한국에서는 2004년 12월에 KAIST 기계공학과의 오준호 교수 팀이 HUBO(Humanoid와 Robot의 합성어)를 개발하는 데 성공했다(<그림 1.9>). HUBO는 키 120 cm, 체중이 55 kg이고 35 cm의 보폭으로 시속 1.25 km

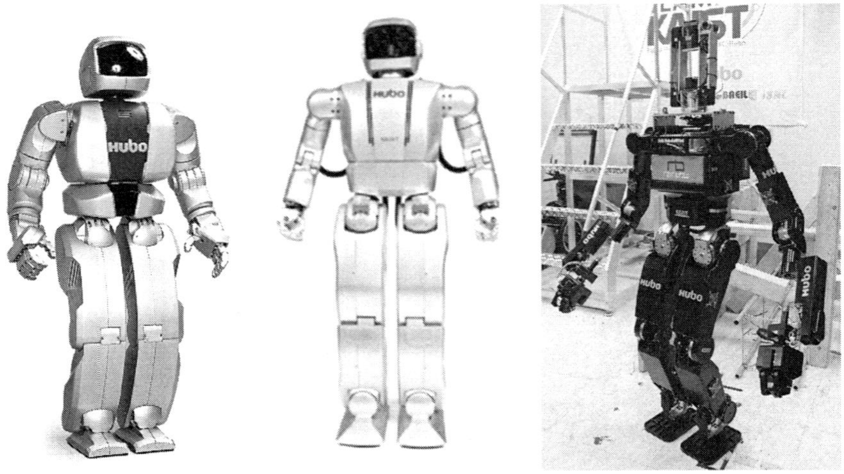

» **그림 1.9** KAIST의 HUBO(좌측)와 HUBO2(중간), DRC-HUBO(우측)

를 걸을 수 있다. 또한, 음성 인식과 합성 기능, 두 눈이 따로 움직이는 완벽한 비전 기능을 갖추고 다섯 손가락이 따로 움직여서 가위바위보도 할 수 있다. 오준호 교수 팀은 2002년 1월부터 인간형 로봇 개발을 시작하여 KHR-1, KHR-2를 거쳐 HUBO를 완성했으며, 3년만에 수백억원의 연구비로 제작하는 데 성공함으로써 한국 로봇 기술이 세계적 수준임을 입증했다. 참고로 Honda는 ASIMO를 만들어내기까지 15년의 시간과 수천억원의 자금을 투입했다고 추정된다.

2008년부터 2009년 사이에 개발된 HUBO2(<그림 1.9>)는 보다 날씬해진 디자인과 알루미늄 합금 소재 덕분에 체중이 20% 정도 가벼워졌으며(45 kg), 인간처럼 다리를 쭉 편 채로 걸을 수 있기 때문에 작은 에너지로 자연스럽게 보행할 수 있다. 보행 성능은 시속 1.4 km로 향상되었으며 시속 3.6 km로 뛰는 것도 가능하다.

DRC-HUBO는 2013년 12월에 미국 마이애미에서 개최된 DRC(DARPA Robotics Challenge) 예선에 참가하기 위해 개조된 HUBO 시리즈로 키는 145 cm로 커졌으며, 장애물 치우기와 벽 뚫기 등의 재난구조 작업을 용이하게 하기 위해 양 팔이 훨씬 길어졌다(<그림 1.9>). 특히, 장애물과 잔해로 가득한 험지를 안정된 자세로 통과하기 위해 변신(transform) 기능을 구현했는데, 이 기능은 DRC-HUBO가 양

팔을 뒤로 돌린 후 천천히 드러누우면서 사지가 지면에 닿는 자세를 만든 후 4족 상태로 걸어가게 한다.

DRC는 2011년 3월에 발발한 후쿠시마 원전 사고와 같은 대규모 재난 상황에서 구호작업을 펼치는 로봇 기술개발을 목표로 미국 DARPA(Defense Advanced Research Projects Agency, 국방성 고등연구계획국)에서 주관하는 세계 최대 규모의 경진대회로서 DRC의 공식 홈페이지는 http://www.theroboticschallenge.org/이다. 2015년 6월에 미국 캘리포니아에서 개최된 DRC 결선에는 7개국 25개 팀이 참여했는데, 한국에는 KAIST 팀과 로보티즈 팀, 서울대학교 팀이 참가해서 KAIST팀이 영예의 1위를 차지했다.

최근 목포대학교의 유영재 교수 팀은 세계에서 가장 가벼운 성인 크기의 휴머노이드 로봇을 개발했는데, '학습과 진화 시스템을 갖춘 인지 능력이 있는 인간형 로봇'이란 뜻의 CHARLES(Cognitive Humanoid Robot with Learning and Evolutionary System)이다. 2012년에 발표된 CHARLES-1부터 CHARLES-2(2013년), CHARLES-3(2014년)까지 모두 키는 110 cm이고 몸무게는 10 kg 이내인데, 같은 키의 어린이(평균 체중 20 kg)와 로봇이 부딪쳤을 때 어린이가 다치지 않도록 경량화 구현에 최우선점을 두었다.

CHARLES는 전신이 총 21자유도로 이루어져 있으며 카메라, 스피커, 마이크가 있어 인간-로봇 상호 작용이 가능하고, 카메라로 축구공을 인식하여 드리블과 킥을 하는 축구 경기가 가능하다. 특히, 배터리 교체 없이 2시간 이상 동작할 수 있어서 200미터 이상 장거리 마라톤이 가능하며, 2014년 FIRA RoboWorld Cup에 참가하여 HuroCup 부분에서 마라톤 2위를 차지하는 등 안정적인 보행 성능을 보이고 있다.

유럽에서도 일본과 한국의 성공에 자극을 받아 스페인의 Pal Robotics 사(http://www.pal-robotics.com)에서 REEM B(2008년)에 이어 REEM C(2013)를 개발했는데, REEM C(<그림 1.11>)는 혼잡한 환경에서 자율 주행을 할 수 있고, 사람을 인식하고 상호작용 할 수 있으며, 물체 잡기, 영상 인식, 다언어 음성인식 및 합성, 시속 1.4 km의 보행 등 여러 가지 기능들을 구현할 수 있다. 특히, REEM C는

» **그림 1.10** 목포대학교의 CHARLES

» **그림 1.11** Pal Robotics사의 REEM C

연구용으로 제공하는데 주안점을 두어 개발되었으므로 ROS(Robot Operating System)와 100% 연동하여 모션을 만들 수 있고, 인공지능과 기계학습(machine learning) 분야 연구에도 성공적으로 적용되고 있다. REEM C는 키 165 cm에 체중이 80 kg이며 44자유도를 가지고 있고 양손으로 10 kg의 하중을 들어 올릴 수 있다.

독일에서는 Institute of Robotics and Mechatronics 소속의 German Aerospace Center(DLR, http://www.dlr.de/rm/en)에서 바퀴 4개로 구동하는 베이스 위에 사람의 상체가 얹혀 있는 구조를 가지는 Justin과 이족보행이 가능한 휴머노이드 로봇 TORO(TOrque controlled humanoid RObot)를 개발했다. DLR은 "강력한 원격로봇(telerobotic) 개념과 인간-기계 인터페이스(man-machine-interface, MMI) 기술을 갖추는 것"을 모토로 삼아 지구에서 원격으로 조종하는 우주 로봇(space robot) 분야에 Justin을 적용하고자 지속적인 연구 개발을 수행하고 있다.

Justin은 <그림 1.12>에서 볼 수 있듯이 사람처럼 유연하면서 솜씨 있게 물건을 잡을 수 있도록 네 개의 정교한 손가락을 가지고 있으며, 사물을 판별하고 그에 따라 적절한 지능형 서비스를 수행할 수 있는 연구가 활발히 진행되고 있다. 특히, 2012년에 발표된 Agile Justin은 탄소 섬유로 만들어진 팔을 움직여서 날아오는 물체를 80%의 확률로 정확히 잡는 것으로 유명한데, 이는 머리에 있는 두 대의 고정밀 카메라와 강력한 물체 추적 소프트웨어에 정교한 움켜쥐기(grasping) 능력이 더해져서 가능하다. Justin은 바퀴 달린 170 cm의 키에 체중이 45 kg이며 15 kg의 짐을 들 수 있고, 상체에 5자유도, 각 팔에 7자유도, 각 손에 12자유도가 있어 총 43자유도를 가진다.

TORO는 2009년에 DLR에서 발표한 DLR-Biped에 새로운 머리, 소형화 된 손, 가벼워진 팔을 상체에 부착하여 얹음으로써 날렵하고 안정된 이족보행이 가능해진 휴머노이드 로봇으로서 2013년에 발표되었다. TORO가 다른 휴머노이드 로봇에 비해 특이한 점은 상대적으로 작은 발인데, 이는 장애물을 피해서 걷거나 사다리를 올라갈 때 유리한 구조이지만 고토크의 액추에이터와 보행 제어 기술이 뒷받침되어야 한다.

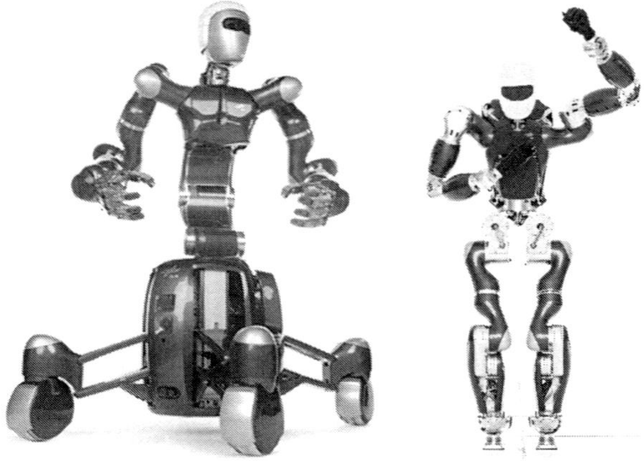

» **그림 1.12** 독일 IRM의 Agile Justin(좌측)과 TORO(우측)

미국은 로봇의 기초 기술 연구와 우주용, 군사용, 의료, 재활, 서비스 분야의 로봇을 개발해 왔기 때문에 휴머노이드 로봇에 있어서는 후발 주자인 편이었는데, Dennis Hong 교수가 Virginia Tech 재직 시 이끌던 RoMeLa 팀이 2011년에 발표한 CHARLI(Cognitive Humanoid Autonomous Robot with Learning Intelligence)가 공식적인 첫 휴머노이드 로봇이다(<그림 1.13>). CHARLI는 인간이 팔이나 다리를 움직일 때 근육을 팽창시키고 수축시키는 원리를 로봇에 적용하기 위해, 회전형 모터 대신 선형 액추에이터를 사용하고 힘줄의 역할을 하는 컴플라이언스를 장착함으로써 충격을 완충시키면서 이족보행을 효율적으로 할 수 있게 설계된 것이 특징이다. CHARLI-2는 140 cm의 키에 체중이 12 kg에 불과하며 축구를 할 수 있고, 사람을 흉내내어 다양한 제스처를 취할 수도 있다.

한국의 로보티즈 사(http://www.robotis.com)에서 DRC에 출전하기 위해 만든 인간형 휴머노이드 로봇이 THOR-MANG1(예선용, THOR-OP라고도 불림)과 THOR-MANG2(결선용)이다. THOR-MANG2(<그림 1.14>)는 키 150 cm, 체중 55 kg, 30자유도의 휴머노이 드 플랫폼으로서 모듈형 액추에이터(Dynamixel-Pro)로 만들어져 제작 시간이 짧고 하드웨어 유지·보수가 쉬워 재난 구호 작업뿐만 아니라 연구용에도 적합하다.

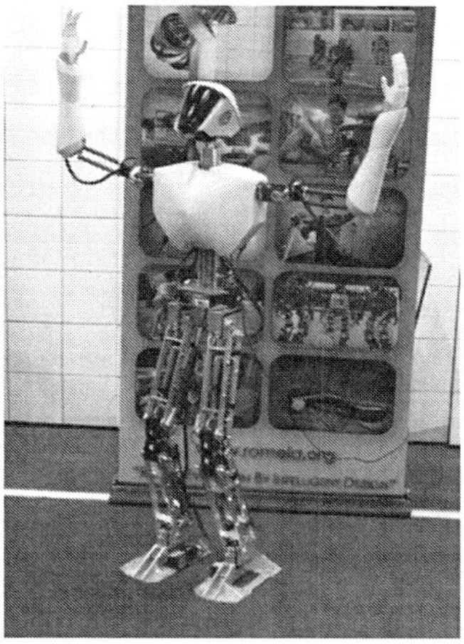

» **그림 1.13** Virginia Tech 대학의 CHARLI

DRC 결선에 참가하는 팀 중 4개 팀이 THOR-MANG2를 하드웨어 플랫폼으로 사용할 정도로 하드웨어와 소프트웨어의 완성도가 높은 휴머노이드 로봇이다.

» **그림 1.14** 로보티즈의 THOR-MANG2

DRC를 통해 혜성같이 등장하여 세계 최고의 휴머노이드 로봇으로 자리매김한 휴머노이드 로봇이 있는데 바로 Boston Dynamics 사의 ATLAS이다(<그림 1.15>). 2013년 DRC 예선의 공식 휴머노이드 로봇 플랫폼으로 활약한 ATLAS1은 180 cm의 키에 체중은 150 kg에 이를 정도로 거구이지만 사지(총 28자유도)가 강력한 유압식 액추에이터로 구성되어 있어 재난 구조 현장에 특화된 휴머노이드 로봇 플랫폼이다. 머리에는 레이저 거리측정기(range finder)와 스테레오 카메라가 장착되어 있고, 전기 모터로 구동되는 정교한 손이 있어 힘과 기술을 모두 갖춘 휴머노이드 로봇으로서 DRC 예선 결과 상위 8개 팀 중 5개 팀이 ATLAS1 하드웨어 플랫폼을 사용해서 좋은 성적을 얻었다.

ATLAS2는 DRC 결선을 위해 키 188 cm, 체중 157 kg으로 더 커졌으며, 다리와 발을 제외하고 전체 구조의 약 75%가 개량되었다. 특히, 3.7 kWh의 리튬이온 배터리 팩이 장착되어 1시간 이상의 다양한 미션들을 전력 공급 없이 로봇 단독으로 수행할 수 있게 했다. 이외에도 높은 작업성을 위해 어깨와 팔의 위치가 아래로

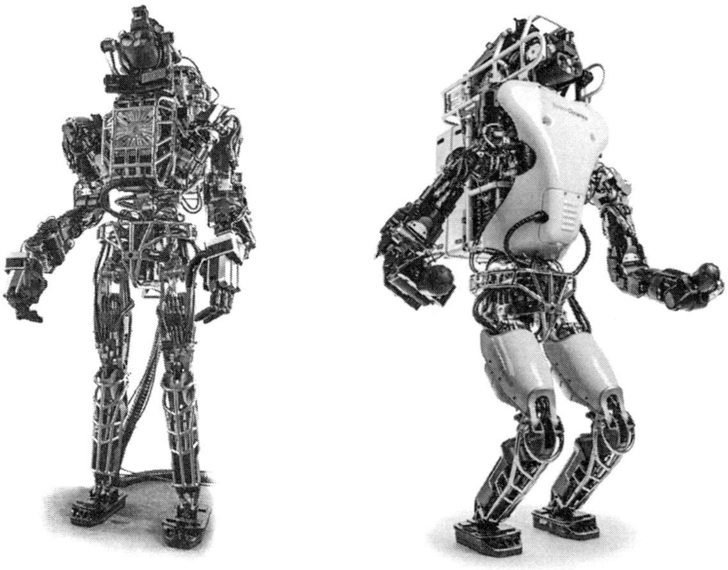

» **그림 1.15** Boston Dynamics 사의 ATLAS1(좌측)과 ATLAS2(우측)

조정되었으며, 아래 팔의 관절에는 전기 모터가 적용되어 정교하고 강력한 작업을 할 수 있고, 훨씬 조용해진 유압 펌프를 갖췄다. ATLAS2는 DRC 결선에 진출한 7개 팀에게 하드웨어 로봇 플랫폼으로 제공되었고, ATLAS2를 이용한 미국의 IHMC가 2위를 차자했다.

지금까지 설명한 휴머노이드 로봇은 키가 1 m 이상인 성인급 휴머노이드 로봇이며 고가의 모터와 센서를 사용하기 때문에 제작 비용이 대당 1억을 넘어 연구용으로 주로 사용되고 있다. 일반인들이 구매할 수 있는 저가의 소형 휴머노이드 로봇 키트로 로보티즈 사에서는 로보티즈 프리미엄, GP 시리즈를 판매하고 있으며, 고급 휴머노이드 로봇 플랫폼으로 ROBOTIS OP 시리즈(OP1, OP2)를 개발 및 판매하고 있다.

ROBOTIS OP2의 이전 버전인 DARwIn-OP(ROBOTIS OP1)는 세계적인 로봇 축구대회인 로보컵(RoboCup)에서 4년 연속 우승할 정도로 안정적이면서도 고성능인 휴머노이드 로봇 플랫폼이다. 특히, DARwIn-OP의 모든 하드웨어와 소프트웨어가 인터넷 상에 공개되어 있어서 영상인식, 이족보행, 기구학, 시뮬레이션 등 다양한 분야의 알고리즘을 연구하는 대학이나 연구소에서 매우 유용하게 활용되고 있다.

ROBOTIS OP2는 기존 모델을 한 단계 더 발전시킨 모델로서, 주제어기인 PC의 CPU를 Intel Atom 1.6 GHz 싱글 코어에서 듀얼 코어로 업그레이드하고 RAM을 1 GB에서 4 GB로 확장함으로써 고속의 연산과 대용량의 메모리를 필요로 하는 지능적 실시간 모션 제어 알고리즘을 구현 가능하게 했다. 또한, Windows OS를 지원하는 환경을 제공하여 ROS, LabVIEW, MATLAB 등 상용 소프트웨어와의 연계성을 크게 높여 로봇 교육용 장비로서의 활용성을 증대시켰다. ROBOTIS OP2의 키는 45 cm이고 체중은 3 kg, 자유도는 20이며, <그림 1.16>에서 보듯이 OP1의 전신 색깔은 검은색인데 비해 OP2는 미려한 아이보리 색을 띈다. ROBOTIS OP2에 대한 보다 상세한 내용은 제4장에 설명되어 있다.

프랑스에서는 Aldebaran Robotics 사(http://www.aldebaran-robotics.com)에서 개발한 NAO가 2007년 로보컵에 등장함으로써 소형 휴머노이드 로봇 개발에 성공했음을 공식적으로 알렸다(<그림 1.17>). NAO는 이족보행이 가능하고 자율적으

» **그림 1.16** ROBOTIS OP1(우측)과 OP2(좌측)

» **그림 1.17** Aldebaran Robotics사의 NAO Next Gen

로 움직이며 얼굴/음성인식과 인간과의 상호작용이 가능한 휴머노이드 로봇으로서, 2011년에 출시된 NAO Next Gen은 58 cm의 키에 체중이 4.3 kg이고 21~24자유도를 가지며 최대 시속 0.54 km의 이동성능을 갖고 있다. NAO Next Gen의 CPU는 Intel Atom 1.6 GHz를 사용하며 기본 OS는 Linux이고 C++, Python, Matlab 등의 프로그래밍 언어로 코딩 할 수 있다.

1.3 | 국내외 로봇 산업 동향

2001년부터 2013년까지 세계 로봇 생산량은 연평균 7.2%씩 지속적으로 성장하고 있다. 2012년에 전문 서비스용 로봇 시장 규모는 34.2억 달러였는 데 비해, 개인 서비스용 로봇은 12.2억 달러였지만 전년에 비해 90.6%의 급격한 증가세를 보였다 (World Robotics, IFR, 2010~2013).

세계의 전체 로봇 시장은 2020년 229.8억 달러에 이를 것으로 예측되며, 연평균 성장률은 제조용 로봇 8.2%, 전문 서비스용 로봇 4.8%, 개인 서비스용 24.3%로 (IFR 2013), 휴머노이드 로봇이 수행할 수 있는 전문 서비스용과 개인 서비스용 로봇 분야의 성장률은 약 30%가 될 전망이다.

이에 세계 각국은 로봇에 대한 활발한 투자를 통해 국가 기술발전 및 향후 시장 선점을 위해 지속적으로 노력하고 있다.

일본은 산업용 로봇 부문 세계 1위(2013년 현재 시장 점유율 50.2%)의 경쟁력을 바탕으로 실버·의료 분야 서비스용 로봇에 투자를 확대하고 안정성과 국제 표준·인증 선점에 주력하고 있다. 일본의 NEDO(신에너지 종합 개발 기구)에서는 최근 '차세대 로봇 지능화 기술개발 프로젝트'(2008~2011)와 '생활지원 로봇 실용화 프로젝트'(2009~2013)를 통해 일본의 서비스용 로봇의 기술 선도를 지원하고 있다. 또한, 2015년 5월에 로봇의 보급과 개발을 추진하는 산학관 단체인 '로봇혁명 이니셔티브 협의회'를 발족하고, 이를 중심으로 2020년까지 5년간 정부의 제도 환경 정비를 포함한 다각적인 정책적 지원 활용 및 로봇 개발에 대한 민간 투자 규모 확대를 통해 1000억엔 규모의 로봇 프로젝트 추진을 진행하고 있다.

한국은 2009년 5월에 발표한 '신성장동력 종합 추진계획'에서 3대 분야 17개 사업중 하나로 '로봇 응용' 분야를 선정하고 라이프케어 로봇, 청정생산용 첨단제조 로봇시스템, 지속가능 사회안전 로봇시스템, 창의적 에듀테인먼트 로봇, 고부가 의료 서비스 로봇을 중점분야로 선정했다. 2015년 현재 산업통상자원부에서 진행되고 있는 로봇 연구개발 사업은 총 6개 분야(제조용 로봇, 고령 케어 로봇, 수술용 로봇, 원천 및 부품, 재난구조, 기타)에 이른다. 이 가운데 휴머노이드 로봇과 직접적으로 관련된 분야는 고령 케어 분야의 '간호·간병 로봇 시스템 개발' 과제와 '고령화 빅데이터 기반의 서비스 로봇 개발', 재난구조 분야의 'DRC 참가' 과제, 기타 분야의 '인간-로봇 공존 안전기술' 과제가 될 수 있을 것이다.

중국은 1986년 3월부터 시작된 National 863 key project를 통해 로봇 분야에서 주방보조, 스포츠, 엔터테인먼트용 로봇 개발 등에 뛰어들었다. 중국의 로봇 매출은 2013년에 3만 7000대, 2014년에 5만 대로 현재 세계에서 가장 큰 로봇 시장으로 부상하고 있으며 중국 내 로봇 제조 업체도 400여개에 달한다. 또한, 중국은 '13.5' 계획을 통해 이후 5년 동안 중국을 제조대국에서 제조강국으로 발전시키겠다고 발표했으며, 이에 발맞춰 중국 공업정보화부는 앞으로 10년을 중국의 '로봇 산업 고속 발전시기'로 만들겠다고 선언했다.

이렇게 각국은 로봇 기술의 선점을 위해 많은 노력을 기울이고 있다. 또한, 로봇 과목은 이미 세계적으로 정규교과로 인식되고 있는 추세로 미국과 일본 등의 기술 선진국에서는 초·중·고교부터 로봇교육에 대한 관심과 투자를 아끼지 않고 있고 중국도 2008년부터 로봇교육을 의무화하고 있다. 우리나라는 현재 초등학교에서 재량활동이나 방과후학교 형태로 로봇교육이 운영되고 있으며, 교육부가 2015년부터 초등학교 6학년 실과과목에 로봇 단원을 만들고 로봇교육을 정규 교과과정에 포함시켰다. 이에 한국의 로봇산업계는 로봇교육의 정규교과과정이 교구용 로봇기업 뿐만 아니라 로봇산업 전체로 확대되길 기대하고 있다.

저자는 이 책이 휴머노이드 로봇 분야에서 로봇 전문인력을 양성하는 데 일조할 수 있기를 기대한다.

CHAPTER

2

휴머노이드 로봇 기구학

로봇의 몸체를 구성하는 요소는 크게 기저부(base frame), 링크(link), 관절(joint), 말단부(end effector)라고 할 수 있다. 로봇은 이동성 면에서 산업용 로봇처럼 기저부가 고정되어 있는 것과 모바일 로봇처럼 기저부가 이동하는 것으로 구분할 수 있다. 휴머노이드 로봇은 모바일 로봇으로 생각하기 쉽지만 동작이나 보행 시 적어도 한쪽 발을 땅에 지지하고 있어야 하므로 짧은 시간 동안 기저부가 고정된 로봇 플랫폼으로 간주된다. 링크는 기저부와 관절 또는 관절과 관절을 연결해 주는 강체(rigid body)로서 인체의 뼈와 같은 역할을 한다. 관절은 두 개 혹은 그 이상의 링크를 연결하며, 액추에이터(actuator)가 장착되어 있어 회전(rotation) 또는 병진(translation) 운동을 함으로써 로봇을 움직이게 한다. 말단부는 로봇의 최종 링크에 위치하여 물건을 잡고 조립하고 운반하는 등의 여러 가지 작업을 수행한다.

휴머노이드 로봇의 경우 사람과 마찬가지로 모든 관절은 회전형 관절에 해당되므로 모든 모션은 각 관절모터의 회전 운동의 조합으로 이루어진다. 관절에 장착되어 있는 모터가 회전하면 각도와 각속도, 각가속도 값이 변하는데, 각도값은 로봇의 자세를 결정하고 각속도와 각가속도 값들은 로봇이 생성하는 힘(force)과 토크(torque)에 영향을 미친다. 이 과정에서 모든 관절의 각도값으로부터 각 링크의 좌표계의 위치와 방향, 그로 인한 로봇의 자세를 계산하는 과정을 기구학(kinematics)이라고 하고, 관절의 각속도와 각가속도 값으로부터 로봇의 특정 부위 또는 말단부가 갖는 힘과 에너지를 계산하는 것을 동역학(dynamics)이라고 한다. 기구학은 로봇이 3차원에서 만들어 내는 다양한 자세와 모션을 계산하기 위해 필수적이며, 기구학적 관계식으로부터 동역학식을 유도할 수 있으므로 이 책에서 가장 먼저 다루기로 한다.

기구학은 크게 정기구학(forward kinematics)과 역기구학(inverse kinematics)으로 구분할 수 있는데, 정기구학은 각 관절모터의 현재 각도값들로부터 로봇의 특정 위치 또는 말단부가 갖는 2차원 또는 3차원 좌표를 계산하는 것을 수학적으로 체계화한 학문 분야를 의미한다. 이에 반해 역기구학은 로봇의 말단부나 특정 위치의 좌표로부터 그것에 연관된 관절의 각도값들을 계산하는 방법을 의미하며, 동일한 좌표값에 대해서도 복수 개의 관절각 해가 존재하는 특성이 있다.

대부분의 로봇에 적용 가능한 일반적인 기구학적 방법으로 Denavit-Hartenberg (DH)법[1]이 가장 많이 사용되고 있다. DH법은 하나의 관절이 잇는 인접한 두 링크의 상호 관계를 4개의 파라미터를 이용해서 체계적으로 정의하고, 관절의 회전/병진운동에 의한 링크 좌표계의 상대적인 회전과 이동을 행렬식으로 표현하는 방법이다. 이 방법은 관절-링크 간의 관련 규칙을 위반하지 않는 한 모든 관절 유형에 대해 적용할 수 있기 때문에 아무리 복잡한 구조를 갖는 다관절 로봇이라도 DH법을 이용해서 말단부 좌표계의 방향과 위치를 계산할 수 있다.

DH법이 다양한 구조를 갖는 로봇에 적용 가능한 방법이라면 투영법(projection-based method)은 휴머노이드 로봇의 구조적 특성에 맞춰 저자가 새롭게 고안한 방법이다[2]. 인간의 골격과 관절 구조는 SCARA(selective compliant articulated robot for assembly) 로봇과 같은 산업용 로봇의 구조와는 구별되는 특성이 있는데, 족관절과 어깨 관절은 2자유도를 가지고 고관절과 수관절, 목관절은 3자유도를 가진다는 점이다. 이러한 다자유도 관절 덕분에 인간은 다리를 전후, 좌우로 자유롭게 들어 올릴 수 있고, 고관절을 회전시킴으로써 전진 방향을 바꿀 수도 있다. 만약 한쪽 다리를 앞(옆)으로 들어올리는 순간 이를 정면(측면)에서 바라본다면 다리의 길이가 짧아져 보이는데 이는 투영(projection)의 효과 때문이다. 투영법은 로봇을 정면에서 볼 때와 측면에서 볼 때를 구분하여 각 평면에서 2차원 좌표계의 위치를 계산 후, 이를 조합하여 3차원 링크 좌표계의 위치를 계산하는 방법으로서 DH법보다 수식이 간단하고 계산량이 적은 장점이 있다.

이번 장에서 2.1절에서는 기구학의 수학적 기초로서 동차변환에 대해서 배운다. 2.2절에서는 DH법의 원리를 설명하고 이를 휴머노이드 로봇의 정기구학과 역기구학에 적용하는 방법을 MATLAB 시뮬레이션과 함께 배운다. 2.3절에서는 투영법의 원리를 설명하고, 이를 휴머노이드 로봇의 정기구학과 역기구학에 적용하며 이를 MATLAB으로 시뮬레이션한 결과를 제시한다.

2.1 | 동차변환

동차변환(homogeneous transformation)이란 인접한 두 링크가 갖는 좌표계 간의 변환관계를 행렬을 써서 수학적으로 표현하는 것을 의미한다. 동차변환을 공부하기 전에 다관절 로봇의 관절과 링크 개념, 링크 좌표계에 색인(index)을 부여하는 방법에 대해 먼저 살펴보자.

n개의 관절을 갖는 로봇 매니퓰레이터는 기저부 링크를 포함해서 총 $n+1$개의 링크를 갖는다. 각 관절에는 1부터 n까지의 숫자를 부여하고, 각 링크에는 0(기저부)부터 n까지의 숫자를 부여한다. 이러한 원칙에 의하면, <그림 2.1>에 나타낸 것처럼 i번째 관절은 $i-1$번째 링크와 i번째 링크를 연결하고, i번째 링크를 움직인다.

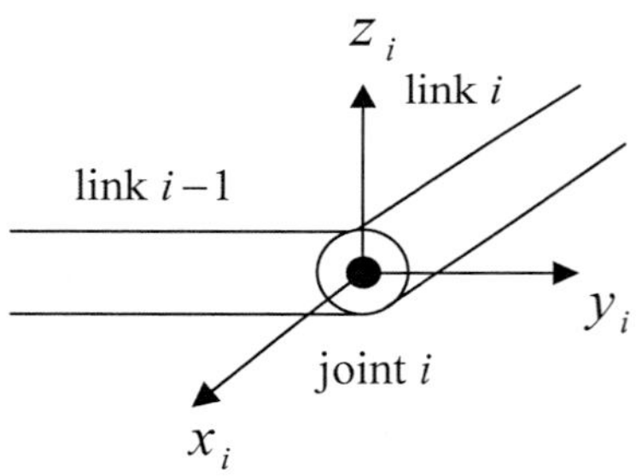

» **그림 2.1 링크와 관절의 관계**

관절(joint)은 액추에이터가 회전운동을 하느냐 왕복운동을 하느냐에 따라 <그림 2.2>에서 보듯이 크게 회전관절(revolute joint)과 병진관절(prismatic joint)로 분류된다. i번째 관절의 관절변수(joint variable)를 q_i로 표현하면 회전관절의 경우 q_i는 회전각 θ_i가 되고, 병진관절의 경우 관절 변위 d_i가 된다. 참고로 실린더형 관절(cylindrical joint)은 회전과 병진이 동시에 일어나는 2자유도 관절이다.

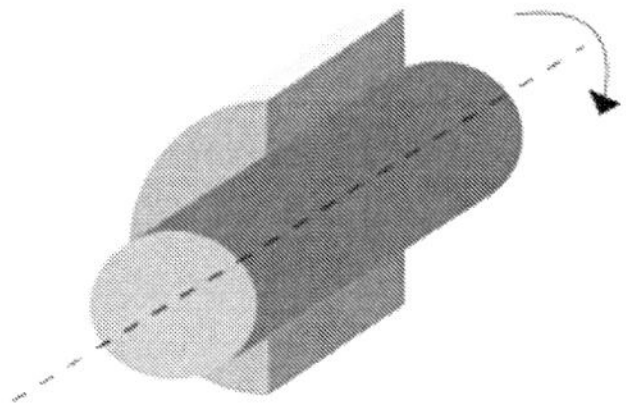

(a) 회전관절

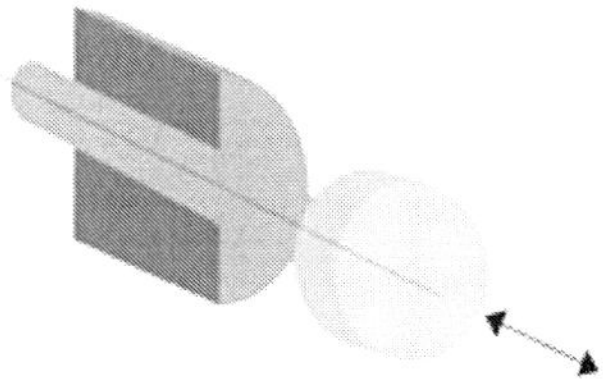

(b) 병진관절

» **그림 2.2** 관절의 종류

기구학적 해석을 위해서 각 링크에 좌표계를 설정해야 하는데, i 번째 링크에는 <그림 2.1>과 같이 $x_iy_iz_i$ 좌표계가 부여된다. 그러므로 i 번째 관절이 회전이나 병진 운동을 하면 i 번째 링크와 $x_iy_iz_i$ 좌표계가 함께 움직이며, 강체인 i 번째 링크 상의 한 점은 좌표계 내에서 일정한 좌표를 유지한다. 특히, $x_0y_0z_0$ 좌표계는 기저부에 단단히 고정되어서 로봇의 움직임에 대한 관성적 반력을 제공하므로 관성좌표계 (inertial frame)라고 부르고, 각 링크에 부착된 상대좌표계(relative coordinate frame) 들의 절대적 기준을 제공하기 때문에 기준좌표계(reference frame)라고도 한다.

동차변환을 이해하기 위해서는 좌표계와 점, 벡터, 회전 행렬에 관한 기초적인 지식이 필요하다. 좌표계는 원점과 직교(orthogonal) 좌표축으로 구성되는데, 2차원 공간에 대해서는 두 개의 좌표축(x, y축)이 필요하고 3차원 공간에 대해서는 세 개의 좌표축(x, y, z축)이 필요하다. 공간에 하나의 점이 있다고 했을 때 그 점의 위치를 측정하기 위해서는 기준좌표계를 설정해야 한다. 기준좌표계는 임의로 정할 수 있으며 그에 따라 동일한 점이라 하더라도 그 좌표값이 달라진다. 예를 들어 <그림 2.3>에서 2차원 공간 상의 한 점 p는 두 좌표계 x_0y_0와 x_1y_1중 어느 좌표계를 기준으로 하느냐에 따라 다음과 같이 두 개의 좌표로 표현될 수 있다.

$$p^0 = \begin{bmatrix} 2 \\ 2.5 \end{bmatrix},\ p^1 = \begin{bmatrix} -1.2 \\ 1.8 \end{bmatrix} \tag{2.1}$$

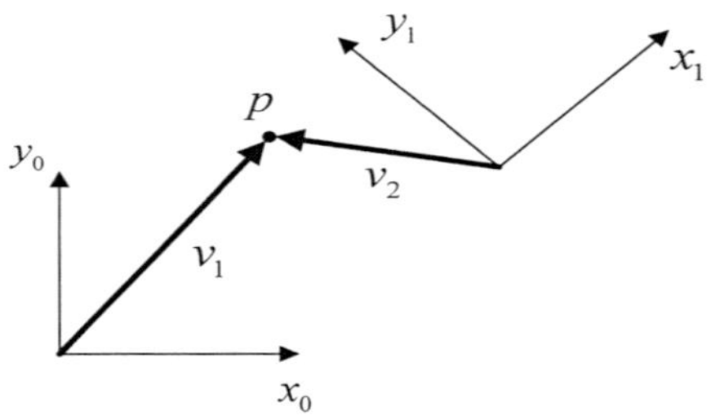

» **그림 2.3** 두 2차원 좌표계에서 표현된 한 점의 상대적 위치와 벡터

식에서 p^0는 x_0y_0 좌표계에서 측정된 2차원 좌표를, p^1은 x_1y_1 좌표계에서 측정된 좌표를 각각 의미한다.

좌표계에서 한 점이 갖는 위치와 함께 중요한 개념이 벡터(vector)이다. 벡터는 방향(direction)과 크기(magnitude)를 갖는 물리량이며, 자유벡터(free vector)는 점처럼 특정 공간에 고정되어 있는 것이 아니라 공간을 자유롭게 이동할 수 있다. 자유벡터는 방향과 크기가 같다면 아무리 먼 곳에 위치해 있다 하더라도 동일하다고 간주한다. <그림 2.3>에서 v_1과 v_2는 자유벡터로서 좌표계와는 상관없는 고유한 벡터값을 갖는다. 그러나 이 벡터들은 기준좌표계를 x_0y_0 좌표계로 잡느냐, x_1y_1 좌표계로 잡느냐에 따라 서로 달라진다. 즉, 자유벡터 v_1을 x_0y_0 좌표계를 기준좌표계로 설정할 경우를 v_1^0 벡터, x_1y_1 좌표계를 기준좌표계로 설정할 경우를 v_1^1 벡터라고 한다면 다음과 같이 다르게 표현된다.

$$v_1^0 = \begin{bmatrix} 2 \\ 2.5 \end{bmatrix}, \quad v_1^1 = \begin{bmatrix} 3.2 \\ 0.4 \end{bmatrix} \tag{2.2}$$

마찬가지로 자유벡터 v_2에 대해 x_0y_0 좌표계를 기준으로 한 v_2^0 벡터, x_1y_1 좌표계를 기준으로 한 v_2^1 벡터를 각 기준좌표계에서 표현하면 다음과 같다.

$$v_2^0 = \begin{bmatrix} -2.2 \\ 0.4 \end{bmatrix}, \quad v_2^1 = \begin{bmatrix} -1.2 \\ 1.8 \end{bmatrix} \tag{2.3}$$

이제 좌표계를 회전시켜서 얻은 새로운 좌표계 상의 한 점의 좌표를 원 좌표계를 기준으로 변환하여 계산하는 방법에 대해 알아보자. <그림 2.4>는 x_0y_0 좌표계를 θ만큼 반시계방향으로 회전시켜서 x_1y_1 좌표계를 새롭게 구축한 예를 보인다. x_1y_1 좌표계 상에서 측정한 점 p의 좌표를 (α, β)라고 하면 점 p는 다음과 같이 표현된다.

$$p = \alpha \overline{x_1} + \beta \overline{y_1} \tag{2.4}$$

식에서 $\overline{x}_1$와 $\overline{y}_1$는 x_1 좌표축 방향과 y_1 좌표축 방향의 단위 벡터(크기가 1인 벡터)를 각각 나타낸다. 그러므로 점 p는 벡터로 표현된다.

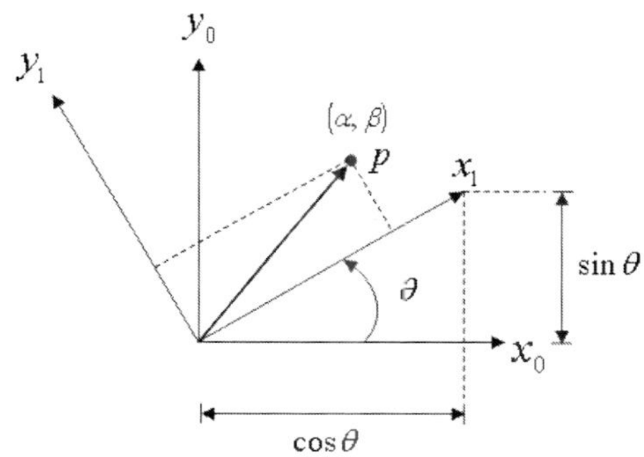

» **그림 2.4** 2차원의 x_0y_0 좌표계를 θ만큼 회전시켜서 얻은 x_1y_1 좌표계의 관계도

벡터 p의 좌표를 x_0y_0 좌표계에서 측정하고 그 벡터를 p^0라고 하면 다음과 같이 투영법을 써서 표현할 수 있다.

$$p^0 = \begin{bmatrix} p \cdot \overline{x_0} \\ p \cdot \overline{y_0} \end{bmatrix} = \begin{bmatrix} (\alpha\overline{x_1} + \beta\overline{y_1}) \cdot \overline{x_0} \\ (\alpha\overline{x_1} + \beta\overline{y_1}) \cdot \overline{y_0} \end{bmatrix} = \begin{bmatrix} \overline{x_1} \cdot \overline{x_0} & \overline{y_1} \cdot \overline{x_0} \\ \overline{x_1} \cdot \overline{y_0} & \overline{y_1} \cdot \overline{y_0} \end{bmatrix} \begin{bmatrix} \alpha \\ \beta \end{bmatrix} \tag{2.5}$$

식에서 '·' 기호는 벡터 내적(dot product)을 의미하며, <그림 2.5>와 같이 두 벡터 x와 y의 내적은 한쪽 벡터를 다른 쪽 벡터에 수직이 되게 투영했을 때의 크기와

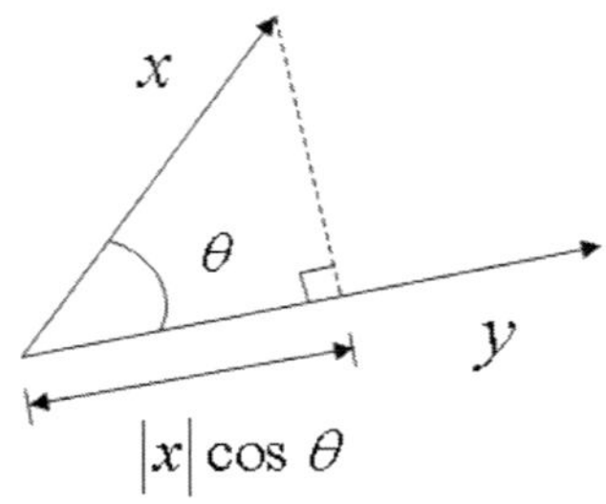

» **그림 2.5 두 벡터 x와 y의 내적**

다른 쪽 벡터의 크기를 곱하여 다음과 같이 계산할 수 있다.

$$x \cdot y = |x||y|\cos\theta \tag{2.6}$$

식 (2.5)에서 $\overline{x}_0, \overline{x}_1, \overline{y}_0, \overline{y}_1$은 좌표축 단위 벡터로서 모두 크기가 1이므로 <그림 2.4>의 상호관계로부터 다음과 같은 관계식으로 표현된다.

$$\begin{aligned} p^0 &= \begin{bmatrix} \overline{x_1} \cdot \overline{x_0} & \overline{y_1} \cdot \overline{x_0} \\ \overline{x_1} \cdot \overline{y_0} & \overline{y_1} \cdot \overline{y_0} \end{bmatrix} \begin{bmatrix} \alpha \\ \beta \end{bmatrix} = \begin{bmatrix} \cos\theta & \cos\left(\dfrac{\pi}{2}+\theta\right) \\ \cos\left(\dfrac{\pi}{2}-\theta\right) & \cos\theta \end{bmatrix} \begin{bmatrix} \alpha \\ \beta \end{bmatrix} \\ &= \begin{bmatrix} \cos\theta & -\sin\theta \\ \sin\theta & \cos\theta \end{bmatrix} \begin{bmatrix} \alpha \\ \beta \end{bmatrix} \end{aligned} \tag{2.7}$$

이 식에서 점 p의 좌표값 $[\alpha\ \beta]^T$ 앞에 곱해진 행렬을 회전행렬 R이라고 하며, p^0는 x_1y_1 좌표계의 한 점 p를 x_0y_0 좌표계에서 바라본 것이므로 위첨자는 0(기준 좌표계), 아래첨자는 1(대상 좌표계)을 붙여서 다음과 같이 간략히 표현할 수 있다.

$$p^0 = R_1^0 p, \quad R_1^0 = \begin{bmatrix} \cos\theta & -\sin\theta \\ \sin\theta & \cos\theta \end{bmatrix} \tag{2.8}$$

이번에는 3차원 상에서 좌표계의 회전변환을 회전행렬 R로 표현하는 방법에 대해 알아보자. <그림 2.6>은 3차원 공간에서 $x_0y_0z_0$ 좌표계를 z_0축을 중심으로 θ만큼 회전시켜서 얻은 $x_1y_1z_1$ 좌표계의 관계를 나타낸다. 동일한 투영 원리에 의해 식 (2.5)를 다음과 같이 확장함으로써 $x_1y_1z_1$ 좌표계에서 측정된 벡터 p를 $x_0y_0z_0$ 좌표계에서 보았을 때의 벡터 p^0로 변환할 수 있다.

$$p^0 = \begin{bmatrix} p \cdot \overline{x}_0 \\ p \cdot \overline{y}_0 \\ p \cdot \overline{z}_0 \end{bmatrix} = \begin{bmatrix} (\alpha\overline{x}_1 + \beta\overline{y}_1 + \gamma\overline{z}_1) \cdot \overline{x}_0 \\ (\alpha\overline{x}_1 + \beta\overline{y}_1 + \gamma\overline{z}_1) \cdot \overline{y}_0 \\ (\alpha\overline{x}_1 + \beta\overline{y}_1 + \gamma\overline{z}_1) \cdot \overline{z}_0 \end{bmatrix} = \begin{bmatrix} \overline{x}_1 \cdot \overline{x}_0 & \overline{y}_1 \cdot \overline{x}_0 & \overline{z}_1 \cdot \overline{x}_0 \\ \overline{x}_1 \cdot \overline{y}_0 & \overline{y}_1 \cdot \overline{y}_0 & \overline{z}_1 \cdot \overline{y}_0 \\ \overline{x}_1 \cdot \overline{z}_0 & \overline{y}_1 \cdot \overline{z}_0 & \overline{z}_1 \cdot \overline{z}_0 \end{bmatrix} \begin{bmatrix} \alpha \\ \beta \\ \gamma \end{bmatrix} \tag{2.9}$$

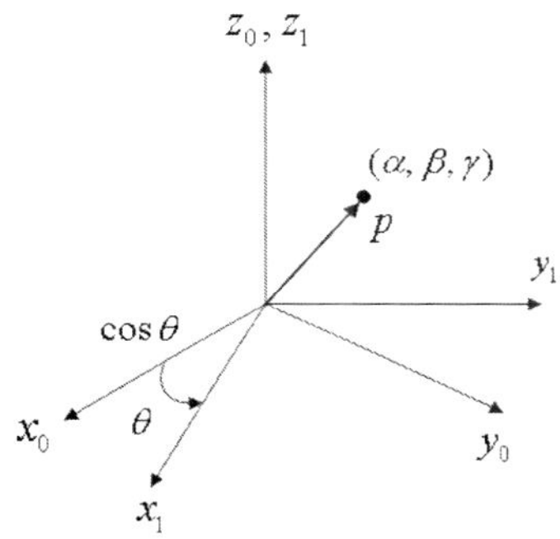

» **그림 2.6** 3차원 공간에서 $x_0y_0z_0$ 좌표계를 z_0축을 중심으로 θ만큼 회전시켜서 얻은 $x_1y_1z_1$ 좌표계의 관계도

<그림 2.6>에서 x-y축의 회전은 <그림 2.4>와 동일하므로 식 (2.9)의 3차원 회전행렬에서 z축과의 벡터 내적만 새롭게 계산하면 된다. x-z축과, y-z축은 서로 직교하므로 회전행렬의 3번째 열과 3번째 행의 원소 중 $\overline{z}_1 \cdot \overline{z}_0$항만 제외하고 모두 0이다. $\overline{z}_0$와 $\overline{z}_1$ 벡터는 서로 일치하며 크기가 1인 단위 벡터이므로 결과적으로 식 (2.9)는 다음과 같이 계산된다.

$$p^0 = \begin{bmatrix} p \cdot \overline{x}_0 \\ p \cdot \overline{y}_0 \\ p \cdot \overline{z}_0 \end{bmatrix} = \begin{bmatrix} \cos\theta & -\sin\theta & 0 \\ \sin\theta & \cos\theta & 0 \\ 0 & 0 & 1 \end{bmatrix} \begin{bmatrix} \alpha \\ \beta \\ \gamma \end{bmatrix} \tag{2.10}$$

이 식은 z축을 중심으로 반시계방향(오른손 법칙에서 양의 방향)으로 θ만큼 회전시킨 경우에 해당되므로 식 (2.8)의 관계식을 적용하면 회전행렬 $R_{z,\theta}$는 다음과 같이 정의된다.

$$R_1^0 = R_{z,\theta} = \begin{bmatrix} \cos\theta & -\sin\theta & 0 \\ \sin\theta & \cos\theta & 0 \\ 0 & 0 & 1 \end{bmatrix} \tag{2.11}$$

같은 원리로 x축을 중심으로 반시계방향으로 θ만큼 회전시켰을 때의 회전행렬 $R_{x,\theta}$와 y축을 중심으로 반시계방향으로 θ만큼 회전시켰을 때의 회전행렬 $R_{y,\theta}$는 다음과 같이 정의된다.

$$R_{x,\theta} = \begin{bmatrix} 1 & 0 & 0 \\ 0 & \cos\theta & -\sin\theta \\ 0 & \sin\theta & \cos\theta \end{bmatrix} \tag{2.12}$$

$$R_{y,\theta} = \begin{bmatrix} \cos\theta & 0 & \sin\theta \\ 0 & 1 & 0 \\ -\sin\theta & 0 & \cos\theta \end{bmatrix} \tag{2.13}$$

식에서 $R_{y,\theta}$의 경우 $\sin\theta$의 부호가 다른 회전행렬과 다름을 알 수 있는데, <그림 2.7>을 보면서 식 (2.9)를 적용하면 구할 수 있다.

세 개의 회전행렬 $R_{x,\theta}$, $R_{y,\theta}$, $R_{z,\theta}$는 특수직교(special orthogonal, SO) 그룹에 속하는데, 어떤 행렬 R이 특수직교 그룹에 속하기 위해서는 다음의 네 가지 성질을 모두 만족시켜야 한다.

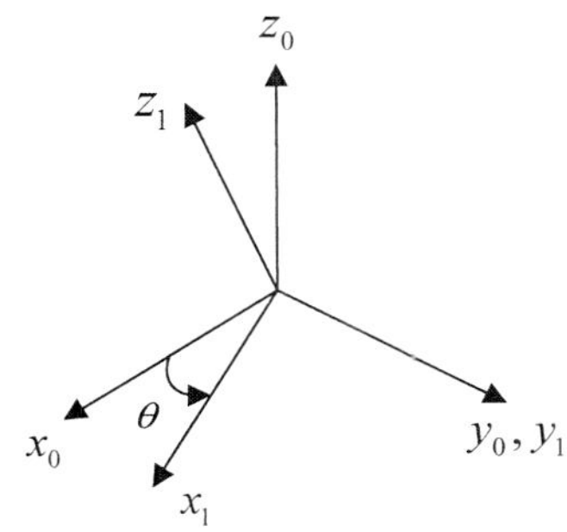

» **그림 2.7** 3차원 공간에서 $x_0y_0z_0$ 좌표계를 y_0축을 중심으로 θ만큼 회전시켜서 얻은 $x_1y_1z_1$ 좌표계의 관계도

- $R^T = R^{-1}$(R^T는 행렬 R의 전치행렬임)
- 행렬 R의 모든 열이 상호 직교(orthogonal)이며 동시에 모든 행도 상호 직교한다.
- 행렬 R의 모든 열이 단위 벡터이며 동시에 모든 행도 단위 벡터가 된다.
- $\det R = 1$

만약 어떤 회전행렬 R이 하나의 변수 θ만으로 표현되고 특수직교 그룹에 속하면 첫 번째 성질에 의해 다음 식이 성립한다.

$$R(\theta)R(\theta)^T = I \tag{2.14}$$

이 식을 증명하기 위해, $R_{z,\theta}$를 예로 들어 전치행렬(transpose matrix)을 구하면 다음과 같다.

$$R_{z,\theta}^T = \begin{bmatrix} \cos\theta & -\sin\theta & 0 \\ \sin\theta & \cos\theta & 0 \\ 0 & 0 & 1 \end{bmatrix}^T = \begin{bmatrix} \cos\theta & \sin\theta & 0 \\ -\sin\theta & \cos\theta & 0 \\ 0 & 0 & 1 \end{bmatrix} = \begin{bmatrix} \cos(-\theta) & -\sin(-\theta) & 0 \\ \sin(-\theta) & \cos(-\theta) & 0 \\ 0 & 0 & 1 \end{bmatrix} = R_{z,-\theta} \tag{2.15}$$

그러므로 $R_{z,\theta}^T$는 $R_{z,-\theta}$와 같은데 이는 어떤 좌표계를 z축 중심으로 $-\theta$만큼 회전시킨 운동을 나타낸다. 이 관계식을 식 (2.14)에 대입하면 z축을 중심으로 θ만큼 회전 후($R_{z,\theta}$) 다시 $-\theta$만큼 회전($R_{z,-\theta}=R_{z,\theta}^T$)한 복합회전을 의미한다. 이는 어떤 좌표계가 원래 위치와 방향으로 되돌아오는 것을 의미한다. 그러므로 결과적으로 아무 변환도 발생하지 않게 되어 다음과 같이 변환행렬은 단위행렬로 표현되고, 이는 식 (2.14)가 참임을 증명한다.

$$R_{z,\theta}R_{z,\theta}^T = R_{z,\theta}R_{z,-\theta} = R_{z,0} = I \tag{2.16}$$

이 식으로부터 $R_{z,\theta}$의 역행렬은 다음과 같이 $R_{z,-\theta}$와 동일함을 알 수 있다.

$$R_{z,\theta}^{-1} = R_{z,\theta}^T = R_{z,-\theta} \tag{2.17}$$

회전행렬 $R_{x,\theta}$와 $R_{y,\theta}$도 다음과 같이 동일한 특성을 가지며, 같은 원리로 증명할 수 있다.

$$R_{x,\theta}^{-1} = R_{x,\theta}^T = R_{x,-\theta}, \quad R_{y,\theta}^{-1} = R_{y,\theta}^T = R_{y,-\theta} \tag{2.18}$$

지금까지는 회전관계에 있는 두 개의 좌표계에 대해서만 생각했다. 그러나 다관절 로봇은 관절 수만큼의 좌표계가 존재하며, 다수개의 관절이 동시에 회전하거나 병진할 때 임의의 링크나 말단부가 갖는 좌표계의 위치와 방향을 수학적으로 표현해야 한다.

먼저 둘 이상의 좌표계가 복합회전(composite rotation)하는 경우에 대해 생각해보자. 3차원 공간에서 $x_0y_0z_0$ 좌표계를 회전행렬 R_1^0로 회전시켜 $x_1y_1z_1$ 좌표계를 얻고, 이 좌표계를 다시 회전행렬 R_2^1로 회전시켜 $x_2y_2z_2$ 좌표계를 얻었다고 하자. $x_2y_2z_2$ 좌표계에 위치한 한 점 p의 좌표를 $x_0y_0z_0$ 좌표계에서 측정하고 싶다면, 먼저 $x_1y_1z_1$ 좌표계에서 점 p를 보았을 때의 위치 p^1을 다음 식을 이용해서 구해야 한다.

$$p^1 = R_2^1 p \tag{2.19}$$

이렇게 변환된 점 p^1을 $x_0 y_0 z_0$ 좌표계에서 측정하기 위해서는 다음과 같이 한 번 더 회전행렬 R_1^0을 곱해야 한다.

$$p^0 = R_1^0 p^1 \tag{2.20}$$

식 (2.19)를 식 (2.20)에 대입하면 다음의 식을 얻을 수 있다.

$$p^0 = R_1^0 R_2^1 p \tag{2.21}$$

$x_0 y_0 z_0$ 좌표계로부터 $x_2 y_2 z_2$ 좌표계까지의 회전행렬을 R_2^0로 표기하면 이 식은 다음과 같이 간략하게 표현된다.

$$p^0 = R_2^0 p, \;\; R_2^0 = R_1^0 R_2^1 \tag{2.22}$$

이 식으로부터, 어떤 좌표계를 회전시켜서 새로운 좌표계가 생성되었다면 이때의 회전행렬을 기존 회전행렬의 뒤에 곱해줌으로써 전체 회전행렬을 계산할 수 있다는 사실을 알 수 있다. 이를 일반화하면, $x_0 y_0 z_0$ 좌표계를 R_1^0부터 R_n^{n-1}까지의 회전행렬을 사용해서 순차적으로 회전시켜 $x_n y_n z_n$ 좌표계를 얻었을 때 이 좌표계의 전체 회전행렬 R_n^0은 다음과 같이 표현할 수 있다.

$$p^0 = R_n^0 p, \;\; R_n^0 = R_1^0 R_2^1 \cdots R_n^{n-1} \tag{2.23}$$

이와 같이 복합회전의 경우 말단 좌표계의 회전행렬을 가장 뒤에 곱해주는 규칙을 후행승산(postmultiply)법이라 한다.

지금까지 좌표계 간의 회전변환에 대해서만 살펴보았는데, 선형모터를 사용하는 관절의 경우 병진변환도 발생하므로 이를 고려한 좌표계 변환에 대해 알아보자. <그림 2.8>은 앞의 경우에서처럼 $x_0y_0z_0$ 좌표계를 z_0축을 중심으로 θ만큼 반시계 방향으로 회전시킨 후, 병진변환 벡터 d_0만큼 이동시켜서 얻은 $x_1y_1z_1$ 좌표계를 나타낸다. 이때 $x_1y_1z_1$ 좌표계 상의 한 점 p의 위치를 $x_0y_0z_0$ 좌표계에서 표현하려면 식 (2.8)을 다음과 같이 확장하면 된다.

$$p^0 = R_1^0 p + d_0 \tag{2.24}$$

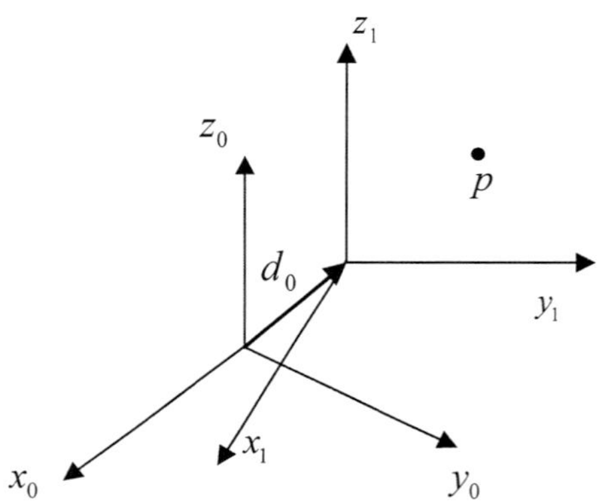

» **그림 2.8 3차원 공간에서 $x_0y_0z_0$ 좌표계를 z_0축을 중심으로 θ만큼 회전시킨 후 d_0 만큼 이동시켜서 얻은 $x_1y_1z_1$ 좌표계의 관계도**

일반화를 위해 둘 이상의 좌표계가 관절의 회전 및 병진운동에 의해 복합적으로 회전하고 이동하는 경우에 대해 생각해 보자. 먼저 $x_0y_0z_0$ 좌표계에 대해 R_1^0 행렬로 좌표계 회전을 일으킨 후 d_1^0 벡터로 좌표계를 이동시켜서 $x_1y_1z_1$ 좌표계를 얻고, 연속해서 이 좌표계를 R_2^1 행렬로 회전시킨 후 d_2^1 벡터만큼 이동시켜서 $x_2y_2z_2$ 좌표계를 얻었다고 하자. $x_2y_2z_2$ 좌표계 상의 벡터 p를 $x_0y_0z_0$ 좌표계에서 표현하기 위해서는 먼저 이 벡터를 $x_1y_1z_1$ 좌표계에서 표현한 벡터 p^1을 다음 식에 의해 계산해야 한다.

$$p^1 = R_2^1 p + d_2^1 \tag{2.25}$$

그리고 다음 식을 이용해서 벡터 p^1을 $x_0y_0z_0$ 좌표계에서 표현할 수 있다.

$$p^0 = R_1^0 p^1 + d_1^0 \tag{2.26}$$

식 (2.25)를 식 (2.26)에 대입하면 다음과 같은 관계식을 얻을 수 있다.

$$p^0 = R_1^0 R_2^1 p + R_1^0 d_2^1 + d_1^0 \tag{2.27}$$

이 식을 식 (2.21)과 비교해보면 우변의 $R_1^0 d_2^1 + d_1^0$ 항은 병진운동에 의해 새롭게 추가되었음을 알 수 있으며, 다음과 같이 d_2^0 벡터를 이용해서 간략하게 표현할 수 있다.

$$p^0 = R_2^0 p + d_2^0,\ R_2^0 = R_1^0 R_2^1,\ d_2^0 = R_1^0 d_2^1 + d_1^0 \tag{2.28}$$

어떤 로봇에 n개의 관절이 있고, 각 관절이 회전 또는 병진운동을 할 때 말단 좌표계의 점을 식 (2.28)과 같이 표현하면 너무 길고 복잡하게 될 것이다. 그러나 앞서 배운 3차원 회전행렬 R에 병진변환 벡터 d를 추가하여 다음과 같이 확장된 행렬을 이용한다면 보다 간단히 표현할 수 있다.

$$H = \begin{bmatrix} R & d \\ \mathbf{0} & 1 \end{bmatrix} \tag{2.29}$$

이 행렬을 동차변환행렬(homogeneous transformation matrix)이라고 하며 R은 3차원 정방행렬(square matrix), d는 3×1 벡터, $\mathbf{0}$은 1×3 영벡터(원소가 모두 0인

벡터)이므로 H는 4차원 정방행렬이다. 식 (2.28)의 R_2^0와 d_2^0는 다음과 같이 각 동차변환행렬의 곱으로 표현할 수 있다.

$$H_2^0 = \begin{bmatrix} R_2^0 & d_2^0 \\ \mathbf{0} & 1 \end{bmatrix} = \begin{bmatrix} R_1^0 R_2^1 & R_1^0 d_2^1 + d_1^0 \\ \mathbf{0} & 1 \end{bmatrix} = \begin{bmatrix} R_1^0 & d_1^0 \\ \mathbf{0} & 1 \end{bmatrix} \begin{bmatrix} R_2^1 & d_2^1 \\ \mathbf{0} & 1 \end{bmatrix} = H_1^0 H_2^1 \quad (2.30)$$

동차변환행렬을 이용해서 좌표계 상의 한 점의 위치를 표현하려면 3차원 벡터 $p = (p_x, p_y, p_z)$는 다음과 같이 4×1 벡터 P로 확장되어야 한다.

$$P = \begin{bmatrix} p_x \\ p_y \\ p_z \\ 1 \end{bmatrix} \quad (2.31)$$

이제 동차변환행렬 H와 확장벡터 P를 이용하면 식 (2.27)은 다음과 같이 간략하게 표현된다.

$$P^0 = H_1^0 H_2^1 P \quad (2.32)$$

그리고 회전행렬의 경우와 마찬가지로, n번의 동차변환행렬이 연속적으로 발생하는 복합동차변환의 경우 식 (2.23)과 같은 후행승산 방식을 적용해서 다음과 같이 구할 수 있다.

$$P^0 = H_n^0 P, \quad H_n^0 = H_1^0 H_2^1 \cdots H_n^{n-1} \quad (2.33)$$

다음 행렬식들은 관절이 각 축을 따라서 병진운동을 할 때의 동차변환행렬($Trans$)과 각 축을 중심으로 회전운동을 할 때의 동차변환행렬(Rot)을 정리한 것이다. 예를 들어 $Trans_{x,a}$는 어떤 좌표계가 x축을 따라 a만큼 이동한 것을 나타내고, $Rot_{y,\beta}$는 어떤 좌표계가 y축을 중심으로 β만큼 회전한 것을 의미한다.

$$Trans_{x,a} = \begin{bmatrix} 1 & 0 & 0 & a \\ 0 & 1 & 0 & 0 \\ 0 & 0 & 1 & 0 \\ 0 & 0 & 0 & 1 \end{bmatrix}, \quad Trans_{y,b} = \begin{bmatrix} 1 & 0 & 0 & 0 \\ 0 & 1 & 0 & b \\ 0 & 0 & 1 & 0 \\ 0 & 0 & 0 & 1 \end{bmatrix}, \quad Trans_{z,c} = \begin{bmatrix} 1 & 0 & 0 & 0 \\ 0 & 1 & 0 & 0 \\ 0 & 0 & 1 & c \\ 0 & 0 & 0 & 1 \end{bmatrix}$$

$$Rot_{x,\alpha} = \begin{bmatrix} 1 & 0 & 0 & 0 \\ 0 & \cos\alpha & -\sin\alpha & 0 \\ 0 & \sin\alpha & \cos\alpha & 0 \\ 0 & 0 & 0 & 1 \end{bmatrix}, \quad Rot_{y,\beta} = \begin{bmatrix} \cos\beta & 0 & \sin\beta & 0 \\ 0 & 1 & 0 & 0 \\ -\sin\beta & 0 & \cos\beta & 0 \\ 0 & 0 & 0 & 1 \end{bmatrix},$$

$$Rot_{z,\gamma} = \begin{bmatrix} \cos\gamma & -\sin\gamma & 0 & 0 \\ \sin\gamma & \cos\gamma & 0 & 0 \\ 0 & 0 & 1 & 0 \\ 0 & 0 & 0 & 1 \end{bmatrix} \tag{2.34}$$

역기구학을 위해서는 이 동차변환행렬의 역행렬이 필요할 때가 있는데 일반적으로 4×4 행렬의 역행렬을 계산하기란 쉽지 않다. 그러나 다음과 같이 부분행렬들을 이용한 역행렬 공식을 사용하면 계산이 훨씬 쉬워진다.

$$\begin{bmatrix} A & B \\ C & D \end{bmatrix}^{-1} = \begin{bmatrix} (A-BD^{-1}C)^{-1} & -(A-BD^{-1}C)^{-1}BD^{-1} \\ -D^{-1}C(A-BD^{-1}C)^{-1} & D^{-1}+D^{-1}C(A-BD^{-1}C)^{-1}BD^{-1} \end{bmatrix} \tag{2.35}$$

식에서 A, B, C, D는 원래 행렬을 구성하는 부분행렬이다.

먼저, x축으로 a만큼 병진했을 때의 동차변환행렬인 $Trans_{x,a}$ 의 역행렬을 계산하기 위해 이 행렬을 다음과 같이 A, B, C, D 행렬로 분해하자.

$$A = \begin{bmatrix} 1 & 0 & 0 \\ 0 & 1 & 0 \\ 0 & 0 & 1 \end{bmatrix}, \quad B = \begin{bmatrix} a \\ 0 \\ 0 \end{bmatrix}, \quad C = [0 \ \ 0 \ \ 0], \ D = [1] \tag{2.36}$$

이 부분행렬들을 식 (2.35)에 대입하여 정리하면 $Trans_{x,a}$ 의 역행렬은 다음과 같다.

$$Trans_{x,a}^{-1} = \begin{bmatrix} 1 & 0 & 0 & -a \\ 0 & 1 & 0 & 0 \\ 0 & 0 & 1 & 0 \\ 0 & 0 & 0 & 1 \end{bmatrix} \tag{2.37}$$

이 식을 보면 $Trans_{x,a}$ 의 역행렬은 (1,4)번째 원소인 a를 $-a$로 교체해 준 것 외에 나머지원소는 다 똑같다. 이는 앞에서 다룬 회전변환 좌표계의 경우와 같이 어떤 좌표계를 병진변환에 의해 x축을 따라 a 만큼 이동시킨 후 이 좌표계를 다시 x축을 따라 $-a$ 만큼 이동시키면 원래 좌표계가 되는 원리를 생각하면 쉽게 이해된다. 동일한 원리로 $Trans_{y,b}$ 와 $Trans_{z,c}$ 의 역행렬은 다음과 같이 유도된다.

$$Trans_{y,b}^{-1} = \begin{bmatrix} 1 & 0 & 0 & 0 \\ 0 & 1 & 0 & -b \\ 0 & 0 & 1 & 0 \\ 0 & 0 & 0 & 1 \end{bmatrix}, \quad Trans_{z,c}^{-1} = \begin{bmatrix} 1 & 0 & 0 & 0 \\ 0 & 1 & 0 & 0 \\ 0 & 0 & 1 & -c \\ 0 & 0 & 0 & 1 \end{bmatrix} \tag{2.38}$$

회전 동차변환행렬의 역행렬은 식 (2.35)의 A 행렬에 식 (2.11)~(2.13)을 대입하고 $B = [1\ 0\ 0]^T$, $C = [0\ 0\ 0]$, $D = [1]$을 대입하여 정리하면 다음과 같이 유도된다.

$$\begin{aligned} Rot_{x,\alpha}^{-1} &= \begin{bmatrix} 1 & 0 & 0 & 0 \\ 0 & \cos\alpha & \sin\alpha & 0 \\ 0 & -\sin\alpha & \cos\alpha & 0 \\ 0 & 0 & 0 & 1 \end{bmatrix}, \quad Rot_{y,\beta}^{-1} = \begin{bmatrix} \cos\beta & 0 & -\sin\beta & 0 \\ 0 & 1 & 0 & 0 \\ \sin\beta & 0 & \cos\beta & 0 \\ 0 & 0 & 0 & 1 \end{bmatrix}, \\ Rot_{z,\gamma}^{-1} &= \begin{bmatrix} \cos\gamma & \sin\gamma & 0 & 0 \\ -\sin\gamma & \cos\gamma & 0 & 0 \\ 0 & 0 & 1 & 0 \\ 0 & 0 & 0 & 1 \end{bmatrix} \end{aligned} \tag{2.39}$$

이 역행렬 관계식들은 다음 절에서 유용하게 사용될 것이다.

2.2 | DH법을 이용한 휴머노이드 로봇 모델링

2.2.1 DH(Denavit-Hartenberg)법

DH법은 인접한 좌표계 사이의 회전과 이동 관계를 표현하기 위해 Denavit와 Hartenberg가 1955년에 제안한 방법으로서, 4개의 파라미터를 갖는 4×4 동차변환행렬의 곱을 이용해서 로봇의 링크나 몸체에 부착된 좌표계를 이전 링크의 좌표계로부터 체계적으로 구축하는 방법이다[1]. DH법은 링크와 링크가 서로 연결되어 있으면 대부분의 로봇에 적용할 수 있으므로, 기저부 좌표계$(x_0y_0z_0)$를 기준으로 임의의 링크 좌표계 $(x_iy_iz_i)$나 말단부 좌표계 $(x_ny_nz_n)$의 원점과 방향도 순차적으로 구할 수 있다.

DH법을 이해하기 위해 <그림 2.1>과 같이 i번째 관절이 $i-1$번째 링크와 i번째 링크를 연결하고, 각 링크에 $x_{i-1}y_{i-1}z_{i-1}$ 좌표계와 $x_iy_iz_i$ 좌표계가 부착되어 있다고 가정하자. 앞에서 설명했듯이 i번째 관절의 액추에이터가 회전이나 이동을 하면 후단에 연결된 i번째 링크와 $x_iy_iz_i$ 좌표계가 이에 반응해서 움직인다. <그림 2.9>는

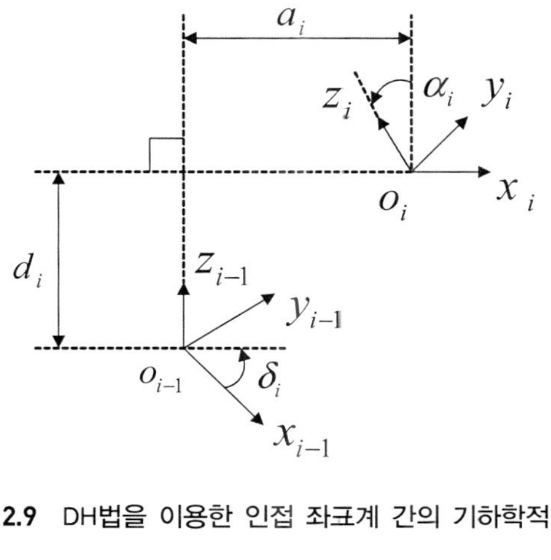

» **그림 2.9** DH법을 이용한 인접 좌표계 간의 기하학적 관계

DH법에서 규정한 방식으로 두 좌표계 간의 상대적인 변환관계를 정의한 것을 나타낸 것으로, 네 개의 DH 파라미터 $\delta_i, \alpha_i, d_i, a_i$는 각각 관절각(joint angle), 링크 비틀림(link twist), 링크 오프셋(link offset), 링크 길이(link length)를 나타낸다.

DH법은 4×4 동차변환행렬을 4개의 파라미터만으로 표현하는 것이므로, 두 인접 좌표계 간에 다음의 규칙이 성립해야만 적용 가능하다.

(규칙 1) x_i축은 z_{i-1}축과 직교해야 한다.
(규칙 2) x_i축은 z_{i-1}축과 만나야 한다.

다음은 DH법을 이용해서 $x_{i-1}y_{i-1}z_{i-1}$ 좌표계를 기준으로 $x_iy_iz_i$ 좌표계를 구축하는 원리를 단계적으로 설명한 것이다.

1) 먼저 링크 좌표계 설정을 위해 z축을 기준축으로 정해야 하는데, 회전관절의 경우 회전 중심축, 병진관절의 경우 왕복 방향축을 z축으로 설정한다. z축이 회전축일 경우 회전각 θ는 오른손 법칙을 따라야 하므로 <그림 2.10>과 같이 z축(엄지 손가락이 가리키는 방향)이 위로 향할 때 반시계방향(나머지 네 손가락이 향하는 방향)으로 각도가 증가하는 방향이 양(+)의 방향이다.
2) z_{i-1}축을 회전축으로 삼아 x_{i-1}축을 δ_i만큼 회전시킴으로써 $x_iy_iz_i$ 좌표계의 x_i축을 만든다.
3) z_{i-1}축을 따라서 $x_iy_iz_i$ 좌표계를 d_i만큼 이동시키고, 그 결과로서 x_i축과 x_{i-1}축 사이에 오프셋(offset)이 발생한다.
4) 새로 만들어진 x_i축을 따라서 $x_iy_iz_i$ 좌표계를 a_i만큼 이동한다. 휴머노이드 로봇의 경우 병진관절이 없으므로 a_i는 링크 길이에 해당한다.
5) x_i축을 회전축으로 삼아서 z_{i-1}축을 α_i만큼 회전하여 z_i축을 만든다. 오른손 법칙을 사용하기 때문에 그림에서 z_i축은 지면 위쪽을 향한다.

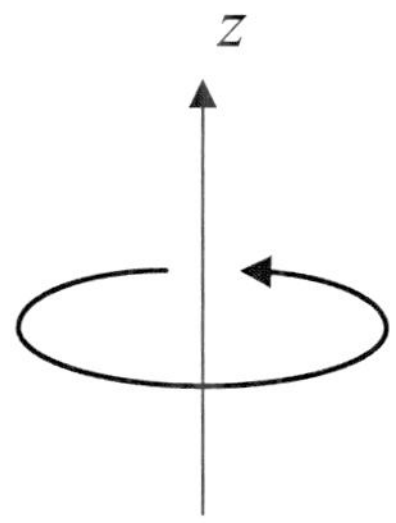

» **그림 2.10** 오른손 법칙에서의 양의 각도 방향

앞의 각 과정은 식 (2.29)에 표현된 동차변환행렬을 기본 단위로 사용해서 표현할 수 있으며, 이전 좌표계 $x_{i-1}y_{i-1}z_{i-1}$를 순차적으로 회전 및 병진변환시켜서 새로운 좌표계를 얻는 것이므로 DH변환행렬 B는 앞에서 설명한 후행승산 기법을 적용하여 다음과 같이 수식화 할 수 있다.

$$
\begin{aligned}
B_i(\delta_i, d_i, a_i, \alpha_i) &= Rot_{z,\delta_i} Trans_{z,d_i} Trans_{x,a_i} Rot_{x,\alpha_i} \\
&= \begin{bmatrix} C_i^\delta & -S_i^\delta & 0 & 0 \\ S_i^\delta & C_i^\delta & 0 & 0 \\ 0 & 0 & 1 & 0 \\ 0 & 0 & 0 & 1 \end{bmatrix} \begin{bmatrix} 1 & 0 & 0 & 0 \\ 0 & 1 & 0 & 0 \\ 0 & 0 & 1 & d_i \\ 0 & 0 & 0 & 1 \end{bmatrix} \begin{bmatrix} 1 & 0 & 0 & a_i \\ 0 & 1 & 0 & 0 \\ 0 & 0 & 1 & 0 \\ 0 & 0 & 0 & 1 \end{bmatrix} \begin{bmatrix} 1 & 0 & 0 & 0 \\ 0 & C_i^\alpha & -S_i^\alpha & 0 \\ 0 & S_i^\alpha & C_i^\alpha & 1 \\ 0 & 0 & 0 & 1 \end{bmatrix} \\
&= \begin{bmatrix} C_i^\delta & -S_i^\delta C_i^\alpha & S_i^\delta S_i^\alpha & a_i C_i^\delta \\ S_i^\delta & C_i^\delta C_i^\alpha & -C_i^\delta S_i^\alpha & a_i S_i^\delta \\ 0 & S_i^\alpha & C_i^\alpha & d_i \\ 0 & 0 & 0 & 1 \end{bmatrix}
\end{aligned}
\tag{2.40}
$$

식에서 대문자 S와 C는 sin 함수와 cos 함수를 각각 나타내며, 위첨자와 아래첨자는 DH 파라미터와 그 인덱스를 나타낸다. 즉, C_i^δ는 $\cos\delta_i$를 나타내고 S_i^α는 $\sin\alpha_i$를 의미한다. 아래 행렬은 B_i의 3×3 부분행렬(submatrix)을 나타내며 $x_{i-1}y_{i-1}z_{i-1}$

좌표계를 기준으로 $x_i y_i z_i$ 좌표계의 방향을 계산하는 데 사용된다.

$$\begin{bmatrix} C_i^\delta & -S_i^\delta C_i^\alpha & S_i^\delta S_i^\alpha \\ S_i^\delta & C_i^\delta C_i^\alpha & -C_i^\delta S_i^\alpha \\ 0 & S_i^\alpha & C_i^\alpha \end{bmatrix} \tag{2.41}$$

그리고 B_i에서 열벡터 $\left[a_i C_i^\delta \; a_i S_i^\delta \; d_i\right]^T$는 $x_i y_i z_i$ 좌표계 원점의 상대적 변위를 나타낸다.

DH법을 이용해서 각 링크 좌표계의 방향과 변위를 구하는 예로서 <그림 2.11>과 같이 2개의 링크를 갖는 평면 매니퓰레이터를 생각해 보자. 이 로봇은 x축과 y축으로 구성된 2차원 평면 상에서만 움직이며 z축은 페이지 앞쪽을 향한다. 기준 좌표계는 $x_0 y_0 z_0$이고 이로부터 DH법을 적용하여 $x_1 y_1 z_1$ 좌표계를 생성한다. x_1축은 x_0축을 z_0축 중심으로 θ_1만큼 회전시켜서 얻었으므로 $\delta_1 = \theta_1$이고, x_1축과 x_0축 사이에는 z_0축 방향의 오프셋이 없으므로 $d_1 = 0$이다. 그리고 z_1축과 z_0축 사이에는 x_1축 방향으로 l_1만큼의 변위가 발생하므로 $a_1 = l_1$이며, 마지막으로 x_1축을 중심으로 z_1축과 z_0축 사이의 회전이 없으므로 $\alpha_1 = 0$의 관계가 성립한다. 두

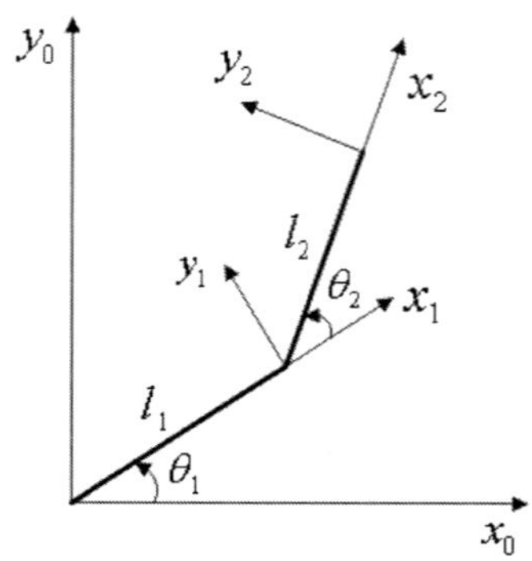

» **그림 2.11** 2-링크 평면 매니퓰레이터와 지역좌표계

번째 링크의 말단부 좌표계인 $x_2y_2z_2$ 좌표계와 $x_1y_1z_1$ 좌표계 간의 4개의 DH 파라미터들도 이와 동일한 방식으로 구할 수 있으며, 모든 파라미터들을 <표 2.1>에 정리했다.

» **표 2.1** 2-링크 평면 매니퓰레이터의 DH 파라미터

Link	δ_i	d_i	a_i	α_i
1	θ_1	0	l_1	0
2	θ_2	0	l_2	0

2-링크 평면 매니퓰레이터의 DH 파라미터와 변환행렬을 이용해서 링크 좌표계의 한 점이 기준좌표계에서는 어떻게 수식으로 표현되는지를 알아보자. 먼저 $x_1y_1z_1$ 좌표계 상에서 $\left(p_x^1, p_y^1, p_z^1\right)$의 좌표를 갖는 점 p^1을 $x_0y_0z_0$ 좌표계에서 바라보았을 때의 좌표 $\left(p_x^0, p_y^0, p_z^0\right)$는 DH 변환행렬식 (2.40)에 <표 2.1>의 파라미터들을 대입함으로써 다음과 같이 계산할 수 있다.

$$\begin{bmatrix} p_x^0 \\ p_y^0 \\ p_z^0 \\ 1 \end{bmatrix} = \begin{bmatrix} C_1^\theta & -S_1^\theta & 0 & l_1 C_1^\theta \\ S_1^\theta & C_1^\theta & 0 & l_1 S_1^\theta \\ 0 & 0 & 1 & 0 \\ 0 & 0 & 0 & 1 \end{bmatrix} \begin{bmatrix} p_x^1 \\ p_y^1 \\ p_z^1 \\ 1 \end{bmatrix} = \begin{bmatrix} C_1^\theta p_x^1 - S_1^\theta p_y^1 + l_1 C_1^\theta \\ S_1^\theta p_x^1 + C_1^\theta p_y^1 + l_1 S_1^\theta \\ p_z^1 \\ 1 \end{bmatrix} \tag{2.42}$$

이제 $x_2y_2z_2$ 좌표계 상에서 $\left(p_x^2, p_y^2, p_z^2\right)$의 좌표를 갖는 점을 $x_0y_0z_0$ 좌표계 상의 좌표로 표현하고 싶다면 다음과 같이 식 (2.42)의 행렬에 후행승산 방식을 적용하면 된다.

$$\begin{bmatrix} p_x^0 \\ p_y^0 \\ p_z^0 \\ 1 \end{bmatrix} = \begin{bmatrix} C_1^\theta & -S_1^\theta & 0 & l_1 C_1^\theta \\ S_1^\theta & C_1^\theta & 0 & l_1 S_1^\theta \\ 0 & 0 & 1 & 0 \\ 0 & 0 & 0 & 1 \end{bmatrix} \begin{bmatrix} C_2^\theta & -S_2^\theta & 0 & l_2 C_2^\theta \\ S_2^\theta & C_2^\theta & 0 & l_2 S_2^\theta \\ 0 & 0 & 1 & 0 \\ 0 & 0 & 0 & 1 \end{bmatrix} \begin{bmatrix} p_x^2 \\ p_y^2 \\ p_z^2 \\ 1 \end{bmatrix} \tag{2.43}$$

식 (2.42)와 식 (2.43)을 보면 관절이 추가될 때마다 동차변환행렬의 뒤에 새로운 행렬이 곱해지는 형태가 되므로, 관절이 2개 이상일 경우 i번째 관절부터 j번째 관절까지의 복합적인 좌표계 변환을 나타내는 복합변환행렬 T_j^i를 다음과 같이 도입하면 효율적으로 표현할 수 있다.

$$T_j^i = B_{i+1}B_{i+2}\cdots\ B_j = \begin{bmatrix} R_j^i & d_j^i \\ 0 & 1 \end{bmatrix} \tag{2.44}$$

여기에 $j+1$번째 관절과 링크를 새로 추가할 경우 복합변환행렬 관계식을 이용해서 다음과 같이 후행승산의 형태로 표현할 수 있다.

$$T_{j+1}^i = B_{i+1}\cdots\ B_jB_{j+1} = T_j^iB_{j+1} = \begin{bmatrix} R_{j+1}^i & d_{j+1}^i \\ 0 & 1 \end{bmatrix} \tag{2.45}$$

식 (2.42)와 식 (2.43)을 이용해서 $x_1y_1z_1$ 좌표계와 $x_2y_2z_2$ 좌표계 원점을 $x_0y_0z_0$ 좌표계 상에서 계산하는 방법에 대해 참고로 알아보자. 이 방법은 2.2.2절에서 휴머노이드 로봇의 관절좌표를 구할 때 사용된다. 먼저 $x_1y_1z_1$ 좌표계 원점을 기준좌표계로부터 측정한 좌표는 식 (2.42)에 $\left(p_x^1, p_y^1, p_z^1\right)= (0,0,0)$을 대입하면 $\left(p_x^0, p_y^0, p_z^0\right)= \left(a_1C_1^\theta, a_1S_1^\theta, 0\right)$과 같이 구해진다. 그리고 $x_2y_2z_2$ 좌표계 원점의 좌표를 기준좌표계로부터 측정할 때는 마찬가지로 식 (2.43)에 $\left(p_x^2, p_y^2, p_z^2\right)= (0,0,0)$을 대입하면 $\left(p_x^0, p_y^0, p_z^0\right)= \left(a_1C_1^\theta + a_2C_{12}^\theta, a_1S_1^\theta + a_2S_{12}^\theta, 0\right)$로 구해진다.

앞의 내용을 적용해서 간단한 2-링크 평면 매니퓰레이터의 동작을 MATLAB으로 시뮬레이션해 보자. 링크 길이에 해당하는 l_1이 0.1 m, l_2는 0.2 m라고 설정하고, θ_1은 $20°$에서 $50°$까지 $1°$ 간격으로, θ_2는 $0°$에서 $30°$까지 $1°$ 간격으로 매초에 회전한다고 가정하자. MATLAB 코드는 http://office.ucloud.com의 My ucloud/게스트폴더 code/matlab code 디렉터리에 있는 two_link_planar_robot.m 파일이며, 이를 컴퓨터에서 실행한 화면이 <그림 2.12>이다. 코드에서 p1_0와 p2_0는 $x_0y_0z_0$

좌표계를 기준으로 계산한 $x_1y_1z_1$ 좌표계와 $x_2y_2z_2$ 좌표계 원점의 좌표를 각각 의미한다. 그리고 DHMat함수는 <코드 2.2>에서 보듯이 식 (2.40)을 구현한 MATLAB 함수이다. MATLAB 언어에 대한 자세한 설명은 참고문헌[3]을 참고하기 바란다.

```
d1 = 0;    d2 = 0;
l1 = 0.1;   l2 = 0.2;
alpha1 = 0; alpha2 = 0;
theta1 = deg2rad([20:1:50]);  theta2 = deg2rad([0:1:30]);
st = 1;           % 샘플 시간

P0 = [0 0 0 1]';    % x0y0z0 좌표계의 원점
P1 = [0 0 0 1]';    % x1y1z1 좌표계의 원점
P2 = [0 0 0 1]';    % x2y2z2 좌표계의 원점

for i=1:length(theta1)
   t(i) = st*(i-1);
   % x0y0z0 좌표계에서 본 x1y1z1 좌표계 원점 p1의 좌표
   P1_0 = DHMat(theta1(i), d1, l1, alpha1)*P1;
   % x0y0z0 좌표계에서 본 x2y2z2 좌표계 원점 p2의 좌표
   P2_0 = DHMat(theta1(i), d1, l1, alpha1)*DHMat(theta2(i), d2, l2, alpha2)*P2;

   figure(1)
   plot([P0(1) P1_0(1) P2_0(1)], [P0(2) P1_0(2) P2_0(2)], '-bo');
   xlabel('x (m)');
   ylabel('y (m)');
   hold on;
end
```

» **코드 2.1** 2-링크 평면 매니퓰레이터의 동작 시뮬레이션

```
function y = DHMat(delta, d, a, alpha)

y = [cos(delta), -sin(delta)*cos(alpha), sin(delta)*sin(alpha),  a*cos(delta);
   sin(delta), cos(delta)*cos(alpha), -cos(delta)*sin(alpha), a*sin(delta);
    0,        sin(alpha),           cos(alpha),          d;
    0,        0,                  0,                 1];
```

» **코드 2.2** DH 변환행렬

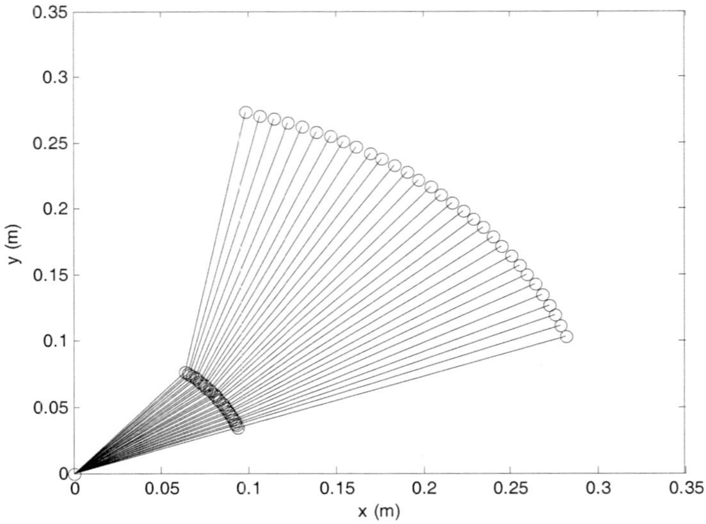

» **그림 2.12 2-링크 평면 매니퓰레이터의 동작 시뮬레이션**

이제 DH법을 이용해서 간단한 역기구학적 문제를 해결하는 과정을 알아보도록 하자. 역기구학 문제에서 가장 기본적인 방법은 역행렬을 사용하는 것이다. 식 (2.40)을 보면 DH행렬은 네 개의 행렬이 순차적으로 곱해진 형태임을 알 수 있다. DH행렬의 역행렬을 계산하기 위해 $ABCD$ 행렬의 역행렬 관계식은 다음과 같음을 기억하자.

$$(ABCD)^{-1} = D^{-1}C^{-1}B^{-1}A^{-1} \tag{2.46}$$

그러므로 DH행렬 B_i의 역행렬은 식 (2.37)~(2.39)를 이용해서 다음과 같은 관계식으로 표현된다.

$$B_i^{-1}(\delta_i, d_i, a_i, \alpha_i) = Rot_{x,\alpha_i}^{-1} Trans_{x,a_i}^{-1} Trans_{z,d_i}^{-1} Rot_{z,\delta_i}^{-1}$$

$$= \begin{bmatrix} 1 & 0 & 0 & 0 \\ 0 & C_i^\alpha & S_i^\alpha & 0 \\ 0 & -S_i^\alpha & C_i^\alpha & 1 \\ 0 & 0 & 0 & 1 \end{bmatrix} \begin{bmatrix} 1 & 0 & 0 & -a_i \\ 0 & 1 & 0 & 0 \\ 0 & 0 & 1 & 0 \\ 0 & 0 & 0 & 1 \end{bmatrix} \begin{bmatrix} 1 & 0 & 0 & 0 \\ 0 & 1 & 0 & 0 \\ 0 & 0 & 1 & -d_i \\ 0 & 0 & 0 & 1 \end{bmatrix} \begin{bmatrix} C_i^\delta & S_i^\delta & 0 & 0 \\ -S_i^\delta & C_i^\delta & 0 & 0 \\ 0 & 0 & 1 & 0 \\ 0 & 0 & 0 & 1 \end{bmatrix}$$

$$= \begin{bmatrix} C_i^\delta & S_i^\delta & 0 & -a_i \\ -S_i^\delta C_i^\alpha & C_i^\delta C_i^\alpha & S_i^\alpha & -d_i S_i^\alpha \\ S_i^\delta S_i^\alpha & -C_i^\delta S_i^\alpha & C_i^\alpha & -d_i C_i^\alpha \\ 0 & 0 & 0 & 1 \end{bmatrix} \tag{2.47}$$

앞에서 다룬 2-링크 평면 매니퓰레이터 문제를 변형해서, θ_1이 특정 각도일 때 $x_2y_2z_2$ 좌표계의 원점이 원하는 위치에 최대한 가깝게 만드는 θ_2의 각도를 계산하는 방법을 생각해 보자. 이 경우 θ_2가 미지수이므로 계산하기 쉽게 식 (2.43)의 우변에 있는 첫 번째 행렬의 역행렬을 다음과 같이 양변에 곱한다.

$$\begin{bmatrix} C_1^\theta & -S_1^\theta & 0 & l_1 C_1^\theta \\ S_1^\theta & C_1^\theta & 0 & l_1 S_1^\theta \\ 0 & 0 & 1 & 0 \\ 0 & 0 & 0 & 1 \end{bmatrix}^{-1} \begin{bmatrix} p_x^0 \\ p_y^0 \\ p_z^0 \\ 1 \end{bmatrix} = \begin{bmatrix} C_2^\theta & -S_2^\theta & 0 & l_2 C_2^\theta \\ S_2^\theta & C_2^\theta & 0 & l_2 S_2^\theta \\ 0 & 0 & 1 & 0 \\ 0 & 0 & 0 & 1 \end{bmatrix} \begin{bmatrix} p_x^2 \\ p_y^2 \\ p_z^2 \\ 1 \end{bmatrix} \tag{2.48}$$

이 식에서 좌변의 역행렬은 식 (2.47)의 DH역변환행렬에서 네 개의 파라미터를 $\delta_i = \theta_1, d_i = 0, a_i = l_1, \alpha_i = 0$ 으로 설정한 경우에 해당되므로 다음과 같은 관계식을 가진다.

$$\begin{bmatrix} C_1^\theta & -S_1^\theta & 0 & l_1 C_1^\theta \\ S_1^\theta & C_1^\theta & 0 & l_1 S_1^\theta \\ 0 & 0 & 1 & 0 \\ 0 & 0 & 0 & 1 \end{bmatrix}^{-1} = \begin{bmatrix} C_1^\theta & S_1^\theta & 0 & -l_1 \\ -S_1^\theta & C_1^\theta & 0 & 0 \\ 0 & 0 & 1 & 0 \\ 0 & 0 & 0 & 1 \end{bmatrix} \tag{2.49}$$

이 식을 식 (2.48)에 적용하면 다음과 같이 바뀐다.

$$\begin{bmatrix} C_1^\theta & S_1^\theta & 0 & -l_1 \\ -S_1^\theta & C_1^\theta & 0 & 0 \\ 0 & 0 & 1 & 0 \\ 0 & 0 & 0 & 1 \end{bmatrix} \begin{bmatrix} p_x^0 \\ p_y^0 \\ p_z^0 \\ 1 \end{bmatrix} = \begin{bmatrix} C_2^\theta & -S_2^\theta & 0 & l_2 C_2^\theta \\ S_2^\theta & C_2^\theta & 0 & l_2 S_2^\theta \\ 0 & 0 & 1 & 0 \\ 0 & 0 & 0 & 1 \end{bmatrix} \begin{bmatrix} p_x^2 \\ p_y^2 \\ p_z^2 \\ 1 \end{bmatrix} \tag{2.50}$$

이 식의 좌변과 우변을 비교하면 다음의 관계식이 성립함을 알 수 있다.

$$\begin{aligned} C_1^\theta p_x^0 + S_1^\theta p_y^0 - l_1 &= C_2^\theta p_x^2 - S_2^\theta p_y^2 + l_2 C_2^\theta, \\ -S_1^\theta p_x^0 + C_1^\theta p_y^0 &= S_2^\theta p_x^2 + C_2^\theta p_y^2 + l_2 S_2^\theta \end{aligned} \tag{2.51}$$

우리는 $x_2y_2z_2$ 좌표계의 원점($p_x^2 = 0, p_y^2 = 0$)이 기준좌표계 상의 특정 좌표(p_x^0와 p_y^0)에 위치하게 하는 것을 목표로 하므로 식 (2.51)은 다음과 같이 간략화된다.

$$\begin{aligned} C_1^\theta p_x^0 + S_1^\theta p_y^0 - l_1 &= l_2 C_2^\theta, \\ -S_1^\theta p_x^0 + C_1^\theta p_y^0 &= l_2 S_2^\theta \end{aligned} \tag{2.52}$$

이 식을 모두 만족시키는 θ_2를 계산해야 하는데, 식에는 $\sin\theta_2$와 $\cos\theta_2$에 관한 식만 있으므로 $\theta_2 = \tan^{-1}(\sin\theta_2/\cos\theta_2)$의 관계식을 이용해서 풀면 다음과 같다.

$$\theta_2 = \tan^{-1}\left(\frac{\sin\theta_2}{\cos\theta_2}\right) = \tan^{-1}\left(\frac{\dfrac{-S_1^\theta p_x^0 + C_1^\theta p_y^0}{l_2}}{\dfrac{C_1^\theta p_x^0 + S_1^\theta p_y^0 - l_1}{l_2}}\right) = \tan^{-1}\left(\frac{-S_1^\theta p_x^0 + C_1^\theta p_y^0}{C_1^\theta p_x^0 + S_1^\theta p_y^0 - l_1}\right) \tag{2.53}$$

<코드 2.3>은 θ_1이 $20°$에서 $50°$까지 1초에 $1°$씩 회전할 때 $x_2y_2z_2$ 좌표계의 원점이 목표점인 (0.22, 0.2, 0)에 최대한 가깝게 위치하게 하는 θ_2를 식 (2.53)을 이용해서 계산하고, 이렇게 계산한 θ_2로 $x_2y_2z_2$ 좌표계 원점을 계산했을 때 거리상 오차가 얼마나 발생하는지를 확인하기 위해 작성한 코드이다. MATLAB 소스 코드는 http://office.ucloud.com의 My ucloud/게스트폴더의 ik_two_link_planar_

robot.m 파일이며, 이를 컴퓨터에서 실행한 화면이 <그림 2.13~2.15>이다.

<그림 2.13>은 $x_2y_2z_2$ 좌표계 원점이 목표점에 근접하도록 θ_2가 점점 감소하는 것을 보이는데, <그림 2.12>와 비교하면 그 차이를 뚜렷이 알 수 있다. <그림 2.14>는 θ_1이 $20°$에서 $50°$까지 선형적으로 변하는 동안 식 (2.53)으로 계산한 θ_2의 궤적을 함께 나타낸 것이다. <그림 2.15>는 <그림 2.14>와 같이 θ_1과 θ_2가 변화할 때 목표한 $x_2y_2z_2$ 좌표계 원점과 실제 원점 간의 거리오차의 변화를 도시한 것이다. 두 링크 l_1과 l_2는 강체이므로 약 11초($\theta_1 = 31°$, $\theta_2 = 17°$)에 $x_2y_2z_2$ 좌표계 원점이 목표점과 거의 일치하다가 그 이외의 경우에는 거리오차가 증가함을 알 수 있다. 다른 말로 하면, 주어진 링크 길이를 가지는 2-링크 평면 매니퓰레이터의 말단부가 (0.22, 0.2, 0)에 정확히 위치하기 위한 두 각도값은 $\theta_1 = 31°$, $\theta_2 = 17°$이며, 이 값들이 이 역기구학 문제의 해가 되는 것이다.

```
d1 = 0;   d2 = 0;   l1 = 0.1;   l2 = 0.2;   alpha1 = 0;   alpha2 = 0;
theta1 = deg2rad([20:1:50]);
st = 1;                        % 샘플 시간
des_P2_0 = [0.22 0.2 0 1]';             % 목표 P2_0의 위치

P0 = [0 0 0 1]'; % x0y0z0 좌표계의 원점
P1 = [0 0 0 1]';           % x1y1z1 좌표계의 원점
P2 = [0 0 0 1]';           % x2y2z2 좌표계의 원점

figure(1)
plot(des_P2_0(1), des_P2_0(2), '-rx');
hold on

for i=1:length(theta1)
   t(i)=st*(i-1);
   P1_0 = DHMat(theta1(i), d1, l1, alpha1)*P1;
   % P2_0가 목표 점에 위치하게 하는 theta_2 계산
   theta2(i) = atan((-sin(theta1(i))*des_P2_0(1)+cos(theta1(i))*des_P2_0(2))/
           (cos(theta1(i))*des_P2_0(1)+sin(theta1(i))*des_P2_0(2)-l1));
   P2_0 = DHMat(theta1(i), d1, l1, alpha1)*DHMat(theta2(i), d2, l2, alpha2)*P2;
   err_dist(i) = norm(des_P2_0-P2_0);   % 목표점과의 오차 계산

   figure(1)
   plot([P0(1) P1_0(1) P2_0(1)], [P0(2) P1_0(2) P2_0(2)], '-ko');
   xlabel('x (m)');
   ylabel('y (m)');
```

```
    axis('equal');
    hold on
 end

figure(2)
subplot(2,1,1)
plot(t, theta1, 'k')
ylabel('theta_1');
subplot(2,1,2)
plot(t, theta2, 'k')
ylabel('theta_2');
xlabel('time (sec)');

figure(3)
plot(t, err_dist, 'k')
axis([0, 30, 0, 0.02]);
ylabel('distance error (m)');
xlabel('time (sec)');
```

» **코드 2.3** 2-링크 평면 매니퓰레이터의 역기구학 시뮬레이션

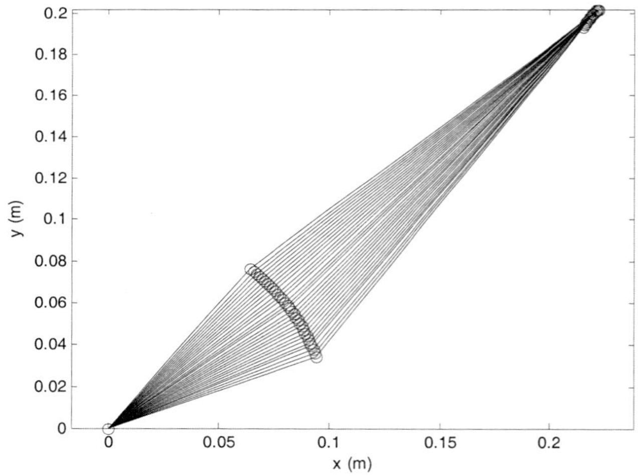

» **그림 2.13** 2-링크 평면 매니퓰레이터의 역기구학 시뮬레이션

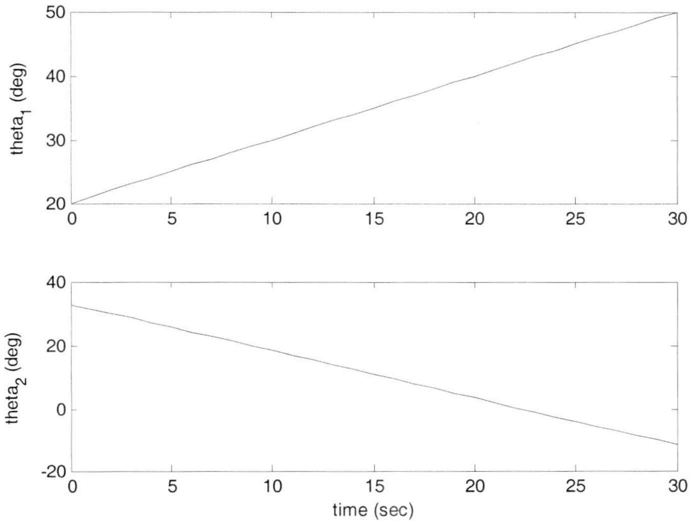

» **그림 2.14** θ_1과 θ_2 각도의 궤적 변화

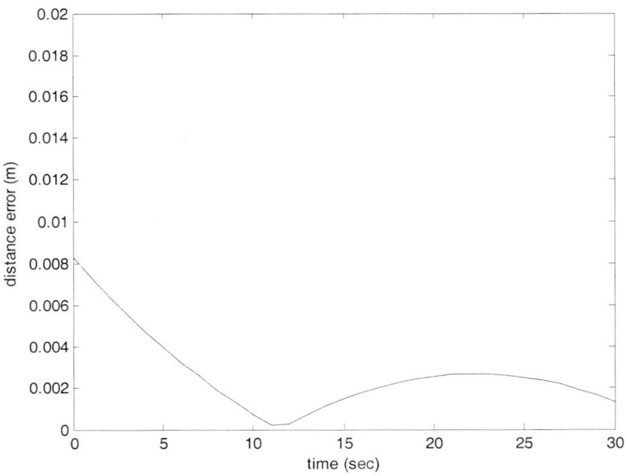

» **그림 2.15** 목표한 $x_2y_2z_2$ 좌표계 원점과 실제 원점 간의 거리 변화

2.2.2 DH법의 휴머노이드 로봇 적용

이번 절에서는 앞 절에서 배운 DH법을 이용해서 휴머노이드 로봇의 동작을 표현하는 방법에 대해 알아보자. 휴머노이드 로봇의 전신 구조와 링크-관절들은 인체를 모방한 것이므로, 인체의 관절과 뼈, 근육의 구조와 기능들을 먼저 살펴볼 필요가 있다. <그림 2.16>은 인체를 전면, 측면, 상부에서 보았을 때의 2차원 단면들을 나타낸다.

인체를 정면에서 보았을 때의 평면을 관상면(coronal plane 또는 frontal plane), 측면에서 보았을 때의 평면을 시상면(sagittal plane), 상부에서 보았을 때의 평면을 횡평면(transverse plane)이라고 부른다. 인간은 앞이나 뒤로 움직이기 위해서는 시상면 상의 관절들을 움직이고, 옆으로 움직이기 위해서는 관상면 상의 관절들을 회전시킨다. 그리고 제자리에 선 상태에서 또는 보행 중에 전방의 방향을 전환하기 위해서는 횡평면 상의 관절들을 회전시킨다.

많은 로봇 관련 저서와 논문에서는 Euler의 3차원 각도 정의에 따라 시상면 상에서 회전하는 관절을 피치(pitch) 관절, 관상면에서 회전하는 관절을 롤(roll) 관절, 횡평면에서 회전하는 관절을 요(yaw) 관절이라고 정의하고 있으며, 로보티즈 OP의 코드도 이러한 규칙을 따르고 있다. 피치 관절은 시상면 관절에, 롤 관절은 관상면 관절에, 요 관절은 횡평면 관절에 서로 대응되기 때문에 어느 쪽 정의를 따를 것인가는 독자가 판단하면 된다. 이 책에서는 제2장에서 제5장까지는 평면별 관절각 정의를 사용하며, 제6장에서는 OP의 소스 코드를 설명함에 있어 Euler의 관절각 정의와 혼용해서 사용할 것이다.

인체에서 시상면 상에서 회전하는 관절로는 상체에 목관절(neck joint), 견관절(shoulder joint), 주관절(elbow joint), 수관절(wrist joint)이 있고, 하체에 고관절(hip joint), 슬관절(knee joint), 족관절(ankle joint)이 있다. 관상면 상에서 회전하는 관절로는 상체에는 목관절, 견관절과 수관절이 있고, 하체에는 고관절과 족관절이 있다. 마지막으로 횡평면 상에서 회전하는 관절에는 상체에는 목관절과 견관절, 수관절이 있고 하체에는 고관절이 있다. 이 사실을 통해 인체의 관절 중 가장 복잡하고 정교한 관절은 3자유도(degree of freedom)를 갖는 목관절, 견관절, 수관절,

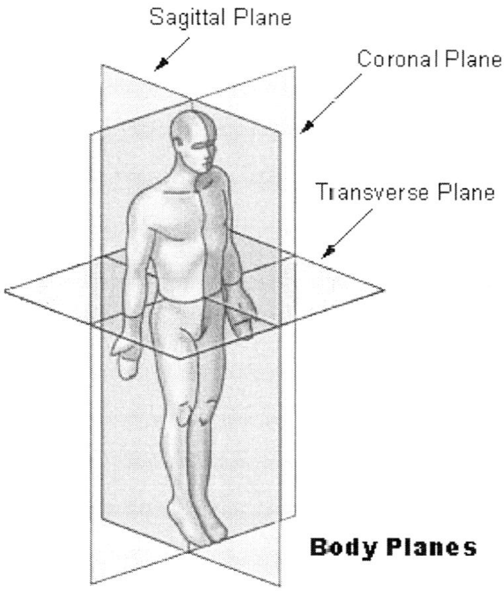

» **그림 2.16** 인체의 3가지 평면

고관절이며, 그 다음으로 복잡한 관절은 2자유도를 갖는 족관절임을 알 수 있다. <표 2.2>에 위의 내용을 정리했다.

» **표 2.2** 평면별 회전 관절 일람표

관절명	시상면	관상면	횡평면
목관절	○	○	○
견관절	○	○	○
주관절	○	–	–
수관절	○	○	○
고관절	○	○	○
슬관절	○	–	–
족관절	○	○	–

이 책에서 휴머노이드 로봇 플랫폼으로 채택한 ROBOTIS-OP(이하 OP) 시리즈(OP1, OP2)는 손의 역할을 하는 수관절용 액추에이터가 부착되어 있지 않으므로 이후의 기구학적 모델링에서 수관절은 제외된다.

<그림 2.17>은 OP 타입의 휴머노이드 로봇이 왼발로 서 있을 때의 하체를 링크와 관절들로 표현한 것으로 각 링크 좌표계들은 DH법의 파라미터 규정방식을 따른다. 로봇이 왼발로 서 있을 때는 $x_0y_0z_0$ 좌표계가 왼쪽 발목관절에 놓이게 되고, 오른발로 서 있을 때는 오른쪽 발목관절에 $x_0y_0z_0$ 좌표계가 위치하게 된다. 이러한 기준좌표계 변화는 모든 하체 링크 좌표계 설정에 영향을 미치고, 특히 양쪽 대퇴부에서는 DH 파라미터의 각도 정의가 달라진다.

그림에서 지지 다리의 발 중심점에 위치한 XYZ 좌표계는 세계좌표계(world coordinate frame) 또는 절대좌표계(absolute coordinate frame)를 의미하는데, 이 책에서는 학계에서 많이 사용되는 방식을 따라 로봇이 전진하는 방향을 X축, 로봇의 오른쪽에서 왼쪽을 향하는 측면 방향을 Y축, 수직 방향을 Z축으로 설정했다. 로봇이 전진하다가 방향을 전환하면 그 다음 지지하는 발의 $x_0y_0z_0$ 좌표계와 XYZ 좌표계가 서로 어긋나게 되는데 이 각도를 γ라고 표시했다. 제5장과 제6장에서는 이 각도를 이용해서 정지상태 또는 보행 중에 방향전환하는 것을 구현할 것이다.

<그림 2.17>에서 휴머노이드 로봇의 하체는 2개의 발바닥면과 9개의 링크($l_0 \sim l_8$), 그리고 12개의 관절($\theta_1 \sim \theta_6$, $\phi_1 \sim \phi_4$, $\psi_1 \sim \psi_2$)로 구성되어 있음을 알 수 있다. 링크는 인체의 대칭성 때문에 발꿈치뼈(종골, calcaneus)인 l_0와 l_8, 정강뼈(경골, tibia)인 l_1과 l_7, 넙다리뼈(대퇴골, femur)에 해당되는 l_2와 l_6, 액추에이터의 프레임에 해당되는 l_3와 l_5가 서로 짝을 이룬다. 참고로 이 책의 인체 골격과 근육 등의 명칭은 [4]의 표기법을 따랐다.

관절변수의 명칭은 <그림 2.16>에 보인 인체의 세 가지 단면에 의거해서 시상면의 관절변수명에는 θ를, 관상면과 횡평면의 관절변수명에는 ϕ와 ψ를 각각 사용했다. 이렇게 관절 변수의 명칭을 다르게 정한 이유는 휴머노이드 로봇의 모션 생

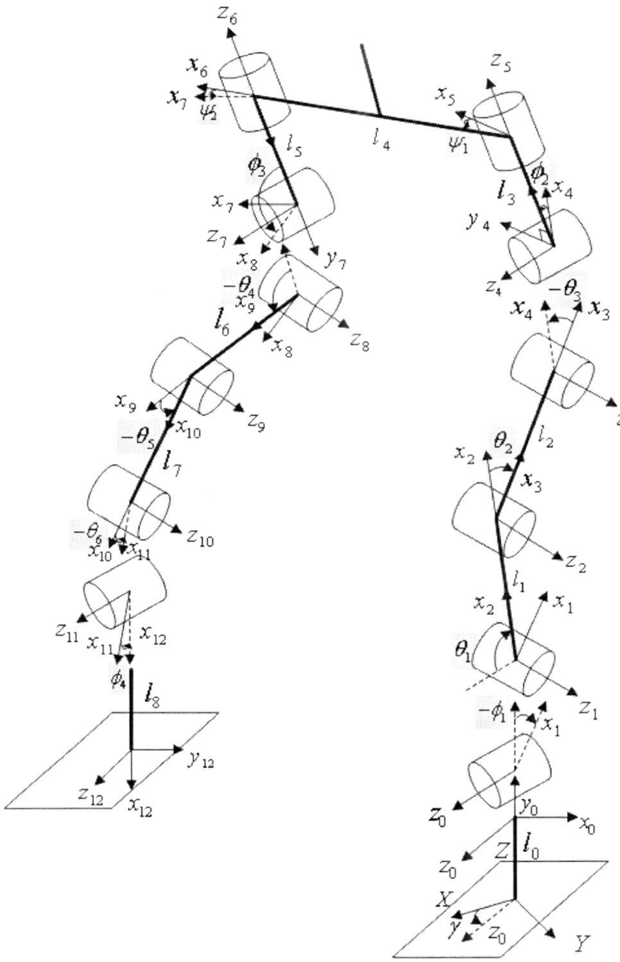

» **그림 2.17 왼발 지지 시 휴머노이드 로봇 하체의 DH법 모델**

성을 위한 관절모터의 회전각 궤적이 단면 별로 다른 패턴을 가지기 때문에 각종 모션 생성 시 다루기가 직관적이기 때문이다. 즉, 보행의 한 주기 동안 시상면의 관절각들은 초기각과 최종각이 다르면서 다양한 궤적을 이루지만 관상면의 관절각들은 0°에서 시작해서 다시 0°로 돌아오는 궤적 형상을 갖는다. 반면에 횡평면 관절은 보행의 방향을 바꾸지 않는 한 항상 0°를 유지하고, 방향 전환 시는 처음에 지지한 다리의 횡평면 고관절만 목표각으로 회전 후 다시 0°로 원위치하는 특성을 가진다. 이에 대한 자세한 내용은 제5장에서 다룰 것이다.

관절각의 양의 방향은 관절변수 별로 조금씩 다르게 정의되었는데, 관상면과 횡평면 관절각들은 회전축을 중심으로 반시계방향으로 회전하는 것이 양의 방향이지만, 시상면 관절각들은 회전축을 중심으로 시계방향으로 회전하는 것을 양의 방향으로 정의했다. 그 이유는 절대좌표계의 X축과 Z축으로 이루어진 시상면은 그림 상에서 로봇의 오른쪽으로부터 왼쪽으로 바라보는 방향이며, 이 면에서 <그림 2.11>과 같이 회전하는 양의 θ각 방향은 <그림 2.17>에서는 시계방향에 해당되기 때문이다. 다시 말해, 시상면 관절각은 상대좌표계 대신 절대좌표계의 $-Y$축을 오른손 법칙의 회전축으로 삼아서 양의 방향을 정했는데, 이는 투영법에서의 시상면 각도 정의와 일치시키기 위함이다.

같은 맥락으로, 관절모터가 회전할 때 기준(0°)으로 설정하는 축도 단면별로 다르게 정의했다. 시상면 관절각은 <그림 2.11>처럼 지면과 평행한 X축을 기준축으로 잡고, 관상면 관절각은 지면과 직교인 Z축을 기준축으로 잡는다. 이렇게 정하면 직립자세일 때 관상면의 모든 관절각은 0°가 되는데, 보행 시 직립자세에서 크게 벗어나지 않으므로 0° 주변에서 값이 변하게 된다. 횡평면 관절각은 로봇이 세계좌표계에서 정면을 향하는 자세를 0°로 잡는다.

이제 하체의 링크 좌표계 상의 임의의 점을 기준좌표계 $x_0y_0z_0$에서 측정할 때의 좌표를 계산하도록 하자. 먼저 지지다리(support leg)의 발목에 위치한 $x_1y_1z_1$ 좌표계 상의 한 점 p_1을 $x_0y_0z_0$ 좌표계에서 보았을 때의 확장벡터는 앞 절의 내용을 따라 다음과 같이 표현할 수 있다.

$$P_1^0 = B_1P_1 \tag{2.54}$$

식의 P_1^0벡터에서 위첨자 0은 기준좌표계가 0번째 좌표계이고 아래첨자 1은 대상좌표계가 첫 번째($x_1y_1z_1$) 좌표계라는 의미를 갖는다. B_1은 DH변환행렬로서,

<그림 2.17>을 보면 네 개의 DH 파라미터는 $\delta_1 = \phi_1 + \frac{\pi}{2}$, $d_1 = a_1 = 0$, $\alpha_1 = \frac{\pi}{2}$의 관계를 가짐을 알 수 있다. <표 2.3>에 왼발 지지 시 하체의 모든 링크 좌표계의 DH 변환행렬을 일목요연하게 정리했다. 표에서 시상면 관절각 $\theta_1 \sim \theta_6$의 부호가 음인 것은 앞에서 설명한 것처럼 투영법에서의 시상면 관절각과 일치시키기 위해 오른손 법칙의 반대 방향으로 회전하는 것을 시상면 관절각의 양의 방향으로 정의했기 때문이다.

» **표 2.3** 왼발 지지 시 휴머노이드 로봇 하체 링크 좌표계의 DH 변환행렬과 추가 변환행렬

DH변환행렬	δ_i	d_i	a_i	α_i	추가변환행렬
B_1	$\phi_1 + \frac{\pi}{2}$	0	0	$\frac{\pi}{2}$	–
B_2	$-\theta_1 + \frac{\pi}{2}$	0	l_1	0	–
B_3	$-\theta_2$	0	l_2	0	–
B_4	$-\theta_3$	0	0	$-\frac{\pi}{2}$	–
B_5	ϕ_2	0	l_3	0	$\begin{bmatrix} 0 & 0 & 1 & 0 \\ 1 & 0 & 0 & 0 \\ 0 & 1 & 0 & 0 \\ 0 & 0 & 0 & 1 \end{bmatrix}$
B_6	ψ_1	0	l_4	0	–
B_7	ψ_2	0	0	$-\frac{\pi}{2}$	$\begin{bmatrix} 1 & 0 & 0 & 0 \\ 0 & 1 & 0 & l_5 \\ 0 & 0 & 1 & 0 \\ 0 & 0 & 0 & 1 \end{bmatrix}$
B_8	$\phi_3 - \frac{\pi}{2}$	0	0	$-\frac{\pi}{2}$	–
B_9	$-\theta_4 + \pi$	0	l_6	0	–
B_{10}	$-\theta_5$	0	l_7	0	–
B_{11}	$-\theta_6$	0	0	$\frac{\pi}{2}$	–
B_{12}	ϕ_4	0	l_8	0	–

지지다리의 정강뼈 링크에 위치한 $x_2y_2z_2$ 좌표계 상의 한 점 p_2부터는 식 (2.44)에 정의된 복합변환행렬을 이용해서 다음과 같은 관계식으로 표현된다.

$$P_2^0 = B_1 B_2 P_2 = T_2^0 P_2 \tag{2.55}$$

지지다리의 넙다리뼈 링크에 부착된 $x_3y_3z_3$ 좌표계의 한 점 p_3와 고관절 부위에 위치한 $x_4y_4z_4$ 좌표계의 한 점 p_4의 기준좌표계 상의 위치도 다음과 같이 순차적인 복합 변환행렬식을 써서 표현할 수 있다.

$$P_3^0 = T_2^0 B_3 P_3 = T_3^0 B_3,\ \ T_3^0 = T_2^0 B_3 \tag{2.56}$$

$$P_4^0 = T_4^0 P_4,\ \ T_4^0 = T_3^0 B_4 \tag{2.57}$$

지지다리의 골반에 위치한 $x_5y_5z_5$좌표계는 <그림 2.18>에서 보듯이 골반 관절의 구조적인 특수성이 DH법의 좌표계 간 규칙 중 두 번째 규칙(x_5축이 z_4축과 만나야 함)을 위반하기 때문에 DH법을 바로 적용할 수 없다. 이를 해결하기 위해 $x_4y_4z_4$ 좌표계에 대해 DH법 적용 규칙을 만족시키는 $x'_5y'_5z'_5$좌표계를 <그림 2.18>과 같이 개념적으로 추가 설정한 후, 이 좌표계를 한 번 더 변환하여 $x_5y_5z_5$ 좌표계를 얻는 방식을 고안했다. 이 과정을 수식으로 표현하면 다음과 같다.

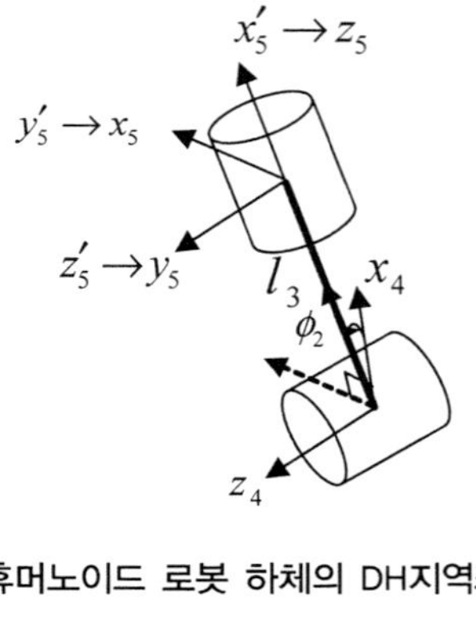

» **그림 2.18** 휴머노이드 로봇 하체의 DH지역좌표계 모델

$$P_5^0 = T_4^0 B_5 \begin{bmatrix} \bar{x}_5 \cdot \bar{x}_5{}' & \bar{y}_5 \cdot \bar{x}_5{}' & \bar{z}_5 \cdot \bar{x}_5{}' & 0 \\ \bar{x}_5 \cdot \bar{y}_5{}' & \bar{y}_5 \cdot \bar{y}_5{}' & \bar{z}_5 \cdot \bar{y}_5{}' & 0 \\ \bar{x}_5 \cdot \bar{z}_5{}' & \bar{y}_5 \cdot \bar{z}_5{}' & \bar{z}_5 \cdot \bar{z}_5{}' & 0 \\ 0 & 0 & 0 & 1 \end{bmatrix} P^5 = T_4^0 B_5 \begin{bmatrix} 0 & 0 & 1 & 0 \\ 1 & 0 & 0 & 0 \\ 0 & 1 & 0 & 0 \\ 0 & 0 & 0 & 1 \end{bmatrix} P^5 = T_5^0 P^5 \tag{2.58}$$

식에서 DH 행렬 B_5 뒤에 곱해진 행렬이 추가변환행렬이며 식 (2.9)를 참고하면 이해가 쉬울 것이다.

지면에서 들어올린 자유다리(swing leg)의 골반부 횡평면 회전을 담당하는 $x_6y_6z_6$ 좌표계에 대해서는 <표 2.3>의 DH 행렬을 사용해서 다음과 같이 표현할 수 있다.

$$P_6^0 = T_6^0 P_6, \quad T_6^0 = T_5^0 B_6 \tag{2.59}$$

자유다리의 골반부에서 관상면 회전을 담당하는 $x_7y_7z_7$ 좌표계는 $x_6y_6z_6$ 좌표계로부터 B_7 행렬로 표현되는 DH 변환 후에 새로운 y_7축을 따라 l_5만큼 좌표계 원점이 이동했으므로 다음과 같이 이동 변환행렬을 추가로 곱해야 한다.

$$P_7^0 = T_6^0 B_7 \begin{bmatrix} 1 & 0 & 0 & 0 \\ 0 & 1 & 0 & l_5 \\ 0 & 0 & 1 & 0 \\ 0 & 0 & 0 & 1 \end{bmatrix} P^7 = T_7^0 P^7 \tag{2.60}$$

자유다리의 나머지 링크 좌표계인 $x_8y_8z_8$ 좌표계에서 $x_{12}y_{12}z_{12}$ 좌표계까지는 일정한 규칙을 따르므로 k번째 좌표계 상의 한 점 p_k의 절대좌표는 다음과 같이 순차적으로 표현할 수 있다.

$$P_k^0 = T_{k-1}^0 B_k P_k = T_k^0 P_k, \quad T_k^0 = T_{k-1}^0 B_k, \quad k = 8, \cdots, 12 \tag{2.61}$$

지금까지는 링크 좌표계 상의 한 점이 갖는 좌표 (p_x, p_y, p_z)를 $x_0y_0z_0$ 좌표계 기준으로 측정했을 때의 좌표 관계식을 구했는데, 이를 절대좌표계인 <그림 2.17>의 XYZ 좌표계 기준으로 측정한 좌표값 (p_X, p_Y, p_Z)로 변환하기 위해서는 다음 식과 같이 좌표계 변환행렬을 추가적으로 곱해줘야 한다.

$$\begin{bmatrix} p_X \\ p_Y \\ p_Z \\ 1 \end{bmatrix} = \begin{bmatrix} \bar{x}_0 \cdot \bar{X} & \bar{y}_0 \cdot \bar{X} & \bar{z}_0 \cdot \bar{X} & 0 \\ \bar{x}_0 \cdot \bar{Y} & \bar{y}_0 \cdot \bar{Y} & \bar{z}_0 \cdot \bar{Y} & 0 \\ \bar{x}_0 \cdot \bar{Z} & \bar{x}_0 \cdot \bar{Z} & \bar{z}_0 \cdot \bar{Z} & 0 \\ 0 & 0 & 0 & 1 \end{bmatrix} \begin{bmatrix} p_x \\ p_y \\ p_z \\ 1 \end{bmatrix} = \begin{bmatrix} -\sin\gamma & 0 & \cos\gamma & 0 \\ \cos\gamma & 0 & \sin\gamma & 0 \\ 0 & 1 & 0 & l_0 \\ 0 & 0 & 0 & 1 \end{bmatrix} \begin{bmatrix} p_x \\ p_y \\ p_z \\ 1 \end{bmatrix} \quad (2.62)$$

변환행렬의 원소 중에 l_0가 있는 이유는 <그림 2.17>에 볼 수 있듯이 $x_0y_0z_0$ 좌표계의 원점이 XYZ 좌표계의 Z축 방향으로 l_0 이동한 위치에 놓여있기 때문에 이를 반영하기 위함이다.

지금까지 휴머노이드 로봇이 왼발로 지지한 채 오른쪽 다리를 들고 있는 자세를 DH법으로 표현하는 방법에 대해 배웠다. 이번에는 <그림 2.19>와 같이 로봇이 오른발로 지지한 상태에서 왼발을 들었을 때 하체의 링크 좌표계들을 DH법으로 표현할 때의 차이점을 살펴보자. 로봇이 오른발로 지지하고 있으므로 모든 링크 좌표계의 기준이 되는 $x_0y_0z_0$ 좌표계는 <그림 2.19>에서 보듯이 오른쪽 족관절에 위치하게 된다. 그리고 이 좌표계를 기준으로 $x_1y_1z_1 \sim x_5y_5z_5$ 좌표계를 DH변환으로 표현하는 것을 왼발 지지 상태와 동일한 원리로 수행한다. 이 좌표계들에 대해 세 종류의 관절각(θ, ϕ, ψ)을 정의하는 방법이 왼발 지지 상태와 동일하므로 DH 변환행렬 파라미터는 동일하다. 그러나 $x_6y_6z_6$ 좌표계는 왼발 지지 시와는 반대 방향에 위치하므로 이에 따라 $x_7y_7z_7$ 좌표계의 변환관계도 달라지는데, DH 파라미터도 <표 2.4>와 같이 수정되어야 한다.

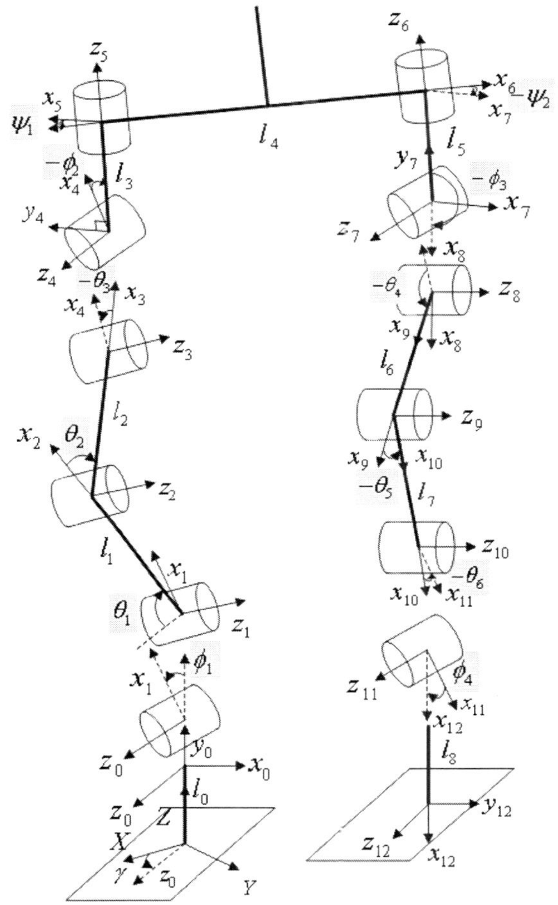

» **그림 2.19** 오른발 지지 시 휴머노이드 로봇 하체의 DH지역좌표계 모델

» **표 2.4** 오른발 지지 시 휴머노이드 로봇 하체 링크 좌표계의 수정된 DH 파라미터

DH 변환행렬	δ_i	d_i	a_i	α_i	추가변환행렬
B_6	$\psi_1+\pi$	0	l_4	0	–
B_7	ψ_2	0	0	$\frac{\pi}{2}$	$\begin{bmatrix} 1 & 0 & 0 & 0 \\ 0 & 1 & 0 & -l_5 \\ 0 & 0 & 1 & 0 \\ 0 & 0 & 0 & 1 \end{bmatrix}$
B_8	$\phi_3+\frac{\pi}{2}$	0	0	$-\frac{\pi}{2}$	–

<표 2.3>과 비교했을 때 B_6의 경우 δ_6가 ψ_1에서 $\psi_1+\pi$로 수정되었는데, 이는 <그림 2.19>에서 보듯이 x_6축이 z_5축을 중심으로 ψ_1만큼 회전한 후 $180°$ 더 회전을 해야 왼쪽 고관절의 x축이 될 수 있기 때문이다. B_7의 경우 α_7이 $-\pi/2$에서 $\pi/2$로, 추가변환행렬에서 l_5가 $-l_5$로 수정되었는데, 이는 $x_6y_6z_6$ 좌표계의 방향이 달라졌지만 $x_7y_7z_7$ 좌표계의 방향은 왼발 지지 상태와 동일하게 설정되었기 때문이다. 또한, B_8의 경우 x_7축과 x_8축 사이의 회전각인 δ_8에 왼발 지지 시에는 양의 방향으로 $\pi/2$가 더해졌지만 오른발 지지 시에는 음의 방향으로 $\pi/2$가 더해지므로, 이를 보정하기 위해 <표 2.3>의 $\phi_3-\frac{\pi}{2}$ 대신 $\phi_3+\frac{\pi}{2}$를 사용했다. 나머지 $x_9y_9z_9 \sim x_{12}y_{12}z_{12}$ 좌표계는 왼발 지지 시와 동일한 관계로 설정되었기에 DH 변환행렬은 변함이 없다.

휴머노이드 로봇의 하체에 대한 링크 좌표계 계산식이 완성되었으므로 <그림 2.20>을 토대로 상체를 구성하는 각 링크 좌표계에 대해 DH법을 적용해 보자. 그림에서 보듯이 로봇의 상체는 하체의 골반 좌표계 $x_6y_6z_6$에 고정되어 있기 때문에 머리, 몸통, 팔 부위의 좌표계는 이 좌표계를 기준으로 계산해야 한다. 이때 주의할 점은 <그림 2.20>은 <그림 2.17>에서 보인 왼발 지지 시 상체의 좌표계를 나타낸다는 것이며, 오른발 지지 시에는 그림의 $x_5y_5z_5$ 좌표계와 $x_6y_6z_6$ 좌표계의 위치만 서로 바뀔 뿐 상체의 모든 링크 좌표계의 색인 번호는 동일하게 부여된다.

먼저 <그림 2.20>에서 왼쪽 팔에 위치한 관절들의 좌표계를 구하기 위해 왼팔의 기준이 되는 $x_{13}y_{13}z_{13}$ 좌표계와 $x_6y_6z_6$ 좌표계 사이의 변환관계를 알아보자. $x_{13}y_{13}z_{13}$ 좌표계는 $x_6y_6z_6$ 좌표계의 원점을 x_6축 방향으로 $-l_4/2$만큼 이동한 후, z_6축 방향으로 l_{tr}만큼 이동시키고, 다시 x_6축 방향으로 $-l_{sh}/2$ 이동시킨 다음, <그림 2.21>과 같이 좌표계를 회전시켜서 얻어진다. 이를 동차변환행렬로 표현하면 다음과 같다.

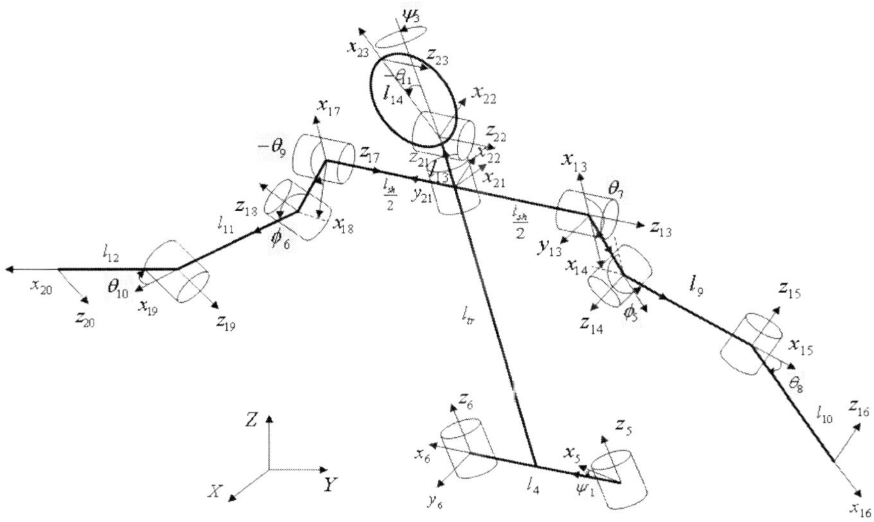

» **그림 2.20** 왼발 지지 시 휴머노이드 로봇 상체의 DH법 모델

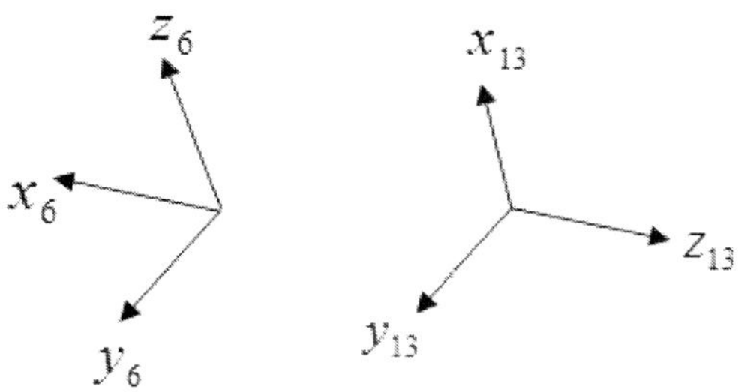

» **그림 2.21** 왼발 지지 시 $x_6y_6z_6$ 좌표계와 $x_{13}y_{13}z_{13}$ 좌표계의 방향 비교

$$T_{13}^{6}=\begin{bmatrix} \bar{x}_{13}\cdot\bar{x}_6 & \bar{y}_{13}\cdot\bar{x}_6 & \bar{z}_{13}\cdot\bar{x}_6 & -\dfrac{l_4}{2}-\dfrac{l_{sh}}{2} \\ \bar{x}_{13}\cdot\bar{y}_6 & \bar{y}_{13}\cdot\bar{y}_6 & \bar{z}_{13}\cdot\bar{y}_6 & 0 \\ \bar{x}_{13}\cdot\bar{z}_6 & \bar{y}_{13}\cdot\bar{z}_6 & \bar{z}_{13}\cdot\bar{z}_6 & l_{tr} \\ 0 & 0 & 0 & 1 \end{bmatrix}=\begin{bmatrix} 0 & 0 & -1 & -\dfrac{l_4}{2}-\dfrac{l_{sh}}{2} \\ 0 & 1 & 0 & 0 \\ 1 & 0 & 0 & l_{tr} \\ 0 & 0 & 0 & 1 \end{bmatrix} \tag{2.63}$$

이 식을 이용해서 $x_{13}y_{13}z_{13}$ 좌표계의 한 점 p_{13}을 기준좌표계 $x_0y_0z_0$에서 보았을 때의 확장 좌표는 다음과 같이 계산할 수 있다.

$$P_{13}^0 = T_6^0 T_{13}^6 P_{13} = T_{13}^0 P_{13} \tag{2.64}$$

같은 원리를 이용해서 오른쪽 어깨 관절에 위치한 $x_{17}y_{17}z_{17}$ 좌표계는 $x_6y_6z_6$ 좌표계의 원점을 x_6축 방향으로 $-l_4/2$만큼 이동한 후, z_6축 방향으로 l_{tr}만큼 이동 시키고, 다시 x_6축 방향으로 $l_{sh}/2$ 이동시킨 다음, <그림 2.21>과 동일한 방식으로 좌표계를 회전시켜서 얻어진다. 그러므로 $x_{17}y_{17}z_{17}$ 좌표계 상의 한 점 p_{17}을 기준좌표계에서 보았을 때의 확장 좌표는 다음과 같이 행렬식으로 계산할 수 있다.

$$P_{17}^0 = T_6^0 T_{17}^6 P_{17}, \quad T_{17}^6 = \begin{bmatrix} 0 & 0 & -1 & -\dfrac{l_4}{2} + \dfrac{l_{sh}}{2} \\ 0 & 1 & 0 & 0 \\ 1 & 0 & 0 & l_{tr} \\ 0 & 0 & 0 & 1 \end{bmatrix} \tag{2.65}$$

이번에는 어깨에 위치한 두 링크 좌표계의 변환관계를 <그림 2.22>를 통해 알아보도록 하자. 먼저 왼쪽 어깨의 $x_{13}y_{13}z_{13}$ 좌표계와 $x_{14}y_{14}z_{14}$ 좌표계의 관계를 보면, $x_{14}y_{14}z_{14}$ 좌표계는 $x_{13}y_{13}z_{13}$ 좌표계를 z_{13}축을 중심으로 $-\theta_7$만큼 회전시켜서 x_{14}축을 만들고, z_{13}축을 따라 2.4 cm만큼, 그리고 x_{14}축을 따라 1.6 cm만큼 좌표계 원점을 이동시킨다. 이 수치는 OP에 대해 측정된 값임에 유의하자. 마지막으로 x_{14}축을 중심으로 z_{13}축을 90° 회전시키면 z_{14}축이 되므로 드물게도 4개의 DH 파라미터를 모두 사용하여 다음과 같이 기준좌표계 상의 좌표를 구한다.

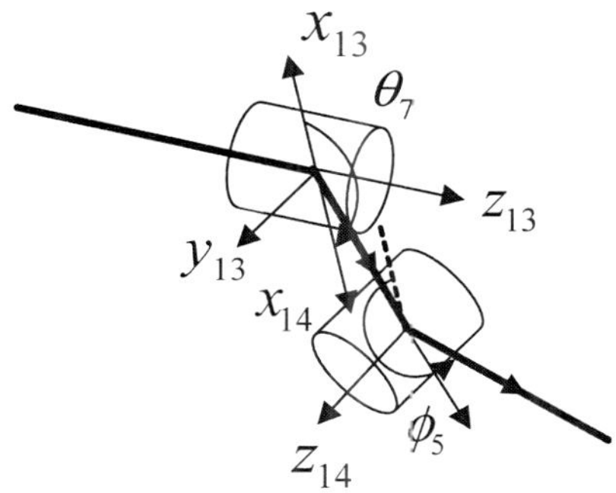

» **그림 2.22** 왼쪽 어깨 관절의 두 좌표계

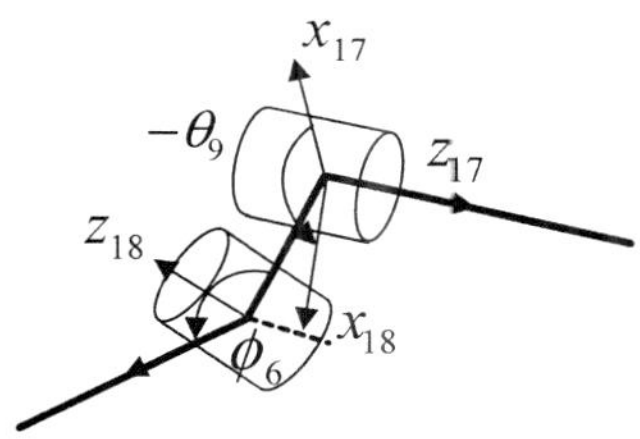

» **그림 2.23** 오른쪽 어깨 관절의 두 좌표계

$$P_{14}^0 = T_{13}^0 B_{14}\left(-\theta_7, 0.024, 0.016, \frac{\pi}{2}\right)P_{14} = T_{14}^0 P_{14} \tag{2.66}$$

오른쪽 어깨의 $x_{17}y_{17}z_{17}$ 좌표계와 $x_{18}y_{18}z_{18}$ 좌표계의 관계는 <그림 2.23>에서 보듯이 $x_{18}y_{18}z_{18}$ 좌표계는 $x_{17}y_{17}z_{17}$ 좌표계를 z_{17}축을 중심으로 $-\theta_9$만큼 회전시켜서 x_{18}축을 만들고, $-z_{17}$축을 따라 2.4 cm만큼, 그리고 x_{18}축을 따라 1.6 cm만큼 좌표계의 원점을 이동시켜서 얻는다. 마지막으로 x_{18}축을 중심으로 z_{17}축을 90° 회전시키면 z_{18}축이 되므로 기준좌표계 상의 위치는 다음 식으로 표현된다.

$$P_{18}^0 = T_{17}^0 B_{18}\left(-\theta_9, -0.024, 0.016, \frac{\pi}{2}\right)P_{18} = T_{18}^0 P_{18} \tag{2.67}$$

왼쪽 위팔뼈(상완골, humerus)와 아래팔뼈(요골, radius) 링크에 각각 위치한 $x_{15}y_{15}z_{15}$ 좌표계와 $x_{16}y_{16}z_{16}$ 좌표계, 오른쪽 위팔뼈와 아래팔뼈에 위치한 $x_{19}y_{19}z_{19}$ 좌표계와 $x_{20}y_{20}z_{20}$ 좌표계는 <표 2.3>의 DH변환행렬들을 이용해서 식 (2.61)과 같은 일반적인 행렬 관계식으로 표현할 수 있다.

<그림 2.20>에서 머리와 목에 위치한 관절들의 좌표계를 구하기 위해 $x_{21}y_{21}z_{21}$ 좌표계와 $x_6y_6z_6$ 좌표계 사이의 변환관계를 알아보자. $x_{21}y_{21}z_{21}$ 좌표계는 $x_6y_6z_6$ 좌표계의 원점을 x_6축 방향으로 $-l_4/2$만큼 이동시키고 z_6축 방향으로 l_{tr}만큼 이동시킨 다음, <그림 2.24>와 같이 좌표계를 회전시킴으로써 구축된다. 이를 동차변환행렬로 표현하면 다음과 같다.

$$T_{21}^{6} = \begin{bmatrix} \overline{x_{21}} \cdot \overline{x_6} & \overline{y_{21}} \cdot \overline{x_6} & \overline{z_{21}} \cdot \overline{x_6} & -\dfrac{l_4}{2} \\ \overline{x_{21}} \cdot \overline{y_6} & \overline{y_{21}} \cdot \overline{y_6} & \overline{z_{21}} \cdot \overline{y_6} & 0 \\ \overline{x_{21}} \cdot \overline{z_6} & \overline{y_{21}} \cdot \overline{z_6} & \overline{z_{21}} \cdot \overline{z_6} & l_{tr} \\ 0 & 0 & 0 & 1 \end{bmatrix} = \begin{bmatrix} 0 & 1 & 0 & -\dfrac{l_4}{2} \\ -1 & 0 & 0 & 0 \\ 0 & 0 & 1 & l_{tr} \\ 0 & 0 & 0 & 1 \end{bmatrix} \qquad (2.68)$$

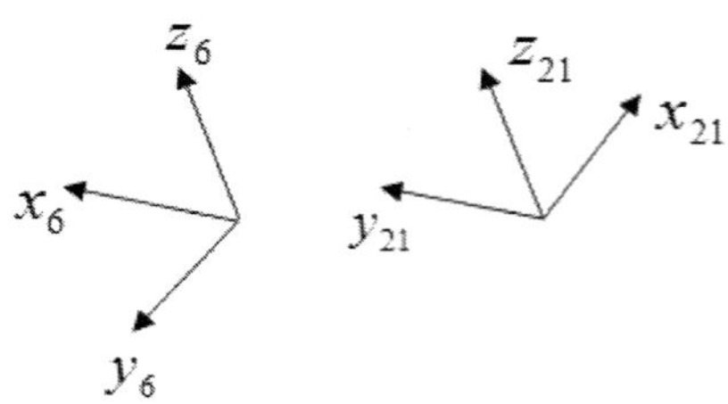

» **그림 2.24 왼발 지지 시 $x_6y_6z_6$ 좌표계와 $x_{21}y_{21}z_{21}$ 좌표계의 방향 비교**

이 식을 이용해서 $x_{21}y_{21}z_{21}$ 좌표계의 한 점 p_{21}을 기준좌표계 $x_0y_0z_0$에서 보았을 때의 확장 좌표는 다음과 같은 관계식을 가진다.

$$P_{21}^{0} = T_6^0 T_{21}^6 P_{21} = T_{21}^0 P_{21} \qquad (2.69)$$

그 다음 단계로 목의 아래 부분에 위치한 $x_{21}y_{21}z_{21}$ 좌표계와 머리의 회전축에 위치한 $x_{22}y_{22}z_{22}$ 좌표계의 관계를 <그림 2.25>를 참고하여 DH법으로 표현해 보자. $x_{22}y_{22}z_{22}$ 좌표계는 $x_{21}y_{21}z_{21}$ 좌표계를 z_{21}축을 중심으로 ψ_3만큼 회전시켜서 x_{22}축을 만들고, z_{21}축을 따라 목의 길이인 l_{nk}만큼 이동시킨 후, 마지막으로 x_{22}축을 중심으로 z_{21}축을 90° 회전시킴으로써 만들어졌다.

마지막으로 $x_{22}y_{22}z_{22}$ 좌표계와 정수리에 위치한 $x_{23}y_{23}z_{23}$ 좌표계 사이의 관계를 DH법으로 표현해 보면, x_{23}축은 z_{22}축을 중심으로 x_{22}축을 $90° - \theta_{11}$만큼 회전시켜서 얻어졌고, 이 x_{23}축을 따라 머리 길이인 l_{hd}만큼 z_{22}축을 이동시킴으로써 z_{23}축을 얻었다.

지금까지 설명한 왼발 지지 시 상체의 모든 DH 파라미터들을 <표 2.5>에 정리했다.

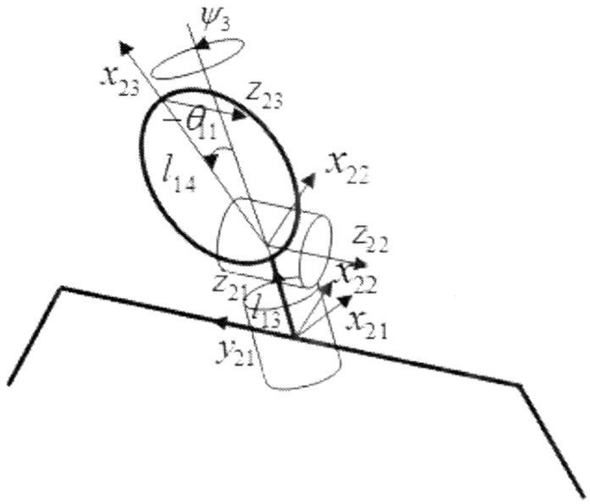

» **그림 2.25** 목과 머리에 위치한 두 좌표계

<그림 2.20>이 왼발 지지 시 상체의 링크 좌표계들을 보인 것이라면, <그림 2.26>은 오른발 지지 시 상체 모델에서 고관절 부위의 좌표계가 서로 바뀐 것을 보인다. 그에 따른 변화로서 $x_{13}y_{13}z_{13}$ 좌표계는 $x_6y_6z_6$ 좌표계의 원점을 x_6축 방향으로 $-l_4/2$만큼 이동한 후 z_6축 방향으로 l_{tr}만큼 이동시키고 다시 x_6축 방향으

» **표 2.5** 왼발 지지 시 휴머노이드 로봇 상체 링크 좌표계의 DH변환행렬

DH 변환행렬	δ_i	d_i	a_i	α_i
B_{14}	$-\theta_7$	0.024	0.016	$\frac{\pi}{2}$
B_{15}	$\phi_5-\pi$	0	l_9	$-\frac{\pi}{2}$
B_{16}	$-\theta_8$	0	l_{10}	0
B_{18}	$-\theta_9$	−0.024	0.016	$\frac{\pi}{2}$
B_{19}	$\phi_6-\pi$	0	l_{11}	$-\frac{\pi}{2}$
B_{20}	$-\theta_{10}$	0	l_{12}	0
B_{22}	ψ_3	l_{13}	0	$\frac{\pi}{2}$
B_{23}	$-\theta_{11}+\frac{\pi}{2}$	0	l_{14}	0

로 $l_{sh}/2$ 이동시킨 다음 <그림 2.27>과 같이 좌표계를 회전시켜서 얻어진다. 이를 동차변환행렬로 표현하면 다음과 같다.

$$T_{13}^{6}=\begin{bmatrix}\bar{x}_{13}\cdot\bar{x}_6 & \bar{y}_{13}\cdot\bar{x}_6 & \bar{z}_{13}\cdot\bar{x}_6 & -\frac{l_4}{2}+\frac{l_{sh}}{2}\\ \bar{x}_{13}\cdot\bar{y}_6 & \bar{y}_{13}\cdot\bar{y}_6 & \bar{z}_{13}\cdot\bar{y}_6 & 0\\ \bar{x}_{13}\cdot\bar{z}_6 & \bar{y}_{13}\cdot\bar{z}_6 & \bar{z}_{13}\cdot\bar{z}_6 & l_{tr}\\ 0 & 0 & 0 & 1\end{bmatrix}=\begin{bmatrix}0 & 0 & 1 & -\frac{l_4}{2}+\frac{l_{sh}}{2}\\ 0 & -1 & 0 & 0\\ 1 & 0 & 0 & l_{tr}\\ 0 & 0 & 0 & 1\end{bmatrix} \tag{2.70}$$

오른쪽 어깨 관절에 위치한 $x_{17}y_{17}z_{17}$ 좌표계는 $x_6y_6z_6$ 좌표계의 원점을 x_6축 방향으로 $-l_4/2$만큼 이동한 후 z_6축 방향으로 l_{tr}만큼 이동시키고 다시 x_6축 방향으로 $-l_{sh}/2$만큼 이동시킨 다음 <그림 2.27>과 동일한 방식으로 좌표계를 회전시켜서 얻어진다. 이를 $x_6y_6z_6$ 좌표계를 기준으로 한 $x_{17}y_{17}z_{17}$의 동차변환행렬로 표현하면 다음과 같다.

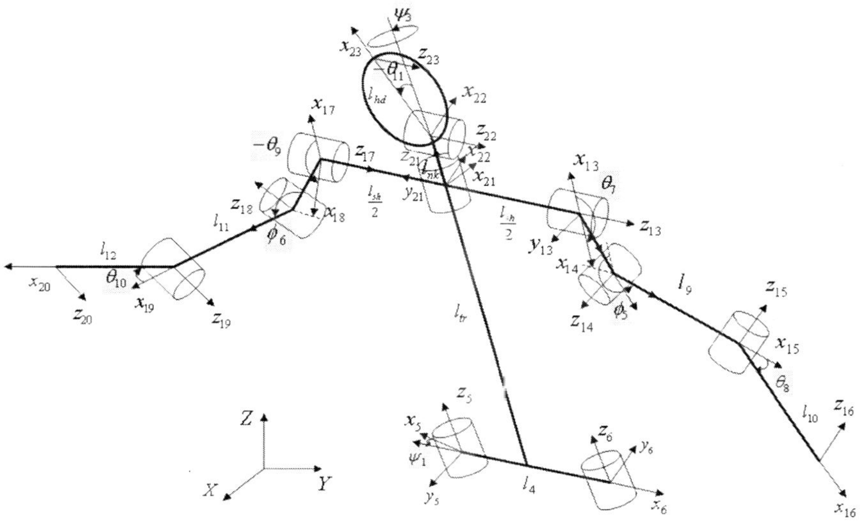

» **그림 2.26** 오른발 지지 시 휴머노이드 로봇 상체의 DH법 모델

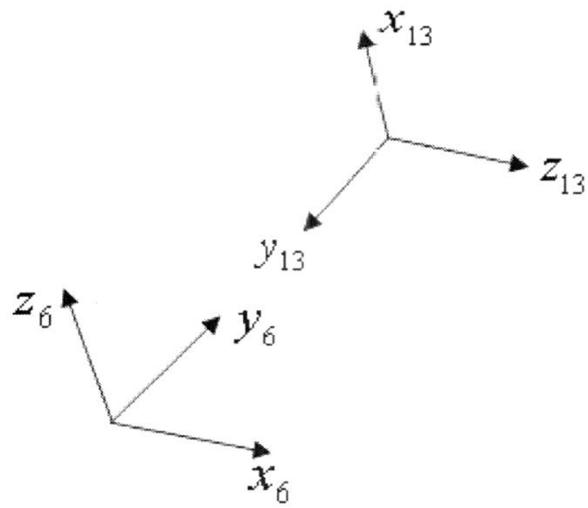

» **그림 2.27** 오른발 지지 시 $x_6y_6z_6$ 좌표계와 $x_{13}y_{13}z_{13}$ 좌표계의 방향 비교

$$T_{17}^{6}=\begin{bmatrix} \bar{x}_{13}\cdot\bar{x}_6 & \bar{y}_{13}\cdot\bar{x}_6 & \bar{z}_{13}\cdot\bar{x}_6 & -\frac{l_4}{2}-\frac{l_{sh}}{2} \\ \bar{x}_{13}\cdot\bar{y}_6 & \bar{y}_{13}\cdot\bar{y}_6 & \bar{z}_{13}\cdot\bar{y}_6 & 0 \\ \bar{x}_{13}\cdot\bar{z}_6 & \bar{y}_{13}\cdot\bar{z}_6 & \bar{z}_{13}\cdot\bar{z}_6 & l_{tr} \\ 0 & 0 & 0 & 1 \end{bmatrix}=\begin{bmatrix} 0 & 0 & 1 & -\frac{l_4}{2}-\frac{l_{sh}}{2} \\ 0 & -1 & 0 & 0 \\ 1 & 0 & 0 & l_{tr} \\ 0 & 0 & 0 & 1 \end{bmatrix} \tag{2.71}$$

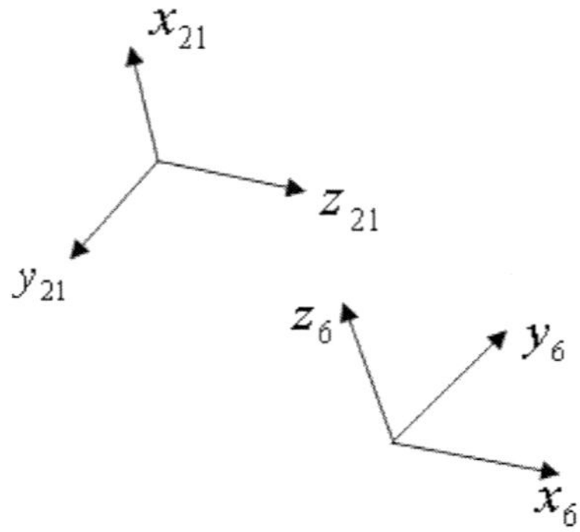

» **그림 2.28 오른발 지지 시 $x_6y_6z_6$ 좌표계와 $x_{21}y_{21}z_{21}$ 좌표계의 방향 비교**

목에 위치한 $x_{21}y_{21}z_{21}$ 좌표계는 $x_6y_6z_6$ 좌표계의 원점을 x_6축 방향으로 $-l_4/2$만큼 이동시키고 z_6축 방향으로 l_{tr}만큼 이동시킨 다음, <그림 2.28>과 같이 좌표계를 회전시켜서 얻어진다. 이를 동차변환행렬로 표현하면 다음과 같다.

$$T_{21}^{6} = \begin{bmatrix} \overline{x_{21}} \cdot \overline{x_6} & \overline{y_{21}} \cdot \overline{x_6} & \overline{z_{21}} \cdot \overline{x_6} & -\frac{l_4}{2} \\ \overline{x_{21}} \cdot \overline{y_6} & \overline{y_{21}} \cdot \overline{y_6} & \overline{z_{21}} \cdot \overline{y_6} & 0 \\ \overline{x_{21}} \cdot \overline{z_6} & \overline{y_{21}} \cdot \overline{z_6} & \overline{z_{21}} \cdot \overline{z_6} & l_{tr} \\ 0 & 0 & 0 & 1 \end{bmatrix} = \begin{bmatrix} 0 & -1 & 0 & -\frac{l_4}{2} \\ 1 & 0 & 0 & 0 \\ 0 & 0 & 1 & l_{tr} \\ 0 & 0 & 0 & 1 \end{bmatrix} \tag{2.72}$$

그 외의 상체 링크 좌표계의 DH 변환행렬은 <표 2.5>와 동일하다.

지금까지 설명한 좌표계 변환 관계식들을 이용해서 전신의 관절각들을 정해 주었을 때 OP가 그에 따른 자세를 취하는 것을 MATLAB으로 시뮬레이션해 보자. <코드 2.4>는 http://office.ucloud.com의 My ucloud/게스트 폴더의 code/matlab code 디렉터리에 있는 sim_pose.m 파일로서 자세와 관련한 번호인 no_pose를 1로 정하면 휴머노이드 로봇이 직립한 것을 시뮬레이션 한다. 코드에서 주의할 점은 동일한 직립자세이지만 왼발 지지 시에는 <그림 2.17>에서 보듯이 ϕ_3가 π이지만 오른발 지지 시에는 <그림 2.19>에서 보듯이 ϕ_3가 $-\pi$라는 사실이다. 다소 혼란스러워 보이긴 하겠지만 제5장에서 관절모터각의 개념을 배우고 나면 이해가 될 것이므로 크게 걱정할 필요는 없다.

```
DH = 1; PB = 2;

md = DH;                    % 기구학 방법: DH: Denavit-Hartenberg, PB: 투영법
sf = 'LEFT_SUPP';           % 왼발 지지
%sf = 'RIGHT_SUPP';         % 오른발 지지
sim_type = 'pose_sim';      % 자세 시뮬레이션
sp = [0, 0, 0];             % 지지하는 발의 중심점 위치

spec = SpecROBOTIS_OP2(md);   % OP2의 규격 명세를 불러 옴
link = spec(1:21);          % 링크 길이
mass = spec(22:44);         % 링크 중심점 질량

view_ang = [45, 20];        % 로봇 시뮬레이션 관찰자 각도
gamma = 0;                  % 보행방향 굴절각
no_pose = 1;                % 자세 번호

flags = zeros(1,7);         % 모션 생성시 보여주는 그림에 관한 플래그
fig_no = 1;                 % 시뮬레이션 창 번호
no_pose = 1;                % 자세 번호

% 직립자세
th = [pi/2 0 0 pi 0 0 pi 0 pi 0 0];    % 시상면 관절각
phi = [0 0 pi 0 pi pi];     % 관상면 관절각
psi = [0 0 0];              % 횡평면 관절각

% 정지 자세이므로 모든 관절각의 미분값은 0으로 설정
th_1d = zeros(1,11);
th_2d = zeros(1,11);
phi_1d = zeros(1,6);
phi_2d = zeros(1,6);
psi_1d = zeros(1,3);
psi_2d = zeros(1,3);

if md==DH
   res = GenMotionsWithDH(sf, sp, th, th_1d, th_2d, phi, phi_1d, phi_2d, psi,
   psi_1d, psi_2d, fig_no);
else
   res = GenMotionsWithPB(sf, sp, th, th_1d, th_2d, phi, phi_1d, phi_2d, psi,
   fig_no);
end
```

» **코드 2.4** sim_pose.m을 이용한 직립자세 시뮬레이션 코드

코드에서 md는 모델링 방법이 DH법인지, 투영법인지를 의미하고, sf는 지지하는 다리가 왼쪽인지 오른쪽인지를 나타내는데, 스트링 타입으로서 'LEFT_SUPP'(왼발 지지)와 'RIGHT_SUPP'(오른발 지지) 두 가지가 있다. sp는 지지하는 발의 중심점 위치(support position)로서 기준좌표계의 원점인 [0, 0, 0]으로 설정했다. sim_type은 시뮬레이션의 목적이 제자리에서 정지한 자세를 취하기 위한 것인지('pose_sim'), 앞으로 전진해 가는 것인지('walk_sim'), 트레드밀 위에서 걷는 것처럼 제자리에서 전진하는 것인지('tread_sim'), 최적화를 수행하는 것인지('opt_pso')를 정해주는 것으로 시뮬레이션 화면의 X축 범위가 결정된다.

spec은 휴머노이드 로봇의 각 링크의 길이와 질량 관련 명세 데이터이며 SpecROBOTIS_OP2.m 파일로부터 데이터를 읽어온다. 이 파일에는 OP2의 각 링크 길이와 질량 등의 정보를 담고 있으며, 휴머노이드 로봇의 종류가 달라지면 이 명세 파일의 링크 데이터도 그에 맞춰 수정되어야 한다. link와 mass는 이렇게 읽어온 로봇 링크의 길이와 질량을 나타낸다. flags는 시뮬레이션 한 결과를 보여주는 창과 모션의 특성에 대한 플래그들로서 정지 자세의 경우 모두 0으로 둔다. flags에 대한 자세한 내용은 제5장에서 설명된다.

th, th_1d, th_2d는 시상면 관절각 벡터와 1차 미분벡터, 2차 미분벡터를 각각 나타내고, phi, phi_1d, phi_2d는 관상면 관절각 벡터와 1차 미분벡터, 2차 미분벡터를 각각 나타낸다. psi, psi_1d, psi_2d는 횡평면 관절각 벡터와 1차 미분벡터, 2차 미분벡터를 각각 나타내는데, 정지자세의 경우 모든 미분값들은 0으로 설정해 준다.

gamma는 <그림 2.17>과 <그림 2.19>에서 보듯이 절대좌표계와 기준좌표계 간의 회전각을 나타내며 전진이나 정지자세에서는 0°이다. fig_no는 MATLAB에서 시뮬레이션을 보여주는 창의 번호이며, 여러 개의 창을 띄울 경우 1 이상의 서로 중복되지 않는 값을 설정하면 된다. PSO로 휴머노이드 로봇의 자세를 최적화할 때처럼 창을 띄우고 싶지 않은 경우 fig_no를 −1로 설정하면 된다.

OP2의 특정 자세를 시뮬레이션으로 정확하게 구현하기 위해서는 각 링크의 길이를 알아야 한다. 로보티즈 e-매뉴얼(http://support.robotis.com/ko/)의 아래 페이지에 가면 <그림 2.29>와 같은 OP1/OP2의 상세 신체치수가 나온다.

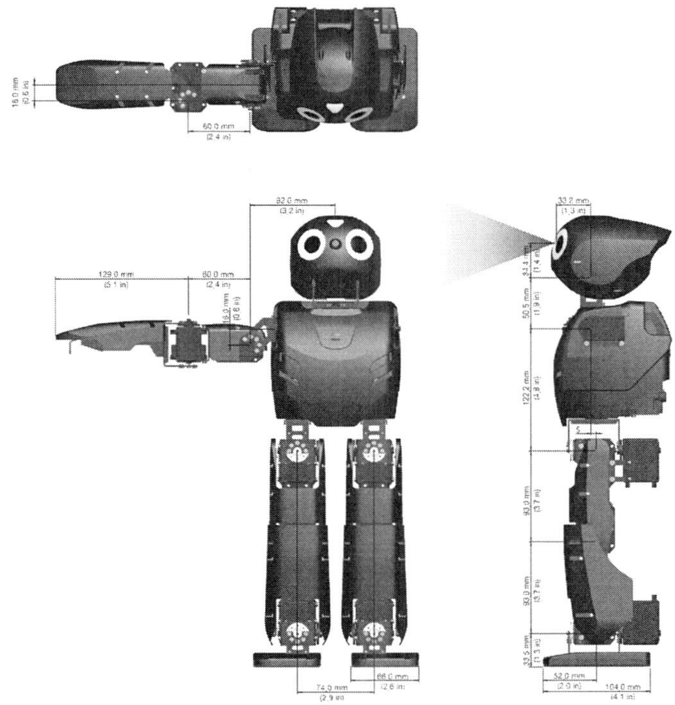

» **그림 2.29** OP의 평면별 기구학적 치수

로봇플랫폼>DARwIn-OP>References>Reference>Hardware Specifications>Mechanics>Kinematics

이 치수들을 이용해서 OP의 상체와 하체의 링크 길이를 정리하면 <표 2.6>과 같다. DH 링크명은 앞에서 본 상체와 하체의 기구학 모델에 들어가는 링크명을 의미하며, 실질 링크명은 각 링크와 상응하는 인체 뼈의 명칭을 따라 붙여진 이름이다.

» **표 2.6** OP 전신의 링크 길이 명세(단위: 미터)

DH 링크명	실질 링크명	길이(m)	DH 링크명	실질 링크명	길이(m)
l_0, l_8	l_{ca}(발끔치)	0.0335	l_9, l_{11}	l_{hu}(위팔)	0.06
l_1, l_7	l_{tb}(정강이)	0.093	l_{10}, l_{12}	l_{ra}(아래팔)	0.129
l_2, l_6	l_{fe}(대퇴부)	0.093		l_{tr}(상체)	0.0922
l_3, l_5	l_{hp}(엉덩이)	0.03		l_{sh}(어깨)	0.115
l_4	l_{pv}(골반)	0.074	l_{13}	l_{nk}(목)	0.0505
			l_{14}	l_{hd}(머리)	0.069

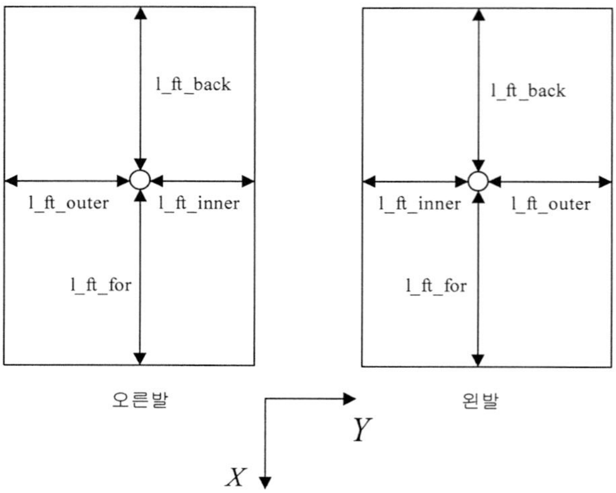

» **그림 2.30** OP의 왼발과 오른발의 형상 치수

직사각형의 OP 발바닥은 <그림 2.30>과 같이 왼발과 오른발이 대칭이 되며 네 종류의 치수(l_ft_for, l_ft_back, l_ft_outer, l_ft_inner)를 가진다. 그리고 지지하는 다리가 왼쪽이냐 오른쪽이냐에 따라 l_ft_inner와 l_ft_outer의 위치가 바뀌게 된다. OP에 대한 발바닥치수는 <표 2.7>에 정리되어 있으며 SpecROBOTIS_OP2.m 파일에 정의되어 있다.

» **표 2.7** OP 발바닥의 형상 치수(단위: 미터)

발바닥 치수명	길이(m)	발바닥 치수명	길이(m)
l_ft_for	0.052	l_ft_back	0.052
l_ft_inner	0.023	l_ft_outer	0.043

아래의 <코드 2.5>는 GenMotionsWithDH.m 파일에서 기구학과 관련된 코드만을 선택해서 보여준다(동역학과 관련된 제코드는 3장에서 따로 설명함). 코드에서 O0_0, O1_0, …, O23_0는 기준좌표계 $x_0y_0z_0$에서 측정한 전체 링크 좌표계의 원점을 나타내며, O0_0w, O1_0w, …, O23_0w는 절대좌표계 XYZ에서 측정한 링크 좌표계의 원점을 나타낸다. 코드 맨 아래 부분에서 로봇의 자세를 3차원으로 보여주는 MATLAB 함수 plot3안에 mz라는 함수를 넣었는데, 이 함수는 10^{-5}보다 작은 좌표값은 0으로 치환함으로써 plot3 함수가 실행 중단되는 일을 방지하기 위해 만들어졌다.

```
function y = GenMotionsWithDH(sf, sp, th, th_1d, th_2d, phi, phi_1d, phi_2d,
            psi, psi_1d, psi_2d, fig_no)

g = 9.8062;

% 시상면 각도
th1 = th(1);  th2 = th(2);  th3 = th(3);  th4 = th(4);  th5 = th(5);  th6 = th(6);
th7 = th(7);  th8 = th(8);  th9 = th(9);  th10 = th(10);  th11 = th(11);
% 관상면 각도
phi1 = phi(1);  phi2 = phi(2);  phi3 = phi(3);  phi4 = phi(4); phi5 = phi(5);
phi6 = phi(6);
% 횡평면 각도
psi1 = psi(1);  psi2 = psi(2);  psi3 = psi(3);

% 링크 길이
l0 = link(1); l1 = link(2); l2 = link(3); l3 = link(4); l4 = link(5); l5 = link(6);
l6 = link(7); l7 = link(8); l8 = link(9); l9 = link(10); l10 = link(11); l11 =
link(12);  l12  =  link(13);  l13=link(14);  l14=link(15);  l_sh=link(16);
l_tr=link(17); l_ft_for=link(18); l_ft_back=link(19); l_ft_inner=link(20);
l_ft_outer=link(21);
% 링크 질량
m1 = mass(1); m2 = mass(2); m3 = mass(3); m4 = mass(4); m5 = mass(5); m6 = mass(6);
m7 = mass(7); m8 = mass(8); m9 = mass(9); m10 = mass(10); m11 = mass(11);
m12 = mass(12);  m13 = mass(13); m14 = mass(14); m15 = mass(15); m16 = mass(16);
m18 = mass(18);  m19 = mass(19); m20 = mass(20); m22 = mass(21); m23 = mass(22);
```

```
O = [0 0 0 1]';  % 링크 좌표계의 원점 좌표
Z = [0 0 1 1]';  % 링크 좌표계의 z축 좌표

% 링크 좌표계의 링크 무게중심점 좌표
C1 = [0 0 0 1]'; C2 = [-l1/2 0 0 1]'; C3 = [-l2/2 0 0 1]'; C4 = [0 0 0 1]'; C5 =
[0 0 -l3/2 1]'; C6 = [-l4/2 0 0 1]';
if strcmp(sf, 'LEFT_SUPP')
    C7 = [0 -l5/2 0 1]';
elseif strcmp(sf, 'RIGHT_SUPP')
    C7 = [0  l5/2 0 1]';
end
C8 = [0 0 0 1]';  C9 = [-l6/2 0 0 1]';  C10 = [-l7/2 0 0 1]';  C11 = [0 0 0 1]';

C12 = [-l8/2 0 0 1]';  C13 = [-l_tr/2 0 -l_sh/2 1]';  C14 = [-0.016/2 -0.024/2
      0 1]';
C15 = [-l9/2 0 0 1]';  C16 = [-l10/2 0 0 1]';  C18 = [-0.016/2 0.024/2 0 1]';
C19 = [-l11/2 0 0 1]'; C20 = [-l12/2 0 0 1]'; C22 = [0 -l13/2 0 1]'; C23 = [-l14/2 0 0 1]';

% 지역좌표계를 전역좌표계로 변환
W=[cos(-alpha) 0 sin(-alpha) 0; 0 1 0 0; -sin(-alpha) 0 cos(-alpha) 0; 0 0 0 1]*
    [-sin(gamma) 0 cos(gamma) 0; cos(gamma) 0 sin(gamma) 0; 0 1 0 l0; 0 0 0 1];

G=[0 -g 0]';
O0_0 = O;     Z0_0 = Z;
O0_0w = W*O+SP;
% 하체 지지다리의 관절좌표
B1 = DHMat(phi1+pi/2, 0, 0, pi/2);  T1_0 = B1; O1_0= T1_0*O;  O1_0w= W*O1_0+SP
B2 = DHMat(-th1+pi/2, 0, l1, 0); T2_0 = B1*B2;  O2_0 = T2_0*O; O2_0w= W*O2_0+SP;
B3 = DHMat(-th2, 0, l2, 0); T3_0 = T2_0*B3;  O3_0 = T3_0*O; O3_0w= W*O3_0+SP;
B4 = DHMat(-th3, 0, 0, -pi/2); T4_0 = T3_0*B4;  O4_0 = T4_0*O; O4_0w= W*O4_0+SP;
B5 = DHMat(phi2, 0, l3, 0);  T5_0 = T4_0*B5*[0 0 1 0; 1 0 0 0; 0 1 0 0; 0 0 0 1];
  O5_0 = T5_0*O; O5_0w= W*O5_0+SP;
if strcmp(sf, 'LEFT_SUPP')        B6 = DHMat(psi1, 0, l4, 0);
elseif strcmp(sf, 'RIGHT_SUPP')    B6 = DHMat(psi1+pi, 0, l4, 0);
end
T6_0 = T5_0*B6;   O6_0 = T6_0*O;  O6_0w= W*O6_0+SP;
% 신체 중심점
pc = (O5_0w(1:3) + O6_0w(1:3))'/2;

% 하체 자유다리의 관절좌표
if strcmp(sf, 'LEFT_SUPP')
   B7 = DHMat(psi2, 0, 0, -pi/2);  T7_0 = T6_0*B7*[1 0 0 0; 0 1 0 l5; 0 0 1 0; 0 0 0 1];
   B8 = DHMat(phi3-pi/2, 0, 0, -pi/2);
elseif strcmp(sf, 'RIGHT_SUPP')
   B7 = DHMat(psi2, 0, 0, pi/2); T7_0 = T6_0*B7*[1 0 0 0; 0 1 0 -l5; 0 0 1 0; 0 0 0 1];
   B8 = DHMat(phi3+pi/2, 0, 0, -pi/2);
end
O7_0 = T7_0*O;    O7_0w= W*O7_0+SP;
T8_0 = T7_0*B8;    O8_0 = T8_0*O;     O8_0w= W*O8_0+SP;
B9 = DHMat(-th4+pi, 0, l6, 0);   T9_0 = T8_0*B9;    O9_0 = T9_0*O;   O9_0w=
W*O9_0+SP;
```

```
B10 = DHMat(-th5, 0, l7, 0);     T10_0 = T9_0*B10;  O10_0 = T10_0*O;
  O10_0w= W*O10_0+SP;
B11 = DHMat(-th6, 0, 0, pi/2);   T11_0 = T10_0*B11;   O11_0 = T11_0*O;
  O11_0w= W*O11_0+SP;
B12 = DHMat(phi4, 0, l8, 0);     T12_0 = T11_0*B12;   O12_0 = T12_0*O;
  O12_0w= W*O12_0+SP;

% 자유다리 발바닥 중심점 좌표
tip_x = O12_0w(1);   tip_y = O12_0w(2);   tip_z = O12_0w(3);

if strcmp(sf, 'LEFT_SUPP')
   % 지지다리 발바닥의 4개 좌표
   pf_0_1w = W*[l_ft_outer -l0 l_ft_for 1]'+SP;
           pf_0_2w = W*[-l_ft_inner -l0 l_ft_for 1]'+SP;
    pf_0_3w = W*[-l_ft_inner -l0 -l_ft_back 1]'+SP;
           pf_0_4w = W*[l_ft_outer -l0 -l_ft_back 1]'+SP;
   % 자유다리 발바닥의 4개 좌표
    pf_12_1 = T12_0*[0 l_ft_inner l_ft_for 1]';
              pf_12_2 = T12_0*[0 -l_ft_outer l_ft_for 1]';
    pf_12_3 = T12_0*[0 -l_ft_outer -l_ft_back 1]';
              pf_12_4 = T12_0*[0 l_ft_inner -l_ft_back 1]';
elseif strcmp(sf, 'RIGHT_SUPP')
    pf_0_1w = W*[l_ft_inner -l0 l_ft_for 1]'+SP;
              pf_0_2w = W*[-l_ft_outer -l0 l_ft_for 1]'+SP;
    pf_0_3w = W*[-l_ft_outer -l0 -l_ft_back 1]'+SP;
              pf_0_4w = W*[l_ft_inner -l0 -l_ft_back 1]'+SP;
    pf_12_1 = T12_0*[0 l_ft_outer l_ft_for 1]';
              pf_12_2 = T12_0*[0 -l_ft_inner l_ft_for 1]';
    pf_12_3 = T12_0*[0 -l_ft_inner -l_ft_back 1]';
              pf_12_4 = T12_0*[0 l_ft_outer -l_ft_back 1]';
end
% 상체 왼팔의 관절좌표
if strcmp(sf, 'LEFT_SUPP')
    T13_6 = [0 0 -1 -l4/2-l_sh/2; 0 1 0 0; 1 0 0 l_tr; 0 0 0 1];
elseif strcmp(sf, 'RIGHT_SUPP')
    T13_6 = [0 0  1 -l4/2+l_sh/2; 0 -1 0 0; 1 0 0 l_tr; 0 0 0 1];
end
T13_0 = T6_0*T13_6;      O13_0 = T13_0*O;   O13_0w = W*O13_0+SP;
B14 = DHMat(-th7, 0.024, 0.016, pi/2); T14_0 = T13_0*B14;  O14_0 = T14_0*O;
  O14_0w = W*O14_0+SP;
B15 = DHMat(phi5-pi, 0, l9, -pi/2);  T15_0 = T14_0*B15;   O15_0 = T15_0*O;
  O15_0w = W*O15_0+SP;
B16 = DHMat(-th8, 0, l10, 0);     T16_0 = T15_0*B16;   O16_0 = T16_0*O;
  O16_0w = W*O16_0+SP;

% 상체 오른팔의 관절좌표
if strcmp(sf, 'LEFT_SUPP')
    T17_6 = [0 0 -1 -l4/2+l_sh/2; 0 1 0 0; 1 0 0 l_tr; 0 0 0 1];
else
    T17_6 = [0 0  1 -l4/2-l_sh/2; 0 -1 0 0; 1 0 0 l_tr; 0 0 0 1];
end
```

```
T17_0 = T6_0*T17_6;   O17_0 = T17_0*O;   O17_0w = W*O17_0+SP;
B18 = DHMat(-th9, -0.024, 0.016, pi/2);  T18_0 = T17_0*B18;  O18_0 = T18_0*O;
  O18_0w = W*O18_0+SP;
B19 = DHMat(phi6-pi, 0, l11, -pi/2);   T19_0 = T18_0*B19;    O19_0 = T19_0*O;
  O19_0w = W*O19_0+SP;
B20 = DHMat(-th10, 0, l12, 0);       T20_0 = T19_0*B20;    O20_0 = T20_0*O;
  O20_0w = W*O20_0+SP;

% 목의 관절좌표
if strcmp(sf, 'LEFT_SUPP')
    T21_6 = [0 1 0 -l4/2; -1 0 0 0; 0 0 1 l_tr; 0 0 0 1];
elseif strcmp(sf, 'RIGHT_SUPP')
    T21_6 = [0 -1 0 -l4/2; 1 0 0 0; 0 0 1 l_tr; 0 0 0 1];
end
T21_0 = T6_0*T21_6;    O21_0 = T21_0*O;   O21_0w = W*O21_0+SP;
B22 = DHMat(psi3, l13, 0, pi/2);  T22_0 = T21_0*B22; O22_0 = T22_0*O;
  O22_0w = W*O22_0+SP;
B23 = DHMat(-th11+pi/2, 0, l14, 0);  T23_0 = T22_0*B23;   O23_0 = T23_0*O;
  O23_0w = W*O23_0+SP;

if strcmp(sf, 'LEFT_SUPP')   % 왼쪽 팔과 다리는 푸른색, 오른쪽은 붉은색
    c_sup_lg1 = '-bo'; c_sup_lg2 = '-b'; c_sway_lg1 = '-ro'; c_sway_lg2 = '-r';
elseif strcmp(sf, 'RIGHT_SUPP')
    c_sup_lg1 = '-ro'; c_sup_lg2 = '-r'; c_sway_lg1 = '-bo'; c_sway_lg2 = '-b';
end
if fig_no >= 1
    figure(fig_no)
% 지지하는 다리 그림
    plot3(mz([sp(1) O0_0w(1) O1_0w(1) O2_0w(1) O3_0w(1) O4_0w(1) O5_0w(1)
      pc(1)]), mz([sp(2) O0_0w(2) O1_0w(2) O2_0w(2) O3_0w(2) O4_0w(2) O5_0w(2)
      pc(2)]), mz([sp(3) O0_0w(3) O1_0w(3) O2_0w(3) O3_0w(3) O4_0w(3) O5_0w(3)
      pc(3)]), c_sup_lg1);
    axis('equal');   hold on;
    % 움직이는 다리 그림
plot3(mz([pc(1)  O6_0w(1)  O7_0w(1)  O8_0w(1)  O9_0w(1)  O10_0w(1)  O11_0w(1)
      O12_0w(1)]),  mz([pc(2)  O6_0w(2)  O7_0w(2)  O8_0w(2)  O9_0w(2)  O10_0w(2)
      O11_0w(2)  O12_0w(2)]),   mz([pc(3)  O6_0w(3)  O7_0w(3)  O8_0w(3)  O9_0w(3)
      O10_0w(3)  O11_0w(3)  O12_0w(3)]),  c_sway_lg1);
    axis('equal');   hold on;
    % 왼팔 그림
    plot3([O21_0w(1)  O13_0w(1)  O14_0w(1)  O15_0w(1)  O16_0w(1)],  [O21_0w(2)
      O13_0w(2) O14_0w(2) O15_0w(2) O16_0w(2)], [O21_0w(3) O13_0w(3) O14_0w(3)
      O15_0w(3) O16_0w(3)], '-bo');
    axis('equal');   hold on;
    % 오른팔 그림
    plot3([O21_0w(1)  O17_0w(1)  O18_0w(1)  O19_0w(1)  O20_0w(1)],  [O21_0w(2)
      O17_0w(2) O18_0w(2) O19_0w(2) O20_0w(2)], [O21_0w(3) O17_0w(3) O18_0w(3)
      O19_0w(3) O20_0w(3)], '-ro');
    axis('equal');  hold on;
    % 머리와 목, 상체 그림
    plot3([O22_0w(1) O21_0w(1) pc(1)], [O22_0w(2) O21_0w(2) pc(2)], [O22_0w(3)
```

```
    O21_0w(3) pc(3)], '-ko');
    axis('equal');   hold on;
% 지지하는 발그림
plot3(mz([pf_0_1w(1) pf_0_2w(1) pf_0_3w(1) pf_0_4w(1) pf_0_1w(1)]),
  mz([pf_0_1w(2) pf_0_2w(2) pf_0_3w(2) pf_0_4w(2) pf_0_1w(2)]),
  mz([pf_0_1w(3) pf_0_2w(3) pf_0_3w(3) pf_0_4w(3) pf_0_1w(3)]), c_sup_lg2);
    axis('equal');  hold on;
    % 움직이는 발그림
    plot3(mz([pf_12_1w(1) pf_12_2w(1) pf_12_3w(1) pf_12_4w(1) pf_12_1w(1)]),
     mz([pf_12_1w(2) pf_12_2w(2) pf_12_3w(2) pf_12_4w(2) pf_12_1w(2)]),
     mz([pf_12_1w(3) pf_12_2w(3) pf_12_3w(3) pf_12_4w(3) pf_12_1w(3)]),
     c_sway_lg2);
    axis('equal');
                                          ⋮
    view(view_ang);
    xlabel('X (m)');   ylabel('Y (m)');   zlabel('Z (m)');
    hold on;   grid on;
```

» **코드 2.5** GenMotionsWithDH.m 파일의 기구학 코드

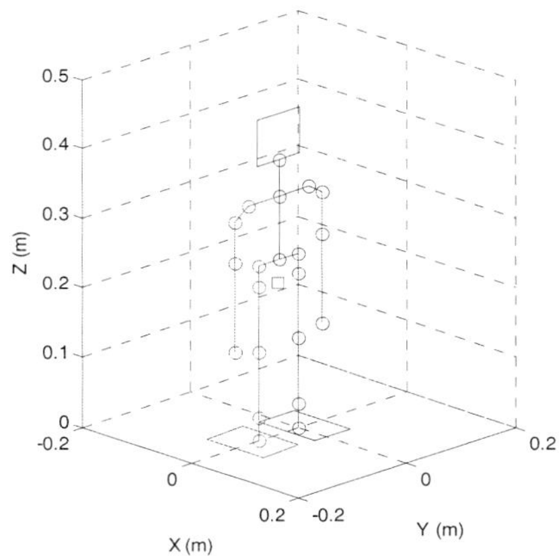

(a) 왼발 지지 상태

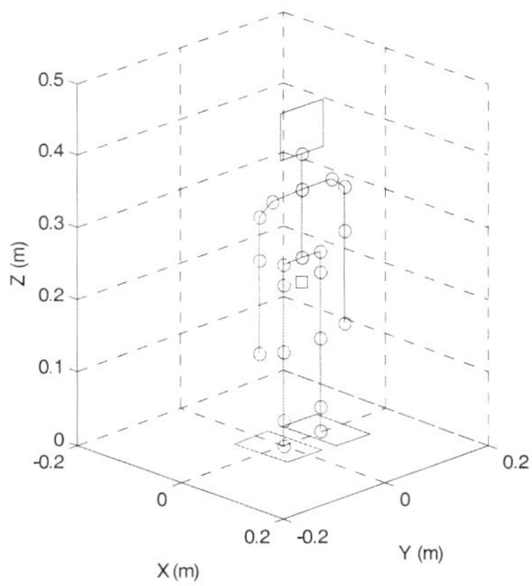

(b) 오른발 지지 상태

» **그림 2.31** DH법을 이용한 휴머노이드 로봇의 직립자세 시뮬레이션

<그림 2.31>은 sim_pose.m(<코드 2.4>)에서 no_pose를 1로 설정하고 실행함으로써 왼발 지지(sf = 'LEFT_SUPP') 상태로 직립한 자세와 오른발 지지(sf = 'RIGHT_SUPP') 상태로 직립한 자세를 시뮬레이션 한 결과이다. 두 그림이 동일한

것처럼 보이지만, 절대좌표계의 원점 좌표가 왼발 중심점과 오른발 중심점에 각각 위치하고 있음을 알 수 있다.

이번에는 <코드 2.4>의 왼발 지지 상태(sf = 'LEFT_SUPP')에서 관절각을 다음과 같이 임의로 정해서(no_pose=2) 로봇의 포즈를 시뮬레이션해 보자. 코드에서 deg2rad 함수는 각도(degree) 단위의 벡터값을 라디안(radian) 단위로 변환해 주는 함수이다.

```
th = deg2rad([80 10 0 210 -10 -5 170 10 200 20 0]);
phi = deg2rad([-10 5 170 10 200 170]);
psi = deg2rad([10 -5 0]);
```

» **코드 2.6** 임의의 자세를 위한 관절각

<그림 2.32>는 위의 관절각 세트를 sim_pose.m 파일에 입력해서 시뮬레이션한 휴머노이드 로봇의 자세를 보인다.

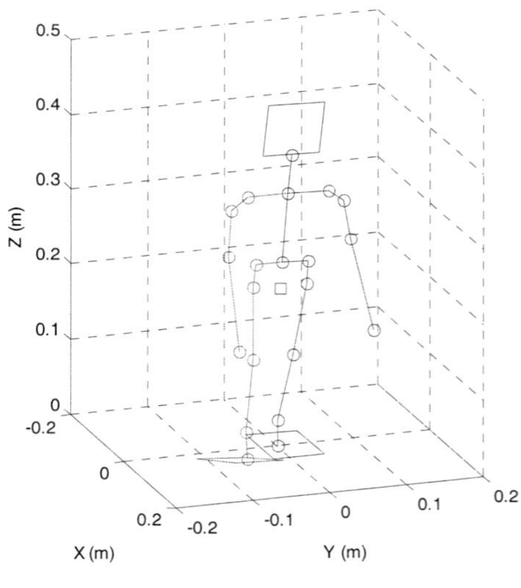

» **그림 2.32** 임의의 각도에 대한 휴머노이드 로봇의 자세 시뮬레이션

2.2.3 최적화 알고리즘을 이용한 DH법 역기구학 계산

휴머노이드 로봇에 있어서 역기구학적 문제는 로봇의 말단부(양손과 들어 올린 발)가 원하는 좌표에 위치하게 하는 하체와 상체의 모든 관련 관절들의 적절한 회전각을 계산하는 것이다. <그림 2.13>에서 보았듯이 말단부가 특정 좌표에 위치하게 하는 하위 관절각 θ_1과 θ_2는 일반적으로 복수 개의 해를 가지고 있다. 휴머노이드 로봇의 경우 20개 이상의 관절이 있으므로 식 (2.48)~(2.53)과 같은 방식으로 정확한 관절각 해를 구하기는 대단히 어렵다. 그러므로 이 책에서는 연산적 최적화 알고리즘(computational optimization method)을 이용하여 컴퓨터에서 단시간에 해를 구하는 방법을 이용하기로 한다.

최적화 알고리즘은 최소화해야 할 비용함수(cost function)의 미분값 사용 여부에 따라 간접법(indirect method)과 직접법(direct method)으로 구분되는데, 로봇 모션 생성에 적용되는 비용함수를 미분하는 것은 대단히 복잡하거나 아예 불가능하므로 직접법을 사용해야 한다. 이 책에서는 다양한 공학 기술분야에서 널리 사용되고 있는 PSO(particle swarm optimization)를 최적화 알고리즘으로 사용한다.

PSO는 1995년 Kennedy와 Eberhart에 의해 제안된 전역최적화 기법으로서, 조류나 어류 등의 무리가 서로의 정보를 공유하면서 먹이를 찾아가는 과정을 흉내낸 자연 모방형(nature-inspired) 알고리즘이다[5]. PSO는 조류나 어류의 무리가 먹이를 찾아가는 과정에서 무리 내의 각 개체(particle)가 단독으로 알고 있는 최적해 정보와 무리 전체가 공유하고 있는 최적해 정보를 기초로 각 개체가 행동한다는 개념을 최적화 과정에 도입하였다. PSO는 한 개체가 아니라 여러 개체가 무리를 지어 탐색을 한다는 점에서 유전 알고리즘(Genetic Algorithm, GA)[6]과 비슷하나, 교배(crossover)나 돌연변이(mutation) 등을 하지 않아 알고리즘이 간단하고 계산시간이 짧으며 대량의 메모리가 필요 없는 장점이 있다. 또한, 연속형과 이산형 문제 양쪽에 모두 적용 가능하다[5].

PSO에서 각 개체는 탐색 시작 후 자신들이 발견한 해 중 가장 좋은 해의 위치 벡터인 $\boldsymbol{p}_{best}$와 그 비용함수 $J(\boldsymbol{p}_{best})$를 메모리에 저장한다. 그리고 집단 전체에서 발견한 해 중에서 가장 좋은 해의 위치 벡터인 $\boldsymbol{g}_{best}$와 비용함수 $J(\boldsymbol{g}_{best})$를 개체 간에 공유한다. 전체 집단 중 k번째 개체는 이러한 $\boldsymbol{p}_{best}^{k}$와 $\boldsymbol{g}_{best}$의 정보를 이용해서 다음 식 (2.73)과 (2.74)에 의해 그 다음 반복(iteration) 차수에서의 방향 벡터 $\boldsymbol{v}_k^{next}$와 위치 벡터 $\boldsymbol{s}_k^{next}$를 계산한다[7].

$$\boldsymbol{v}_k^{next} = w\boldsymbol{v}_k^{now} + c_1 r_1 \left(\boldsymbol{p}_{best}^{k} - \boldsymbol{s}_k^{now}\right) + c_2 r_2 \left(\boldsymbol{g}_{best} - \boldsymbol{s}_k^{now}\right), \tag{2.73}$$

$$\boldsymbol{s}_k^{next} = \boldsymbol{s}_k^{now} + \boldsymbol{v}_k^{next},\ k = 1, \cdots, N \tag{2.74}$$

식에서 $\boldsymbol{v}_k^{now}$와 $\boldsymbol{s}_k^{now}$는 k번째 개체의 현재 방향 벡터와 위치 벡터를 각각 나타낸다. 식에서 보듯이 다음 차수에서의 위치 벡터는 현재의 위치 벡터에 새로운 방향 벡터를 더함으로써 구해진다. 또한, 식에서 w는 방향 벡터의 관성 가중치(inertial weight)를, c_1과 c_2는 학습요인(learning factor)의 가중치 계수를 나타내며, r_1과 r_2는 주변점의 랜덤한 탐색을 위해 0과 1 사이에서 발생시킨 균일분포(uniformly-distributed) 랜덤 값을 나타낸다. 식 (2.74)에서 N은 총 개체수를 의미한다.

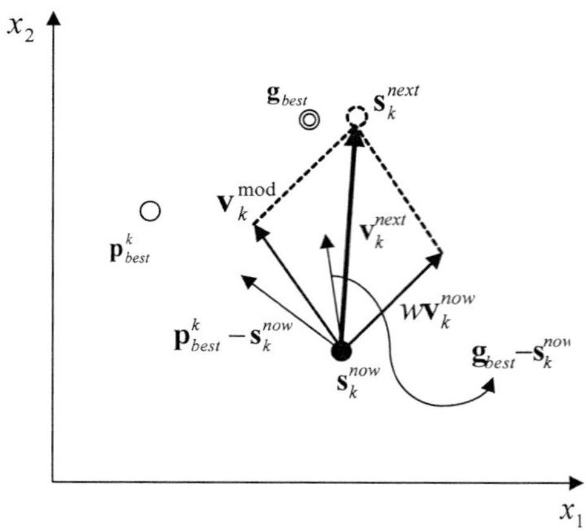

» **그림 2.33** 2차원 탐색평면에서 PSO의 k번째 개체의 위치와 방향의 변화 과정

<그림 2.33>은 2차원 탐색평면에서 PSO의 k번째 개체가 현재의 위치인 $\boldsymbol{s}_k^{now}$에서 다음 위치인 $\boldsymbol{s}_k^{next}$로 이동하는 원리를 나타낸 그림이다. k번째 개체는 지금까지 그 개체의 경험에 의해 얻은 최적해인 $\boldsymbol{p}_{best}^k$의 정보를 가지고 있고, 집단에서 발견한 전역해(global minimum)인 $\boldsymbol{g}_{best}$의 정보 또한, 공유하고 있다. k번째 개체가 현재 탐색점 $\boldsymbol{s}_k^{now}$로부터 탐색점 갱신을 하기 위해서는 새로운 방향 $\boldsymbol{v}_k^{next}$를 구해야 한다. 이때 PSO에서는 현재 방향 벡터 $\boldsymbol{v}_k^{now}$의 관성을 유지하면서($w\boldsymbol{v}_k^{now}$) 개체 최적해를 향한 방향$\left(\boldsymbol{p}_{best}^k - \boldsymbol{s}_k^{now}\right)$과 전역 최적해를 향한 방향$\left(\boldsymbol{g}_{best} - \boldsymbol{s}_k^{now}\right)$을 함께 고려한다. 그림에서 $\boldsymbol{v}_k^{mod}$는 이렇게 개체 최적해와 전역 최적해를 향한 방향의 합을 나타내며 수식으로는 다음과 같이 표현된다.

$$\boldsymbol{v}_k^{mod} = c_1 r_1\left(\boldsymbol{p}_{best}^k - \boldsymbol{s}_k^{now}\right) + c_2 r_2\left(\boldsymbol{g}_{best} - \boldsymbol{s}_k^{now}\right) \tag{2.75}$$

이 식을 쓰면 식 (2.73)은 $\boldsymbol{v}_k^{mod}$를 써서 다음과 같이 표현할 수 있다.

$$\boldsymbol{v}_k^{next} = w\boldsymbol{v}_k^{now} + \boldsymbol{v}_k^{mod} \tag{2.76}$$

이제 $\boldsymbol{v}_k^{next}$를 계산하면 식 (2.74)를 이용해서 개체의 다음 위치 벡터 $\boldsymbol{s}_k^{next}$를 구할 수 있고, 이러한 반복은 최대 반복횟수 만큼 시행된다.

PSO 알고리즘은 다음의 연산 과정을 거친다[7].

1) 전체 개체에 대해 초기 위치 벡터 $\boldsymbol{s}$와 방향 벡터 $\boldsymbol{v}$를 난수를 이용해 설정한다. 이때 초기의 위치 벡터 $\boldsymbol{s}$를 $\boldsymbol{p}_{best}$로 한다.
2) 1)에서 비용함수가 최소(최대화 문제의 경우 최대)인 $\boldsymbol{p}_{best}$를 전체 집단의 전역 최적 벡터 $\boldsymbol{g}_{best}$로 한다.
3) 개체의 방향 벡터 $\boldsymbol{v}$를 식 (2.76)을 사용해서 갱신하고, 위치 벡터 $\boldsymbol{s}$를 식 (2.74)를 사용해서 갱신한다.

4) 개체별로 현재의 위치에서 비용함수 값 $J(\boldsymbol{s})$가 $J(\boldsymbol{p}_{best})$보다 개선된 비용함수 값을 가지면 $\boldsymbol{s}$를 $\boldsymbol{p}_{best}$로 대체한다.

5) 전체 개체에 대해서 $J(\boldsymbol{p}_{best})$가 $J(\boldsymbol{g}_{best})$보다 개선된 비용함수 값을 가지면 $\boldsymbol{p}_{best}$를 $\boldsymbol{g}_{best}$로 대체한다.

6) 만족할 만한 비용함수를 가진 해를 얻거나 충분히 많은 세대가 경과될 때까지 3)으로 돌아가서 루프를 반복 수행한다.

PSO로 전역해를 탐색하는 과정을 보이기 위해 2차원 벤치마크 함수로 많이 사용되는 Branin 함수를 대상으로 최적화를 수행해 보자. Branin 함수는 다음과 같이 정의되어 있다.

$$f(x) = \left(x_2 - \frac{5.1}{4\pi^2}x_1^2 + \frac{5}{\pi}x_1 - 6\right)^2 + 10\left(1 - \frac{1}{8\pi}\right)\cos x_1 + 10, \quad -5 \le x_1 \le 10, 0 \le x_2 \le 15 \tag{2.77}$$

Branin 함수는 세 개의 전역해를 가지고 있으며, 전역해의 위치는 $\boldsymbol{x}^*$=(-3.142, 12.275), (3.142, 2.275), (9.425, 2.425)이며 전역해의 함수값은 0.397887358이다. 어떤 최적화 함수의 성능을 비교하는 일반적인 방법은 테스트 함수의 알려진 전역해 함수 값에 10^{-6} 이내의 오차로 전역해가 접근할 때까지 그 함수를 계산한 횟수를 측정하여 다른 알고리즘으로 얻은 횟수 값들과 비교하는 것이다.

PSO를 이용해서 Branin 함수 최적화를 수행하는 코드는 code/matlab code 디렉터리의 pso.m 파일과 TestBR.m 파일에 작성되어 있으며 <코드 2.7>에 보였다. 식 (2.75)와 (2.76)에서 c_1과 c_2는 동일하게 2로, w는 0.8로 설정하였다. 이것은 식 (2.75)의 제2항과 제3항의 계수가 0에서 1까지의 난수와 가중치 계수의 곱으로 되어있기 때문에 그 평균이 1이 되도록 하기 위한 것이다[7]. 그리고 개체수 N은 30으로 설정하였으며, 이러한 PSO 파라미터들은 [8]을 참고하였다.

```
%변수 지정
dimPar = 2;                          % 변수 개수
upBnd = [10 15]';                    % 변수 상한값
lowBnd = [-5 0]';                    % 변수 하한값
globMinCost = 0.397887358;           % Branin 함수의 전역해
n_part = 30;              % 개체 개수
v_max = 5*ones(1, dimPar)';          % 방향 상한값
v_min = -5*ones(1, dimPar)';         % 방향 하한값

w = 0.8;                  % 방향의 관성가중치
c1 = 2;  c2 = 2;                     % 학습요인의 가중치
                                      ⋮
% 초기값
for i=1:n_part
   x_pos(i,:) = ((upBnd-lowBnd).*rand(dimPar,1) + lowBnd)';
   vel(i,:) = ((v_max-v_min).*rand(dimPar,1) + v_min)';
end
cost = 1e10*ones(n_part);  % 초기 비용함수
% 개체 최적해의 위치와 함수값
pos_pbest = x_pos;
cost_pbest = cost;
% 전역 최적해의 위치와 함수값
pos_gbest = [];
cost_gbest = 1e10;

iter = 1            % 반복횟수
while iter == 1 || err > 1e-6   % 최적화 계속 실행 조건
    for pt = 1: n_part
       % 비용함수 계산
       cost(pt) = TestBR(x_pos(pt, :));
       % 현재 개체를 pbest에 비교
       if cost(pt) < cost_pbest(pt)
          pos_pbest(pt, :) = x_pos(pt, : );
          cost_pbest(pt) = cost(pt) ;
       end
       % 현재 개체를 gbest에 비교
       if cost(pt) < cost_gbest
          pos_gbest = x_pos(pt, :);
          cost_gbest = cost(pt) ;
       end
% 새롭게 이동할 방향으로의 속도 계산
       vel_mod = c1*rand*(pos_pbest(pt,:) - x_pos(pt, :)) + c2*rand*(pos_gbest
       -x_pos(pt, :));
       vel(pt, :) = w*vel(pt, :) + vel_mod;
% 속도의 최대값과 최소값을 제한
      vel(pt, :) = min(v_max', vel(pt, :));
       vel(pt, :) = max(v_min', vel(pt, :));
       % 다음 회차의 개체 위치 계산
       x_pos(pt, :) = x_pos(pt, :) + vel(pt, :);
```

```
        % 위치 벡터의 제한
        x_pos(pt, :) = min(upBnd', x_pos(pt, :));
        x_pos(pt, :) = max(lowBnd', x_pos(pt, :));
        % 개체의 위치 표시
        figure(1)
        plot(x_pos(pt, 1), x_pos(pt,2), 'ko');
        axis([lowBnd(1) upBnd(1) lowBnd(2) upBnd(2)]);
        hold on;
    end
    err=cost_gbest-globMinCost;
    sprintf('iter = %d, pos_gbest = [%.2f %.2f], cost_gbest=%.4e, error=
        %.4e',iter, pos_gbest(1), pos_gbest(2), cost_gbest, err)  % 커맨드 창에
        개체값 출력
    gcost(iter) = cost_gbest;
    iter=iter+1;  % 반복횟수

    figure(1)
    contour(fx1, fx2, f');
    plot(-3.142, 12.275, 'bx', 3.142, 2.275, 'bx', 9.425, 2.425, 'bx');
    xlabel('x1');
    ylabel('x2');
    hold off;
end
iters = 1:iter-1;

figure(2)
plot(iters, gcost);
xlabel('iteration');
ylabel('cost');
grid
title('PSO를 통한 함수 최적화')

% Branin 함수 정의
function y=TestBR(x)
x1=x(1);   x2=x(2);
y=(x2-5.1/(4*pi^2)*x1^2 +5/pi*x1-6)^2+10*(1-1/(8*pi))*cos(x1)+10;
```

» **코드 2.7** pso.m 코드와 TestBR.m 코드

<그림 2.34>와 <그림 2.35>는 PSO를 이용해서 Branin 함수의 전역해를 탐색하는 과정을 나타낸다. <그림 2.34>에서 볼 수 있듯이 초기 탐색(iter=1) 시에는 30개의 개체들이 탐색 영역에 무작위로 분산되어 있지만 탐색이 중기(iter=24)에서 후기(iter=100)로 진행될수록 대부분의 개체들이 전역해로 수렴함을 볼 수 있다. <그림 2.35>는 PSO가 탐색을 반복하면서 비용함수를 지속적으로 감소시킴으로써 95회의 반복 후에 전역해를 찾아내는 데 성공했음을 보인다. 이후로는 Branin 함수를

계산하는 TestBR 함수 대신 최적화하고자 하는 목표에 따라 적절히 설계한 비용함수를 교체해서 PSO를 실행시키면 된다.

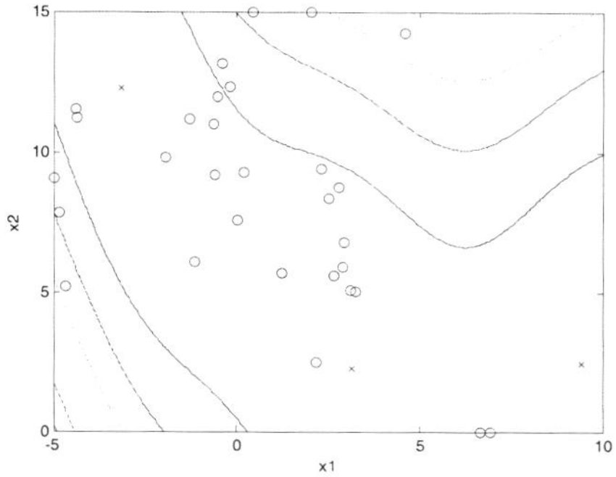

(a) iter = 1

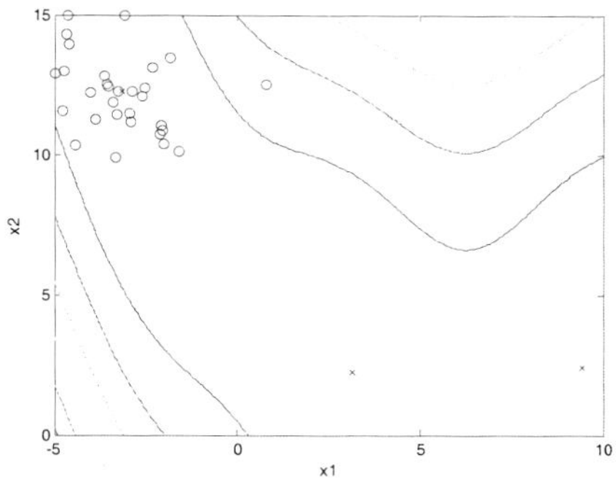

(b) iter = 24

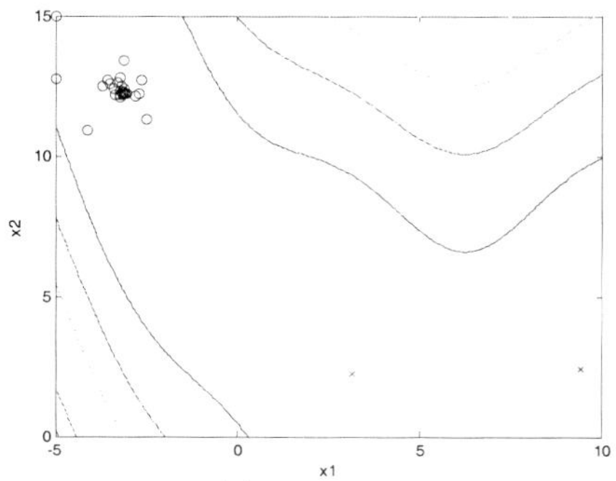

(c) iter = 100

» **그림 2.34** PSO 탐색 시 개체들의 분포 추이(iter: 반복 횟수)

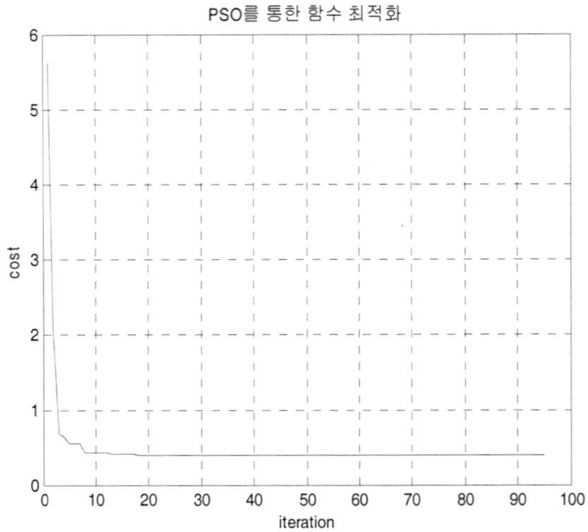

» **그림 2.35** PSO를 이용한 Branin 함수값의 전역해 탐색 추이

이제 휴머노이드 로봇의 간단한 역기구학 문제로서 로봇이 왼발 앞쪽에 놓여 있는 물체를 잡기 위한 전신 관절각을 계산하는 경우를 생각해 보자.

휴머노이드 로봇의 경우 움직이거나 자세를 취할 때 제일 먼저 고려해야 하는 것이 자세 안정성(posture stability)이다. 예를 들어 로봇이 어떤 물체를 잡기 위해 앞으로 손을 뻗을 때 영모멘트점(zero moment point, ZMP) 또는 무게중심점(center of mass, CoM)이 착지해 있는 발바닥 영역의 앞쪽(발가락)이나 옆쪽(발바닥 볼) 또는 뒤쪽(발꿈치)을 벗어나면 그 방향으로 쓰러지게 된다. 그러므로 원하는 자세에 대한 전신의 관절각을 계산할 때 이런 조건을 위반하지 않도록 주의해야 한다. 영모멘트점에 대해서는 3.3절에서 자세히 설명할 예정이며, 로봇이 정지해 있을 때는 영모멘트점과 무게중심점이 동일하므로 보다 이해하기 쉬운 무게중심점을 안정성 측정지표로 삼는다.

무게중심점이란 공간에 질량과 위치 벡터를 가진 다수 개의 입자가 존재할 때 이 입자들의 질량 분포의 평균 위치 벡터를 의미한다. 이를 수학적으로 표현하기 위해 어떤 공간에 n개의 입자가 있고 각 입자 $q_i, i=1,\cdots,n$는 질량 m_i, 공간 상의 좌표 r_i에 위치해 있다고 하자. 그러면 무게중심점 좌표 R은 다음과 같은 관계를 가진다.

$$\sum_{i=1}^{n} m_i(r_i - R) = 0 \tag{2.78}$$

이 식을 R에 대해서 풀면 다음과 같다.

$$R = \frac{1}{M}\sum_{i=1}^{n} m_i r_i,\ M = \sum_{i=1}^{n} m_i \tag{2.79}$$

보다 이해하기 쉽도록 <그림 2.36>과 같이 세 개의 서로 다른 질량과 위치 벡터를 가진 입자 q_1, q_2, q_3가 공간에 존재할 때 무게중심점 R을 구한 경우를 보도록 하자. 그림에서 입자의 크기가 질량에 비례한다고 가정하면 $m_2 > m_3 > m_1$의 관계가 성립하고, 식 (2.79)로부터 무게중심점 R은 가장 무거운 입자에 보다 가깝게 위치함을 알 수 있다. 그러므로 그림과 같이 무게중심점은 q_2와 q_3 입자 근처에 위치한다.

휴머노이드 로봇 전신의 무게중심점을 계산하기 위해서는 먼저 각 링크의 무게중심점을 알아야 하고 이로부터 식 (2.79)를 이용하여 계산할 수 있다. 각 링크의 정확한 무게중심점은 CAD 소프트웨어나 정밀한 측정을 통해서 알 수 있지만 편의상 링크의 특정 위치에 존재한다고 가정하는 경우가 대부분이다. 이 책에서는 각 링크의 무게중심점이 링크 양단 관절 사이의 내분점으로 표현할 수 있다고 가정하자.

<그림 2.37>은 $x_{k-1}y_{k-1}z_{k-1}$ 좌표계와 $x_k y_k z_k$ 좌표계 사이에 위치하며 길이가 a_k인 k번째 링크를 예시한다. 이 링크의 무게중심점이 링크를 $\alpha_k : \beta_k$로 내분한 점에 위치하고 $\alpha_k + \beta_k = 1,\ 0 \le \alpha_k, \beta_k \le 1$의 관계가 있다고 하자. DH법의 좌표계 설정 규칙에 의해 $x_{k-1}y_{k-1}z_{k-1}$ 좌표계를 z_{k-1}축을 중심으로 δ_k만큼 회전한 후 새로운 x_k축을 따라 a_k만큼 이동시켜 얻은 $x_k y_k z_k$ 좌표계는 k번째 링크의 끝부분에 위치하게 된다. 그리고 k번째 링크의 무게중심점 c_k는 $x_k y_k z_k$ 좌표계에 소속

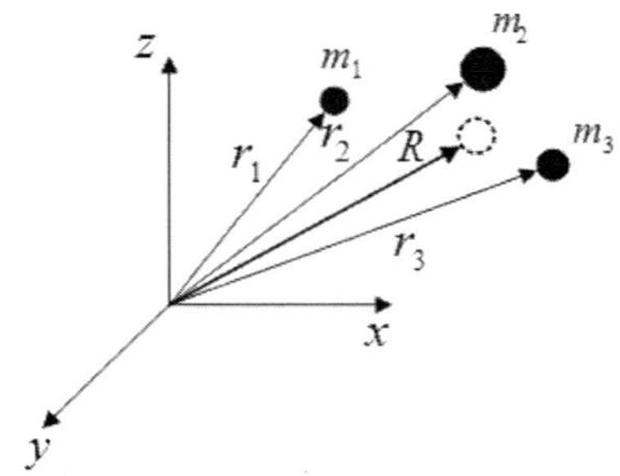

» **그림 2.36** 질량과 위치 벡터를 가진 세 입자의 무게중심점 위치 벡터 R

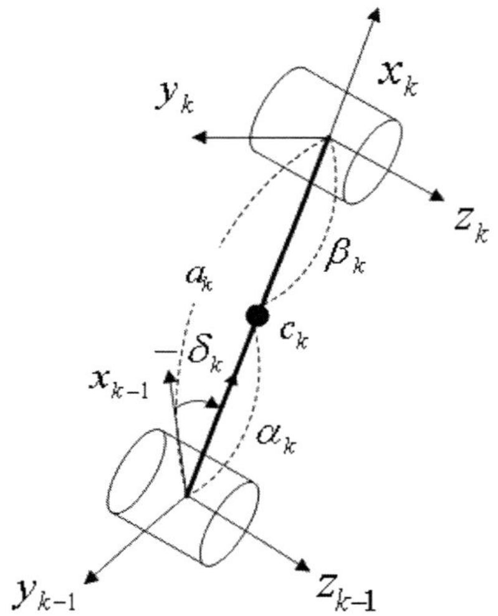

» **그림 2.37** $x_{k-1}y_{k-1}z_{k-1}$ 좌표계와 $x_ky_kz_k$ 좌표계를 잇는 링크의 무게중심점

되므로, <그림 2.37>에서 보듯이 c_k는 $x_ky_kz_k$ 좌표계 상에서 3차원 좌표값 $(-\beta_k a_k, 0, 0)$을 갖는다. 링크 무게중심점의 내분 비율인 α_k와 β_k는 링크 별로 정밀히 측정하여 계산해야 하지만 편의상 링크 가운데에 위치한다고 가정하고 $\alpha_k = \beta_k = 0.5$로 설정한다.

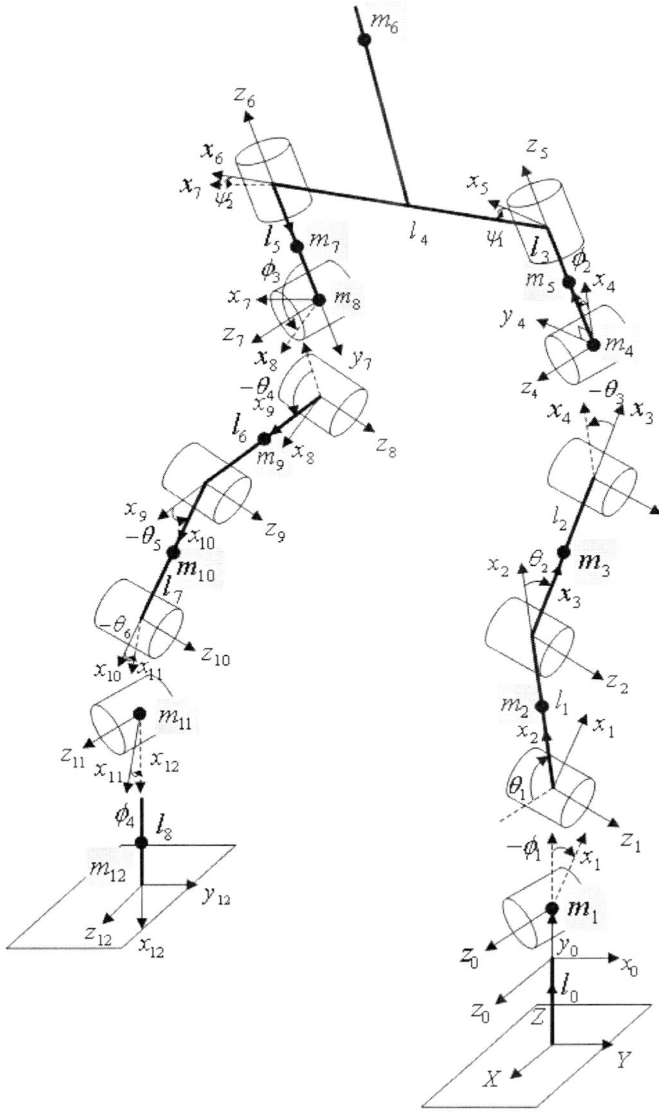

» **그림 2.38** 왼발 지지 시 링크 무게중심점을 표시한 로봇 하체 모델링

<그림 2.38>은 <그림 2.17>에 보인 휴머노이드 로봇 하체 모델에 링크의 무게 중심점을 추가적으로 표시한 것을 나타낸다. 이 그림을 이용하여 휴머노이드 로봇

하체의 각 링크 무게중심점의 지역좌표를 구하면 다음과 같다.

$$c_1 = (0, 0, 0),\ c_2 = \left(-\frac{l_1}{2}, 0, 0\right),\ c_3 = \left(-\frac{l_2}{2}, 0, 0\right),\ c_4 = (0, 0, 0),\ c_5 = \left(0, 0, -\frac{l_3}{2}\right),$$

$$c_6 = \left(-\frac{l_4}{2}, 0, \frac{l_{tr}}{2}\right),\ c_7 = \left(0, -\frac{l_5}{2}, 0\right),\ c_8 = (0, 0, 0),\ c_9 = \left(-\frac{l_6}{2}, 0, 0\right), \tag{2.80}$$

$$c_{10} = \left(-\frac{l_7}{2}, 0, 0\right),\ c_{11} = (-\frac{l_8}{2}, 0, 0),\ c_{12} = (0, 0, 0)$$

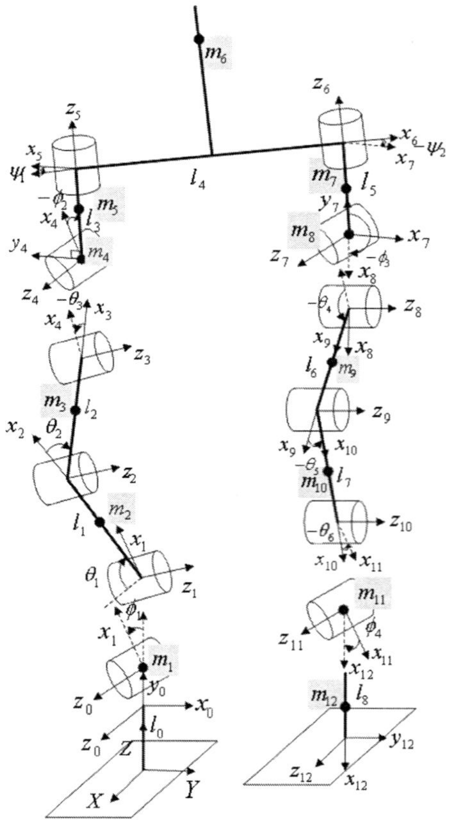

» **그림 2.39** 오른발 지지 시 링크 무게중심점을 표시한 로봇 하체 모델링

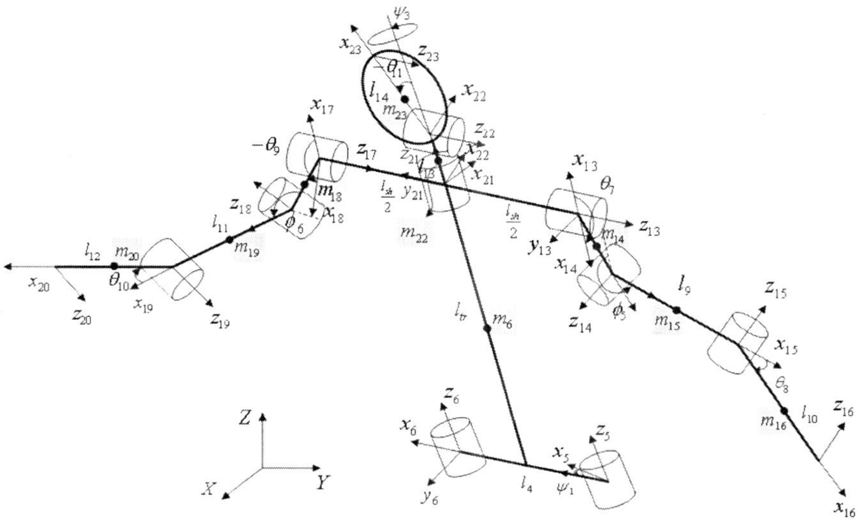

» **그림 2.40 왼발 지지 시 링크 무게중심점을 표시한 로봇 상체 모델**

<그림 2.39>는 오른발 지지 시 휴머노이드 로봇 하체의 링크에 무게중심점을 표시한 것으로, <그림 2.38>과 비교해 보면 y_7축의 방향이 반대가 됨을 알 수 있다. 그 결과 $x_7y_7z_7$ 좌표계가 있는 링크의 무게중심점 좌표가 식 (2.80)에서 다음과 같이 달라진다.

$$c_7 = \left(0, \frac{l_5}{2}, 0\right) \tag{2.81}$$

상체 링크의 무게중심점도 이와 같은 원리로 <그림 2.40>으로부터 계산할 수 있다. 왼팔에 있는 링크들의 무게중심점을 각 링크 좌표계에서 표현한 좌표값은 다음과 같다.

$$c_{14} = \left(-\frac{0.016}{2}, -\frac{0.024}{2}, 0\right),\ c_{15} = \left(-\frac{l_9}{2}, 0, 0\right),\ c_{16} = \left(-\frac{l_{10}}{2}, 0, 0\right) \tag{2.82}$$

마찬가지로 오른팔에 위치한 각 링크 무게중심점의 지역좌표를 구하면 다음과 같다.

$$c_{18} = \left(-\frac{0.016}{2}, \frac{0.024}{2}, 0\right),\ c_{19} = \left(-\frac{l_{11}}{2}, 0, 0\right),\ c_{20} = \left(-\frac{l_{12}}{2}, 0, 0\right) \quad (2.83)$$

그림에서 목과 머리의 무게중심점을 $x_{22}y_{22}z_{22}$ 좌표계와 $x_{23}y_{23}z_{23}$좌표계에서 각각 표현하면 다음과 같다.

$$c_{22} = \left(0, -\frac{l_{13}}{2}, 0\right),\ c_{23} = \left(-\frac{l_{14}}{2}, 0, 0\right) \quad (2.84)$$

휴머노이드 로봇이 오른발로 지지하고 있을 때는 <그림 2.40>에서 $x_5y_5z_5$ 좌표계와 $x_6y_6z_6$ 좌표계의 위치만 서로 바뀌므로 상체 링크들의 무게중심점의 위치와 무게는 변화가 없다.

<표 2.8>에 OP의 상체와 하체의 부위와 링크의 질량을 정리했다. 로보티즈 e-매뉴얼의 로봇플랫폼>DARwIn-OP>References>Reference>Hardware_Specifications>Mechanics>Dynamics 페이지에 가면 DARwIn-OP_Dynamics.zip 파일을 다운로드 받을 수 있는데, 압축을 풀면 각 링크와 부위에 대한 CAD 파일들과 질량, 무게중심점의 위치, 관성텐서(inertia tensor) 등이 정밀하게 기록된 텍스트 파일들이 있다.

각 링크의 질량 $m_1 \sim m_{22}$는 <그림 2.38>과 <그림 2.40>, 로보티즈 사에서 제

» **표 2.8** OP 전신의 링크 질량 명세(단위: g)

DH 링크명	질량(g)	DH 링크명	질량(g)	DH 링크명	질량(g)
m_{hd}(머리)	158.04	m_{hu}(위팔)	168.38	m_{fe}(대퇴부)	119.04
m_{nk}(목)	24.36	m_{ra}(아래팔)	59.29	m_{tb}(정강이)	70.31
m_{sh}(어깨)	25.91	m_{gr}(그리퍼)	10.00	m_{ca}(발꿈치)	167.11
m_{tr}(상체)	975.6	m_{pv}(골반)	167.11	m_{ft}(발)	79.45

공한 CAD 파일들을 면밀히 검토하면 다음과 같은 관계가 있음을 알 수 있다.

$$\begin{aligned}
&m_1 = m_{ft} + \frac{m_{ca}}{2},\ \ m_2 = \frac{m_{ca}}{2} + m_{tb},\ m_3 = m_{fe}, \\
&m_4 = \frac{m_{fe}}{2},\ m_5 = \frac{m_{fe}}{2},\ m_6 = m_{pv} + m_{tr}, \\
&m_7 = m_{pv},\ \ m_8 = \frac{m_{fe}}{2},\ m_9 = \frac{m_{fe}}{2}, \\
&m_{10} = m_{fe} + m_{tb},\ m_{11} = \frac{m_{ca}}{2},\ m_{12} = \frac{m_{ca}}{2} + m_{ft}, \\
&m_{14} = m_{sh},\ m_{15} = m_{hu},\ m_{16} = m_{ra} + m_{gr}, \\
&m_{18} = m_{14},\ m_{19} = m_{15},\ m_{20} = m_{16},\ \ m_{22} = m_{nk},\ m_{23} = m_{hd}
\end{aligned} \tag{2.85}$$

이 값들은 OP의 전신 구조에 따라 결정된 것으로 SpecROBOTIS_OP2.m 파일에 정의되어 있다.

이제 휴머노이드 로봇이 절대좌표가 $\boldsymbol{p}_{obj} = (0.1, 0.05, 0.07)$ 인 물체를 잡기 위해 왼쪽 팔을 어느 정도 뻗으며 허리를 몇 도 정도 숙이고 무릎을 얼마나 구부려야 하는지를 PSO를 이용해서 계산하도록 하자. OP는 <그림 2.17>과 <그림 2.20>에서 보듯이 시상면의 11개 관절, 관상면의 6개 관절, 횡평면의 3개 관절을 이용해서 자세를 결정한다. 그러므로 최적화해야 할 파라미터는 다음과 같이 총 20개가 된다.

$$\Gamma = [\theta_1\,\theta_2\,\theta_3\,\theta_4\,\theta_5\,\theta_6\,\theta_7\,\theta_8\,\theta_9\,\theta_{10}\,\theta_{11}\ \ \phi_1\,\phi_2\,\phi_3\,\phi_4\,\phi_5\,\phi_6\ \ \psi_1\,\psi_2\,\psi_3] \tag{2.86}$$

PSO의 비용함수는 크게 세 가지를 포함해야 한다. 첫 번째, 자유다리의 발바닥이 지면 위에 있어야 한다. 두 번째, 안정된 자세를 위해 로봇 전신 무게중심점의 x축과 y축 절대좌표인 (X_{CoM}, Y_{CoM})이 지면에서 지지하는 발바닥이 만드는 지지 다각형(support polygon) 이내에 위치해야 한다. 세 번째, 주어진 작업을 수행하기 위해 말단부인 왼팔 끝점의 절대좌표 (X_{lh}, Y_{lh}, Z_{lh})가 물체의 절대좌표 $\boldsymbol{p}_{obj}$에 최대한 가까워야 한다.

이러한 세 가지 요구조건은 자유다리의 발바닥 최저점이 0보다 크게 하며, 무게중심점이 지지다각형을 벗어날 경우 벌칙(penalty)으로서 큰 비용함수값을 부여하고, 말단부와 대상 물체와의 3차원 거리가 최소화되면 만족되므로 다음과 같은 비용함수로 수식화 할 수 있다.

$$J(\Gamma) = P_1\left(Z_{\min}^{sft}\right) + P_2(X_{CoM}, Y_{CoM}) + \sqrt{\left(X_{lh} - X_{obj}\right)^2 + \left(Y_{lh} - Y_{obj}\right)^2 + \left(Z_{lh} - Z_{obj}\right)^2} \tag{2.87}$$

식에서 $P_1\left(Z_{\min}^{sft}\right)$은 첫 번째 조건에 관련된 벌칙함수로서, $Z_{\min}^{sft}$ 는 자유다리의 발이 갖는 네 꼭지점의 높이 중 최소값을 의미하며 이 값이 0보다 작으면 100이라는 큰 값을 비용함수값으로 반환한다. 그러므로 말단부인 왼팔 끝점의 절대좌표 (X_{lh}, Y_{lh}, Z_{ih})가 아무리 $\boldsymbol{p}_{obj}$에 가깝다 하더라도 무게중심점이 지지하는 발의 바닥면 안에 위치하지 않거나(안정도 조건) 들어올린 발이 지면보다 위에 있지 않으면(현실적 조건) 비용함수가 큰 값이 되어 PSO는 열등한 해로 간주한다. <코드 2.8>은 $P_1\left(Z_{\min}^{sft}\right)$을 MATLAB 코드로 구현한 것이며, 함수 인자인 des_ht는 0으로 설정함으로써 들어올린 발이 지면보다 높은지 아닌지를 판별한다.

식 (2.87)에서 $P_2(X_{CoM}, Y_{CoM})$은 두 번째 조건에 관련된 벌칙함수로서 전신의 무게중심점과 지지하는 발 중심점 간의 거리를 x축과 y축 별로 계산해서 그 값이 하나라도 특정 값 이상을 넘어가면 상대적으로 큰 값을 출력한다.

```
function cost = PenaltySwingFootHeight(sft_z_min, des_ht)

cost = 0;
if sft_z_min < des_ht  % 들어올린 발의 최저점이 des_ht보다 낮게 위치할 경우
    cost = 100;
end
```

» **코드 2.8** PenaltySwingFootHeight.m 코드

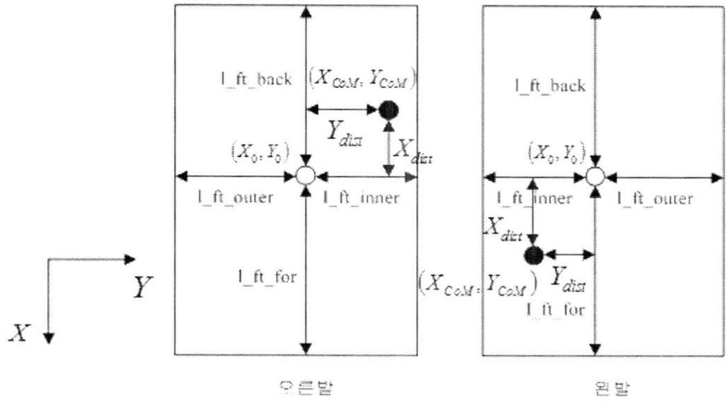

» **그림 2.41 지지하는 발에서 무게중심점 관련 벌칙함수 계산 방법**

<그림 2.41>은 이러한 벌칙함수를 설명하기 위해 양쪽 발에 대해 발 중심점 (X_0, Y_0)와 무게중심점 (X_{CoM}, Y_{CoM})의 위치를 예로 보인 것으로, 발 중심점이 발바닥의 정중앙에 위치하지 않아 두 점 간의 거리차 $X_{dist}(=|X_{CoM}-X_0|)$와 $Y_{dist}(=|Y_{CoM}-Y_0|)$를 이용한 안정도 평가가 지지하는 발에 따라 달라져야 함을 알 수 있다. 즉, X_{CoM}이 X_0보다 큰 경우(무게중심이 앞쪽에 위치한 경우) 거리값 X_{dist}이 l_ft_for보다 작아야 안정하고, 반대로 X_{CoM}이 X_0보다 작은 경우(무게중심이 뒤쪽에 위치한 경우) $|X_{CoM}-X_0|$이 l_ft_back보다 작아야 한다.

Y_{CoM}의 경우 왼발과 오른발의 경우가 달라지는데, 오른발 지지 상태에서 Y_{CoM}이 Y_0보다 큰 경우(왼쪽으로 치우친 경우) Y_{dist}이 l_ft_inner보다 작아야 안정하지만 Y_{CoM}이 Y_0보다 작은 경우(오른쪽으로 치우친 경우)에는 $|Y_{CoM}-Y_0|$이 l_ft_outer보다 작아야 안정하다. 왼발 지지 시에는 이와 반대가 되어서 Y_{CoM}이 Y_0보다 큰 경우 $|Y_{CoM}-Y_0|$이 l_ft_outer 보다 작아야 안정하고, Y_{CoM}이 Y_0보다 작은 경우 $|Y_{CoM}-Y_0|$이 l_ft_inner 보다 작아야 안정된 자세를 만든다. 그 이유는 <그림 2.41>에서 보듯이 왼발과 오른발의 형상이 서로 대칭이기 때문이다.

식 (2.87)에서 벌칙함수 $P_2(X_{CoM}, Y_{CoM})$은 이렇게 X_{CoM}과 Y_{CoM}을 확인해서 모두 안정한 영역에 있으면 0을, 하나라도 불안정한 영역이 있으면 상대적으로 큰 값인 100을 반환한다. 그리고 안정도 평가 시 중요하게 사용되는 로봇 전신의 무게 중심점은 다음 식으로 계산된다.

$$X_{CoM} = \frac{\sum_{i=1}^{n} m_i X_{im}}{\sum_{i=1}^{n} m_i}, \quad Y_{CoM} = \frac{\sum_{i=1}^{n} m_i Y_{im}}{\sum_{i=1}^{n} m_i}, \quad Z_{CoM} = \frac{\sum_{i=1}^{n} m_i Z_{im}}{\sum_{i=1}^{n} m_i} \tag{2.88}$$

식에서 (X_{im}, Y_{im}, Z_{im})과 m_i는 i번째 링크 무게중심점의 절대좌표와 질량을 각각 나타낸다.

<코드 2.9>는 이러한 벌칙함수 $P_2(X_{CoM}, Y_{CoM})$를 MATLAB 코드로 구현한 것이다. 코드에서 br은 경계면 비율(boundary ratio)을 의미하는데, 앞에서 안정된 영역의 경계로 설정한 접지 발바닥면(br=1.0)을 더욱 좁힘으로써 안정한 자세의 기준을 더욱 엄격히 할 때 사용된다. <그림 2.42>는 br을 1.0 이하의 값으로 설정했을 때의 안정된 무게중심점 위치 영역을 점선으로 표현한 것이다. 이렇게 설정하면 휴머노이드 로봇은 좀 더 직립에 가까운 자세를 취하게 되며, 이 때문에 뻗은 손과 물체와의 거리가 멀어질 수도 있다.

<코드 2.10>은 DH법으로 모델링하고(PB법은 이후에 설명), 지지하는 발이 왼

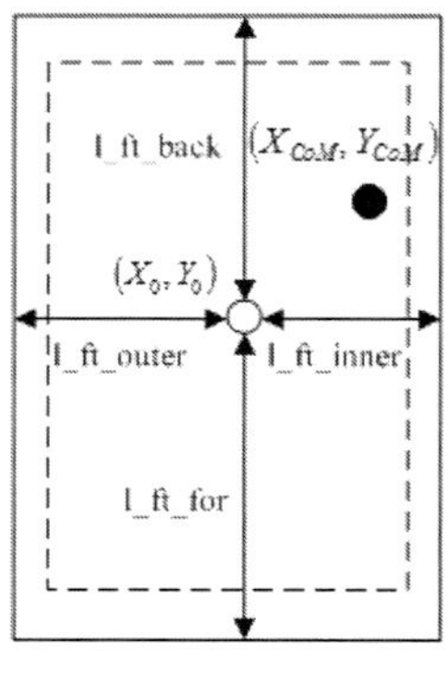

» **그림 2.42** 오른발 지지 시 안정한 무게중심점 영역을 좀 더 좁힌 경우($0 \le br < 1$)

쪽 발일 때 PSO로 20개의 변수를 적절한 범위 안에서 탐색하는 기능을 한다. 각 관절각 변수의 최대값(upBnd)과 최소값(lowBnd)을 설정할 때 <그림 2.17>과 <그림 2.20>을 참고해서 적절한 범위를 설정해 주는 것이 중요하다. Branin 함수의 전역해를 PSO로 탐색하는 <코드 2.7>과 이 코드가 다른 점은 비용함수 계산 시 식 (2.87)을 계산하는 CalcCost4PostureStabilty 함수를 사용하고, 비용함수가 어떤 값 이하로 감소하면 멈춰야 할지를 알 수 없으므로 최대값(max_iter)만큼 갱신이 일어나면 탐색을 종료하게 코딩을 한 것이다.

```
function cost = PenaltyStability(sf, x0, y0, x_com, y_com, l_ft_for, l_ft_back,
       l_ft_inner, l_ft_outer, br)

cost = 0;

if x_com >= x0            % 무게중심이 앞에 있는 경우
   if abs(x_com-x0) > br*l_ft_for
      cost = 100;
      return
   end
else                      % 무게중심이 뒤에 있는 경우
   if abs(x_com-x0) > br*l_ft_back
      cost = 100;
      return
   end
end

if y_com >= y0            % 무게중심이 왼쪽으로 치우친 경우
   if strcmp(sf, 'LEFT_SUPP')
      if abs(y_com-y0) > br*l_ft_outer
         cost = 100;
         return
      end
   elseif strcmp(sf, 'RIGHT_SUPP')
      if abs(y_com-y0) > br*l_ft_inner
         cost = 100;
         return
      end
   end
else                      % 무게중심이 오른쪽으로 치우친 경우
   if strcmp(sf, 'LEFT_SUPP')
      if abs(y_com-y0) > br*l_ft_inner
         cost = 100;
         return
      end
```

```
    elseif strcmp(sf, 'RIGHT_SUPP')
        if abs(y_com-y0) > br*l_ft_outer
            cost = 100;
            return
        end
    end
end
```

» **코드 2.9** PenaltyStability.m 코드

```
global DH PB link mass sim_type flags
global alpha gamma view_ang
global br pick_hand des_end_pt des_lh_pt des_rh_pt del_Xc del_Zc

DH = 1;  PB = 2;
%%%%%%%%%%%%%%%%%%%% 로봇 종류 %%%%%%%%%%%%%%%%%%%%
md = DH;         % 기구학 방법: DH: Denavit-Hartenberg, PB: Projection-Based
sf = 'LEFT_SUPP'              % 왼발 지지
sim_type = 'pose_sim'         % 자세 시뮬레이션
sp = [0, 0, 0];               % 지지하는 발의 중심점 위치
gamma = 0;                    % 보행방향 굴절각
view_ang = [45, 20];          % 로봇 시뮬레이션 관찰자 각도
spec = SpecROBOTIS_OP2(md); % OP2의 규격명세를 불러 옴
link = spec(1:21);            % 링크 길이
mass = spec(22:44);           % 링크 중심점 질량
flags = zeros(1,7);           % 모션 생성 시 보여주는 그림에 관한 플래그
%%%%%%%%%%%%%%%%%%%%%%%%%%%%%%%%%%%%%%%%%%%%%%%%%%%%%%%

%변수 지정
dimPar = 20;       % 변수 개수
upBnd  = deg2rad([ 90 60   0 270   0  30 270 90 270 90  40   30  30 210  30 270 180
        30  30  20])';
lowBnd = deg2rad([ 30  0 -90  90 -90 -30  90  0  90  0 -40  -30 -30 150 -30 180
         90  -30 -30 -20])';
n_part = 50;       % 개체 개수
max_iter = 200;    % 최대 반복수행 횟수

br = 1.0;                     % 목표 안정 영역의 경계면 비율
pick_hand = 'left_hand'       % 물건을 잡는 손, 오른손은 'right_hand'
des_end_pt=[0.1 0.05 0.07]; % 왼발 앞의 물체 위치

v_max = 0.2*(upBnd-lowBnd); % 방향 상한값: 전체 영역의 20% 내에서 움직이도록 설정
v_min = -v_max;               % 방향 하한값
w = 0.8;                      % 방향의 관성가중치
c1 = 2;  c2 = 2;              % 학습요인의 가중치

% PSO 개체 초기 위치와 속도 설정
for i=1:n_part
    x_pos(i,:) = ((upBnd-lowBnd).*rand(dimPar,1) + lowBnd)';
```

```
    vel(i,:) = ((v_max-v_min).*rand(dimPar,1) + v_min)';
end
cost = 1e10*ones(n_part);
% 개체 최적해의 위치와 함수 값
pos_pbest = x_pos;  cost_pbest= cost;
% 전역 최적해의 위치와 함수 값
pos_gbest = [];     cost_gbest = 1e10;
%%%%%%%%%%%%%%%%%%%%% PSO %%%%%%%%%%%%%%%%%%%%%%%%%%%%
iter = 1;       % 반복횟수
while iter== 1 || iter <= max_iter
    for pt = 1: n_part
        cost(pt) = CalcCost4PostureStabilty(no_pose, md, sf, sp, sl, sag_tr,
             x_pos(pt, :),-1);
        % 현재 개체를 pbest에 비교
        if cost(pt) < cost_pbest(pt)
            pos_pbest(pt, :) = x_pos(pt, : );
            cost_pbest(pt) = cost(pt);
        end
        % 현재 개체를 gbest에 비교
        if cost(pt) < cost_gbest
            pos_gbest = x_pos(pt, :);
            cost_gbest = cost(pt);
        end
        % 새롭게 이동할 방향으로의 방향 계산
        vel_mod = c1*rand*(pos_pbest(pt,:) - x_pos(pt, :)) + c2*rand*(pos_gbest
              -x_pos(pt, :));
        vel(pt, :) = w*vel(pt, :) + vel_mod;
        % 방향값의 제한
        vel(pt, :) = min(v_max', vel(pt, :));
        vel(pt, :) = max(v_min', vel(pt, :));
        % 다음 회차의 개체 위치 계산
        x_pos(pt, :) = x_pos(pt, :) + vel(pt, :);
        % 위치 벡터의 제한
        x_pos(pt, :) = min(upBnd', x_pos(pt, :));
        x_pos(pt, :) = max(lowBnd', x_pos(pt, :));
    end
    pgb=rad2deg(pos_gbest);
    sprintf('iter=%d, cost_gbest=%.4e, pos_gbest=[%.2f %.2f %.2f %.2f %.2f %.2f
          %.2f %.2f %.2f  %.2f %.2f %.2f %.2f %.2f %.2f %.2f %.2f %.2f %.2f
          %.2f', iter, cost_gbest, pgb(1), pgb(2), pgb(3), pgb(4), pgb(5),
          pgb(6), pgb(7), pgb(8), pgb(9), pgb(10), pgb(11), pgb(12), pgb(13),
          pgb(14), pgb(15), pgb(16), pgb(17), pgb(18), pgb(19), pgb(20))
    gcost(iter) = cost_gbest;
    iter=iter+1;
end
iters = 1:iter-1;

figure(1)
plot(iters, gcost);
xlabel('iteration');
```

```
ylabel('cost');
title('비용함수 추이')
grid
```

» **코드 2.10** pso_posture_opt.m 코드

```
function cost=CalcCost4PostureStabilty(pose, md, sf, sp, sl, sag_tr, x,
    fig_no)

global DH PB link
global br pick_hand des_end_pt des_lh_pt des_rh_pt
global del_Xc del_Zc

l_ft_for=link(18); l_ft_back=link(19); l_ft_inner=link(20); l_ft_outer=link(21);
th = x(1:11);
phi = x(12:17);
if md==DH,     psi = x(18:20);
elseif md==PB,   psi = [0 0 0];
end

% 정지자세이므로 각속도와 각가속도는 모두 0
th_1d = zeros(1,11);   th_2d = zeros(1,11);
phi_1d = zeros(1,6);   phi_2d = zeros(1,6);
psi_1d = zeros(1,3);   psi_2d = zeros(1,3);

if md==DH
   res = GenMotionsWithDH(sf, sp, th, th_1d, th_2d, phi, phi_1d, phi_2d, psi,
         psi_1d, psi_2d, fig_no);
else
   res = GenMotionsWithPB(sf, sp, th, th_1d, th_2d, phi, phi_1d, phi_2d, psi,
         fig_no);
end

com_x = res(1);  com_y = res(2);
lh_x = res(6);  lh_y = res(7);   lh_z = res(8);
rh_x = res(9);  rh_y = res(10); rh_z = res(11);  sft_z_min = res(15);
cost = PenaltySwingFootHeight(sft_z_min, 0) + PenaltyStability(sf, sp(1),
     sp(2), com_x, com_y, l_ft_for, l_ft_back, l_ft_inner, l_ft_outer, br);
if strcmp(pick_hand,'left_hand')==1  % 왼손으로 잡는 경우
   cost  =  cost  +  sqrt((des_end_pt(1)-lh_x)^2  +  (des_end_pt(2)-lh_y)^2  +
         (des_end_pt(3)-lh_z)^2);
elseif strcmp(pick_hand,'right_hand')==1  %% 오른손으로 잡는 경우
   cost  =  cost  +  sqrt((des_end_pt(1)-rh_x)^2  +  (des_end_pt(2)-rh_y)^2  +
         (des_end_pt(3)-rh_z)^2);
end
```

» **코드 2.11** CalcCost4PostureStabilty.m 코드

<코드 2.11>은 비용함수값을 계산하기 위한 MATLAB 코드로 GenMotions WithDH 함수가 돌려주는 res 벡터는 다음과 같은 값들로 구성되어 있음에 주의하자.

```
% GenMotionsWithDH.m 함수가 돌려주는 값
y = [com_x, com_y, com_z, zmp_x, zmp_y, lh_x, lh_y, lh_z, rh_x, rh_y, rh_z,
    sft_x, sft_y, sft_z, sft_z_min, pc_x, pc_y, pc_z];
```

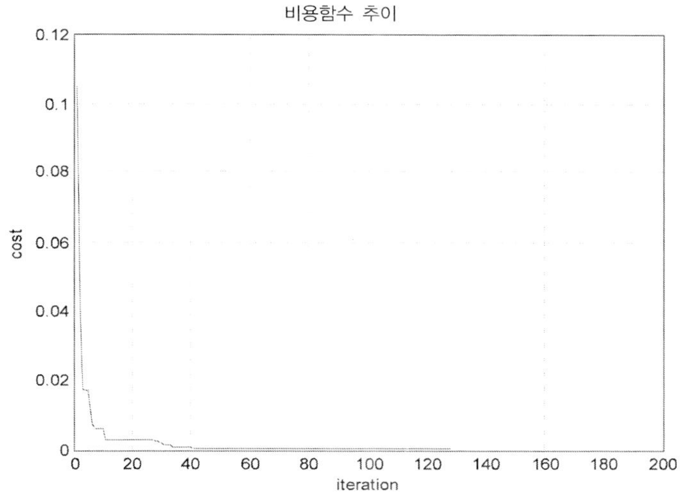

» **그림 2.43 물체를 집는 자세의 최적 관절각 계산을 위한 비용함수 감소 추이**

<코드 2.11>에서 함수 인자 중 7번째 인자인 x는 PSO의 현재 개체로서 식 (2.86)에 나타낸 20개의 관절각을 의미한다. 그리고 이 관절각 조합이 만들어 내는 로봇 자세로부터 들어올린 발의 네 꼭지점 좌표, 무게중심점(com_x, com_y)과 왼쪽 팔 끝점의 절대좌표값(lh_x, lh_y, lh_z)을 계산 후 식 (2.87)에 표현된 비용함수 값인 cost를 계산한다. 이 값은 CalcCost4PostureStabilty 함수의 연산 결과로서 pso_posture_opt에 돌려준다.

<그림 2.43>은 pso_posture_opt 코드를 실행함으로써 50개체로 구성된 집단을 200회 PSO 반복시켰을 때 비용함수 값이 지속적으로 감소 후 80번의 반복 이후

수렴하는 모습을 보인다. 이 결과 얻은 최적 관절변수는 각도 단위로 표현하면 다음과 같다.

$$\Gamma^* = [64.62, 21.91, -53.07, 212.39, -65.54, 22.95, 185.25, 49.23, 197.70, 82.17, -11.71, -23.59, 3.53, 197.63, 10.44, 193.54, 144.14, -22.43, 0.41, -4.39]$$

이 변수에 대응되는 비용함수값은 9.51×10^{-7}이며, 로봇 무게중심점의 x축과 y축 절대좌표가 $(0.05, 0.04)$이어서 지지하는 발바닥을 벗어나지 않으므로 안정한 자세라고 할 수 있다. <그림 2.44>는 이렇게 얻은 최적 관절각으로 시뮬레이션한 OP의 자세를 앞에서 본 것과 위에서 본 것을 나타낸다. 그림에서 신체 중심부에 위치한 사각형은 전신의 무게중심점을 나타내고, 왼손 부위의 별표 도형은 목표물을 나타낸다. PSO로 계산한 최적 관절각이 만들어낸 자세는 절대좌표가 $(0.1, 0.05, 0.07)$인 목표 물체를 정확히 터치하고 있음을 시뮬레이션 결과를 통해 확인할 수 있다. 그러나 br을 1로 설정함으로써 <그림 2.44(b)>에서 보듯이 무게중심점의 투영점이 왼발 앞쪽의 좌측 모서리에 위치해 있어서 조금만 앞쪽으로 건드려도 앞으로 넘어질 만큼 위태로운 자세라고 할 수 있다. 이 시뮬레이션은 sim_pose.m 코드에서 no_pose를 3, no_sub_pose를 1로 설정하고 실행해도 구현할 수 있다.

이번에는 목표물체가 오른쪽 발 앞에 놓여있을 때 왼손으로 이 물체를 잡기 위해 $\boldsymbol{p}_{obj}$를 $(0.1, -0.05, 0.07)$로 변경하고(코드에서는 des_end_pt=[0.1 -0.05 0.07]), br을 0.7로 설정하고 pso_posture_opt 코드를 실행해 보았다. 결과적으로 얻은 최적해는 각도 단위로 표현하면 다음과 같으며, 비용함수는 4.00×10^{-7}이다.

$$\Gamma^* = [73.18, 28.33, -90.00, 129.82, -65.93, -11.44, 210.14, 67.27, 249.18, 59.76, -17.04, -12.86, 18.13, 183.58, 0.34, 185.20, 123.68, -30.00, -22.82, -6.92]$$

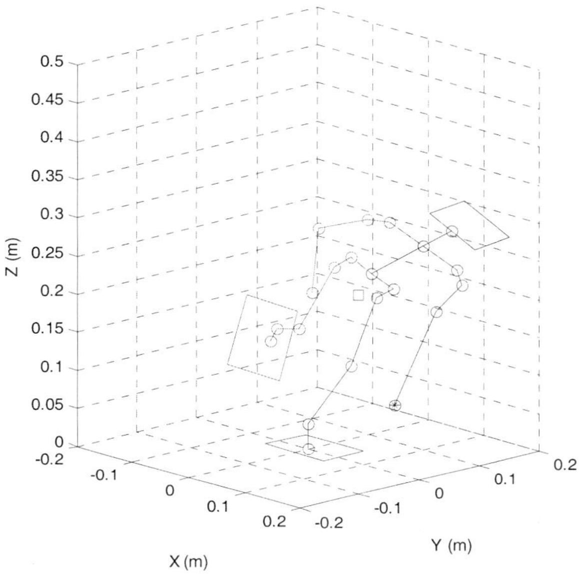

(a) 앞에서 본 모습

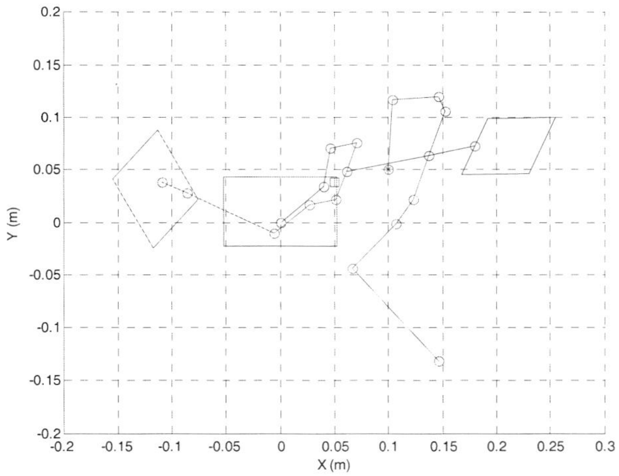

(b) 위에서 본 모습

» **그림 2.44** PSO로 탐색한 최적의 물체 집는 자세 시뮬레이션

<그림 2.45>는 이 최적 관절각을 이용하여 구현한 자세를 나타내는데, 목표물체에 왼손이 닿으면서 안정도를 유지함을 알 수 있다. 이 자세의 전신 무게중심점 투영점의 (X, Y) 좌표는 $(0.03, 0.01)$로서 <그림 2.44(b)>와 비교했을 때 왼발의 중심점에 조금 더 가깝게 위치해 있기 때문에 보다 안정된 자세라고 할 수 있다(sim_pose.m 코드에서 no_pose=3, no_sub_pose=2로 두고 실행).

이번에는 지지하는 다리를 오른쪽으로 바꾸고 마찬가지로 왼쪽 앞에 위치한 물체를 왼손으로 잡기 위한 최적의 자세를 PSO로 계산할 수 있는지 확인해 보자. 이를 위해 pso_posture_opt.m 코드에서 sf='RIGHT_SUPP', pick_hand = 'left_hand', des_end_pt=[0.1 0.05 0.07]로 변경하고 PSO를 실행하자. <그림 2.46>은 이 조건에 대해 PSO로 구한 최적의 자세를 앞에서 본 모습을 나타내며 안정되면서도 정확하게 왼손으로 목표물을 잡는 것을 확인할 수 있다(sim_pose.m 코드에서 no_pose=3, no_sub_pose=3으로 설정 후 실행).

이때의 비용함수값은 1.51×10^{-6}이며, 최적 관절각은 각도 단위로서 다음과 같다.

$$\begin{aligned}\Gamma^* = [&62.76, 42.55, -53.63, 149.48, -65.15, -5.10, 200.16, 32.34, 131.51,\\ &0.00, -12.06, 11.36, -29.79, 150.00, -11.17, 180.00, 114.82,\\ &-15.21, 7.86, 0.79]\end{aligned}$$

마지막으로 오른발 앞에 위치한 물체를 오른발 지지상태에서 오른손으로 집는 자세를 구성하는 관절각을 PSO로 계산해 보자. 이를 위해서 pick_hand = 'right_hand', des_end_pt=[0.1 -0.05 0.07]로 바꾸고 pso_posture_opt를 실행해야 한다. 특히, 무게중심점이 지지하는 발 중심점에 좀 더 가까울 때의 자세 변화를 보기 위해 br을 0.4로 조정했다. <그림 2.47>은 주어진 자세 조건에 대해 PSO로 구한 최적의 자세를 앞에서 본 모습을 나타내는 것으로, 인간의 자세와 유사하게 안정되면서도 정확하게 오른쪽 앞에 놓인 물체를 오른손으로 터치하고 있음을 알 수 있다. 이때의 비용함수값은 5.72×10^{-7}이며, 최적 관절각은 각도 단위로 다음과 같다.

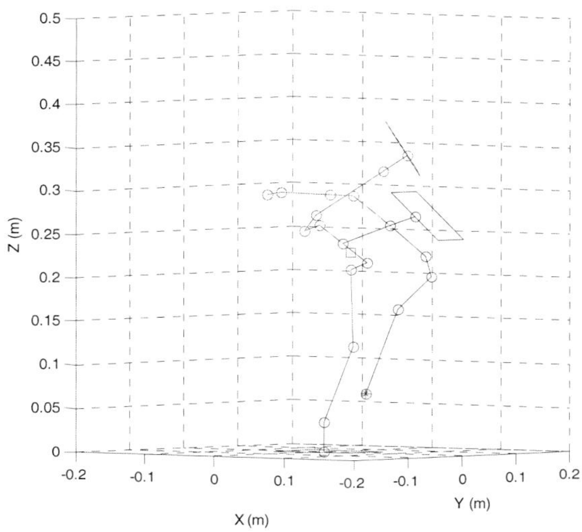

(a) 앞에서 본 모습

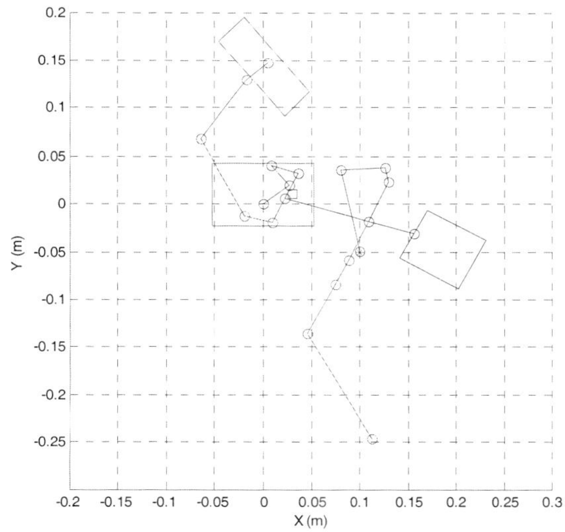

(b) 위에서 본 모습

» **그림 2.45** 왼발 지지 상태에서 오른발 앞에 위치한 물체를 잡는 최적 자세

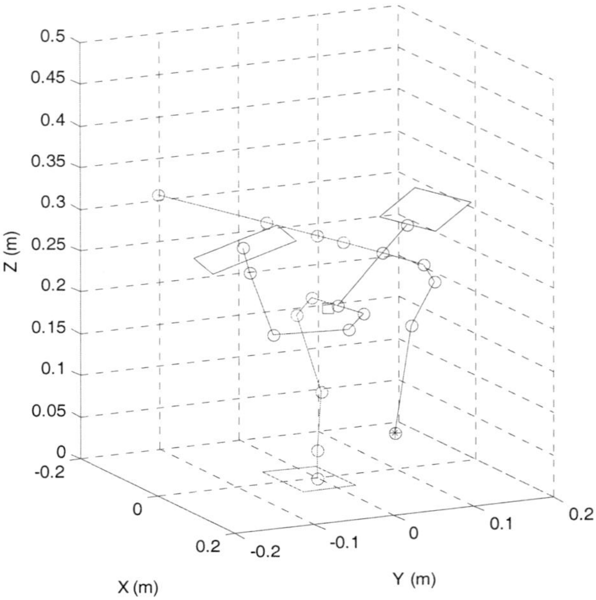

» **그림 2.46** 오른발 지지 상태에서 왼쪽 앞에 위치한 물체를 왼손으로 잡는 최적 자세

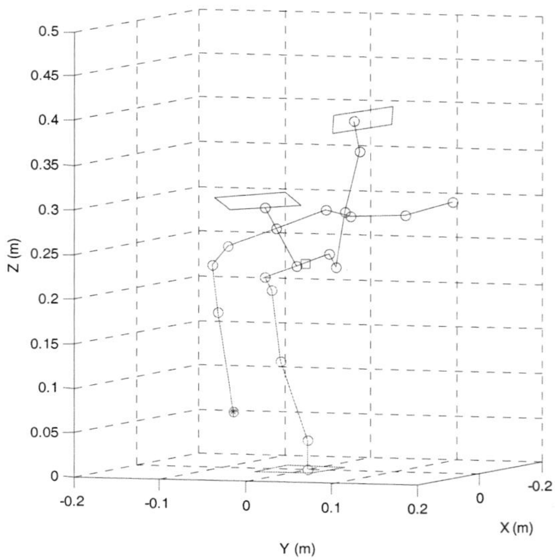

» **그림 2.47** 오른발 지지 상태에서 오른쪽 앞에 위치한 물체를 오른손으로 잡는 최적 자세

$$\Gamma^* = [87.70, 31.06, -90.00, 113.53, -89.68, 30.00, 247.73, 59.15, 210.82, 56.72, -15.78, 19.08, -12.57, 159.39, -20.97, 250.53, 165.60, 9.56, -25.80, -18.33]$$

특히, 이 자세의 전신 무게중심점 투영점의 (X, Y) 좌표가 $(-0.01, -0.01)$로서, 지지하는 발 중심점에 가장 가깝고 이는 지금까지의 자세 중 가장 안정도가 높음을 의미한다. 이는 br을 0.4로 조정해서 목표 안정영역을 지지하는 발 전체 면적의 40%로 좁게 설정했기 때문이다. sim_pose.m 코드에서 no_pose=3, no_sub_pose=4로 설정 후 실행하면 이 자세를 시뮬레이션으로 구현할 수 있다.

지금까지 자세 안정도를 유지하면서 말단부가 정확한 좌표에 위치하게 하는 20개의 전신 관절각을 찾기 위해 휴머노이드 로봇의 복잡한 역기구학 수식을 계산하는 대신에 PSO를 이용해서 지지하는 다리가 어느 쪽인지를 정해주고 비용함수식에 해당되는 코드만 수정함으로써 짧은 시간 안에 최적해를 구할 수 있음을 보였다. 그러나 PSO 사용 시 다수의 개체와 100번 이상의 반복 횟수가 필요한 특성 때문에 밀리세컨드 단위를 요하는 실시간 자세 계산에 적용하기에는 부적합하다.

2.3 | 투영법을 이용한 휴머노이드 로봇 모델링

2.3.1 투영법

DH법은 하나의 관절에서 오직 한 가지의 회전이나 병진운동이 일어날 경우에만 적용할 수 있는 방법이므로 휴머노이드 로봇의 족관절이나 고관절, 견관절에서처럼 2자유도 이상의 복수 회전이 일어날 경우 어떤 회전운동을 우선시해서 좌표계 변환을 하느냐에 따라 그 결과값에 미세한 차이가 발생한다.

이를 해결하기 위해 저자는 투영(projection)의 원리에 기반해서 절대좌표계 상의 각 관절 좌표를 구하는 투영법(Projection Based Kinematic Method)을 개발했다 [2]. 이 방법은 DH법처럼 링크나 말단부의 좌표계 위치와 방향을 구하는 것이 아니라 각 관절의 절대좌표를 구하는 것이어서 DH법과는 다소 차이가 있다고 할 수 있지만, 로봇의 자세를 표현하는 데 있어서 계산량이 상당히 적은 장점이 있다. 최근의 비교 실험에 의하면 Intel i5-2400 CPU(3.1 GHz, 2GB RAM) 코어가 장착된 PC상에서 전신 관절좌표 계산 연산을 40,000번 수행한 결과 DH법은 3.35초, 투영법은 0.78초가 소요되어서 투영법이 DH법보다 약 4.3배 빠름을 확인했다[9].

투영법의 원리에 대해 알아보기 위해 2자유도를 갖는 관절모터가 하나의 링크를 회전시키는 경우를 생각해 보자. <그림 2.48>은 초기에 z축에 정렬되어 있는 길이 l인 링크를 x축을 중심으로 반시계방향으로 ϕ만큼 회전시킨 후, 다시 y축을 중심으로 θ만큼 회전시킨 것을 보인다.

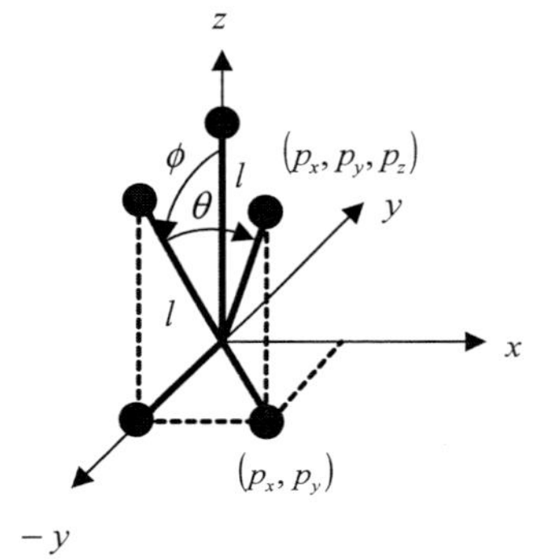

» **그림 2.48** 2자유도 회전이 있는 링크의 3차원 좌표

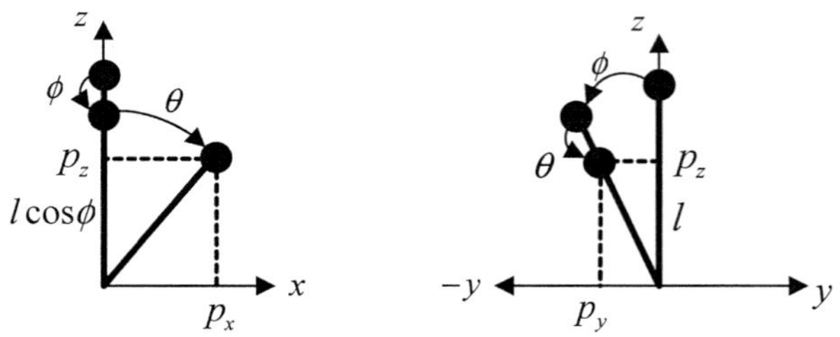

(a) 시상면 (b) 관상면

» **그림 2.49** 3차원 상에서 2자유도 회전을 하는 링크를 2차원 평면에 투영한 모습

<그림 2.49>는 링크의 이러한 3차원 모션을 x-z 평면인 시상면과 y-z 평면인 관상면에서 보았을 때 투영된 모습을 보인다. 먼저 링크를 x축 중심으로 ϕ만큼 회전시킨 것을 시상면에서 보면 <그림 2.49(a)>에서처럼 링크의 길이가 l에서 $l\cos\phi$만큼 줄어든 것처럼 보이게 된다. 이를 다시 y축 중심으로 θ만큼 회전시키면 링크 말단의 x좌표 p_x는 다음과 같이 계산된다.

$$p_x = (l\cos\phi)\sin\theta = l\cos\phi\sin\theta = l^s\sin\theta \tag{2.89}$$

식에서 l^s는 시상면에 투영된 링크 길이를 의미한다.

이번에는 동일한 복합 회전을 관상면에서 보았을 때의 경우를 생각해 보자. 길이 l인 링크를 x축 중심으로 ϕ만큼 회전시킨 것을 관상면에서 보면 <그림 2.49(b)>에서처럼 링크의 길이는 변화가 없고 링크 말단의 y좌표가 $-l\sin\phi$가 된다. 그 다음 y축을 중심으로 θ만큼 회전시키면 링크 길이만 $l\cos\theta$로 줄어든 것처럼 보이게 되어 링크 말단의 y좌표 p_y는 다음 식으로 계산된다.

$$p_y = -(l\cos\theta)\sin\phi = -l\cos\theta\sin\phi = -l^c\sin\phi \tag{2.90}$$

식에서 l^c는 관상면에 투영된 링크 길이를 의미한다. 링크 말단의 z좌표 p_z는 어느 평면에서 보든지 다음과 같이 동일한 식으로 계산된다.

$$p_z = (l\cos\phi)\cos\theta = (l\cos\theta)\cos\phi = l\cos\theta\cos\phi = l^s\cos\theta \tag{2.91}$$

이제 식 (2.89)~(2.91)을 조합하면 <그림 2.48>에 나타낸 링크 끝점의 3차원 위치를 다음과 같이 표현할 수 있다.

$$\begin{aligned}(p_x, p_y, p_z) &= (l\cos\phi\sin\theta, -l\cos\theta\sin\phi, l\cos\theta\cos\phi) \\ &= (l^s\sin\theta, -l^c\sin\phi, l^s\cos\theta)\end{aligned} \tag{2.92}$$

2.3.2 투영법의 휴머노이드 로봇 적용

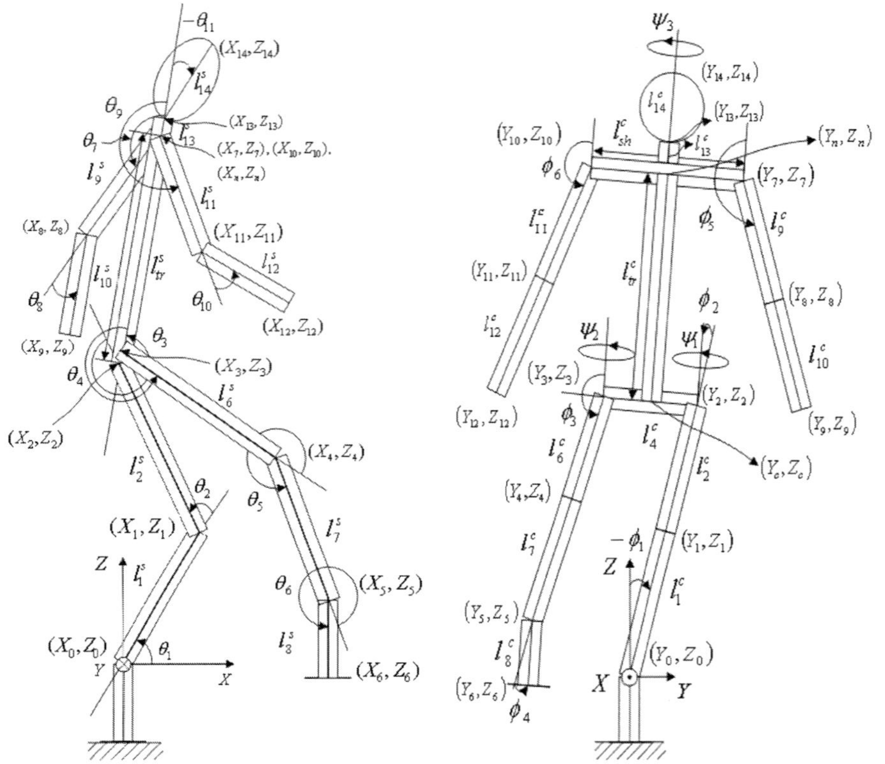

» **그림 2.50 휴머노이드 로봇의 왼발 지지 시 2차원 투영 모델**

이제 투영법을 적용해서 휴머노이드 로봇의 각 관절의 절대좌표들을 구해 보자. <그림 2.50>은 OP가 왼발로 지지하고 있을 때의 3차원 전신 모델을 시상면과 관상면으로 투영한 2차원 모델을 나타내는데, 14개의 링크와 관절좌표들이 각 평면으로 투영된 링크와 절대좌표로 표현됨을 유의하자. DH법과의 호환성을 위해 로봇 모델에 나타낸 세 종류의 관절각($\theta_1 \sim \theta_{11}, \phi_1 \sim \phi_6, \psi_1 \sim \psi_3$)들의 명칭과 회전각 정의는 2.2절의 관절각 명칭과 회전각 정의와 일치한다. 투영법으로 관절좌표들을 계산하기 위해서는 식 (2.89)~ (2.91)에서 보았듯이 각 평면에 투영된 링크 길이를 먼저 계산해야 한다.

<그림 2.17>에서 정의된 관절각을 이용해서 링크를 시상면에 투영했을 때 왼발 지지 시 하체의 링크 길이는 다음과 같이 표현된다.

$$\begin{aligned} &l_1^s = l_1|\cos\phi_1|,\ l_2^s = l_2|\cos\phi_1|,\ l_4^s = l_4\left|\cos\left(\phi_{12}+\frac{\pi}{2}\right)\right|, \\ &l_6^s = l_6|\cos\phi_{123}|,\ l_7^s = l_7|\cos\phi_{123}|,\ \ l_8^s = l_8|\cos\phi_{1234}|. \end{aligned} \tag{2.93}$$

마찬가지로 관상면에 투영된 하체의 링크 길이는 다음과 같이 표현된다.

$$l_1^c = l_1|S_1^\theta|,\ l_2^c = l_2|S_{12}^\theta|,\ \ l_4^c = l_4,\ l_6^c = l_6|S_{1234}^\theta|,\ l_7^c = l_7|S_{12345}^\theta|,\ l_8^c = l_8|S_{123456}^\theta|. \tag{2.94}$$

식에서 $S_{1\cdots k}^\theta$는 $\sin(\theta_1+\cdots+\theta_k)$를 의미한다. 식 (2.94)가 식 (2.93)과 달리 sin 함수로 표현되는 이유는 <그림 2.50(a)>에서 볼 수 있듯이 θ가 Z축이 아니라 X축에서부터 출발하므로 $l_1^c = l_1\left|\cos\left(\frac{\pi}{2}-\theta_1\right)\right| = l_1|\sin\theta_1|$의 관계가 성립하기 때문이다.

식 (2.93)과 (2.94)를 보면 시상면과 관상면에 투영된 링크 길이는 l_4^c를 제외하고는 모두 시간에 따라 변하는 값임을 알 수 있다. l_4^c 링크는 횡평면 관절 ψ_1이나 ψ_2가 회전할 경우 변하게 된다. 횡평면 관절이 회전할 때에도 투영법을 적용하여 각 관절좌표의 위치를 계산할 수 있지만, 식이 필요 이상으로 복잡해지므로 이 책에서는 방향 전환이 발생하는 움직임에 대해서는 투영법 대신 DH법을 적용하기로 한다.

지금까지 구한 시상면과 관상면에 투영된 링크들을 이용해서 왼발 지지 시 각 관절들의 3차원 절대좌표를 다음과 같이 순차적으로 표현할 수 있다.

$$\begin{aligned} &X_1 = X_0 + l_1^s C_1^\theta,\ \ Y_1 = Y_0 - l_1^c S_1^\phi,\ \ Z_1 = Z_0 + l_1^s S_1^\theta, \\ &X_2 = X_1 + l_2^s C_{12}^\theta,\ \ Y_2 = Y_1 - l_2^c S_1^\phi,\ \ Z_2 = Z_1 + l_2^s S_{12}^\theta, \end{aligned}$$

$$
\begin{aligned}
X_3 &= X_2 + l_4^s C_{123}^{\theta},\ \ Y_3 = Y_2 - l_4^c \sin\left(\phi_{12} + \frac{\pi}{2}\right),\ Z_3 = Z_2 + l_4^s S_{123}^{\theta}, \\
X_4 &= X_3 + l_6^s C_{1234}^{\theta},\ \ Y_4 = Y_3 - l_6^c S_{123}^{\phi},\ Z_4 = Z_3 + l_6^s S_{1234}^{\theta}, \\
X_5 &= X_4 + l_7^s C_{12345}^{\theta},\ \ Y_5 = Y_4 - l_7^c S_{123}^{\phi},\ Z_5 = Z_4 + l_7^s S_{12345}^{\theta}, \\
X_6 &= X_5 + l_8^s C_{123456}^{\theta},\ \ Y_6 = Y_5 - l_8^c S_{1234}^{\phi},\ Z_6 = Z_5 + l_8^s S_{123456}^{\theta}
\end{aligned}
\tag{2.95}
$$

식에서 $C_{12\cdots i}^{\theta}$와 $S_{12\cdots j}^{\theta}$, $S_{12\cdots k}^{\phi}$는 $\cos(\theta_1 + \theta_2 + \cdots + \theta_i)$와 $\sin(\theta_1 + \theta_2 + \cdots + \theta_j)$, $\sin(\phi_1 + \phi_2 + \cdots + \phi_k)$를 각각 나타낸다.

DH법과 마찬가지로 투영법에서도 로봇이 오른발로 지지하고 있을 때 하체 관절좌표들을 따로 계산해야 한다. <그림 2.51>은 휴머노이드 로봇이 오른발로 지지하고 있는 전신 모델을 시상면과 관상면으로 투영한 2차원 모델을 나타낸다. 이

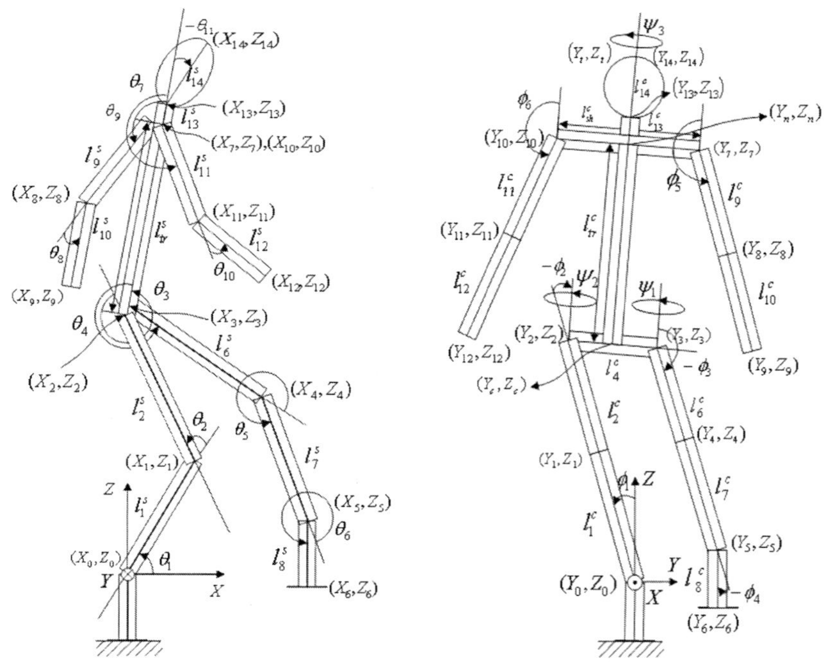

(a) 시상면에서 본 모델 (b) 관상면에서 본 모델

» **그림 2.51 휴머노이드 로봇의 오른발 지지 시 2차원 투영 모델**

경우 시상면에 투영된 링크의 길이는 골반 링크인 l_4^s만 다음과 같이 수정하면 되는데, 그 이유는 DH법과 마찬가지로 골반의 상대적인 방향이 왼발 지지 시와는 반대가 되기 때문이다.

$$l_4^s = l_4\left|\cos\left(\phi_{12} - \frac{\pi}{2}\right)\right| \tag{2.96}$$

그리고 같은 이유로 3차원 관절좌표 중 Y_3 좌표의 계산식만이 다음과 같이 수정되고 나머지 관절들의 좌표 계산식은 동일하다.

$$Y_3 = Y_2 - l_4^c \sin\left(\phi_{12} - \frac{\pi}{2}\right) \tag{2.97}$$

두 식을 비교해보면 관상면 상에서 자유다리의 관절이 지지다리의 관절과 이루는 각이 왼발 지지 시에는 $90°$이지만 오른발 지지 시에는 $-90°$가 되고, 이러한 위상 차이가 투영된 링크길이와 Y 좌표에 영향을 미친다.

투영법에서 상체의 각 관절들은 지지하는 다리와 상관없이 3차원 좌표값이 계산되며, <그림 2.50>과 <그림 2.51>에서 정의된 상체 링크가 시상면에 투영 된 길이는 다음과 같이 표현된다.

$$\begin{aligned} &l_9^s = l_9|\cos\phi_{125}|,\ l_{10}^s = l_{10}|\cos\phi_{125}|,\ l_{11}^s = l_{11}|\cos\phi_{126}|, \\ &l_{12}^s = l_{12}|\cos\phi_{126}|,\ l_{13}^s = l_{13}|\cos\phi_{12}|,\ l_{14}^s = l_{14}|\cos\phi_{12}| \end{aligned} \tag{2.98}$$

식에서 ϕ_{ijk}는 $\phi_i + \phi_j + \phi_k$를 의미한다.

같은 원리로 관상면에 투영된 상체의 링크 길이는 다음과 같이 표현된다.

$$\begin{aligned} &l_9^c = l_9\left|S_{1237}^\theta\right|,\ l_{10}^c = l_{10}\left|S_{12378}^\theta\right|,\ l_{11}^c = l_{11}\left|S_{1239}^\theta\right|, \\ &l_{12}^c = l_{12}\left|S_{123910}^\theta\right|,\ l_{13}^c = l_{13}\left|S_{123}^\theta\right|,\ l_{14}^c = l_{14}\left|S_{12311}^\theta\right| \end{aligned} \tag{2.99}$$

위의 식으로부터 상체(torso)의 전체 관절 각도를 결정하는 각도가 지지하는 다리 관절각의 합과 같음을 알 수 있는데, 시상면에서는 θ_{123}이고 관상면에서는 ϕ_{12}이다. 편의상 상체 각도를 다음과 같이 정의하자.

$$\theta_{tr} = \theta_1 + \theta_2 + \theta_3,\ \ \phi_{tr} = \phi_1 + \phi_2 \tag{2.100}$$

상체의 관절 좌표들을 계산하기 위한 기준점으로서 <그림 2.50>의 전신 중심좌표 (X_c, Y_c, Z_c)와 목 좌표 (X_n, Y_n, Z_n)을 다음과 같이 정의한다.

$$X_c = \frac{X_2 + X_3}{2},\ \ Y_c = \frac{Y_2 + Y_3}{2},\ \ Z_c = \frac{Z_2 + Z_3}{2} \tag{2.101}$$

$$X_n = X_c + l_{tr}^s C_{tr}^{\theta},\ \ Y_n = Y_c - l_{tr}^c S_{tr}^{\phi},\ \ Z_n = Z_c + l_{tr}^s S_{tr}^{\theta} \tag{2.102}$$

식에서 l_{tr}^s와 l_{tr}^c는 로봇의 상체를 나타내는 링크 l_{tr}을 시상면과 관상면으로 투영한 링크를 각각 나타내며 투영법에 의해 다음 식으로 표현된다.

$$l_{tr}^s = l_{tr}\left|C_{tr}^{\phi}\right|,\ l_{tr}^c = l_{tr}\left|S_{tr}^{\theta}\right| \tag{2.103}$$

식 (2.102)의 목좌표를 이용해서 상체의 관절 좌표를 구하면 다음과 같다.

$$\begin{gathered}
X_7 = X_n,\ \ Y_7 = Y_n + \frac{l_{sh}^c}{2}\sin\left(\phi_{tr} + \frac{\pi}{2}\right),\ Z_7 = Z_n + \frac{l_{sh}^c}{2}S_{tr}^{\phi}, \\
X_8 = X_7 + l_9^s C_{1237}^{\theta},\ \ Y_8 = Y_7 - l_9^c S_{125}^{\phi},\ \ Z_8 = Z_7 + l_9^s S_{1237}^{\theta}, \\
X_9 = X_8 + l_{10}^s C_{12378}^{\theta},\ \ Y_9 = Y_8 - l_{10}^c S_{125}^{\phi},\ \ Z_9 = Z_8 + l_{10}^s S_{12378}^{\theta}, \\
X_{10} = X_n,\ \ Y_{10} = Y_n + \frac{l_{sh}^c}{2}\sin\left(\phi_{12} - \frac{\pi}{2}\right),\ Z_{10} = Z_n - \frac{l_{sh}^c}{2}S_{12}^{\phi}, \\
X_{11} = X_{10} + l_{11}^s C_{1239}^{\theta},\ \ Y_{11} = Y_{10} - l_{11}^c S_{126}^{\phi},\ \ Z_{11} = Z_{10} + l_{11}^s S_{1239}^{\theta}, \\
X_{12} = X_{11} + l_{12}^s C_{123910}^{\theta},\ \ Y_{12} = Y_{11} - l_{12}^c S_{126}^{\phi},\ \ Z_{12} = Z_{11} + l_{12}^s S_{123910}^{\theta}, \\
X_{13} = X_n + l_{13}^s C_{123}^{\theta},\ \ Y_{13} = Y_n - l_{13}^c S_{12}^{\phi},\ \ Z_{13} = Z_n + l_{13}^s S_{123}^{\theta}, \\
X_{14} = X_{13} + l_{14}^s C_{12311}^{\theta},\ \ Y_{14} = Y_{13} - l_{14}^c S_{12}^{\phi},\ \ Z_{14} = Z_{13} + l_{14}^s S_{12311}^{\theta}
\end{gathered} \tag{2.104}$$

식에서 l_{sh}^{c}는 어깨 링크 l_{sh}가 관상면에서 투영된 링크 길이를 의미하며 횡평면에서 회전이 없는 경우를 가정하기 때문에 $l_{sh}^{c}=l_{sh}$의 관계를 갖는다. 식 (2.104)에서 $(X_7, Y_7, Z_7) \sim (X_9, Y_9, Z_9)$는 왼팔에 위치한 관절의 전역좌표를 나타내며, $(X_{10}, Y_{10}, Z_{10}) \sim (X_{12}, Y_{12}, Z_{12})$는 오른팔에 위치한 관절의 전역좌표를 나타낸다. 그리고 (X_{13}, Y_{13}, Z_{13})은 목 윗부분의 전역좌표를, (X_{14}, Y_{14}, Z_{14})는 정수리의 전역좌표를 나타낸다.

위의 식에서 보듯이 투영법을 사용하면 모든 관절의 전역좌표를 삼각함수의 수식으로 표현할 수 있게 되므로, 링크 중심에서의 선속도(linear velocity)와 가속도(linear acceleration) 또한, 삼각함수의 미분관계식을 통해 계산할 수 있다. 선속도는 운동에너지를 계산하는 데 사용되며, 가속도는 영모멘트점(zero moment point)을 계산하는 데 필요하다. 선속도와 가속도를 계산하기 위해서는 식 (2.95)와 (2.104)를 미분할 수 있어야 하는데, 이 식들이 둘 이상의 삼각함수가 곱해져 있는 형태라는 사실을 활용할 필요가 있다. 예를 들면 식 (2.95)로부터 슬관절의 전역좌표 식을 원래의 링크길이와 절대값 변환공식 $|f(x)|= sgn(f(x))f(x)$(sgn 함수는 부호함수로서 인수가 0보다 크면 1, 0보다 작으면 -1을 출력함)를 사용하면 다음과 같이 표현할 수 있다.

$$\begin{aligned} &X_1 = X_0 + sgn(C_1^{\phi})l_1 C_1^{\phi} C_1^{\theta},\ Y_1 = Y_0 - sgn(S_1^{\theta})l_1 S_1^{\theta} S_1^{\phi}, \\ &Z_1 = Z_0 + sgn(C_1^{\phi})l_1 C_1^{\phi} S_1^{\theta} \end{aligned} \tag{2.105}$$

이 식을 식 (2.95)와 비교해보면 두 삼각함수의 곱으로 표현되는 항이 존재함을 알 수 있다. 매번 삼각함수의 곱을 수식으로 표현하기가 번거로우므로 다음과 같은 삼각함수 곱함수를 새롭게 정의하자.

$$\begin{gathered} P_S(\alpha) = \sin\alpha,\ P_C = \cos\alpha, \\ P_{SS}(\alpha,\beta) = \sin\alpha\sin\beta,\ P_{CS}(\alpha,\beta) = \cos\alpha\sin\beta,\ P_{CC}(\alpha,\beta) = \cos\alpha\cos\beta \end{gathered} \tag{2.106}$$

이 함수에서 아래첨자 S와 C는 sin 함수와 cos 함수를 각각 의미하며, 함수의 인자는 첨자에 적힌 순서대로 삼각함수와 결합해서 곱해짐을 주의해야 한다. 그러므로 $P_{SC}(\alpha, \beta)$와 $P_{CS}(\alpha, \beta)$는 서로 다르다.

식 (2.95)에서 표현된 왼발 지지 시 하체 관절들의 전역좌표를 앞에서 정의한 삼각함수 곱함수를 이용해서 표현하면 다음과 같다.

$$
\begin{gathered}
X_1 = X_0 + sgn(C_1^{\phi}) l_1 P_{CC}(\phi_1, \theta_1),\ Y_1 = Y_0 - sgn(S_1^{\theta}) l_1 P_{SS}(\phi_1, \theta_1), \\
Z_1 = Z_0 + sgn(C_1^{\phi}) l_1 P_{CS}(\phi_1, \theta_1) \\
X_2 = X_1 + sgn(C_1^{\phi}) l_2 P_{CC}(\phi_1, \theta_{12}),\ Y_2 = Y_1 - sgn(S_{12}^{\theta}) l_2 P_{SS}(\phi_1, \theta_{12}), \\
Z_2 = Z_1 + sgn(C_1^{\phi}) l_2 P_{CS}(\phi_1, \theta_{12}) \\
X_3 = X_2 + sgn\left(P_C\left(\phi_{12} + \frac{\pi}{2}\right)\right) l_4 P_{CC}\left(\phi_{12} + \frac{\pi}{2}, \theta_{123}\right),\ Y_3 = Y_2 - l_4 P_S\left(\phi_{12} + \frac{\pi}{2}\right), \\
Z_3 = Z_2 + sgn\left(P_C\left(\phi_{12} + \frac{\pi}{2}\right)\right) l_4 P_{CS}\left(\phi_{12} + \frac{\pi}{2}, \theta_{123}\right), \\
\begin{aligned}
X_4 &= X_3 + sgn(P_C(\phi_{123})) l_6 P_{CC}(\phi_{123}, \theta_{1234}), \\
Y_4 &= Y_3 - sgn(S_{1234}^{\theta}) l_6 P_{SS}(\phi_{123}, \theta_{1234}), \\
Z_4 &= Z_3 + sgn(P_C(\phi_{123})) l_6 P_{CS}(\phi_{123}, \theta_{1234}), \\
X_5 &= X_4 + sgn(P_C(\phi_{123})) l_7 P_{CC}(\phi_{123}, \theta_{12345}), \\
Y_5 &= Y_4 - sgn(S_{12345}^{\theta}) l_7 P_{SS}(\phi_{123}, \theta_{12345}), \\
Z_5 &= Z_4 + sgn(P_C(\phi_{123})) l_7 P_{CS}(\phi_{123}, \theta_{12345}), \\
X_6 &= X_5 + sgn(P_C(\phi_{1234})) l_8 P_{CC}(\phi_{1234}, \theta_{123456}), \\
Y_6 &= Y_5 - sgn(S_{123456}^{\theta}) l_8 P_{SS}(\phi_{1234}, \theta_{123456}), \\
Z_6 &= Z_5 + sgn(P_C(\phi_{1234})) l_8 P_{CS}(\phi_{1234}, \theta_{123456})
\end{aligned}
\end{gathered}
\tag{2.107}
$$

로봇이 오른발로 서 있을 때는 3번째에서 관절 좌표의 식에서 관상면 각도에 더해지는 $\frac{\pi}{2}$ 대신 $-\frac{\pi}{2}$를 다음과 같이 대입하면 된다.

$$
\begin{aligned}
X_3 &= X_2 + sgn\left(P_C\left(\phi_{12} - \frac{\pi}{2}\right)\right) l_4 P_{CC}\left(\phi_{12} - \frac{\pi}{2}, \theta_{123}\right), \\
Y_3 &= Y_2 - l_4 P_S\left(\phi_{12} - \frac{\pi}{2}\right), \\
Z_3 &= Z_2 + sgn\left(P_C\left(\phi_{12} - \frac{\pi}{2}\right)\right) l_4 P_{CS}\left(\phi_{12} - \frac{\pi}{2}, \theta_{123}\right),
\end{aligned}
\tag{2.108}
$$

마찬가지 방법으로, 상체에 있는 관절들의 전역좌표를 식 (2.102)~(2.104)와 식 (2.106)의 삼각함수 곱함수 표현형을 이용해서 수식으로 표현하면 다음과 같다.

$$
\begin{gathered}
X_n = X_c + sgn\left(C_{12}^{\phi}\right) l_{tr} P_{CC}(\phi_{12}, \theta_{123}), \\
Y_n = Y_c - sgn\left(S_{123}^{\theta}\right) l_{tr} P_{SS}(\phi_{12}, \theta_{123}), \\
Z_n = Z_c + sgn\left(C_{12}^{\phi}\right) l_{tr} P_{CS}(\phi_{12}, \theta_{123}), \\
X_7 = X_n,\ Y_7 = Y_n + \frac{l_{sh}}{2} P_S\left(\phi_{12} + \frac{\pi}{2}\right),\ Z_7 = Z_n + \frac{l_{sh}}{2} P_S(\phi_{12}), \\
X_8 = X_7 + sgn\left(C_{125}^{\phi}\right) l_9 P_{CC}(\phi_{125}, \theta_{1237}), \\
Y_8 = Y_7 - sgn\left(S_{1237}^{\theta}\right) l_9 P_{SS}(\phi_{125}, \theta_{1237}), \\
Z_8 = Z_7 + sgn\left(C_{125}^{\phi}\right) l_9 P_{CS}(\phi_{125}, \theta_{1237}), \\
X_9 = X_8 + sgn\left(C_{125}^{\phi}\right) l_{10} P_{CC}(\phi_{125}, \theta_{12378}), \\
Y_9 = Y_8 - sgn\left(S_{12378}^{\theta}\right) l_{10} P_{SS}(\phi_{125}, \theta_{12378}), \\
Z_9 = Z_8 + sgn\left(C_{125}^{\phi}\right) l_{10} P_{CS}(\phi_{125}, \theta_{12378}), \\
X_{10} = X_n,\ Y_{10} = Y_n - \frac{l_{sh}}{2} P_S\left(\phi_{12} + \frac{\pi}{2}\right),\ Z_{10} = Z_n - \frac{l_{sh}}{2} P_S(\phi_{12}), \qquad (2.109) \\
X_{11} = X_{10} + sgn\left(C_{126}^{\phi}\right) l_{11} P_{CC}(\phi_{126}, \theta_{1239}), \\
Y_{11} = Y_{10} - sgn\left(S_{1239}^{\theta}\right) l_{11} P_{SS}(\phi_{126}, \theta_{1239}), \\
Z_{11} = Z_{10} + sgn\left(C_{126}^{\phi}\right) l_{11} P_{CS}(\phi_{126}, \theta_{1239}), \\
X_{12} = X_{11} + sgn\left(C_{126}^{\phi}\right) l_{12} P_{CC}(\phi_{126}, \theta_{123910}), \\
Y_{12} = Y_{11} - sgn\left(S_{123910}^{\theta}\right) l_{12} P_{SS}(\phi_{126}, \theta_{123910}), \\
Z_{12} = Z_{11} + sgn\left(C_{126}^{\phi}\right) l_{12} P_{CS}(\phi_{126}, \theta_{123910}),
\end{gathered}
$$

$$X_{13} = X_n + sgn\left(C_{12}^{\phi}\right) l_{13} P_{CC}(\phi_{12}, \theta_{123}),$$

$$Y_{13} = Y_n - sgn(S_{123}^{\theta}) l_{13} P_{SS}(\phi_{12}, \theta_{123}),$$

$$Z_{13} = Z_n + sgn\left(C_{12}^{\phi}\right) l_{13} P_{CS}(\phi_{12}, \theta_{123}),$$

$$X_{14} = X_{13} + sgn\left(C_{12}^{\phi}\right) l_{14} P_{CC}(\phi_{12}, \theta_{12311}),$$

$$Y_{14} = Y_{13} - sgn(S_{12311}^{\theta}) l_{14} P_{SS}(\phi_{12}, \theta_{12311}),$$

$$Z_{14} = Z_{13} + sgn\left(C_{12}^{\phi}\right) l_{14} P_{CS}(\phi_{12}, \theta_{12311})$$

로봇이 직립한 자세를 투영법으로 시뮬레이션 하려면 <코드 2.4>의 sim_pose.m 파일에서 md = 'PB'로 설정을 바꾸면 된다. <코드 2.12>는 GenMotionsWithPB.m 파일에서 기구학과 관련된 코드 만을 주석과 함께 선택적으로 보여준다.

```
function y = GenMotionsWithPB(sf, sp, th, th_1d, th_2d, phi, phi_1d, phi_2d,
     psi, fig_no)

global link mass sim_type flags view_ang

g = 9.8062;
flag_show_zmp = flags(3);    % 0: ZMP 보여주지 않음, 1: ZMP 보여줌
flag_show_2d = flags(4);     % 0: 2D 평면모델 보여주지 않음, 1: 2D 평면모델 보여줌

% 시상면 각도
th1=th(1);  th7=th(7);  th8=th(8);  th9=th(9);  th10=th(10);  th11=th(11);
th12=sum(th(1:2));
th123 = sum(th(1:3));  th1234 = sum(th(1:4)); th12345 = sum(th(1:5));
th123456 = sum(th(1:6));
th1237 = th123+th7;  th12378 = th1237+th8;  th1239 = th123+th9;
th123910 = th1239+th10;
th12311=th123+th11;  th12311=th123+th11;

% 관상면 각도
phi1 = phi(1);  phi2 = phi(2);  phi3 = phi(3);  phi4 = phi(4);  phi5 = phi(5);
phi6 = phi(6);
phi12 = sum(phi(1:2));  phi123 = sum(phi(1:3));  phi1234 = sum(phi(1:4));
phi125 = phi12+phi5;  phi126 = phi12+phi6;

% 링크 길이
l0 = link(1); l1 = link(2); l2 = link(3); l3 = link(4); l4 = link(5); l5 = link(6);
l6 = link(7);
```

```
l7 = link(8); l8 = link(9); l9 = link(10); l10 = link(11); l11 = link(12);
l12 = link(13); l13= link(14); l14 = link(15); l_sh=link(16); l_tr=link(17);
l_ft_for=link(18);         l_ft_back=link(19);         l_ft_inner=link(20);
l_ft_outer=link(21);

% 링크 질량
M1 = mass(1); M2 = mass(2); M3 = mass(3); M4 = mass(4); M6 = mass(6); M7 = mass(7);
M8 = mass(8); M9 = mass(9); M10 = mass(10); M11 = mass(11); M12 = mass(12);
M13 = mass(13); M14 = mass(14);

% 하체의 투영된 링크
l1s = l1*abs(cos(phi1));   l2s = l2*abs(cos(phi1));
if strcmp(sf, 'LEFT_SUPP')
   l4s = l4*abs(cos(phi12+pi/2));
elseif strcmp(sf, 'RIGHT_SUPP')
   l4s = l4*abs(cos(phi12-pi/2));
end
l6s = l6*abs(cos(phi123));    l7s = l7*abs(cos(phi123));
l8s = l8*abs(cos(phi1234));

l1c = l1*abs(sin(th1));            l2c = l2*abs(sin(th12));
l4c = l4;    l6c = l6*abs(sin(th1234));
l7c = l7*abs(sin(th12345));        l8c = l8*abs(sin(th123456));
% 상체의 투영된 링크
l9s = l9*abs(cos(phi125));         l10s = l10*abs(cos(phi125));
l11s = l11*abs(cos(phi126));
l12s = l12*abs(cos(phi126));       l13s = l13*abs(cos(phi12));
l14s = l14*abs(cos(phi12));
l9c = l9*abs(sin(th1237));         l10c = l10*abs(sin(th12378));
l11c = l11*abs(sin(th1239));
l12c = l12*abs(sin(th123910));     l13c = l13*abs(sin(th123));
l14c = l14*abs(sin(th12311));
l_trs = l_tr*cos(phi12);           l_trc = l_tr*sin(th123);    % 상체 링크
l_shc = l_sh;                                                  % 어깨 링크

% 하체 관절좌표
p0 = [sp(1) sp(2) sp(3)+l0];
p1 = p0 + [l1s*cos(th1)          -l1c*sin(phi1)         l1s*sin(th1)];
p2 = p1 + [l2s*cos(th12)         -l2c*sin(phi1)         l2s*sin(th12)];
if strcmp(sf, 'LEFT_SUPP')
   p3 = p2 + [l4s*cos(th123)     -l4c*sin(phi12+pi/2)  l4s*sin(th123)];
elseif strcmp(sf, 'RIGHT_SUPP')
   p3 = p2 + [l4s*cos(th123)     -l4c*sin(phi12-pi/2)  l4s*sin(th123)];
end
p4 = p3 + [l6s*cos(th1234)       -l6c*sin(phi123)       l6s*sin(th1234)];
p5 = p4 + [l7s*cos(th12345)      -l7c*sin(phi123)       l7s*sin(th12345)];
p6 = p5 + [l8s*cos(th123456)     -l8c*sin(phi1234)      l8s*sin(th123456)];

% 상체 관절좌표
pc = (p2+p3)/2;     % 중심좌표
```

```
pc_x = pc(1);  pc_y = pc(2);  pc_z = pc(3);
pn = pc + [l_trs*cos(th123)      -l_trc*sin(phi12)         l_trs*sin(th123)];
    % 목좌표

 % 왼쪽 어깨 관절 좌표
p7 = pn + [0            l_shc/2*sin(phi12+pi/2)   l_shc/2*sin(phi12)];
% 왼쪽 팔꿈치 관절 좌표
p8 = p7 + [l9s*cos(th1237)      -l9c*sin(phi125)     l9s*sin(th1237)];
% 왼쪽 손목 좌표
p9 = p8 + [l10s*cos(th12378)    -l10c*sin(phi125)    l10s*sin(th12378)];
% 오른쪽 어깨 관절 좌표
p10 = pn + [0           l_shc/2*sin(phi12-pi/2)   -l_shc/2*sin(phi12)];
% 오른쪽 팔꿈치 관절 좌표
p11 = p10 + [l11s*cos(th1239)   -l11c*sin(phi126)   l11s*sin(th1239)];
% 오른쪽 손목 좌표
p12 = p11 + [l12s*cos(th123910)  -l12c*sin(phi126)  l12s*sin(th123910)];
% 목 윗부분 좌표
p13 = pn + [l13s*cos(th123)     -l13c*sin(phi12)           l13s*sin(th123)];
% 정수리 좌표
p14 = p13 + [l14s*cos(th12311)  -l14c*sin(phi12)         l14s*sin(th12311)];

% 발바닥의 꼭지점 좌표
if strcmp(sf, 'LEFT_SUPP')
    % 지지 다리
    pf_supp = [sp; sp; sp; sp] + [l_ft_for   l_ft_outer  0;       % 왼발 왼쪽 앞
                             -l_ft_back  l_ft_outer  0;        % 왼발 왼쪽 뒤
                             -l_ft_back  -l_ft_inner 0;        % 왼발 오른쪽 뒤
                              l_ft_for   -l_ft_inner 0];       % 왼발 오른쪽 앞
    % 자유 다리
    pf_sway = [p6; p6; p6; p6] + ...
     [l_ft_for*cos(th123456 + pi/2) l_ft_inner l_ft_for*sin(th123456 + pi/2);
      % 오른발 왼쪽 앞
     l_ft_back*cos(th123456 - pi/2)  l_ft_inner   l_ft_back*sin(th123456 -
     pi/2);  % 오른발 왼쪽 뒤
     l_ft_back*cos(th123456 - pi/2) -l_ft_outer   l_ft_back*sin(th123456 -
     pi/2); % 오른발 오른쪽 뒤
     l_ft_for*cos(th123456 + pi/2)   -l_ft_outer   l_ft_for*sin(th123456 +
     pi/2)];  % 오른발 오른쪽 앞
elseif strcmp(sf, 'RIGHT_SUPP')
    % 지지 다리
    pf_supp = [sp; sp sp; sp] + [l_ft_for   l_ft_inner   0;    % 오른발 왼쪽 앞
                             -l_ft_back  l_ft_inner  0;    % 오른발 왼쪽 뒤
                             -l_ft_back  -l_ft_outer 0;    % 오른발 오른쪽 뒤
                              l_ft_for   -l_ft_outer 0];   % 오른발 오른쪽 앞
    % 자유 다리
    pf_sway = [p6; p6; p6; p6] + ...
      [l_ft_for*cos(th123456 + pi/2)  l_ft_outer  l_ft_for*sin(th123456
       + pi/2);   % 왼발 왼쪽 앞
      l_ft_back*cos(th123456 - pi/2)  l_ft_outer  l_ft_back*sin(th123456
       - pi/2);  % 왼발 왼쪽 뒤
```

```
    l_ft_back*cos(th123456 - pi/2)  -l_ft_inner  l_ft_back*sin(th123456
     - pi/2); % 왼발 오른쪽 뒤
    l_ft_for*cos(th123456 + pi/2)  -l_ft_inner  l_ft_for*sin(th123456
     + pi/2)]; % 왼발 오른쪽 앞
end

pf_sway = rot_mat_xy(pf_sway, p6(1:2), psi(1));      % 횡평면 회전시 발바닥의 회전
계산
tip_z_min = min(pf_sway(:,3));   % 발바닥 최저점
tip_x = p6(1);   tip_y = p6(2);   tip_z = p6(3);      % 자유다리의 발 중심점
```

» **코드 2.12** GenMotionsWithPB.m 파일의 기구학 코드

<그림 2.52(a)>는 투영법으로 왼발 지지(sf = 'LEFT_SUPP') 상태로 직립한 자세를, <그림 2.52(b)>는 오른발 지지(sf = 'RIGHT_SUPP') 상태로 직립한 자세를 시뮬레이션 한 것이다. DH법의 시뮬레이션 결과와 마찬가지로 두 그림이 동일한 것처럼 보이지만, 절대좌표계의 원점이 지지하는 발의 중심점에 놓여 있다.

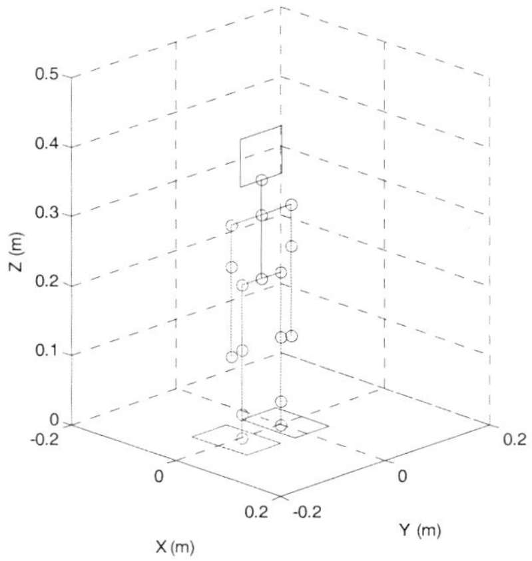

(a) 왼발 지지 상태

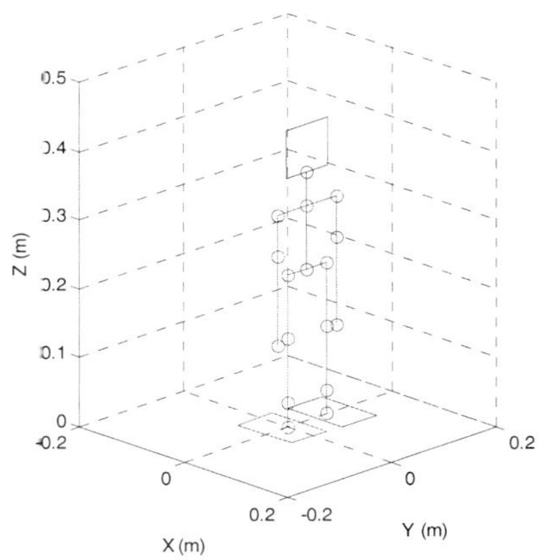

(b) 오른발 지지 상태

» **그림 2.52** 투영법을 이용한 휴머노이드 로봇의 직립자세 시뮬레이션

임의의 로봇 자세를 만들기 위해 <코드 2.4>의 sim_pose.m 파일에서 sf = 'LEFT_SUPP', md = 'PB', no_pose = 2로 설정하고, 관절각을 다음과 같이 바꿔서 시뮬레이션해 보자. 아래 코드가 DH법 코드와 다른 점은 투영법에서는 psi 값을 0도로 설정해야 한다는 사실이다.

```
th = deg2rad([80 10 0 210 -10 -5 170 10 200 20 0]);
phi = deg2rad([-10 5 170 10 200 170]);
psi = deg2rad([0 0 0]);
```

» **코드 2.13** 임의의 자세를 위한 관절각

<그림 2.53>은 위의 관절각 세트를 sim_pose.m 파일에 입력해서 시뮬레이션한 휴머노이드 로봇의 자세를 보이며, 어깨관절과 고관절 부위가 간략화 되었음을 감안해도 DH법의 결과와 거의 유사함을 알 수 있다. 결과적으로 DH법은 휴머노이드 로봇에 적합하고, 투영법은 인간의 신체 골격을 표현하는 데 더 적합하다고 할 수 있다. 두 방법의 장단점을 잘 조합하면 휴머노이드 로봇의 실시간 모션생성과 제어에 도움이 될 것이다.

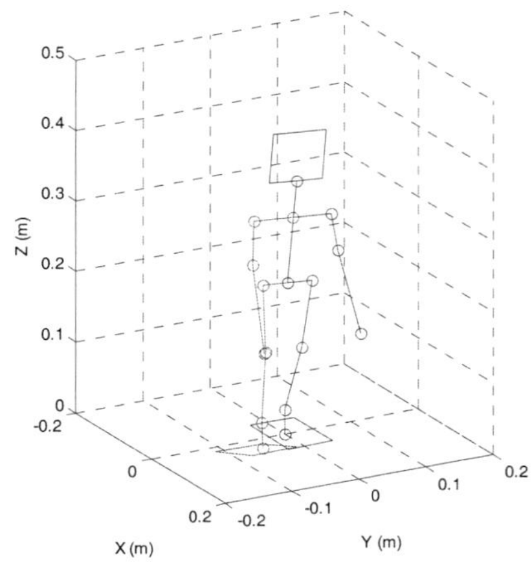

» **그림 2.53** 임의의 각도에 대한 휴머노이드 로봇의 자세 시뮬레이션(투영법)

2.3.3 투영법을 이용한 휴머노이드 로봇 역기구학

2.2.3절에서처럼 최적화 알고리즘을 통해서 원하는 자세의 관절각을 구할 경우 비용함수를 반복적으로 계산해야 하기 때문에 긴 연산 시간이 필요하고 이 때문에 실시간으로 계산하기에는 무리가 있다. 만약 로봇이 움직이는 도중에 이런 방식으로 새로운 자세를 계산해야 한다면 주제어기의 CPU가 하나 뿐인 경우 모션을 멈추고 최적화 연산을 수행해야 하기 때문에 부자연스러우며, 작업환경에 따라 위험할 수도 있다. 다행히 주제어기가 멀티코어 CPU 형태라면 여유 CPU 코어가 최적화 연산을 병렬로 수행해서 계산된 관절각을 메인 CPU로 넘겨주면 된다.

투영법으로 표현된 관절좌표는 DH법과는 달리 삼각함수의 곱의 형태로 표현된다. 그러므로 테일러 근사화 다항함수(Taylor approximation polynomial)를 이용하면 현재 자세를 약간 바꾸는 것은 최적화 알고리즘을 사용하지 않고도 가능하다. 테일러 근사화기법에 의하면 모든 함수 $f(x)$는 임의의 x값인 x_0 근처에서 다음과 같이 n차의 다항함수 $Q(x)$로 근사화할 수 있다.

$$
\begin{aligned}
Q(x) \approx f(x_0) + \left.\frac{df(x)}{dx}\right|_{x=x_0}(x-x_0) + \frac{1}{2!}\left.\frac{d^2f(x)}{dx^2}\right|_{x=x_0}(x-x_0)^2 + \cdots \\
+ \frac{1}{n!}\left.\frac{d^nf(x)}{dx^n}\right|_{x=x_0}(x-x_0)^n
\end{aligned}
\tag{2.110}
$$

그러므로 투영법의 수식에 주로 사용되는 sin 함수와 cos 함수는 $\theta=\theta_0$ 근처에서 다음과 같이 1차 다항함수로 근사화 할 수 있다.

$$
\cos\theta|_{\theta=\theta_0} \approx \cos\theta_0 - \sin\theta_0(\theta-\theta_0),\quad \sin\theta|_{\theta=\theta_0} \approx \sin\theta_0 + \cos\theta_0(\theta-\theta_0)
\tag{2.111}
$$

투영법을 이용한 역기구학 문제의 예로서 <그림 2.54>와 같이 직립한 상태에서 왼팔을 굽히고 어떤 물체를 잡고 있다고 하자. 이 자세를 위한 전신의 관절각은 다음과 같이 임의로 정해졌다.

```
th = deg2rad([90 0 0 180 0 0 200 100 180 0 0]);
phi = deg2rad([0 0 180 0 200 180]);
psi = [0 0 0];
```

» **코드 2.14** 직립자세에서 왼팔로 물건을 잡는 자세의 전신 관절각

이 경우 식 (2.109)를 이용하면 왼손의 절대좌표 (X_9, Y_9, Z_9)는 목 좌표 (X_n, Y_n, Z_n)을 기준으로 다음과 같은 관계를 가진다.

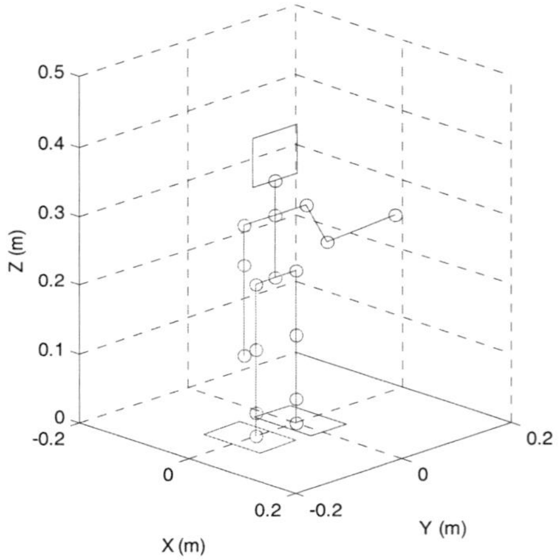

» **그림 2.54** 직립상태에서 왼팔을 들어 올려 물체를 잡는 자세

$$\begin{aligned} X_9 &= X_n + sgn\left(C_{125}^{\phi}\right) l_9 P_{CC}(\phi_{125}, \theta_{1237}) + sgn\left(C_{125}^{\phi}\right) l_{10} P_{CC}(\phi_{125}, \theta_{12378}), \\ Y_9 &= Y_n + \frac{l_{sh}}{2} P_s\left(\phi_{12} + \frac{\pi}{2}\right) - sgn(S_{1237}^{\theta}) l_9 P_{SS}(\phi_{125}, \theta_{1237}) \\ &\quad - sgn(S_{12378}^{\theta}) l_{10} P_{SS}(\phi_{125}, \theta_{12378}), \\ Z_9 &= Z_n + \frac{l_{sh}}{2} P_S(\phi_{12}) + sgn\left(C_{125}^{\phi}\right) l_9 P_{CS}(\phi_{125}, \theta_{1237}) \\ &\quad + sgn\left(C_{125}^{\phi}\right) l_{10} P_{CS}(\phi_{125}, \theta_{12378}) \end{aligned} \tag{2.112}$$

왼팔에 위치한 관절은 $\theta_7, \theta_8, \phi_5$이며 이 값들을 조절해서 (X_9, Y_9, Z_9)을 $(X_9 + \triangle X_9, Y_9 + \triangle Y_9, Z_9 + \triangle Z_9)$로 이동시키는 방법에 대해 알아보자. <그림 20>과 <그림 2.51>을 보면 X_9는 θ_7과 θ_8에 의해 주로 정해지고, Y_9은 ϕ_5에 의해 주로 정해지며, Z_9은 세 각도의 조합으로 정해진다는 사실을 알 수 있다.

먼저 X_9와 Z_9 값을 원하는 좌표로 이동시키기 위해 θ_7과 θ_8을 얼마나 변화시켜야 하는지를 계산하는 방법을 알아보자. θ_7을 $\theta_7 + \triangle\theta_7$로, θ_8을 $\theta_8 + \triangle\theta_8$로 변화시켜서 X_9이 $X_9 + \triangle X_9$으로 변화되었다고 하면 식 (2.112)로부터 다음의 관계식이 성립한다.

$$X_9 + \triangle X_9 = X_n + sgn\left(C_{125}^{\phi}\right) l_9 P_{CC}(\phi_{125}, \theta'_{1237}) + sgn\left(C_{125}^{\phi}\right) l_{10} P_{CC}(\phi_{125}, \theta'_{12378}) \tag{2.113}$$

식에서 $\theta'_{1237} = \theta_{1237} + \triangle\theta_7$, $\theta'_{12378} = \theta_{12378} + \triangle\theta_7 + \triangle\theta_8$을 나타낸다. 여기에 테일러 근사화 식 (2.111)을 적용하면 식 (2.113)에서 $P_{CC}(\phi_{125}, \theta'_{1237})$과 $P_{CC}(\phi_{125}, \theta'_{12378})$은 다음과 같이 표현된다.

$$\begin{aligned} P_{CC}(\phi_{125}, \theta'_{1237}) &= C_{125}^{\phi}\left(C_{1237}^{\theta} - S_{1237}^{\theta}\triangle\theta_7\right) \\ &= P_{CC}(\phi_{125}, \theta_{1237}) - P_{CS}(\phi_{125}, \theta_{1237})\triangle\theta_7, \\ P_{CC}(\phi_{125}, \theta'_{12378}) &= C_{125}^{\phi}\left(C_{12378}^{\theta} - S_{12378}^{\theta}(\triangle\theta_7 + \triangle\theta_8)\right) \\ &= P_{CC}(\phi_{125}, \theta_{12378}) - P_{CS}(\phi_{125}, \theta_{12378})(\triangle\theta_7 + \triangle\theta_8) \end{aligned} \tag{2.114}$$

이 식을 식 (2.113)에 대입하면 다음과 같다.

$$\begin{aligned} X_9 + \triangle X_9 = X_n &+ sgn\left(C_{125}^{\phi}\right) l_9 (P_{CC}(\phi_{125}, \theta_{1237}) - P_{CS}(\phi_{125}, \theta_{1237})\triangle\theta_7) \\ &+ sgn\left(C_{125}^{\phi}\right) l_{10} (P_{CC}(\phi_{125}, \theta_{12378}) - P_{CS}(\phi_{125}, \theta_{12378})(\triangle\theta_7 + \triangle\theta_8)) \end{aligned} \tag{2.115}$$

이 식에서 식 (2.112)의 X_9을 빼면 다음과 같은 관계식을 얻을 수 있다.

$$\triangle X_9 = - sgn(C^{\phi}_{125}) l_9 P_{CS}(\phi_{125}, \theta_{1237}) \triangle \theta_7 \\ - sgn(C^{\phi}_{125}) l_{10} P_{CS}(\phi_{125}, \theta_{12378}) (\triangle \theta_7 + \triangle \theta_8) \tag{2.116}$$

이번에는 θ_7과 θ_8을 변화시켜서 Z_9이 $Z_9 + \triangle Z_9$으로 이동되었다고 하면 식 (2.112)로부터 다음의 관계식이 성립한다.

$$Z_9 + \triangle Z_9 = Z_n + \frac{l_{sh}}{2} P_S(\phi_{12}) + sgn(C^{\phi}_{125}) l_9 P_{CS}(\phi_{125}, \theta'_{1237}) \\ + sgn(C^{\phi}_{125}) l_{10} P_{CS}(\phi_{125}, \theta'_{12378}) \tag{2.117}$$

마찬가지로 테일러 근사화 식 (2.111)을 적용하면 $P_{CS}(\phi_{125}, \theta'_{1237})$과 $P_{CS}(\phi_{125}, \theta'_{12378})$은 다음과 같이 표현된다.

$$\begin{aligned} P_{CS}(\phi_{125}, \theta'_{1237}) &= C^{\phi}_{125} \left(S^{\theta}_{1237} + C^{\theta}_{1237} \triangle \theta_7 \right) \\ &= P_{CS}(\phi_{125}, \theta_{1237}) + P_{CC}(\phi_{125}, \theta_{1237}) \triangle \theta_7, \\ P_{CS}(\phi_{125}, \theta'_{12378}) &= C^{\phi}_{125} \left(S^{\theta}_{12378} + C^{\theta}_{12378} (\triangle \theta_7 + \triangle \theta_8) \right) \\ &= P_{CS}(\phi_{125}, \theta_{12378}) + P_{CC}(\phi_{125}, \theta_{12378}) (\triangle \theta_7 + \triangle \theta_8) \end{aligned} \tag{2.118}$$

이 식을 식 (2.117)에 대입하면 다음과 같다.

$$\begin{aligned} & Z_9 + \triangle Z_9 \\ & = Z_n + \frac{l_{sh}}{2} P_S(\phi_{12}) + sgn(C^{\phi}_{125}) l_9 (P_{CS}(\phi_{125}, \theta_{1237}) + P_{CC}(\phi_{125}, \theta_{1237}) \triangle \theta_7) \\ & \quad + sgn(C^{\phi}_{125}) l_{10} (P_{CS}(\phi_{125}, \theta_{12378}) + P_{CC}(\phi_{125}, \theta_{12378}) (\triangle \theta_7 + \triangle \theta_8)) \end{aligned} \tag{2.119}$$

이 식에서 식 (2.112)의 Z_9을 빼면 다음과 같은 관계식을 얻을 수 있다.

$$\triangle Z_9 = sgn\left(C_{125}^{\phi}\right) l_9 P_{CC}(\phi_{125}, \theta_{1237}) \triangle \theta_7 + sgn\left(C_{125}^{\phi}\right) l_{10}\left(P_{CC}(\phi_{125}, \theta_{12378})\right)(\triangle \theta_7 + \triangle \theta_8) \tag{2.120}$$

우리가 지금 알고 싶은 것은 원하는 $\triangle X_9$와 $\triangle Z_9$만큼 왼손을 이동시키기 위한 $\triangle\theta_7$와 $\triangle\theta_8$이므로 이원일차 연립방정식의 해를 구하는 방법을 이용해서 위 식을 풀면 된다. 앞에서 구한 식 (2.116)과 (2.120)을 행렬식으로 표현하면 다음과 같다.

$$\begin{bmatrix} \Delta X_9 \\ \Delta Z_9 \end{bmatrix} = \begin{bmatrix} -sgn(C_{125}^{\phi})(l_9 P_{CS}(\phi_{125}, \theta_{1237}) + l_{10} P_{CS}(\phi_{125}, \theta_{12378})) & -sgn(C_{125}^{\phi}) l_{10} P_{CS}(\phi_{125}, \theta_{12378}) \\ sgn(C_{125}^{\phi})(l_9 P_{CC}(\phi_{125}, \theta_{1237}) + l_{10} P_{CC}(\phi_{125}, \theta_{12378})) & sgn(C_{125}^{\phi}) l_{10} P_{CC}(\phi_{125}, \theta_{12378}) \end{bmatrix} \begin{bmatrix} \Delta\theta_7 \\ \Delta\theta_8 \end{bmatrix} \tag{2.121}$$

이 식으로부터 역행렬을 이용해서 $\triangle\theta_7$과 $\triangle\theta_8$을 계산하면 다음과 같다.

$$\begin{bmatrix} \Delta\theta_7 \\ \Delta\theta_8 \end{bmatrix} = \begin{bmatrix} -sgn(C_{125}^{\phi})(l_9 P_{CS}(\phi_{125}, \theta_{1237}) + l_{10} P_{CS}(\phi_{125}, \theta_{12378})) & -sgn(C_{125}^{\phi}) l_{10} P_{CS}(\phi_{125}, \theta_{12378}) \\ sgn(C_{125}^{\phi})(l_9 P_{CC}(\phi_{125}, \theta_{1237}) + l_{10} P_{CC}(\phi_{125}, \theta_{12378})) & sgn(C_{125}^{\phi}) l_{10} P_{CC}(\phi_{125}, \theta_{12378}) \end{bmatrix}^{-1} \begin{bmatrix} \Delta X_9 \\ \Delta Z_9 \end{bmatrix} \tag{2.122}$$

그리고 남은 좌표인 Y_9 값을 원하는 위치로 이동시키기 위해 ϕ_5를 얼마나 변화시켜야 하는지를 계산하는 식을 유도하자. 즉, ϕ_5를 $\phi_5 + \triangle\phi_5$로 변화시켜서 Y_9이 $Y_9 + \triangle Y_9$으로 이동되었다고 하면 식 (2.112)로부터 다음의 관계식이 성립한다.

$$Y_9 + \Delta Y_9 = Y_n + \frac{l_{sh}}{2} P_s\left(\phi_{12} + \frac{\pi}{2}\right) - sgn(S_{1237}^{\theta}) l_9 P_{SS}(\phi'_{125}, \theta_{1237}) - sgn(S_{12378}^{\theta}) l_{10} P_{SS}(\phi'_{125}, \theta_{12378}) \tag{2.123}$$

식에서 $\phi'_{125} = \phi_{125} + \Delta\phi_5$를 나타낸다.

동일한 방식으로 테일러 근사화 식 (2.111)을 적용하면 식 (2.123)에서 $P_{SS}(\phi'_{125},\theta_{1237})$과 $P_{SS}(\phi'_{125},\theta_{12378})$은 다음과 같이 표현된다.

$$\begin{aligned} P_{SS}(\phi'_{125},\theta_{1237}) &= \left(S^{\phi}_{125} + C^{\phi}_{125}\Delta\phi_5\right)S^{\theta}_{1237} \\ &= P_{SS}(\phi_{125},\theta_{1237}) + P_{CS}(\phi_{125},\theta_{1237})\Delta\phi_5, \\ P_{SS}(\phi'_{125},\theta_{12378}) &= \left(S^{\phi}_{125} + C^{\phi}_{125}\Delta\phi_5\right)S^{\theta}_{12378} \\ &= P_{SS}(\phi_{125},\theta_{1237}) + P_{CS}(\phi_{125},\theta_{12378})\Delta\phi_5 \end{aligned} \tag{2.124}$$

이 식을 식 (2.123)에 대입하면 다음과 같다.

$$\begin{aligned} Y_9 + \Delta Y_9 = Y_n &+ \frac{l_{sh}}{2}P_s\left(\phi_{12} + \frac{\pi}{2}\right) \\ &- sgn(S^{\theta}_{1237})l_9(P_{SS}(\phi_{125},\theta_{1237}) + P_{CS}(\phi_{125},\theta_{1237})\Delta\phi_5) \\ &- sgn(S^{\theta}_{12378})l_{10}(P_{SS}(\phi_{125},\theta_{12378}) + P_{CS}(\phi_{125},\theta_{12378})\Delta\phi_5) \end{aligned} \tag{2.125}$$

이 식에서 식 (2.112)의 Y_9을 빼면 다음과 같은 관계식을 얻을 수 있다.

$$\begin{aligned} \Delta Y_9 &= -sgn(S^{\theta}_{1237})l_9P_{CS}(\phi_{125},\theta_{1237})\Delta\phi_5 \\ &\quad - sgn(S^{\theta}_{12378})l_{10}P_{CS}(\phi_{125},\theta_{12378})\Delta\phi_5 \\ &= -\Delta\phi_5\left(sgn(S^{\theta}_{1237})l_9P_{CS}(\phi_{125},\theta_{1237}) + sgn(S^{\theta}_{12378})l_{10}P_{CS}(\phi_{125},\theta_{12378})\right) \end{aligned} \tag{2.126}$$

이 식으로부터 ΔY_9에 대응되는 $\Delta\phi_5$는 다음 식으로 계산할 수 있다.

$$\Delta\phi_5 = -\frac{\Delta Y_9}{sgn(S^{\theta}_{1237})l_9P_{CS}(\phi_{125},\theta_{1237}) + sgn(S^{\theta}_{12378})l_{10}P_{CS}(\phi_{125},\theta_{12378})} \tag{2.127}$$

식 (2.122)과 (2.127)을 검증하기 위해 <그림 2.54>의 자세에서 왼손의 위치를

x축과 y축, z축으로 각각 ± 2 cm씩 이동시키는 것을 구현해 보자. <코드 2.15>는 앞의 과정을 MATLAB 코드로 구현한 change_posture_pb.m 파일의 주요 부분만 보인 것이다.

먼저 절대좌표계의 x축 상에서 왼손의 좌표를 2 cm만큼 앞으로 이동시키기 위해 코드에서 del_eep = [0.02 0.0 0.0]로 설정하고 change_posture_pb.m을 실행하면 다음과 같은 결과가 MATLAB 실행화면에 출력된다. 이에 따르면 θ_7을 200°에서 217.87°로, θ_8을 100°에서 78.84°로 변화시킴으로써 로봇의 말단부인 왼손의 위치 변화량 ΔX_9이 0.02(eep_dif의 첫 번째 값)가 됨을 확인할 수 있다.

```
del_th7=17.87, del_th8=-21.16, del_phi5=0.00
th7=217.87, th8=78.84, phi5=200.00
eep_dif=[0.02 -0.01 0.00]
```

그 다음 절대좌표계의 x축 상에서 왼손의 좌표를 −2 cm(뒷쪽으로 2 cm)만큼 이동시키기 위해 코드에서 del_eep = [−0.02 0.0 0.0]로 설정하고 실행해보면 다음의 결과가 나오는데, 반대의 각도 변화를 통해 왼손의 절대좌표를 원하는 만큼 이동시키는 것을 확인할 수 있다.

```
del_th7=-17.87, del_th8=21.16, del_phi5=0.00
th7=182.13, th8=121.16, phi5=200.00
eep_dif=[-0.02 0.00 0.00]
```

<그림 2.55>는 이러한 두 가지 자세 변화를 처음 자세와 비교해서 시뮬레이션으로 보인 것이다.

이제 절대좌표계의 y축 상에서 왼손의 좌표를 2 cm(왼쪽으로 2 cm)만큼 이동시키기 위해 코드에서 del_eep = [0.0 0.02 0.0]로 설정하고 change_posture_pb.m를 실행하면 다음과 같은 연산 결과를 얻을 수 있다. 이를 통해 Y_9 값이 2 cm 더 이동하기 위해서는 ϕ_5만 200°에서 210.09°로 증가해야 함을 알 수 있다.

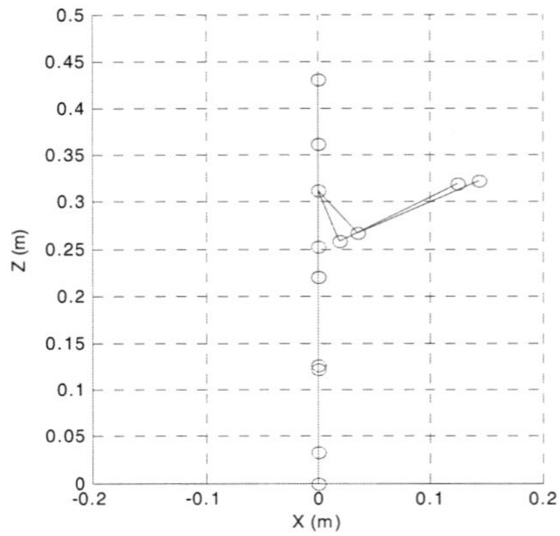

(a) 2 cm 변화

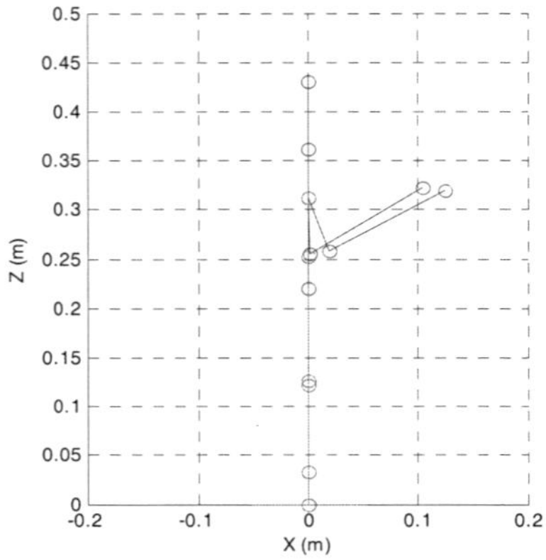

(b) −2 cm 변화

» **그림 2.55** change_posture_pb.m **코드로 왼손의 x축 좌표를 변화시키는 자세**

```
del_th7=0.00, del_th8=0.00, del_phi5=10.09
th7=200.00, th8=100.00, phi5=210.09
eep_dif=[-0.01 0.02 -0.00]
```

이제 절대좌표계의 y축 상에서 왼손의 좌표를 −2 cm(오른쪽으로 2 cm)만큼 이동시키기 위해 코드에서 del_eep = [0.0 -0.02 0.0]로 설정하고 역기구학 코드를 실행하면 다음과 같은 결과가 나온다. 당연한 이야기이긴 하지만 ϕ_5를 반대방향으로 회전시키면 원하는 만큼 왼손의 좌표를 바꿀 수 있다.

```
del_th7=0.00, del_th8=0.00, del_phi5=-10.09
th7=200.00, th8=100.00, phi5=189.91
eep_dif=[0.01 -0.02 0.00]
```

<그림 2.56>은 y축에서의 이러한 자세 변화를 MATLAB 시뮬레이션으로 구현한 것이다.

```
md = PB;
                                        ⋮
del_eep = [0.02 0.0 0.0]';   % change of end-effector point

th = deg2rad([90 0 0 180 0 0 200 100 180 0 0]);  % 시상면 기준 관절각
phi = deg2rad([0 0 180 0 200 180]);              % 관상면 기준 관절각
psi = [0 0 0];                                  % 횡평면 기준 관절각

if md==DH
    res = GenMotionsWithDH(sf, sp, th, th_1d, th_2d, phi, phi_1d, phi_2d, psi,
        psi_1d, psi_2d, fig_no);
else
    res = GenMotionsWithPB(sf, sp, th, th_1d, th_2d, phi, phi_1d, phi_2d, psi,
        fig_no);
end
% 양손의 절대좌표
lh_init=res(6:8);   rh_init=res(9:11);

th1 = th(1);  th12 = sum(th(1:2));  th123 = sum(th(1:3));  th1237 = th123+th(7);
th12378 = th1237+th(8);  th1239 = th123+th(9);   th123910 = th1239+th(10);
phi1 = phi(1); phi12 = sum(phi(1:2));  phi125 = phi12 + phi(5);
phi126 = phi12+phi(6);

% 역기구학 계산
inv_km_mat = inv([-sign(cos(phi125))*(l9*P_cs(phi125, th1237)+l10*P_cs(phi125, th12378)),
       -sign(cos(phi125))*l10*P_cs(phi125, th12378);
      sign(cos(phi125))*(l9*P_cc(phi125, th1237)+l10*P_cc(phi125, th12378)),
       sign(cos(phi125))*l10*P_cc(phi125, th12378)]);
del_th = inv_km_mat*[del_eep(1) del_eep(3)]';
del_ph = -1/( sign(sin(th1237))*l9*P_cs(phi125,th1237)+sign(th12378)*
       l10*P_cs(phi125,th12378) )*del_eep(2);

th(7) = th(7)+del_th(1);
th(8) = th(8)+del_th(2);
phi(5) = phi(5)+del_ph;

if md==DH
    res = GenMotionsWithDH(sf, sp, th, th_1d, th_2d, phi, phi_1d, phi_2d, psi,
        psi_1d, psi_2d, fig_no);
else
    res = GenMotionsWithPB(sf, sp, th, th_1d, th_2d, phi, phi_1d, phi_2d, psi,
        fig_no);
end
lh_mod=res(6:8);   rh_mod=res(9:11);
lh_dif = lh_mod-lh_init;
```

» **코드 2.15** 왼손의 위치 변화를 위한 change_posture_pb.m 파일의 기구학 코드

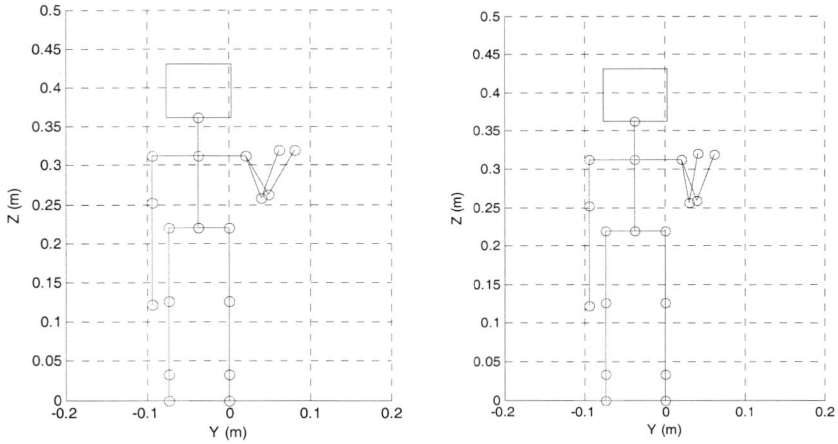

(a) 2 cm 변화 (b) −2 cm 변화

» **그림 2.56** change_posture_pb.m 코드로 왼손의 y축 좌표를 변화시키는 자세

이제 절대좌표계의 z축 상에서 왼손의 좌표를 2 cm(위쪽으로 2 cm)만큼 이동시키기 위해 코드에서 del_eep = [0.0 0.0 0.02]로 설정하고 change_posture_pb.m를 실행하면 다음과 같은 연산 결과를 얻을 수 있다. 이를 통해 Z_9이 2 cm 더 이동하기 위해서는 θ_7을 200°에서 210.32°로, θ_8을 100°에서 98.70°로 변화시키면 된다는 것을 알 수 있다.

```
del_th7=10.32, del_th8=-1.30, del_phi5=0.00
th7=210.32, th8=98.70, phi5=200.00
eep_dif=[-0.00 0.00 0.02]
```

반대로 z축 상에서 왼손의 좌표를 −2 cm(아래쪽으로 2 cm)만큼 이동시키기 위해 코드에서 del_eep = [0.0 0.0 −0.02]로 설정하고 코드를 실행하면 다음과 같은 연산 결과가 생성된다.

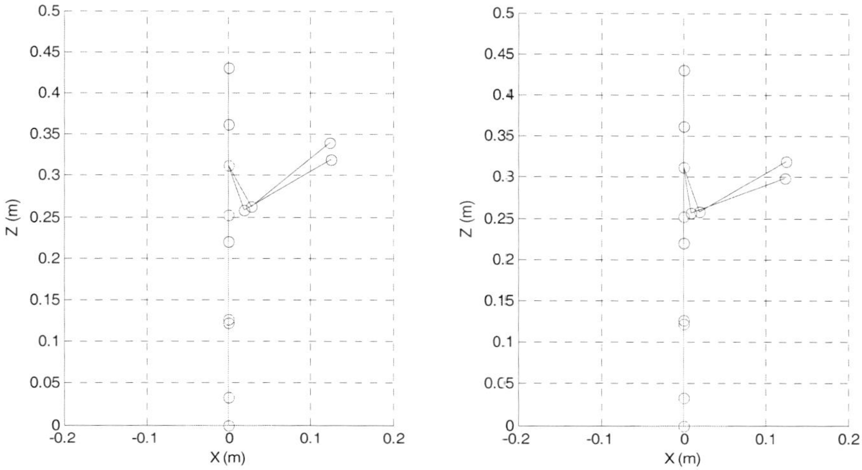

» **그림 2.57** 왼손의 z축 좌표를 변화시키는 자세

```
del_th7=-10.32, del_th8=1.30, del_phi5=0.00
th7=189.68, th8=101.30, phi5=200.00
eep_dif=[-0.00 -0.01 -0.02]
```

<그림 2.57>은 z축에서의 이러한 자세 변화를 MATLAB 시뮬레이션으로 구현한 것이다.

반대의 경우로서 오른손의 절대좌표를 변화시키기 위한 오른팔 관절각 변화량을 계산하는 방법에 대해 알아보자. 이를 위해 전신의 관절각을 다음과 같이 임의로 정했으며, MATLAB으로 시뮬레이션한 자세를 <그림 2.58>에 보였다.

```
th = deg2rad([90 0 0 180 0 0 180 0 200 100  0]);
phi = deg2rad([0 0 180 0 180 160]);
psi = [0 0 0];
```

» **코드 2.16** 직립자세에서 오른팔로 물건을 잡는 자세의 전신 관절각

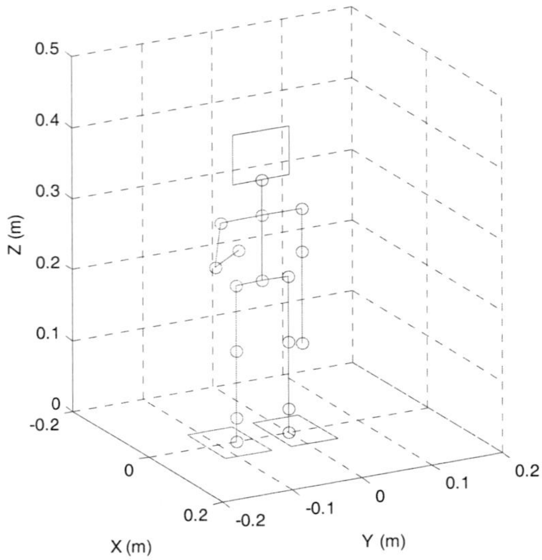

» **그림 2.58** 직립상태에서 오른팔을 들어 올려 물체를 잡는 자세

<그림 2.50>을 보면 오른팔에 장착된 관절은 $\theta_9, \theta_{10}, \phi_6$이며, 이 값들을 $\theta_9 + \Delta\theta_9$, $\theta_{10} + \Delta\theta_{10}$, $\phi_6 + \Delta\phi_6$로 조절해서 오른손의 절대좌표 (X_{12}, Y_{12}, Z_{12})을 $(X_{12} + \triangle X_{12}, Y_{12} + \triangle Y_{12}, Z_{12} + \triangle Z_{12})$로 바꾸면 된다.

식 (2.109)를 보면 왼팔 관절식과 오른팔 관절식이 대칭적인 관계가 있으므로, 이전과 동일한 과정을 거쳐 $\Delta\theta_9$과 $\Delta\theta_{10}$에 대해 다음과 같은 관계식을 얻을 수 있다.

$$\begin{bmatrix}\Delta\theta_9 \\ \Delta\theta_{10}\end{bmatrix} = \begin{bmatrix} -sgn(C^{\phi}_{126})(l_{11}P_{CS}(\phi_{126},\theta_{1239}) + l_{12}P_{CS}(\phi_{126},\theta_{123910})) & -sgn(C^{\phi}_{126})l_{12}P_{CS}(\phi_{126},\theta_{123910}) \\ sgn(C^{\phi}_{126})(l_{11}P_{CC}(\phi_{126},\theta_{1239}) + l_{12}P_{CC}(\phi_{126},\theta_{123910})) & sgn(C^{\phi}_{126})l_{12}P_{CC}(\phi_{126},\theta_{123910}) \end{bmatrix}^{-1} \begin{bmatrix}\Delta X_{12} \\ \Delta Z_{12}\end{bmatrix} \tag{2.128}$$

앞에서와 같이 오른손 끝의 Y좌표인 Y_{12}를 원하는 좌표로 이동시키기 위해 ϕ_6를 얼마나 변화시켜야 하는 지를 계산하는 식을 유도하자. ϕ_6를 $\phi_6 + \Delta\phi_6$로 변화시켜서 Y_{12}가 $Y_{12} + \Delta Y_{12}$으로 변화되었다고 하면 동일한 방식으로 전개해서 다음과 같은 관계식을 유도할 수 있다.

$$\Delta\phi_6 = -\frac{\Delta Y_{12}}{sgn(S^{\theta}_{1239})l_{11}P_{CS}(\phi_{126}, \theta_{1239}) + sgn(S^{\theta}_{123910})l_{12}P_{CS}(\phi_{126}, \theta_{123910})} \tag{2.129}$$

```
inv_km_mat = inv([-sign(cos(phi126))*(l11*P_cs(phi126, th1239)+l12*P_cs(phi126, th123910)),
         -sign(cos(phi126))*l12*P_cs(phi126, th123910);
         sign(cos(phi126))*(l11*P_cc(phi126, th1239)+l12*P_cc(phi126,
         th123910)),
         sign(cos(phi126))*l12*P_cc(phi126, th123910)]);
del_th = inv_km_mat*[del_eep(1) del_eep(3)]';
del_ph = -1/( sign(sin(th1239))*l11*P_cs(phi126,th1239)+sign(th123910)*l12...
        *P_cs(phi126,th123910) )*del_eep(2);
th(9) = th(9)+del_th(1);
th(10) = th(10)+del_th(2);
phi(6) = phi(6)+del_ph;
```

» **코드 2.17** 오른손의 위치 변화를 위한 change_posture_pb.m 파일의 기구학 코드

제안된 역기구학 방법의 검증을 위해 <그림 2.58>의 자세에서 오른손의 위치를 x축으로 3 cm, y축으로 3 cm, z축으로 3 cm만큼 동시에 이동시키는 것을 구현해 보자. 이를 위해 change_posture_pb.m 코드에서 no_pose를 2로 설정하고, del_eep = [0.03 0.03 0.03]으로 조정 후 실행하면 다음과 같은 결과가 화면에 출력된다. 이에 따르면 θ_9을 200°에서 242.29°로, θ_{10}을 100°에서 66.32°로, ϕ_6을 160°에서 175.13° 변화시키면 OP의 말단부인 오른손이 원하는 좌표에 위치함을 확인할 수 있다.

```
del_th9=42.29, del_th10=-33.68, del_phi6=15.13
th9=242.29, th10=66.32, phi6=175.13
eep_dif=[0.03 0.03 0.04]
```

<그림 2.59>는 처음 자세와 change_posture_pb.m 코드를 이용해서 조정한 자세를 비교하여 시뮬레이션 한 것이다.

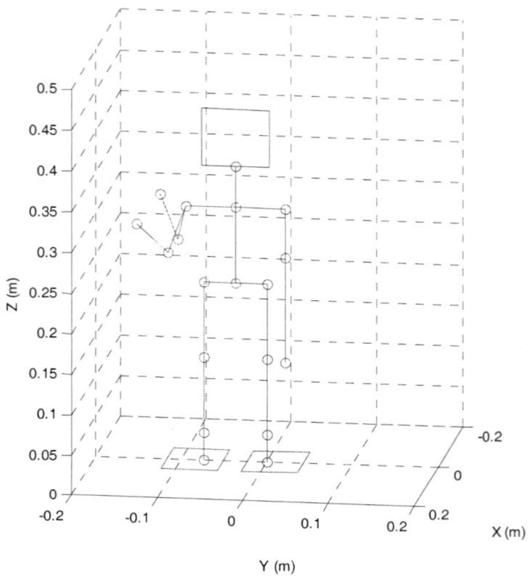

» **그림 2.59** 오른손의 좌표를 변화시키는 모습

2.3.4 투영법에서의 로봇 무게중심점 계산

투영법을 이용해서 휴머노이드 로봇의 모션을 생성할 때에는 투영법에 적합한 무게중심점 계산법을 써야 한다. 각 링크의 무게중심점은 <그림 2.37>에서 보듯이 양쪽 관절좌표 사이에 위치하므로 두 관절의 보간법(interpolation)을 이용해서 수식화 하는 것이 가장 간편하다. <그림 2.37>에서 k번째 링크의 무게중심점 (x_{km}, y_{km}, z_{km})은 $(x_{k-1}, y_{k-1}, z_{k-1})$과 (x_k, y_k, z_k)점을 $\alpha_k : \beta_k$로 내분하고 있고 $\alpha_k + \beta_k = 1$이므로 보간법을 적용하면 다음과 같이 수식화할 수 있다.

$$(x_{km}, y_{km}, z_{km}) = \left(\frac{\alpha_k x_k + \beta_k x_{k-1}}{\alpha_k + \beta_k}, \frac{\alpha_k y_k + \beta_k y_{k-1}}{\alpha_k + \beta_k}, \frac{\alpha_k z_k + \beta_k z_{k-1}}{\alpha_k + \beta_k} \right) = \left(\alpha_k x_k + \beta_k x_{k-1}, \alpha_k y_k + \beta_k y_{k-1}, \alpha_k z_k + \beta_k z_{k-1} \right) \quad (2.130)$$

휴머노이드 로봇의 링크는 강체이므로 링크가 움직이는 동안 무게중심점의 위치는 링크 상에서 변하지 않는다. 또한, 투영법은 전역좌표계인 XYZ 좌표계에서 각 관절좌표가 표현되므로, 식 (2.130)의 지역좌표계 변수를 전역좌표계 변수로 바꾸면 다음과 같다.

$$(X_{km}, Y_{km}, Z_{km}) = (\alpha_k X_k + \beta_k X_{k-1}, \alpha_k Y_k + \beta_k Y_{k-1}, \alpha_k Z_k + \beta_k Z_{k-1}), \quad k = 1, \cdots, 14 \quad (2.131)$$

<그림 2.60>은 왼발 지지 시 시상면과 관상면에 투영한 휴머노이드 로봇 모델을 나타내는데, <그림 2.50>과 달리 각 링크의 무게중심점이 표시되어 있다. 주의할 점은 투영법의 모델은 DH법을 간략화 한 것이므로 투영법의 링크 무게 M_i, $1 \le i \le 14$는 <표 2.8>에 제시된 OP의 링크의 질량값들을 이용해서 다음과 같이 표현된다.

$$\begin{gathered} M_1 = m_{ca} + m_{tb}, M_2 = m_{fe}, M_3 = m_{pv} + m_{tr}, M_4 = m_{fe}, \\ M_6 = m_{pv} + m_{fe}, M_7 = m_{fe} + m_{tb}, M_8 = m_{ca} + m_{ft}, \\ M_9 = m_{sh} + m_{hu}, M_{10} = m_{ra} + m_{gr}, M_{11} = M_9, M_{12} = M_{10}, \\ M_{13} = m_{nk}, M_{14} = m_{hd} \end{gathered} \quad (2.132)$$

그리고 투영법으로 무게중심점을 계산할 때 식 (2.79)는 다음과 같이 수정되어야 한다.

$$\begin{gathered} X_{CoM} = \frac{1}{M_t} \sum_{\substack{i=1 \\ i \ne 5}}^{14} M_i X_{im}, \ Y_{CoM} = \frac{1}{M_t} \sum_{\substack{i=1 \\ i \ne 5}}^{14} M_i Y_{im}, \\ Z_{CoM} = \frac{1}{M_t} \sum_{\substack{i=1 \\ i \ne 5}}^{14} M_i Z_{im}, \ M_t = \sum_{\substack{i=1 \\ i \ne 5}}^{14} M_i \end{gathered} \quad (2.133)$$

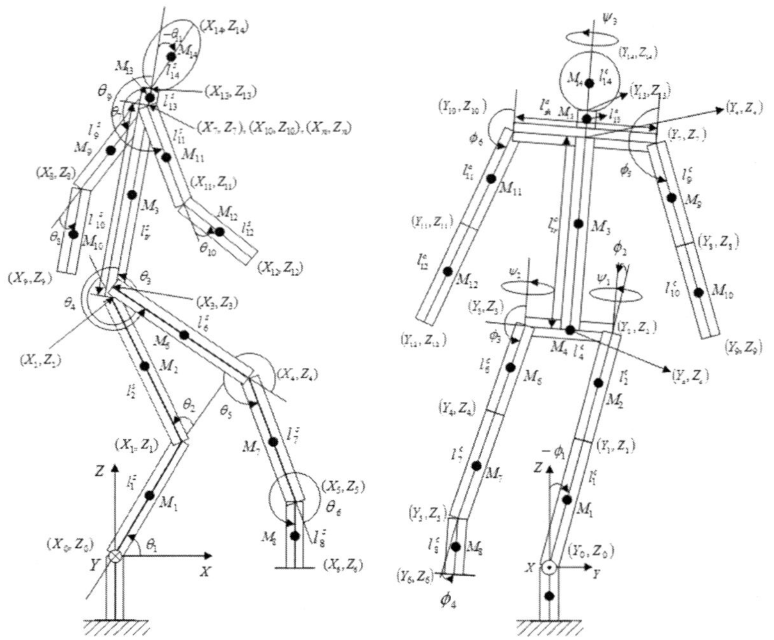

그림 2.60 왼발 지지 시 링크 무게중심점이 표시된 휴머노이드 로봇의 투영법 모델

CHAPTER

3

휴머노이드 로봇 동역학

로봇공학에서 동역학(dynamics)은 링크가 회전 또는 병진운동을 할 때, 링크의 무게중심점을 중심축으로 한 회전 운동에너지와 무게중심점에서의 병진운동에너지, 그리고 관절이 생성하는 토크를 관절모터 회전각의 각도, 각속도, 각가속도 값으로부터 계산하는 공학 이론이다.

휴머노이드 로봇은 각 관절에 위치한 모터들을 회전시킴으로써 특정 모션을 생성한다. 만약 휴머노이드 로봇의 왼쪽 손을 원하는 속도로 들어올리고자 할 때 어떤 관절모터에 얼마만큼의 토크를 인가해야 하는지를 계산하고 싶다면 동역학적 관계식이 필요하다. 또는 로봇의 모든 관절이 주어진 각도값에 의해 회전할 때 말단부인 팔이나 손에 접촉하는 물체가 받는 충격량을 계산할 때도 동역학적 관계식이 필요하다.

로봇의 기구학에서 DH법을 많이 사용하듯이 동역학에서는 오일러-라그랑주(Euler-Lagrange) 식을 일반적으로 많이 사용한다[10]. 그러나 휴머노이드 로봇은 20~40개의 많은 관절로 구성되어 있어서 오일러-라그랑주 식에 필요한 자코비안(Jacobian, 관절변수의 미분값과 관련 링크의 선속도/각속도 사이의 관계를 정의한 행렬)을 일일이 계산하는 것은 대단히 복잡하고 어려운 작업이 된다. 그러므로 이 책에서는 운동방정식으로부터 유도하여 수식이 상대적으로 간단한 일반화된(generalized) d'Alembert법[11]을 채택하여 휴머노이드 로봇의 관절 토크를 계산했다. 그리고 로봇의 자세 안정도 판정을 위해 영모멘트점(zero moment point, ZMP)[12]을 계산하는 방법에 대해서도 배워보기로 한다.

이번 장의 3.1절에서는 동역학의 기초가 되는 각속도와 선속도의 기본 개념을 설명하고, DH법 또는 투영법에서 동역학 식을 유도하는 과정을 다룬다. 3.2절에서는 로봇의 모션 시 각 관절모터에서 발생시키는 토크의 개념을 설명하고 관절별 계산식을 유도한다. 3.3절에서는 로봇이 움직이는 동안 자세 안정도를 판별하는 중요 요소인 영모멘트점의 개념과 계산식을 설명하고, 3.4절에서는 휴머노이드 로봇 제어에 많이 사용되는 역진자 제어 기법의 원리에 대해 간략히 설명한다.

3.1 | 동역학의 기초

3.1.1 각속도(angular velocity)와 선속도(linear velocity)

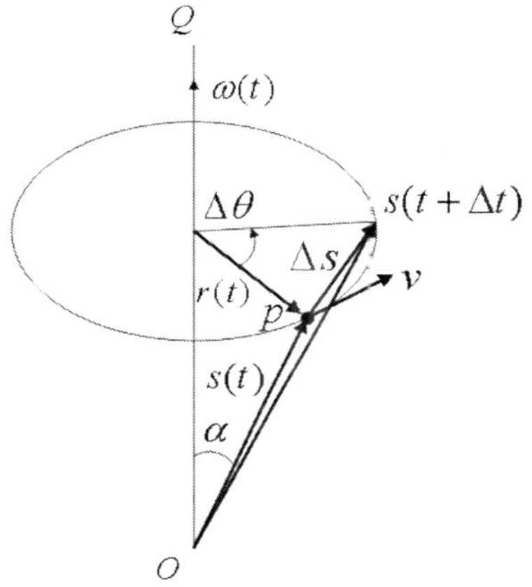

» **그림 3.1 회전좌표계 상의 한 점 p의 각속도와 선속도 관계도**

각속도와 선속도의 기본 개념을 알기 위해 <그림 3.1>과 같이 기준좌표계의 원점이 O 이고, OQ축을 중심으로 Δt 시간 동안 $\Delta\theta$만큼 회전한 타원형 강체가 있다고 하자. 이 강체 내에 존재하는 한 점 p의 질량이 m이며 기준좌표계 상의 위치 벡터가 s라고 할 때, 이 점이 가지는 각속도(angular velocity) 벡터 ω는 다음과 같이 표현된다.

$$\omega(t) = \overline{OQ}\frac{d\theta(t)}{dt} = \overline{OQ}\dot{\theta}(t) \tag{3.1}$$

식에서 $\overline{OQ}$는 회전하는 좌표계의 회전축인 OQ축 방향의 단위 벡터(크기가 1인 벡터)를 나타낸다. 즉, 각속도 벡터의 크기는 회전각의 미분값 즉, 각속도값이 되고 방향은 회전축 방향과 일치한다.

점 p의 선속도(linear velocity) v는 회전축과의 수선(perpendicular line) 거리 벡터 r에 비례하며, 다음과 같이 각속도 벡터 ω와 위치 벡터 s간의 외적(cross product)의 관계식으로 표현된다.

$$v(t) = \omega(t) \times s(t) = |\omega(t)||s(t)|\sin\alpha = \dot{\theta}(t)|s(t)|\sin\alpha = \dot{\theta}(t)|r(t)| \quad (3.2)$$

식에서 α는 ω와 s가 이루는 각도를 의미하므로, α가 0° 일 경우 선속도는 0이 되고 90°일 경우 선속도가 최대가 된다. 예를 들어, 지구가 자전할 때 북극이나 남극에 가까이 있는 지역의 선속도는 적도에 위치한 지역의 선속도보다 상당히 느린데 그 이유는 바로 α값이 작기 때문이다. 그러나 어떤 지역의 각속도는 지구 표면의 어디에 위치하느냐와 상관없이 모두 동일하다. 식 (3.2)로부터 선속도는 스칼라량이며, <그림 3.1>에서처럼 선속도가 향하는 방향은 회전하는 점 p의 접선방향임에 유의하자.

3차원 상에서 다관절 로봇이 움직일 때, 각 관절모터들이 직선 또는 회전운동을 하면 링크에 존재하는 모든 지점에서 각속도와 선속도가 발생하기 때문에 이를 체계적으로 표현할 수 있는 방법이 필요하다. Spong 등은 동차변환 시 좌표계 간의 상대적인 속도 관계식을 간편하게 표현하기 위해 다음과 같이 독특한 특성을 가지는 반대칭행렬(skew symmetric matrix)을 도입했다[10].

$$S^T + S = 0 \quad (3.3)$$

크기가 3×3인 모든 반대칭행렬 집합을 $so(3)$로 표현하면, $so(3)$의 모든 원소는 식 (3.3)으로부터 다음과 같은 성질을 가진다.

$$s_{ij} + s_{ji} = 0, \;\; s_{ii} = 0, \;\; i,j = 1,2,3 \quad (3.4)$$

만약 3×3 반대칭행렬을 다음과 같이 정의하면, 식 (3.4)의 조건을 만족시킬 수 있다.

$$S = \begin{bmatrix} 0 & -s_3 & s_2 \\ s_3 & 0 & -s_1 \\ -s_2 & s_1 & 0 \end{bmatrix} \tag{3.5}$$

이 행렬에서 독립적인 원소는 오직 3개이므로, 어떤 벡터 $a = [a_x\ a_y\ a_z]^T$가 주어졌을 때 이 벡터로 만들 수 있는 반대칭행렬 $S(a)$는 다음과 같이 구성될 수 있다.

$$S(a) = \begin{bmatrix} 0 & -a_z & a_y \\ a_z & 0 & -a_x \\ -a_y & a_x & 0 \end{bmatrix} \tag{3.6}$$

이러한 반대칭행렬의 일반적인 특성에 대해 간략히 설명하면 다음과 같다.

1) 반대칭행렬 연산자 S는 선형성이 있어서 어떤 벡터 a와 b를 가중치 α와 β로 각각 곱한 후 더해서 얻은 벡터 $\alpha a + \beta b$에 대해 반대칭행렬 연산을 적용하면 다음과 같이 두 벡터 각각에 대해 반대칭행렬을 취하고 거기에 α와 β를 곱한 식과 같다.

$$S(\alpha a + \beta b) = \alpha S(a) + \beta S(b) \tag{3.7}$$

2) 임의의 3차원 벡터 a와 p는 다음과 같은 관계를 가진다.

$$S(a)p = a \times p \tag{3.8}$$

식에서 $a \times p$는 벡터 a와 p의 외적을 의미한다.

3) 2.1절에서 설명한 특수직교(special orthogonal, SO) 그룹에 속하는 3차원 회전행렬 $R \in SO(3)$에 대해서 반대칭행렬은 다음과 같은 관계를 가진다.

$$RS(a)R^T = S(Ra) \tag{3.9}$$

4) 어떤 $n \times n$ 반대칭행렬 S와 임의의 n차원 벡터 x는 다음과 같은 관계를 가진다.

$$x^T S x = 0 \tag{3.10}$$

2.1절에서 어떤 회전행렬 R이 하나의 변수 θ만으로 표현되고 특수직교 그룹에 속하면 다음 관계식이 성립하는 것을 증명했다.

$$R(\theta)R(\theta)^T = I \tag{3.11}$$

회전행렬을 회전각으로 미분한 식은 좌표계의 각속도 계산을 위해 자주 사용되는데, 앞에서 배운 반대칭행렬을 사용하면 보다 간편하게 표현할 수 있다. 이를 확인하기 위해 식 (3.11)을 θ에 대해서 미분하면 행렬곱의 미분법칙을 적용하여 다음과 같은 관계식을 얻을 수 있다.

$$\left[\frac{d}{d\theta}R\right]R(\theta)^T + R(\theta)\left[\frac{d}{d\theta}R^T\right] = 0 \tag{3.12}$$

이 식에서 행렬 S를 다음과 같이 정의해 보자.

$$S = \left[\frac{d}{d\theta}R\right]R(\theta)^T \tag{3.13}$$

그러면 식 (3.12)는 다음과 같이 표현되며, 이는 S가 반대칭행렬이 된다는 것을 의미한다.

$$S + S^T = 0 \tag{3.14}$$

이제 식 (3.13)의 오른쪽에 $R(\theta)$를 곱하면 식 (3.11)의 성질($RR^T = I$)을 이용하여 다음과 같은 관계식을 얻을 수 있다.

$$\frac{d}{d\theta}R = SR(\theta) \tag{3.15}$$

이 식은 동역학 관계식에서 매우 중요한데, 회전행렬 R을 θ로 미분하는 것과 반대칭행렬 S를 곱해주는 것이 상등이므로 다루기가 까다로운 미분방정식 대신 대수방정식을 사용할 수 있게 해주기 때문이다.

식 (3.13)과 (3.15)를 계산하기 위해 x축을 중심으로 θ만큼 회전한 변환 $R_{x,\theta}$에 대해 식 (3.13)으로부터 S를 먼저 구해 보자.

$$\begin{aligned} S &= \left[\frac{d}{d\theta}R_{x,\theta}\right]R_{x,\theta}^T = \begin{bmatrix} 0 & 0 & 0 \\ 0 & -\sin\theta & -\cos\theta \\ 0 & \cos\theta & -\sin\theta \end{bmatrix}\begin{bmatrix} 1 & 0 & 0 \\ 0 & \cos\theta & \sin\theta \\ 0 & -\sin\theta & \cos\theta \end{bmatrix} \\ &= \begin{bmatrix} 0 & 0 & 0 \\ 0 & 0 & -1 \\ 0 & 1 & 0 \end{bmatrix} = S(e_x) \end{aligned} \tag{3.16}$$

식에서 e_x는 x축 방향의 단위벡터로서 $[1\ 0\ 0]^T$를 나타낸다. 이 결과를 식 (3.15)에 대입하면 다음과 같은 관계식을 얻을 수 있다.

$$\frac{d}{d\theta}R_{x,\theta} = S(e_x)R_{x,\theta} \tag{3.17}$$

마찬가지로 y축과 z축을 중심으로 θ만큼 회전한 좌표계에 대해 S를 구하면 다음과 같다.

$$\begin{aligned} S &= \left[\frac{d}{d\theta}R_{y,\theta}\right]R_{y,\theta}^T = \begin{bmatrix} -\sin\theta & 0 & \cos\theta \\ 0 & 0 & 0 \\ -\cos\theta & 0 & -\sin\theta \end{bmatrix}\begin{bmatrix} \cos\theta & 0 & -\sin\theta \\ 0 & 1 & 0 \\ \sin\theta & 0 & \cos\theta \end{bmatrix} \\ &= \begin{bmatrix} 0 & 0 & 1 \\ 0 & 0 & 0 \\ -1 & 0 & 0 \end{bmatrix} = S(e_y) \end{aligned} \tag{3.18}$$

$$S = \left[\frac{d}{d\theta}R_{z,\theta}\right]R_{z,\theta}^T = \begin{bmatrix} -\sin\theta & -\cos\theta & 0 \\ \cos\theta & -\sin\theta & 0 \\ 0 & 0 & 0 \end{bmatrix}\begin{bmatrix} \cos\theta & \sin\theta & 0 \\ -\sin\theta & \cos\theta & 0 \\ 0 & 0 & 1 \end{bmatrix} = \begin{bmatrix} 0 & -1 & 0 \\ 1 & 0 & 0 \\ 0 & 0 & 0 \end{bmatrix} = S(e_z) \tag{3.19}$$

식에서 e_y와 e_z는 y축과 z축 방향의 단위 벡터로서 각각 $[0\ 1\ 0]^T$와 $[0\ \ 0\ \ 1]^T$를 나타낸다. 이 식들을 식 (3.15)에 대입하면 다음의 관계식을 얻을 수 있다.

$$\frac{d}{d\theta}R_{y,\theta} = S(e_y)R_{y,\theta} \tag{3.20}$$

$$\frac{d}{d\theta}R_{z,\theta} = S(e_z)R_{z,\theta} \tag{3.21}$$

이제 회전행렬의 시간에 대한 미분방정식을 각속도 벡터와 반대칭행렬을 이용해서 표현하는 방법을 알아보자. 어떤 회전행렬 $R = R(t) \in SO(3)$의 모든 원소가 미분 가능하다고 하자. 이 경우 $R(t)$의 시간에 대한 미분방정식은 식 (3.15)와 연쇄법칙(chain rule)을 이용해서 다음과 같이 표현할 수 있다.

$$\dot{R} = \frac{dR}{dt} = \frac{dR}{d\theta}\frac{d\theta}{dt} = \dot{\theta}SR(t) \tag{3.22}$$

이 식과 반대칭행렬의 선형적 특성을 나타내는 식 (3.7)을 이용하여 x, y, z축에 대한 회전행렬의 미분식을 각각 유도하면 다음과 같다.

$$\dot{R}_{x,\theta} = \frac{dR_{x,\theta}}{d\theta}\frac{d\theta}{dt} = \dot{\theta}S(e_x)R_{x,\theta}(t) = S(e_x\dot{\theta})R_{x,\theta}(t) = S(\omega_x(t))R_{x,\theta}(t) \tag{3.23}$$

$$\dot{R}_{y,\theta} = \dot{\theta}S(e_y)R_{y,\theta}(t) = S(e_y\dot{\theta})R_{y,\theta}(t) = S(\omega_y(t))R_{y,\theta}(t) \tag{3.24}$$

$$\dot{R}_{z,\theta} = \dot{\theta}S(e_z)R_{z,\theta}(t) = S(e_z\dot{\theta})R_{z,\theta}(t) = S(\omega_z(t))R_{z,\theta}(t) \tag{3.25}$$

식에서 ω_x, ω_y, ω_z는 x, y, z축을 중심으로 각각 θ만큼 회전할 때의 각속도 벡터를

나타낸다. 이 관계식들을 식 (3.22)에 적용하면 R의 회전축의 각속도 벡터 ω를 써서 다음과 같이 일반화 할 수 있다.

$$\dot{R} = S(\omega)R(t) \tag{3.26}$$

지금까지 유도한 수식들을 이용해서 둘 이상의 좌표계가 복합적으로 회전할 때, 좌표계들의 각속도를 기준좌표계 관점에서 체계적으로 표현하는 방법을 알아보자. 먼저 3차원 공간에서 회전행렬 R_1^0으로 $x_0y_0z_0$ 좌표계를 회전시켜 $x_1y_1z_1$ 좌표계를 얻고, 점 p^1이 $x_1y_1z_1$ 좌표계 상에 고정되어 있다고 하자. R_1^0의 회전축에 대한 각속도 벡터를 ω라고 하면 이 점의 미분방정식은 식 (2.20), (3.8), (3.26)을 이용해서 다음과 같이 표현할 수 있다.

$$\frac{d}{dt}p_1^0 = \dot{R}_1^0 p^1 + R_1^0 \dot{p}^1 = \dot{R}_1^0 p^1 = S(\omega)R_1^0 p^1 = \omega \times R_1^0 p^1 = \omega \times p_1^0 \tag{3.27}$$

식에서 점 p^1은 $x_1y_1z_1$좌표계 상에 고정되어 있기 때문에 $\dot{p}_1$은 0이 된다.

이제 $x_1y_1z_1$ 좌표계를 회전행렬 R_2^1로 추가적으로 회전시켜 $x_2y_2z_2$ 좌표계를 얻고, 점 p^2가 $x_2y_2z_2$ 좌표계 상에 고정되어 있다고 하자. $x_0y_0z_0$ 좌표계로부터 $x_2y_2z_2$ 좌표계까지의 회전행렬을 R_2^0로 표기하면 $x_0y_0z_0$ 좌표계 기준으로 p^2를 시간에 대해 미분한 식은 다음과 같다.

$$\dot{p}_2^0 = \dot{R}_2^0 p^2,\ R_2^0 = R_1^0 R_2^1 \tag{3.28}$$

이 식에서 회전행렬 R_2^0를 시간에 대해 미분하면 다음의 관계식을 얻는다.

$$\dot{R}_2^0(t) = \dot{R}_1^0(t)R_2^1(t) + R_1^0(t)\dot{R}_2^1(t) \tag{3.29}$$

수식 표현의 편의성을 위해 k번째 좌표계에서 바라본 회전행렬 R_j^i의 각속도 벡터를 $\omega_{i,j}^{k}$라고 정의하면 식 (3.29)의 좌변은 식 (3.26)의 관계식을 이용해서 다음과 같이 표현할 수 있다.

$$\dot{R}_2^0 = S(\omega_{0,2}^0)R_2^0 \tag{3.30}$$

식에서 $\omega_{0,2}^0$은 R_2^0의 회전에 의해 발생한 각속도 벡터를 $x_0y_0z_0$ 좌표계에서 측정한 값을 의미한다. 그러므로 식 (3.29) 우변의 첫 번째 항은 다음의 관계식을 가진다.

$$\dot{R}_1^0 R_2^1 = S(\omega_{0,1}^0)R_1^0 R_2^1 = S(\omega_{0,1}^0)R_2^0 \tag{3.31}$$

식에서 $\omega_{0,1}^0$은 R_1^0 회전축의 각속도 벡터를 $x_0y_0z_0$ 좌표계에서 측정한 값을 의미한다. 그리고 식 (3.29) 우변의 두 번째 항은 식 (3.7), (3.9), (3.11)을 이용해서 다음과 같이 각속도 벡터로 표현할 수 있다.

$$\begin{aligned} R_1^0 \dot{R}_2^1 &= R_1^0 S(\omega_{1,2}^1)R_2^1 = R_1^0 S(\omega_{1,2}^1)R_1^{0\,T} R_1^0 R_2^1 \\ &= S(R_1^0 \omega_{1,2}^1)R_1^0 R_2^1 = S(R_1^0 \omega_{1,2}^1)R_2^0 \end{aligned} \tag{3.32}$$

식에서 $\omega_{1,2}^1$은 R_2^1 회전축의 각속도 벡터를 $x_1y_1z_1$ 좌표계에서 측정한 값을 나타내며, $R_1^0\omega_{1,2}^1$은 이 각속도 벡터를 다시 $x_0y_0z_0$ 좌표계 기준으로 변환한 값을 의미한다.

식 (3.29)~(3.32)의 수식들을 취합해서 정리하면 다음과 같은 관계식을 얻을 수 있다.

$$S(\omega_{0,2}^0)R_2^0 = \left[S(\omega_{0,1}^0) + S(R_1^0 \omega_{1,2}^1) \right] R_2^0 \tag{3.33}$$

이 식에 반대칭행렬의 선형성을 적용하면 다음의 관계식이 유도된다.

$$\omega_{0,2}^{0} = \omega_{0,1}^{0} + R_1^0 \omega_{1,2}^{1} \tag{3.34}$$

이 식의 의미를 해석하면, $x_0y_0z_0$ 좌표계를 R_1^0으로 회전시켜 $x_1y_1z_1$ 좌표계를 얻고 이 좌표계를 다시 회전시켜 $x_2y_2z_2$ 좌표계를 얻었을 때, $x_0y_0z_0$ 좌표계를 기준으로 한 $x_2y_2z_2$ 좌표계의 각속도 벡터는 $x_1y_1z_1$ 좌표계의 각속도 벡터($\omega_{0,1}^0$)에 $x_1y_1z_1$ 좌표계 기준의 $x_2y_2z_2$ 좌표계 각속도 벡터($\omega_{1,2}^1$)를 R_1^0으로 변환한 결과를 더한 것과 같다는 것이다.

식 (3.34)에서 얻은 규칙을 n번째 회전한 좌표계 $x_ny_nz_n$의 각속도 벡터를 $x_0y_0z_0$ 좌표계 기준으로 측정하는 것으로 확장하면 식 (3.30)과 (3.34)를 다음과 같이 일반화할 수 있다.

$$\dot{R}_n^0(t) = S(\omega_{0,n}^0)R_n^0,\ R_n^0 = R_1^0 R_2^1 \cdots R_n^{n-1} \tag{3.35}$$

$$\begin{aligned}\omega_{0,n}^0 &= \omega_{0,1}^0 + R_1^0\omega_{1,2}^1 + R_2^0\omega_{2,3}^2 + \cdots + R_{n-1}^0\omega_{n-1,n}^{n-1} \\ &= \omega_{0,1}^0 + \omega_{1,2}^0 + \omega_{2,3}^0 + \cdots + \omega_{n-1,n}^0\end{aligned} \tag{3.36}$$

이 식들은 3.2.2절에서 링크의 회전운동과 관절의 토크를 계산할 때 유용하게 사용된다.

3.1.2 동차변환 시 선속도 계산

인접한 두 좌표계 사이에 회전운동이나 병진운동에 의한 변환관계가 있을 때 동차변환행렬과 DH 변환행렬을 이용하여 한 좌표계 상의 어떤 점의 좌표를 다른 좌표계에서 체계적으로 계산할 수 있음을 제2장에서 배웠다. 휴머노이드 로봇의 관절 모터가 발생시키는 토크를 계산하기 위해 이번 절에서는 로봇의 링크에 위치한 한 점이 가지는 선속도를 동차변환행렬과 DH 변환행렬을 이용하여 기준좌표계에서 체계적으로 표현하는 방법에 대해 알아보자.

<그림 2.8>과 같이 $x_0 y_0 z_0$ 좌표계를 기준으로 했을 때 $x_1y_1z_1$ 좌표계가 다음의 동차변환행렬로 표현되는 회전 및 병진 변환 관계에 있다고 하자.

$$H_1^0(t) = \begin{bmatrix} R_1^0(t) & d_1^0(t) \\ 0 & 1 \end{bmatrix} \tag{3.37}$$

식에서 $R_1^0(t)$는 $x_0y_0z_0$ 좌표계를 기준으로 한 $x_1y_1z_1$좌표계의 회전행렬이며, $d_1^0(t)$는 $x_0y_0z_0$ 좌표계의 원점으로부터 $x_1y_1z_1$ 좌표계의 원점까지의 위치 벡터를 나타낸다. $x_1y_1z_1$ 좌표계 상의 한 점 p^1을 $x_0y_0z_0$ 좌표계에서 보았을 때의 위치 p_1^0는 $R_1^0(t)$와 $d_1^0(t)$를 써서 다음과 같이 표현할 수 있다.

$$p_1^0 = R_1^0 p^1 + d_1^0 \tag{3.38}$$

식 (3.27)을 참고해서 이 식의 양변을 시간에 대해서 미분하면 다음과 같은 관계식을 얻게 된다.

$$\dot{p}_1^0 = \dot{R}_1^0 p^1 + \dot{d}_1^0 = \omega_{0,1}^0 \times p_1^0 + v_1^0 \tag{3.39}$$

식에서 $\omega_{0,1}^0 \times p_1^0$항은 순수한 좌표계 회전에 의해 p^1이 가지는 선속도를 의미하고, v_1^0은 $x_1y_1z_1$ 좌표계의 직선 이동에 의해 발생한 p^1의 선속도를 나타낸다. 만약 점 p^1이 $x_1y_1z_1$ 좌표계에 고정되어 있지 않은 경우(즉, 링크가 강체가 아닌 경우) 식 (3.39) 우변에 $R_1^0(t)\dot{p}^1$이 추가되어야 한다.

로봇의 각 링크에 부착된 좌표계의 방향과 위치는 제2장에서 보았듯이 DH법을 이용해서 단계적으로 계산하며, DH법은 동차변환행렬의 곱으로 만들어진다. 그러므로 동차변환행렬을 이용해서 선속도를 구하기 위해 식 (3.38)을 다음과 같이 표현해 보자.

$$\begin{bmatrix} p_1^0 \\ 1 \end{bmatrix} = P_1^0 = H_1^0 P^1 = \begin{bmatrix} R_1^0 & d_1^0 \\ 0 & 1 \end{bmatrix} \begin{bmatrix} p^1 \\ 1 \end{bmatrix} \tag{3.40}$$

식에서 P_1^0과 P^1은 확장된 위치 벡터이며, 이 식을 미분하면 다음과 같은 관계가 성립한다.

$$\dot{P}_1^0 = \dot{H}_1^0 P^1 = \begin{bmatrix} \dot{R}_1^0 & \dot{d}_1^0 \\ 0 & 0 \end{bmatrix} \begin{bmatrix} p^1 \\ 1 \end{bmatrix} = \begin{bmatrix} \dot{R}_1^0 p^1 + \dot{d}_1^0 \\ 0 \end{bmatrix} \tag{3.41}$$

이 식을 식 (3.39)와 비교하면 좌표계 이동에 의한 선속도 v_1^0은 $\dot{H}_1^0$ 행렬의 네 번째 열 1~3행에 위치한 벡터인 $\dot{d}_1^0$에 해당되므로, 좌표계 회전에 의한 선속도는 다음 식으로 계산할 수 있다.

$$\omega_{0,1}^0 \times p_1^0 = \dot{P}_1^0(1:3) - \dot{d}_1^0 = \dot{P}_1^0(1:3) - v_1^0 \tag{3.42}$$

이제 $x_1y_1z_1$ 좌표계를 H_2^1로 변환시켜 얻은 $x_2y_2z_2$ 좌표계 상의 한 점 p^2의 선속도 식을 계산하기 위해 식 (2.28)의 양변을 미분하면 다음과 같다.

$$\dot{p}_2 = \dot{R}_2^0 p^2 + \dot{d}_2^0, \quad \dot{R}_2^0 = \dot{R}_1^0 R_2^1 + R_1^0 \dot{R}_2^1, \quad \dot{d}_2^0 = \dot{d}_1^0 + \dot{R}_1^0 d_2^1 + R_1^0 \dot{d}_2^1 \tag{3.43}$$

이 식으로부터 알 수 있는 사실은 $\dot{R}_2^0$와 $\dot{d}_2^0$를 얻기 위해서는 식 (3.39)에서 $\dot{R}_1^0$와 $\dot{d}_1^0$를 계산했으므로 $\dot{R}_2^1$와 $\dot{d}_2^1$만 추가적으로 계산하면 된다는 것이다.

식 (3.43)을 좌표계의 회전과 이동에 의한 선속도로 구분해서 표현하면 다음과 같다.

$$\dot{p}_2^0 = \dot{R}_2^0 p^2 + \dot{d}_2^0 = S(\omega_{0,2}^0) R_2^0 p^2 + \dot{d}_2^0 = \omega_{0,2}^0 \times p_2^0 + v_2^0 \tag{3.44}$$

식에서 $\omega_{0,2}^0 \times p_2^0$ 항은 좌표계의 회전에 의해 p^2가 가지는 선속도를 나타내고, v_2^0는 좌표계 이동에 의해 발생한 p^2의 선속도를 나타낸다.

이러한 복합변환 좌표계 내의 선속도를 동차변환행렬로 표현하기 위해 식 (2.28)을 다음과 같이 동차변환행렬 식으로 표현해 보자.

$$\begin{bmatrix} p_2^0 \\ 1 \end{bmatrix} = P_2^0 = H_2^0 P^2 = H_1^0 H_2^1 P^2 = \begin{bmatrix} R_1^0 & d_1^0 \\ 0 & 1 \end{bmatrix} \begin{bmatrix} R_2^1 & d_2^1 \\ 0 & 1 \end{bmatrix} \begin{bmatrix} p^2 \\ 1 \end{bmatrix} \tag{3.45}$$

이 식을 시간에 대해 미분하면 다음과 같은 관계가 성립한다.

$$\begin{aligned} \dot{P}_2^0 = \dot{H}_2^0 P^2 &= \left(\begin{bmatrix} \dot{R}_1^0 & \dot{d}_1^0 \\ 0 & 0 \end{bmatrix} \begin{bmatrix} R_2^1 & d_2^1 \\ 0 & 1 \end{bmatrix} + \begin{bmatrix} R_1^0 & d_1^0 \\ 0 & 1 \end{bmatrix} \begin{bmatrix} \dot{R}_2^1 & \dot{d}_2^1 \\ 0 & 0 \end{bmatrix} \right) \begin{bmatrix} p^2 \\ 1 \end{bmatrix} \\ &= \begin{bmatrix} \dot{R}_1^0 R_2^1 + R_1^0 \dot{R}_2^1 & \dot{R}_1^0 d_2^1 + R_1^0 \dot{d}_2^1 + \dot{d}_1^0 \\ 0 & 0 \end{bmatrix} \begin{bmatrix} p^2 \\ 1 \end{bmatrix} \end{aligned} \tag{3.46}$$

이 식을 자세히 살펴보면 점 p^2가 가지는 선속도는 $x_1y_1z_1$, $x_2y_2z_2$ 좌표계 회전에 의한 속도벡터 $\left(\dot{R}_1^0 R_2^1 + R_1^0 \dot{R}_2^1\right)p^2$와 좌표계 이동에 의한 속도벡터 $\dot{R}_1^0 d_2^1 + R_1^0 \dot{d}_2^1 + \dot{d}_1^0$의 합으로 표현됨을 알 수 있다. 이 식을 식 (3.44)와 비교하면 좌표계 이동에 의한 선속도 v_2^0는 $\dot{H}_2^0$ 행렬의 $(1:3, 4)$위치에 있는 부분행렬인 $\dot{R}_1^0 d_2^1 + R_1^0 \dot{d}_2^1 + \dot{d}_1^0$에 해당되므로, 좌표계 회전에 의한 선속도는 식 (3.46)으로부터 다음과 같이 계산할 수 있다.

$$\omega_{0,2} \times p_2^0 = \dot{P}_2^0(1:3) - v_2^0 \tag{3.47}$$

지금까지의 결과들을 n번째 좌표계 $x_ny_nz_n$까지 확장하면 다음과 같이 일반화할 수 있다.

$$\dot{p}_n^0 = \dot{R}_n^0 p^n + \dot{d}_n^0 = \omega_{0,n}^0 \times p_n^0 + v_n^0 \tag{3.48}$$

$$\dot{P}_n^0 = \dot{H}_n^0 P^n \tag{3.49}$$

$$v_n^0 = \dot{H}_n^0(1:3,4),\ \ \omega_{0,n}^0 \times p_n^0 = \dot{P}_n^0(1:3) - v_n^0 \tag{3.50}$$

DH 변환행렬은 다음과 같이 네 개의 동차변환행렬이 곱해진 형태임을 제2장에서 배웠다.

$$B_i(\delta_i, d_i, a_i, \alpha_i) = Rot_{z,\delta_i} Trans_{z,a_i}, Trans_{x,a_i}, Rot_{x,\alpha_i} \tag{3.51}$$

이 책에서 사용하는 휴머노이드 로봇 플랫폼인 로보티즈 OP를 DH법으로 모델링했을 때 <표 2.3>~<표 2.5>에서 보듯이 DH 변환 파라미터 중 변수는 z축을 중심으로 도는 회전 관절변수 δ_i밖에 없으며 나머지 세 개의 파라미터들은 모두 상수이다. 그러므로 식 (3.51)에서 세 행렬 $Trans_{z,d_i}, Trans_{x,a_i}, Rot_{x,\alpha_i}$들은 상수 행렬로 간주하고 식 (3.19)와 식 (3.25)를 이용해서 DH 변환행렬 B_i의 시간에 대한 미분방정식을 다음과 같이 계산할 수 있다.

$$\begin{aligned}
\dot{B}_i &= \frac{d}{dt}\left(\begin{bmatrix} C_i^\delta & -S_i^\delta & 0 & 0 \\ S_i^\delta & C_i^\delta & 0 & 0 \\ 0 & 0 & 1 & 0 \\ 0 & 0 & 0 & 1 \end{bmatrix}\right)\begin{bmatrix} 1 & 0 & 0 & 0 \\ 0 & 1 & 0 & 0 \\ 0 & 0 & 1 & d_i \\ 0 & 0 & 0 & 1 \end{bmatrix}\begin{bmatrix} 1 & 0 & 0 & a_i \\ 0 & 1 & 0 & 0 \\ 0 & 0 & 1 & 0 \\ 0 & 0 & 0 & 1 \end{bmatrix}\begin{bmatrix} 1 & 0 & 0 & 0 \\ 0 & C_i^\alpha & -S_i^\alpha & 0 \\ 0 & S_i^\alpha & C_i^\alpha & 0 \\ 0 & 0 & 0 & 1 \end{bmatrix} \\
&= \dot{\delta}_i S_4(e_z)\begin{bmatrix} C_i^\delta & -S_i^\delta & 0 & 0 \\ S_i^\delta & C_i^\delta & 0 & 0 \\ 0 & 0 & 1 & 0 \\ 0 & 0 & 0 & 1 \end{bmatrix}\begin{bmatrix} 1 & 0 & 0 & 0 \\ 0 & 1 & 0 & 0 \\ 0 & 0 & 1 & d_i \\ 0 & 0 & 0 & 1 \end{bmatrix}\begin{bmatrix} 1 & 0 & 0 & a_i \\ 0 & 1 & 0 & 0 \\ 0 & 0 & 1 & 0 \\ 0 & 0 & 0 & 1 \end{bmatrix}\begin{bmatrix} 1 & 0 & 0 & 0 \\ 0 & C_i^\alpha & -S_i^\alpha & 0 \\ 0 & S_i^\alpha & C_i^\alpha & 0 \\ 0 & 0 & 0 & 1 \end{bmatrix} \\
&= \dot{\delta}_i\begin{bmatrix} 0 & -1 & 0 & 0 \\ 1 & 0 & 0 & 0 \\ 0 & 0 & 0 & 0 \\ 0 & 0 & 0 & 0 \end{bmatrix}\begin{bmatrix} C_i^\delta & -S_i^\delta & 0 & 0 \\ S_i^\delta & C_i^\delta & 0 & 0 \\ 0 & 0 & 1 & 0 \\ 0 & 0 & 0 & 1 \end{bmatrix}\begin{bmatrix} 1 & 0 & 0 & 0 \\ 0 & 1 & 0 & 0 \\ 0 & 0 & 1 & d_i \\ 0 & 0 & 0 & 1 \end{bmatrix}\begin{bmatrix} 1 & 0 & 0 & a_i \\ 0 & 1 & 0 & 0 \\ 0 & 0 & 1 & 0 \\ 0 & 0 & 0 & 1 \end{bmatrix}\begin{bmatrix} 1 & 0 & 0 & 0 \\ 0 & C_i^\alpha & -S_i^\alpha & 0 \\ 0 & S_i^\alpha & C_i^\alpha & 0 \\ 0 & 0 & 0 & 1 \end{bmatrix} \\
&= \dot{\delta}_i\begin{bmatrix} 0 & -1 & 0 & 0 \\ 1 & 0 & 0 & 0 \\ 0 & 0 & 0 & 0 \\ 0 & 0 & 0 & 0 \end{bmatrix} B_i = \dot{\delta}_i Q B_i, \qquad Q = \begin{bmatrix} 0 & -1 & 0 & 0 \\ 1 & 0 & 0 & 0 \\ 0 & 0 & 0 & 0 \\ 0 & 0 & 0 & 0 \end{bmatrix}
\end{aligned} \tag{3.52}$$

식에서 S_4는 식 (3.19)의 3차원 반대칭행렬 S의 행과 열에 0을 추가하여 4×4 행렬로 확장한 것이다.

식 (3.48)~(3.50)의 관계식을 식 (3.52)에 적용하면 $x_{i-1}y_{i-1}z_{i-1}$ 좌표계로부터 DH 변환한 $x_iy_iz_i$ 좌표계 상의 한 점 p^i가 가지는 선속도는 다음과 같이 표현된다.

$$\dot{P}_i^{i-1} = \dot{B}_i P^i \tag{3.53}$$

$$v_i^{i-1} = \dot{B}_i(1:3,4),\ \omega_{i-1,i}^{i-1}\times p_i^{i-1} = \dot{P}_i^{i-1}(1:3) - v_i^{i-1} \tag{3.54}$$

마지막으로 복수 개의 링크가 직렬로 연결된 다관절 로봇의 링크 좌표계에서의 선속도 관계식을 구해 보자. $x_iy_iz_i$ 좌표계를 기준으로 시작해서 $x_jy_jz_j$ 좌표계까지 연속적으로 DH 변환한 행렬을 표현한 식 (2.44)를 시간에 대해 미분하면 다음과 같이 표현된다.

$$\dot{T}_j^i = \frac{d}{dt}(B_{i+1}B_{i+2}\cdots B_j) = \begin{bmatrix} \dot{R}_j^i & \dot{d}_j^i \\ 0 & 0 \end{bmatrix} \tag{3.55}$$

이 식은 DH 변환행렬의 곱의 형태로 되어 있으므로 식 (3.49)~(3.50)에서 0을 i로, n을 j로, $\dot{H}_n^0$을 $\dot{T}_j^i$로 대체하면 다음과 같은 수식으로 표현할 수 있다.

$$\dot{P}_j^i = \dot{T}_j^i P^j \tag{3.56}$$

$$v_j^i = \dot{T}_j^i(1:3,4),\ \omega_{i,j}^i \times p_j^i = \dot{P}_j^i(1:3) - v_j^i \tag{3.57}$$

지금까지 유도한 관계식을 이용해서 휴머노이드 로봇의 링크 좌표계의 선속도를 다음 절에서 구해 보자.

3.1.3 DH법을 이용한 휴머노이드 로봇의 링크 선속도와 가속도 계산

이번 절에서는 휴머노이드 로봇의 각 링크 좌표계의 한 점에서의 선속도와 가속도를 구하는 방법에 대해 알아보자. 가속도는 3.2절에서 관절모터의 토크 식에서 사용되고, 3.3절에서 영모멘트점(zero moment point)을 계산하는 데 사용된다.

<그림 2.17>과 같이 휴머노이드 로봇이 왼발로 지지하고 서 있는 상태에서 지지다리의 발목에 위치한 $x_1y_1z_1$ 좌표계 상의 한 점 p_1의 선속도를 $x_0y_0z_0$ 좌표계 기준으로 계산하기 위해 다음과 같이 확장벡터 P_1과 DH 변환행렬 B_1을 이용해서 P_1^0를 표현하자.

$$P_1^0 = B_1 P_1 \tag{3.58}$$

<표 2.3>에서 보듯이 B_1의 파라미터들은 $\delta_1 = \phi_1 + \frac{\pi}{2}$, $d_1 = 0$, $a_1 = 0$, $\alpha_1 = \frac{\pi}{2}$ 이며, 이 중에서 시간에 대한 변수는 δ_1뿐이고 나머지는 모두 상수이다. 식 (3.52)를 이용해서 $\dot{B}_1$을 계산하고 이를 식 (3.58)에 적용하면 다음과 같다.

$$\dot{B}_1 = \dot{\delta}_1 Q B_1 = \dot{\phi}_1 Q B_1 \tag{3.59}$$

$$\dot{P}_1^0 = \dot{B}_1 P_1 \tag{3.60}$$

지지다리의 정강뼈 링크에 해당되는 $x_2y_2z_2$ 좌표계 상의 한 점 p_2의 선속도를 계산하기 위해 식 (2.55)를 미분하면 다음과 같은 관계식을 얻게 된다.

$$\dot{P}_2^0 = \dot{T}_2^0 P_2,\ \dot{T}_2^0 = \frac{d}{dt}(B_1 B_2) = \dot{B}_1 B_2 + B_1 \dot{B}_2 \tag{3.61}$$

식에서 B_1과 B_2는 제2장에서 이미 계산했고 식 (3.59)에서 $\dot{B}_1$을 구했으므로, $\dot{T}_2^0$를 계산하기 위해서는 $\dot{B}_2$만을 새로 계산하면 된다. 이를 위해 식 (3.52)에 $\delta_2 = -\theta_1 + \frac{\pi}{2}$의 관계식(<표 2.3> 참조)을 적용하면 $\dot{B}_2$은 다음과 같다.

$$\dot{B}_2 = \dot{\delta}_2 Q B_2 = -\dot{\theta}_1 Q B_2 \tag{3.62}$$

마찬가지로 $x_3y_3z_3$ 좌표계의 한 점 p_3와 $x_4y_4z_4$ 좌표계의 한 점 p_4의 선속도는 다음과 같이 순차적인 복합변환행렬 미분식으로 표현할 수 있다.

$$\dot{P}_3^0 = \dot{T}_3^0 P_3,\ \ \dot{T}_3^0 = \dot{T}_2^0 B_3 + T_2^0 \dot{B}_3 \tag{3.63}$$

$$\dot{P}_4^0 = \dot{T}_4^0 P_4,\ \ \dot{T}_4^0 = \dot{T}_3^0 B_4 + T_3^0 \dot{B}_4 \tag{3.64}$$

$\dot{T}_2^0$는 식 (3.61)에서 이미 계산했으므로 이 식에서 새롭게 계산해야 하는 것은 다음의 두 미분행렬이다.

$$\dot{B}_3^0 = -\dot{\theta}_2 Q B_3 \tag{3.65}$$

$$\dot{B}_4^0 = -\dot{\theta}_3 Q B_4 \tag{3.66}$$

지지다리의 골반에 위치한 $x_5y_5z_5$ 좌표계에서는 골반 관절의 구조적인 특수성 때문에 식 (2.58)에서처럼 T_5^0가 약간 다르게 정의되었지만, 다음과 같이 P_5^0과 T_5^0의 미분식을 유도할 수 있다.

$$\dot{P}_5^0 = \dot{T}_5^0 P_5,\ \ \dot{T}_5^0 = \left(\dot{T}_4^0 B_5 + T_4^0 \dot{B}_5\right)\begin{bmatrix} 0 & 0 & 1 & 0 \\ 1 & 0 & 0 & 0 \\ 0 & 1 & 0 & 0 \\ 0 & 0 & 0 & 1 \end{bmatrix} \tag{3.67}$$

$$\dot{B}_5 = \dot{\phi}_2 Q B_5 \tag{3.68}$$

왼발 지지 시 자유다리의 골반부에서 횡평면 회전을 담당하는 $x_6y_6z_6$ 좌표계에서는 $\dot{B}_6$을 계산한 후 다음과 같이 P_6^0의 미분식을 표현할 수 있다.

$$\dot{P}_6^0 = \dot{T}_6^0 P_6,\ \ \dot{T}_6^0 = \dot{T}_5^0 B_6 + T_5^0 \dot{B}_6 \tag{3.69}$$

$$\dot{B}_6 = \dot{\psi}_1 Q B_6 \tag{3.70}$$

자유다리의 골반부에서 관상면 회전을 담당하는 $x_7y_7z_7$ 좌표계는 식 (2.60)에서 보듯이 뒤쪽에 변환행렬이 추가로 곱해지는 형태이므로 $\dot{P}_7^0$의 미분식은 다음과 같이 표현된다.

$$\dot{P}_7^0 = \dot{T}_7^0 P_7,\ \dot{T}_7^0 = \left(\dot{T}_6^0 B_7 + T_6^0 \dot{B}_7\right)\begin{bmatrix} 1 & 0 & 0 & 0 \\ 0 & 1 & 0 & l_5 \\ 0 & 0 & 1 & 0 \\ 0 & 0 & 0 & 1 \end{bmatrix} \tag{3.71}$$

$$\dot{B}_7 = \dot{\psi}_2 Q B_7 \tag{3.72}$$

자유다리의 나머지 링크에 위치하는 $x_8y_8z_8 \sim x_{12}y_{12}z_{12}$ 좌표계들은 정규적인 DH법으로 변환할 수 있으므로 k번째 좌표계의 한 점 P_k^0의 미분식은 다음과 같이 순차적으로 표현할 수 있다.

$$\dot{P}_k^0 = \dot{T}_k^0 P_k,\ \dot{T}_k^0 = \dot{T}_{k-1}^0 B_k + T_{k-1}^0 \dot{B}_k,\ \ k = 8, \cdots, 12 \tag{3.73}$$

식에서 $\dot{B}_k$는 <표 2.3>을 참조하면 다음과 같은 관계를 가짐을 알 수 있다.

$$\dot{B}_8 = \dot{\phi}_3 Q B_8,\ \dot{B}_9 = -\dot{\theta}_4 Q B_9,\ \dot{B}_{10} = -\dot{\theta}_5 Q B_{10},\ \dot{B}_{11} = -\dot{\theta}_6 Q B_{11},\ \dot{B}_{12} = \dot{\phi}_4 Q B_{12} \tag{3.74}$$

지금까지는 <그림 2.17>에서 보듯이 지지하는 다리의 발목에 위치한 $x_0y_0z_0$ 좌표계를 기준으로 했을 때 휴머노이드 로봇 하체의 링크 좌표계 상의 한 점 $(p_x,\ p_y,\ p_z)$가 가지는 속도 식을 유도했다. 이를 로봇의 전역좌표계인 XYZ 좌표계를 기준으로 한 점 $(p_X,\ p_Y,\ p_Z)$로 변환한 후 미분방정식을 구해야 투영법으로 구한 값과 동일해진다. 이를 위해 식 (2.62)를 미분하면 다음과 같은 관계식을 가지므로, 위에서 구한 $x_0y_0z_0$ 좌표계 기준의 링크 선속도에 다음의 좌표계 변환행렬을 추가적으로 곱해줘야 한다.

$$\begin{bmatrix} \dot{p}_X \\ \dot{p}_Y \\ \dot{p}_Z \\ 0 \end{bmatrix} = \begin{bmatrix} -\sin\gamma & 0 & \cos\gamma & 0 \\ \cos\gamma & 0 & \sin\gamma & 0 \\ 0 & 1 & 0 & l_0 \\ 0 & 0 & 0 & 1 \end{bmatrix} \begin{bmatrix} \dot{p}_x \\ \dot{p}_y \\ \dot{p}_z \\ 0 \end{bmatrix} \tag{3.75}$$

식에서 XYZ 좌표계와 $x_0y_0z_0$ 좌표계 간의 각도인 γ는 모션 생성 중에는 고정되어 있다고 가정하므로 변환행렬은 상수 행렬이 됨을 유의하자.

이제 오른발로 지지하는 경우 하체의 각 링크 좌표계 상의 한 점이 가지는 선속도를 계산하는 과정을 알아보자. <표 2.4>에서 보듯이 오른발 지지 시 $B_6 \sim B_8$ 행렬만이 수정되었는데, 선속도의 경우 식 (3.52)에서 보듯이 z축에 대한 관절변수 δ의 미분값이 동일하면 전체 수식의 변화는 없다. B_6의 경우 오른발 지지 시 δ_6가 ψ_1에서 $\psi_1 + \pi$로 바뀌었기 때문에 둘 다 미분하면 $\dot{\psi}_1$가 되므로 식 (3.70)은 B_6가 변한 것 외에는 동일하다. B_7의 경우 오른발 지지 시 δ_7이 ψ_2로 동일하고 다른 파라미터와 추가변환행렬이 바뀌었기 때문에 $\dot{P}_7^0$은 다음과 같이 수정되어야 한다.

$$\dot{P}_7^0 = \dot{T}_7^0 P_6, \ \ \dot{T}_7^0 = \left(\dot{T}_6^0 B_7 + T_6^0 \dot{B}_7\right) \begin{bmatrix} 1 & 0 & 0 & 0 \\ 0 & 1 & 0 & -l_5 \\ 0 & 0 & 1 & 0 \\ 0 & 0 & 0 & 1 \end{bmatrix} \tag{3.76}$$

$$\dot{B}_7 = \dot{\psi}_2 Q B_7 \tag{3.77}$$

B_8의 경우 오른발 지지 시 δ_8이 ϕ_3에서 $\phi_3 + \frac{\pi}{2}$로 변경되므로, $\dot{B}_8$는 식 (3.74)와 동일하다.

지금까지 하체를 구성하는 각 링크 좌표계의 선속도 식을 유도했는데 <그림 2.20>을 이용해서 왼발 지지 시 휴머노이드 로봇의 상체에 위치한 각 링크 좌표계 내의 한 점이 가지는 선속도를 계산해 보자. 왼쪽 어깨관절에 위치한 $x_{13}y_{13}z_{13}$ 좌표계 상의 한 점 p_{13}의 선속도는 $x_0y_0z_0$ 좌표계 기준으로 식 (2.64)로부터 다음과 같이 유도할 수 있다.

$$\dot{P}_{13}^{0} = \dot{T}_{6}^{0} T_{13}^{6} P_{13} = \dot{T}_{13}^{0} P_{13} \tag{3.78}$$

$$\dot{T}_{13}^{0} = \dot{T}_{6}^{0} T_{13}^{6} \tag{3.79}$$

식에서 T_{13}^{6} 은 식 (2.63)에서 보듯이 상수 행렬이므로 미분할 필요가 없다.

왼쪽 어깨 아래쪽에 위치한 $x_{14}y_{14}z_{14}$ 좌표계 상의 한 점에 대한 선속도는 식 (2.66)과 식 (3.52)로부터 다음과 같이 계산할 수 있다.

$$\begin{gathered} \dot{P}_{14}^{0} = \dot{T}_{14}^{0} P_{14}, \\ \dot{T}_{14}^{0} = \dot{T}_{13}^{0} B_{14}\left(-\theta_{7,}\ 0.024, 0.016, \frac{\pi}{2}\right) + T_{13}^{0} \dot{B}_{14}\left(-\theta_{7,} 0.024, 0.016, \frac{\pi}{2}\right) \end{gathered} \tag{3.80}$$

$$\dot{B}_{14} = -\dot{\theta}_7 Q B_{14}\left(-\theta_7, 0.024, 0.016, \frac{\pi}{2}\right) \tag{3.81}$$

왼쪽 위팔뼈와 아래팔뼈 링크에 위치한 $x_{15}y_{15}z_{15}$ 좌표계와 $x_{16}y_{16}z_{16}$ 좌표계 상에 있는 한 점의 위치에 대한 미분식은 식 (3.73)에서 각각 $k = 15, 16$일 때에 해당되며, 다음 미분행렬을 대입하면 계산할 수 있다.

$$\dot{B}_{15} = \dot{\phi}_5 Q B_{15},\ \dot{B}_{16} = -\dot{\theta}_8 Q B_{16} \tag{3.82}$$

한편, 오른쪽 어깨 관절에 위치한 $x_{17}y_{17}z_{17}$ 좌표계 상의 한 점 p_{17}의 선속도를 기준좌표계에서 계산한 식은 식 (2.65)와 (3.69)로부터 다음과 같이 구할 수 있다.

$$\dot{P}_{17}^{0} = \dot{T}_{6}^{0} T_{17}^{6} P_{17},\ T_{17}^{6} = \begin{bmatrix} 0 & 0 & -1 & -\dfrac{l_4}{2} + \dfrac{l_{sh}}{2} \\ 0 & 1 & 0 & 0 \\ 1 & 0 & 0 & l_{tr} \\ 0 & 0 & 0 & 1 \end{bmatrix} \tag{3.83}$$

오른쪽 어깨 아래쪽에 위치한 $x_{18}y_{18}z_{18}$ 좌표계 상의 한 점이 가지는 선속도는 식 (2.67)을 미분함으로써 다음과 같이 표현된다.

$$\dot{P}_{18}^{0} = \dot{T}_{18}^{0} P_{18},$$
$$\dot{T}_{18}^{0} = \dot{T}_{17}^{0} B_{18}\left(-\theta_{9}, -0.024, 0.016, \frac{\pi}{2}\right) + T_{17}^{0} \dot{B}_{18}\left(-\theta_{9}, -0.024, 0.016, \frac{\pi}{2}\right) \tag{3.84}$$

$$\dot{B}_{18} = -\dot{\theta}_{9} Q B_{18} \tag{3.85}$$

오른쪽 위팔뼈와 아래팔뼈 링크에 위치한 $x_{19}y_{19}z_{19}$ 좌표계와 $x_{20}y_{20}z_{20}$ 좌표계 상의 한 점에 대한 미분식은 <표 2.5>를 참고하면 다음과 같이 표현된다.

$$\dot{P}_{k}^{0} = \dot{T}_{k}^{0} P_{k},\ \dot{T}_{k}^{0} = \dot{T}_{k-1}^{0} B_{k} + T_{k-1}^{0} \dot{B}_{k},\quad k = 19, 20 \tag{3.86}$$
$$\dot{B}_{19} = \dot{\phi}_{6} Q B_{19},\ \dot{B}_{20} = -\dot{\theta}_{10} Q B_{20} \tag{3.87}$$

어깨의 중심부에 고정된 $x_{21}y_{21}z_{21}$ 좌표계 상의 한 점 p_{21}의 선속도는 식 (2.69)로부터 다음과 같이 유도할 수 있다.

$$\dot{P}_{21}^{0} = \dot{T}_{6}^{0} T_{21}^{6} P_{21} = \dot{T}_{21}^{0} P_{21},\ \dot{T}_{21}^{0} = \dot{T}_{6}^{0} T_{21}^{6} \tag{3.88}$$

식에서 T_{21}^{6} 은 식 (2.68)에서 보듯이 상수 행렬이므로 미분할 필요가 없다. 그리고 목에 위치한 $x_{22}y_{22}z_{22}$ 좌표계의 한 점은 <표 2.5>를 보면 다음과 같은 관계를 가지므로,

$$P_{22}^{0} = T_{21}^{0} B_{22}\left(\psi_{3}, l_{nk}, 0, \frac{\pi}{2}\right) P_{22} = T_{22}^{0} P_{22} \tag{3.89}$$

이 좌표계 상의 한 점이 가지는 선속도는 다음과 같이 유도된다.

$$\dot{P}_{22}^{0} = \dot{T}_{22}^{0} P_{22},\ \dot{T}_{22}^{0} = \dot{T}_{21}^{0} B_{22}\left(\psi_{3}, l_{13}, 0, \frac{\pi}{2}\right) + T_{21}^{0} \dot{B}_{22}\left(\psi_{3}, l_{13}, 0, \frac{\pi}{2}\right) \tag{3.90}$$
$$\dot{B}_{22} = \dot{\psi}_{3} Q B_{22}\left(\psi_{3}, l_{13}, 0, \frac{\pi}{2}\right) \tag{3.91}$$

휴머노이드 로봇의 정수리에 위치한 $x_{23}y_{23}z_{23}$ 좌표계 상의 한 점이 가지는 선속도는 다음과 같이 표현된다.

$$\dot{P}_{23}^{0} = \dot{T}_{23}^{0} P_{23}, \;\; \dot{T}_{23}^{0} = \dot{T}_{22}^{0} B_{23} + T_{22}^{0} \dot{B}_{23}, \tag{3.92}$$

$$\dot{B}_{23} = -\dot{\theta}_{11} Q B_{23} \tag{3.93}$$

이제 오른발 지지 시 휴머노이드 로봇의 상체에 위치한 각 링크 좌표계 상의 한 점이 가지는 선속도를 유도 해보자. 상체는 왼발 지지 상태이건 오른발 지지 상태이건 각 링크의 좌표계는 변함이 없지만 <그림 2.26>에서 보듯이 고관절에 위치한 $x_5y_5z_5$ 좌표계와 $x_6y_6z_6$ 좌표계의 위치가 서로 바뀌게 된다. 그 결과 식 (2.70)과 식 (2.71)에 표현되었듯이 고관절로부터 왼쪽 어깨와 오른쪽 어깨까지의 변환행렬인 T_{13}^{6}과 T_{17}^{6}이 달라진다. 그러나 식 (3.79)와 (3.83)을 보면 이 변환행렬들은 상수 행렬이어서 미분식에 변화를 주지 못하기 때문에 기구학적 모델링 단계에서 T_{13}^{6}과 T_{17}^{6}을 교체하는 것 외에는 다른 수식의 변화는 없다. 그러므로 상체의 모든 링크의 선속도는 지지하는 다리와는 상관없이 동일한 미분방정식을 가진다.

지금부터는 각 링크 좌표계 상의 한 점이 가지는 가속도를 계산하기 위해 DH 변환관계식의 2차 미분방정식을 유도하도록 하자. 왼발 지지 시 $x_1y_1z_1$ 좌표계 상의 한 점에 대해 식 (3.60)을 한 번 더 미분하면 다음의 2차 미분식이 성립한다.

$$\ddot{P}_{1}^{0} = \ddot{B}_{1} P_{1} \tag{3.94}$$

식에서 $\ddot{B}_1$은 DH 변환행렬 B_1을 시간에 대해 두 번 미분한 행렬이며, 식 (3.59)로부터 다음과 같이 유도할 수 있다.

$$\begin{aligned}\ddot{B}_1 = \frac{d}{dt}\frac{dB_1}{dt} = \frac{d\left(\dot{\phi}_1 Q B_1\right)}{dt} &= \ddot{\phi}_1 Q B_1 + \dot{\phi}_1 Q \dot{B}_1 = \ddot{\phi}_1 Q B_1 + \dot{\phi}_1 Q \left(\dot{\phi}_1 Q B_1\right) \\ &= \ddot{\phi}_1 Q B_1 + \dot{\phi}_1^2 Q^2 B_1 = \left(\ddot{\phi}_1 I + \dot{\phi}_1^2 Q\right) Q B_1\end{aligned} \tag{3.95}$$

같은 원리로 $x_2y_2z_2$ 좌표계 상의 한 점 p_2에 대해서는 식 (3.61)을 한 번 더 미분하여 다음과 같은 관계식을 얻을 수 있다.

$$\ddot{P}_2^0 = \ddot{T}_0^2 P_2,\ \ddot{T}_0^2 = \frac{d}{dt}\left(\dot{B}_1 B_2 + B_1 \dot{B}_2\right) = \ddot{B}_1 B_2 + 2\dot{B}_1 \dot{B}_2 + B_1 \ddot{B}_2 \tag{3.96}$$

식에서 $\ddot{T}_2^0$을 계산하기 위해서는 이미 계산한 행렬들을 이용하고 $\ddot{B}_2$만을 다음과 같이 새로 계산해서 곱해주면 된다.

$$\ddot{B}_2 = \left(-\ddot{\theta}_1 I + \dot{\theta}_1^{\,2} Q\right) Q B_2 \tag{3.97}$$

$x_3y_3z_3$ 좌표계와 $x_4y_4z_4$ 좌표계 상의 점 p_3와 p_4에 대해서는 식 (3.63)~(3.66)을 이용해서 다음의 관계식을 얻을 수 있다.

$$\ddot{P}_k^0 = \ddot{T}_k^0 P_k,\ \ddot{T}_k^0 = \ddot{T}_{k-1}^0 B_k + 2\dot{T}_{k-1}^0 \dot{B}_k + T_{k-1}^0 \ddot{B}_k,\ \ k = 3,4 \tag{3.98}$$

식에서 행렬 $\ddot{B}_3$과 $\ddot{B}_4$는 다음과 같이 정의한다.

$$\ddot{B}_3 = \left(-\ddot{\theta}_2 I + \dot{\theta}_2^{\,2} Q\right) Q B_3 \tag{3.99}$$

$$\ddot{B}_4 = \left(-\ddot{\theta}_3 I + \dot{\theta}_3^{\,2} Q\right) Q B_4 \tag{3.100}$$

$x_5y_5z_5$ 좌표계는 앞에서 언급한 것처럼 골반 관절의 특수성 때문에 $\ddot{T}_5^0$는 앞의 행렬미분과는 다르며, 좌표점 P_5^0의 2차 미분식은 다음과 같이 표현된다.

$$\ddot{P}_5^0 = \ddot{T}_5^0 P_5,\ \ddot{T}_5^0 = \left(\ddot{T}_4^0 B_5 + 2\dot{T}_4^0 \dot{B}_5 + T_4^0 \ddot{B}_5\right)\begin{bmatrix} 0 & 0 & 1 & 0 \\ 1 & 0 & 0 & 0 \\ 0 & 1 & 0 & 0 \\ 0 & 0 & 0 & 1 \end{bmatrix} \tag{3.101}$$

$$\ddot{B}_5 = \left(\ddot{\phi}_2 I + \dot{\phi}_2^{\,2} Q\right) Q B_5 \tag{3.102}$$

왼발 지지 시 자유다리의 $x_6y_6z_6$ 좌표계 상의 한 점에 대한 가속도 식은 다음과 같이 계산할 수 있다.

$$\ddot{P}_6^0 = \ddot{T}_6^0 P_6,\ \ \ddot{T}_6^0 = \left(\ddot{T}_5^0 B_6 + 2\dot{T}_5^0 \dot{B}_6 + T_5^0 \ddot{B}_6\right) \tag{3.103}$$

$$\ddot{B}_6 = \left(\ddot{\psi}_1 I + \dot{\psi}_1^{\,2} Q\right) Q B_6 \tag{3.104}$$

자유다리의 $x_7y_7z_7$ 좌표계는 $x_5y_5z_5$ 좌표계에서의 2차 미분식처럼 다음과 같이 독특한 형태로 유도된다.

$$\ddot{P}_7^0 = \ddot{T}_7^0 P_7,\ \ \ddot{T}_7^0 = \left(\ddot{T}_6^0 B_7 + 2\dot{T}_6^0 \dot{B}_7 + T_6^0 \ddot{B}_7\right)\begin{bmatrix} 1 & 0 & 0 & 0 \\ 0 & 1 & 0 & l_5 \\ 0 & 0 & 1 & 0 \\ 0 & 0 & 0 & 1 \end{bmatrix} \tag{3.105}$$

$$\ddot{B}_7 = \left(\ddot{\psi}_2 I + \dot{\psi}_2^{\,2} Q\right) Q B_7 \tag{3.106}$$

자유다리의 나머지 링크 좌표계인 $x_8y_8z_8 \sim x_{12}y_{12}z_{12}$ 좌표계 상의 한 점이 가지는 가속도식은 식 (3.98)에 k를 8에서 12까지 대입하면 구할 수 있으며, $\ddot{B}_k,\ k = 8, \cdots, 12$는 다음과 같은 관계식을 가진다.

$$\ddot{B}_8 = \left(\ddot{\phi}_3 I + \dot{\phi}_3^2 Q\right) Q B_8,\ \ \ddot{B}_9 = \left(-\ddot{\theta}_4 I + \dot{\theta}_4^{\,2} Q\right) Q B_9,$$
$$\ddot{B}_{10} = \left(-\ddot{\theta}_5 I + \dot{\theta}_5^{\,2} Q\right) Q B_{10},\ \ \ddot{B}_{11} = \left(-\ddot{\theta}_6 I + \dot{\theta}_6^2 Q\right) Q B_{11},$$
$$\ddot{B}_{12} = \left(\ddot{\phi}_4 I + \dot{\phi}_4^2 Q\right) Q B_{12} \tag{3.107}$$

식 (3.75)의 경우와 마찬가지로, 지금까지 구한 것은 $x_0y_0z_0$ 좌표계에서 측정한 각 링크 점에서의 가속도 값이므로 절대좌표계인 XYZ 좌표계에서 측정한 가속도 값으로 환산하기 위해서는 다음과 같이 변환행렬을 추가적으로 곱해줘야 한다.

$$\begin{bmatrix} \ddot{p}_X \\ \ddot{p}_Y \\ \ddot{p}_Z \\ 0 \end{bmatrix} = \begin{bmatrix} -\sin\gamma & 0 & \cos\gamma & 0 \\ \cos\gamma & 0 & \sin\gamma & 0 \\ 0 & 1 & 0 & l_0 \\ 0 & 0 & 0 & 1 \end{bmatrix} \begin{bmatrix} \ddot{p}_x \\ \ddot{p}_y \\ \ddot{p}_z \\ 0 \end{bmatrix} \tag{3.108}$$

식에서 γ는 모션 생성 중에는 고정되어 있다고 가정한다.

오른발 지지 상태에서는 앞에서 보았듯이 $\ddot{P}_7^0$의 수식만 아래와 같이 수정하면 된다.

$$\ddot{P}_7^0 = \ddot{T}_7^0 P_6, \ \ddot{T}_7^0 = \left(\ddot{T}_6^0 B_7 + 2\dot{T}_6^0 \dot{B}_7 + T_6^0 \ddot{B}_7\right) \begin{bmatrix} 1 & 0 & 0 & 0 \\ 0 & 1 & 0 & -l_5 \\ 0 & 0 & 1 & 0 \\ 0 & 0 & 0 & 1 \end{bmatrix} \tag{3.109}$$

이제 휴머노이드 로봇의 상체에 위치한 각 링크 좌표계 상의 한 점이 가지는 가속도 식을 유도해 보자. 왼발 지지 상태에서 왼쪽 어깨 관절좌표계인 $x_{13}y_{13}z_{13}$ 좌표계의 한 점 p_{13}의 가속도는 식 (3.78)과 (3.79)로부터 다음과 같이 유도할 수 있다.

$$\ddot{P}_{13}^0 = \ddot{T}_6^0 T_{13}^6 P_{13} = \ddot{T}_{13}^0 P_{13} \tag{3.110}$$

식에서 T_{13}^6는 상수행렬이며, $\ddot{T}_6^0$는 식 (3.103)에서 계산한 결과를 이용하면 된다.

왼쪽 팔에 있는 세 개의 링크에 위치한 $x_{14}y_{14}z_{14} \sim x_{16}y_{16}z_{16}$ 좌표계에 대해서는 $\ddot{B}_{14} \sim \ddot{B}_{16}$을 아래와 같이 계산해서 식 (3.98)의 관계식에 $k = 14, \cdots, 16$을 대입하면 된다.

$$\ddot{B}_{14} = \left(-\ddot{\theta}_7 I + \dot{\theta}_7^{\,2} Q\right) Q B_{14}, \quad \ddot{B}_{15} = \left(\ddot{\phi}_5 I + \dot{\phi}_5^{\,2} Q\right) Q B_{15},$$
$$\ddot{B}_{16} = \left(-\ddot{\theta}_8 I + \dot{\theta}_8^{\,2} Q\right) Q B_{16} \tag{3.111}$$

왼발 지지 상태에서 오른쪽 어깨 관절좌표계인 $x_{17}y_{17}z_{17}$ 좌표계 상의 한 점 p_{17}의 가속도 식은 식 (3.83)으로부터 다음과 같이 구할 수 있다.

$$\ddot{P}_{17}^{0} = \ddot{T}_{6}^{0} T_{17}^{6} P_{13} = \ddot{T}_{17}^{0} P_{13} \tag{3.112}$$

오른쪽 팔에 위치한 $x_{18}y_{18}z_{18} \sim x_{20}y_{20}z_{20}$ 좌표계에 대해서는 $\ddot{B}_{18} \sim \ddot{B}_{20}$을 아래와 같이 계산해서 식 (3.98)의 관계식에 $k = 18, 19, 20$을 대입하여 구하면 된다.

$$\ddot{B}_{18} = \left(-\ddot{\theta}_{9} I + \dot{\theta}_{9}^{2} Q\right) Q B_{18}, \quad \ddot{B}_{19} = \left(\ddot{\phi}_{6} I + \dot{\phi}_{6}^{2} Q\right) Q B_{19},$$
$$\ddot{B}_{20} = \left(-\ddot{\theta}_{10} I + \dot{\theta}_{10}^{2} Q\right) Q B_{20} \tag{3.113}$$

어깨의 중심부에 고정된 $x_{21}y_{21}z_{21}$ 좌표계 상의 한 점 p_{21}의 가속도는 식 (2.69)로부터 다음과 같이 유도할 수 있다.

$$\ddot{P}_{21}^{0} = \ddot{T}_{6}^{0} T_{21}^{6} P_{21} = \ddot{T}_{21}^{0} P_{21}, \ \ddot{T}_{21}^{0} = \ddot{T}_{6}^{0} T_{21}^{6} \tag{3.114}$$

목과 머리에 위치한 $x_{22}y_{22}z_{22} \sim x_{23}y_{23}z_{23}$ 좌표계에 대해서는 $\ddot{B}_{22}$과 $\ddot{B}_{23}$을 다음과 같이 계산해서 식 (3.98)의 관계식에 $k = 22, 23$을 대입하여 구하면 된다.

$$\ddot{B}_{22} = \left(\ddot{\psi}_{3} I + \dot{\psi}_{3}^{2} Q\right) Q B_{22}, \ \ \ddot{B}_{23} = \left(-\ddot{\theta}_{11} I + \dot{\theta}_{11}^{2} Q\right) Q B_{23} \tag{3.115}$$

오른발 지지 시 상체 링크의 한 점이 가지는 가속도는 속도의 경우와 마찬가지로 위의 2차 미분방정식에서 T_{13}^{6} 과 T_{17}^{6}, T_{21}^{6} 을 교체하는 것 외에는 수식의 변화는 없다.

3.1.4 투영법을 이용한 휴머노이드 로봇의 관절좌표 2차 미분식 계산

2.3절에서 보았듯이 투영법을 사용하면 모델링 정확도는 약간 떨어지지만 DH 변환행렬을 사용하지 않고 삼각함수와 그 곱함수만을 이용해서 모든 관절의 3차원 좌표를 직접적으로 표현할 수 있으므로, 관절 좌표의 1차와 2차 미분값을 직접 계산하는 것이 DH법보다 훨씬 직접적이고 간편하다. 관절 좌표의 2차 미분값은 3.3절에서 영모멘트점을 계산하는 데 사용된다.

먼저 식 (2.106)에서 정의된 삼각함수 곱함수에 대한 1차 미분함수와 2차 미분함수를 새롭게 정의하고 상호 간의 관계식에 대해 알아보자. 제2장의 삼각함수 곱함수의 표현 방식을 살려서 1차 미분함수를 다음과 같이 정의한다.

$$\begin{aligned}
&V_S(\alpha) = \frac{d}{dt}P_S(\alpha),\ \ V_C(\alpha) = \frac{d}{dt}P_C(\alpha),\\
&V_{SS}(\alpha,\beta) = \frac{d}{dt}P_{SS}(\alpha,\beta),\ V_{CS}(\alpha,\beta) = \frac{d}{dt}P_{CS}(\alpha,\beta),\\
&V_{CC}(\alpha,\beta) = \frac{d}{dt}P_{CC}(\alpha,\beta)
\end{aligned} \tag{3.116}$$

식에서 아래첨자 S와 C는 sin 함수와 cos 함수를 각각 나타낸다.

동일한 형식으로 삼각함수 곱함수의 2차 미분함수를 다음과 같이 정의한다.

$$\begin{aligned}
&A_S(\alpha) = \frac{d}{dt}V_S(\alpha),\ \ A_C(\alpha) = \frac{d}{dt}V_C(\alpha),\\
&A_{SS}(\alpha,\beta) = \frac{d}{dt}V_{SS}(\alpha,\beta),\ A_{CS}(\alpha,\beta) = \frac{d}{dt}V_{CS}(\alpha,\beta),\\
&A_{CC}(\alpha,\beta) = \frac{d}{dt}V_{CC}(\alpha,\beta)
\end{aligned} \tag{3.117}$$

식에서 P, V, A는 영어로 position, velocity, acceleration의 앞 글자를 각각 딴 것이다. 식 (2.106)과 (3.116)을 이용해서 삼각함수의 곱함수와 1차 미분함수 사이의 관계식을 만들어보자.

$$V_S(\alpha) = \frac{d}{dt}P_S(\alpha) = C_\alpha\dot{\alpha},\ \ V_C(\alpha) = \frac{d}{dt}P_C(\alpha) = -S_\alpha\dot{\alpha},$$

$$V_{SS}(\alpha,\beta) = \frac{d}{dt}P_{SS}(\alpha,\beta) = C_\alpha S_\beta\dot{\alpha} + S_\alpha C_\beta\dot{\beta} = P_{CS}(\alpha,\beta)\dot{\alpha} + P_{SC}(\alpha,\beta)\dot{\beta} \quad (3.118)$$

$$V_{CS}(\alpha,\beta) = \frac{d}{dt}P_{CS}(\alpha,\beta) = -S_\alpha S_\beta\dot{\alpha} + C_\alpha C_\beta\dot{\beta} = -P_{SS}(\alpha,\beta)\dot{\alpha} + P_{CC}(\alpha,\beta)\dot{\beta}$$

$$V_{CC}(\alpha,\beta) = \frac{d}{dt}P_{CC}(\alpha,\beta) = -S_\alpha C_\beta\dot{\alpha} - C_\alpha S_\beta\dot{\beta} = -P_{SC}(\alpha,\beta)\dot{\alpha} - P_{CS}(\alpha,\beta)\dot{\beta}$$

이 관계식들로부터 삼각함수의 곱함수를 한 번 미분한 식은 다시 삼각함수의 곱함수를 이용해서 표현할 수 있음을 알 수 있는데, 이 성질을 이용하면 수식으로 표현하거나 코딩 시 편리하다.

삼각함수 곱함수의 2차 미분함수는 아래와 같이 원래 함수와 1차 미분함수를 이용해서 간략하게 표현할 수 있다.

$$A_S(\alpha) = \frac{d^2}{dt^2}P_S(\alpha) = \frac{d}{dt}\left(C_\alpha\dot{\alpha}\right) = -S_\alpha\dot{\alpha}^2 + C_\alpha\ddot{\alpha},$$

$$A_C(\alpha) = \frac{d^2}{dt^2}P_C(\alpha) = \frac{d}{dt}\left(-S_\alpha\dot{\alpha}\right) = -C_\alpha\dot{\alpha}^2 - S_\alpha\ddot{\alpha},$$

$$\begin{aligned} A_{SS}(\alpha,\beta) &= \frac{d}{dt}V_{SS}(\alpha,\beta) \\ &= V_{CS}(\alpha,\beta)\dot{\alpha} + V_{CS}(\beta,\alpha)\dot{\beta} + P_{CS}(\alpha,\beta)\ddot{\alpha} + P_{CS}(\beta,\alpha)\ddot{\beta} \\ A_{CS}(\alpha,\beta) &= \frac{d}{dt}V_{CS}(\alpha,\beta) \\ &= -V_{SS}(\alpha,\beta)\dot{\alpha} + V_{CC}(\beta,\alpha)\dot{\beta} - P_{SS}(\alpha,\beta)\ddot{\alpha} + P_{CC}(\beta,\alpha)\ddot{\beta} \\ A_{CC}(\alpha,\beta) &= \frac{d}{dt}V_{CC}(\alpha,\beta) \\ &= -V_{CS}(\beta,\alpha)\dot{\alpha} - V_{CS}(\alpha,\beta)\dot{\beta} - P_{CS}(\beta,\alpha)\ddot{\alpha} - P_{CS}(\alpha,\beta)\ddot{\beta} \end{aligned} \quad (3.119)$$

지금까지 정의한 삼각함수 곱함수의 미분함수들을 이용해서 로봇이 왼발로 지지하고 있을 때 6개 하체 관절들의 전역좌표에 대한 2차 미분식을 구해 보자. 식

(2.107)에서 삼각함수 곱함수의 함수명인 P를 A로 바꾸면 다음과 같이 2차 미분식이 바로 구해진다.

$$\ddot{X}_1 = sgn(C_1^{\phi}) l_1 A_{CC}(\phi_1, \theta_1),\quad \ddot{Y}_1 = -sgn(S_1^{\theta}) l_1 A_{SS}(\phi_1, \theta_1),$$
$$\ddot{Z}_1 = sgn(C_1^{\phi}) l_1 A_{CS}(\phi_1, \theta_1)$$

$$\ddot{X}_2 = \ddot{X}_1 + sgn(C_1^{\phi}) l_2 A_{CC}(\phi_1, \theta_{12}),\quad \ddot{Y}_2 = \ddot{Y}_1 - sgn(S_{12}^{\theta}) l_2 A_{SS}(\phi_1, \theta_{12}),$$
$$\ddot{Z}_2 = \ddot{Z}_1 + sgn(C_1^{\phi}) l_2 A_{CS}(\phi_1, \theta_{12}),$$

$$\ddot{X}_3 = \ddot{X}_2 + sgn\left(P_C\left(\phi_{12} + \frac{\pi}{2}\right)\right) l_4 A_{CC}\left(\phi_{12} + \frac{\pi}{2}, \theta_{123}\right),\quad \ddot{Y}_3 = \ddot{Y}_2 - l_4 A_S\left(\phi_{12} + \frac{\pi}{2}\right),$$
$$\ddot{Z}_3 = \ddot{Z}_2 + sgn\left(P_C\left(\phi_{12} + \frac{\pi}{2}\right)\right) l_4 A_{CS}\left(\phi_{12} + \frac{\pi}{2}, \theta_{123}\right),$$

$$\begin{aligned} \ddot{X}_4 &= \ddot{X}_3 + sgn(P_C(\phi_{123})) l_6 A_{CC}(\phi_{123}, \theta_{1234}), \\ \ddot{Y}_4 &= \ddot{Y}_3 - sgn(S_{1234}^{\theta}) l_6 A_{SS}(\phi_{123}, \theta_{1234}), \\ \ddot{Z}_4 &= \ddot{Z}_3 + sgn(P_C(\phi_{123})) l_6 A_{CS}(\phi_{123}, \theta_{1234}), \end{aligned} \tag{3.120}$$

$$\begin{aligned} \ddot{X}_5 &= \ddot{X}_4 + sgn(P_C(\phi_{123})) l_7 A_{CC}(\phi_{123}, \theta_{12345}), \\ \ddot{Y}_5 &= \ddot{Y}_4 - sgn(S_{12345}^{\theta}) l_7 A_{SS}(\phi_{123}, \theta_{12345}), \\ \ddot{Z}_5 &= \ddot{Z}_4 + sgn(P_C(\phi_{123})) l_7 A_{CS}(\phi_{123}, \theta_{12345}), \end{aligned}$$

$$\begin{aligned} \ddot{X}_6 &= \ddot{X}_5 + sgn(P_C(\phi_{1234})) l_8 A_{CC}(\phi_{1234}, \theta_{123456}), \\ \ddot{Y}_6 &= \ddot{Y}_5 - sgn(S_{123456}^{\theta}) l_8 A_{SS}(\phi_{1234}, \theta_{123456}), \\ \ddot{Z}_6 &= \ddot{Z}_5 + sgn(P_C(\phi_{1234})) l_8 A_{CS}(\phi_{1234}, \theta_{123456}) \end{aligned}$$

로봇이 오른발로 지지하고 있을 때는 식 (2.108)에서 보듯이 3번째에서 관절 좌표의 미분식이 달라지며, 그 식을 두 번 미분하면 다음과 같다.

$$\ddot{X}_3 = \ddot{X}_2 + sgn\left(P_C\left(\phi_{12} - \frac{\pi}{2}\right)\right) l_4 A_{CC}\left(\phi_{12} - \frac{\pi}{2}, \theta_{123}\right),$$
$$\ddot{Y}_3 = \ddot{Y}_2 - l_4 A_S\left(\phi_{12} - \frac{\pi}{2}\right),$$

$$\ddot{Z}_3 = \ddot{Z}_2 + sgn\left(P_C\left(\phi_{12} - \frac{\pi}{2}\right)\right) l_4 A_{CS}\left(\phi_{12} - \frac{\pi}{2}, \theta_{123}\right) \tag{3.121}$$

DH법과는 달리 투영법을 적용하면 상체의 모든 관절좌표는 지지하는 다리와는 상관없이 동일한 식으로 표현된다. 그러므로 식 (2.101)과 식 (2.109)를 두 번 미분하고 삼각함수 곱함수의 P대신 A로 바꿔주면 상체에 있는 관절좌표의 2차 미분식은 다음과 같이 유도된다.

$$
\begin{gathered}
\ddot{X}_c = \frac{\ddot{X}_2 + \ddot{X}_3}{2},\ \ddot{Y}_c = \frac{\ddot{Y}_2 + \ddot{Y}_3}{2},\ \ddot{Z}_c = \frac{\ddot{Z}_2 + \ddot{Z}_3}{2} \\
\ddot{X}_n = \ddot{X}_c + sgn\left(C_{12}^{\phi}\right) l_{tr} A_{CC}(\phi_{12}, \theta_{123}),\ \ddot{Y}_n = \ddot{Y}_c - sgn\left(S_{123}^{\theta}\right) l_{tr} A_{SS}(\phi_{12}, \theta_{123}), \\
\ddot{Z}_n = \ddot{Z}_c + sgn\left(C_{12}^{\phi}\right) l_{tr} A_{CS}(\phi_{12}, \theta_{123}), \\
\ddot{X}_7 = \ddot{X}_n,\ \ddot{Y}_7 = \ddot{Y}_n + \frac{l_{sh}}{2} A_S\left(\phi_{12} + \frac{\pi}{2}\right),\ \ddot{Z}_7 = \ddot{Z}_n + \frac{l_{sh}}{2} A_S(\phi_{12}), \\
\ddot{X}_8 = \ddot{X}_7 + sgn\left(C_{125}^{\phi}\right) l_9 A_{CC}(\phi_{125}, \theta_{1237}),\ \ddot{Y}_8 = \ddot{Y}_7 - sgn\left(S_{1237}^{\theta}\right) l_9 A_{SS}(\phi_{125}, \theta_{1237}), \\
\ddot{Z}_8 = \ddot{Z}_7 + sgn\left(C_{125}^{\phi}\right) l_9 A_{CS}(\phi_{125}, \theta_{1237}), \\
\ddot{X}_9 = \ddot{X}_8 + sgn\left(C_{125}^{\phi}\right) l_{10} A_{CC}(\phi_{125}, \theta_{12378}), \\
\ddot{Y}_9 = \ddot{Y}_8 - sgn\left(S_{12378}^{\theta}\right) l_{10} A_{SS}(\phi_{125}, \theta_{12378}), \\
\ddot{Z}_9 = \ddot{Z}_8 + sgn\left(C_{125}^{\phi}\right) l_{10} A_{CS}(\phi_{125}, \theta_{12378}), \\
\ddot{X}_{10} = \ddot{X}_n,\ \ddot{Y}_{10} = \ddot{Y}_n - \frac{l_{sh}}{2} A_S\left(\phi_{12} + \frac{\pi}{2}\right),\ \ddot{Z}_{10} = \ddot{Z}_n - \frac{l_{sh}}{2} A_S(\phi_{12}), \qquad (3.122) \\
\ddot{X}_{11} = \ddot{X}_{10} + sgn\left(C_{126}^{\phi}\right) l_{11} A_{CC}(\phi_{126}, \theta_{1239}), \\
\ddot{Y}_{11} = \ddot{Y}_{10} - sgn\left(S_{1239}^{\theta}\right) l_{11} A_{SS}(\phi_{126}, \theta_{1239}), \\
\ddot{Z}_{11} = \ddot{Z}_{10} + sgn\left(C_{126}^{\phi}\right) l_{11} A_{CS}(\phi_{126}, \theta_{1239}), \\
\ddot{X}_{12} = \ddot{X}_{11} + sgn\left(C_{126}^{\phi}\right) l_{12} A_{CC}(\phi_{126}, \theta_{123910}), \\
\ddot{Y}_{12} = \ddot{Y}_{11} - sgn\left(S_{123910}^{\theta}\right) l_{12} A_{SS}(\phi_{126}, \theta_{123910}), \\
\ddot{Z}_{12} = \ddot{Z}_{11} + sgn\left(C_{126}^{\phi}\right) l_{12} A_{CS}(\phi_{126}, \theta_{123910}), \\
\ddot{X}_{13} = \ddot{X}_n + sgn\left(C_{12}^{\phi}\right) l_{13} A_{CC}(\phi_{12}, \theta_{123}),
\end{gathered}
$$

$$\ddot{Y}_{13} = \ddot{Y}_n - sgn(S_{123}^{\theta}) l_{13} A_{SS}(\phi_{12}, \theta_{123}),$$

$$\ddot{Z}_{13} = \ddot{Z}_n + sgn\left(C_{12}^{\phi}\right) l_{13} A_{CS}(\phi_{12}, \theta_{123}) \ ,$$

$$\ddot{X}_{14} = \ddot{X}_{13} + sgn\left(C_{12}^{\phi}\right) l_{14} A_{CC}(\phi_{12}, \theta_{12311}),$$

$$\ddot{Y}_{14} = \ddot{Y}_{13} - sgn(S_{12311}^{\theta}) l_{14} A_{SS}(\phi_{12}, \theta_{12311}),$$

$$\ddot{Z}_{14} = \ddot{Z}_{13} + sgn\left(C_{12}^{\phi}\right) l_{14} A_{CS}(\phi_{12}, \theta_{12311})$$

3.2 | 휴머노이드 로봇의 관절 토크

로봇공학에서 동역학은 각 관절모터에서 발생시키는 회전 또는 병진운동이 링크나 말단부의 속도와 가속도에 어떤 영향을 미치는지를 수학적으로 규명하는 분야이다. 휴머노이드 로봇의 모션을 컴퓨터에서 시뮬레이션 하기 위해서는 매 샘플 시간때마다 각 관절모터의 각도값이 주어져야 한다. 이때 어떤 관절모터가 주어진 각도파형대로 회전할 때 발생시키는 토크를 비교적 정확히 계산할 수 있다면 모터가 출력 가능한 토크의 상한값을 넘어가는지를 미리 확인해서 모터의 전기적, 기계적 손상을 미리 방지할 수 있다.

이번 절에서는 휴머노이드 로봇이 각 관절모터에서 생성시키는 토크를 계산하는 식을 유도하고 이를 MATLAB으로 구현한 코드를 제공한다. 이를 위해서 회전운동을 발생시키는 힘인 토크에 관련된 기본 지식을 다뤄보자.

3.2.1 토크

일상 생활에서 렌치와 같은 공구로 볼트를 조이거나 풀 때의 경우를 생각해 보자. 렌치를 볼트에 고정시키고 동일한 힘으로 렌치를 위에서 아래로 눌러서 돌린다고 할 때 렌치 손잡이의 끝부분을 잡고 돌리는 것이 손잡이의 앞부분을 잡고 돌리는 것보다 볼트에 더 큰 힘을 가한다. 이렇게 회전운동을 일으키는 힘을 토크(torque)

라고 하며 토크는 가하는 힘의 회전 반경과 크기, 방향에 영향을 받는다.

<그림 3.2>는 2차원에서 회전 중심점 O로부터 위치 벡터가 r인 점 P에 F의 힘이 가해졌을 때 토크가 어떻게 발생하는지를 보여준다. 그림에서 힘 F는 점 P에서 회전에 의해 발생한 원의 접선 성분인 F_{tan}과 원의 바깥쪽을 향하는 성분인 F_{rad}(원심력)로 분해할 수 있음을 보인다. 이 중에서 점 P를 회전시키는 데 유효한 힘은 F_{tan}이며, 토크는 회전 중심점으로부터 F_{tan}가 가해지는 지점까지의 거리에 비례하므로 다음과 같이 표현할 수 있다.

$$\tau = F_{tan}r = r(F\sin\theta) = r \times F \tag{3.123}$$

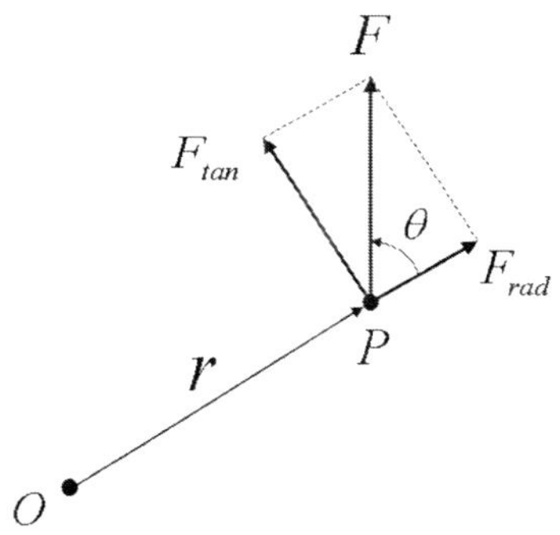

» **그림 3.2** 2차원에서 원점 O로부터 위치 벡터가 r인 점 P에 가해진 힘 F의 성분

만약 <그림 3.2>의 힘이 순수하게 r의 방향과 동일한 방향으로 가해지면 ($F = F_{rad}$), 점 P의 회전력인 토크는 0이 된다. 식 (3.123)에서 보듯이 토크는 벡터의 외적으로 표현되므로, 토크의 방향은 r과 F벡터에 대해 오른손 법칙으로 정해진다. <그림 3.2>에서 토크 벡터의 방향은 지면을 뚫고 나오는 방향이 되며 토크의 단위는 SI 단위로 [Nm]이다.

뉴턴의 운동 제2법칙에 의하면 어떤 물체에 힘을 가하면 일정한 가속도를 가지는 직선운동이 발생한다. 이와 마찬가지로 질량을 가지는 한 점을 중심점에 구속시키고 토크를 가하면 일정한 각가속도(angular acceleration) α를 가지는 회전운동이 발생한다. 이러한 토크와 각가속도의 관계식을 유도하기 위해 어떤 강체가 하나의 질점(mass particle)으로 구성되어 있다고 하자. <그림 3.3>은 3차원에서 한 질점의 질량이 m_1이고 회전축에서 수선 거리 r_1만큼 떨어져 있는 경우를 나타낸다.

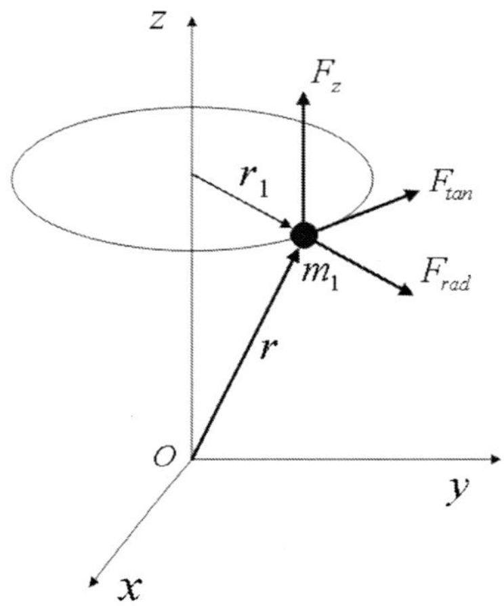

» **그림 3.3** 3차원에서 강체의 한 질점에 작용하는 힘의 세 가지 구성성분

그림에서 어떤 강체가 z축을 중심으로 회전할 때 한 점에 작용하는 총 힘은 세 가지 성분으로 구성됨을 알 수 있는데, 회전 경로의 반경 방향의 힘인 F_{rad}, 접선 방향의 힘인 F_{tan}, 그리고 회전축 방향과 평행한 힘인 F_z이다. 이 중에서 중심점에 구속되어 있는 질점의 운동량을 변화시키는 주된 힘인 접선 방향의 힘 F_{tan}에 대해 뉴턴의 운동 제2법칙을 적용하면 다음의 관계식이 성립한다.

$$F_{tan} = m_1 a_{tan} \tag{3.124}$$

식에서 접선 방향의 가속도는 $a_{tan} = r_1\ddot{\theta} = r_1\alpha$의 관계식이 있으므로 이 식의 양변에 r_1을 곱하면 다음의 관계식을 얻을 수 있다.

$$F_{tan} r_1 = m_1 r_1^2 \alpha \tag{3.125}$$

식 (3.123)에서 보듯이 $F_{tan} r_1$은 토크 값을 의미하므로, $m_1 r_1^2$ 항을 관성 모멘트(moment of inertia) I_1이라고 정의하면 토크 관계식은 다음과 같이 깔끔하게 표현된다.

$$\tau_1 = I_1 \alpha, \;\; I_1 = m_1 r_1^2 \tag{3.126}$$

다수 질점 시스템의 경우 <그림 3.3>의 질점이 회전체 내에 M개 존재한다면 이 식은 다음과 같이 확장되어야 한다.

$$\sum_{i=1}^{M} \tau_i = \left(\sum_{i=1}^{M} m_i r_i^2 \right) \alpha = I\alpha \tag{3.127}$$

식에서 좌변은 강체 내의 모든 질점에 가해지는 토크의 합을 나타내고, 우변은 전체 관성 모멘트(total moment of inertia) I에 접선 방향의 각가속도가 곱해진 것을 나타낸다. 특히 각가속도 α는 각속도처럼 질점의 위치와는 상관없이 강체 전체에 공통이라는 사실에 주의하자.

동역학 관계식을 이용해서 토크를 계산할 때 또 한 가지 중요한 물리량은 회전 운동에 의해 발생하는 운동에너지이며, 이는 관성 모멘트를 이용해서 수식화 할 수 있다. <그림 3.3>에서 질점 m_1은 회전축의 각속도 ω에 의해 $v_1 = r_1 \omega$의 선속도로 회전하고 있으므로, 다음과 같은 운동에너지를 가진다.

$$\frac{1}{2} m_1 v_1^2 = \frac{1}{2} m_1 r_1^2 \omega^2 \tag{3.128}$$

이 식을 M개의 질점이 가지는 회전 운동에너지의 합으로 확장하면 강체의 전체 운동에너지는 다음 식으로 계산된다.

$$K = \frac{1}{2}m_1 r_1^2 \omega^2 + \frac{1}{2}m_2 r_2^2 \omega^2 + \cdots + \frac{1}{2}m_M r_M^2 \omega^2 = \frac{1}{2}\sum_{i=1}^{M} m_i r_i^2 \omega^2 = \frac{1}{2}I\omega^2 \quad (3.129)$$

3.2.2 관절 토크 계산법

로봇의 동역학을 유도하는 방법은 전통적으로 오일러-라그랑주(Euler-Lagrange, EL)법과 뉴턴-오일러(Newton-Euler, NE)법이 주로 사용되어 왔다[11]. EL법은 강체 운동의 경우 2차의 상호 연관된 비선형 미분방정식으로 운동방정식을 표현한다. EL법은 정동역학(forward dynamics problem)과 역동역학(inverse dynamics problem) 모두에 적용되는데, 정동역학은 관절에 가해진 토크나 힘으로부터 관절의 각가속도를 수학적으로 계산하고 이를 적분하여 관절의 각속도와 각도를 차례로 계산하는 과정을 의미한다. 이에 반해 역동역학은 관절의 회전각도나 이동 변위인 일반화 좌표(generalized coordinate, 어떤 시스템의 위치를 완전하게 표현할 수 있는 좌표를 통틀어 표현한 것으로 제2장의 관절 변수에 해당)와 그의 1차, 2차 미분 정보, 그리고 질량과 모멘트를 이용해서 힘과 토크를 계산하는 방법을 의미한다. EL법을 사용하기 위해서는 모든 관절에 대해 관성행렬과 Christoffel 기호[10], 중력 벡터 등을 계산해야 하는데, 행렬 연산이 많아서 관절이 n개인 로봇일 경우 총 계산량의 단위가 n^4에 이른다. 그러므로 대표적인 다관절 로봇인 휴머노이드 로봇의 모션 제어에 EL법을 적용하면 연산 시간이 너무 오래 걸리는 문제점이 발생한다.

NE법은 이러한 단점을 해결하기 위해 전방이나 후방의 링크 좌표계로부터 순차적으로 공식을 전개해서 운동방정식을 표현한다. NE법은 전방향 순차공식을 이용해서 기준좌표계로부터 말단부 좌표계까지 각 링크 무게중심점에서의 선속도와 각속도, 가속도와 각가속도를 차례대로 계산한 후, 역방향 순차공식을 이용해서 말단부 좌표계로부터 기준좌표계까지 각 링크에 가해지는 힘과 토크를 계산한다. 이 방법의 가장 큰 특징은 관절의 힘과 토크를 계산하는 데 총 계산량의 단위가 관절 개수에 비례할 정도로 작아서 실시간 제어에 적합하며, 수식이 로봇의 구조에 독립적이라는 것이다. 그러나 동역학식이 오일러-라그랑주 공식처럼 명시적으로 (explicitly) 표현되지 못하므로 제어기 설계에 어려움이 있다.

상기한 두 가지 방식의 장점들을 절충한 방법이 일반화 d'Alembert(generalized d'Alembert, GD)법이다[11]. GD법은 EL법처럼 운동방정식을 명시적으로 표현한 벡터-행렬 관계식으로 유도되며, 링크의 병진운동과 회전운동의 효과를 라그랑지안(Lagrangian) 기반으로 계산함으로써 유도식이 비교적 간단하고 계산량을 EL법보다 감소시킬 수 있다. 즉, 관절이 n개인 로봇의 경우 GD법은 총 계산량의 단위가 n^3이 되어서 EL법보다 계산량이 $1/n$ 줄어든다. 그러므로 휴머노이드 로봇처럼 관절 수가 20~40개에 이르는 경우 20~40배의 계산량 감소 효과가 있게 된다. 참고로 저자는 2차원 휴머노이드 로봇의 하체 6관절에 대해서만 EL 공식을 적용해서 토크를 계산해 보았는데[13][14], Christoffel 기호를 수식으로 유도하는 과정이 상당히 복잡하고 컴퓨터 연산량 또한, 많아서 휴머노이드 로봇에 적용하기에는 부적합하다는 결론을 내렸다. 그래서 이 책에서는 GD법을 적용해서 로봇이 움직일 때 각 관절모터가 발생시키는 토크 식을 유도하고자 한다.

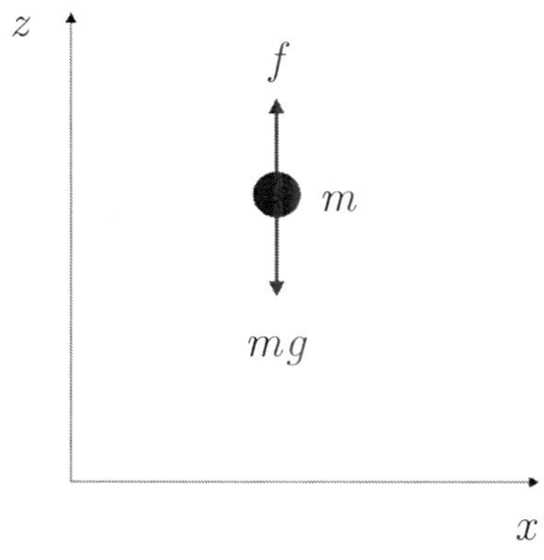

» **그림 3.4** 중력장에서 질점 m의 운동

EL법과 GD법에서 기본적으로 사용되는 연산자인 라그랑지안은 운동에너지(kinetic energy)와 위치에너지(potential energy)의 차이 값으로 정의되며 링크가 여러 개인 복잡한 시스템에 적용하기가 유리하다. 이해를 돕기 위해 <그림 3.4>에 중력장에서 질량이 m인 질점에 위쪽 방향으로 힘이 가해지는 상황을 표현했다. 뉴턴의 운동 제2법칙을 적용하면 이 질점이 받는 힘은 다음 식으로 계산할 수 있다.

$$m\ddot{z} = f - mg \tag{3.130}$$

식에서 g는 중력가속도를 나타내고, 그 값은 $9.8\ \mathrm{m/sec^2}$이다. 이 식을 라그랑지안으로 표현하기 위해 왼쪽 항을 다음과 같이 운동에너지를 이용해서 표현해 보자.

$$m\ddot{z} = \frac{d}{dt}(m\dot{z}) = \frac{d}{dt}\frac{\partial}{\partial\dot{z}}\left(\frac{1}{2}m\dot{z}^2\right) = \frac{d}{dt}\frac{\partial K}{\partial\dot{z}},\ \ K = \frac{1}{2}m\dot{z}^2 \tag{3.131}$$

식에서 K는 운동에너지(kinetic energy)를 나타내며, 만약 이 질점이 각속도 ω로 회전하고 있다면 다음과 같이 병진운동에너지와 회전 운동에너지 성분으로 구분된다.

$$K = \frac{1}{2}mv^2 + \frac{1}{2}I\omega^2 \tag{3.132}$$

식에서 I와 ω는 식 (3.129)의 관성 모멘트와 각속도를 각각 나타낸다.

이해를 돕기 위해 두 가지 운동에너지 성분을 동시에 가지는 물체로서 당구공을 예를 들어보자. 만약 큐대로 당구공의 위쪽이나 아래쪽 가장자리를 겨냥하고 스트로크를 가하면 공이 가지는 운동에너지의 대부분은 회전 운동에너지가 될 것이다. 반대로 당구공의 중심부를 겨냥하고 스트로크를 가하면 바닥면과의 마찰력이 약한 경우 당구공이 가지는 에너지는 거의 대부분 병진운동에너지 성분이 된다. 그러므로 당구공이 가지는 선속도는 동일한 힘의 스트로크가 가해졌다 하더라도 후자의 경우가 훨씬 커진다.

식 (3.130)의 우변 두 번째 항은 다음과 같이 질점이 가지는 위치에너지

(potential energy) P를 z에 대해 편미분함으로써 구할 수 있다.

$$mg = \frac{\partial}{\partial z}(mgz) = \frac{\partial P}{\partial z},\ P = mgz \tag{3.133}$$

라그랑지안은 운동에너지와 위치에너지 값의 차이로 정의되므로 다음과 같이 쓸 수 있다.

$$L = K - P = \frac{1}{2}m\dot{z}^2 - mgz \tag{3.134}$$

라그랑지안에 의하면, 높은 건물과 낮은 건물에서 동일한 질량의 공을 위쪽으로 동일한 속도로 던져도 두 경우의 위치에너지가 다르므로 공이 가지는 라그랑지안은 달라진다. 즉, 낮은 건물에서 공을 던져 올린 것이 높은 건물에서 던진 것보다 라그랑지안이 더 커진다. 이로부터 라그랑지안은 어떤 물체가 가지는 운동에너지를 중력을 고려해서 계산한 값임을 알 수 있다.

식 (3.134)를 자세히 보면 운동에너지 식은 질점이 가지는 z좌표의 미분 항으로 표현되고, 위치에너지 식은 z로 표현됨을 알 수 있다. 그러므로 두 에너지의 편미분 식은 다음과 같이 라그랑지안으로 통합해서 표현할 수 있다.

$$\frac{\partial K}{\partial \dot{z}} = \frac{\partial L}{\partial \dot{z}},\ \frac{\partial P}{\partial z} = -\frac{\partial L}{\partial z} \tag{3.135}$$

이 관계식을 식 (3.130)에 대입하면 다음과 같이 라그랑지안 만으로 운동방정식을 표현할 수 있는데, 이 식이 바로 오일러-라그랑주 식이다.

$$\frac{d}{dt}\frac{\partial L}{\partial \dot{z}} - \frac{\partial L}{\partial z} = f \tag{3.136}$$

이 식을 관절각이 $q_1, q_2, \cdots, q_n$인 n-관절 로봇에서 k번째 관절이 생성하는 토크

τ_k를 수식으로 표현하는 데 적용하면 다음과 같다.

$$\frac{d}{dt}\frac{\partial L}{\partial \dot{q}_k} - \frac{\partial L}{\partial q_k} = \tau_{k,}\ \ k = 1, \cdots, n \tag{3.137}$$

휴머노이드 로봇의 몸체는 링크가 직렬과 병렬로 복잡하게 연결된 구조이므로 링크 간의 관계를 이용해서 각 관절의 토크를 계산해야 한다. <그림 3.5>는 관절과 링크 무게중심점(cm), 링크 좌표계 간의 명명법을 보이며, o_i는 $x_0y_0z_0$ 좌표계를 기준으로 했을 때 i번째 링크 좌표계의 원점좌표를, c_i^0는 기준좌표계에서 바라본 i번째 링크의 무게중심점 좌표를, c_i와 r_i는 $x_{i-1}y_{i-1}z_{i-1}$좌표계 원점으로부터 i번째 링크의 무게중심점 좌표와 $x_iy_iz_i$ 좌표계의 원점좌표를 향하는 벡터들을 각각 나타낸다.

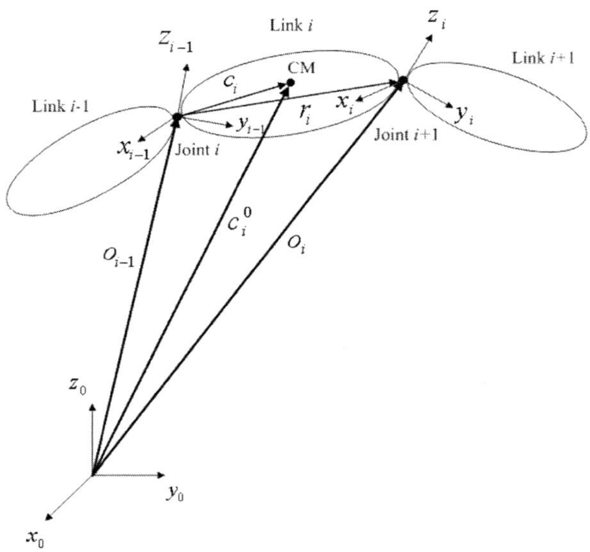

» **그림 3.5** 링크와 관절 간의 관계도

이와 같은 관절-링크 좌표계 관계를 기반으로 GD 방법을 적용하기 위해 l번째 링크의 각속도와 선속도 관계식을 유도해 보자. l번째 링크의 $x_0y_0z_0$ 좌표계 기준 각속도는 식 (3.36)을 써서 다음 식으로 계산할 수 있다.

$$\omega_{0,l}^{0} = \sum_{j=1}^{l} \dot{\theta}_j z_{j-1}^{0} \tag{3.138}$$

식에서 z_{j-1}^{0}은 기준좌표계에서 바라본 j번째 관절의 회전축을 의미하고 θ_j는 이 축을 중심으로 한 j번째 관절의 회전각을 나타낸다. 이 식에 다음과 같이 l번째 좌표계로부터 기준좌표계까지 역방향으로 복합회전변환 관계를 계산한 회전행렬 R_0^l을 곱하면, l번째 좌표계를 기준으로 한 링크 각속도는 다음과 같이 표현된다.

$$R_0^l \omega_{0,l}^{0} = \sum_{j=1}^{l} \dot{\theta}_j R_0^l z_{j-1}^{0} = \omega_{l,0}^{l} \tag{3.139}$$

식 (3.36)에서 $\omega_{0,l}^{0}$을 순방향 회전행렬 R_l^0을 이용해서 순차적으로 계산하는 방법을 제시했으므로 이렇게 구해진 $\omega_{0,l}^{0}$에 역방향 회전행렬 R_0^l을 곱해주면 $\omega_{l,0}^{l}$를 계산할 수 있다.

역방향 회전행렬과 순방향 회전행렬 사이에는 상대적인 각도변화가 존재하므로 회전각도의 부호가 반대로 된다. 예를 들어 $x_{i-1}y_{i-1}z_{i-1}$ 좌표계를 회전행렬 $R_{z,\theta}$(z축으로 θ만큼 회전)로 변환하여 $x_iy_iz_i$ 좌표계가 생성되었다고 하자. 이제 $x_iy_iz_i$ 좌표계 입장에서 $x_{i-1}y_{i-1}z_{i-1}$ 좌표계를 보면 z축으로 $-\theta$만큼 회전한 것으로 보이므로 회전행렬은 $R_{z,-\theta}\left(= R_{z,\theta}^{T}\right)$가 된다. 식 (2.15)에서 보듯이 $R_{z,-\theta}$는 특수직교 그룹에 속하므로 $R_{z,\theta}$ 행렬의 전치행렬을 구함으로써 쉽게 계산할 수 있다. 이러한 성질을 식 (2.23)에 표현된 복합회전 행렬의 원리에 적용하여 R_0^l를 전개하면 다음과 같이 순방향 복합 회전행렬 R_l^0과 전치행렬 관계가 있음을 알 수 있다.

$$R_0^l = R_{l-1}^l R_{l-2}^{l-1} \cdots R_0^1 = \left(R_l^{l-1}\right)^T \left(R_{l-1}^{l-2}\right)^T \cdots \left(R_1^0\right)^T = \left(R_1^0 \cdots R_l^{l-1}\right)^T = R_l^{0\,T} \tag{3.140}$$

이제 GD법으로 링크의 선속도를 계산하기 위해 기준좌표계에서 측정한 l번째 링크 무게중심점에서의 선속도 v_l^0을 식 (3.2)와 식 (3.138)을 이용하여 계산하면 다음과 같다.

$$v_l^0 = \sum_{k=1}^{l-1}\left[\left(\sum_{j=1}^{k}\dot{\theta}_j z_{j-1}^0\right)\times r_k\right] + \left(\sum_{j=1}^{l}\dot{\theta}_j z_{j-1}^0\right)\times c_l \tag{3.141}$$

식에서 r_k는 $x_{k-1}y_{k-1}z_{k-1}$좌표계 기준의 $x_k y_k z_k$좌표계 원점좌표를 나타내며, c_l은 $x_l y_l z_l$ 좌표계에서 측정한 l번째 링크 무게중심점의 위치 벡터를 나타낸다. 이 식에서 우변의 첫 번째 항은 $x_0 y_0 z_0$ 좌표계로부터 $x_{l-1}y_{l-1}z_{l-1}$ 좌표계까지의 회전에 의해 발생한 선속도 계산식이며, 두 번째 항은 $x_l y_l z_l$ 좌표계 상에 있는 l번째 링크 무게중심점 c_l이 가지는 선속도를 의미한다.

식 (3.141)을 이용해서 각 링크 무게중심점이 가지는 선속도를 계산하려면 z_{j-1}^0과 r_k를 따로 계산 후 벡터 외적을 계산해야 하는데, 이는 별도의 계산량을 요하는 작업이다. 그 대신 각 링크 좌표계 상의 한 점이 가지는 위치의 시간 변화량이 그 순간의 선속도에 해당되므로 3.1.3절에서 얻은 미분 관계식들을 사용하기로 한다. 즉, l번째 링크 무게중심점 c_l의 확장벡터를 $C_l = \left[c_l^T \ 1\right]^T$이라고 하면 식 (3.73)을 이용하여 c_l 좌표의 미분값을 다음 식으로 계산할 수 있다.

$$\dot{C}_l^0 = \dot{T}_l^0 C_l \tag{3.142}$$

이 식으로부터 l번째 링크 무게중심점에서의 선속도는 다음과 같이 계산할 수 있다. 이 속도는 $x_0 y_0 z_0$ 좌표계에서 측정된 것이지만 편의상 위첨자 0은 표기하지 않기로 한다.

$$v_l = \dot{C}_l^0(1:3) \tag{3.143}$$

식 (3.137)의 토크를 계산하기 위해서는 라그랑지안 수식이 필요하고, 라그랑지안은 운동에너지와 위치에너지로부터 계산되므로 운동에너지 식을 앞에서 구한 각속도와 선속도 식을 이용해서 전개해 보자. 질량이 m_l인 l번째 링크에 가해진 운동에너지 K_l은 병진운동에너지 K_l^{trans}와 회전 운동에너지 K_l^{rot}으로 구성되며, 회전 운동에너지는 식 (3.139)를 식 (3.129)에 대입하여 다음과 같이 구할 수 있다.

$$K_l = K_l^{trans} + K_l^{rot} = \frac{1}{2}m_l\left(v_l^T \cdot v_l\right) + \frac{1}{2}\left(R_0^l\,\omega_{0,l}^0\right)^T I_l\left(R_0^l\,\omega_{0,l}^0\right) \tag{3.144}$$

식에서 I_l은 l번째 좌표계를 기준으로 했을 때 l번째 링크의 무게중심점에서의 관성 모멘트를 나타낸다.

위의 운동에너지 식에서 병진운동에너지에 대해 식 (3.137)의 i번째 관절에서의 오일러-라그랑주 식을 계산하면 다음과 같다.

$$\begin{aligned}\frac{d}{dt}\left[\frac{K_l^{trans}}{\partial\dot{\theta}_i}\right] - \frac{K_l^{trans}}{\partial\theta_i} &= \frac{d}{dt}\left[m_l v_l^T \cdot \frac{\partial v_l}{\partial\dot{\theta}_i}\right] - m_l v_l^T \cdot \frac{\partial v_l}{\partial\theta_i} \\ &= m_l \dot{v}_l^T \cdot \frac{\partial v_l}{\partial\dot{\theta}_i} + m_l v_l^T \cdot \frac{d}{dt}\left(\frac{\partial v_l}{\partial\dot{\theta}_i}\right) - m_l v_l^T \cdot \frac{\partial v_l}{\partial\theta_i}\end{aligned} \tag{3.145}$$

식에서 $\dfrac{\partial v_l}{\partial\dot{\theta}_i}$은 $i(i \le l)$번째 관절의 각속도가 l번째 링크의 선속도에 미치는 영향을 의미하며, 식 (3.141)을 $\dot{\theta}_i$으로 편미분하여 다음과 같이 유도할 수 있다.

$$\frac{\partial v_l}{\partial\dot{\theta}_i} = z_{i-1}^0 \times (r_i + r_{i+1} + \cdots + r_{l-1} + c_l) = z_{i-1}^0 \times (c_l^0 - o_{i-1}), \quad i \le l \tag{3.146}$$

식에서 c_l^0과 o_{i-1}은 $x_0y_0z_0$ 좌표계로부터 l번째 링크 무게중심점의 좌표까지의 위치 벡터와 $i-1$번째 좌표계 원점까지를 가리키는 위치 벡터를 각각 나타낸다. 그리고 식 (3.145)에 다음과 같은 미분 관계식을 대입하면,

$$\frac{d}{dt}\left(\frac{\partial v_l}{\partial \dot{\theta}_i}\right)=\frac{\partial \dot{v}_l}{\partial \dot{\theta}_i}=\frac{\partial v_l/dt}{\partial \theta_i/dt}=\frac{\partial v_l}{\partial \theta_i} \tag{3.147}$$

우변의 두 번째 항과 세 번째 항이 소거되어 다음과 같이 간략화 된다.

$$\frac{d}{dt}\left[\frac{K_l^{trans}}{\partial \dot{\theta}_i}\right]-\frac{K_l^{trans}}{\partial \theta_i}=m_l\dot{v}_l^{\,T}\cdot\left[z_{i-1}^0\times\left(c_l^0-o_{i-1}\right)\right],\ i\leq l \tag{3.148}$$

이 식은 i번째 관절이 θ_i만큼 회전하여 후단에 연결되어 있는 l번째 링크의 무게중심점이 v_l의 선속도를 가질 때 그 관절에서 발생시킨 토크 관계식을 나타낸다.

다관절 로봇의 경우 i번째 관절이 회전하면 그 후단에 연결되어 있는 모든 링크가 같이 회전하게 되므로, 모든 후단 링크에 대해 토크 값을 계산해서 합해야 한다. i번째 관절의 후단에 연결되어 있는 s번째 링크의 무게중심점이 가지는 속도를 v_s라고 하면 i번째 관절이 후단 링크 전체를 회전시키는데 필요한 토크는 다음과 같이 식 (3.148)의 합의 공식으로 표현된다.

$$\begin{aligned}\tau_i^{trans}&=\frac{d}{dt}\left[\frac{\partial KE_{trans}}{\partial \dot{\theta}_i}\right]-\frac{\partial KE_{trans}}{\partial \theta_i}\\&=\sum_{s=i}^{n}m_s\dot{v}_s^{\,T}\cdot\left[z_{i-1}^0\times\left(c_s^0-o_{i-1}\right)\right],\ i\leq s\end{aligned} \tag{3.149}$$

식에서 $\dot{v}_s$은 s번째 링크 무게중심점에서의 가속도를 나타낸다. 그리고 s번째 링크 무게중심점 c_s의 확장벡터를 $C_s=\left[c_s^T\ 1\right]^T$이라고 표현하면 식 (3.98)의 관계식을 이용하여 C_s의 2차 미분값은 다음 식으로 계산할 수 있다.

$$\ddot{C}_s^0 = \ddot{T}_s^0 C_s \tag{3.150}$$

이 벡터 값으로부터 s번째 링크 무게중심점에서의 가속도는 다음과 같이 계산할 수 있다.

$$\dot{v}_s = \ddot{C}_s^0(1:3) \tag{3.151}$$

이제 운동에너지 식 (3.144)의 회전 운동에너지 성분을 이용하여 l번째 링크에 대한 i번째 관절의 오일러-라그랑주 관계식을 다음과 같이 유도하자.

$$\tau_i^{rot} = \frac{d}{dt}\left[\frac{\partial K_l^{rot}}{\partial \dot{\theta}_i}\right] - \frac{\partial K_l^{rot}}{\partial \theta_i} \tag{3.152}$$

식에서 회전 운동에너지 K_l^{rot}은 식 (3.144)로부터 다음과 같이 각속도 관계식으로 표현된다.

$$K_l^{rot} = \frac{1}{2}\left(R_0^l \omega_{0,l}^0\right)^T I_l \left(R_0^l \omega_{0,l}^0\right) = \frac{1}{2}\left(\sum_{j=1}^{l} \dot{\theta}_j R_0^l z_{j-1}^0\right)^T I_l \left(\sum_{j=1}^{l} \dot{\theta}_j R_0^l z_{j-1}^0\right) \tag{3.153}$$

그런데 다음과 같은 미분 관계식이 성립되므로,

$$\frac{\partial K_l^{rot}}{\partial \dot{\theta}_i} = \left(R_0^l z_{j-1}^0\right)^T I_l \left(\sum_{j=1}^{l} \dot{\theta}_j R_0^l z_{j-1}^0\right),\ i \le l \tag{3.154}$$

이 식을 시간에 대해 미분하면 다음과 같이 전개할 수 있다.

$$\begin{aligned}\frac{d}{dt}\left[\frac{\partial K_l^{rot}}{\partial \dot{\theta}_i}\right] &= \left(\frac{d}{dt} R_0^l z_{j-1}^0\right)^T I_l \left(\sum_{j=1}^{l} \dot{\theta}_j R_0^l z_{j-1}^0\right) + \left(R_0^l z_{j-1}^0\right)^T I_l \left(\sum_{j=1}^{l} \ddot{\theta}_j R_0^l z_{j-1}^0\right) \\ &\quad + \left(R_0^l z_{j-1}^0\right)^T I_l \left[\sum_{j=1}^{l} \dot{\theta}_j \left(\frac{d}{dt} R_0^l z_{j-1}^0\right)\right]\end{aligned} \tag{3.155}$$

이 식의 우변 첫 번째 항의 $\frac{d}{dt}R_0^l z_{j-1}^0$항은 연쇄법칙을 이용해서 다음과 같이 계산되는데,

$$\frac{d}{dt}R_0^l z_{j-1}^0 = \sum_{j=1}^{l}\left(\frac{\partial R_0^l z_{j-1}^0}{\partial \theta_j}\right)\frac{d\theta_j}{dt} = R_0^l z_{j-1}^0 \times \left(\sum_{j=1}^{l}\dot{\theta}_j R_0^l z_{j-1}^0\right) \quad (3.156)$$

이 식은 다음의 관계식을 이용했다[11].

$$\frac{\partial\left(R_0^l z_{j-1}^0\right)}{\partial \theta_i} = R_0^l z_{j-1}^0 \times R_0^l z_{i-1}^0,\ j \le i \quad (3.157)$$

식 (3.156)을 식 (3.155)에 대입하면 다음과 같다.

$$\begin{aligned}\frac{d}{dt}\left[\frac{\partial K_l^{rot}}{\partial \dot{\theta}_i}\right] &= \left(R_0^l z_{j-1}^0 \times \sum_{j=1}^{l}\dot{\theta}_j R_0^l z_{j-1}^0\right)^T I_l\left(\sum_{j=1}^{l}\dot{\theta}_j R_0^l z_{j-1}^0\right) \\ &+ \left(R_0^l z_{j-1}^0\right)^T I_l\left(\sum_{j=1}^{l}\ddot{\theta}_j R_0^l z_{j-1}^0\right) \\ &+ \left(R_0^l z_{j-1}^0\right)^T I_l\left[\sum_{j=1}^{l}\left(\dot{\theta}_j R_0^l z_{j-1}^0 \times \sum_{k=j+1}^{l}\left(\dot{\theta}_k R_0^l z_{k-1}^0\right)\right)\right]\end{aligned} \quad (3.158)$$

그리고 식 (3.157)을 이용해서 K_l^{rot}의 θ_i에 의한 편미분을 계산하면 다음과 같다.

$$\frac{\partial K_l^{rot}}{\partial \theta_i} = \left[\left(\sum_{j=1}^{i}\dot{\theta}_j R_0^l z_{j-1}^0\right) \times R_0^l z_{i-1}^0\right]^T I_l\left(\sum_{j=1}^{l}\dot{\theta}_j R_0^l z_{j-1}^0\right) \quad (3.159)$$

이 식을 (3.157)로부터 빼고 i번째 링크로부터 n번째 링크까지 더하면 다음과 같은 식을 얻을 수 있다.

$$\frac{d}{dt}\left[\frac{\partial KE_{rot}}{\partial \dot{\theta}_i}\right]-\frac{\partial KE_{rot}}{\partial \theta_i}=\sum_{s=i}^{n}\left\{\frac{d}{dt}\left[\frac{\partial K_s^{rot}}{\partial \dot{\theta}_i}\right]-\frac{\partial K_s^{rot}}{\partial \theta_i}\right\}$$

$$=\sum_{s=i}^{n}\left\{\begin{array}{l}\left(R_0^s z_{i-1}^0\right)^T I_s\left(\sum_{j=1}^{s}\ddot{\theta}_j R_0^s z_{j-1}^0\right) \\ +\left(R_0^s z_{i-1}^0\right)^T I_s\left[\sum_{j=1}^{s}\left(\dot{\theta}_j R_0^s z_{j-1}^0 \times \sum_{k=j+1}^{s}\dot{\theta}_k R_0^s z_{k-1}^0\right)\right] \\ +\left(R_0^s z_{i-1}^0 \times \sum_{k=1}^{s}\dot{\theta}_k R_0^s z_{k-1}^0\right)^T I_s\left(\sum_{j=1}^{s}\dot{\theta}_j R_0^s z_{j-1}^0\right)\end{array}\right\} \tag{3.160}$$

지금까지 라그랑지안에서 운동에너지에 대한 오일러-라그랑주 식을 유도했다. 식 (3.134)에서 보듯이 라그랑지안에는 위치에너지 항이 있으며, 다음과 같이 각 링크 무게중심점이 가지는 위치에너지를 모두 더한 값이 로봇의 전체 위치에너지가 된다.

$$PE=\sum_{l=1}^{n}P_l \tag{3.161}$$

식에서 P_l은 질량이 m_l인 l번째 링크가 가지는 위치에너지를 나타내며 다음과 같이 정의한다.

$$P_l=-m_l g^T\cdot\left(o_{i-1}+r_i+\cdots+r_{l-1}+c_l\right) \tag{3.162}$$

식에서 $g=(g_x, g_y, g_z)^T$는 중력가속도 벡터이고, 벡터의 크기는 $|g|=9.8062\ \mathrm{m/s^2}$이다. <그림 2.17>에서 보듯이 휴머노이드 로봇 기준좌표계의 y_0축이 지면에 수직인 방향이므로 $g=(0,-9.8062,0)^T$이다. 이 식에 $\theta_i(i\le l)$에 대한 오일러-라그랑주 식을 적용하면 다음의 관계식을 얻을 수 있다.

$$
\begin{aligned}
\frac{d}{dt}\left[\frac{\partial P_l}{\partial \dot{\theta}_i}\right]-\frac{\partial P_l}{\partial \theta_i}&=-\frac{\partial P_l}{\partial \theta_i}=m_l g^T \cdot \frac{\partial(o_{i-1}+r_i+\cdots+r_{l-1}+c_l)}{\partial \theta_i} \\
&=m_l g^T \cdot \frac{\partial\left(c_l^0-o_{i-1}\right)}{\partial \theta_i}=m_l g^T \cdot \left[z_{i-1}^0 \times \left(c_l^0-o_{i-1}\right)\right]
\end{aligned} \tag{3.163}
$$

이 식을 i번째부터 n번째 링크까지로 확장해서 모두 더하면 다음과 같이 전체 위치에너지에 대한 계산식이 된다.

$$
\frac{d}{dt}\left[\frac{\partial PE}{\partial \dot{\theta}_i}\right]-\frac{\partial PE}{\partial \theta_i}=-\sum_{s=i}^{n}\frac{\partial P_s}{\partial \theta_i}=\sum_{s=i}^{n} m_s g^T \cdot \left[z_{i-1}^0 \times \left(c_s^0-o_{i-1}\right)\right] \tag{3.164}
$$

이제 i번째 관절을 θ_i만큼 회전시키기 위해 관절이 생성해야 할 총 토크는 식 (3.137)에 (3.149), (3.160), (3.164)를 대입하여 다음과 같이 수식화 할 수 있다.

$$
\tau_i=\left(\frac{d}{dt}\frac{\partial KE_{trans}}{\partial \dot{\theta}_i}-\frac{\partial KE_{trans}}{\partial \theta_i}\right)+\left(\frac{d}{dt}\frac{\partial KE_{rot}}{\partial \dot{\theta}_i}-\frac{\partial KE_{rot}}{\partial \theta_i}\right)+\frac{\partial PE}{\partial \theta_i} \tag{3.165}
$$

그런데 소형 휴머노이드 로봇을 이루는 링크들은 관성 모멘트 값이 작고, 계산의 복잡성 때문에 이 책에서는 회전 운동에너지와 관련된 토크 성분을 코드로 구현하는 부분은 생략하기로 한다. 그러면 i번째 관절모터가 생성해야 할 총 토크는 식 (3.149)와 (3.164)를 이용하면 다음과 같이 간략화 된다.

$$
\tau_i=\sum_{s=i}^{n} m_s\left(\dot{v}_s+g\right)^T \cdot \left[z_{i-1}^0 \times \left(c_s^0-o_{i-1}\right)\right] \tag{3.166}
$$

<코드 3.1>은 DH법으로 각 관절의 토크를 계산하는 과정을 보인다. 제2장의 <코드 2.5>가 기구학과 관련된 부분을 보인 것이라면 <코드 3.1>은 동역학과 관련된 코드 부분만을 선택해서 보인 것이다. 코드는 http://office.ucloud.com의 My ucloud/게스트폴더의 code/matlab code 디렉터리에 있는 GenMotionsWithDH.m

파일에 작성되어 있으며 용어에 대한 기본 설명은 제2장의 <코드 2.5> 부분을 참고하기 바란다. 코드에서 보듯이 각 관절이 생성하는 토크 계산식이 상당히 길기 때문에 flag_cal_torque를 1로 설정해야만 GenMotionsWithDH 함수에서 매 순간의 전체 관절의 토크 값을 계산하게 되어 있다.

```
function y = GenMotionsWithDH(link, mass, sf, sp, gamma, th, th_1d, th_2d, phi,
phi_1d, phi_2d,
   psi, psi_1d, psi_2d, fig_no, sim_type, flag
                                        ⋮
% <코드 2.5>와 동일
                                        ⋮
% 하체 지지다리의 복합변환행렬 1차 미분
B1_1d = phi1_1d*Q*B1;
B2_1d = -th1_1d*Q*B2;   T2_0_1d = B1_1d*B2 + B1*B2_1d;
B3_1d = -th2_1d*Q*B3;   T3_0_1d = T2_0_1d*B3 + T2_0*B3_1d;
B4_1d = -th3_1d*Q*B4;   T4_0_1d = T3_0_1d*B4 + T3_0*B4_1d;
B5_1d = phi2_1d*Q*B5;    T5_0_1d = (T4_0_1d*B4 + T4_0*B5_1d)*[0 0 1 0; 1 0 0 0;
0 1 0 0; 0 0 0 1];
B6_1d = psi1_1d*Q*B6;   T6_0_1d = T5_0_1d*B6 + T5_0*B6_1d;

% 하체 지지다리의 링크 무게중심점의 가속도
E4 = eye(4);    % 4x4 단위행렬
B1_2d = (phi1_2d*E4+phi1_1d^2*Q)*Q*B1;  A1_0 = B1_2d*C1;   A1_0w = W*A1_0+SP;
B2_2d = (-th1_2d*E4+th1_1d^2*Q)*Q*B2;   T2_0_2d = B1_2d*B2 + 2*B1_1d*B2_1d +
B1*B2_2d;
   A2_0 = T2_0_2d*C2;   A2_0w = W*A2_0+SP;
B3_2d = (-th2_2d*E4+th2_1d^2*Q)*Q*B3;   T3_0_2d = T2_0_2d*B3 + 2*T2_0_1d*B3_1d +
   T2_0*B3_2d; A3_0 = T3_0_2d*C3;   A3_0w = W*A3_0+SP;
B4_2d = (-th3_2d*E4+th3_1d^2*Q)*Q*B4;   T4_0_2d = T3_0_2d*B4 + 2*T3_0_1d*B4_1d +
   T3_0*B4_2d; A4_0 = T4_0_2d*C4;   A4_0w = W*A4_0+SP;
B5_2d = (phi2_2d*E4+phi2_1d^2*Q)*Q*B5;   T5_0_2d = (T4_0_2d*B5 +
  2*T4_0_1d*B5_1d + T4_0*B5_2d)*[0 0 1 0; 1 0 0 0; 0 1 0 0; 0 0 0 1]; A5_0
  = T5_0_2d*C5;  A5_0w = W*A5_0+SP;
B6_2d = (psi1_2d*E4+psi1_1d^2*Q)*Q*B6;  T6_0_2d = T5_0_2d*B6 + 2*T5_0_1d*B6_1d
  + T5_0*B6_2d;  A6_0 = T6_0_2d*C6;   A6_0w = W*A6_0+SP;

% 하체 자유다리의 관절좌표
if strcmp(sf, 'LEFT_SUPP')
   B7_1d=psi2_1d*Q*B7;   T7_0_1d=(T6_0_1d*B7+T6_0*B7_1d)*[1 0 0 0; 0 1 0 l5; 0
     0 1 0; 0 0 0 1];
   B7_2d = (psi2_2d*E4+psi2_1d^2*Q)*Q*B7;   T7_0_2d = (T6_0_2d*B7
     + 2*T6_0_1d*B7_1d + T6_0*B7_2d)*[1 0 0 0; 0 1 0 l5; 0 0 1 0; 0 0 0 1];
     A7_0=T7_0_2d*C7;  A7_0w = W*A7_0+SP;
elseif strcmp(sf, 'RIGHT_SUPP')
   B7_1d=psi2_1d*Q*B7;  T7_0_1d=(T6_0_1d*B7 + T6_0*B7_1d)*[1 0 0 0; 0 1 0 -l5;
```

```
    0 0 1 0; 0 0 0 1];
  B7_2d  =  (psi2_2d*E4+psi2_1d^2*Q)*Q*B7;      T7_0_2d  =  (T6_0_2d*B7  +
    2*T6_0_1d*B7_1d + T6_0*B7_2d)*[1 0 0 0; 0 1 0 -l5; 0 0 1 0; 0 0 0 1];
    A7_0=T7_0_2d*C7;  A7_0w=W*A7_0+SP;
end
% 하체 자유 다리의 복합변환행렬 1차 미분
B8_1d = phi3_1d*Q*B8;      T8_0_1d = T7_0_1d*B8 + T7_0*B8_1d;
B9_1d = -th4_1d*Q*B9;      T9_0_1d = T8_0_1d*B9 + T8_0*B9_1d;
B10_1d = -th5_1d*Q*B10;   T10_0_1d = T9_0_1d*B10 + T9_0*B10_1d;
B11_1d = -th6_1d*Q*B11;   T11_0_1d = T10_0_1d*B11 + T10_0*B11_1d;
B12_1d = phi4_1d*Q*B12;   T12_0_1d = T11_0_1d*B12 + T11_0*B12_1d;

% 하체 자유 다리의 링크 무게중심점의 가속도
B8_2d = (phi3_2d*E4+phi3_1d^2*Q)*Q*B8;  T8_0_2d = T7_0_2d*B8 + 2*T7_0_1d*B8_1d
  + T7_0*B8_2d;     A8_0 = T8_0_2d*C8;     A8_0w = W*A8_0+SP;
B9_2d = (-th4_2d*E4+th4_1d^2*Q)*Q*B9;   T9_0_2d = T8_0_2d*B9 + 2*T8_0_1d*B9_1d
  + T8_0*B9_2d;     A9_0 = T9_0_2d*C9;     A9_0w = W*A9_0+SP;
B10_2d = (-th5_2d*E4+th5_1d^2*Q)*Q*B10;  T10_0_2d = T9_0_2d*B10 +
  2*T9_0_1d*B10_1d + T9_0*B10_2d;  A10_0 = T10_0_2d*C10;  A10_0w = W*A10_0+SP;
B11_2d = (-th6_2d*E4+th6_1d^2*Q)*Q*B11;  T11_0_2d = T10_0_2d*B11 +
  2*T10_0_1d*B11_1d + T10_0*B11_2d;  A11_0 = T11_0_2d*C11;  A11_0w
  = W*A11_0+SP;
B12_2d = (phi4_2d*E4+phi4_1d^2*Q)*Q*B12; T12_0_2d = T11_0_2d*B12 +
  2*T11_0_1d*B12_1d + T11_0*B12_2d;  A12_0 = T12_0_2d*C12;  A12_0w
  = W*A12_0+SP;
                                  ⋮
% 왼팔의 복합변환행렬 1차 미분
T13_0_1d = T6_0_1d*T13_6;
B14_1d = -th7_1d*Q*B14;    T14_0_1d = T13_0_1d*B14 + T13_0*B14_1d;
B15_1d = phi5_1d*Q*B15;    T15_0_1d = T14_0_1d*B15 + T14_0*B15_1d;
B16_1d = -th8_1d*Q*B15;    T16_0_1d = T15_0_1d*B16 + T15_0*B16_1d;

% 왼팔의 링크 무게중심점의 가속도
T13_0_2d = T6_0_2d*T13_6;  A13_0 = T13_0_2d*C13;  A13_0w = W*A13_0+SP;
B14_2d = (-th7_2d*E4+th7_1d^2*Q)*Q*B14;   T14_0_2d = T13_0_2d*B14
  + 2*T13_0_1d*B14_1d + T13_0*B14_2d;  A14_0 = T14_0_2d*C14;  A14_0w =
  W*A14_0+SP;
B15_2d = (phi5_2d*E4+phi5_1d^2*Q)*Q*B15;  T15_0_2d = T14_0_2d*B15
  + 2*T14_0_1d*B15_1d + T14_0*B15_2d;  A15_0 = T15_0_2d*C15;  A15_0w =
  W*A15_0+SP;
B16_2d = (-th8_2d*E4+th8_1d^2*Q)*Q*B16;  T16_0_2d = T15_0_2d*B16
  + 2*T15_0_1d*B16_1d + T15_0*B16_2d;  A16_0 = T16_0_2d*C16;  A16_0w =
  W*A16_0+SP;

% 오른팔의 복합변환행렬 1차 미분
T17_0_1d = T6_0_1d*T17_6;
B18_1d = -th9_1d*Q*B18;     T18_0_1d = T17_0_1d*B18 + T17_0*B18_1d;
B19_1d = phi6_1d*Q*B19;     T19_0_1d = T18_0_1d*B19 + T18_0*B19_1d;
B20_1d = -th10_1d*Q*B20;    T20_0_1d = T19_0_1d*B20 + T19_0*B20_1d;
% 오른팔의 링크 무게중심점의 가속도
```

```
T17_0_2d = T6_0_2d*T17_6;
B18_2d  =  (-th9_2d*E4+th9_1d^2*Q)*Q*B18;      T18_0_2d  =  T17_0_2d*B18  +
  2*T17_0_1d*B18_1d + T17_0*B18_2d;  A18_0 = T18_0_2d*C18;  A18_0w
  = W*A18_0+SP;
B19_2d = (phi6_2d*E4+phi6_1d^2*Q)*Q*B19;  T19_0_2d = T18_0_2d*B19
  + 2*T18_0_1d*B19_1d + T18_0*B19_2d;  A19_0 = T19_0_2d*C19;  A19_0w
  = W*A19_0+SP;
B20_2d = (-th10_2d*E4+th10_1d^2*Q)*Q*B20;  T20_0_2d = T19_0_2d*B20
  + 2*T19_0_1d*B20_1d + T19_0*B20_2d;  A20_0 = T20_0_2d*C20;  A20_0w
  = W*A20_0+SP;
                              ⋮
% 목과 머리의 복합변환행렬 1차 미분
T21_0_1d = T6_0_1d*T21_6;
B22_1d = psi3_1d*Q*B22;     T22_0_1d = T21_0_1d*B22 + T21_0*B22_1d;
B23_1d = -th11_1d*Q*B23;    T23_0_1d = T22_0_1d*B23 + T22_0*B23_1d;
% 목과 머리의 가속도
T21_0_2d = T6_0_2d*T21_6;
B22_2d = (psi3_2d*E4+psi3_1d^2*Q)*Q*B22;  T22_0_2d = T21_0_2d*B22
  + 2*T21_0_1d*B22_1d + T21_0*B22_2d;  A22_0 = T22_0_2d*C22;  A22_0w
  = W*A22_0+SP;
B23_2d = (-th11_2d*E4+th11_1d^2*Q)*Q*B23;  T23_0_2d = T22_0_2d*B23
  + 2*T22_0_1d*B23_1d + T22_0*B23_2d;  A23_0 = T23_0_2d*C23;  A23_0w
  = W*A23_0+SP;

if flag_cal_torque == 1
% 머리
  tq_trans(23) = m23*(A23_0(1:3)+G)'*cross(Z22_0(1:3), C23_0(1:3)-O20_0(1:3));
  tq_trans(22) = m23*(A23_0(1:3)+G)'*cross(Z21_0(1:3), C23_0(1:3)-O21_0(1:3)) +
     m22*(A22_0(1:3)+G)'*cross(Z21_0(1:3), C22_0(1:3)-O21_0(1:3));
% 상체
tq_trans(20) = m20*(A20_0(1:3)+G)'*cross(Z19_0(1:3), C20_0(1:3)-O19_0(1:3));
tq_trans(19) = m20*(A20_0(1:3)+G)'*cross(Z18_0(1:3), C20_0(1:3)-O18_0(1:3))
   + m19*(A19_0(1:3)+G)'*cross(Z18_0(1:3), C19_0(1:3)-O18_0(1:3));
tq_trans(18) = m20*(A20_0(1:3)+G)'*cross(Z17_0(1:3), C20_0(1:3)-O17_0(1:3))
   + m19*(A19_0(1:3)+G)'*cross(Z17_0(1:3), C19_0(1:3)-O17_0(1:3)) +
   m18*(A18_0(1:3)+G)'*cross(Z17_0(1:3), C18_0(1:3)-O17_0(1:3));
tq_trans(16) = m16*(A16_0(1:3)+G)'*cross(Z15_0(1:3), C16_0(1:3)-O15_0(1:3));
tq_trans(15) = m16*(A16_0(1:3)+G)'*cross(Z14_0(1:3), C16_0(1:3)-O14_0(1:3))
   + m15*(A15_0(1:3)+G)'*cross(Z14_0(1:3), C15_0(1:3)-O14_0(1:3));
tq_trans(14) = m16*(A16_0(1:3)+G)'*cross(Z13_0(1:3), C16_0(1:3)-O13_0(1:3))
   + m15*(A15_0(1:3)+G)'*cross(Z13_0(1:3), C15_0(1:3)-O13_0(1:3))
   + m14*(A14_0(1:3)+G)'*cross(Z13_0(1:3), C14_0(1:3)-O13_0(1:3));
% 자유 다리의 관절 토크
tq_trans(12) = m12*(A12_0(1:3)+G)'*cross(Z11_0(1:3), C12_0(1:3)-O11_0(1:3));
tq_trans(11) = m12*(A12_0(1:3)+G)'*cross(Z10_0(1:3), C12_0(1:3)-O10_0(1:3))+
  m11*(A11_0(1:3)+G)'*cross(Z10_0(1:3), C11_0(1:3)-O10_0(1:3));
tq_trans(10) = m12*(A12_0(1:3)+G)'*cross(Z9_0(1:3),  C12_0(1tq_trans(9)  =
  m12*(A12_0(1:3)+G)'*cross(Z8_0(1:3),  C12_0(1:3)-O8_0(1:3)) +
  m11*(A11_0(1:3)+G)'*cross(Z8_0(1:3), C11_0(1:3)-O8_0(1:3)) +
  m10*(A10_0(1:3)+G)'*cross(Z8_0(1:3), C10_0(1:3)-O8_0(1:3)) +
  m9*(A9_0(1:3)+G)'*cross(Z8_0(1:3),    C9_0(1:3)-O8_0(1:3));
```

```
                                  ⋮
tq_trans(6)  = m12*(A12_0(1:3)+G)'*cross(Z5_0(1:3), C12_0(1:3)-O5_0(1:3)) +
m11*(A11_0(1:3)+G)'*cross(Z5_0(1:3), C11_0(1:3)-O5_0(1:3))  +
m10*(A10_0(1:3)+G)'*cross(Z5_0(1:3),  C10_0(1:3)-O5_0(1:3)) +
m9*(A9_0(1:3)+G)'*cross(Z5_0(1:3), C9_0(1:3)-O5_0(1:3))  +
  m8*(A8_0(1:3)+G)'*cross(Z5_0(1:3), C8_0(1:3)-O5_0(1:3))  +
  m7*(A7_0(1:3)+G)'*cross(Z5_0(1:3), C7_0(1:3)-O5_0(1:3))  +
  m6*(A6_0(1:3)+G)'*cross(Z5_0(1:3), C6_0(1:3)-O5_0(1:3));
% 지지 다리의 관절 토크
tq_trans(5) = m23*(A23_0(1:3)+G)'*cross(Z4_0(1:3), C23_0(1:3)-O4_0(1:3)) +
  m22*(A22_0(1:3)+G)'*cross(Z4_0(1:3), C22_0(1:3)-O4_0(1:3))  +
  m20*(A20_0(1:3)+G)'*cross(Z4_0(1:3), C20_0(1:3)-O4_0(1:3)) +
  m19*(A19_0(1:3)+G)'*cross(Z4_0(1:3), C19_0(1:3)-O4_0(1:3)) +
  m18*(A18_0(1:3)+G)'*cross(Z4_0(1:3), C18_0(1:3)-O4_0(1:3)) +
  m16*(A16_0(1:3)+G)'*cross(Z4_0(1:3), C16_0(1:3)-O4_0(1:3)) +
  m15*(A15_0(1:3)+G)'*cross(Z4_0(1:3), C15_0(1:3)-O4_0(1:3)) +
  m14*(A14_0(1:3)+G)'*cross(Z4_0(1:3), C14_0(1:3)-O4_0(1:3)) +
  m12*(A12_0(1:3)+G)'*cross(Z4_0(1:3), C12_0(1:3)-O4_0(1:3)) +
  m11*(A11_0(1:3)+G)'*cross(Z4_0(1:3), C11_0(1:3)-O4_0(1:3)) +
  m10*(A10_0(1:3)+G)'*cross(Z4_0(1:3),  C10_0(1:3)-O4_0(1:3)) +
  m9*(A9_0(1:3)+G)'*cross(Z4_0(1:3), C9_0(1:3)-O4_0(1:3))  +
  m8*(A8_0(1:3)+G)'*cross(Z4_0(1:3), C8_0(1:3)-O4_0(1:3)) +
  m7*(A7_0(1:3)+G)'*cross(Z4_0(1:3), C7_0(1:3)-O4_0(1:3)) +
  m6*(A6_0(1:3)+G)'*cross(Z4_0(1:3), C6_0(1:3)-O4_0(1:3)) +
  m5*(A5_0(1:3)+G)'*cross(Z4_0(1:3), C5_0(1:3)-O4_0(1:3));
                                  ⋮
tq_trans(1)  = m23*(A23_0(1:3)+G)'*cross(Z0_0(1:3), C23_0(1:3)-O0_0(1:3)) +
m22*(A22_0(1:3)+G)'*cross(Z0_0(1:3), C22_0(1:3)-O0_0(1:3)) +
m20*(A20_0(1:3)+G)'*cross(Z0_0(1:3), C20_0(1:3)-O0_0(1:3)) +
m19*(A19_0(1:3)+G)'*cross(Z0_0(1:3), C19_0(1:3)-O0_0(1:3)) +
m18*(A18_0(1:3)+G)'*cross(Z0_0(1:3), C18_0(1:3)-O0_0(1:3)) +
m16*(A16_0(1:3)+G)'*cross(Z0_0(1:3), C16_0(1:3)-O0_0(1:3)) +
m15*(A15_0(1:3)+G)'*cross(Z0_0(1:3), C15_0(1:3)-O0_0(1:3)) +
m14*(A14_0(1:3)+G)'*cross(Z0_0(1:3), C14_0(1:3)-O0_0(1:3)) +
  m12*(A12_0(1:3)+G)'*cross(Z0_0(1:3), C12_0(1:3)-O0_0(1:3)) +
m11*(A11_0(1:3)+G)'*cross(Z0_0(1:3), C11_0(1:3)-O0_0(1:3)) +
m10*(A10_0(1:3)+G)'*cross(Z0_0(1:3), C10_0(1:3)-O0_0(1:3)) +
  m9*(A9_0(1:3)+G)'*cross(Z0_0(1:3),   C9_0(1:3)-O0_0(1:3))  +
  m8*(A8_0(1:3)+G)'*cross(Z0_0(1:3),   C8_0(1:3)-O0_0(1:3))  +
  m7*(A7_0(1:3)+G)'*cross(Z0_0(1:3),   C7_0(1:3)-O0_0(1:3))  +
  m6*(A6_0(1:3)+G)'*cross(Z0_0(1:3),   C6_0(1:3)-O0_0(1:3))  +
  m5*(A5_0(1:3)+G)'*cross(Z0_0(1:3),   C5_0(1:3)-O0_0(1:3))  +
  m4*(A4_0(1:3)+G)'*cross(Z0_0(1:3),   C4_0(1:3)-O0_0(1:3))  +
  m3*(A3_0(1:3)+G)'*cross(Z0_0(1:3),   C3_0(1:3)-O0_0(1:3))  +
  m2*(A2_0(1:3)+G)'*cross(Z0_0(1:3),   C2_0(1:3)-O0_0(1:3))  +
  m1*(A1_0(1:3)+G)'*cross(Z0_0(1:3),   C1_0(1:3)-O0_0(1:3));
end
```

» **코드 3.1** GenMotionsWithDH.m 파일의 토크 계산 코드

3.3 | 영모멘트점(ZMP)

휴머노이드 로봇이 보행할 때 가장 중요한 것은 로봇이 넘어지지 않도록 동적인 균형(balance) 또는 자세 안정도(stability)를 유지해 주는 것이다. 로봇은 모든 관절들을 제어하며 움직이지만 지면에서 로봇을 지지해 주는 발은 직접적으로 제어할 수 없다. 그러므로 지지하는 발 윗부분의 하체와 상체의 관절들을 적절히 제어해서 로봇이 넘어지지 않게 해야 한다.

만약 로봇의 현재 자세와 동작이 발생시키는 모든 힘의 효과를 어떤 지점에서의 단일 힘으로 대체한다면 안정도를 평가하기가 용이해 질 것이다. Vukobratović은 1968년에 처음으로 이러한 개념을 제안했으며 단일 힘이 발생하는 지점을 ZMP(zero-moment point, 영모멘트점)라고 명명했다[12]. ZMP는 지면 반발력(ground reaction force)과 관련된 정보를 피드백하는 역할을 하므로 이족보행 제어에서 대단히 중요하다.

ZMP를 이해하기 위해 휴머노이드 로봇을 지지하는 발의 위쪽은 링크들의 동적인 운동에 의해 발생하는 힘 F_A와 모멘트(토크) M_A의 영향을 받고 있다고 가정하자. 한편, 지지하는 발은 아래쪽 지면으로부터 세 가지 성분을 가지는 힘 $R_G = [R_x\ R_y\ R_z]^T$과 모멘트 $M_G = [M_x\ M_y\ M_z]^T$로 구성된 총 지면 반작용(ground reaction)을 받는다. 마찰력은 발이 지면과 접촉하는 점에서 발생하고 지지하는 발은 지면에 고정되어 있으므로, R_G의 수평성분 반력인 R_x와 R_y는 F_A의 수평성분과 균형 상태를 이룬다. 반면에 반작용 모멘트의 수직성분인 M_z는 로봇의 링크에서 발생시킨 M_A의 수직성분과 힘 F_A가 유발하는 토크와 균형을 맞춘다. 그러므로 발이 지면에서 미끄러지지 않는다면 정적인 마찰력은 반력의 수평성분인 R_x, R_y와 반작용 토크의 수직성분인 M_z를 보상하는 역할을 한다. 만약 로봇이 동적인 운동을 하면 그에 해당하는 M_A의 수평성분은 반력 R_G가 발생하는 지면 포인트 P의 위치를 지지 발바닥 안의 위치 안에서 조절함으로써 균형을 잡을 수

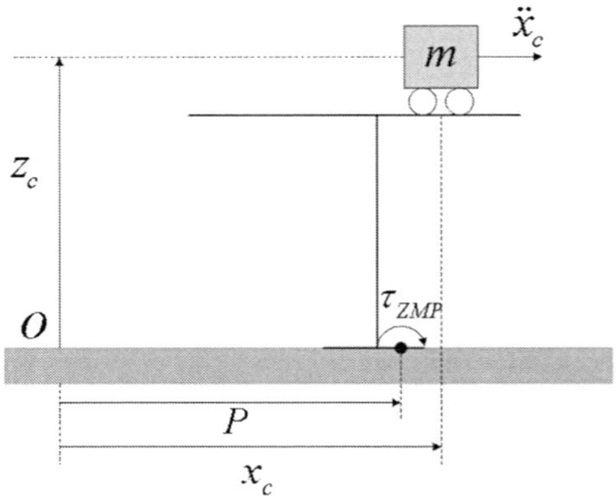

» **그림 3.6** ZMP의 이해를 위한 카트-테이블 모델

있다.

독자의 이해를 돕기 위해 <그림 3.6>과 같이 휴머노이드 로봇의 무게중심점을 상징하는 카트가 좁은 받침대의 테이블 위에서 움직이는 상황을 x-z 평면에서 보도록 하자[15]. 만약 카트가 적절한 가속도 $\ddot{x}_c$으로 이동한다면 얼마 동안은 테이블이 균형을 잡고 서 있는데, 이는 현재 테이블의 ZMP 위치인 P점이 테이블의 받침대 안쪽에 위치하기 때문이다. ZMP 이론에 따르면 P점을 중심으로 수평성분 모멘트의 총합이 0이므로 수식으로 표현하면 다음과 같다.

$$\tau^x_{zmp} = mg(x_c - P) - m\ddot{x}_c z_c = 0 \tag{3.167}$$

식에서 $mg(x_c - P)$항은 카트가 받는 중력 mg에 이 힘이 가해지는 투영점 x_c와 회전중심점 P 사이의 거리를 곱해준 것이므로, 식 (3.123)에서 보듯이 ZMP에 시계방향으로 작용하는 토크 값을 의미한다.

식 (3.167)의 두 번째 항인 $m\ddot{x}_c z_c$는 카트의 운동에 의해 발생한 힘 $m\ddot{x}_c$에 P점으로부터의 높이인 z_c가 곱해졌으므로 그만큼의 크기로 ZMP에 시계방향으로 작용하는 토크 값을 의미한다. 그런데 $m\ddot{x}_c z_c$항에 음의 부호가 붙은 것은 작용-반작용의 법칙에 의해 카트가 전진하는 반대 방향으로 반작용의 힘이 발생하고 이 힘이 점 P에서 반시계방향의 토크로 작용하기 때문이다. <그림 3.6>에서 테이블 받침대는 휴머노이드 로봇의 지지하는 발을 상징하므로 ZMP가 위치한 점 P가 테이블 받침대를 벗어나는 순간 이 테이블이 넘어지게 되듯이, 휴머노이드 로봇도 ZMP가 지지하는 발의 접지면을 벗어나는 순간 균형이 흐트러져 쓰러지게 되는 것이다.

<그림 3.6>은 x-z 평면의 경우를 예로 든 것이고, y-z 평면의 경우 ZMP는 같은 원리를 통해 다음과 같이 식 (3.167)에서 x를 y로 바꾸면 된다.

$$\tau_{zmp}^{y} = mg(y_c - P) - m\ddot{y}_c z_c = 0 \tag{3.168}$$

휴머노이드 로봇은 다수의 관절로 구성되어 있고 각 관절은 <그림 3.6>의 카트처럼 테이블 표면에서만 움직이지 않고 z축 방향으로도 움직이기 때문에, 절대좌표계에서의 ZMP식은 식 (3.167)를 다음과 같이 확장해서 표현해야 한다[16].

$$X_{ZMP} = \frac{\sum_{i=1}^{n} m_i(\ddot{Z}_{im} + g)X_{im} - \sum_{i=1}^{n} m_i \ddot{X}_{im} Z_{im} - \sum_{i=1}^{n} I_{iy}\ddot{\Omega}_{iy}}{\sum_{i=1}^{n} m_i(\ddot{Z}_{im} + g)} \tag{3.169}$$

$$Y_{ZMP} = \frac{\sum_{i=1}^{n} m_i(\ddot{Z}_{im} + g)Y_{im} - \sum_{i=1}^{n} m_i \ddot{Y}_{im} Z_{im} - \sum_{i=1}^{n} I_{ix}\ddot{\Omega}_{ix}}{\sum_{i=1}^{n} m_i(\ddot{Z}_{im} + g)} \tag{3.170}$$

식에서 g는 중력가속도, (X_{im}, Y_{im}, Z_{im})과 m_i는 i번째 링크 무게중심점의 절대좌표와 질량을 나타낸다. 그리고 I_{ix}와 I_{iy}는 x축과 y축의 관성 모멘트를 나타내고, $\ddot{\Omega}_{ix}$과 $\ddot{\Omega}_{iy}$는 i번째 링크가 절대 좌표계 상에서 그 무게중심점을 중심으로 회전한 것으로 환산했을 때의 각가속도를 의미한다.

3.3.1 DH법을 이용한 ZMP 계산

DH법으로 휴머노이드 로봇의 모션을 생성하고자 할 때 미리 계산한 관절각 데이터를 실제 로봇에 적용하기 전에 먼저 컴퓨터에서 시뮬레이션을 수행해 보아야 한다. 이때 모션의 정확도를 확인하는 것과 함께 안정된 자세 구현을 위해 지지하는 발의 접지면 안에 ZMP가 존재하는지를 확인해야 한다. 이를 위해 식 (3.169)와 (3.170)을 계산해야 하는데, 이를 위해 링크 무게중심점이 가지는 절대좌표의 2차 미분식이 필요함을 알 수 있다. 식 (3.142)와 (3.150)에서 i번째 링크 무게중심점의 절대좌표계 상의 확장벡터를 $C_i = \left[c_i^X \; c_i^Y \; c_i^Z \; 1\right]^T$이라고 정의했으므로 원래의 ZMP식을 DH법에 적용하기 위해 수정하면 다음과 같이 변환된다.

$$X_{ZMP} = \frac{\sum_{i=1}^{23} m_i\left(\ddot{c}_i^Z + g\right)c_i^X - \sum_{i=1}^{23} m_i \ddot{c}_i^X c_i^Z}{\sum_{i=1}^{23} m_i\left(\ddot{c}_i^Z + g\right)} \tag{3.171}$$

$$Y_{ZMP} = \frac{\sum_{i=1}^{23} m_i\left(\ddot{c}_i^Z + g\right)c_i^Y - \sum_{i=1}^{23} m_i \ddot{c}_i^Y c_i^Z}{\sum_{i=1}^{23} m_i\left(\ddot{c}_i^Z + g\right)} \tag{3.172}$$

<코드 3.2>는 GenMotionsWithDH.m 파일에서 ZMP의 x좌표와 y좌표를 계산하는 코드 부분만을 보여준다. 2.2.3절에서 구한 링크 무게중심점 좌표와 링크 무게를 식 (3.171)과 (3.172)에 대입하여 계산하는 루틴으로서 코드가 길고 복잡하지만 자세 안정도 판별에 매우 중요한 부분이다.

```
% ZMP 공통 분모
zmp_den = m1*(A1_0w(3)+g) + m2*(A2_0w(3)+g) + m3*(A3_0w(3)+g) +
    m4*(A4_0w(3)+g)+m5*(A5_0w(3)+g)+m6*(A6_0w(3)+g)+m7*(A7_0w(3)+g)+m8*
    (A8_0w(3)+g)+m9*(A9_0w(3)+g)
  +m10*(A10_0w(3)+g)+m11*(A11_0w(3)+g)+m12*(A12_0w(3)+g)+m14*(A14_0w(3)+g)
  +m15*(A15_0w(3)+g)+m16*(A16_0w(3)+g)+m18*(A18_0w(3)+g)+m19*(A19_0w(3)+g)
  +m20*(A20_0w(3)+g)+m22*(A22_0w(3)+g)+m23*(A23_0w(3)+g));
```

```
% ZMP의 x좌표
zmp_x = m1*(A1_0w(3)+g)*C1_0w(1) + m2*(A2_0w(3)+g)*C2_0w(1) +
   m3*(A3_0w(3)+g)*C3_0w(1) + m4*(A4_0w(3)+g)*C4_0w(1) +
   m5*(A5_0w(3)+g)*C5_0w(1) + m6*(A6_0w(3)+g)*C6_0w(1) +
   m7*(A7_0w(3)+g)*C7_0w(1) + m8*(A8_0w(3)+g)*C8_0w(1) +
   m9*(A9_0w(3)+g)*C9_0w(1) + m10*(A10_0w(3)+g)*C10_0w(1) +
   m11*(A11_0w(3)+g)*C11_0w(1) + m12*(A12_0w(3)+g)*C12_0w(1) +
   m14*(A14_0w(3)+g)*C14_0w(1) + m15*(A15_0w(3)+g)*C15_0w(1) +
   m16*(A16_0w(3)+g)*C16_0w(1) + m18*(A18_0w(3)+g)*C18_0w(1) +
   m19*(A19_0w(3)+g)*C19_0w(1) + m20*(A20_0w(3)+g)*C20_0w(1) +
   m22*(A22_0w(3)+g)*C22_0w(1) + m23*(A23_0w(3)+g)*C23_0w(1);
zmp_x = zmp_x - m1*A1_0w(1)*C1_0w(3) - m2*A2_0w(1)*C2_0w(3) -
   m3*A3_0w(1)*C3_0w(3) - m4*A4_0w(1)*C4_0w(3)- m5*A5_0w(1)*C5_0w(3) -
   m6*A6_0w(1)*C6_0w(3) - m7*A7_0w(1)*C7_0w(3) - m8*A8_0w(1)*C8_0w(3) -
   m9*A9_0w(1)*C9_0w(3) - m10*A10_0w(1)*C10_0w(3) - m11*A11_0w(1)*C11_0w(3) -
   m12*A12_0w(1)*C12_0w(3) - m14*A14_0w(1)*C14_0w(3) -
   m15*A15_0w(1)*C15_0w(3) - m16*A16_0w(1)*C16_0w(3) -
   m18*A18_0w(1)*C18_0w(3) - m19*A19_0w(1)*C19_0w(3) -
   m20*A20_0w(1)*C20_0w(3)-m22*A22_0w(1)*C22_0w(3)-
   m23*A23_0w(1)*C23_0w(3);
zmp_x = zmp_x/zmp_den;

% ZMP의 y좌표
zmp_y = m1*(A1_0w(3)+g)*C1_0w(2) + m2*(A2_0w(3)+g)*C2_0w(2) +
    m3*(A3_0w(3)+g)*C3_0w(2) +m4*(A4_0w(3)+g)*C4_0w(2) +
    m5*(A5_0w(3)+g)*C5_0w(2) + m6*(A6_0w(3)+g)*C6_0w(2)  +
    m7*(A7_0w(3)+g)*C7_0w(2) + m8*(A8_0w(3)+g)*C8_0w(2) +
    m9*(A9_0w(3)+g)*C9_0w(2) +m10*(A10_0w(3)+g)*C10_0w(2)+
    m11*(A11_0w(3)+g)*C11_0w(2) + m12*(A12_0w(3)+g)*C12_0w(2) +
    m14*(A14_0w(3)+g)*C14_0w(2) + m15*(A15_0w(3)+g)*C15_0w(2)+
    m16*(A16_0w(3)+g)*C16_0w(2) +m18*(A18_0w(3)+g)*C18_0w(2) +
    m19*(A19_0w(3)+g)*C19_0w(2) +m20*(A20_0w(3)+g)*C20_0w(2)  +
    m22*(A22_0w(3)+g)*C22_0w(2) + m23*(A23_0w(3)+g)*C23_0w(2);
zmp_y = zmp_y - m1*A1_0w(2)*C1_0w(3) - m2*A2_0w(2)*C2_0w(3) -
    m3*A3_0w(2)*C3_0w(3) -m4*A4_0w(2)*C4_0w(3)- m5*A5_0w(2)*C5_0w(3) -
    m6*A6_0w(2)*C6_0w(3) - m7*A7_0w(2)*C7_0w(3)  -m8*A8_0w(2)*C8_0w(3) -
    m9*A9_0w(2)*C9_0w(3) - m10*A10_0w(2)*C10_0w(3) -
    m11*A11_0w(2)*C11_0w(3)-m12*A12_0w(2)*C12_0w(3)-
    m14*A14_0w(2)*C14_0w(3)-m15*A15_0w(2)*C15_0w(3)-
    m16*A16_0w(2)*C16_0w(3) -m18*A18_0w(2)*C18_0w(3)-
    m19*A19_0w(2)*C19_0w(3)-m20*A20_0w(2)*C20_0w(3)-
    m22*A22_0w(2)*C22_0w(3) -m23*A23_0w(2)*C23_0w(3);
zmp_y = zmp_y/zmp_den;
```

» **코드 3.2** GenMotionsWithDH.m 파일의 ZMP계산 코드

3.3.2 투영법을 이용한 ZMP 계산

투영법을 이용해서 휴머노이드 로봇의 모션을 생성할 때에는 투영법에 적합한 ZMP 계산법을 써야 한다. 식 (3.169)와 (3.170)으로부터 ZMP를 계산하기 위해서는 링크 무게중심점에서의 가속도 값이 필요함을 알 수 있는데, 3.1.4절의 식 (3.120)~(3.122)에서 모든 관절좌표의 2차 미분식을 유도한 바가 있다. 대개의 경우 링크 무게중심점은 <그림 2.37>에서 보듯이 양쪽 관절좌표 사이에 위치하므로 두 관절의 보간법(interpolation)을 이용해서 수식화 하는 것이 가장 간편하다. <그림 2.37>에서 k번째 링크의 무게중심점 (x_{km}, y_{km}, z_{km})에 대해 보간법을 적용하여 링크 무게중심점을 다음과 같이 표현했다.

$$\begin{aligned}(x_{km}, y_{km}, z_{km}) &= \left(\frac{\alpha_k x_k + \beta_k x_{k-1}}{\alpha_k + \beta_k}, \frac{\alpha_k y_k + \beta_k y_{k-1}}{\alpha_k + \beta_k}, \frac{\alpha_k z_k + \beta_k z_{k-1}}{\alpha_k + \beta_k}\right) \\ &= (\alpha_k x_k + \beta_k x_{k-1}, \alpha_k y_k + \beta_k y_{k-1}, \alpha_k z_k + \beta_k z_{k-1})\end{aligned} \tag{3.173}$$

휴머노이드 로봇의 링크는 강체이므로 링크가 움직이는 동안 무게중심점의 위치는 링크 상에서 변하지 않는다. 또한, 투영법은 전역좌표계인 XYZ 좌표계에서 각 관절좌표가 표현되므로, 식 (3.173)의 지역좌표계 변수를 전역좌표계 변수로 바꾸고 양변을 두 번 미분하면 다음과 같다.

$$\begin{aligned}&(\ddot{X}_{km}, \ddot{Y}_{km}, \ddot{Z}_{km}) = (\alpha_k \ddot{X}_k + \beta_k \ddot{X}_{k-1}, \alpha_k \ddot{Y}_k + \beta_k \ddot{Y}_{k-1}, \alpha_k \ddot{Z}_k + \beta_k \ddot{Z}_{k-1}), \\ &k = 1, \cdots, 12\end{aligned} \tag{3.174}$$

투영법으로 ZMP를 계산할 때는 식 (3.169)과 (3.170)은 다음과 같이 수정되어야 한다.

$$X_{ZMP} = \frac{\sum_{i=1, i\neq 5}^{14} M_i(\ddot{Z}_{im} + g)X_{im} - \sum_{i=1, i\neq 5}^{14} M_i \ddot{X}_{im} Z_{im}}{\sum_{i=1, i\neq 5}^{14} M_i(\ddot{Z}_{im} + g)} \tag{3.175}$$

$$Y_{ZMP} = \frac{\displaystyle\sum_{\substack{i=1,\\ i\neq 5}}^{14} M_i\left(\ddot{Z}_{im}+g\right)Y_{im} - \sum_{\substack{i=1,\\ i\neq 5}}^{14} M_i \ddot{Y}_{im} Z_{im}}{\displaystyle\sum_{\substack{i=1,\\ i\neq 5}}^{14} M_i\left(\ddot{Z}_{im}+g\right)} \tag{3.176}$$

식에서 M_i는 투영법으로 휴머노이드 로봇을 모델링했을 때 i번째 링크의 무게로서 식 (2.132)에 DH법으로 모델링 했을 때의 링크 무게와의 관계가 정의되어 있다.

<코드 3.3>은 GenMotionsWithPB.m 파일에서 식 (3.120)~(3.122)의 2차 미분식과 ZMP를 계산하는 MATLAB 루틴을 나타낸다. 제5장에서 보행과 모션 시뮬레이션을 수행할 때 ZMP를 이용해서 자세나 모션의 안정도를 측정하는 방법을 다루는데, 이때 MATLAB으로 계산한 결과를 활용할 것이다.

```
function y = GenMotionsWithPB(sf, sp, th, th_1d, th_2d, phi, phi_1d, phi_2d,
psi, fig_no)
                                    ⋮
% 링크 질량
M1 = mass(1); M2 = mass(2); M3 = mass(3); M4 = mass(4); M6 = mass(6); M7 = mass(7);
M8 = mass(8); M9 = mass(9); M10 = mass(10); M11 = mass(11); M12 = mass(12);
M13 = mass(13); M14 = mass(14);
                                    ⋮
p1_2d =  l1*[sign(cos(phi1))*A_cc([phi1 phi1_1d phi1_2d], [th1 th1_1d
   th1_2d]); -sign(sin(th1))*A_ss([phi1 phi1_1d phi1_2d], [th1 th1_1d
   th1_2d]); sign(cos(phi1))*A_cs([phi1 phi1_1d phi1_2d], [th1 th1_1d
   th1_2d])];
p2_2d = p1_2d + l2*[sign(cos(phi1))*A_cc([phi1 phi1_1d phi1_2d], [th12 th12_1d
   th12_2d]); -sign(sin(th12))*A_ss([phi1 phi1_1d phi1_2d], [th12, th12_1d,
   th12_2d]); sign(cos(phi1))*A_cs([phi1 phi1_1d phi1_2d], [th12, th12_1d,
   th12_2d])];
if strcmp(sf, 'LEFT_SUPP')
   p3_2d = p2_2d + l4*[sign(cos(phi12+pi/2))*A_cc([phi12+pi/2  phi12_1d
   phi12_2d],  [th123 th123_1d th123_2d]);  -A_s([phi12+pi/2  phi12_1d
   phi12_2d]); sign(cos(phi12+pi/2))*A_cs([phi12+pi/2  phi12_1d  phi12_2d],
   [th123 th123_1d th123_2d])];
elseif strcmp(sf, 'RIGHT_SUPP')
   p3_2d = p2_2d + l4*[sign(cos(phi12-pi/2))*A_cc([phi12-pi/2  phi12_1d
   phi12_2d],  [th123 th123_1d th123_2d]);    -A_s([phi12-pi/2  phi12_1d
   phi12_2d]);   sign(cos(phi12-pi/2))*A_cs([phi12-pi/2 phi12_1d  phi12_2d],
   [th123 th123_1d th123_2d])];
end
```

```
p4_2d = p3_2d + l6*[sign(cos(phi123))*A_cc([phi123 phi123_1d phi123_2d],
   [th1234, th1234_1d, th1234_2d]); -sign(sin(th1234))*A_ss([phi123
   phi123_1d phi123_2d], [th1234, th1234_1d, th1234_2d]);
sign(cos(phi123))*A_cs([phi123 phi123_1d phi123_2d], [th1234, th1234_1d,
   th1234_2d])];
p5_2d=p4_2d+l7*[sign(cos(phi123))*A_cc([phi123    phi123_1d    phi123_2d],
   [th12345,  th12345_1d,  th12345_2d]);  -sign(sin(th12345))*A_ss([phi123
   phi123_1d phi123_2d], [th12345, th12345_1d, th12345_2d]);
sign(cos(phi123))*A_cs([phi123 phi123_1d phi123_2d], [th12345, th12345_1d,
   th12345_2d])];
p6_2d = p5_2d + l8*[sign(cos(phi1234))*A_cc([phi1234 phi1234_1d phi1234_2d],
   [th123456, th123456_1d, th123456_2d]); -sign(sin(th123456))*A_ss([phi1234
   phi1234_1d phi1234_2d], [th123456, th123456_1d, th123456_2d]);
sign(cos(phi1234))*A_cs([phi1234   phi1234_1d   phi1234_2d],   [th123456,
   th123456_1d,
  th123456_2d])];
pc_2d = (p2_2d + p3_2d)/2;
pn_2d = pc_2d + l_tr*[sign(cos(phi12))*A_cc([phi12 phi12_1d phi12_2d], [th123
   th123_1d th123_2d]); -sign(sin(th123))*A_ss([phi12 phi12_1d phi12_2d],
   [th123  th123_1d  th123_2d]);  sign(cos(phi12))*A_cs([phi12  phi12_1d
   phi12_2d], [th123 th123_1d th123_2d])];
p7_2d = pn_2d + l_sh/2*[0;  A_s([phi12+pi/2 phi12_1d phi12_2d]);  A_s([phi12
phi12_1d  phi12_2d])];


p8_2d = p7_2d + l9*[sign(cos(phi125))*A_cc([phi125 phi125_1d phi125_2d],
   [th1237 th1237_1d th1237_2d]); -sign(sin(th1237))*A_ss([phi125 phi125_1d
   phi125_2d], [th1237 th1237_1d th1237_2d]); sign(cos(phi125))*A_cs([phi125
   phi125_1d phi125_2d], [th1237 th1237_1d th1237_2d])];
p9_2d = p8_2d + l10*[sign(cos(phi125))*A_cc([phi125 phi125_1d phi125_2d],
   [th12378 th12378_1d th12378_2d]); -sign(sin(th12378))*A_ss([phi125
   phi125_1d  phi125_2d], [th12378 th12378_1d th12378_2d]);
   sign(cos(phi125))*A_cs([phi125 phi125_1d  phi125_2d], [th12378 th12378_1d
   th12378_2d])];
p10_2d = pn_2d + l_sh/2*[0;   -A_s([phi12+pi/2  phi12_1d  phi12_2d]);
   -A_s([phi12  phi12_1d  phi12_2d])]; p11_2d = p10_2d +
   l11*[sign(cos(phi126))*A_cc([phi126 phi126_1d phi126_2d], [th1239
   th1239_1d th1239_2d]); -sign(sin(th1239))*A_ss([phi126 phi126_1d
   phi126_2d], [th1239 th1239_1d th1239_2d]); sign(cos(phi126))*A_cs([phi126
   phi126_1d phi126_2d], [th1239 th1239_1d th1239_2d])];
p12_2d = p11_2d + l12*[sign(cos(phi126))*A_cc([phi126 phi126_1d phi126_2d],
   [th123910  th123910_1d  th123910_2d]);  -sign(sin(th123910))*A_ss([phi126
   phi126_1d phi126_2d], [th123910 th123910_1d th123910_2d]);
   sign(cos(phi126))*A_cs([phi126 phi126_1d phi126_2d], [th123910
   th123910_1d th123910_2d])];
p13_2d = pn_2d + l13*[sign(cos(phi12))*A_cc([phi12 phi12_1d phi12_2d], [th123
   th123_1d th123_2d]); -sign(sin(th123))*A_ss([phi12 phi12_1d phi12_2d],
   [th123 th123_1d th123_2d]); sign(cos(phi12))*A_cs([phi12 phi12_1d
   phi12_2d], [th123 th123_1d th123_2d])];
p14_2d = p13_2d + l14*[sign(cos(phi12))*A_cc([phi12 phi12_1d phi12_2d],
   [th12311 th12311_1d th12311_2d]); -sign(sin(th12311))*A_ss([phi12
```

```
    phi12_1d phi12_2d], [th12311 th12311_1d th12311_2d]);
    sign(cos(phi12))*A_cs([phi12 phi12_1d phi12_2d], [th12311 th12311_1d
    th12311_2d])];

% 링크 무게중심점 좌표
c1 = (p0 + p1)/2;
c2 = (p1 + p2)/2;
c3 = (pc + pn)/2;     % 상체 몸통 부분의 무게중심점(팔과 머리 제외)
c4 = (p2 + p3)/2;     % 몸체 중심점
c6 = (p3 + p4)/2;
c7 = (p4 + p5)/2;
c8 = (p5 + p6)/2;
c9 = (p7 + p8)/2;     % 왼쪽 팔
c10 = (p8 + p9)/2;
c11 = (p10 + p11)/2;  % 오른쪽 팔
c12 = (p11 + p12)/2;
c13 = (pn + p13)/2;    % 목의 무게중심점
c14 = (p13 + p14)/2;   % 머리의 무게중심점

% 링크의 무게중심점의 가속도 좌표
c1_2d = (p1_2d)/2;
c2_2d = (p1_2d + p2_2d)/2;
c3_2d = (pc_2d + pn_2d)/2;
c4_2d = (p2_2d + p3_2d)/2;
c6_2d = (p3_2d + p4_2d)/2;
c7_2d = (p4_2d + p5_2d)/2;
c8_2d = (p5_2d + p6_2d)/2;
c9_2d = (p7_2d + p8_2d)/2;
c10_2d = (p8_2d + p9_2d)/2;
c11_2d = (p10_2d + p11_2d)/2;
c12_2d = (p11_2d + p12_2d)/2;
c13_2d = (pn_2d + p13_2d)/2;
c14_2d = (p13_2d + p14_2d)/2;

% ZMP 공통 분모
zmp_den = M1*(c1_2d(3)+g) + M2*(c2_2d(3)+g) + M3*(c3_2d(3)+g)
    + M4*(c4_2d(3)+g) + M6*(c6_2d(3)+g)+M7*(c7_2d(3)+g) + M8*(c8_2d(3)+g)
    + M9*(c9_2d(3)+g) + M10*(c10_2d(3)+g) + M11*(c11_2d(3)+g)
    + M12*(c12_2d(3)+g) + M13*(c13_2d(3)+g) + M14*(c14_2d(3)+g);

% ZMP의 x좌표
zmp_x = M1*(c1_2d(3)+g)*c1(1) + M2*(c2_2d(3)+g)*c2(1) + M3*(c3_2d(3)+g)*c3(1)
   + M4*(c4_2d(3)+g)*c4(1) + M6*(c6_2d(3)+g)*c6(1) + M7*(c7_2d(3)+g)*c7(1)
   + M8*(c8_2d(3)+g)*c8(1) + M9*(c9_2d(3)+g)*c9(1) + M10*(c10_2d(3)+g)*c10(1)
   + M11*(c11_2d(3)+g)*c11(1) + M12*(c12_2d(3)+g)*c12(1)
   + M13*(c13_2d(3)+g)*c13(1) + M14*(c14_2d(3)+g)*c14(1);
zmp_x = zmp_x - M1*c1_2d(1)*c1(3) - M2*c2_2d(1)*c2(3) - M3*c3_2d(1)*c3(3)
     - M4*c4_2d(1)*c4(3) - M6*c6_2d(1)*c6(3) - M7*c7_2d(1)*c7(3)
     - M8*c8_2d(1)*c8(3) - M9*c9_2d(1)*c9(3) - M10*c10_2d(1)*c10(3)
     - M11*c11_2d(1)*c11(3) - M12*c12_2d(1)*c12(3) - M13*c13_2d(1)*c13(3)
```

```
    - M14*c14_2d(1)*c14(3);
zmp_x = zmp_x/zmp_den;

% ZMP의 y좌표
zmp_y = M1*(c1_2d(3)+g)*c1(2) + M2*(c2_2d(3)+g)*c2(2) + M3*(c3_2d(3)+g)*c3(2)
   + M4*(c4_2d(3)+g)*c4(2) + M6*(c6_2d(3)+g)*c6(2) + M7*(c7_2d(3)+g)*c7(2)
   + M8*(c8_2d(3)+g)*c8(2) + M9*(c9_2d(3)+g)*c9(2) + M10*(c10_2d(3)+g)*c10(2)
   + M11*(c11_2d(3)+g)*c11(2) + M12*(c12_2d(3)+g)*c12(2)
   + M13*(c13_2d(3)+g)*c13(2) + M14*(c14_2d(3)+g)*c14(2);
zmp_y = zmp_y - M1*c1_2d(2)*c1(3) - M2*c2_2d(2)*c2(3) - M3*c3_2d(2)*c3(3)
    - M4*c4_2d(2)*c4(3) - M6*c6_2d(2)*c6(3) - M7*c7_2d(2)*c7(3)
    - M8*c8_2d(2)*c8(3) - M9*c9_2d(2)*c9(3) - M10*c10_2d(2)*c10(3)
    - M11*c11_2d(2)*c11(3) - M12*c12_2d(2)*c12(3) - M13*c13_2d(2)*c13(3)
    - M14*c14_2d(2)*c14(3);
zmp_y = zmp_y/zmp_den;
```

» **코드 3.3** GenMotionsWithPB.m 파일의 ZMP계산 코드

3.4 | 역진자 제어

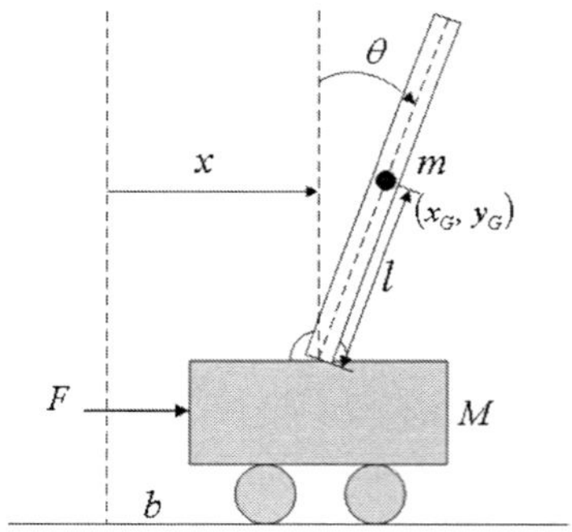

» **그림 3.7** 카트위에 설치 된 역진자 모델

휴머노이드 로봇이 보행을 하거나 모션을 취할 때 한쪽 다리로만 서 있는 동안에는 하나의 역진자(inverted pendulum)로 간주할 수 있다. 그러므로 많은 휴머노이드 로봇 연구자들은 이족보행이나 자세 제어 시 역진자 제어에 적용했던 기술들을 접목함으로써 안정된 이족보행을 구현할 수 있었다.

<그림 3.7>은 지면의 수선으로부터 θ의 각도를 이루는 역진자가 설치된 카트에 외부에서 힘 F를 가하는 장면을 나타낸 것이다. 그림에서 m은 역진자의 질량, M은 카트의 질량, l은 역진자의 길이, b는 카트와 지면과의 마찰계수, $x(t)$는 카트의 위치, (x_G, y_G)는 무게중심점의 좌표를 나타낸다. 카트 위에 있는 역진자는 외부에서 수평으로 가해지는 힘 F와 그에 의한 반력, 그리고 중력의 작용을 모두 받으며 이에 관련된 라그랑지안은 다음과 같다.

$$L = K - P = \frac{1}{2}Mv_1^2 + \frac{1}{2}mv_2^2 - mgl\cos\theta \tag{3.177}$$

식에서 v_1은 카트의 속도, v_2는 질점 m의 속도를 각각 나타내며 다음 식으로 표현된다.

$$v_1^2 = \dot{x}^2,$$
$$v_2^2 = \dot{x}_G^2 + \dot{y}_G^2 = \left(\frac{d}{dt}(x + l\sin\theta)\right)^2 + \left(\frac{d}{dt}(l\cos\theta)\right)^2 = \dot{x}^2 + 2l\dot{x}\dot{\theta}\cos\theta + l^2\dot{\theta}^2 \tag{3.178}$$

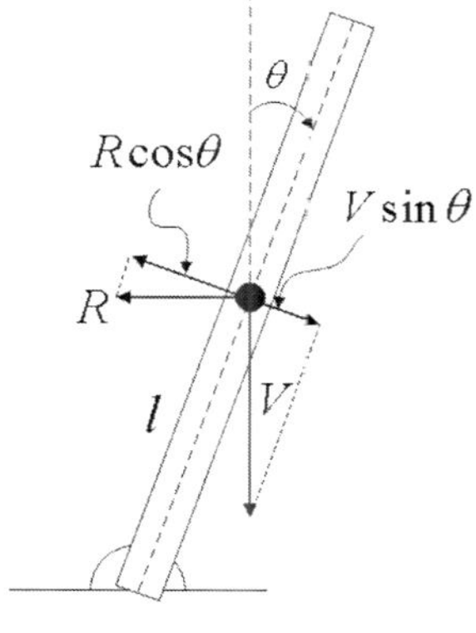

» **그림 3.8 역진자에서의 반력과 수직력 관계**

이 식들을 식 (3.177)에 대입하면 라그랑지안은 다음과 같이 표현된다.

$$L = \frac{1}{2}(M+m)\dot{x}^2 + ml\dot{x}\dot{\theta}\cos\theta + \frac{1}{2}ml^2\dot{\theta}^2 - mgl\cos\theta \tag{3.179}$$

카트에 수평성분으로 가해진 힘 F는 직접적으로 카트의 위치 x를 변화시키므로 식 (3.136)의 오일러-라그랑주 식에 적용하면 다음과 같다.

$$\frac{d}{dt}\frac{\partial L}{\partial \dot{x}} - \frac{\partial L}{\partial x} = F - b\dot{x} \tag{3.180}$$

식 (3.179)에 대해 이 식을 계산하면 다음의 동역학 식을 유도할 수 있다.

$$(M+m)\ddot{x} + mlcos\theta\ddot{\theta} = -b\dot{x} + ml\sin\theta\dot{\theta}^2 + F \tag{3.181}$$

이제 역진자에서 발생하는 회전력인 토크의 관계식을 유도해 보자. <그림 3.8>에서 R은 카트에 가해지는 힘 F에 대한 반력(reactive force)으로서 다음의 관계식으로 표현된다.

$$R = -m\ddot{x}_G = -m\ddot{x} + ml\dot{\theta}^2\sin\theta - ml\ddot{\theta}cos\theta \tag{3.182}$$

그리고 역진자에 가해지는 수직성분 힘 V는 다음과 같이 표현된다.

$$V = mg + m\ddot{y}_G = mg - ml\dot{\theta}^2\cos\theta - ml\ddot{\theta}sin\theta \tag{3.183}$$

3.2.1절에서 배웠듯이 토크는 가해지는 회전력의 접선성분만이 유효하므로 <그림 3.8>에서 보듯이 반력의 접선성분 $R\cos\theta$와 수직력의 접선성분 $V\sin\theta$에 회전 반경 l을 곱한 값이 실제적으로 역진자를 회전시킨다. 이 두 토크의 합이 곧 역진자의 토크가 되므로 (3.126)을 이용하여 다음의 관계식을 유도할 수 있다.

$$I\ddot{\theta} = lR\cos\theta + lV\sin\theta \tag{3.184}$$

식에서 I는 무게중심에 대한 진자 막대의 관성 모멘트이다.

식 (3.182)와 (3.183)을 식 (3.184)에 대입하그 정리하면 다음과 같은 식을 얻을 수 있다.

$$(I+ml^2)\ddot{\theta}+ml\cos\theta\ddot{x}=mgl\sin\theta \tag{3.185}$$

이렇게 구한 역진자의 두 동역학식 (3.181)과 (3.185)은 비선형(nonlinear) 식이므로 제어기 설계를 쉽게 하기 위해서 선형화하야 한다. 이를 위해 <그림 3.7>에서 역진자의 각도 θ가 0에 가깝다고 가정하자. 실제로 θ값이 어떤 값 이상이 되어버리면 제어가 불가능해지므로 이러한 가정은 적절하다. 이 경우 $\sin\theta \approx 0$ or θ, $\cos\theta \approx 1$, $\theta\dot{\theta}^2 \approx 0$으로 근사화 되므로 식 (3.181)과 (3.185)은 다음과 같이 선형식이 된다.

$$(M+m)\ddot{x}+ml\ddot{\theta}=-b\dot{x}+F \tag{3.186}$$
$$ml\ddot{x}+(I+ml^2)\ddot{\theta}=mgl\theta \tag{3.187}$$

이렇게 선형화된 식으로 전달함수를 구하기 위해 x와 θ의 초기조건을 0으로 두고 두 식을 Laplace 변환하면 다음과 같다.

$$(M+m)s^2X(s)+bsX(s)-mls^2\Theta(s)=F(s) \tag{3.188}$$
$$mls^2X(s)+(I+ml^2)s^2\Theta(s)-mgl\Theta(s)=0 \tag{3.189}$$

이제 입력 $U(s)$와 역진자각 $\Theta(s)$, 카트의 위치 $X(s)$ 사이의 전달함수를 계산하기 위해 식 (3.188)과 (3.189)를 다음과 같이 행렬로 표현해 보자.

$$\begin{bmatrix}(M+m)s^2+bs & -mls^2\\ mls^2 & (I+ml^2)s^2-mgl\end{bmatrix}\begin{bmatrix}X(s)\\ \Theta(s)\end{bmatrix}=\begin{bmatrix}F(s)\\ 0\end{bmatrix} \tag{3.190}$$

이 식을 역행렬을 이용해서 표현하고 양변에 $1/F(s)$를 곱하면 다음의 관계식을 얻을 수 있다.

$$\begin{bmatrix} \dfrac{X(s)}{F(s)} \\ \dfrac{\Theta(s)}{F(s)} \end{bmatrix} = \begin{bmatrix} (M+m)s^2+bs & -mls^2 \\ mls^2 & (I+ml^2)s^2-mgl \end{bmatrix}^{-1} \begin{bmatrix} 1 \\ 0 \end{bmatrix} \tag{3.191}$$

이 식을 손으로 직접 풀면 대단히 복잡하므로 MATLAB으로 계산해 보자. matlab code 디렉터리 내의 invert_pend.m 코드에 이를 구현했으며, 역진자 파라미터들은 다음과 같이 임의로 설정했다.

```
M = 0.5;          % 카트 질량
m = 0.2;          % 역진자 질량
l = 0.3;          % 역진자 길이
b = 0.1;          % 마찰계수
I = 0.006;        % 관성 모멘트
g = 9.8;          % 중력 가속도

s = tf('s');
G_mat = inv([(M+m)*s^2+b*s, -m*l*s^2;  m*l*s^2, (I+m*l^2)*s^2-m*g*l]);
G_x = G_mat(1,1);
G_theta = G_mat(2,1);
pole(G_x);
```

» **코드 3.4** invert_pend.m 코드

<코드 3.4>를 실행함으로써 얻은 두 전달함수는 다음과 같다.

$$\frac{X(s)}{F(s)} = \frac{1.18s^2+1.05\times10^{-15}s-28.82}{s^4+0.12s^3-20.18s^2-2.88s-1.91\times10^{-16}} \tag{3.192}$$

$$\frac{\Theta(s)}{F(s)} = \frac{-2.94s^2+4.19\times10^{-16}s+1.80\times10^{-15}}{s^4+0.12s^3-20.18s^2-2.88s-1.91\times10^{-16}} \tag{3.193}$$

이 전달함수의 네 개의 극점을 MATLAB의 'pole' 함수를 이용해서 풀면 4.50, -4.48, -0.14, 0이며, 양의 실수를 가지는 극점(4.50)이 존재하므로 기본적으로 불안정한 시스템임을 알 수 있다. 역진자 시스템을 상기한 방법과 유사하게 모델링하고 대표적인 강인제어(robust control) 기법인 LQR(linear quadratic regulation)을 이용해서 역진자의 각도와 위치를 제어하는 방법은 웹사이트 [17],[18]에 잘 설명되어 있다.

지금까지는 한쪽 방향으로만 왕복으로 움직이는 2차원 역진자-카트 시스템에 대해 비선형 방정식을 도출하고 이로부터 전달함수를 구하는 것을 설명했다. 그러나 휴머노이드 로봇은 3차원에서 움직이므로 3차원 상에서 움직이는 역진자로 모델링하고 해석해야 한다.

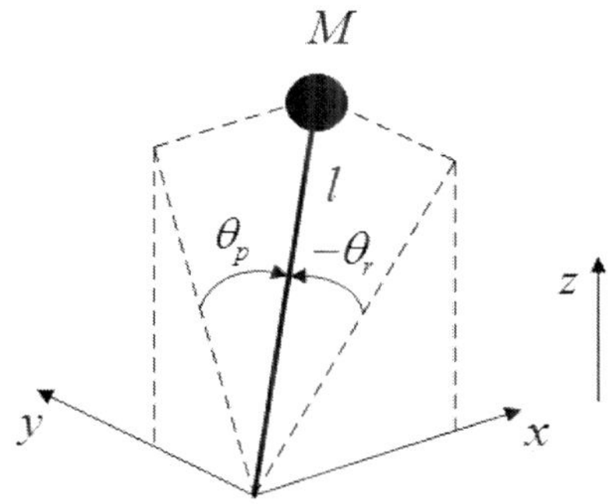

» **그림 3.8** 3차원 선형 역진자 모델

<그림 3.8>은 Kajita 등[15]이 제안한 3차원 선형 역진자 모델을 나타내며 이 등가 역진자 모델은 세 변수 θ_r, θ_p, l로 진자의 모든 3차원 좌표를 표현할 수 있다. 그림에서 질량이 M인 역진자는 휴머노이드 로봇 전신의 무게중심점을 의미하며 앞에서 설명한 일반적인 역진자와는 달리 역진자 길이 l이 로봇 하체의 움직임에 따라 변화한다.

<그림 3.8>에서 θ_p는 y축을 중심으로 오른손 법칙을 따라 역진자가 회전하는 각도를 의미하며 진자의 x좌표를 변화시킨다. 그리고 θ_r은 x축을 중심으로 오른손 법칙을 따라 역진자가 회전한 각도를 의미하며 진자의 y좌표를 변화시킨다. 그림에서 θ_r이 화살표 방향으로 증가하면 오른손 법칙에 의해 음의 방향이 됨을

주의하자. 이 역진자의 길이를 l, 3차원 좌표를 (x, y, z)라고 하면 삼각함수를 사용해서 역진자의 좌표는 다음 식으로 계산된다.

$$x = l\sin\theta_p,\ y = -l\sin\theta_r,\ z = l\sqrt{1-\sin^2\theta_r - \sin^2\theta_p} = lD \qquad (3.194)$$

세 변수 θ_p, θ_r, l을 변화시키는 액추에이터의 토크와 힘을 각각 τ_p, τ_r, f라고 정의하고, 동역학 관계식을 유도하기 위해 다음과 같이 라그랑지안을 정의한다.

$$L = \frac{1}{2}m\left(\dot{x}^2 + \dot{y}^2 + \dot{z}^2\right) - mgz \qquad (3.195)$$

이 식을 식 (3.136)의 오일러-라그랑주 식에 대입하고 정리하면 다음의 관계식을 얻을 수 있다.

$$m\begin{bmatrix}\ddot{x}\\ \ddot{y}\\ \ddot{z}\end{bmatrix} = \left(J^T\right)^{-1}\begin{bmatrix}\tau_r\\ \tau_p\\ f\end{bmatrix} + \begin{bmatrix}0\\ 0\\ -mg\end{bmatrix} \qquad (3.196)$$

$$J = \frac{\partial p}{\partial q} = \begin{bmatrix}0 & lC_p & S_p\\ -lC_r & 0 & -S_r\\ -lC_rS_r/D & -lC_pS_p/D & D\end{bmatrix} \qquad (3.197)$$

$$S_p = \sin\theta_p,\ C_p = \cos\theta_p,\ S_r = \sin\theta_r,\ C_r = \cos\theta_r, D = \sqrt{1-\sin^2\theta_r - \sin^2\theta_p}$$

식 (3.196)에 자코비안을 대입해서 다시 정리하면 다음과 같은 관계식이 성립한다.

$$m\begin{bmatrix}0 & -lC_r & -lC_rS_r/D\\ lC_p & 0 & -lC_pS_p/D\\ S_p & -S_r & D\end{bmatrix}\begin{bmatrix}\ddot{x}\\ \ddot{y}\\ \ddot{z}\end{bmatrix} = \begin{bmatrix}\tau_r\\ \tau_p\\ f\end{bmatrix} - mg\begin{bmatrix}-lC_rS_r/D\\ -lC_pS_p/D\\ D\end{bmatrix} \qquad (3.198)$$

첫 번째 행의 양변에 D/C_r을 곱하면 다음의 관계식을 얻을 수 있다.

$$m(-lD\ddot{y}-lS_r\ddot{z})=\frac{D}{C_r}\tau_r+lS_rmg \tag{3.199}$$

여기에 (3.194)의 좌표 관계식을 대입하면 다음과 같이 보다 간단하게 표현할 수 있다.

$$m(-z\ddot{y}+y\ddot{z})=\tau_x-mgy \tag{3.200}$$

식에서 $\tau_x=\dfrac{D}{C_r}\tau_r$는 x축을 중심축으로 회전하는 토크를 의미한다.

식 (3.198)의 두 번째 행에 대해 동일한 과정을 거치면 마찬가지로 다음과 같은 동역학 식을 구할 수 있다.

$$m(z\ddot{x}-x\ddot{z})=\tau_y+mgx \tag{3.201}$$

식에서 $\tau_y=\dfrac{D}{C_p}\tau_p$는 y축을 중심축으로 회전하는 토크를 의미한다.

식 (3.198)의 세 번째 행은 진자의 길이 l방향으로 가해지는 힘 f와 진자 좌표와의 관계식을 의미하는데, 이 힘은 족관절, 슬관절, 고관절의 각도를 적절히 조절해서 무게중심점이 특정 평면상에 존재하는 역할을 한다. 이렇게 하는 이유는 이족보행을 위한 하지 관절각 궤적 생성 시 편리하게 하기 위함이다.

휴머노이드 로봇 전신의 무게중심점이 존재하는 평면으로서 가장 많이 사용되고 있는 평면은 <그림 3.9>에서 보는 바와 같이 수직 벡터(normal vector)가 $(k_x, k_y, -1)$이고 z축 절편(intersection)이 z_c인 평면으로서 다음 식으로 표현된다.

$$z=k_xx+k_yy+z_c \tag{3.202}$$

로봇이 이족보행을 할 때 무게중심이 존재하는 평면의 수직 벡터 $(k_x, k_y, -1)$는 지면의 수직 벡터와 일치해야 하며, z_c는 지면으로부터 로봇의 무게중심점까지

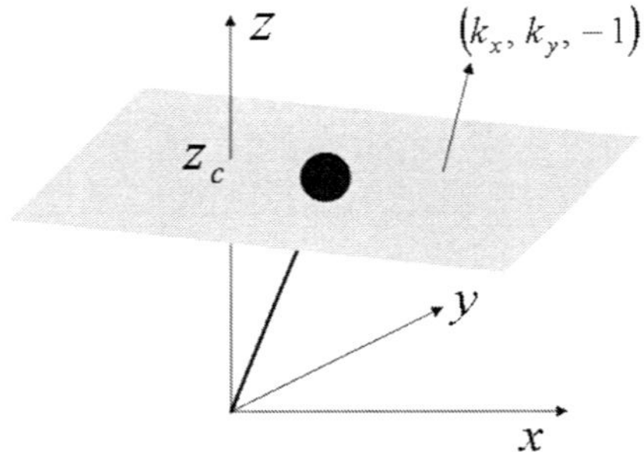

» **그림 3.9** 무게중심점이 존재하는 평면

의 높이가 된다. 특히 표면이 울퉁불퉁한 바닥을 걸을 때는 수직 벡터가 계속해서 바뀌게 됨을 주의하자.

식 (3.202)에서 z_c가 항상 일정(무게중심점의 높이가 지면에서 항상 일정)하다고 가정하고 시간에 대해 두 번 미분하면 다음 관계식을 얻게 된다.

$$\ddot{z} = k_x \ddot{x} + k_y \ddot{y} \tag{3.203}$$

이 식과 식 (3.202)를 식 (3.200)과 (3.201)에 대입하면 다음과 같이 변환된다.

$$\ddot{x} = \frac{g}{z_c} x + \frac{k_y}{z_c}(x\ddot{y} - \ddot{x}y) + \frac{1}{mz_c}\tau_y \tag{3.204}$$

$$\ddot{y} = \frac{g}{z_c} y - \frac{k_x}{z_c}(x\ddot{y} - \ddot{x}y) - \frac{1}{mz_c}\tau_x \tag{3.205}$$

휴머노이드 로봇이 경사각이 0도인 평면 위를 걸을 때는 k_x와 k_y는 모두 0이어야 하므로 이 식들은 다음과 같이 단순화 된다.

$$\ddot{x} = \frac{g}{z_c} x + \frac{1}{mz_c}\tau_y \tag{3.206}$$

$$\ddot{y} = \frac{g}{z_c} y - \frac{1}{mz_c}\tau_x \tag{3.207}$$

이 식들을 자세히 보면 τ_x 입력은 진자의 y 좌표값에만 영향을 미치고, τ_y 입력은 진자의 x 좌표값에만 영향을 미치는 형태임을 알 수 있다. 이로 인해 진자의 위치를 각 좌표축에서 별개로 조정할 수 있으므로 제어기 설계가 용이해진다.

만약 지면이 경사가 있는 경우 $k_x, k_y \neq 0$이며, 이런 경우 식 (3.204)에 x를 곱한 식에 식 (3.205)에 y를 곱한 식을 빼서 정리함으로써 다음의 관계식을 얻을 수 있다.

$$x\ddot{y} - \ddot{x}y = -\frac{1}{mz}(u_r x + u_p y) \tag{3.208}$$

이 식으로부터 다음의 조건이 성립하면 $x\ddot{y} - \ddot{x}y = 0$이 되어 식 (3.204)와 (3.205)가 식 (3.206)과 (3.207)로 각각 간략화 됨을 알 수 있다.

$$\tau_x x + \tau_y y = 0 \tag{3.209}$$

두 식 (3.206)과 (3.207)은 역진자의 x좌표와 y좌표의 동역학식을 나타내는 것이므로 이로부터 ZMP 관계식을 유도할 수 있다. 즉, 역진자의 x, y좌표가 ZMP에 위치하면 그 점을 중심으로 하는 모든 토크의 합이 0이 되므로 역진자는 정지해 있게 된다. 이는 $\ddot{x} = \ddot{y} = 0$이 됨을 의미하며, 이 값을 두 식에 대입하고 x, y좌표를 계산하면 그 값이 곧 ZMP가 된다.

$$p_x = -\frac{\tau_y}{mg} \tag{3.210}$$

$$p_y = \frac{\tau_x}{mg} \tag{3.211}$$

이 식을 식 (3.206)과 (3.207)에 다시 대입하면, 다음과 같이 역진자의 현재 좌표와 ZMP 간의 거리 차이에 의해 역진자의 회전력이 발생함을 명확히 알 수 있다.

$$\ddot{x} = \frac{g}{z_c}(x - p_x) \tag{3.212}$$

$$\ddot{y} = \frac{g}{z_c}(y - p_y) \tag{3.213}$$

이제 ZMP 제어를 위해 3차원 역진자를 상태공간 방정식으로 표현해 보자. 이 식들을 ZMP가 출력값이 되도록 다시 표현하면 다음과 같다.

$$p_x = x - \frac{z_c}{g}\ddot{x} \tag{3.214}$$

$$p_y = y - \frac{z_c}{g}\ddot{y} \tag{3.215}$$

먼저 x축의 ZMP를 조정하는 입력을 다음과 같이 정의하면,

$$\frac{d}{dt}\ddot{x} = u_x \tag{3.216}$$

ZMP 표현식 (3.214)는 다음과 같이 상태공간 방정식과 출력식으로 나타낼 수 있다.

$$\frac{d}{dt}\begin{bmatrix} x \\ \dot{x} \\ \ddot{x} \end{bmatrix} = \begin{bmatrix} 0 & 1 & 0 \\ 0 & 0 & 1 \\ 0 & 0 & 0 \end{bmatrix}\begin{bmatrix} x \\ \dot{x} \\ \ddot{x} \end{bmatrix} + \begin{bmatrix} 0 \\ 0 \\ 1 \end{bmatrix} u_x \tag{3.217}$$

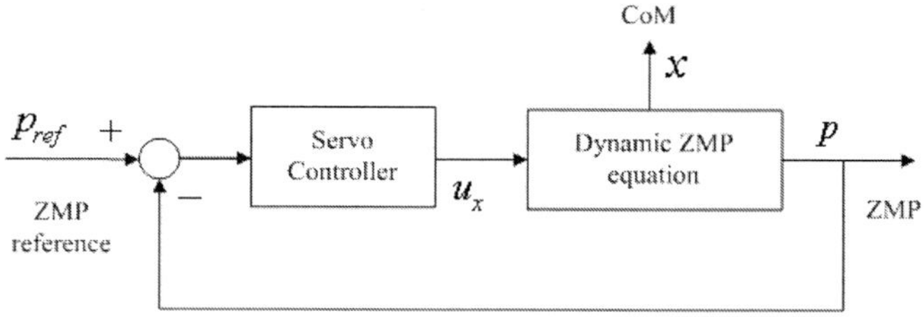

» **그림 3.10** ZMP preview 제어기 구조

$$p_x = \begin{bmatrix} 1 & 0 & -\frac{z_c}{g} \end{bmatrix} \begin{bmatrix} x \\ \dot{x} \\ \ddot{x} \end{bmatrix} \tag{3.218}$$

<그림 3.10>은 Kajita 등이 제안한 ZMP preview 제어기의 구조를 나타내며 y축의 ZMP제어기도 동일한 구조를 가진다[15]. ZMP 제어기는 기준 ZMP를 최대한 가까이 추종하도록 u_x를 계산하여 ZMP 시스템에 인가하며, 그 결과 역진자의 x값이 변화한다. 이는 휴머노이드 로봇의 무게중심값에 해당되는데 역기구학을 계산해서 이로부터 하체의 모든 관절각을 계산하면 안정된 이족보행 패턴이 생성된다.

CHAPTER 4

로보티즈 OP

이 책에서는 휴머노이드 로봇 플랫폼으로 로보티즈 사의 ROBOTIS OP를 사용한다. ROBOTIS OP의 이전 이름은 DARwIn-OP(Dynamic Anthropomorphic Robot with Intelligence-Open Platform)였으며 2011년에 첫 번째 모델을 출시한 이후 전 세계적으로 수백대가 판매되었다.

ROBOTIS OP2는 DARwIn-OP(ROBOTIS OP1)의 하드웨어 사양을 좀 더 향상시켜 2015년에 새롭게 출시되었다. 이 책에서는 편의상 초기 로봇 플랫폼인 DARwIn-OP와 관련된 내용은 OP1으로, 후속 플랫폼인 로보티즈 OP2와 관련된 내용이면 OP2로, 그리고 플랫폼 버전과 관계없이 공통된 내용이면 OP로 줄여서 지칭하겠다.

OP는 로봇 상체에 내장된 PC(SBC: Single-board Computer)로 제어되며 제어기는 OP1의 경우 cm-730, OP2의 경우 cm-740이다. cm-740은 cm-730에 비해 외형과 이름, 펌웨어만 다르며 다른 부분은 동일하다. 다만 OP2의 배터리가 1800 mA 용량으로 변경됨에 따라 CM-740의 펌웨어에서 Low Battery Alarm의 기준 부분이 변경되었다.

내장된 PC의 운영체제(operating system)는 OP1의 경우 Ubuntu 9.10 32bit (Kernel 2.6.31, "Karmic Koala")이고 OP2의 경우 Lubuntu 12.04 32bit (Kernel 3.2.66, "Precise Pangolin")이다. 그리고 OP는 각 관절에 로보티즈의 고성능 액추에이터(다이나믹셀 MX-28T)를 장착하고, 모션 제어에 필수적인 각종 센서(자이로스코프, 가속도 센서, FSR센서)와 사람과의 교감에 필요한 모듈(카메라, 스피커)을 모두 갖추고 있어서 이족보행뿐만 아니라 다양한 인간-로봇 상호작용(human-robot interaction) 기능이 가능하다. 또한, OP에 대한 하드웨어의 각종 정보와 소프트웨어의 모든 소스 코드들이 웹사이트에 공개되어 있으므로 휴머노이드 로봇 개발자에게 최적의 로봇 플랫폼이라고 할 수 있다.

로보티즈 사에서는 OP 시리즈 이외에도 아이디어, 드림, 스마트, 프리미엄, GP 등 영유아용부터 대학 전문 실험용으로 사용할 수 있는 교육용 로봇 솔루션을 개발 및 판매하고 있다. 로보티즈 사의 홈페이지 주소는 http://www.robotis.com이며 로봇 키트에 대한 자세한 소개와 e-매뉴얼 등의 기술지원, 각종 교육 프로그램, 자료

» **그림 4.1 로보티즈 회사 홈페이지 화면**

실, 뉴스와 공지에 관한 정보들을 홈페이지에서 얻을 수 있다.

홈페이지에서 OP의 하드웨어와 소프트웨어에 대한 자세한 정보는 홈페이지 상단의 '고객지원' 메뉴에 마우스를 올려놓으면 나타나는 메뉴 중 맨 오른쪽에 있는 'E-MANUAL'을 클릭하면 된다. 그러면 <그림 4.2>와 같은 e-매뉴얼 사이트(http://support.robotis.com/ko/)가 연결되어 열리는데, 이 책이 작성된 2015년 5월 현재 e-매뉴얼의 버전은 v1.31.00이다.

e-매뉴얼에서 OP에 관한 정보를 얻기 위해서는 좌측의 카테고리에서 '로봇플랫폼' 항목에 있는 'DARWIN-OP' 또는 'ROBOTIS-OP2'를 열면 된다. 이 중에서 'ROBOTIS-OP2'를 마우스로 클릭하면 다음과 같은 목차가 화면(<그림 4.3>)에 나타나며 해당 주제별로 자세한 내용이 설명되어 있다.

- Introduction
- Basic Operation

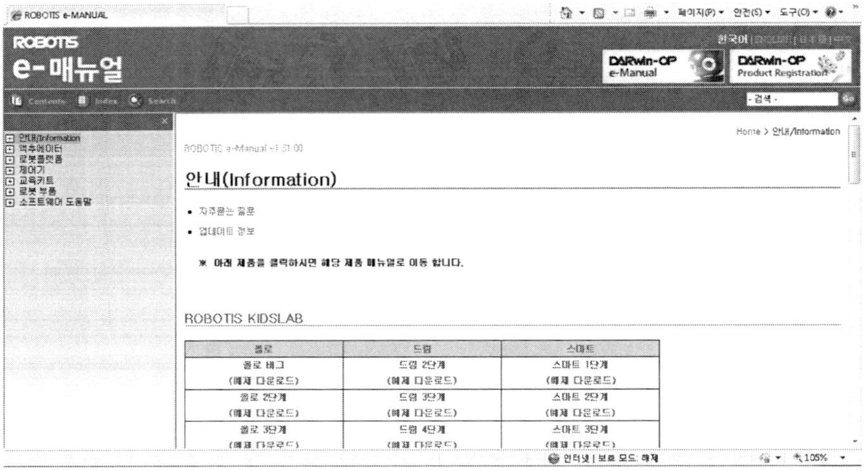

» **그림 4.2** e-매뉴얼 홈 화면

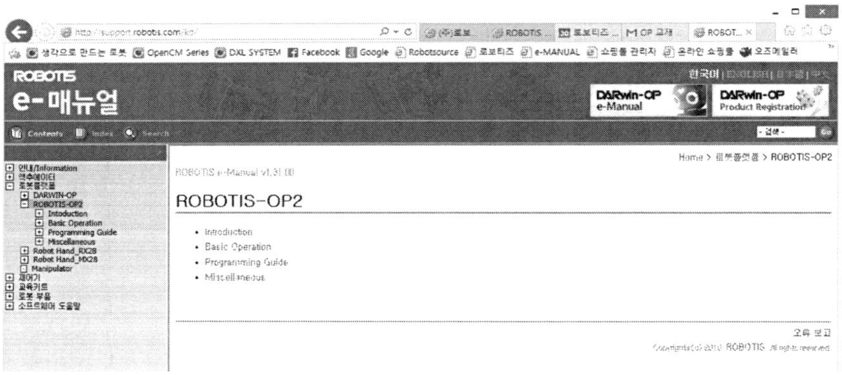

» **그림 4.3** e-매뉴얼의 OP 페이지

- Programming Guide
- Miscellaneous

이 책에서는 OP의 모션과 관련된 기능과 함수들에 국한해서 설명할 것이며 자세한 내용은 e-매뉴얼을 참고하기를 권한다.

이번 장의 4.1절에서는 OP의 제어기와 액추에이터, 센서 등 하드웨어에 관해 설명하고 4.2절에서는 OP의 소프트웨어 개발 환경과 프레임워크에 대해 설명한다. 4.3절에서는 OP2를 기준으로 OP를 시작 및 종료하는 방법과 기본적으로 제공되는 데모 모드를 실행하는 방법을 소개하고, 4.4절에서는 로보티즈에서 기본적으로 제공하는 read_write 튜토리얼을 컴파일 및 실행함으로써 C++ 소스 코드로 OP를 동작시키는 방법과, 모션을 직관적으로 만들기에 편리한 Action Editor를 사용해서 자신만의 다양한 동작을 만드는 방법을 설명한다.

4.1 | OP 하드웨어

<그림 4.4>는 OP2의 전면과 후면의 외관과 구성품을 나타내며, OP2를 구성하는 하드웨어 시스템의 사양은 다음과 같다.

- 키: 454.5 mm
- 중량: 2.9 kg
- 내장된 PC의 성능

	ROBOTIS OP	ROBOTIS OP2
CPU	Intel Atom Z530 @1.6 GHz single core	Intel Atom N2600 @1.6 GHz dual core
RAM	1 GB DDR2 (고정 용량)	4 GB DDR3 204핀 SO-DIMM 모듈 (사용자 대체 가능)
저장 장치	4 GB NAND flash IDE100 (고정 용량)	32 GB half-size mSATA 모듈 (사용자 대체 가능)
LAN 속도	100 Mbps	1 Gbps
설치가능 OS	32비트 Linux	모든 32비트 Linux 배포판 모든 32비트 Windows 버전
wi-fi	802.11g	802.11n (2.4 GHz만)

- 제어기
  - OP: CM-730(ARM Coretex-M3 STM32F103RE 72 MHz)
  - OP2: CM-740(ARM Coretex-M3 STM32F103RE 72 MHz)
- 액추에이터: 비접촉식의 마그네틱 엔코더와 금속 기어를 장착한 DYNAMIXEL MX-28T

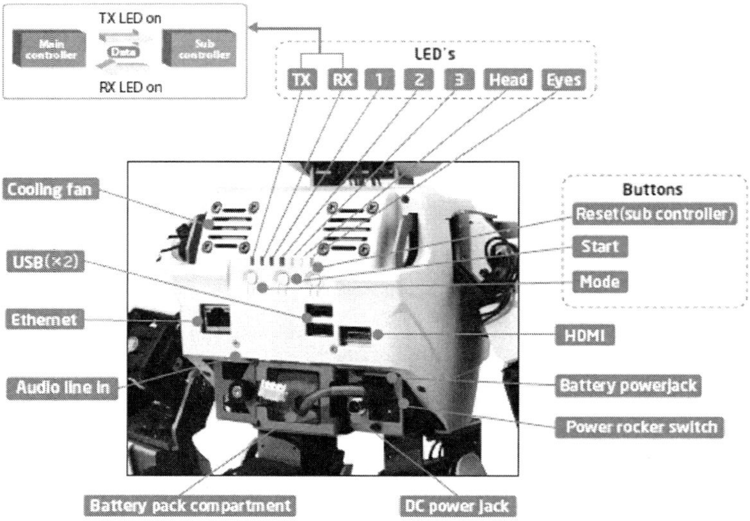

» **그림 4.4** OP의 전면과 후면 및 구성 부품(OP2)

- 총 20개의 액추에이터 모듈: 양 다리에 각 6개, 양 팔에 각 3개, 목에 2개
- 센서: 3축 자이로스코프 센서, 3축 가속도 센서, 3개의 버튼, 2개의 감지 마이크
- 1 Mbps의 고속 다이나믹셀 버스를 이용한 관절 제어
- 저전력 대기모드 기능
- 외장형 리튬폴리머 배터리(전압 11.1 V, 용량 : 1,800 mAh)
- 기본 보행속도: 24 cm/초, 0.25 초/스텝(사용자가 조절 가능)

4.1.1 제어기

먼저 OP2의 제어기인 CM-740의 구성에 대해 알아보자.

- MCU(Microcontroller Unit): ARM Cortex(STM32F103RE, 72 MHz, 32비트)
- 인터페이스: 5개의 LED, 2개의 RGB LED, 3개의 버튼, 1개의 버저
- 외부 포트: 13개의 ADC 입출력 포트
- 센서: 3축 자이로스코프 센서, 3축 가속도 센서
- 통신: USB 포트, 직렬 포트, 다이나믹셀을 위한 5개의 TTL 포트
- 음성신호 처리: 오디오 앰프와 마이크 앰프
- 기타: 다이나믹셀 전력 제어 유닛, 머리 보드 포트, 인터페이스 보드 포트

<표 4.1>은 cm-740의 제어 테이블을 항목 별로 정리한 것이며 괄호 안의 값(0x~)은 16진수를 의미한다. 표에서 EEPROM 영역의 데이터는 한 번 설정하면 전원이 꺼져도 그 값이 보존되는 특성이 있으므로 공장 출하값이 저장되어 있고, RAM 영역의 데이터는 전원이 인가될 때마다 초기값으로 설정된다.

다이나믹셀 데이터의 접근 방식에는 주로 센싱용으로 사용되는 읽기 전용(R) 방식과 구동을 위해 읽고 쓰기가 가능한(RW) 방식이 있다. 또한, 제어 테이블에서 명칭이 같지만 L(Low)과 H(High)가 뒤에 붙어서 주소가 구분된 것들이 있다. 이것은 16비트가 요구되는 데이터를 8비트씩 상위 주소(High)와 하위 주소(Low)에 양

분한 것으로서 이 두 가지 주소는 하나의 명령 패킷으로 동시에 쓰기가 되어야 한다. 각 명칭에 관한 자세한 설명은 OP e-매뉴얼의 다음 주소로 들어가서 페이지 내용을 참고하기 바란다.

DARwIn-OP/References/Reference/Hardware Specification/Electronics/Sub Controller (CM-730)

» **표 4.1** CM-740의 제어 테이블(바이트 단위)

영역	주소 (16진수)	명칭	의미	접근	초기값 (16진수)
EEPROM	0 (0x00)	Model Number(L)	모델 번호의 하위 바이트	R	0 (0x00)
	1 (0x01)	Model Number(H)	모델 번호의 상위 바이트	R	115 (0x73)
	2 (0x02)	Version of firmware	펌웨어 버전 정보	R	-
	3 (0x03)	ID	다이나믹셀 ID	RW	200 (0xC8)
	4 (0x04)	Baud Rate	다이나믹셀 통신 속도	RW	1 (0x01)
	5 (0x05)	Return Delay Time	응답 지연 시간	RW	0 (0x00)
	16 (0x10)	Status Return Level	상태 응답 레벨	RW	2 (0x02)
RAM	24 (0x18)	다이나믹셀 파워	다이나믹셀 On/Off	RW	0 (0x00)
	25 (0x19)	LED 패널	LED 패널 On/Off	RW	0 (0x00)
	26~27	LED 5	LED 5 하위/상위 바이트	RW	0 (0x00)
	28~29	LED 6	LED 6 하위/상위 바이트	RW	0 (0x00)
	30(0x1E)	버튼	버튼 상태	R	-
	38~39	Gyro_Z	자이로스코프 z축 하위/상위 바이트	R	-
	40~41	Gyro_Y	자이로스코프 y축 하위/상위 바이트	R	-
	42~43	Gyro_X	자이로스코프 x축 하위/상위 바이트	R	-

영역	주소 (16진수)	명칭	의미	접근	초기값 (16진수)
	44~45	ACC_X	가속도계 x축 하위/상위 바이트	R	–
	46~47	ACC_Y	가속도계 y축 하위/상위 바이트	R	–
	48~49	ACC_Z	가속도계 z축 하위/상위 바이트	R	–
	50(0x32)	Present Voltage	현재 전압	R	–
	51~52	MIC 1	마이크 1 하위/상위 바이트	R	–
	53~66	ADC 2~8	ADC 채널 2~8 하위/상위 바이트	R	–
	67~68	MIC 2	마이크 2 하위/상위 바이트	R	–
	69~80	ADC 10~15	ADC 채널 2~8 하위/상위 바이트	R	–

4.1.2 액추에이터

OP의 액추에이터 역할을 하는 다이나믹셀 MX-28은 통신 방식에 따라 MX-28T(TTL)와 MX-28R(RS485)로 나뉘는데, 둘 다 동일한 성능과 기능을 갖고 있으며, OP에는 3핀 커넥터를 사용하는 MX-28T가 장착되어 있다. MX-28T의 기본적인 사양과 특성에 대해 살펴보면 다음과 같다.

- MCU: ST Cortex-M3(STM32F103C8, 72 MHz, 32비트)
- 위치 센서: Contactless Absolute Encoder(12비트, 360도)
- 모터: Maxon Motor
- 통신 속도: 8,000 bps ~ 4.5 Mbps
- 제어 알고리즘: PID 제어
- 최소 제어각: 0.088°(=360°/4096)
- 동작 모드: 관절 모드(0°~360°), 참고로 바퀴 모드는 무한 회전
- 무게: 72 g
- 크기: 35.6 mm × 50.6 mm × 35.5 mm
- 기어비: 193 대 1

- 정지 토크

11.1 V, 1.3 A	12 V, 1.4 A	14.8 V, 1.7 A
2.3 Nm	2.5 Nm	3.1 Nm

- 무부하 속도

11.1 V	12 V	14.8 V
50 RPM	55 RPM	67 RPM

- 동작 온도: −5°~80°
- 사용 전압: 10~14.8 V(권장 전압은 12V)
- 명령 신호: 디지털 패킷
- 프로토콜 타입: Half duplex Asynchronous Serial Communication, 8비트, 1stop, no parity
- 물리적 링크: TTL Level Multi Drop Bus
- 고유번호(ID) : 253개(0~252)까지 할당할 수 있으며 ID 254는 모든 다이나믹셀에 동시 전송하는 브로드캐스트(broadcast) ID임. 참고로 FSR의 ID는 오른발이 111, 왼발이 112로 할당되어 있음.
- 피드백 신호: 위치, 온도, 부하, 입력전압 등
- 소재: 금속기어, 엔지니어링 플라스틱 바디
- 대기 전류: 100 mA

<표 4.2>는 다이나믹셀의 현재 상태 정보와 구동 명령에 관한 데이터를 설명하는 제어 테이블이다. 사용자는 명령 패킷에 담긴 제어 테이블의 데이터를 변경하는 방식으로 다이나믹셀을 제어할 수 있다. 각 명칭에 대한 자세한 설명은 다음 주소의 페이지에서 읽어보기 바란다.

DARwIn-OP/References/Reference/Hardware Specification/Actuator/MX-28

» **표 4.2** 다이나믹셀의 제어 테이블(바이트 단위)

영역	주소 (16진수)	명칭	의미	접근	초기값 (16진수)
EEPROM	0 (0x00)	Model Number(L)	모델 번호의 하위 바이트	R	29 (0x1D)
	1 (0x01)	Model Number(H)	모델 번호의 상위 바이트	R	0 (0x00)
	2 (0x02)	Version of Firmware	펌웨어 버전 정보	R	–
	3 (0x03)	ID	다이나믹셀 ID	RW	1 (0x01)
	4 (0x04)	Baud Rate	다이나믹셀 통신 속도	RW	34 (0x01)
	5 (0x05)	Return Delay Time	응답 지연 시간	RW	250 (0xFA)
	6 (0x06)	CW Angle Limit(L)	시계방향 한계 각도값의 하위 바이트	RW	0 (0x00)
	7 (0x07)	CW Angle Limit(H)	시계방향 한계 각도값의 상위 바이트	RW	0 (0x00)
	8 (0x08)	CCW Angle Limit(L)	반시계방향 한계 각도값의 하위 바이트	RW	255 (0xFF)
	9 (0x09)	CCW Angle Limit(H)	반시계방향 한계 각도값의 상위 바이트	RW	15 (0x0F)
	11 (0x0B)	Highest Limit Temperature	내부 한계 온도	RW	80 (0x50)
	12 (0x0C)	Lowest Limit Voltage	최저 한계 전압	RW	60 (0x3C)
	13 (0x0D)	Highest Limit Voltage	최고 한계 전압	RW	160 (0xA0)
	14 (0x0E)	Max Torque(L)	토크 한계 값의 하위 바이트	RW	255 (0xFF)
	15 (0x0F)	Max Torque(H)	토크 한계 값의 상위 바이트	RW	3 (0x03)
	16 (0x10)	Status Return Level	응답 레벨	RW	2 (0x02)
	17 (0x11)	Alarm LED	알람용 LED 기능	RW	36 (0x24)
	18 (0x12)	Alarm Shutdown	알람용 셧다운 기능	RW	36 (0x24)
	20 (0x14)	Multi Turn Offset(L)	다중 회전 오프셋 하위 바이트	RW	0 (0x00)
	21 (0x15)	Multi Turn Offset(H)	다중 회전 오프셋 상위 바이트	RW	0 (0x00)
	22 (0x16)	Resolution Divider	해상도 디바이더	RW	0 (0x01)

영역	주소 (16진수)	명칭	의미	접근	초기값 (16진수)
RAM	24 (0x18)	Torque ON/OFF	토크 On/Off	RW	0 (0x00)
	25 (0x19)	LED	LED On/Off	RW	0 (0x00)
	26 (0x1A)	D gain	미분 제어기 이득	RW	0 (0x00)
	27 (0x1B)	I gain	적분 제어기 이득	RW	0 (0x00)
	28 (0x1C)	P gain	비례 제어기 이득	RW	32 (0x20)
	30 (0x1E)	Goal Position(L)	목표 위치 값의 하위 바이트	RW	–
	31 (0x1F)	Goal Position(H)	목표 위치 값의 상위 바이트	RW	–
	32 (0x20)	Moving Speed(L)	목표 속도 값의 하위 바이트	RW	–
	33 (0x21)	Moving Speed(H)	목표 속도 값의 상위 바이트	RW	–
	34 (0x22)	Torque Limit(L)	토크 한계 값의 하위 바이트	RW	ADD14
	35 (0x23)	Torque Limit(H)	토크 한계 값의 상위 바이트	RW	ADD15
	36 (0x24)	Present Position(L)	현재 위치 값의 하위 바이트	R	–
	37 (0x25)	Present Position(H)	현재 위치 값의 상위 바이트	R	–
	38 (0x26)	Present Speed(L)	현재 속도 값의 하위 바이트	R	–
	39 (0x27)	Present Speed(H)	현재 속도 값의 상위 바이트	R	–
	40 (0x28)	Present Load(L)	현재 하중 값의 하위 바이트	R	–
	41 (0x29)	Present Load(H)	현재 하중 값의 상위 바이트	R	–
	42 (0x2A)	Present Voltage	현재 전압	R	–
	43 (0x2B)	Present Temperature	현재 온도	R	–
	44 (0x2C)	Registered	명령의 등록 여부	R	0 (0x00)
	46 (0x2E)	Moving	움직임 유무	R	0 (0x00)
	47 (0x2F)	Lock	EEPROM 잠금	RW	0 (0x00)
	48 (0x30)	Punch(L)	펀치 값의 하위 바이트	RW	0 (0x00)
	49 (0x31)	Punch(H)	펀치 값의 상위 바이트	RW	0 (0x00)
	73 (0x49)	Goal Acceleration	목표 가속도값	RW	0 (0x00)

지금부터 다이나믹셀의 제어테이블 항목 중 모션 생성 및 제어에 사용되는 주요항목에 대해 알아보도록 하자.

- 목표 위치(Goal Position): 다이나믹셀을 이동시키고자 하는 위치값. <그림 4.5>와 같이 360°를 12비트로 표현하므로 단위는 0.088°(=360°/4096)가 된다. 시계방향/반시계방향 각도한계를 벗어나는 값을 사용하게 되면 상태 패킷(status packet) 중 ERROR의 Angle Limit Error Bit(Bit 1)가 1로 설정되어 반환 된다.

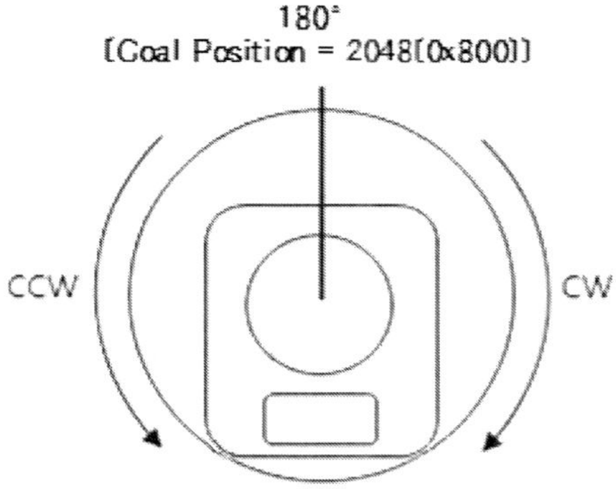

» **그림 4.5** MX-28 모터의 위치각 정의

- 회전 속도(Moving Speed): 목표 위치로 회전하는 속도. 0~1023(0x3FF)까지 사용되며, 0으로 설정하면 속도 제어를 하지 않고 모터를 최대 RPM(약 117 RPM)으로 회전시키는 것을 의미한다. 회전 속도의 단위는 0.114 RPM (=117/1023)이므로, 예를 들어 300으로 설정하면 다이나믹셀은 34.33 RPM (분당 34번, 초당 0.57번 회전)으로 회전한다.
- 목표 가속도(Goal Acceleration): 목표 위치로 회전하기 위한 가속도. 0~254 (0xFE)까지 사용되며, 단위는 약 8.583°/sec^{2}이다. 이 값을 0으로 설정하면 가속도 제어를 하지 않고 모터의 최대 가속도로 움직인다는 의미이다. 예를

들어, 다이나믹셀의 속도가 현재 0일 때, 이 값을 10으로 설정하면 1초 뒤의 다이나믹셀 회전 속도는, 14.3 RPM(=85.83°/sec× 60 sec/360°)이 된다.

- 현재 위치(Present Position): 다이나믹셀의 현재 위치값이며, 값의 범위는 0~4095(0xFFF)이고 단위는 0.088°이다.
- 현재 속도(Present Speed): 다이나믹셀이 현재 회전하고 있는 속도값이며, 속도값의 범위는 0~2047(0x7FF)이다. 이 값이 0~1023 사이에 있으면 반시계방향으로 회전한다는 의미이며, 1024~2047 사이에 있으면 시계방향으로 회전한다는 의미이다. 단위는 회전 속도와 마찬가지로 약 0.114 RPM이다.
- 토크 제한(Torque Limit): 모터의 최대 출력토크 값으로서 0~1023(0x3FF)까지 사용 가능하며, 단위는 약 0.1%이다. 예를 들어, 값이 512이면 최대 출력대비 약 50%의 토크까지만 사용하겠다는 의미이다.
- 현재 하중(Present Load): 모터에 현재 가해지고 있는 하중으로서 범위는 0~2047, 단위는 약 0.1%이다. 이 값이 0~1023 이내에 있으면 반시계방향으로 하중이 가해지고 있다는 의미이고, 1024~2047 이내에 있으면 시계방향으로 하중이 가해지고 있다는 의미이다. 예를 들어, 값이 512이면 해당 모터에 현재 반시계방향으로 최대 출력 대비 약 50%로 하중이 가해지고 있다는 사실을 의미한다.
- PID 이득(Gain): 다이나믹셀 MX시리즈는 다이나믹셀의 위치 오차를 감소시키기 위해 대표적인 제어기법인 PID 제어기를 사용한다. 제어테이블의 P Gain과 I Gain, D Gain은 각각 비례, 적분, 미분 이득을 나타내며, <그림 4.6>의 PID 제어기 이득값과는 다음의 관계가 설정되어 있다.

$$K_p = P\,Gain/8,\ \ K_i = I\,Gain \times 1000/2048,\ \ K_d = D\,Gain \times 4/1000$$

PID 이득의 기본값으로 P Gain은 32, I Gain과 D Gain은 0으로 설정되어 있다. P Gain을 증가시킬수록 유격이 작아지고, 정확한 목표값을 추종하므로 하체 다이나믹셀의 P Gain은 가급적 크게 설정해야 한다.

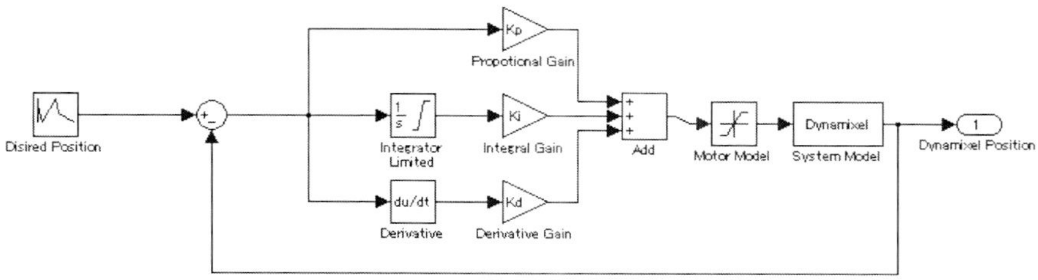

» **그림 4.6** 다이나믹셀의 PID 제어기 구조

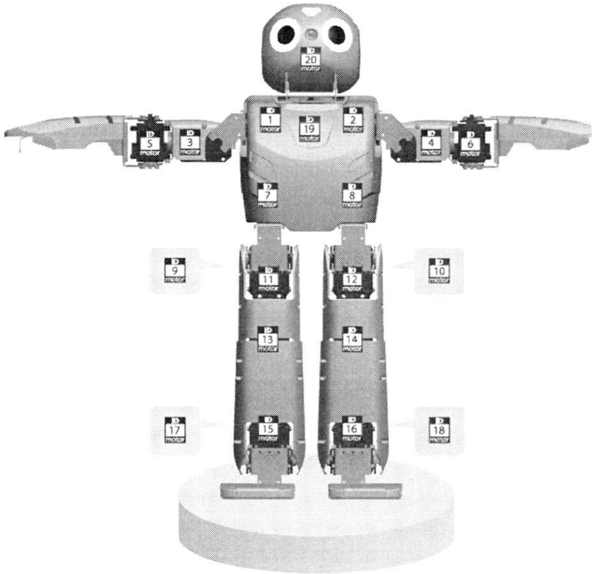

» **그림 4.7** OP를 구성하는 MX-28 모터의 위치별 ID

OP는 전신에 총 20개의 MX-28 모터들이 관절 부위에 장착되어 있으며, 각 관절모터의 ID는 <그림 4.7>과 같이 할당되어 있다. <표 4.3>은 각 ID의 명칭을 번호 순으로 정리한 것이다.

» **표 4.3** 다이나믹셀의 ID별 명칭

ID	명칭
1	ID_R_SHOULDER_PITCH
2	ID_L_SHOULDER_PITCH
3	ID_R_SHOULDER_ROLL
4	ID_L_SHOULDER_ROLL
5	ID_R_ELBOW
6	ID_L_ELBOW
7	ID_R_HIP_YAW
8	ID_L_HIP_YAW
9	ID_R_HIP_ROLL
10	ID_L_HIP_ROLL
11	ID_R_HIP_PITCH
12	ID_L_HIP_PITCH
13	ID_R_KNEE
14	ID_L_KNEE
15	ID_R_ANKLE_PITCH
16	ID_L_ANKLE_PITCH
17	ID_R_ANKLE_ROLL
18	ID_L_ANKLE_ROLL
19	ID_HEAD_PAN
20	ID_HEAD_TILT

4.1.3 센서

OP의 제어기인 CM-730(OP1)과 CM-740(OP2)에는 두 가지 중요한 센서 모듈이 장착되어 있는데, 로봇 몸체의 각속도를 측정하는 자이로스코프 센서, 가속도를 측정하는 가속도 센서이다. 발바닥에 가해지는 압력을 측정하는 FSR(force sensing resistor) 센서는 별도 판매 모듈로 제공된다. 자이로스코프 센서와 가속도 센서에 대한 자세한 정보는 e-매뉴얼에서 아래 페이지의 하단부에 자세히 나와 있다.

DARWIN-OP/References/Reference/Hardware Specifications/Electronics/SubController

그리고 FSR 센서에 관한 정보는 아래의 페이지에 자세히 소개되어 있다.

DARWIN-OP/References/Reference/Hardware Specifications/Electronics/Optional Components/FSR

<그림 4.8>은 OP의 센서 모듈 보드의 사진으로 OP의 중심축 방향(지면 위쪽으로 향하는 방향)과 가속도 센서, 자이로 센서 부품들을 볼 수 있다.

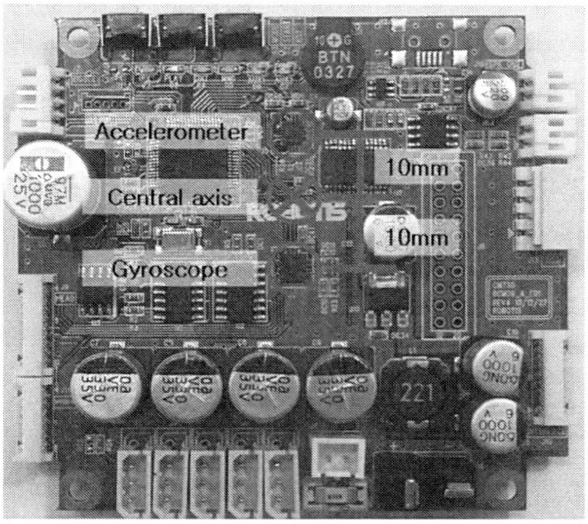

» **그림 4.8** OP의 중심축과 자이로스코프 센서 및 가속도 센서의 위치

자이로스코프 센서는 각모멘텀(angular momentum)의 원리를 기반으로 물체의 방향을 측정하거나 유지하는 데 많이 사용된다. 자이로스코프 센서는 <그림 4.9>와 같이 OP의 상체 하부에 장착되어 있으며 이 센서를 이용해서 OP가 움직일 때 상체의 각도를 측정할 수 있다. <그림 4.9>는 자이로스코프 센서의 측정 기준축인 x축과 y축, z축과 로봇 몸체와의 관계를 나타낸다.

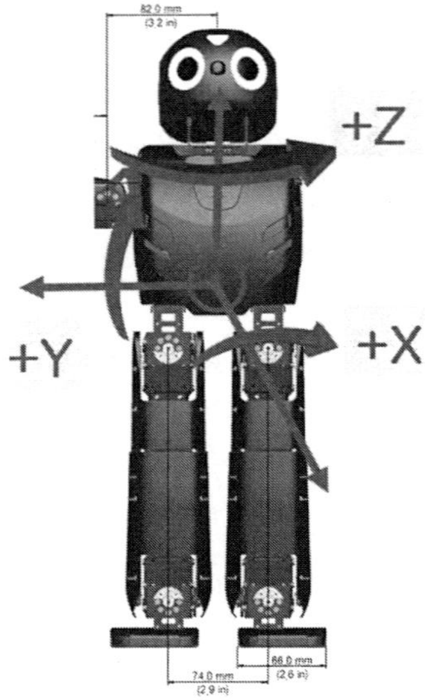

» **그림 4.9** 자이로 센서의 회전각 기준축

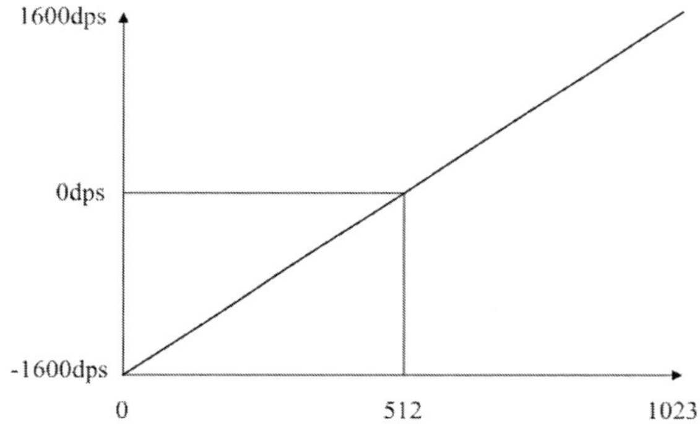

» **그림 4.10** 자이로스코프의 부호화된 값과 dps(degree per second)의 변환관계

<그림 4.10>은 CM740 제어기가 자이로스코프 센서로부터 읽어 온 값과 DPS (degree per second)와의 관계 그래프를 나타낸다. 센서값과 DPS 간에 선형 비례 관계가 성립하므로 k번째 샘플링 시 측정한 자이로스코프 값 $S_g(k)$는 다음 식을 이용해서 DPS 단위인 $\omega(k)$로 변환된다.

$$\omega(k) = 1600 \times \frac{S_g(k) - 512}{512} \tag{4.1}$$

이 식에서 계산한 값은 초당 각도 변화량이므로 이로부터 k번째 샘플 시간에 측정된 각도를 계산하기 위해서는 다음과 같이 샘플타임을 곱한 값을 누산해야 한다.

$$\theta(k) = \theta(k-1) + t_s w(k),\ k \geq 1 \tag{4.2}$$

식에서 t_s는 샘플링 시간을 의미하며 θ는 각도(degree) 단위이다.

가속도 센서는 물체의 선형 가속도(linear acceleration)를 측정하는 용도로 사용되며, 단위는 중력가속도인 g (=9.8 m/sec^2)이다. 현재 가속도 센서는 스마트폰이나 로봇 리모콘에 내장되어 사용자의 동작을 인식하고 이를 통해 사용자의 의도를 유추하는 용도로 많이 사용되고 있다.

<그림 4.11>은 가속도 센서의 측정 기준축인 x축과 y축, z축과 로봇 몸체와의 관계를 나타내고, <그림 4.12>는 가속도 센서의 부호화된 값과 가속도 값의 변환 관계 그래프를 나타낸다. 이 그래프로부터 k번째 샘플링 시 측정된 가속도 센서의 부호화된 값 $S_a(k)$는 다음 식을 이용해서 가속도 값으로 변환할 수 있다.

$$a(k) = 4 \times \frac{S_a(k) - 512}{512} \tag{4.3}$$

속도는 가속도를 적분하면 얻어지므로 속도 값은 다음 식으로부터 계산할 수 있다.

$$v(k) = v(k-1) + t_s a(k),\ k \geq 1 \tag{4.4}$$

속도를 한 번 더 적분하면 이동거리가 되므로 다음 식으로부터 축 방향의 이동거리를 계산할 수 있다.

$$d(k) = d(k-1) + t_s v(k),\ k \geq 2 \tag{4.5}$$

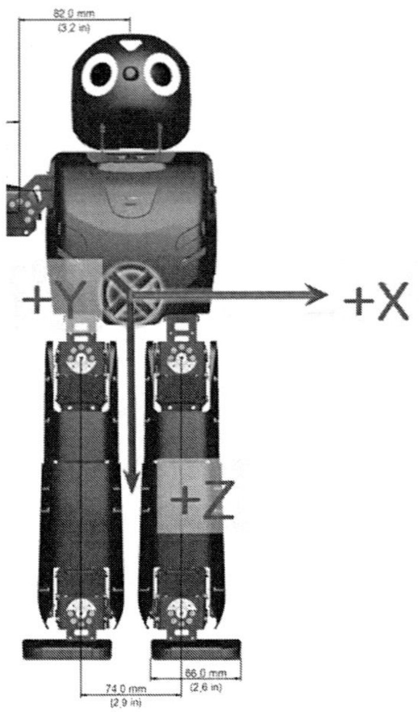

» **그림 4.11** 가속도 센서의 측정 기준축

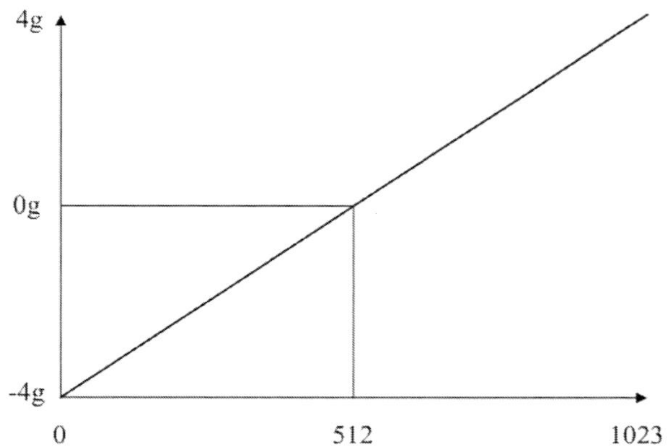

» **그림 4.12** 가속도 센서의 부호화된 값과 가속도 값의 변환관계

FSR 센서는 얇은 필름 방식으로 제작된 압력 센서로서 센서에 가해지는 힘에 비례하여 conductance(저항의 역수)가 증가하는 특성을 가진다. FSR의 주요 성능은 다음과 같고 보다 자세한 내용은 e-매뉴얼(Electronics/Optional Components/FSR)에 잘 설명되어 있다.

- 전압: 9 V~12 V
- 명령 프로토콜 타입: Half duplex Asynchronous Serial Communication(8 bit, 1stop, No Parity)
- ID: 111과 112(다이나믹셀 ID와 겹쳐서는 안 됨)
- 통신 속도: 7843 bps ~ 3 Mbps
- 피드백 신호: 위치, 온도, 로드, 입력 전압 등
- 대기 신호: 50 mA

FSR 모듈을 로보티즈 사로부터 구매하여 OP에 장착한 후 제어기가 FSR 센서값을 정상적으로 인식하는지 확인하는 방법을 알아보자. 4.2절에서 설명된 방식으로 UltraVNC Viewer 터미널에 로그인 후 "cd /robotis/Linux/project/dxl_monitor" 명령으로 작업 디렉터리를 이동한 후 dxl_monitor를 실행하면 다음 페이지처럼 다이나믹셀 모니터 화면이 뜬다. ID 1부터 20까지는 OP의 각 관절에 설치된 다이나믹셀이며, ID 111은 오른발의 FSR, ID 112는 왼발의 FSR을 각각 의미한다. 그리고 ID 200은 제어기를 의미하며, 그림에서처럼 모두 OK 신호가 표시되어야 정상이다.

FSR이 설치되어 있지 않은 표준 OP의 경우 dxl_monitor를 실행하면 ID 111과 112가 나타나지 않을 것이다. 만약 FSR 모듈을 두 발의 발바닥 부분에 설치했는데도 다이나믹셀 모니터 화면에 ID 111과 112가 나타나지 않으면 FSR의 연결에 문제가 있거나 모듈 자체에 문제가 있는 것이다.

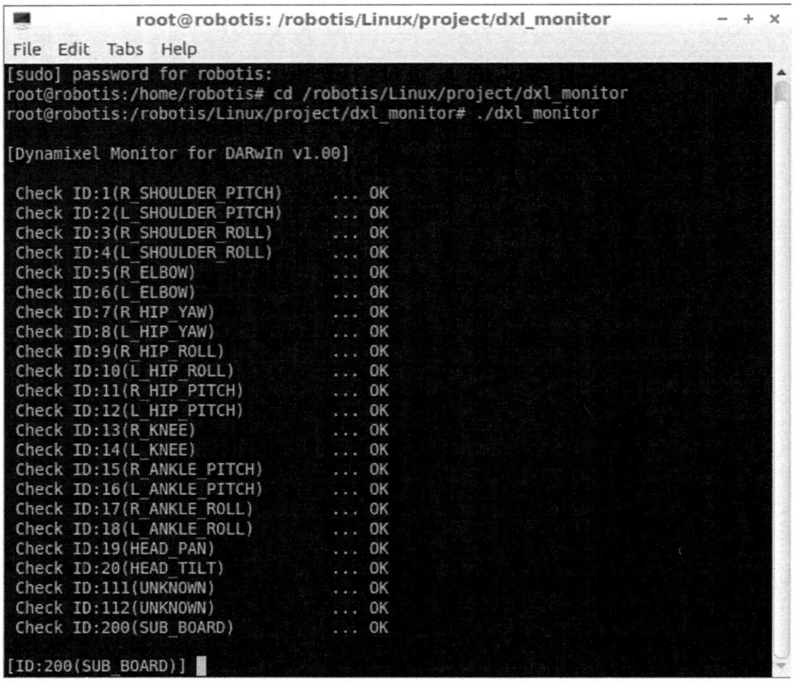

<그림 4.13>은 FSR이 발에서 장착된 위치와 측정된 압력점의 좌표계를 나타낸다. 아래는 OP의 소스 코드에서 FSR 센서값을 읽어오는 부분이다. <그림 4.13>에서 보이는 좌표는 (fsr_x, fsr_y)이며 두 값 모두 0에서 254사이의 값을 가진다.

```
int left_fsr_x = cm730.m_BulkReadData[FSR::ID_L_FSR].ReadByte(FSR::P_FSR_X);
int left_fsr_y = cm730.m_BulkReadData[FSR::ID_L_FSR].ReadByte(FSR::P_FSR_Y);
int right_fsr_x = cm730.m_BulkReadData[FSR::ID_R_FSR].ReadByte(FSR::P_FSR_X);
int right_fsr_y = cm730.m_BulkReadData[FSR::ID_R_FSR].ReadByte(FSR::P_FSR_Y);
```

이러한 압력점의 정수 좌표를 절대좌표계 상의 정규화(normalization)된 실수 좌표로 변환해야 제어 알고리즘을 구현하고 코딩하기가 용이하다. <그림 4.13>에서 보면 압력점의 첫 번째 좌표(fsr_x)는 왼발의 경우 Y축의 증가방향과 일치하지만 오른발의 경우는 반대방향이 된다. 한편, FSR에서 들어오는 압력점 데이터의 두 번째 좌표(fsr_y)는 왼발의 경우 X축의 증가방향과 일치하지만 오른발의 경우

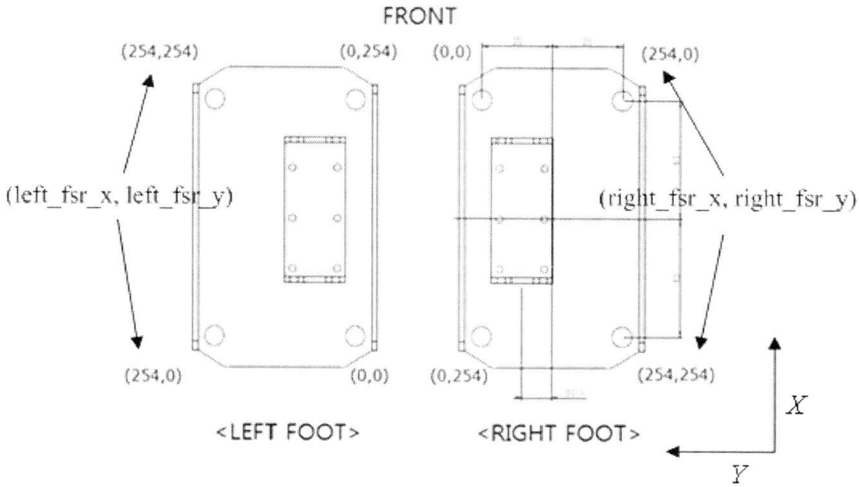

» **그림 4.13** FSR 센서의 장착 위치와 압력점 원 좌표계

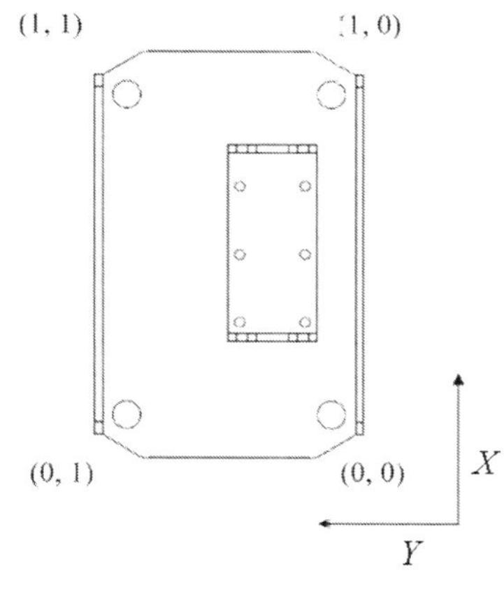

» **그림 4.14** 압력점의 정규화 된 좌표계

는 반대 방향이 된다. 이 좌표들을 <그림 4.14>에서 보인 것처럼 절대좌표계의 축 방향에 따라 0과 1 사이로 정규화하기 위해 다음과 같은 관계식을 사용한다.

$$NZMP_l^X = \frac{left\_fsr\_y}{254},\ NZMP_l^Y = \frac{left\_fsr\_x}{254} \tag{4.6}$$

$$NZMP_r^X = \frac{254 - right\_fsr\_y}{254},\ NZMP_r^Y = \frac{254 - right\_fsr\_x}{254} \tag{4.7}$$

식에서 $\left(NZMP_l^X, NZMP_l^Y\right)$은 왼발의 정규화된 압력점의 절대좌표를, $\left(NZMP_r^X, NZMP_r^Y\right)$은 오른발의 정규화된 압력점의 절대좌표를 각각 나타낸다.

4.2 | 소프트웨어 개발

4.2.1 개발 환경 구축

사용자가 원하는 모션을 OP가 수행하기 위해서는 내장된 PC의 운영체제(OS) 위에서 동작하는 애플리케이션 프로그램을 사용자가 직접 작성할 수 있어야 한다. 이를 위해 프로그램 개발이 용이한 데스크톱 PC에서 PuTTY 또는 VNC(Virtual Network Computing) 소프트웨어를 이용해서 OP에 내장된 PC에 접속해야 한다.

PuTTY는 Windows 또는 Unix 플랫폼에서 telnet(인터넷이나 로컬 영역 네트워크 연결용 네트워크 프로토콜에서 클라이언트 일부 기능이 추가된 소프트웨어)과 SSH(Secure Shell, 네트워크 상의 다른 컴퓨터에 로그인하거나 원격 시스템에서 명령을 실행하게 해 주는 응용프로그램/프로토콜)를 위한 클라이언트로 동작하는 단말 에뮬레이터 응용프로그램이다. VNC는 가상 네트워크 컴퓨팅의 약자로, 네트워크에 연결되어 있는 컴퓨터의 GUI(graphic user interface)에 원격으로 접근하게 하는 RFB(Remote Frame Buffer) 프로토콜을 이용해서 원격으로 대상 컴퓨터를 제어하는 시스템이다. PuTTY는 텍스트 기반, VNC는 그래픽 기반 응용프로그램이므로, 일반 사용자에게는 VNC가 좀 더 편리하다. 이 책에서는 VNC 중에서 Windows에서 동작하는 오픈소스 응용프로그램인 UltraVNC Viewer를 사용하여

OP의 내장 PC에 원격으로 연결하여 데스크톱 PC의 키 입력으로 OP를 제어한다. 이와 관련한 내용은 제6장에 자세히 소개될 것이다.

OP1의 OS는 우분투 리눅스 9.10(Karmic Koala)만을 사용할 수 있었으나, OP2는 사용자의 선호에 따라 Windows와 우분투 리눅스 12.04(Precise Pangolin) 중 하나를 설치하여 사용할 수 있다. 우분투는 리눅스 커널(kernel, 운영체제의 핵심 프로그램)을 포함하고 있는 리눅스 배포판의 일종으로 남아프리카의 Canonical이라는 회사가 개발, 유지 및 배포를 공식적으로 지원하고 있다. 우분투는 수많은 리눅스 배포판(Fedora, Red Hat, SentOS, Debian 등) 중 가장 사용하기 쉬워서 국내 리눅스 사용자들이 가장 선호하는 배포판이다.

UltraVNC Viewer 소프트웨어를 실행함으로써 데스크톱 PC에서 OP의 SBC(Single-Board Computer)를 원격으로 제어하는 순서는 다음과 같다.

1. OP의 전원을 켠다.
2. Ethernet 사용을 위해 LAN 케이블을 컴퓨터와 OP에 연결한다.
3. UltraVNC Viewer 아이콘을 더블 클릭해서 실행시키고, OP의 IP 주소인 "192.168.123.1"을 입력한다.

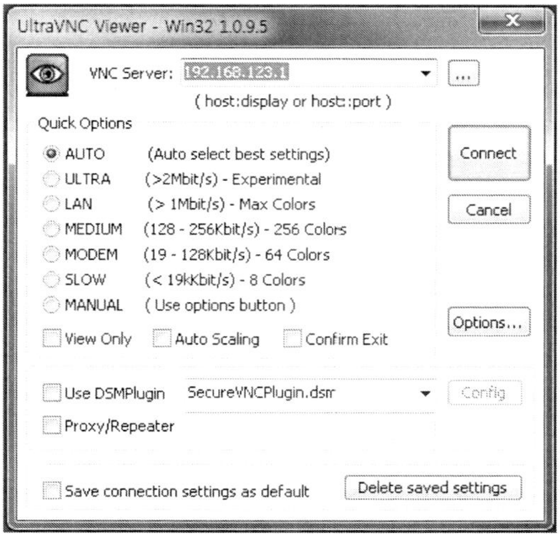

4. [Connect] 버튼을 누르면 아래와 같이 비밀번호를 입력하는 창이 뜨는데 "111111"("1" 여섯 개)을 입력하고 [Log On] 버튼을 누른다.

5. 아래와 같이 UltraVNC Viewer의 메인 화면(OP2의 Lubuntu)이 실행된다.

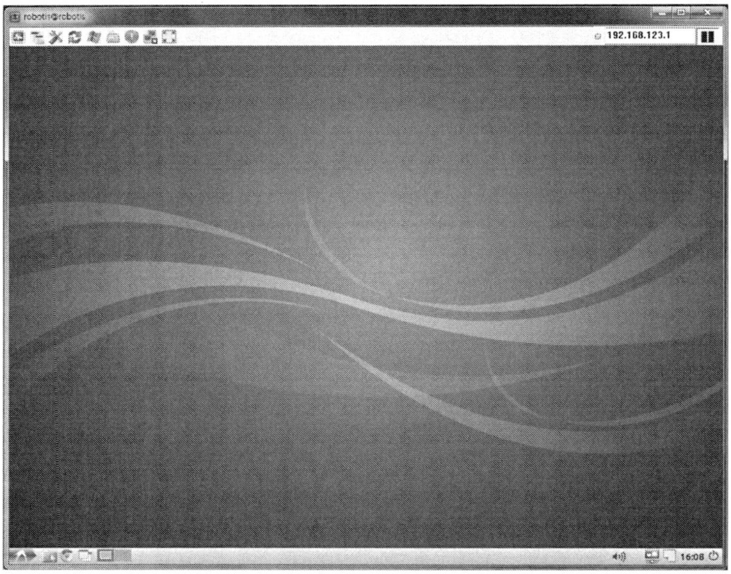

OP의 소스 코드를 편집하고 컴파일 및 실행하기 위해서는 터미널을 사용해야 한다. 터미널을 띄우기 위해서 다음 페이지와 같이 메인 화면 맨 아래의 왼쪽에 있는 아이콘을 클릭해서 'Accessories > LXTerminal'을 선택해 보자. 그러면 <그림 4.15>와 같이 터미널이 실행된다.

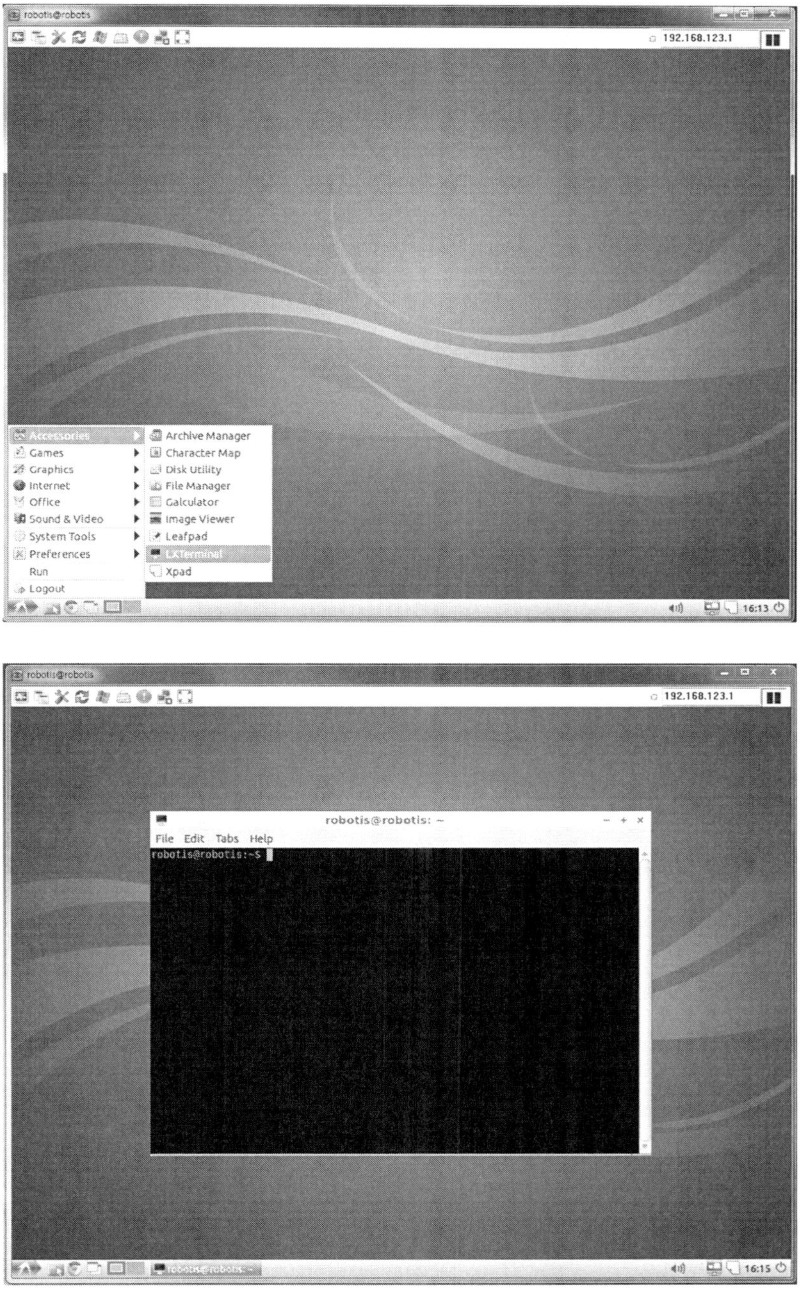

» **그림 4.15** 터미널 실행 화면

OP에 내장된 SBC의 리눅스 시스템에서 루트 사용자 권한을 얻기 위해 터미널 프롬프트에서 명령어 “sudo su”를 입력하고 비밀번호 “111111”을 입력하면 다음과 같이 home/robotis 디렉터리에 명령어 프롬프트가 위치한다.

OP를 구동하기 위한 응용프로그램 작성 시 컴파일러는 GNU C++ 컴파일러(g++)이고, 프로그래밍 언어는 C++를 사용한다. OP의 동작에 대한 예제 코드는 tutorial 디렉터리에 있으며, 메인 화면 아래의 왼쪽에서 두 번째에 위치한 File System 아이콘( )을 더블 클릭해서 /robotis/Linux/project/tutorial의 위치로 찾아가면 다음과 같이 tutorial 디렉터리를 열어 볼 수 있다.

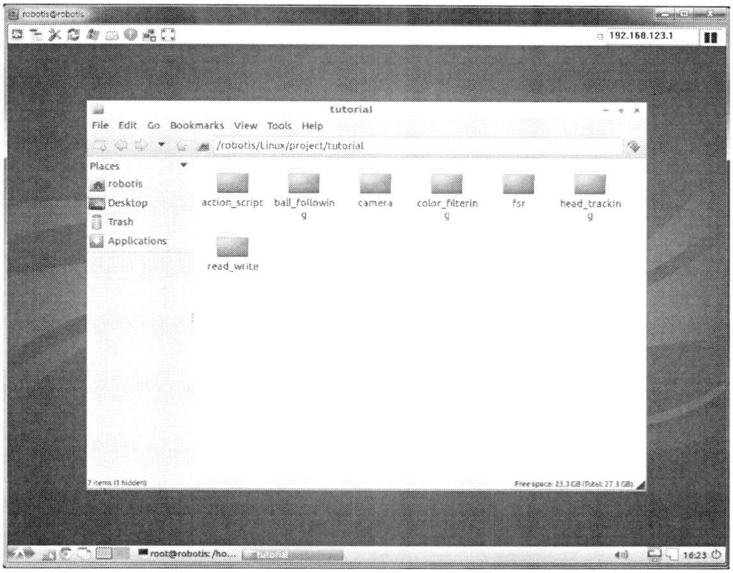

이 디렉터리에는 아래와 같은 7가지 하위 디렉터리가 있다.

- action_script
- ball_following
- camera
- color_filtering
- fsr
- head_tracking
- read_write

튜토리얼과 관련한 자세한 설명은 e매뉴얼에서 로봇플랫폼/DARWIN-OP/DevelopmentTutorials/Linux 메뉴를 따라가면 다음의 내용이 담긴 페이지들에서 찾을 수 있다.

- Read / Write

- Camera capture & view
- Image processing
- Head control
- Walking control
- Action control
- FSR

OP로 모션을 만들 때 e매뉴얼의 로봇플랫폼/DARWIN-OP/Development/Tools 페이지에 들어가면 다음과 같은 유용한 툴들이 있다. 자세한 내용은 e-매뉴얼의 해당 페이지를 참고하기 바란다.

- Action Editor
- Dynamixel Monitor
- RoboPlus
- Walking Tuner
- Firmware Installer
- Offset Tuner

4.2.2 OP 프레임워크

이 절에서는 OP의 모션 소스 코드에 공통적으로 사용되는 라이브러리 파일의 구조를 설명한다. 참고로 업데이트된 소스 코드는 http://sourceforge.net/projects/darwinop에서 다운로드 할 수 있다. <표 4.4>는 OP 소스 코드의 전체 디렉터리의 구조와 각 디렉터리에 소속된 파일들을 표로 정리한 것이다.

» **표 4.4** OP 소스 코드 파일의 디렉터리 구성

Data	mp3				Autonomous soccer mode.mp3, Bye bye.mp3, Clap please.mp3, ~Wow.mp3, Yes go.mp3, Yes.mp3
					motion_1024.bin, motion_4096.bin
Framework	doc				ReadMe.txt
	include				Action.h, BallFollower.h, ~ Point.h, Vector.h, Walking.h
	src	math			Matrix.cpp, Plane.cpp, Point.cpp, Vector.cpp
		minIni			minGlue.h, minIni.c/.h, wxMinIni.h
		motion	modules		Action.cpp, Head.cpp, Walking.cpp
					JointData.cpp, Kinematics.cpp, MotionManager.cpp, MotionStatus.cpp
		vision			BallFollower.cpp, BallTracker.cpp, ColorFinder.cpp, Image.cpp, ImgProcess.cpp
					CM730.cpp/.a
Linux	build	streamer			httpd.cpp/.h, jpeg_utils.cpp/.h, mjpg_streamer.cpp/.h
					LinuxActionScript.cpp, LinuxCamera.cpp, LinuxCM730.cpp, LinuxMotionTimer.cpp, LinuxNetwork.cpp, Makefile
	include				LinuxActionScript.h, LinuxCamera.h, LinuxCM730.h, LinuxDARwIn.h, LinuxMotionTimer.h, LinuxNetwork.h,mjpg_streamer.h
	lib				darwin.a
	project	action_editor			cmd_process.cpp/.h, main.cpp, Makefile
		demo	www		favicon.ico, functions.js, index.html, LICENSE.txt
					demo, cmd_process.cpp/.h, main.cpp, Makefile, script.asc, StatusCheck.cpp/.h, VisionMode.cpp/.h
		dxl_monitor			cmd_process.cpp/.h, main.cpp, Makefile
		firmware_installer			cm730_0x13.hex, hex2bin.cpp/.h, main.cpp, Makefile, mx28_0x1A_1024.hex, mx28_0x1E+FSR_0x11.hex
		offset_tuner			cmd_process.cpp/.h, main.cpp, Makefile
		roboplus			main.cpp, Makefile, protocol.txt
		tutorial	action_script		config.ini, main.cpp, Makefile, script.asc
			ball_following	www	favicon.ico, functions.js, index.html, LICENSE.txt

				main.cpp, Makefile	
			camera	www	favicon.ico, functions.js, index.html, LICENSE.txt
				config.ini, main.cpp, Makefile	
			color_filtering	www	favicon.ico, functions.js, index.html, LICENSE.txt
				config.ini, main.cpp, Makefile	
			fsr	www	favicon.ico, functions.js, index.html, LICENSE.txt
				foot.raw, main.cpp, Makefile	
			head_tracking	www	favicon.ico, functions.js, index.html, LICENSE.txt
				config.ini, main.cpp, Makefile	
			read_write	main.cpp, Makefile	
		walk_tuner	www	favicon.ico, functions.js, index.html, LICENSE.txt	
			cmd_process.cpp/.h, main.cpp, Makefile		

<그림 4.16>은 OP Framework의 클래스와 인터페이스 구조를 나타낸다. 그림에서 namespace란 용도와 분야가 비슷한 클래스, 구조체, 인터페이스, 열거 형식 등을 하나의 이름으로 통합한 것을 의미한다. 그리고 플랫폼(Platform)이란 OP에 내장된 PC의 운영체제(OS)의 종류(Linux, Windows, MacOS 등)를 가리키는 용어로서 플랫폼 독립(Platform Independent) 클래스는 프로그램 실행 OS와는 상관없는 라이브러리 파일을, 플랫폼 종속(Platform Dependent) 클래스는 OP의 OS인 Linux와 관련된 클래스를 각각 의미한다.

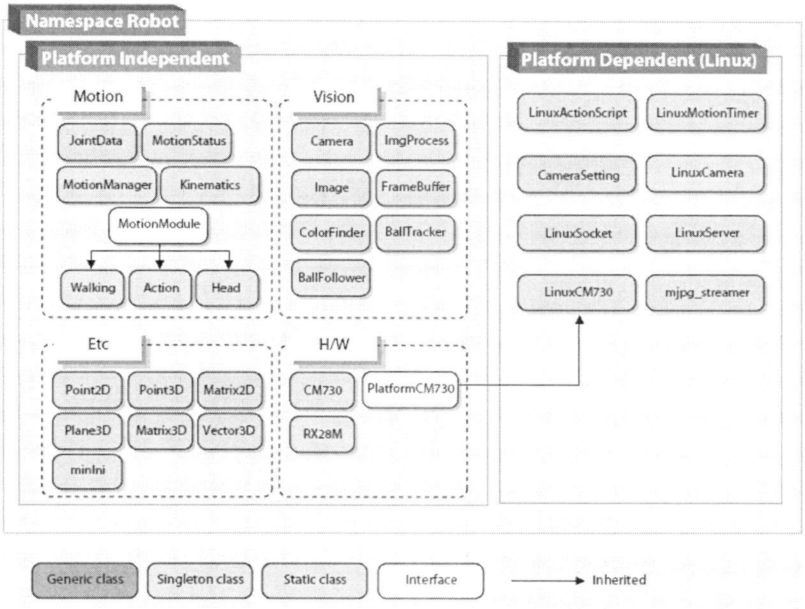

» **그림 4.16** OP Framework의 클래스와 인터페이스 구조

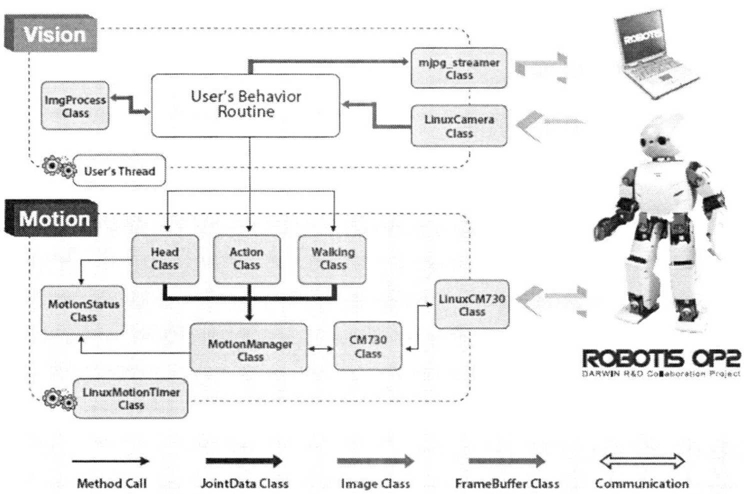

» **그림 4.17** OP 클래스 간의 데이터 흐름도

<그림 4.17>은 응용프로그램에 의해 OP가 동작할 때 클래스 간의 데이터 흐름도를 나타낸다.

먼저 플랫폼 독립 클래스를 보면 크게 Motion, Vision, H/W, 기타 클래스들이 있는데, 각 클래스에 대해 간략히 설명하면 아래와 같다. 한 눈에 볼 수 있도록 각 클래스의 주요 멤버 데이터와 메소드 이름만을 나열했는데, 직관적으로 명명이 되어있기 때문에 이름만으로도 클래스의 특성을 짐작할 수 있다. 각 클래스의 헤더 파일은 /robotis/Framework/include 디렉터리에 있으며, C++ 소스 파일은 /robotis/Framework/src 디렉터리의 하위 디렉터리인 math, minIni, motion, vision 중 해당 디렉터리 안에 있다. 그리고 표에서 다이나믹셀은 줄여서 DXL로 지칭한다.

모션 클래스

JointData Class

〈Data Member〉

DXL ID	ID_R_SHOULDER_PITCH(=1)~ID_HEAD_TILT(=20), NUMBER_OF_JOINTS=21,
Compliance 기울기	SLOPE_HARD(=16)/_DEFAULT(=32)/SOFT(=64)/EXTRASOFT(=128)
PID 이득	P_GAIN_DEFAULT(=32), I_GAIN_DEFAULT(=0), D_GAIN_DEFAULT(=0)
m_Enable	각 DXL에 설정된 enable 여부를 나타내는 배열
m_Value	각 DXL에 설정된 정수 value(위치) 배열
m_Angle	각 DXL에 설정된 실수 angle(각도 단위) 배열
m_CWSlope	각 DXL에 설정된 시계방향 회전속도(정수) 배열
m_CCWSlope	각 DXL에 설정된 반시계방향 회전속도(정수) 배열
m_PGain	각 DXL에 설정된 P제어기 이득(정수) 배열
m_IGain	각 DXL에 설정된 I제어기 이득(정수) 배열
m_DGain	각 DXL에 설정된 D제어기 이득(정수) 배열

〈Method〉

SetEnable	id번째 DXL에 대해 m_Enable[id]값을 enable 값으로 설정하고, exclusive가 true인 경우는 그 DXL만 SetJointDisable(MotionManager 클래스 소속) 시킴
SetEnableHeadOnly	enable 값으로 머리와 목의 DXL만을 SetEnable 함
SetEnableRight ArmOnly	enable 값으로 오른팔에 위치한 DXL(ID_R_SHOULDER_PITCH, ID_R_SHOULDER_ROLL, ID_R_ELBOW)만 SetEnable 함
SetEnableLeftArmOnly	enable 값으로 왼팔에 위치한 DXL(ID_L_SHOULDER_PITCH, ID_L_SHOULDER_ROLL, ID_L_ELBOW)만 SetEnable 함
SetEnableRightLegOnly	enable 값으로 오른쪽 다리에 위치한 DXL(ID_R_HIP_YAW, ID_R_HIP_ROLL, ID_R_HIP_PITCH, ID_R_KNEE, ID_R_ANKLE_PITCH, ID_R_ANKLE_ROLL)만 SetEnable 함
SetEnableLeftLegOnly	enable 값으로 왼쪽 다리에 위치한 DXL(ID_L_HIP_YAW, ID_L_HIP_ROLL, ID_L_HIP_PITCH, ID_L_KNEE, ID_L_ANKLE_PITCH, ID_L_ANKLE_ROLL)만 SetEnable 함
SetEnableUpperBody WithoutHead	SetEnableRightArmOnly와 SetEnableLeftArmOnly 함수를 이용해서 enable 값으로 오른팔과 왼팔에 위치한 DXL만 SetEnable 함
SetEnableLower Body	SetEnableRightLegOnly와 SetEnableLeftLegOnly 함수를 이용해서 enable 값으로 오른다리와 왼다리에 위치한 DXL만 SetEnable 함
SetEnableBodyWithoutH ead	enable 값으로 왼쪽 다리와 오른쪽 다리, 왼팔과 오른팔에 위치한 DXL만 SetEnable 함
SetEnableBody	enable 값으로 모든 DXL를 SetEnable 함
GetEnable	id번째 DXL에 대해 m_Enable[id] 값을 읽어 옴
SetValue	id번째 DXL의 위치 값인 value가 MX28::MIN_VALUE(0)와 MX28::MAX_VALUE(4095) 사이에 있는 지 확인 후, 이 값을 m_Value[id]에 할당 함. 또한, 이 값을 MX28::Value2Angle 함수를 이용해서 각도값으로 변환하여 m_Angle[id]에 할당
GetValue	id번째 DXL에 대해 m_Value[id]의 위치 값을 읽어 옴
SetAngle	id번째 DXL의 degree 각도인 angle이 MX28::MIN_ANGLE(−180°)과 MX28::MAX_ANGLE(180°) 사이 값인지 확인 후, 이 값을 m_Angle[id]에 할당함. 또한, MX28::Angle2Value 함수를 이용해서 이 값을 위치 값으로 환산해서 m_Value[id]에 할당
GetAngle	id번째 DXL의 각도값인 m_Angle[id]를 읽어 옴
SetRadian	radian 단위의 DXL 각을 각도 단위로 변환해서 id번째 DXL에 SetAngle

GetRadian	id번째 DXL의 각도값인 m_Angle[id]를 읽어 와서 radian으로 환산
SetSlope	id번째 DXL의 m_CWSlope[id] 값과 m_CCWSlope[id] 값을 SetCWSlope 함수와 SetCCWSlope를 이용해서 cwSlope 값과 ccwSlope으로 설정

MotionStatus Class

〈Data Member〉

FALLEN_F_LIMIT	앞으로 넘어지기 직전의 가속도센서 한계값(=390)
FALLEN_B_LIMIT	뒤로 넘어지기 직전의 가속도센서 한계값(=580)
m_CurrentJoints	JointData 클래스 타입의 현재 관절 정보 인스턴스
FB_GYRO, RL_GYRO	전후/좌우측 자이로 센서값(정수)
FB_ACCEL, RL_ACCEL	전후/좌우측 가속도 센서값(정수)
BUTTON	눌러진 버튼 번호(MODE 버튼=1, START 버튼=2)
FALLEN	로봇의 자세 정보(BACKWARD=-1, STANDUP=0, FORWARD=1)

MotionManager Class

〈Data Member〉

m_CM730	CM730 클래스의 인스턴스 포인터
m_Enabled	true이면 모든 DXL의 P_MOVING_SPEED_L 값을 0(최대값)으로 설정
m_IsLogging	데이터 로그 파일에 저장을 시작하면 1, 정지하면 0
m_IsRunning	Process가 실행 중이면 1, 종료되면 0
m_CalibrationStatus	초기값은 0, 자이로 센서 데이터 평균값 계산에 성공했으면 1, 그렇지 않으면 -1
m_FB/RLGyroCenter	전후/좌우 자이로 센서 데이터의 측정 평균값(정수)
m_ProcessEnable	초기화에 성공하고 Process 실행 준비가 된 상태면 true

〈Method〉

GetInstance	MotionManager 클래스의 포인터인 m_UniqueInstance를 호출
Initialize	CM730 클래스인 m_CM730의 ReadWord 함수로 모든 관절 DXL의 현재 위치값(P_PRESENT_POSITION)을 value로 읽어 와서

	m_CurrentJoints의 id번째 DXL의 위치값으로 SetValue한 후 SetEnable을 true로 설정. m_CalibrationStatus(=0), m_FBGyroCenter(=512), m_RLGyroCenter(=512)를 초기화
Reinitialize	m_CM730 클래스의 DXLPowerOn 함수로 DXL을 작동시킨 후 Initialize 시행함
SetEnable	enable이 true인 경우 m_CM730 클래스의 WriteWord 함수로 모든 DXL(ID_BROADCAST)에 목표속도(P_MOVING_SPEED_L)를 0(최대 속도)으로 설정함
GetEnable	m_Enabled 값을 돌려 줌
AddModule	MotionModule 클래스인 module을 m_Modules에 push back 수행
RemoveModule	m_Modules에서 module을 제거
ResetGyroCalibration	m_CalibrationStatus=0, m_FBGyroCenter=512, m_RLGyroCenter=512로 리셋
GetCalibrationStatus	m_CalibrationStatus 값 호출
SetJointDisable	m_Modules의 시작 모듈로부터 마지막 모듈까지의 index번째 DXL의 enable을 false로 설정
StartLogging	GyroFB, GyroRL, AccelFB, AccelRL, L_FSR_X, L_FSR_Y, R_FSR_X, R_FSR_Y 값을 읽어 와서 데이터 로그 파일에 저장함
StopLogging	로그 파일 스트림을 닫고 데이터 로깅을 정지함
Process	m_ProcessEnable이 false이거나 m_IsRunning이 true를 돌려줌
	m_CM730의 센서 데이터 버퍼에 GYRO_WINDOW_SIZE(=100)만큼의 데이터가 저장되지 않았으면 fb_gyro_array와 rl_gyro_array에 센서 데이터를 계속 읽어오고, 버퍼에 데이터가 차면 전후 자이로 센서값의 평균(fb_mean)과 표준편차(fb_sd), 좌우 자이로 센서값의 평균(rl_mean)과 표준편차(rl_sd)를 계산함. 만약 두 표준편차 값이 모두 MARGIN_OF_SD (=2.0) 이하가 되면 자이로 센서 데이터의 평균값(m_FBGyroCenter, m_RLGyroCenter)은 fb_mean과 fb_sd로 할당하며, 그렇지 않은 경우 기본값인 512를 할당
	자이로 센서 데이터의 평균값을 성공적으로 계산했다면 자이로 센서와 가속도센서값을 cm730 제어기로부터 읽어서 MotionStatus 클래스의 FB_GYRO, RL_GYRO, FB_ACCEL, RL_ACCEL 값에 할당. FB_ACCEL 데이터 값을 fb_array에 계속 저장하고 그 값의 평균값으로부터 로봇의 자세(MotionStatus::FALLEN)를 판단함(FORWARD, BACKWARD, STANDUP)
	모션 모듈(Walking, Action, Head)이 복수 개이면 각 모듈의 모든 관

	절의 m_Joint 클래스에서 CWSlope, CCWSlope, Value, PGain, IGain, DGain을 읽어와서 MotionStatus에 저장
	m_CurrentJoints의 Enable된 DXL에 대해 PGain, IGain, DGain과 Value+m_Offset 값을 param[]에 저장해서 cm730의 SyncWrite함수로 P_D_Gain 값을 써줌
	m_IsLogging이 true인 경우 m_LogFileStream에 cm730의 P_GYRO_Y_L, P_GYRO_X_L, P_ACCEL_Y_L, P_ACCEL_X_L, P_FSR_X, P_FSR_Y 값들을 기록함
	눌러진 버튼 종류를 CM730 제어기로부터 읽어서 MotionStatus BUTTON에 할당

Kinematics Class

Data Member	CAMERA_DISTANCE=33.2mm EYE_TILT_OFFSET_ANGLE=40deg LEG_SIDE_OFFSET=37.0mm THIGH_LENGTH=93.0mm CALF_LENGTH=93.0mm ANKLE_LENGTH=33.5mm LEG_LENGTH=219.5mm
Method	GetInstance: Kinematics 클래스의 전역 포인터를 갖는 m_UniqueInstance를 호출

MotionModule Class: Walking, Action, Header 클래스를 상속함(modules 디렉터리)

〈Data Member〉

m_Joint	JointData 클래스의 인스턴스
TIME_UNIT	동작 단위 시간(=8ms)

〈Method〉

Initialize	virtual 함수로서 초기화 역할
Process	virtual 함수로서 주요 Process 수행

Walking Class: MotionModule 클래스를 상속 받음

〈Data Member〉

PERIOD_TIME	보행 주기
DSP_RATIO	보행 주기에서 양측지지에 소요되는 시간 비율, 0.1로 설정 됨(이 경우 SSP_RATIO=1–DSP_RATIO=0.9임)
X/Y/Z_SWAP_AMPLITUDE	상체를 X/Y/Z축으로 swing하는 폭
X/Y/Z_MOVE_AMPLITUDE	foot step을 X/Y/Z축으로 이동하는 크기
A_MOVE_AMPLITUDE	보행 방향전환 각도
A_MOVE_AIM_ON	보행 방향전환 여부(기본 값: false)
X/Y/Z_OFFSET	보행 전 초기 자세의 X/Y/Z축 오프셋 값(단위: mm)
A/P/R_OFFSET	보행 전 초기 자세의 Yaw/Pitch/Roll 각의 오프셋 값(단위: deg)
PELVIS_OFFSET	단측지지 시 자유다리를 관상면에서 더 회전한 각(기본 값: 3°)
HIP_PITCH_OFFSET	상체를 숙인 각도(기본 값: 13°)
BALANCE_ENABLE	이 값이 true이면 자세 균형제어 실시
BALANCE_KNEE_GAIN	자이로스코프 피치각에 대한 슬관절 이득(기본 값: 0.3)
BALANCE_ANKLE_PITCH_GAIN	자이로스코프 피치각에 대한 족관절각 이득
BALANCE_HIP_ROLL_GAIN	자이로스코프 롤각에 대한 관상면 고관절각 이득
BALANCE_ANKLE_ROLL_GAIN	자이로스코프 롤각에 대한 관상면 족관절각 이득
ARM_SWING_GAIN	보행 시 스텝 방향에 맞춰 팔을 전후로 흔드는 각도
m_PeriodTime	보행의 한 주기 시간(단위: ms), 초기 값은 600ms로 설정
m_DSP/SSP_Ratio	보행 시 양측지지(DSP)와 단측지지(SSP)의 시간 비율
m_X/Y/Z_Swap_PeriodTime	X/Y/Z축 별로 Swap(상체를 스윙하는 폭)에 소요되는 시간
m_X/Y/Z_Move_PeriodTime	X/Y/Z축 별로 Move(foot step을 전후좌우로 이동)에 소요되는 시간
m_A_Move_PeriodTime	보행 방향 전환에 소요되는 시간
m_SSP_Time	단측지지 시간
m_SSP_Time_Start_L/R	왼발/오른발을 들어올리는 시간
m_SSP_Time_End_L/R	왼발/오른발을 착지하는 시간

m_Phase_Time1/2/3	각 Phase 별 시간(PHASE1: 왼발이 정점에 위치, PHASE2: 양측지지 시간, PHASE3: 오른발이 정점에 위치)
m_X/Y/Z_Offset	update_param_balance 함수에서 업데이트한 X/Y/Z_Offset
m_R/P/A_Offset	update_param_balance 함수에서 업데이트한 R/P/A_Offset
m_X/Y/Z_Swap_Phase_Shift	X/Y/Z축으로 상체를 swing하는 sin 함수 파형의 위상 천이
m_X/Y/Z_Swap_Amplitude	X/Y/Z축으로 상체를 swing하는 sin 함수 파형의 크기
m_X/Y/Z_Swap_Amplitude_Shift	X/Y/Z축으로 상체를 swing하는 sin 함수 값의 바이어스
m_X/Y/Z_Move_Phase_Shift	X/Y/Z축으로 하체를 이동하는 sin 함수 파형의 위상 천이
m_X/Y/Z_Move_Amplitude	X/Y/Z축으로 하체를 이동하는 sin 함수 파형의 크기
m_X/Y/Z_Move_Amplitude_Shift	X/Y/Z축으로 하체를 이동하는 sin 함수 값의 바이어스
m_A_Move_Phase_Shift	보행 방향을 전환하게 하는 sin 함수 파형의 위상 천이
m_A_Move_Amplitude	보행 방향을 전환하게 하는 sin 함수 파형의 크기
m_A_Move_Amplitude_Shift	보행 방향을 전환하게 하는 sin 함수 값의 바이어스
m_Pelvis_Offset	update_param_time 함수에서 업데이트한 PELVIS_OFFSET
m_Pelvis_Swing	m_Pelvis_Offset에 0.35를 곱한 값
m_Hip_Pitch_Offset	update_param_balance 함수에서 업데이트한 HIP_PITCH_OFFSET
m_Arm_Swing_Gain	update_param_time 함수에서 업데이트한 ARM_SWING_GAIN
m_Ctrl_Running	Start 함수로 보행 시작하면 true, Stop 함수로 보행 멈추면 false
m_Real_Running	OP가 실제 이동 했으면 true, 그렇지 않으면 false
m_Time	Process 함수 실행 때부터 측정된 현재 시간(m_PeriodTime보다 커지면 다시 0으로 세팅 됨)
m_Phase	현재의 보행 단계로서 PHASE0(초기), PHASE1, PHASE2, PHASE3 중의 하나임
m_Body_Swing_Y/Z	상체의 Y/Z축 스윙 폭

〈Method〉

GetCurrentPhase	현재의 m_Phase 값을 읽어 옴
GetBodySwingY/Z	현재의 m_Body_Swing_Y/Z값을 읽어 옴
GetInstance	Walking 클래스의 전역 포인터를 갖는 m_UniqueInstance를 호출
Initialize	보행 관련 파라미터 초기화 및 update_param_time/move 함수로 업데이트
Start	m_Ctrl_Running과 m_Real_Running을 true로 설정
Stop	m_Ctrl_Running을 false로 설정
IsRunning	m_Real_Running값을 돌려받음
LoadINISettings	INI 파일의 WALKING_SECTION에서 데이터 멤버변수들을 읽어 옴
SaveINISettings	INI 파일의 WALKING_SECTION에 데이터 멤버변수들을 저장
wsin(t, perd, perd_shift, mag, mag_shift)	mag*sin(2*pi/perd*t-perd_shift)+mag_shift 값 계산
computeIK	다리 끝부분의 3차원 좌표와 방위각이 주어졌을 때 이로부터 다리에 있는 6개의 관절각을 계산하는 역기구학 함수
update_param_time	PERIOD_TIME과 DSP_RATIO에 따라 m_X/Y/Z_Swap_PeriodTime, m_X/Y/Z_Move_PeriodTime, m_SSP_Time_Start_L/R, m_SSP_Time_End_L/R, m_Phase_Time1/2/3 값을 업데이트
update_param_move	m_X/Y/Z_Swap_Amplitude, m_X/Y/Z_Move_Amplitude, m_A_Move_Amplitude(_Shift) 값을 업데이트
update_param_balance	m_X/Y/Z_Offset 값을 X/Y/Z_OFFSET 값으로 업데이트하고, m_R/P/A_Offset 값을 R/P/A/_OFFSET의 라디안 값으로 업데이트
Process	OP의 안정된 보행을 위해 12개의 하체 관절(R_HIP_YAW~L_ANKLE_ROLL)과 2개의 견관절(R/L_ARM_SWING) 각도를 실시간으로 계산하는 함수
	현재 시간인 m_Time에 따라 양측지지 단계인 PHASE0와 PHASE2에서는 update_param_time을 실행하고, 단측지지 단계인 PHASE1과 PHASE3에서는 update_param_move를 실행하여 보행 파라미터를 실시간 업데이트 함
	목표 x/y/z_swap과 a/b/c_swap을 계산하고, m_Time에 따라 목표 x/y/z_move_l과 pelvis_offset_l/r을 wsin함수로 계산하며,

	목표 a/b_move_l/r을 계산 후 이 값들을 모두 이용해서 각 관절의 3차원 좌표 값인 ep[0]~ep[11]에 할당
	ep 값을 이용해서 m_Body_Swing_Y/Z를 계산하고, 보행 상태에 따라 양팔의 시상면 각도 조정
	ep 값을 computeIK 함수에 대입해서 오른쪽과 왼쪽 다리의 12개 관절각 벡터인 angle을 계산하고 각 관절에 offset을 더함
	BALANCE_ENABLE이 true이면 MotionStatus::RL_GYRO/FB_GYRO 값을 읽어온 후, RL_GYRO값에 비례해서 R/L_HIP_ROLL각과 R/L_ANKLE_ROLL각을 조정하고, FB_GYRO값에 비례해서 R/L_KNEE각과 R/L_ANKLE_PITCH 각을 조정함
	m_Joint.SetValue 함수로 각 모터에 목표 위치 값을 할당하고, m_Joint.SetP/I/DGain 함수로 각 모터의 PID 이득 값 할당

OP의 보행과 관련한 여러 가지 용어들과 파라미터는 e-매뉴얼의 아래 페이지를 참고하기 바란다.

DARWIN-OP/Development/Tools/Walking Tuner

Action Class: MotionModule 클래스를 상속 받음

〈Data Member〉

MAXNUM_PAGE	최대 PAGE 수(=256)
MAXNUM_STEP	PAGE(페이지)당 최대 스텝 수(=7)
m_ActionFile	실행할 페이지들을 담고 있는 파일 스트림
m_FirstDrivingStart	페이지를 맨 처음 실행하면 true
m_IndexPlayingPage	현재 실행하고자 하는 페이지의 색인
m_PlayPage	현재 실행하고자 하는 페이지
m_Playing	어떤 페이지가 Start 되었으면 true, 초기화 또는 Brake 상태에서는 false

〈Method〉

GetInstance	Action 클래스의 전역 포인터를 갖는 m_UniqueInstance를 호출
Initialize	m_CurrentJoints 클래스의 GetValue 함수를 통해 현재의 모든 관절각을 읽어 와서 m_Joint 클래스에 저장
LoadFile	filename 이름을 갖는 파일을 읽어 와서 MAXNUM_PAGE 만큼의 페이지가 있는 지 확인 후 m_ActionFile이라는 파일 스트림에 저장
CreateFile	filename 이름을 갖는 파일에 MAXNUM_PAGE 만큼의 페이지 공간을 할당하고 m_ActionFile이라는 파일 스트림에 저장
Start	1. 번호가 iPage인 페이지를 page 주소에 LoadPage 2. 이름이 namePage인 페이지를 검색해서 발견하면 Start(1번) 실행 3. 주소가 pPage인 페이지를 m_PlayPage로 할당하고, index를 m_IndexPlayingPage에 할당하며 m_FirstDrivingStart와 m_Playing을 true로 설정함
Stop	페이지 실행 중단을 위해 m_StopPlaying 값을 true로 설정
Brake	m_Playing 값을 false로 설정
IsRunning	1. m_Playing 값을 return 2. m_IndexPlayingPage를 iPage에 저장하고 mPageStepCount-1을 iStep에 저장한 후 IsRunning(1번) 실행
LoadPage	m_ActionFile에서 index번째의 페이지를 읽어와서 pPage 메모리에 저장하고 checksum 수행
SavePage	m_ActionFile의 index번째 페이지에 pPage의 내용을 저장
ResetPage	PAGE 구조체 포인터인 pPage의 모든 데이터를 0으로 하고, PAGEHEADER를 디폴트 값(schedule=TIME_BASE_SCHEDULE, repeat = 1, speed = 32, accel = 32)으로 설정하고 모든 스텝을 디폴트 값으로 설정(position=INVALID_BIT_MASK, pause=0, time=0)
Process	Action 클래스 페이지 내에서 각 스텝의 관절각 회전속도 궤적의 섹션은 PRE_SECTION, MAIN_SECTION, POST_SECTION, PAUSE_SECTION으로 구분 됨 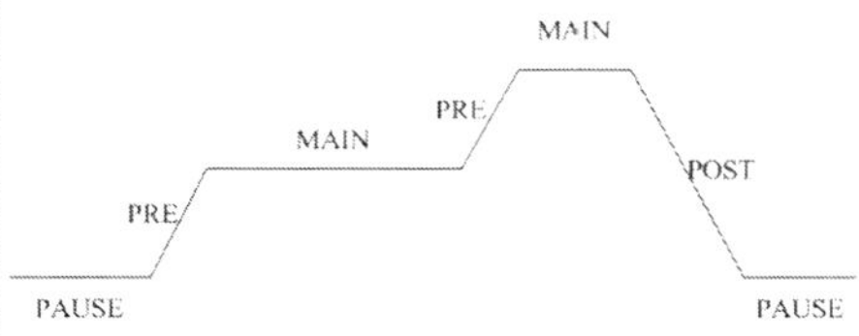 m_FirstDrivingStart가 true이면 처음 시작하는 상황이며 페이지 관련 파라미터들을 모두 초기화

	현재 모션이 진행 중이면 m_Joint.GetEnable 함수로 사용 중인 DXL을 찾아서 섹션 별로 적절한 ipGoalSpeed1024(각 DXL이 출력해야 할 목표속도) 값을 계산함. 또한, m_Joint.SetValue 함수로 섹션 별로 각 DXL에 적절한 위치값을 설정.
	현재 섹션이 완료되었다면 사용 중인 DXL에 대해 m_Joint.GetValue 함수로 현재 위치값을 읽어서 wpStartAngle1024로 저장하고 ipGoalSpeed1024를 ipLastOutSpeed1024에 저장함. 현재 섹션의 다음 섹션을 bSection으로 설정하고, 섹션 별로 적절한 wUnitTimeNum 계산함. PRE_SECTION과 MAIN_SECTION에서는 적절한 ipMainAngle1024(등속 구간에서 회전해야 할 각도)를 계산함. POST_SECTION에서는 Pause time이 있으면 다음 섹션을 PAUSE_SECTION으로 준비하고 그렇지 않으면 PRE_SECTION으로 설정.
	PRE_SECTION에서 다음 스텝의 액션 준비를 하는데, m_PageStepCount를 1 증가 시키고, 현재 페이지 재생이 끝났다면 다음 페이지를 복사하고 m_PageStepCount를 1로 초기화 함. 남은 스텝이 이 페이지의 마지막이라면 m_StopPlaying이 true인 경우 다음 페이지를 Exit 페이지로 로딩하고, 그렇지 않은 경우 bPlayRepeatCount(반복 횟수)가 0이상이면 다음 페이지를 현재 페이지로, 0이면 다음 페이지를 Next 페이지로 로딩함. 다음 페이지를 로딩 할 때, 같으면 메모리 복사를 하고 다르면 LoadPage로 파일을 읽어 옴.
	m_PlayPage의 wPauseTime과 wMaxSpeed256, wMaxAngle1024 계산
	m_Joint.GetEnable 함수로써 전체 관절 중에서 사용 중인 DXL을 찾아서 각 관절별 wpStartAngle1024(시작 각), wPrevTargetAngle(이전 목표각), wpTargetAngle1024(현재 목표각) 값을 설정. 이로부터 회전시켜야 할 각도값 ipMovingAngle1024를 계산하고 m_NextPlayPage에서 wNextTargetAngle을 읽어 옴. 현재 DXL의 회전각이 계속 증가하거나 감소하는 관계라면 bDirectionChanged를 0으로 설정. 이 값이 1이면 bpFinishType이 ZERO_FINISH(속도가 0으로 정지)가 됨.
	wUnitTimeTotalNum를 계산하고 전체 관절 중에서 사용 중인 DXL의 ipMainSpeed1024(목표 등속도)를 bpFinishType에 따라 계산함.

Head Class: MotionModule 클래스를 상속 받음

〈Data Member〉

m_Left/Right/Top op/Bottom_Limit	머리의 좌우 한계각(m_LeftLimit = 70deg, m_RightLimit = −70deg)과 머리의 상하 한계각(m_TopLimit = Kinematics::EYE_TILT_OFFSET_ ANGLE(=40deg), m_BottomLimit = Kinematics::EYE_TILT_OFFSET_ ANGLE−65deg)
m_Pan/Tilt_Home	머리의 Home position에 해당하는 pan각(yaw각), tilt각(pitch각)으로서 m_Pan_Home은 0, m_Tilt_Home은 Kinematics::EYE_TILT_ OFFSET_ANGLE-30으로 초기화
m_Pan/Tilt_err	pan각과 tilt각의 추종 오차
m_Pan/Tilt_err_diff	pan각과 tilt각의 추종 오차 변화량
m_Pan/Tilt_p/d_gain	pan각과 tilt각의 P제어기, I제어기 이득
m_Pan/TiltAngle	목표 pan각과 tilt각

〈Method〉

GetInstance	Head 클래스의 전역 포인터를 갖는 m_UniqueInstance를 호출
Initialize	MotionStatus::m_CurrentJoints 클래스로부터 PanAngle과 TiltAngle의 각도값을 읽어와서 CheckLimit 함수로 한계값을 넘었는지 체크함. InitTracking 함수로 DXL 오차를 0으로 하고 MoveToHome 시행
GetLeft/Right/Top/ BottomLimitAngle	m_Left/Right/Top/Bottom_Limit 값을 읽어 옴
GetPan/TiltAngle	m_Pan/TiltAngle 값을 읽어 옴
MoveToHome	MoveByAngle 함수로 PanAngle과 TiltAngle 변수에 Home position을 할당
MoveByAngle	pan과 tilt 값을 인수로 받아서 m_PanAngle과 m_TiltAngle 값에 할당하고 CheckLimit 시행
MoveByAngleOffset	m_PanAngle과 m_TiltAngle 값에 인수 pan과 tilt 값을 더해 줌
InitTracking	m_Pan/Tilt_err 값과 m_Pan/Tilt_err_diff 값을 0으로 초기화
MoveTracking	1. m_Pan_err와 m_Pan_err_diff에 m_Pan_p_gain, m_Pan_d_gain을 각각 곱해서 m_PanAngle에 더해주고, m_Tilt_err와 m_Tilt_err_diff에 m_Tilt_p_gain, m_Tilt_d_gain을 각각 곱해서 m_TiltAngle에 더해준 후 CheckLimit 함.

	2. 2차원 점인 err와 m_Pan_err, m_Tilt_err의 차이값으로 m_Pan_err, m_Pan_err_diff, m_Tilt_err, m_Tilt_err_diff 계산 후 MoveTracking(1번) 실행
Process	m_Joint.GetEnable 함수로 HEAD_PAN과 HEAD_TILT의 DXL이 사용 중인지 확인 후 m_PanAngle과 m_TiltAngle 값을 SetAngle함

하드웨어 클래스

CM730 Class

〈Data Member〉

SUCCESS	함수처리 성공
TX/RX_CORRUPT	송/수신 신호 손상
TX/RX_FAIL	송/수신 실패
RX_TIMEOUT	수신 시간초과
INPUT_VOLTAGE	입력 전압(=1)
ANGLE_LIMIT	한계각(=2)
OVERHEATING	과열(=4)
RANGE	범위(=8)
CHECKSUM	체크섬(=16)
OVERLOAD	과부하(=32)
INSTRUCTION	명령값(=64)
P_MODEL_NUMBER_L(=0) ~P_ADC15_H(=80)	CM730 제어 테이블 주소
MAXNUM_ADDRESS	주소 최대값(=81)
MAXNUM_TXPARAM	최대 송신 파라미터 개수(=256)
MAXNUM_RXPARAM	최대 수신 파라미터 개수(=1024)
ID_CM= 200	제어기 ID
ID_BROADCAST= 254	전체 DXL에 브로드캐스팅하는 ID

〈Method〉

TxRxPacket(*txpacket, *rxpacket, priority)	포인터가 txpacket인 송신 패킷을 보내서 포인터가 rxpacket인 수신 패킷을 priority의 우선순위로 받는 통신 함수
Connect	m_Platform에 접근해서 OpenPort() 시행 후 DXLPowerOn()
ChangeBaud(baud)	m_Platform에 접근해서 baud 값으로 SetBaud 시행
Disconnect	포트 접속을 차단하는 정보를 담은 txpacket을 포트 9에 WritePort한 후 ClosePort() 시행
DXLPowerOn	CM730제어기의 P_DXL_POWER 주소에 1을 써줌으로써 다이나믹셀에 전원 인가
WriteByte (address, value, error)	제어기의 address 주소에 바이트 크기의 value 값을 기록 후 error 값을 돌려 줌
WriteWord (address, value, error)	제어기의 address 주소에 워드 크기의 value 값을 기록 후 error 값을 돌려 줌
Ping(id, *error)	id 주소에 INST_PING 명령을 담은 패킷을 보내서 오류없이 되돌아오는지 확인함으로써 제어기와 DXL간의 통신 검증
ReadByte (id, address, *pValue, *error)	id번째 DXL에 INST_READ 명령과 목표 데이터의 주소(address)를 담은 패킷을 만든 후 TxRxPacket 함수를 이용해 바이트 크기의 원하는 정보를 pValue에 읽어 옴
ReadWord (id, address, *pValue, *error)	id번째 DXL에 INST_READ 명령과 목표 데이터의 주소(address)를 담은 패킷을 만든 후 TxRxPacket 함수를 이용해 워드 크기의 원하는 정보를 pValue에 읽어 옴
ReadTable(id, start_addr, end_addr, *table, *error)	id번째 DXL에 INST_READ 명령과 목표 데이터 배열의 시작주소(start_addr)와 마지막주소(end_addr)를 담은 패킷을 만든 후 TxRxPacket 함수를 이용해 배열 크기의 정보를 table에 읽어 옴
WriteByte(id, address, value, *error)	id번째 DXL에 INST_WRITE 명령과 목표 주소(address), 바이트 크기의 데이터(value)를 담은 패킷을 만든 후 TxRxPacket 함수를 이용해 전송
WriteWord(id, address, value, *error);	id번째 DXL에 INST_WRITE 명령과 목표 주소(address), 워드 크기의 데이터(value)를 담은 패킷을 만든 후 TxRxPacket 함수를 이용해 전송

SyncWrite(start_addr, each_length, number, *pParam)	전체 DXL에 INST_SYNC_WRITE 명령과 목표 주소 (start_address), 길이가 each_length이고 개수가 number인 pParam 배열을 담은 패킷을 만든 후 TxRxPacket 함수를 이용해 전송
MakeBulkReadPacket	전체 DXL에 INST_BULK_READ 명령을 포함하고 제어기에 길이가 30, 왼쪽과 오른쪽 FSR에 길이가 각각 10이 할당된 m_BulkReadTxPacket 만듬
BulkRead	TxRxPacket 함수로 m_BulkReadTxPacket을 송신하고 rxpacket에 제어기와 FSR 데이터를 읽어 옴
MakeWord(lowbyte, highbyte)	바이트 크기의 highbyte와 lowbyte를 붙여서 워드 크기 데이터를 만듦
GetLowByte(word)	워드 크기의 word 데이터에서 하위 1바이트 추출
GetHighByte(word)	워드 크기의 word 데이터에서 상위 1바이트 추출
MakeColor(red, green, blue)	정수 값 red, green, blue의 하위 5비트씩을 읽어서 blue|green|red로 구성된 15 비트 색깔 정수 값을 조합함

기타 클래스

StatusCheck Class

〈Data Member〉

로봇의 동작 모드	INITIAL, READY, SOCCER, MOTION, VISION, MAX_MODE
사용자 버튼의 종류	BTN_MODE(=1), BTN_START(=2):
m_old_btn	직전에 눌러진 버튼(초기값=0)
m_cur_mode	로봇의 현재 동작 모드(초기값=READY)
m_is_started	로봇의 동작상태를 나타내며 동작 중이면 1임 (초기값=0)

〈Method〉

Check	로봇이 넘어져 있고 SOCCER 모드 명령이 내려졌다면 10번 페이지를 Start해서 forward getup을 시키거나, 11번 페이지를 Start해서 backward getup을 시킴
	BTN_MODE 버튼이 눌러진 경우 로봇이 이미 동작 중이면 READY 모드로 설정한 후 15번 페이지(sit down)를 Start시킴. 그렇지 않은 경우 READY(준비)/SOCCER(자율축구)/ MOTION(상호모션)/VISION(영상처리) 모드에 해당하는 머리 LED 색깔과 음성 출력
	BTN_START 버튼이 눌러진 경우 SOCCER/MOTION/VISION 모드에 해당하는 동작을 수행

4.3 | OP 시작하기

OP는 고성능 SBC와 각종 센서를 장착한 고가의 장비이므로 시스템을 시작하고 종료하는 데에도 주의를 기울여야 한다. 먼저 OP에 전원을 인가하고 동작준비 상태를 만드는 과정을 살펴보자.

[1단계] 전원을 인가하기 전에 OP를 다음 페이지 그림과 같이 무릎 꿇은 자세로 만든다. 이 자세를 취하는 이유는 OP의 전원을 켜면 부팅 후 무릎을 꿇은 자세로 빠르게 전환하기 때문이다. 만약 부팅 전에 OP가 다리를 뻗고 앉아 있는 자세로 두면 부팅 후 초기 자세를 취하면서 로봇이 뒤로 세게 넘어질 수도 있다.

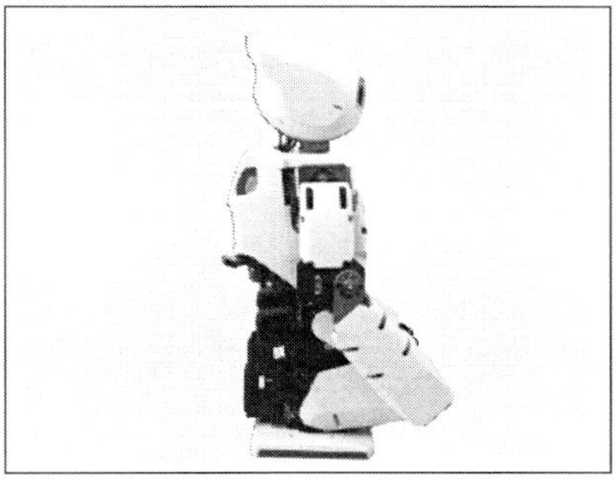

[2단계] DC 파워 서플라이의 커넥터를 다음 페이지의 그림과 같이 OP의 DC 전원잭에 꽂아서 전원을 인가한다. DC 전원잭은 OP의 오른쪽 엉덩이 부위에 위치한 전원스위치의 왼쪽에 위치한다.

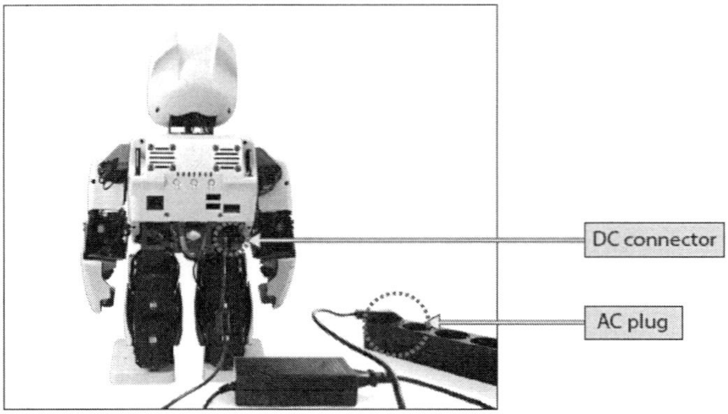

[3단계] 스위치의 전원을 ON으로 누른다.

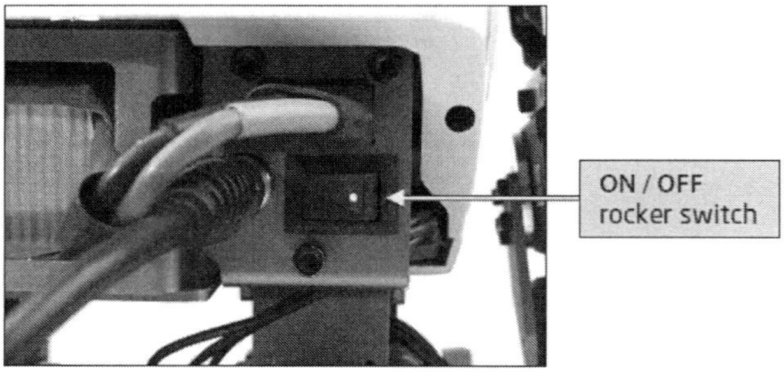

OP에 전원이 들어오면 다음과 같이 눈 LED가 푸른색으로 먼저 켜지고, 내장 PC가 부팅되는 동안 머리쪽 LED가 녹색으로 켜진다. 30초 정도 후에 데모 프로그램이 로드되어 동작준비 상태가 되면 머리 LED가 노란색으로 바뀐다.

OP의 전원을 끄는 방법에는 다음과 같이 두 가지가 있다.

- OP의 왼쪽 옆구리 부위에 있는 파워 버튼을 한 번 누른다(OP1은 세 번 연속으로 눌러야 함).
- OP를 컴퓨터에 연결해서 터미널로 모션을 실행하고 있었다면 터미널에서 "exit"를 입력한 후 Lubuntu 메인 화면의 아래 맨 왼쪽에 있는 아이콘을 클릭해서 Logout 메뉴를 선택하고 Shut Down 메뉴를 더블 클릭한다.

Power button

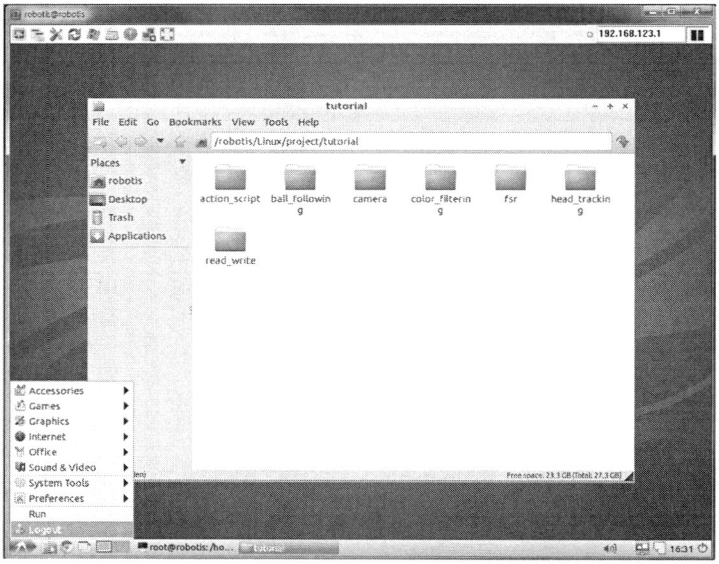
192.168.123.1
tutorial
File Edit Go Bookmarks View Tools Help
/robotis/Linux/project/tutorial
Places
robotis
Desktop
Trash
Applications
action_script
ball_followin
g
camera
color_filterin
g
fsr
head_trackin
g
read_write
Accessories
Games
Graphics
Internet
Office
Sound & Video
System Tools
Preferences
Run
Logout
root@robotis: /ho...
16:31

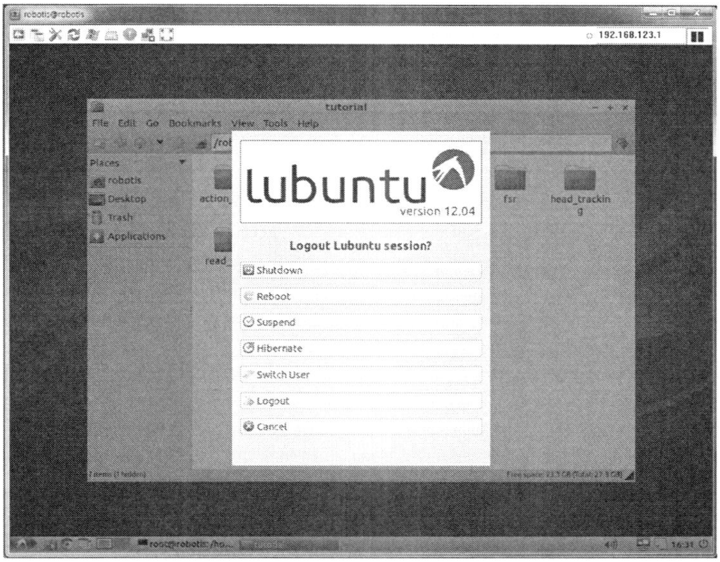

그러면 OP는 "Bye-bye."라는 음성을 내고 OS 셧다운을 시작한다. 머리 LED가 네 번 깜빡거리다가 꺼지면 OS 셧다운이 완료되었음을 나타내므로 전원 스위치를 끄면 된다. 머리 LED가 깜박거리는 중에 전원 스위치를 끄면 불완전한 종료 때문에 다음에 OP의 전원을 켰을 때 문제가 발생할 수 있으므로 유의해야 한다.

OP의 동작 데모는 기본적으로 다음과 같이 네 가지 모드로 동작하도록 프로그램 되어 있다.

- 데모준비 모드(Demonstration-ready Mode)
- 자율축구 모드(Autonomous Soccer Mode)
- 상호모션 모드(Interactive Motion mode)
- 비전처리 모드(Vision Processing mode)

모드를 변경할 때는 등쪽 LED 아래에 위치한 세 개의 버튼 중 맨 왼쪽에 있는 MODE 버튼을 누르면 된다. 가운데 있는 START 버튼은 선택한 모드를 실행하는 기능을 하며, 맨 오른쪽에 있는 RESET 버튼은 OP의 액추에이터만 리셋시킬 때

누른다. RESET 버튼을 누르면 다이나믹셀의 토크가 갑자기 꺼져서 로봇의 다리가 풀리게 되므로, 이 버튼을 누르기 전에 OP는 무릎 꿇은 자세를 취하고 있거나 사용자가 OP를 미리 잡고 있어야 한다.

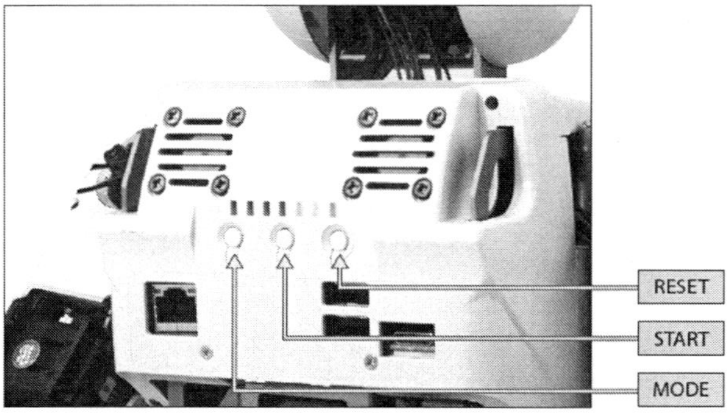

첫 번째 모드인 데모준비 모드는 OP의 전원을 켜서 부팅이 완료된 후 기본적으로 실행되고 있는 모드이다. 이 모드에서는 그림과 같이 LED 1(붉은색), LED 2(푸른색), LED 3(녹색)이 켜지고, 머리 LED가 노란색으로 바뀐다. 그리고 "Demonstration-ready mode."라는 음성이 스피커에서 나온다. 이 모드에서 OP는 무릎을 꿇은 채 다음 동작 모드나 명령을 기다리는데, OP를 끄지 않은 채 이 모드를 중단시키고 싶으면 VNC Viewer 터미널에서 "killall demo"를 입력하면 된다.

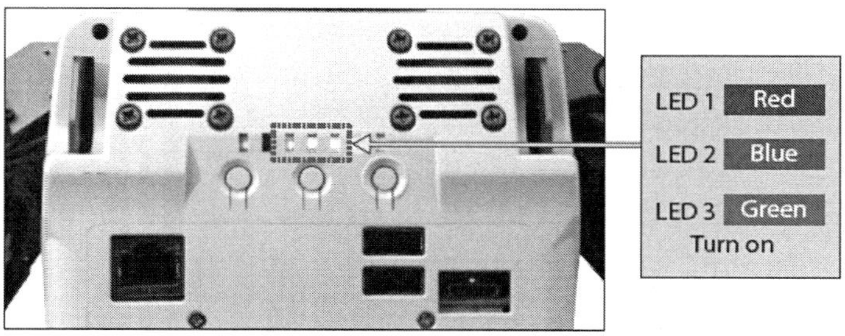

두 번째 모드인 자율축구 모드에서는 OP가 붉은 공을 추적하다가 발 가까이에 공이 있으면 공을 차는 동작을 자율적으로 수행한다. 이 모드로 들어가기 위해서는

데모준비 모드에서 맨 왼쪽의 MODE 버튼을 한 번 더 누르면 되고, 이때 그림과 같이 붉은색 LED만 점등되면서 "Autonomous soccer mode."라는 음성이 나온다. 본격적으로 자율 축구를 시작하려면 중간의 START 버튼을 누른다. 그러면 OP는 "Start soccer demonstration."을 말하면서 벌떡 일어선다. 그 직후 "Sensor calibration complete."라는 음성이 나오면 OP 내부의 자이로스코프 센서값 교정(일정 시간 동안 센서값을 읽어 와서 그 평균값이 흔들리지 않는 평온한 상태의 자이로스코프값으로 인식하도록 교정하는 것)이 잘 진행된 것이므로 붉은 공을 탐색해서 그 방향으로 걸어가기 시작한다. 만약 자이로스코프 센서가 정상 동작하지 않거나 그 값의 변화가 큰 상태이면 "Sensor calibration failed."라는 음성이 나오고 센서값 교정이 정상적으로 완료될 때까지 재시도하며 OP는 제자리에 서 있을 것이다. 이 모드에서는 붉은 공이 OP의 시야에 들어오면 그 공에 접근해서 왼발 또는 오른발로 킥을 하지만 시야에서 사라지면 회전하면서 공을 찾는 동작을 반복한다. 자율축구 모드를 멈추고 싶으면 RESET 버튼을 누르는 것이 아니라 첫 번째의 MODE 버튼을 누르면 되며, 이 때 다시 데모준비 모드로 돌아간다.

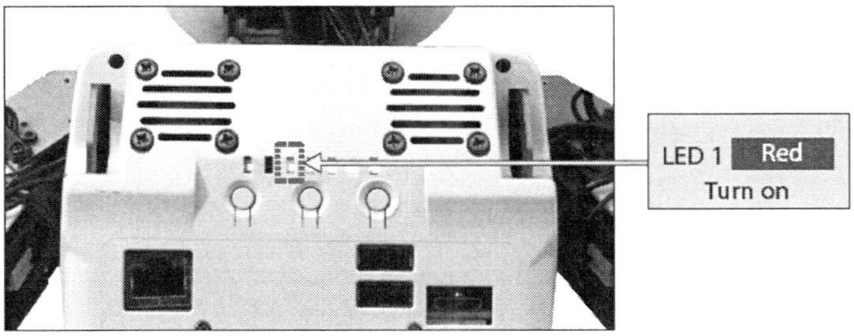

세 번째 모드인 상호모션 모드를 선택하면 미리 프로그램된 8개의 모션을 OP가 순차적으로 수행한다. 이 모드로 들어가기 위해서는 데모준비 모드에서 맨 왼쪽의 모드 버튼을 두 번 누르면 되고, 그림과 같이 파란색 LED만 점등되면서 "Interactive motion mode."라는 음성이 나온다.

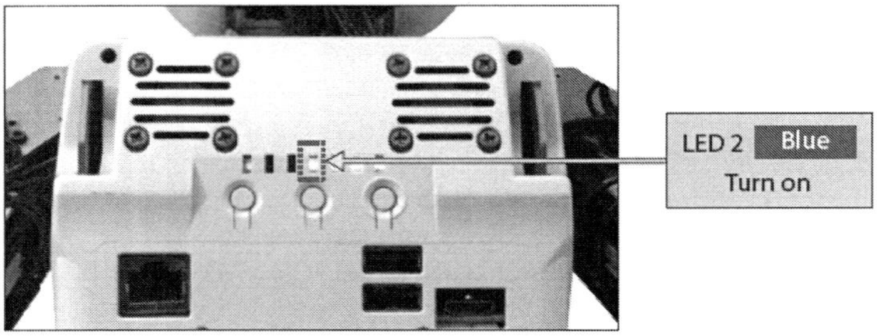

마찬가지로 START 버튼을 누르면 OP는 아래와 같이 8가지 동작을 연속적으로 수행하고 다시 처음부터 반복한다. 상호모션 모드를 멈추고 싶으면 MODE 버튼을 눌러서 OP가 다시 데모준비 모드로 돌아가게 하자.

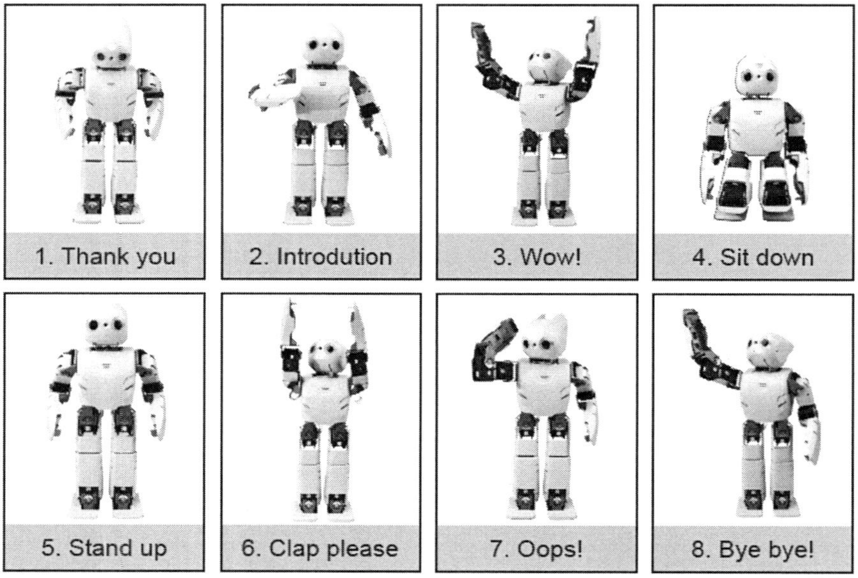

네 번째 모드인 비전처리 모드를 선택하면 구입 시 패키지에 있는 다음 페이지의 7가지 색상카드에 따라 OP가 해당 동작을 수행한다. 이 모드로 들어가기 위해서는 데모준비 모드에서 MODE 버튼을 총 세 번 누르면 되고, 그림과 같이 녹색 LED만 점등되면서 "Vision processing mode."라는 음성이 나온다. 그 후 START

버튼을 누르면 "Start vision demonstration."이라는 음성이 나오고, 색상 카드를 OP의 머리에 있는 카메라로부터 10 cm 정도 거리를 띄워서 제시하면 색상 카드 밑 부분에 적힌 동작을 수행한다. 인식률이 100%는 아니지만 비교적 잘 인식함을 확인할 수 있다.

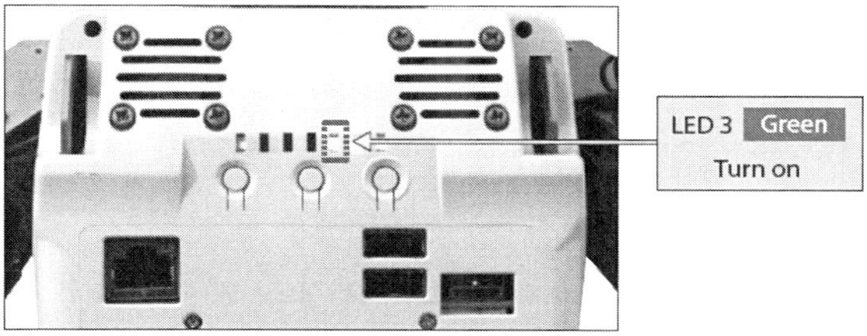

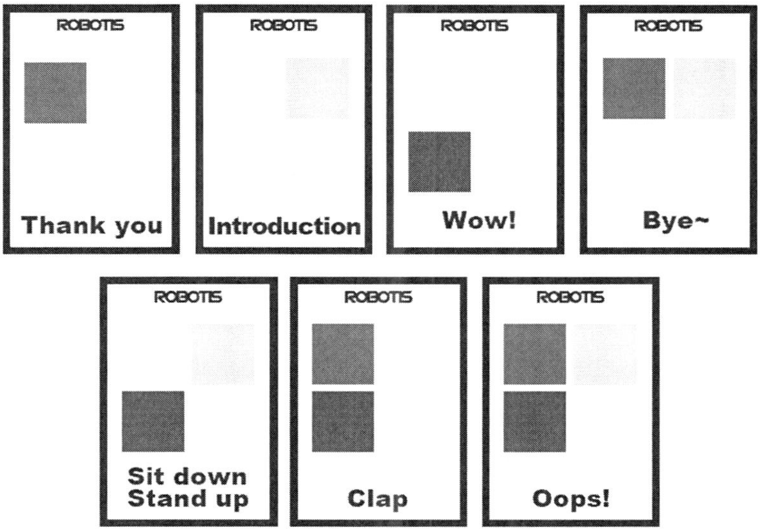

"killall demo" 명령어로 데모 프로세스를 멈췄다가 데모를 다시 실행하고 싶은 경우 다음의 순서대로 실행한다.

- OP의 RESET 버튼을 누른다.
- UltraVNCViewer에 접속해서 터미널 창을 열고 "sudo su" 명령어를 입력한다.

- 명령 디렉터리 주소를 바꾸기 위해 “cd /robotis/Linux/project/demo”를 입력한다.
- 데모를 실행하기 위해 demo 디렉터리에서 “./demo&”를 입력하고 Enter 키를 누른다. 명령어에 ‘&’를 추가하는 것은 이 프로세스가 배경(background)에서 실행되는 것임을 알려준다.
- 그림에서 보듯이 “[1] 1988”이라는 메시지가 출력되는데, [1]은 오직 하나의 demo 프로세스가 실행되고 있음을 의미하고 1988은 우분투 OS의 프로세스 번호를 나타낸다. 그리고 네 가지 동작 데모가 실행 준비 상태에 있게 된다.

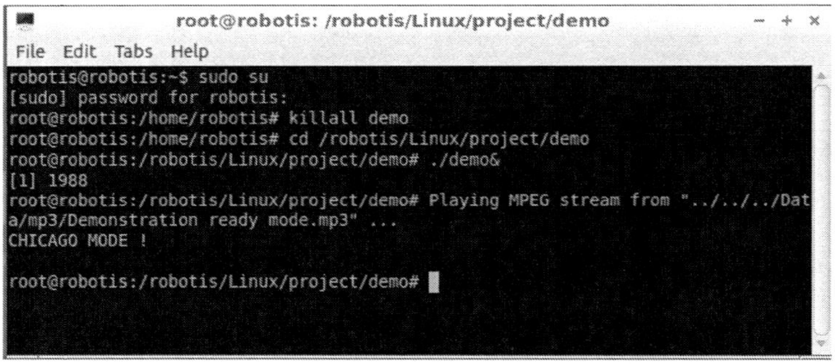

4.4 | 제공 기능 실행

4.4.1 튜토리얼 실행

로보티즈에서 제공되는 튜토리얼 중 가장 간단한 예제로서 tutorial 디렉터리의 read_write 튜토리얼을 실행하는 과정을 통해 C++ 소스 코드로 OP를 움직이는 방법에 대해 먼저 배워보자.

OP를 켜고 UltraVNCViewer의 터미널 창을 활성화한다. “sudo su” 명령어를 입력하여 루트 사용자 권한을 얻고 비밀번호 6자리를 입력 후, 현재 실행되고 있는 프로그램을 멈추기 위해 “killall demo”를 입력한다. 그리고 실행파일이 있는 디렉터리로 이동하기 위해 명령어를 다음과 같이 입력하자.

```
>> cd /robotis/Linux/project/tutorial/read_write
```

디렉터리로 이동 후 "ls" 명령어를 입력하면 아래 화면과 같이 초기에 main.cpp와 Makefile만 나타난다. 이제 실행 파일을 만들기 위해 "make" 명령어를 입력하여 컴파일 후 다시 "ls" 명령어를 입력하면 화면에서처럼 실행 파일인 read_write가 생성되었음을 볼 수 있다.

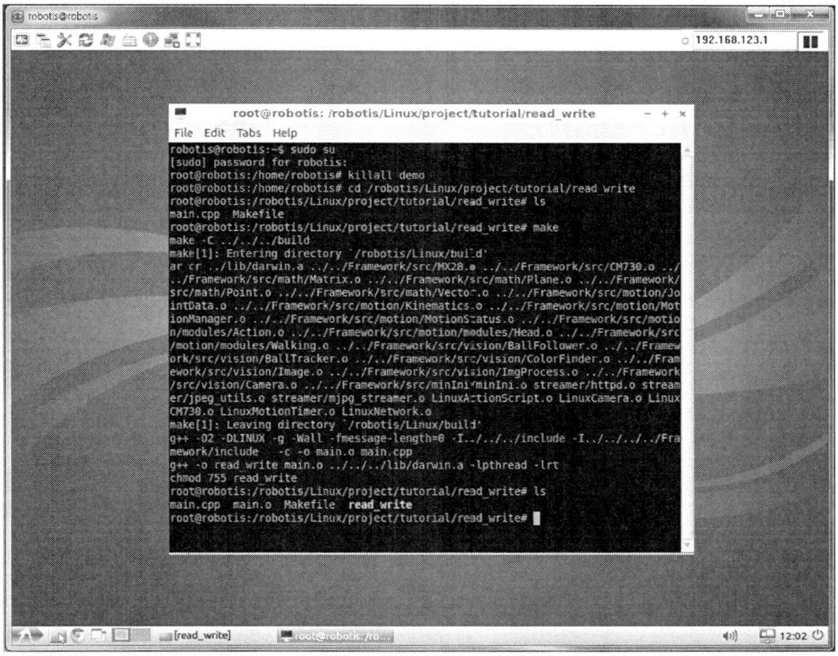

make는 리눅스의 프로그램 빌드 도구로서 프로그램과 관계된 파일들끼리의 의존성과 각 파일에 필요한 명령을 정의함으로써 프로그램을 컴파일 할 수 있고 최종 프로그램을 만드는 과정을 서술하는 문법을 가지고 있다. 프로그램이 있는 디렉터리에 Makefile이라는 파일이 이러한 문법으로 작성되어 있으며, make가 이 파일을 해

석하여 빌드를 수행하며 실행파일을 생성한다. Makefile의 소스 코드는 아래와 같다.

```
###############################################################
#
# Purpose: Makefile for "read_write"
# Author.: robotis
# Version: 0.1
# License: GPL
#
###############################################################
TARGET = read_write
CXX = g++
INCLUDE_DIRS = -I../../../include -I../../../../Framework/include
CXXFLAGS += -O2 -DLINUX -g -Wall -fmessage-length=0 $(INCLUDE_DIRS)
LIBS += -lpthread -lrt
OBJS = main.o

all: darwin.a $(TARGET)
clean:
	rm -f *.a *.o $(TARGET) core *~ *.so *.lo
libclean:
	make -C ../../../build clean
distclean: clean libclean
darwin.a:
   make -C ../../../build
$(TARGET): $(OBJS) ../../../lib/darwin.a
   $(CXX) -o $(TARGET) $(OBJS) ../../../lib/darwin.a $(LIBS)
   chmod 755 $(TARGET)#
#useful to make a backup "make tgz"
tgz: clean
	mkdir -p backups
	tar   czvf   ./backups/read_write_`date   +"%Y_%m_%d_%H.%M.%S"`.tgz
--exclude backups *
```

make와 관련된 유용한 명령어로 make clean이 있는데, 컴파일 과정에서 생성된 오브젝트 파일(*.o)들을 모두 지우는 기능을 한다. 만약 본인이 작성한 소스 코드의 헤더 파일을 수정하고 컴파일 후 OP를 실행했는데 이상하게 동작을 하면, make clean을 먼저 실행 후 make로 빌드하면 문제없이 작동할 것이다.

윈도우즈와 달리 리눅스는 실행 파일을 찾기 위한 PATH에 현재 디렉터리가 포함되어 있지 않으므로, 현재 디렉터리의 실행 파일을 실행하기 위해서도 경로를 지정해 주어야 한다. 따라서 현재 디렉터리를 나타내는 "./"를 포함하여 "./read_write"

명령어를 입력하면 아래와 같은 값들이 명령창에서 계속 업데이트 된다.

```
>>GFB:512 GRL:512 AFB:493 ARL:512 BTN:0 ID[1]:2258 ID[3]:1661 ID[5]:1316
```

GFB는 y축 자이로스코프 센서값으로서 전후로 기울어진 상체각을, GRL은 x축 자이로스코프 센서값으로서 좌우로 기울어진 상체각을 의미한다(<그림 4.9>참조). AFB와 ARL은 각각 y축(전후 방향)과 x축(좌우 방향) 가속도 센서값을 나타낸다(<그림 4.11>참조). BTN은 OP의 등에 있는 버튼 중 눌러진 버튼의 번호를 의미하며, ID[1](오른쪽 어깨 피치관절), ID[3](오른쪽 어깨 롤관절), ID[5](오른쪽 팔꿈치 피치관절)는 해당 다이나믹셀의 현재 위치를 읽어 온 값들을 의미한다. OP의 오른팔을 잡고 임의의 방향으로 돌리면 ID[1], ID[3], ID[5]값들이 변하면서 왼팔이 거울에 반사된 것처럼 동일하게 움직이는 것을 볼 수 있다. 코드에서 보면 매 샘플 시간이 usleep(50000)으로 설정되어 있어서, 양 팔의 모션 간에 50 ms 이상의 시간 지연이 발생한다.

이 프로그램을 강제로 멈추고 싶을 때는 Control-C 키를 누르면 된다.

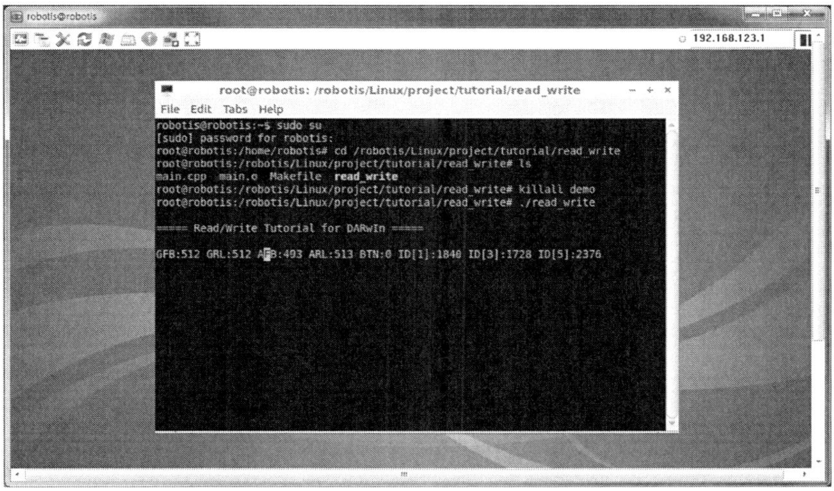

4.4.2 Action Editor 실행

애니메이션에서 사람의 동작을 조금씩 바꾼 자세들을 짧은 시간 간격(프레임)으로 연속적으로 보여주면 부드러운 모션처럼 보이듯이 휴머노이드 로봇의 동작을 만들 때도 같은 원리를 사용한다. 이때 사용되는 프로그램이 액션에디터(Action Editor)인데, 사용자가 로봇 모션의 각 프레임(step) 별 정지 자세의 다이나믹셀 각도 위치값을 입력하거나 읽어온 후 재생(play)을 하면 이 각도 데이터들을 주어진 시간 간격으로 해당 다이나믹셀에 전송함으로써 OP가 부드럽게 움직일 수 있다. 액션에디터는 로봇에 대한 기초 지식이 없어도 몇 번의 시행착오만 하면 직관적으로 잘 활용할 수 있으므로 휴머노이드 로봇 초보자들이 가장 많이 사용하는 프로그램이다.

OP의 Action Editor를 실행하기 위해 다음의 디렉터리로 이동한다.

```
>>cd /robotis/Linux/project/action_editor
```

"make"로 실행 파일을 만든 후 "./action_editor" 명령을 입력하면 다음과 같은 시작 화면이 나타난다.

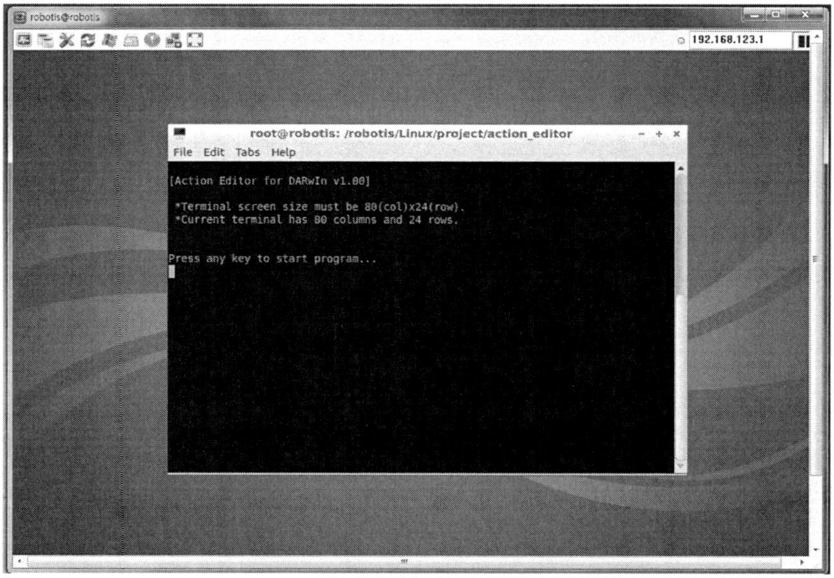

시작 화면에서 임의의 키를 누르면 첫 번째 페이지(PAGE) 창이 다음과 같이 나타난다.

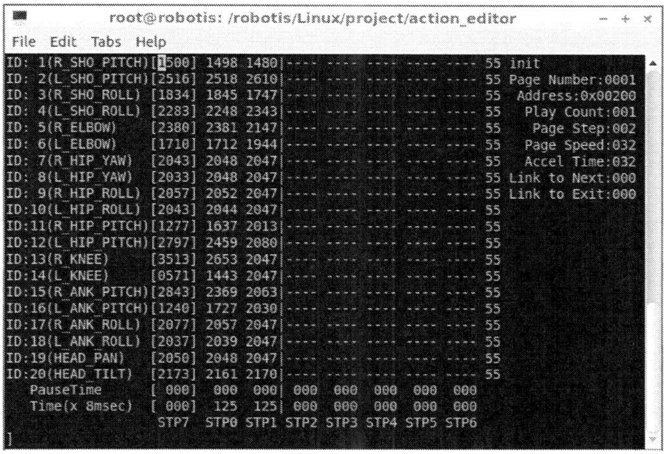

액션에디터의 페이지 리스트를 보고 싶으면 "list" 명령어를 입력한다. 그 결과 아래 화면이 뜨며, "n" 키를 두 번 눌러서 전체 페이지 리스트를 보면 OP에는 총 255 페이지가 있으며 대부분의 페이지가 비어 있음을 볼 수 있다. 이렇게 비어 있는 페이지에 사용자가 원하는 모션에 대한 관절각 데이터를 새로 입력하고 저장 후 이름을 붙이면 된다.

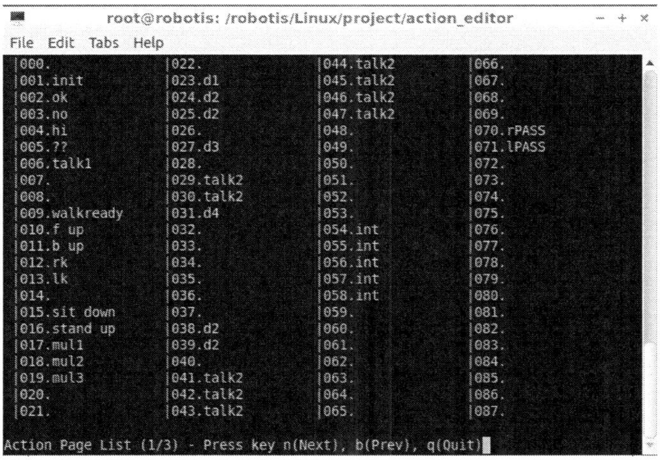

액션에디터의 전체 명령어를 알고 싶으면 명령 줄에 “help”를 입력하면 아래와 같은 내용들이 나타난다.

```
] help
 exit                Exits the program.
 re                  Refreshes the screen.
 b                   Move to previous page.
 n                   Move to next page.
 page [index]        Move to page [index].
 list                View list of pages.
 new                 Clears data of current page and initializes page.
 copy [index]        Copy data from page [index].
 set [value]         Sets value on cursor [value].
 save                Saves changes.
 play                Motion playback of current page.
 g [index]           Motion playback of STP[index].
 name                Name for current page or changes the name of current page.
 time                Change time base playing.
 speed               Change speed base playing.
 w [index]           Overwrites data from STP[index] with STP7.
 i                   Inserts data from STP7 to STP0.
                     Moves data from STP[x] to STP[x+1].
 i [index]           Inserts data from STP7 to STP[index].
                     Moves data from STP[index] to STP[index+1].
 m [index] [index2]  Moves data from [index] to [index2] step.
 d [index]           Deletes data from STP[index].
                     Pushes data from STP[index] to STP[index-1].
 on/off              Turn On/Off torque from ALL actuators.
 on/off [index1] [index2] ...
                     turns On/Off torque from ID[index1] ID[index2]...
```

모션의 일례로서 직립자세인 stand up 때의 전체 다이나믹셀 위치값을 보고 싶으면 “page 16” 명령을 액션에디터 창에서 입력하자. 그러면 다음과 같은 관절각 데이터들이 나타난다.

```
root@robotis: /robotis/Linux/project/action_editor
File  Edit  Tabs  Help
ID: 1(R_SHO_PITCH)[1500] 1498|---- ---- ---- ---- ---- ---- 55 stand up
ID: 2(L_SHO_PITCH)[2516] 2518|---- ---- ---- ---- ---- ---- 55 Page Number:0016
ID: 3(R_SHO_ROLL) [1834] 1845|---- ---- ---- ---- ---- ---- 77  Address:0x02000
ID: 4(L_SHO_ROLL) [2283] 2248|---- ---- ---- ---- ---- ---- 77   Play Count:001
ID: 5(R_ELBOW)    [2380] 2381|---- ---- ---- ---- ---- ---- 55    Page Step:001
ID: 6(L_ELBOW)    [1710] 1712|---- ---- ---- ---- ---- ---- 55   Page Speed:032
ID: 7(R_HIP_YAW)  [2043] 2048|---- ---- ---- ---- ---- ---- 55   Accel Time:032
ID: 8(L_HIP_YAW)  [2033] 2048|---- ---- ---- ---- ---- ---- 55 Link to Next:000
ID: 9(R_HIP_ROLL) [2057] 2052|---- ---- ---- ---- ---- ---- 55 Link to Exit:000
ID:10(L_HIP_ROLL) [2043] 2044|---- ---- ---- ---- ---- ---- 55
ID:11(R_HIP_PITCH)[1277] 1660|---- ---- ---- ---- ---- ---- 55
ID:12(L_HIP_PITCH)[2797] 2436|---- ---- ---- ---- ---- ---- 55
ID:13(R_KNEE)     [3513] 2646|---- ---- ---- ---- ---- ---- 55
ID:14(L_KNEE)     [0571] 1450|---- ---- ---- ---- ---- ---- 55
ID:15(R_ANK_PITCH)[2843] 2409|---- ---- ---- ---- ---- ---- 55
ID:16(L_ANK_PITCH)[1240] 1687|---- ---- ---- ---- ---- ---- 55
ID:17(R_ANK_ROLL) [2077] 2057|---- ---- ---- ---- ---- ---- 55
ID:18(L_ANK_ROLL) [2037] 2039|---- ---- ---- ---- ---- ---- 55
ID:19(HEAD_PAN)   [2050] 2048|---- ---- ---- ---- ---- ---- 55
ID:20(HEAD_TILT)  [2173] 2161|---- ---- ---- ---- ---- ---- 55
   PauseTime      [ 000]  000| 000  000  000  000  000  000
   Time(x 8msec)  [ 000]  125| 000  000  000  000  000  000
                   STP7  STP0 STP1 STP2 STP3 STP4 STP5 STP6
]
```

현재 페이지의 모션을 수행하기 원하면 "play"를 입력한다. 그러면 축구 모드의 시작 자세인 무릎을 굽힌채 선 자세로 빠르고 부드럽게 전환하는 것을 확인할 수 있다. 이전 페이지로 이동하려면 "b" 키를, 다음 페이지로 이동하려면 "n" 키를 누르면 된다.

액션에디터 실습을 위해 페이지 번호가 1인 초기 직립자세로 시작해서 오른쪽 팔을 위로 들어 올리는 모션을 앞에서 본 명령어 리스트를 참조로 해서 만들어보자.

1) 먼저 "list" 명령어를 입력해서 페이지 리스트 중 20번째 페이지가 비어 있음을 확인한다.
2) "page 20" 명령어로 해당 페이지로 이동한다.
3) "copy 1" 명령어로 다음과 같이 첫 번째 페이지의 다이나믹셀 데이터를 복사한다.

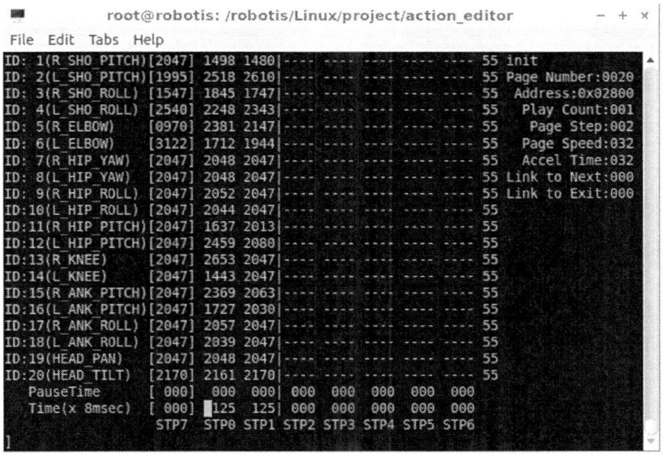

4) 사용자가 원하는 만큼 오른팔을 위로 들어올리기 위한 해당 다이나믹셀 각도를 알기 위해 "off 1 3 5"를 입력한다. 그러면 오른팔에 위치해 있는 세 다이나믹셀의 토크가 풀리면서 팔이 아래로 힘없이 축 처지고, 액센에디터 창에서 ID가 1, 3, 5인 다이나믹셀의 위치값이 [????]로 바뀌는 것을 볼 수 있다.

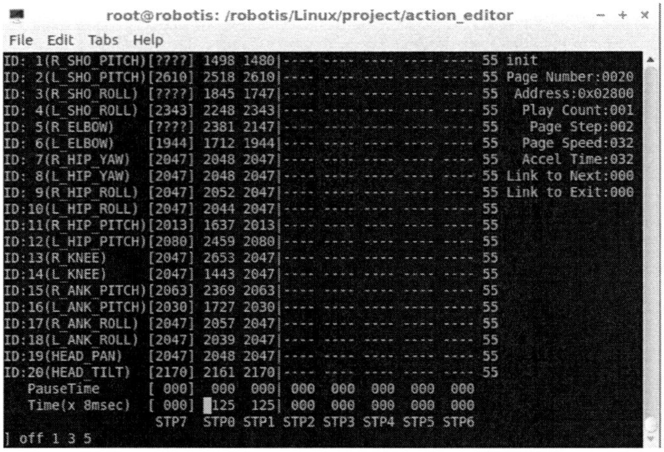

5) 이제 사용자가 직접 오른팔을 원하는 각도와 모양으로 들어올린 후 “on”을 입력한다. 그러면 액션에디터가 아래와 같이 [????] 대신에 세 다이나믹셀의 조정된 위치값을 읽어 와서 기록하는 것을 확인할 수 있다.

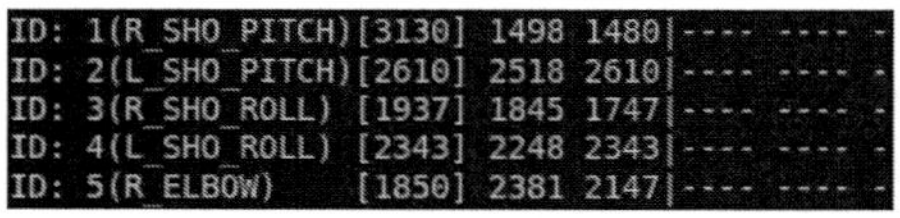

6) 방금 만든 자세 정보를 초기 자세의 마지막 스텝에 추가하기 위해 “i 2” 명령어를 입력하면 다음과 같이 STP2에 다이나믹셀 현재위치가 그대로 복사된다.

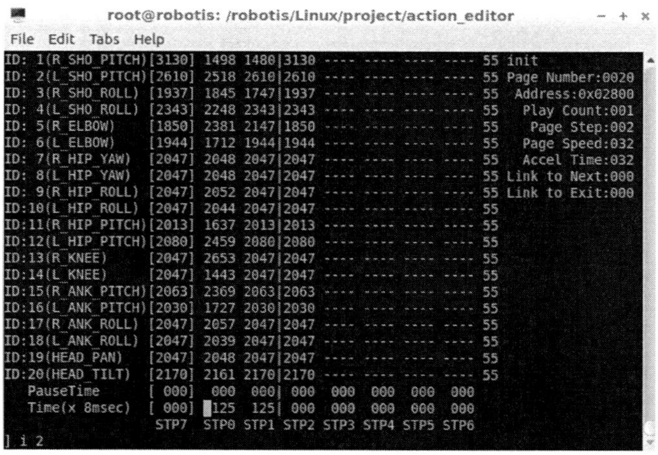

7) 커서를 방금 만든 STP2 맨 아래에 있는 Time 항목으로 이동 후 “set 125”(125x8ms=1s)로 설정하고, 다시 커서를 오른쪽 상단의 “Page Step”으로 옮긴 후 “set 3”을 입력함으로써 OP가 방금 추가한 동작을 완전히 수행할 수 있게 한다. 이때 “play”를 입력해서 자신이 만든 동작이 제대로 수행되는지 확인해 보는 것도 좋은 방법이다.

8) 명령 줄에 “name”을 입력하면 하이픈이 생기는데, 이 페이지의 이름을 추가로 입력함으로써 자기만의 고유한 이름을 붙일 수 있다. 저자는 이 페이지에 “raise_hand”라고 이름을 붙였다.

9) 아래와 같이 “save” 명령으로 현재 페이지를 저장하면 새로운 모션 페이지를 만드는 것이 완성된다.

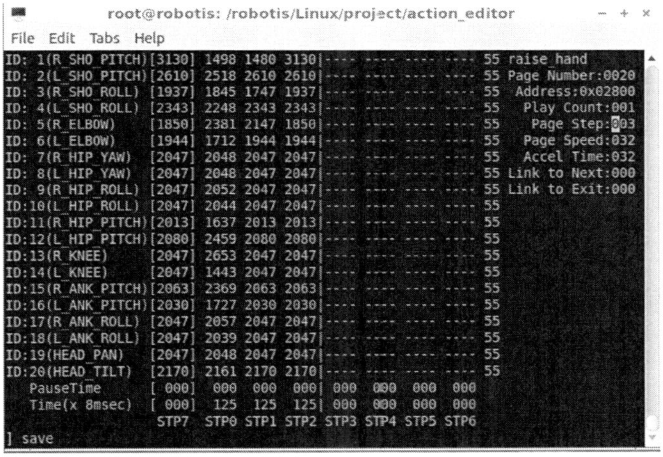

```
root@robotis: /robotis/Linux/project/action_editor
File  Edit  Tabs  Help
ID: 1(R_SHO_PITCH)[3130] 1498 1480 3130|---- ---- ---- ---- 55 raise_hand
ID: 2(L_SHO_PITCH)[2610] 2518 2610 2610|---- ---- ---- ---- 55 Page Number:0020
ID: 3(R_SHO_ROLL) [1937] 1845 1747 1937|---- ---- ---- ---- 55  Address:0x02800
ID: 4(L_SHO_ROLL) [2343] 2248 2343 2343|---- ---- ---- ---- 55   Play Count:001
ID: 5(R_ELBOW)    [1850] 2381 2147 1850|---- ---- ---- ---- 55    Page Step:003
ID: 6(L_ELBOW)    [1944] 1712 1944 1944|---- ---- ---- ---- 55   Page Speed:032
ID: 7(R_HIP_YAW)  [2047] 2048 2047 2047|---- ---- ---- ---- 55   Accel Time:032
ID: 8(L_HIP_YAW)  [2047] 2048 2047 2047|---- ---- ---- ---- 55 Link to Next:000
ID: 9(R_HIP_ROLL) [2047] 2052 2047 2047|---- ---- ---- ---- 55 Link to Exit:000
ID:10(L_HIP_ROLL) [2047] 2044 2047 2047|---- ---- ---- ---- 55
ID:11(R_HIP_PITCH)[2013] 1637 2013 2013|---- ---- ---- ---- 55
ID:12(L_HIP_PITCH)[2080] 2459 2080 2080|---- ---- ---- ---- 55
ID:13(R_KNEE)     [2047] 2653 2047 2047|---- ---- ---- ---- 55
ID:14(L_KNEE)     [2047] 1443 2047 2047|---- ---- ---- ---- 55
ID:15(R_ANK_PITCH)[2063] 2369 2063 2063|---- ---- ---- ---- 55
ID:16(L_ANK_PITCH)[2030] 1727 2030 2030|---- ---- ---- ---- 55
ID:17(R_ANK_ROLL) [2047] 2057 2047 2047|---- ---- ---- ---- 55
ID:18(L_ANK_ROLL) [2047] 2039 2047 2047|---- ---- ---- ---- 55
ID:19(HEAD_PAN)   [2047] 2048 2047 2047|---- ---- ---- ---- 55
ID:20(HEAD_TILT)  [2170] 2161 2170 2170|---- ---- ---- ---- 55
   PauseTime      [ 000]  000  000  000| 000  000  000  000
   Time(x 8msec)  [ 000]  125  125  125| 000  000  000  000
                   STP7  STP0 STP1 STP2 STP3 STP4 STP5 STP6
] save
```

10) 페이지가 액션에디터 리스트에 등록되었는지 확인하기 위해 “list” 명령을 다시 입력하면 다음과 같이 20번째 페이지에 ‘raise_hand’가 나타나는 것을 볼 수 있다.

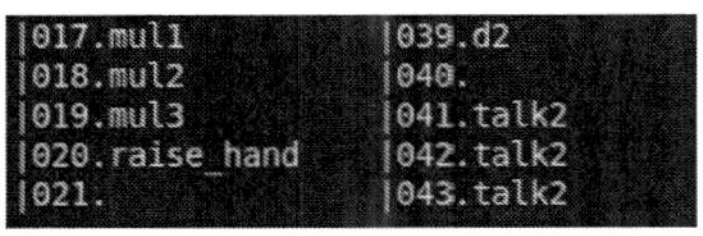

```
|017.mul1          |039.d2
|018.mul2          |040.
|019.mul3          |041.talk2
|020.raise_hand    |042.talk2
|021.              |043.talk2
```

11) 만일 7개의 스텝만으로는 다 표현할 수 없는 긴 동작을 OP가 수행하려면, 새로운 페이지에 동일한 방식으로 모션을 만든 후 페이지 간 연결을 하면 된다. 액션에디터의 오른쪽 상단에 보면 'Link to Next' 항목이 있는데, 여기로 커서를 이동 후 "set 2"를 입력함으로써 이 페이지의 다음 동작을 2번째 페이지인 'ok' 모션으로 이어보자. 확인을 위해 "save" 후 "play"를 하면 OP가 방금 만든 동작 수행 후 고개를 끄덕이는 것을 확인할 수 있다.

12) 추가로, 방금 만든 페이지를 삭제하고 싶으면 "new" 명령어를 입력하면 된다.

CHAPTER

5

휴머노이드 로봇 모션 생성

제2장에서 DH법을 이용해서 절대좌표계 상에서 휴머노이드 로봇의 모든 링크 좌표계의 위치와 방향을 계산했고, 투영법을 이용해서 로봇 관절의 절대좌표를 계산했다. 제3장에서는 이 방법들을 이용해서 로봇이 움직일 때 각 관절모터가 생성하는 토크와 전신의 ZMP를 계산하는 방법을 설명했다. 이번 장에서는 휴머노이드 로봇의 모션과 보행에 관한 기초 지식을 배우고, 제자리에서 방향틀기, 이족보행 등의 모션을 시뮬레이션으로 구현하는 방법을 다룬다. 이 과정에서 저차의 다항함수를 이용하여 모터 회전각 궤적을 몇 개의 파라미터로 표현하는 방법(parameterization)을 사용할 것이다.

이번 장의 5.1절에서는 휴머노이드 로봇의 전신에 있는 관절의 명칭을 정의하는 새로운 방법을 소개하고 이로부터 만들어진 관절모터각과 기존의 관절기하각(제2장과 제3장에서 사용) 사이의 관계식을 설명한다. 5.2절에서는 MATLAB 시뮬레이터로 로봇의 모션을 만들기 위해 각 관절모터의 회전각 궤적을 생성하는 방법을 설명하고, 임의의 동작을 최적화할 때 필요한 관절각 궤적 관련 최적화 변수들을 정리했다. 5.3절에서는 OP가 제자리에 선 채로 왼쪽이나 오른쪽으로 방향을 트는 원리를 설명하고 MATLAB으로 시뮬레이션 한 결과를 보인다. 5.4절에서는 사용자가 원하는 대로 OP가 이족보행을 하기 위해 보행 준비 자세를 최적화하는 방법과 이 자세들을 조정하는 방법, 이족보행을 위해 최적화 알고리즘으로 관련된 관절들의 회전각 궤적을 최적화하는 방법, 더 나아가 간단한 관절궤적 파라미터 조작으로 보행 속도와 보폭, 보행 방향 변화, 경사면에서의 보행을 구현할 수 있음을 시뮬레이션과 함께 설명한다.

5.1 | 휴머노이드 로봇의 관절각도 관계식

먼저 휴머노이드 로봇의 다양한 모션을 생성하고 제어하기 위해서는 각 관절모터에 일정 시간마다 적절한 각도값을 명령값으로 전송해야 한다. 그런데 DH법이나 투영법에서는 지지하는 다리의 발목에 위치한 기준좌표계에 따라 동일한 관절모터에 부여되는 관절변수가 달라지는 문제점이 있다. 즉, <그림 2.17>과 <그림 2.19>를 보면 왼발 지지 시에는 왼쪽 족관절과 슬관절, 고관절 부위에 관절변수 $\theta_1 \sim \theta_3, \phi_1, \phi_2, \psi_1$이 할당되어 있는데, 오른발 지지 시에는 오른쪽 다리 관절에 이 변수들이 할당됨을 볼 수 있다. 투영법도 <그림 2.50>과 <그림 2.51>을 비교해 보면 마찬가지로 지지하는 다리에 따라 관절변수가 달라짐을 알 수 있다. 이렇게 상대적 관절변수를 사용하면 최적화 알고리즘으로 각 관절모터의 궤적 생성 시 프로그램 코딩에 혼선이 올 뿐만 아니라 탐색 관절 각도의 상한값과 하한값을 직관적으로 정하는 데에도 어려움이 있다. 그러므로 이번 장에서는 지금까지 사용한 상대적 관절변수와는 달리 각 모터에 고유하게 할당되는 절대적 관절변수를 새롭게 정의하고 전자를 관절기하각, 후자를 관절모터각이라고 명명한다.

OP의 관절기하각은 제2장에서 설명한 것처럼 시상면에는 $\theta_1 \sim \theta_{11}$, 관상면에는 $\phi_1 \sim \phi_6$, 횡평면에는 $\psi_1 \sim \psi_3$가 있어서 전체 20개에 이른다. 이에 상응하는 관절모터각 변수는 관절의 위치와 회전 방향을 고려하여 명명했으며 다음의 첨자 규칙을 따른다.

- 위첨자: 로봇 몸체의 왼쪽 부위에 위치한 모터에는 l, 오른쪽에 위치한 모터에는 r을 붙임(목관절에는 붙이지 않음)
- 아래첨자: 족관절에는 an(ankle joint), 슬관절에는 kn(knee joint), 고관절에는 hp(hip joint), 목관절에는 nk(neck joint), 견관절에는 sh(shoulder joint), 주관절에는 el(elbow joint), 수관절에는 wr(wrist joint)을 붙임(이 책의 로봇 플랫폼인 OP는 현재 수관절이 없음)

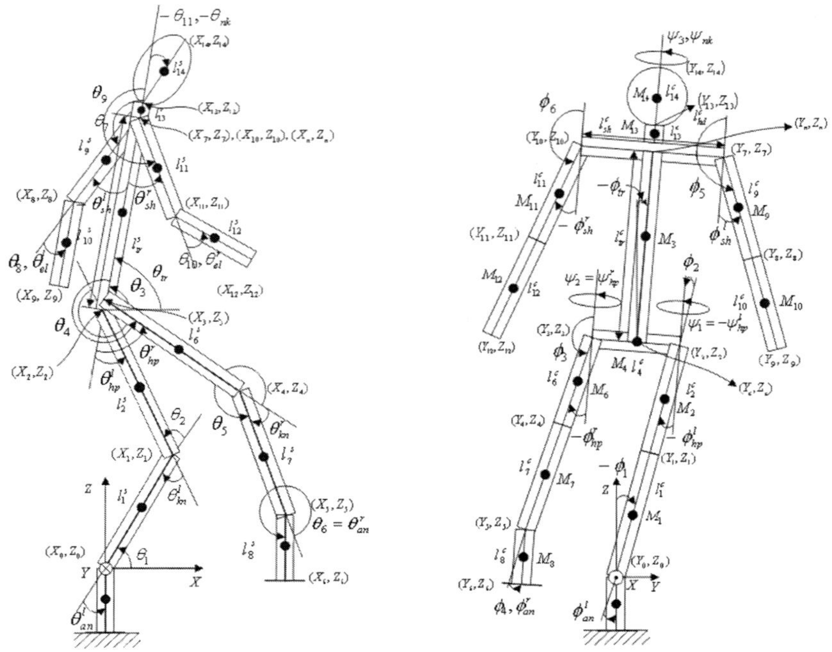

(a) 시상면 모델　　　　　　(b) 관상면 모델

» **그림 5.1　왼쪽 다리로 지지하고 있는 휴머노이드 로봇의 3차원 전신 모델**

관절모터각은 직립자세를 기준으로 하며 이 자세의 모든 관절각을 0°로 설정하고, 회전축에 대해 오른손 법칙을 적용하여 정의했다. <그림 5.1>은 이해하기 쉽도록 투영법을 써서 시상면과 관상면에서 휴머노이드 로봇의 관절기하각과 관절모터각을 함께 나타낸 것이다. <그림 5.1(a)>는 시상면에서 모델링된 휴머노이드 로봇의 링크-각도 모델을 나타내며, 하체에는 6개의 관절모터각 변수($\theta^l_{an}, \theta^l_{kn}, \theta^l_{hp}, \theta^r_{an}, \theta^r_{kn}, \theta^r_{hp}$)와 상체에는 5개의 관절모터각 변수($\theta^l_{sh}, \theta^l_{el}, \theta^r_{sh}, \theta^r_{el}, \theta_{nk}$)가 표시되어 있다. <그림 5.1(b)>는 관상면에서 모델링된 휴머노이드 로봇의 링크-각도 모델을 나타내며, 하체에 4개의 관상면 관절모터각 변수($\phi^l_{an}, \phi^l_{hp}, \phi^r_{an}, \phi^r_{hp}$)와 2개의 횡평면 관절모터각 변수($\psi^l_{hp}, \psi^r_{hp}$), 그리고 상체에 2개의 관절모터각 변수($\phi^l_{sh}, \phi^r_{sh}$)와 1개의 횡평면 관절모터각 변수($\psi_{nk}$)가 표시되어 있다. 세 평면에 대한 정의는 <그림 2.16>을 참고하기 바란다.

이러한 관절모터각들을 시상면과 관상면, 횡평면 별 벡터로 표현하면 다음과 같다.

$$\Theta = \left[\theta^l_{an}\,\theta^l_{kn}\,\theta^l_{hp}\,\theta^r_{an}\,\theta^r_{kn}\,\theta^r_{hp}\,|\,\theta^l_{sh}\,\theta^l_{el}\,\theta^r_{sh}\,\theta^r_{el}\,|\,\theta_{nk}\right] \tag{5.1}$$

$$\Phi = \left[\phi^l_{an}\,\phi^l_{hp}\,\phi^r_{an}\,\phi^r_{hp}\,|\,\phi^l_{sh}\,\phi^r_{sh}\right] \tag{5.2}$$

$$\Psi = \left[\psi^l_{hp}\,\psi^r_{hp}\,|\,\psi_{nk}\right] \tag{5.3}$$

관절기하각과 관절모터각과의 관계식은 지지하는 다리에 따라 달라지므로, 하체에 대해서 먼저 생각해 보자.

로봇이 전신을 왼발로 지지하고 있을 때 시상면의 하체 관절모터각과 관절기하각의 관계식은 다음과 같다.

$$\theta^l_{an} = \frac{\pi}{2} - \theta_1, \theta^l_{kn} = \theta_2, \theta^l_{hp} = -\theta_3, \theta^r_{hp} = \theta_4 - \pi, \theta^r_{kn} = -\theta_{5,}\,\theta^r_{an} = \theta_6 \tag{5.4}$$

이 식을 시상면 관절기하각에 대해서 다시 쓰면 다음과 같다.

$$\theta_1 = \frac{\pi}{2} - \theta^l_{an}, \theta_2 = \theta^l_{kn}, \theta_3 = -\theta^l_{hp}, \theta_4 = \theta^r_{hp} + \pi, \theta_5 = -\theta^r_{kn}, \theta_6 = \theta^r_{an} \tag{5.5}$$

반대로 로봇이 전신을 오른발로 지지하고 있을 때 시상면에서의 하체 관절모터각과 관절기하각의 관계식은 다음과 같다.

$$\theta^r_{an} = \frac{\pi}{2} - \theta_1, \theta^r_{kn} = \theta_2, \theta^r_{hp} = -\theta_3, \theta^l_{hp} = \theta_4 - \pi, \theta^l_{kn} = -\theta_{5,}\,\theta^l_{an} = \theta_6 \tag{5.6}$$

이 식을 관절기하각에 대해서 다시 쓰면 다음과 같다.

$$\theta_1 = \frac{\pi}{2} - \theta^r_{an}, \theta_2 = \theta^r_{kn}, \theta_3 = -\theta^r_{hp}, \theta_4 = \theta^l_{hp} + \pi, \theta_5 = -\theta^l_{kn}, \theta_6 = \theta^l_{an} \tag{5.7}$$

상체에 있는 관절모터각과 관절기하각들은 지지하는 다리와는 직접적인 관계가 없으므로 시상면에서의 관절모터각과 관절기하각의 관계식은 다음과 같이 공통적으로 정해진다.

$$\theta^l_{sh} = \theta_7 - \pi,\ \theta^l_{el} = \theta_8,\ \theta^r_{sh} = \theta_9 - \pi,\ \theta^r_{el} = \theta_{10},\ \theta_{nk} = \theta_{11} \tag{5.8}$$

이 식을 관절기하각에 대해서 다시 쓰면 다음과 같다.

$$\theta_7 = \theta^l_{sh} + \pi,\ \theta_8 = \theta^l_{el},\ \theta_9 = \theta^r_{sh} + \pi,\ \theta_{10} = \theta^r_{el},\ \theta_{11} = \theta_{nk} \tag{5.9}$$

이제 관상면 상에서 관절모터각과 관절기하각의 관계를 살펴보기로 하자. 시상면의 경우와 마찬가지로, 지지하는 다리가 왼발인 경우 관상면의 하체 관절모터각과 관절기하각의 관계식은 다음과 같다.

$$\phi^l_{an} =- \phi_1,\ \phi^l_{hp} =- \phi_2,\ \phi^r_{hp} = \phi_3 - \pi,\ \phi^r_{an} = \phi_4 \tag{5.10}$$

이 식을 관상면의 관절기하각에 대해서 다시 풀면 다음과 같다.

$$\phi_1 =- \phi^l_{an}, \phi_2 =- \phi^l_{hp}, \phi_3 = \phi^r_{hp} + \pi, \phi_4 = \phi^r_{an} \tag{5.11}$$

반대의 경우로서 지지하는 다리가 오른발인 경우 <그림 5.2>에서 볼 수 있듯이 하체의 관절모터각과 관절기하각 사이의 관계식은 다음과 같다.

$$\phi^r_{an} =- \phi_1, \phi^r_{hp} =- \phi_2, \phi^l_{hp} = \phi_3 + \pi, \phi^l_{an} = \phi_4 \tag{5.12}$$

이 식을 관상면의 관절기하각 측면에서 표현하면 다음과 같다.

$$\phi_1 =- \phi^r_{an}, \phi_2 =- \phi^r_{hp}, \phi_3 = \phi^l_{hp} - \pi, \phi_4 = \phi^l_{an} \tag{5.13}$$

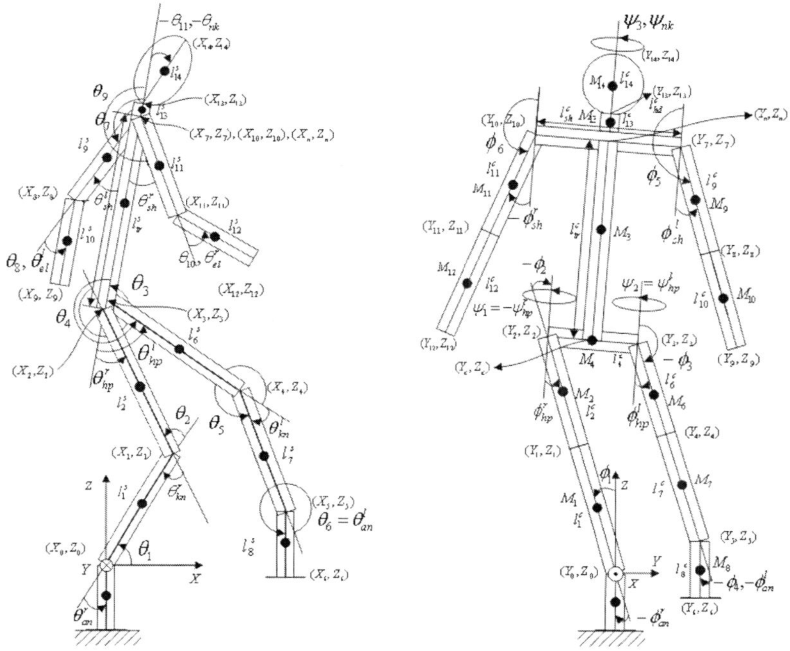

(a) 시상면 모델 (b) 관상면 모델

» **그림 5.2** 오른쪽 다리로 지지하고 있는 휴머노이드 로봇의 3차원 전신 모델

상체에 있는 관상면 관절모터각과 관절기하각의 관계식은 지지하는 다리와 관계없이 다음과 같이 동일하다.

$$\phi_{sh}^{l} = \phi_5 - \pi, \ \phi_{sh}^{r} = \phi_6 - \pi \tag{5.14}$$

이 식을 관절기하각에 대해서 다시 표현하면 다음과 같다.

$$\phi_5 = \phi_{sh}^{l} + \pi, \ \phi_6 = \phi_{sh}^{r} + \pi \tag{5.15}$$

<그림 5.1>과 <그림 5.2>에서 ψ_{hp}^{l}과 ψ_{hp}^{r}은 횡평면 상에서 왼쪽과 오른쪽의 고관절 회전 각도를 나타내며 보행 시 방향 회전에 사용된다. 또한, ψ_{nk}는 머리를

좌우로 회전시키는 관절 변수를 나타낸다. 휴머노이드 로봇이 왼쪽 다리로 지지하는 경우 관절모터각과 관절기하각의 관계식은 다음과 같다.

$$\psi_{hp}^{l} = -\psi_1,\ \psi_{hp}^{r} = \psi_2,\ \psi_{nk} = \psi_3 \tag{5.16}$$

이 식은 지지하는 다리가 오른쪽 다리인 경우 다음과 같이 부호가 바뀌게 된다.

$$\psi_{hp}^{r} = -\psi_1,\ \psi_{hp}^{l} = \psi_2,\ \psi_{nk} = \psi_3 \tag{5.17}$$

다음 페이지의 TransMotorAng2GeomAng.m 코드는 관절모터각을 관절기하각으로 변환시켜주는 함수이며 다음과 같이 6개의 함수 인자를 받아서 관절기하각 벡터 angle을 돌려준다. angle 벡터는 시상면, 관상면, 횡평면 순으로 총 20개의 관절모터각들로 구성되어 있다. 이 장의 모든 MATLAB 코드는 http://office.ucloud.com의 My ucloud/게스트 폴더의 code/matlab code 디렉터리에 있다.

```
angle = TransMotorAng2GeomAng(mth, mphi, mpsi, arg_deriv, arg_angle, arg_sf)
```

mth와 mphi, mpsi는 식 (5.1)~(5.3)에 표현된 각 평면별 관절모터각 벡터를 나타내며, arg_deriv는 입력으로 받은 관절모터각들이 미분값인지('deriv') 아니면 그냥 각도값인지('non')를 알려준다. 어떤 관절모터가 생성하는 토크 계산을 위해 관절기하각의 각속도나 각가속도를 계산해야 하는데, 식 (5.4)~(5.15)에서 보듯이 등식의 양변을 미분하면 상수(cnst)는 0이 되어 따로 가감할 필요가 없다. 그래서 코드의 효율성을 높이기 위해 arg_deriv를 사용한다.

arg_angle은 입력되는 관절모터 변수 단위가 각도(degree)인지 라디안(radian)인지를 알려주며, 각도 단위라면 수식 변환 전에 라디안 값으로 변환시키는 함수(deg2rad)를 시행하는 역할을 한다. arg_sf는 지지하는 발이 왼발이냐 오른발이냐를 의미하며 string 타입으로 'LEFT_SUPP'(왼발 지지)와 'RIGHT_SUPP'(오른발 지지) 두 가지가 있다.

```
function angle = TransMotorAng2GeomAng(mth, mphi, mpsi, arg_deriv, arg_angle,
arg_sf)

if strcmp(arg_angle,'deg')==1
   mth = deg2rad(mth);
   mphi = deg2rad(mphi);
   mpsi = deg2rad(mpsi);
end

if strcmp(arg_deriv,'deriv')==1              cnst = 0;
elseif strcmp(arg_deriv,'non')==1            cnst = pi;
else  error('Is the angle derivative?');
end

if strcmp(arg_sf, 'LEFT_SUPP')
   th1 = -mth(1) + cnst/2;   th2 = mth(2);    th3 = -mth(3);
   th4 = mth(4) + cnst;      th5 = -mth(5);   th6 = mth(6);
   phi1 = -mphi(1);  phi2 = -mphi(2);  phi3 = mphi(3) + cnst;  phi4 = mphi(4);
   psi1 = -mpsi(1);  psi2 = mpsi(2);
elseif strcmp(arg_sf, 'RIGHT_SUPP')
   th1 = -mth(6) + cnst/2;   th2 = mth(5);    th3 = -mth(4);
   th4 = mth(3) + cnst;     th5 = -mth(2);   th6 = mth(1);
   phi1 = -mphi(4);  phi2 = -mphi(3);  phi3 = mphi(2) - cnst;  phi4 = mphi(1);
   psi1 = -mpsi(2);    psi2 = mpsi(1);
end

th7 = mth(7)+cnst;  th8 = mth(8);  th9 = mth(9)+cnst;  th10 = mth(10);
th11 = mth(11);
phi5 = mphi(5)+cnst;  phi6 = mphi(6)+cnst;
psi3 = mpsi(3);

angle = [th1 th2 th3 th4 th5 th6 th7 th8 th9 th10 th11 phi1 phi2 phi3 phi4 phi5
       phi6 psi1 psi2 psi3]';
```

» **코드 5.1** TransMotorAng2GeomAng.m 코드

제4장에서 배웠듯이 OP의 모션 생성을 위해서는 각 관절을 구동시키는 다이나믹셀 MX-28 모터에게 적절한 각도 명령값을 제어기에서 보내줘야 한다. 모든 MX-28의 현재 위치각은 <그림 4.5>와 같이 정의되어 있으며, OP를 구성하는 다이나믹셀의 장착 방향과 ID는 <그림 4.7>과 같이 정해져 있다. 그러므로 제어기에서

계산한 각 관절모터의 각도는 해당 관절에 장착된 MX-28의 위치값으로 재변환되어야 한다.

OP가 팔과 다리를 뻗은 채로 직립한 자세일 때 MX-28 모터의 각도값과 방향 일치도를 알기 위해 액션에디터 프로그램을 이용해 보자(경로명: /robotis/Linux/project/action_editor). 로보티즈 사에서 제공하는 직립자세의 각도값을 얻기 위해 이름이 "init"인 1번 페이지를 열어보자. 이를 위해 4.4절에서 설명한 대로 action_editor 프로그램을 실행해서 창을 띄우고 "page 1"을 입력하면 아래와 같은 화면이 나타난다.

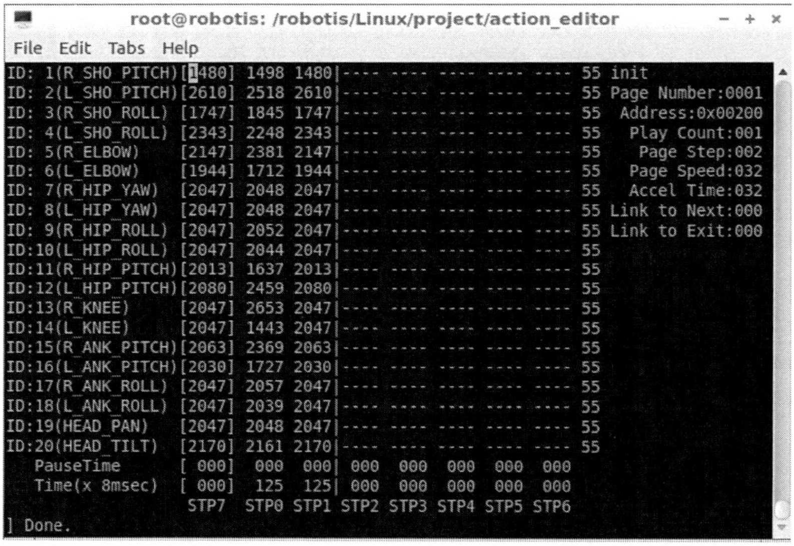

» **그림 5.3** page 1(초기 자세)의 action_editor 창

"play"를 입력하면 <그림 5.4>와 같이 OP2가 팔을 굽히고 몸을 약간 앞으로 숙인 채 서 있는 초기 자세를 구현한다. 기준 자세로서 차려 자세(팔과 다리를 죽 뻗은 채 직립해서 선 자세)를 만들기 위해서는 이 자세로부터 다이나믹셀 위치값을 부분적으로 조정해야 한다.

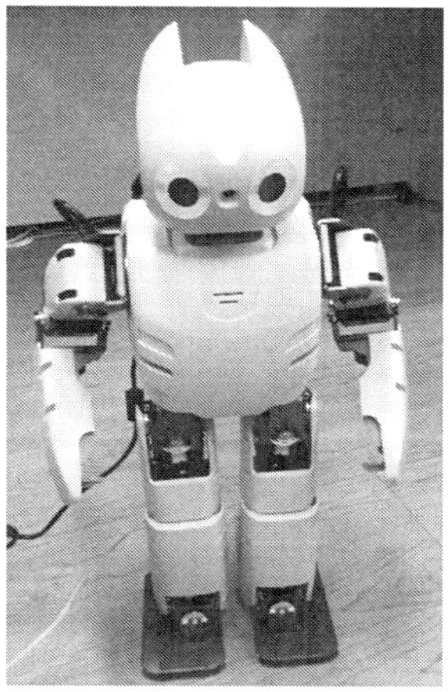

» **그림 5.4** OP2의 초기 자세

```
root@robotis: /robotis/Linux/project/action_editor
File  Edit  Tabs  Help
ID: 1(R_SHO_PITCH)[2047] 2047|---- ---- ---- ---- ---- ---- 55 upright stand
ID: 2(L_SHO_PITCH)[2047] 2047|---- ---- ---- ---- ---- ---- 55 Page Number:0007
ID: 3(R_SHO_ROLL) [1547] 1547|---- ---- ---- ---- ---- ---- 55  Address:0x00E00
ID: 4(L_SHO_ROLL) [2540] 2540|---- ---- ---- ---- ---- ---- 55   Play Count:001
ID: 5(R_ELBOW)    [0970] 0970|---- ---- ---- ---- ---- ---- 55    Page Step:001
ID: 6(L_ELBOW)    [3122] 3122|---- ---- ---- ---- ---- ---- 55   Page Speed:032
ID: 7(R_HIP_YAW)  [2047] 2047|---- ---- ---- ---- ---- ---- 55   Accel Time:032
ID: 8(L_HIP_YAW)  [2047] 2047|---- ---- ---- ---- ---- ---- 55 Link to Next:000
ID: 9(R_HIP_ROLL) [2047] 2047|---- ---- ---- ---- ---- ---- 55 Link to Exit:000
ID:10(L_HIP_ROLL) [2047] 2047|---- ---- ---- ---- ---- ---- 55
ID:11(R_HIP_PITCH)[2047] 2047|---- ---- ---- ---- ---- ---- 55
ID:12(L_HIP_PITCH)[2047] 2047|---- ---- ---- ---- ---- ---- 55
ID:13(R_KNEE)     [2047] 2047|---- ---- ---- ---- ---- ---- 55
ID:14(L_KNEE)     [2047] 2047|---- ---- ---- ---- ---- ---- 55
ID:15(R_ANK_PITCH)[2047] 2047|---- ---- ---- ---- ---- ---- 55
ID:16(L_ANK_PITCH)[2047] 2047|---- ---- ---- ---- ---- ---- 55
ID:17(R_ANK_ROLL) [2047] 2047|---- ---- ---- ---- ---- ---- 55
ID:18(L_ANK_ROLL) [2047] 2047|---- ---- ---- ---- ---- ---- 55
ID:19(HEAD_PAN)   [2047] 2047|---- ---- ---- ---- ---- ---- 55
ID:20(HEAD_TILT)  [2170] 2170|---- ---- ---- ---- ---- ---- 55
   PauseTime      [ 000]  000| 000  000  000  000  000  000
   Time(x 8msec)  [ 000]  125| 000  000  000  000  000  000
                   STP7  STP0 STP1 STP2 STP3 STP4 STP5 STP6
] Done.
```

» **그림 5.5** OP2가 직립한 자세를 구현한 upright_stand 페이지 화면

```
|005.??             |027.d3
|006.talk1          |028.
|007.upright stand  |029.talk2
|008.               |030.talk2
|009.walkready      |031.d4
```

» **그림 5.6** 액션에디터 리스트의 부분 화면

4.2절에서 예제를 통해 배웠듯이 다음의 순서로 비어 있는 7번째 페이지에 OP2의 직립자세를 만들어서 저장해 보자.

1) "page 7" 명령으로 7번째 페이지로 이동한다.
2) "off"와 "on", "set" 명령으로 각 관절의 각도를 정밀하게 조정하여 직립자세를 만든다.
3) Time 항목으로 커서를 이동하고 "set 125"로 설정한다.
4) "name" 명령을 이용하여 "upright_stand"라는 이름을 이 페이지에 부여한다.
5) "save" 명령으로 저장하고 액션 페이지 제작을 완료한다.
6) "list" 명령으로 페이지 리스트에 잘 등록되었는지 확인한다.

<그림 5.5>는 이 과정을 통해 완성된 upright_stand 페이지 화면이며, <그림 5.6>은 이 페이지가 액션에디터의 전체 리스트에 잘 등록되어 있음을 보여준다. <그림 5.7>은 upright_stand 페이지를 동작시킨 결과로서 OP2가 두 팔을 붙이고 차려 자세로 서 있는 모습을 찍은 사진이다.

» **그림 5.7** OP2의 stand_upright 자세

또한, 액션에디터를 이용해서 특정 관절에 대해 관절모터각과 다이나믹셀 간의 회전방향 일치도를 확인할 수 있다. 회전방향 일치도에 관해 먼저 설명하면, <그림 5.1>에서 보듯이 왼쪽 견관절의 관절모터각 θ^l_{sh}은 왼쪽 팔을 앞으로 움직이는 것이 양의 회전방향으로 정의되어 있는데, 만약 그에 상응하는 액추에이터인 2번 다이나믹셀의 위치값을 증가시켰더니 왼쪽 팔이 뒤로 움직인다면 방향 일치도는 음의 관계를 가진다고 할 수 있다. 이런 경우는 제어기의 명령과는 반대 방향으로 관절이 회전하므로 올바른 모션을 위해서는 반드시 방향 일치도를 맞춰야 한다.

액션에디터를 이용해서 각 관절의 방향 일치도를 측정하는 방법은 간단하다. 앞에서 설명한 방법대로 set 명령어를 써서 특정 다이나믹셀의 위치값을 증가시켰을 때 <그림 5.1>에 나타난 관절각의 양의 방향과 일치하면 방향 일치도는 '정(+)'이고, 불일치하면 방향 일치도는 '반(−)'이 되는 것이다.

» **표 5.1 시상면 관절모터각의 ID와 초기 위치, 방향 일치도(각도이름 순 정리)**

관절모터각	ID	관절명	초기 위치	방향 일치도
θ^l_{an}	16	L_ANK_PITCH	2047	반
θ^l_{kn}	14	L_KNEE	2047	반
θ^l_{hp}	12	L_HIP_PITCH	2047	정
θ^r_{hp}	11	R_HIP_PITCH	2047	반
θ^r_{kn}	13	R_KNEE	2047	정
θ^r_{an}	15	R_ANK_PITCH	2047	정
θ^l_{sh}	2	L_SHO_PITCH	2047	반
θ^l_{el}	6	L_ELBOW	3122(limit)	반
θ^r_{sh}	1	R_SHO_PITCH	2047	정
θ^r_{el}	5	R_ELBOW	0970(limit)	정
θ_{nk}	20	HEAD_TILT	2170	정

» **표 5.2** 관상면 관절모터각의 ID와 초기 위치, 방향 일치도

관절모터각	ID	관절명	초기 위치	방향 일치도
ϕ_{an}^{l}	18	L_ANK_ROLL	2047	정
ϕ_{hp}^{l}	10	L_HIP_ROLL	2047	반
ϕ_{hp}^{r}	9	R_HIP_ROLL	2047	반
ϕ_{an}^{r}	17	R_ANK_ROLL	2047	정
ϕ_{sh}^{l}	4	L_SHO_ROLL	2540	반
ϕ_{sh}^{r}	3	R_SHO_ROLL	1547	반

» **표 5.3** 횡평면 관절모터각의 ID와 초기 위치, 방향 일치도

관절모터각	ID	관절명	초기 위치	방향 일치도
ψ_{hp}^{l}	8	L_HIP_YAW	2047	반
ψ_{hp}^{r}	7	R_HIP_YAW	2047	반
ψ_{nk}	19	HEAD_PAN	2047	정

<표 5.1>~<표 5.3>은 이러한 방식으로 시상면과 관상면, 횡평면 상의 모든 관절모터각에 대해 상응하는 다이나믹셀의 ID와 관절명, 초기 위치, 방향 일치도를 측정해서 정리한 것이다.

제4장에서 배웠듯이 다이나믹셀 MX-28은 360°를 12비트로 표현하기 때문에 위치값을 1씩 증가시킬 때의 각도 해상도는 $0.088°(=360°/4096)$이며, 이 값은 MX28.h 파일에 RATIO_VALUE2ANGLE로 정의되어 있다. 그러므로 특정 관절을 몇 도 더 회전시키기 위해서 해당 다이나믹셀의 위치값을 얼마나 더 증가 또는 감소시켜야 하는지를 계산할 때는 이 해상도의 역수를 사용하면 된다.

위의 표로부터 특정 관절모터각을 '정'의 방향 일치도 관계에 있는 MX-28 모터의 현재 위치값으로 변환하는 공식은 다음과 같다.

MX-28 모터의 현재 위치 = 초기 위치 + round(관절모터각/0.088) (5.18)

반대로 특정 관절모터각을 '반'의 방향 일치도 관계에 있는 MX-28 모터의 현재 위치 값으로 변환하는 공식은 다음과 같다.

MX-28 모터의 현재 위치 = 초기 위치 – round(관절모터각/0.088) (5.19)

식에서 round는 MATLAB 함수로서 실수를 반올림하여 정수화하는 역할을 하는데, 이렇게 하는 이유는 MX-28 모터의 위치는 정수로 표현되기 때문이다. 여기서 관절모터각의 단위는 각도임을 주의해야 한다. 만약 관절모터각의 단위가 라디안인 경우 각도 해상도는 $0.0015(=2\pi/4096)$가 되어 식 (5.18)과 (5.19)는 다음과 같이 변경되어야 한다.

MX-28 모터의 현재 위치 = 초기 위치 + round(관절모터각/0.0015) : 양의 방향 일치도

MX-28 모터의 현재 위치 = 초기 위치 − round(관절모터각/0.0015) : 음의 방향 일치도 (5.20)

```
function enc_ang = TransMotorAng2MX28Position(mth, mphi, mpsi, arg_angle)

%mth = [sag_an_l(i)  sag_kn_l(i)  sag_hp_l(i)  sag_hp_r(i)  sag_kn_r(i)
       sag_an_r(i) sag_sh_l(i) sag_el_l(i) sag_sh_r(i) sag_el_r(i)
       sag_nk(i)];
%mphi= [cor_an_l(i)  cor_hp_l(i)  cor_hp_r(i)  cor_an_r(i)  cor_sh_l(i)
       cor_sh_r(i)];
%mpsi= [tran_hp_l(i) tran_hp_r(i) tran_nk(i)];

% 각도 단위로 입력된 경우 라디안으로 변환
if strcmp(arg_angle,'deg')==1
   mth = deg2rad(mth);
   mphi = deg2rad(mphi);
   mpsi = deg2rad(mpsi);
end

enc_ang=[];
```

```
for id =1:20
    if     id == 1, ea = CalcPosition_MX28(id, mth(9));          % sag_sh_r
    elseif id == 2,  ea = CalcPosition_MX28(id, mth(7));          % sag_sh_l
    elseif id == 3,  ea = CalcPosition_MX28(id, mphi(6));         % cor_sh_r
    elseif id == 4,  ea = CalcPosition_MX28(id, mphi(5));         % cor_sh_l
    elseif id == 5,  ea = CalcPosition_MX28(id, mth(10));         % sag_el_r
    elseif id == 6,  ea = CalcPosition_MX28(id, mth(8));          % sag_el_l
    elseif id == 7,  ea = CalcPosition_MX28(id, mpsi(2));         % tran_hp_r
    elseif id == 8,  ea = CalcPosition_MX28(id, mpsi(1));         % tran_hp_l
    elseif id == 9,  ea = CalcPosition_MX28(id, mphi(3));         % cor_hp_r
    elseif id == 10, ea = CalcPosition_MX28(id, mphi(2));         % cor_hp_l
    elseif id == 11, ea = CalcPosition_MX28(id, mth(4));          % sag_hp_r
    elseif id == 12, ea = CalcPosition_MX28(id, mth(3));          % sag_hp_l
    elseif id == 13, ea = CalcPosition_MX28(id, mth(5));          % sag_kn_r
    elseif id == 14, ea = CalcPosition_MX28(id, mth(2));          % sag_kn_l
    elseif id == 15, ea = CalcPosition_MX28(id, mth(6));          % sag_an_r
    elseif id == 16, ea = CalcPosition_MX28(id, mth(1));          % sag_an_l
    elseif id == 17, ea = CalcPosition_MX28(id, mphi(4));         % cor_an_r
    elseif id == 18, ea = CalcPosition_MX28(id, mphi(1));         % cor_an_l
    elseif id == 19, ea = CalcPosition_MX28(id, mpsi(3));         % tran_nk
    elseif id == 20, ea = CalcPosition_MX28(id, mth(11));         % sag_nk
    else  disp('Wrong ID')
    end
    enc_ang(id) = ea;
end
```

» **코드 5.2** TransMotorAng2MX28Position.m 코드

<코드 5.2>와 <코드 5.3>은 <표 5.1>~<표 5.3>과 식 (5.18)~(5.20)을 이용해서 관절모터각을 MX-28 모터의 위치로 부호화하는 코드를 나타낸다. <코드 5.2>의 TransMotorAng2MX28Position 함수는 평면별 관절모터각을 인수로 받은 후 관절모터각과 모터 ID의 관계에 따라 CalcPosition_MX28 함수를 이용해서 다이나믹셀의 부호화된 각도값으로 변환하는 역할을 한다.

또한, OP가 연속적으로 움직이기 위해서는 cm730 클래스의 WriteByte 또는 WriteWord 함수를 이용해서 다음 시점의 다이나믹셀의 목표 위치와 목표 각속도를 함께 지정해야 한다. 4.1절에서 설명했듯이 목표 회전속도의 단위는 0.114 rpm이므로 목표 각속도의 정수값이 1 증가할 때마다 다음의 관계식에 의해 MX-28 모터는 1초당 0.684°(라디안 단위로 0.012)씩 회전한다.

```
function y = CalcPosition_MX28(ID, ang)

% d: 방향 일치도 -> 1:양의 방향, -1:음의 방향, ax0: MX-28의 초기각
if ID == 1,      d= 1;  ax0=2047;
elseif ID == 2,  d=-1;  ax0=2047;
elseif ID == 3,  d=-1;  ax0=1547;
elseif ID == 4,  d=-1;  ax0=2540;
elseif ID == 5,  d= 1;  ax0= 970;
elseif ID == 6,  d=-1;  ax0=3122;
elseif ID == 7,  d=-1;  ax0=2047;
elseif ID == 8,  d=-1;  ax0=2047;
elseif ID == 9,  d=-1;  ax0=2047;
elseif ID == 10, d=-1;  ax0=2047;
elseif ID == 11, d=-1;  ax0=2047;
elseif ID == 12, d= 1;  ax0=2047;
elseif ID == 13, d= 1;  ax0=2047;
elseif ID == 14, d=-1;  ax0=2047;
elseif ID == 15, d= 1;  ax0=2047;
elseif ID == 16, d=-1;  ax0=2047;
elseif ID == 17, d= 1;  ax0=2047;
elseif ID == 18, d= 1;  ax0=2047;
elseif ID == 19, d= 1;  ax0=2047;
elseif ID == 20, d= 1;  ax0=2170;
else  disp('Wrong ID')
end
y = ax0 + d*round(ang/deg2rad(0.0879));
end
```

» **코드 5.3** CalcPosition_MX28.m 코드

$$\begin{aligned} & 1\,\text{resolution of Moving Speed} \\ & = 0.114\ \text{rpm} = \begin{cases} 0.114 \times \dfrac{360^\circ}{60\text{sec}} = 0.684\ \text{deg/sec} \\ 0.114 \times \dfrac{2\pi}{60\text{sec}} = 0.012\ \text{rad/sec} \end{cases} \end{aligned} \tag{5.21}$$

그러므로 어떤 관절의 목표 각속도가 ω rad/sec라고 하면 MX-28에서는 그 값의 부호화 된 값을 다음과 같이 식 (5.21)의 역수를 이용해서 계산해야 한다.

$$\omega_k = \text{round}\left(\frac{\omega}{0.012}\right)\ \text{resolution} \tag{5.22}$$

다음 절에 나오는 혼합다항식을 이용해서 회전 궤적을 생성하는 경우 순시 각속도는 혼합다항식을 미분해서 계산할 수 있지만 일반적인 회전 궤적에 대해서는 순시 각속도를 수식으로 구하기가 어려운 경우가 많다. 이럴 때는 샘플링 시간과 직전 각도값을 이용해서 근사화된 각속도를 계산할 수밖에 없다.

샘플링 시간이 T_s이고, k번째 샘플링 시점에서 어떤 관절모터의 각도가 $\theta(k)$, 직전시점인 $k-1$번째 샘플링 시점의 관절모터의 각도값이 $\theta(k-1)$이라고 하면 다이나믹셀에 명령값으로 보내야 할 목표 각속도는 다음 식으로 부호화할 수 있다.

$$\omega_k = \begin{cases} \text{round}\left(\dfrac{|\theta(k)-\theta(k-1)|}{T_s}\right)\text{deg/sec} = \text{round}\left(\dfrac{|\theta(k)-\theta(k-1)|}{T_s}\dfrac{1}{0.684}\right)\text{res.} \\ \text{round}\left(\dfrac{|\theta(k)-\theta(k-1)|}{T_s}\right)\text{rad/sec} = \text{round}\left(\dfrac{|\theta(k)-\theta(k-1)|}{T_s}\dfrac{1}{0.012}\right)\text{res.} \end{cases} \tag{5.23}$$

식에서 목표 회전속도는 양의 방향(속도가 증가하는 경우)이나 음의 방향(속도가 감소하는 방향)의 구별이 없으므로 각도 차이값에 절대값을 취했음을 유의하자. 이 식들은 cm-730 제어기에서 다이나믹셀로 각도와 속도값 패킷을 전송할 때 사용될 것이다.

5.2 | 로봇 모션을 위한 모터 궤적 생성

5.2.1 관절모터의 회전각도 궤적 생성

로봇이 작업공간(work space)에서 움직일 때 장애물이 존재할 경우 이를 피하면서도 최단시간에 목적지까지 도착할 수 있는 안전한 경로를 생성해야 한다. 이를 경로 계획(path planning)이라고 하는데, 다양한 조합최적화 알고리즘(combinatorial optimization problem)을 이용해서 컴퓨터로 계산할 수 있다[19][20]. 휴머노이드 로봇의 경우 보행 시 몸체의 방향과 위치를 결정하는 것은 주로 하체 관절들이므로, 경로 계획 시 하체 관절의 각도 궤적을 정하는 것이 중요하다. 그러나 가능한 모든 경로에 대해 전역해를 구하고자 하는 최적화 알고리즘은 복잡도가 로봇의 내부 자유도의 지수 배로 증가하기 때문에 휴머노이드 로봇에 그대로 적용하기에는 무리가 있다. 그 대신 2.2.3절에서 배운 PSO를 사용하면 짧은 시간 안에 만족할 만한 최적 경로를 구할 수 있다.

로봇의 최적 이동경로가 계산되면 로봇은 그 경로를 따라가기 위해 연관된 관절들의 각도 궤적들을 계산해야 하며, 이는 보행을 위한 기준값으로 사용된다. 즉, 로봇이 주어진 경로를 움직일 때 특정 관절의 속도와 가속도는 어떠해야 하는 가에 대한 정보를 미리 알고 있어야 한다는 것이다. 이렇게 로봇이 경로를 원활히 따라갈 수 있도록 관절의 전체 궤적을 사전에 계획하는 것을 궤적 계획(trajectory planning)이라고 한다.

일반적으로 휴머노이드 로봇이 어떤 동작을 구현하기 위해서는 시작부터 종료 시점까지 모든 관절모터 각도 명령값들이 배열 형태로 주어진다. 그러나 20개의 관절모터들에 대해 매 샘플링 시점의 각도값들을 코드에 미리 입력해 놓고 로봇 동작 시 불러오는 방식은 메모리 사용량이 클 뿐만 아니라, 샘플링 시간이나 보행 주기 또는 보행 특성이 바뀌면 그에 따라 일일이 변환시켜야 하므로 상당히 비효율적이다. 만약 관절의 각도 궤적을 몇 개의 파라미터만을 가진 함수의 형태로 표현할 수 있다면, 샘플링 시간이나 메모리 용량과 관계없이 효율적으로 전체 궤적 데이터를 저장하고 처리할 수 있게 된다.

각도 궤적을 생성하는 함수 $q(t)$는 시간 변수 $t \in [t_{0,} t_f]$ (t_0: 시작 시간, t_f: 종료 시간)로 표현되며, 시작 각도와 종료 각도인 $q(t_0) = q_0$와 $q(t_f) = q_f$를 경계조건(boundary condition)으로 가진다. 각도 궤적을 표현하는 가장 간단한 함수는 다음과 같이 두 점 사이를 직선으로 잇는 보간(interpolation) 함수인데, 이 경우 관절은 일정한 속도로 회전한다.

$$q(t) = a_0 + a_1(t - t_0),\ t_0 \le t \le t_f \tag{5.24}$$

식에서 a_0와 a_1은 계수로서 이 값들을 조정하면 초기각과 회전 속도가 각각 변한다. 직선 함수의 경우 각도의 경계조건과 계수 간에는 다음과 같은 관계가 성립한다.

$$a_0 = q_0,\ a_1 = \frac{q_f - q_0}{t_f - t_0} \tag{5.25}$$

<코드 5.4>는 경계조건이 $t_0 = 0,\ t_f = 2,\ q_0 = 10°,\ q_f = 30°$인 직선함수를 0.1초 간격으로 그리게 하는 MATLAB 코드이며 이를 실행한 결과는 <그림 5.8>과 같다.

휴머노이드 로봇의 모든 관절이 직선으로만 회전한다면 움직임이 대단히 부자연스럽고, 정교한 모션을 취하기가 어려우며, 무엇보다 이족보행 시 불안정해진다. 또한, 로봇의 이동성을 극대화하기 위해 전력소모를 최소화해야 하는 데 이러한 문제들을 해결하기 위해서는 관절이 부드럽게 회전해야 한다. 이 경우 관절궤적을 3차 이상의 다항식으로 수식화하면 된다.

```
times = [0 2];
thetas = [10 30];
t0 = times(1);     tf = times(2);
q0 = thetas(1);    qf = thetas(2);
st = 0.1;    % 샘플 타임
ct = 0;      % 시간 변수
i=1;
while ct <= tf+st
   theta(i)=(qf-q0)/(tf-t0)*(ct-t0) + q0;
   t(i) = ct;
   sprintf('ct=%.2f, theta=%.2f', t(i), theta(i))
   ct = ct+st;
   i = i+1;
end

figure(1)
plot(t, theta);
xlabel('time (sec)');
ylabel('angle (deg)');
```

» **코드 5.4** exam_linear.m 코드

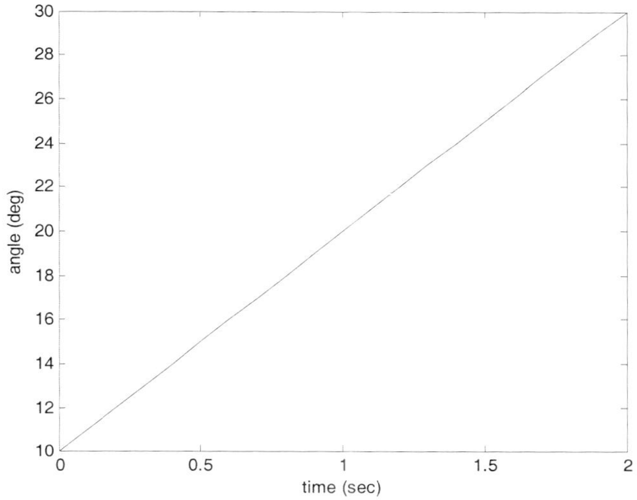

» **그림 5.8** $t_0 = 0,\ t_f = 2,\ q_0 = 10^\circ,\ q_f = 30^\circ$**인 직선함수**

다항함수의 한 예로서 어떤 관절의 각도 궤적을 3차 다항함수(cubic polynomial)로 표현하면 다음과 같다.

$$q(t) = a_0 + a_1 t + a_2 t^2 + a_3 t^3 \tag{5.26}$$

식에서 $a_i(i = 0, \cdots, 3)$는 계수들이고, 이 식을 미분하면 다음과 같은 관절 각속도 궤적을 얻을 수 있다.

$$\dot{q}(t) = a_1 + 2a_2 t + 3a_3 t^2 \tag{5.27}$$

만약 시작 시간과 종료 시간의 관절 각도와 각속도 값들이 다음과 같이 주어졌다고 하자.

$$q(t_0) = q_0,\ q(t_f) = q_f,\ \dot{q}(t_0) = \omega_0,\ \dot{q}(t_f) = \omega_f \tag{5.28}$$

이 조건을 만족시키는 식 (5.26)의 네 개의 계수들($a_0, \cdots, a_3$)을 계산하는 것이 궤적 계획에 해당되며, 이를 위해 다음과 같이 4원 1차 연립방정식을 풀어야 한다.

$$\begin{aligned} q_0 &= a_0 + a_1 t_0 + a_2 t_0^2 + a_3 t_0^3 \\ \omega_0 &= a_1 + 2a_2 t_0 + 3a_3 t_0^2 \\ q_f &= a_0 + a_1 t_f + a_2 t_f^2 + a_3 t_f^3 \\ \omega_f &= a_1 + 2a_2 t_f + 3a_3 t_f^2 \end{aligned} \tag{5.29}$$

이 관계식들로부터 계수들을 구하기 위해 행렬로 표현하고 계수 해를 구하면 다음과 같다.

$$\begin{bmatrix} a_0 \\ a_1 \\ a_2 \\ a_3 \end{bmatrix} = \begin{bmatrix} 1 & t_0 & t_0^2 & t_0^3 \\ 0 & 1 & 2t_0 & 3t_0^2 \\ 1 & t_f & t_f^2 & t_f^3 \\ 0 & 1 & 2t_f & 3t_f^2 \end{bmatrix}^{-1} \begin{bmatrix} q_0 \\ \omega_0 \\ q_f \\ \omega_f \end{bmatrix} \tag{5.30}$$

식에서 정방행렬의 역행렬이 항상 존재하므로 유일한 해가 존재한다[10]. 그러므로 로봇의 어떤 관절궤적을 3차 다항식으로 표현할 경우 위와 같이 4개의 각도와 각속도 조건($q_0, \omega_0, q_f, \omega_f$)을 정해 주면 식 (5.30)에 의해 다항식 계수들이 계산되고, 식 (5.26)을 이용해서 전체 궤적을 계산할 수 있다. 그러나 로봇의 제어기에서 4차 이상 행렬의 역행렬을 계산하기에는 부담이 되므로 이 책에서는 이 방법을 사용하지 않기로 한다.

관절의 회전각 궤적을 3차 다항식으로 표현하려면 찾아야 할 계수들이 4개이므로 식 (5.28)에서처럼 각도와 각속도만을 경계조건으로 정할 수 있다. 만약 각가속도의 경계 조건까지 추가로 부여하고자 하는 경우 총 6개의 조건을 만족시켜야 하므로 다음과 같이 6개의 계수가 있는 5차 다항식(quintic polynomial)으로 궤적을 표현해야 한다.

$$q(t) = a_0 + a_1 t + a_2 t^2 + a_3 t^3 + a_4 t^4 + a_5 t^5 \tag{5.31}$$

식에서 6개의 계수 $a_i(i=0,\cdots,5)$를 구하기 위해서는 식 (5.30)과 같은 역행렬 변환이 필요하다. 일반적으로 휴머노이드 로봇이 브행 또는 동작을 구현하는 데 있어서 각가속도 조건은 크게 중요하지 않으므로 이 책에서 5차 이상의 다항식은 사용하지 않기로 한다.

혼합다항식(blending polynomial)은 어떤 관절의 전체 궤적 내에 다수의 경유점(via point)을 설정하고 이 경유점과 경유점 사이를 세그먼트(segment)로 분할하여 각 세그먼트에 대해 저차 다항식으로 표현한 후, 전체를 이어붙이는 방법으로써 복잡한 모양의 관절궤적을 효율적으로 수식화 할 수 있다[10]. 그리고 인접한 두 세그먼트를 공유하는 경유점에서의 각도와 각속도 값이 같다는 연속조건을 적용하면, 세그먼트가 바뀌더라도 부드럽게 회전할 스 있고 이 덕분에 경유점의 각도와 각속도 조건의 수를 줄일 수 있다.

혼합다항식의 장점은 고차다항식으로 표현해야 하는 복잡한 모양의 궤적이라도 저차 다항식으로 표현되는 궤적들을 이어 붙임으로써 수식으로 간단히 표현할 수 있다는 데 있다. 예를 들어, i번째 세그먼트의 시작 시간 t_0^i와 종료 시간 t_f^i에 대해 각도와 각속도 값들이 다음과 같이 주어졌다고 하자.

$$q(t_0^i)=q_0^i,\ q(t_f^i)=q_f^i,\ \dot{q}(t_0^i)=\omega_0^i,\ \dot{q}(t_f^i)=\omega_f^i \tag{5.32}$$

이 중에서 첫 번째와 세 번째 조건을 고려하여 세그먼트의 수식을 다음과 같이 3차 다항식으로 표현한다.

$$q(t)=a_0+a_1(t-t_0^i)+a_2(t-t_0^i)^2+a_3(t-t_0^i)^3,\ t_0^i\le t\le t_f^i \tag{5.33}$$

식에서 4개의 계수들은 각도와 각속도 조건에 대해 다음과 같은 관계를 가진다.

$$\begin{aligned} a_0 &= q_0^i,\ a_1=\omega_0^i, \\ a_2 &= \frac{3(q_f^i-q_0^i)-\left(2\omega_0^i+\omega_f^i\right)\left(t_f^i-t_0^i\right)}{\left(t_f^i-t_0^i\right)^2}, \\ a_3 &= \frac{2(q_f^i-q_0^i)+\left(\omega_0^i+\omega_f^i\right)\left(t_f^i-t_0^i\right)}{\left(t_f^i-t_0^i\right)^3} \end{aligned} \tag{5.34}$$

이제 두 세그먼트를 갖는 혼합다항식은 식 (5.32)를 참고하면 이론적으로 다음과 같이 8개의 각도와 각속도 조건이 필요하다.

$$
\begin{aligned}
&q(t_0^1)=q_0^1,\ q(t_f^1)=q_f^1,\ \dot{q}(t_0^1)=\omega_0^1,\ \dot{q}(t_f^1)=\omega_f^1 \\
&q(t_0^2)=q_0^2,\ q(t_f^2)=q_f^2,\ \dot{q}(t_0^2)=\omega_0^2,\ \dot{q}(t_f^2)=\omega_f^2
\end{aligned} \tag{5.35}
$$

그러나 두 세그먼트 간의 경계점(t_f^1, t_0^2)에서는 $q(t)$와 $\dot{q}(t)$ 값이 동일해야 하므로, 다음과 같이 실질적으로 6개의 각도와 각속도 조건이 필요하다.

$$
\begin{aligned}
&q(t_0^1)=q_0^1,\ q(t_f^1)=q(t_0^2)=q_f^1,\ q(t_f^2)=q_f^2, \\
&\dot{q}(t_0^1)=\omega_0^1,\ \dot{q}(t_f^1)=\dot{q}(t_0^2)=\omega_f^1,\ \dot{q}(t_f^2)=\omega_f^2
\end{aligned} \tag{5.36}
$$

이를 m개의 세그먼트를 갖는 혼합다항식으로 확장하면, 전체 궤적은 총 $m+1$개의 경유점들을 가지며 각 경유점은 2개의 각도와 각속도 조건을 가지므로 다음과 같이 총 $2(m+1)$개의 조건들이 필요하다.

$$
\begin{aligned}
&q(t_0^1)=q_0^1,\ q(t_f^1)=q_f^1,\ \cdots,\ q(t_f^m)=q_f^m, \\
&\dot{q}(t_0^1)=\omega_0^1,\ \dot{q}(t_f^1)=\omega_f^1,\ \cdots,\ \dot{q}(t_f^m)=\omega_f^m
\end{aligned} \tag{5.37}
$$

<그림 5.9>는 이해를 돕기 위해 2개의 세그먼트를 이어 붙여서 하나의 부드러운 혼합다항식 궤적을 만들어낸 예를 보인다. 이 궤적의 전체 시간은 4초이며, 2초 간격으로 세그먼트가 할당되었으므로 총 3개의 경유점이 존재한다. 각 경유점에서의 파라미터들은 식 (5.36)에 대해 다음과 같이 설정했다.

$$
\begin{aligned}
&t_0^1=0,\ t_f^1=t_0^2=2,\ t_f^2=4, \\
&q_0^1=10°,\ q_f^1=q_0^2=70°,\ q_f^2=50°, \\
&\omega_0^1=0,\ \omega_f^1=\omega_0^2=10,\ \omega_f^2=0
\end{aligned} \tag{5.38}
$$

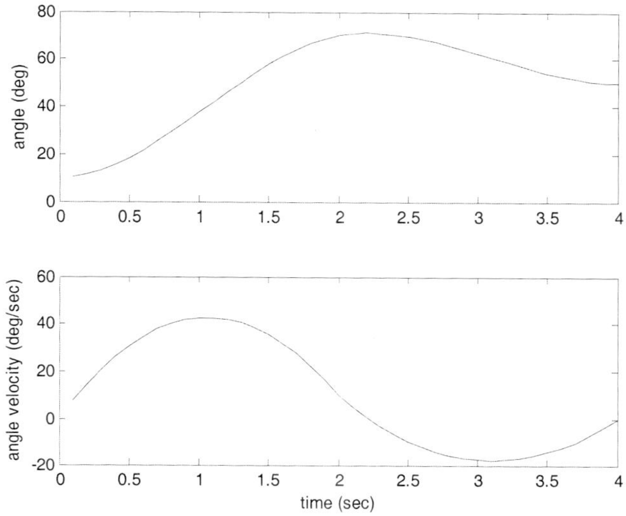

» **그림 5.9** 두 개의 세그먼트를 갖는 혼합다항식의 각도와 각속도 궤적

이를 구현하기 위한 MATLAB코드는 다음과 같다.

```
>> ti=0; tm=2; tf=4; thi=10; thm=70; thf=50; wi=0; wm=10; wf=0; st=0.1;
>> plot_two_seg_blend_poly(ti, tm, tf, thi, thm, thf, wi, wm, wf, st);
```

<그림 5.10>은 3개의 세그먼트들을 2초와 4초에 이어 붙여서 하나의 부드러운 혼합다항식 궤적을 만들어낸 예를 보인다. 전체 네 개의 경유점에서의 조건들은 다음과 같이 설정했다.

$$\begin{gathered} t_0^1 = 0,\ t_f^1 = t_0^2 = 2,\ t_f^2 = t_0^3 = 4,\ t_f^3 = 6, \\ q_0^1 = 10°,\ q_f^1 = q_0^2 = 70°,\ q_f^2 = q_0^3 = 40°,\ q_f^3 = 60° \\ \omega_0^1 = 0,\ \omega_f^1 = \omega_0^2 = 10,\ \omega_f^2 = \omega_0^3 = -10,\ \omega_f^3 = 0 \end{gathered} \tag{5.39}$$

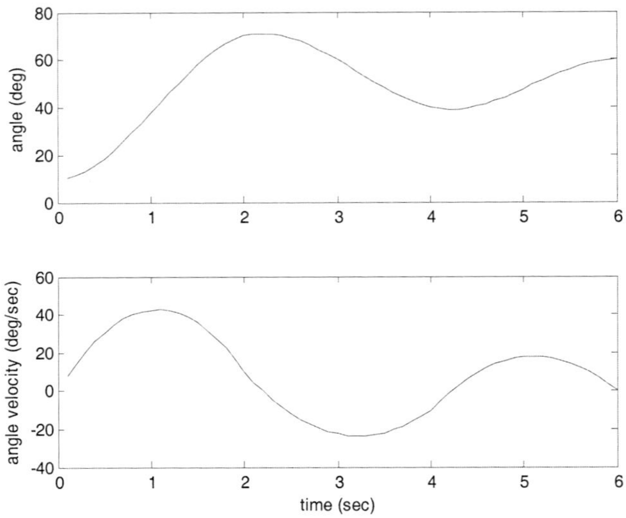

» **그림 5.10 세 개의 세그먼트를 갖는 혼합다항식의 각도와 각속도 궤적**

이를 구현하기 위한 MATLAB코드는 다음과 같다.

```
>> ti=0; tm1=2; tm2=4; tf=6; thi=10; thm1=70; thm2=40; thf=60;
wi=0; wm1=10; wm2=-10; wf=0; st=0.1;
>> plot_three_seg_blend_poly(ti, tm1, tm2, tf, thi, thm1, thm2, thf, wi, wm1,
wm2, wf, st);
```

혼합다항식의 가장 큰 장점은 식 (5.30)에서처럼 역행렬을 구할 필요가 없다는 점이며, 이는 실시간으로 로봇의 모션을 생성하고 제어하기에 적합한 궤적 계획법임을 의미한다.

참고로 휴머노이드 로봇의 관절궤적을 몇 개의 세그먼트로 구현할 것인지를 정할 때 그 관절의 궤적 형상이 요구하는 특성을 고려해야 한다. 로봇이 움직일 때 시상면에 위치한 관절들은 대부분 시작 각도와 최종 각도가 다르지만 관상면과 횡평면에 위치한 관절들은 0°에서 시작해서 0°로 끝나는 경우가 많기 때문이다. 이에 관한 내용은 이족보행을 구현할 때 자세히 설명할 것이다.

5.2.2 관절궤적의 최적화 변수

제2장에서 최적화 알고리즘인 PSO에 대해서 배웠고, 관절궤적의 표현식으로서 혼합다항식이 적합함을 보았다. 이번 절에서는 PSO를 이용해서 휴머노이드 로봇의 관절궤적을 최적화할 때 필요한 변수의 명명법을 제안하는데, 변수들이 직관적으로 이해하기 쉬운 이름을 가지는 것이 프로그램 코딩에 편리하기 때문이다. 최적화 변수는 궤적 경유점에서의 시간, 각도, 각속도 조건들이며 이름은 다음의 규칙을 따른다.

〈투영 평면명〉〈관절명〉〈좌/우측 위치명〉〈경유점 위치명〉〈경유점 변수명〉

투영 평면명에는 관절이 어느 평면상에서 회전하느냐에 따라, SAG(sagittal), COR(coronal), TRAN(transverse)이 있다. 관절명에는 AN(ankle), KN(knee), HP(hip), SH(shoulder), EL(elbow), NK(neck)이 있으며, 좌/우측 위치명은 관절이 로봇 몸체의 왼쪽에 있느냐 오른쪽에 있느냐에 따라 L(left)과 R(right)이 있다. 경유점 위치명은 경유점의 위치가 궤적의 시작점인지 중간점인지, 최종점인지에 따라 INIT(initial), MID(middle), FIN(final)이 부여된다. 경유점 변수명은 최적화 변수가 각도값이면 ANG(angle), 각속도 값이면 VEL(velocity), 시간 값이면 TIME의 세 종류가 있다.

먼저 하체에 장착되어 있는 시상면 관절모터의 각도 궤적 최적화 변수들을 <표 5.4>에서와 같이 명명했다. 시상면에 위치한 관절들의 궤적은 초기 각도와 최종 각도가 같지 않은 경우가 많으므로 <그림 5.9>와 같이 2개의 세그먼트를 잇는 혼합다항식으로 표현했다. 표에서 주의할 점은 로봇의 특정 모션을 생성하기 위한 관절모터들의 각도값은 시작/중간/최종 각도 모두를 최적변수로 설정해서 최적해를 찾아야 하지만, 각속도와 시간은 시작값과 최종값을 사용자가 정해줄 수 있으므로 중간값 만을 최적변수로 잡아도 된다는 것이다. 이렇게 하면 탐색해야 할 파라미터의 수가 그만큼 감소하므로 최적화 알고리즘의 효율성을 증가시켜 준다.

» **표 5.4** 2개의 세그먼트를 갖는 시상면 하체 관절궤적의 최적화 변수

변수명	정의
SAG_AN_L_INIT_ANG(VEL)	왼쪽 족관절 시상면 모터의 초기 각도(각속도)
SAG_KN_L_INIT_ANG(VEL)	왼쪽 슬관절 시상면 모터의 초기 각도(각속도)
SAG_HP_L_INIT_ANG(VEL)	왼쪽 고관절 시상면 모터의 초기 각도(각속도)
SAG_AN_R_INIT_ANG(VEL)	오른쪽 족관절 시상면 모터의 초기 각도(각속도)
SAG_KN_R_INIT_ANG(VEL)	오른쪽 슬관절 시상면 모터의 초기 각도(각속도)
SAG_HP_R_INIT_ANG(VEL)	오른쪽 고관절 시상면 모터의 초기 각도(각속도)
SAG_AN_L_MID_ANG(VEL)	왼쪽 족관절 시상면 모터의 중간 각도(각속도)
SAG_KN_L_MID_ANG(VEL)	왼쪽 슬관절 시상면 모터의 중간 각도(각속도)
SAG_HP_L_MID_ANG(VEL)	왼쪽 고관절 시상면 모터의 중간 각도(각속도)
SAG_AN_R_MID_ANG(VEL)	오른쪽 족관절 시상면 모터의 중간 각도(각속도)
SAG_KN_R_MID_ANG(VEL)	오른쪽 슬관절 시상면 모터의 중간 각도(각속도)
SAG_HP_R_MID_ANG(VEL)	오른쪽 고관절 시상면 모터의 중간 각도(각속도)
SAG_AN_L_FIN_ANG(VEL)	왼쪽 족관절 시상면 모터의 최종 각도(각속도)
SAG_KN_L_FIN_ANG(VEL)	왼쪽 슬관절 시상면 모터의 최종 각도(각속도)
SAG_HP_L_FIN_ANG(VEL)	왼쪽 고관절 시상면 모터의 최종 각도(각속도)
SAG_AN_R_FIN_ANG(VEL)	오른쪽 족관절 시상면 모터의 최종 각도(각속도)
SAG_KN_R_FIN_ANG(VEL)	오른쪽 슬관절 시상면 모터의 최종 각도(각속도)
SAG_HP_R_FIN_ANG(VEL)	오른쪽 고관절 시상면 모터의 최종 각도(각속도)
SAG_AN_L_MID_TIME	왼쪽 족관절 시상면 모터의 중간 시간
SAG_KN_L_MID_TIME	왼쪽 슬관절 시상면 모터의 중간 시간
SAG_HP_L_MID_TIME	왼쪽 고관절 시상면 모터의 중간 시간
SAG_AN_R_MID_TIME	오른쪽 족관절 시상면 모터의 중간 시간
SAG_KN_R_MID_TIME	오른쪽 슬관절 시상면 모터의 중간 시간
SAG_HP_R_MID_TIME	오른쪽 고관절 시상면 모터의 중간 시간

로봇의 하체에 장착된 관상면 관절모터들은 안정된 자세를 위해 보행의 시작 시 관상면 상에서 직립 상태이다가 종료 시 다시 직립한 상태가 되어야 하므로 초기 각도와 최종 각도는 모두 0°가 된다. 특히 로봇이 한쪽 다리를 들어올린 상태에서 중심을 잡기 위해서는 들어올린 다리의 반대쪽으로 로봇 상체를 이동한 후 지지하는 다리가 일정 각도를 유지해 주어야 한다. 이렇게 하기 위해서 관상면 관절모터의 궤적은 3개의 세그먼트를 갖는 고원(plateau)과 같은 형상을 가져야 한다. 이를 고려해서 로봇의 하체에 있는 관상면 관절모터 각도의 궤적 관련 최적화 변수들을 <표 5.5>와 같이 명명했다.

» **표 5.5** 3개의 세그먼트를 갖는 관상면 하체 관절궤적의 최적화 변수

변수명	정의
COR_AN_L_INIT_ANG(VEL) COR_HP_L_INIT_ANG(VEL) COR_AN_R_INIT_ANG(VEL) COR_HP_R_INIT_ANG(VEL)	왼쪽 족관절 관상면 모터의 초기 각도(각속도) 왼쪽 고관절 관상면 모터의 초기 각도(각속도) 오른쪽 족관절 관상면 모터의 초기 각도(각속도) 오른쪽 고관절 관상면 모터의 초기 각도(각속도)
COR_AN_L_MID_ANG1(VEL1) COR_AN_L_MID_ANG2(VEL2) COR_HP_L_MID_ANG1(VEL1) COR_HP_L_MID_ANG2(VEL2) COR_AN_R_MID_ANG1(VEL1) COR_AN_R_MID_ANG2(VEL2) COR_HP_R_MID_ANG1(VEL1) COR_HP_R_MID_ANG2(VEL2)	왼쪽 족관절 관상면 모터의 첫 번째 중간 각도(각속도) 왼쪽 족관절 관상면 모터의 두 번째 중간 각도(각속도) 왼쪽 고관절 관상면 모터의 첫 번째 중간 각도(각속도) 왼쪽 고관절 관상면 모터의 두 번째 중간 각도(각속도) 오른쪽 족관절 관상면 모터의 첫 번째 중간 각도(각속도) 오른쪽 족관절 관상면 모터의 두 번째 중간 각도(각속도) 오른쪽 고관절 관상면 모터의 첫 번째 중간 각도(각속도) 오른쪽 고관절 관상면 모터의 두 번째 중간 각도(각속도)
COR_AN_L_FIN_ANG(VEL) COR_HP_L_FIN_ANG(VEL) COR_AN_R_FIN_ANG(VEL) COR_HP_R_FIN_ANG(VEL)	왼쪽 족관절 관상면 모터의 최종 각도(각속도) 왼쪽 고관절 관상면 모터의 최종 각도(각속도) 오른쪽 족관절 관상면 모터의 최종 각도(각속도) 오른쪽 고관절 관상면 모터의 최종 각도(각속도)
COR_AN_L_MID_TIME1 COR_AN_L_MID_TIME2 COR_HP_L_MID_TIME1 COR_HP_L_MID_TIME2 COR_AN_R_MID_TIME1 COR_AN_R_MID_TIME2 COR_HP_R_MID_TIME1 COR_HP_R_MID_TIME2	왼쪽 족관절 관상면 모터의 첫 번째 중간 시간 왼쪽 족관절 관상면 모터의 두 번째 중간 시간 왼쪽 고관절 관상면 모터의 첫 번째 중간 시간 왼쪽 고관절 관상면 모터의 두 번째 중간 시간 오른쪽 족관절 관상면 모터의 첫 번째 중간 시간 오른쪽 족관절 관상면 모터의 두 번째 중간 시간 오른쪽 고관절 관상면 모터의 첫 번째 중간 시간 오른쪽 고관절 관상면 모터의 두 번째 중간 시간

로봇의 고관절에 위치한 횡평면 관절들은 보행의 방향을 전환시키는 역할을 하며 초기 각도는 0°로, 중간 각도는 목표 회전각도로, 최종 각도는 다시 0°로 설정해야 한다. 이 과정을 전반부와 후반부로 나눠서 해당 횡평면 관절을 회전시키는 원리에 대해 다음 절에서 자세히 설명할 것이다. 로봇이 전진이나 후진만 하는 경우에는 초기 각도와 최종 각도는 0°로 정하면 된다. 횡평면 관절모터 각도의 궤적 관련 최적화 변수들을 <표 5.6>과 같이 명명했다.

» **표 5.6** 횡평면 하체 관절궤적의 최적화 변수

변수명	정의
TRAN_HP_L_INIT_ANG(VEL) TRAN_HP_R_INIT_ANG(VEL)	왼쪽 고관절 횡평면 모터의 초기 각도(각속도) 오른쪽 고관절 횡평면 모터의 초기 각도(각속도)
TRAN_HP_L_MID_ANG(VEL) TRAN_HP_R_MID_ANG(VEL)	왼쪽 고관절 횡평면 모터의 중간 각도(각속도) 오른쪽 고관절 횡평면 모터의 중간 각도(각속도)
TRAN_HP_L_FIN_ANG(VEL) TRAN_HP_R_FIN_ANG(VEL)	왼쪽 고관절 횡평면 모터의 최종 각도(각속도) 오른쪽 고관절 횡평면 모터의 최종 각도(각속도)
TRAN_HP_L_MID_TIME TRAN_HP_R_MID_TIME	왼쪽 고관절 횡평면 모터의 중간 시간 오른쪽 고관절 횡평면 모터의 중간 시간

이제 상체에 위치한 시상면 관절모터 각도의 궤적 관련 최적화 변수들에 대해서 알아보도록 하자. OP는 사람처럼 팔꿈치를 앞뒤로 회전시킬 수 있게 설계되었으며 이에 따라 변수 명을 <표 5.7>과 같이 설정했다.

» **표 5.7** 시상면 상체 관절궤적의 최적화 변수

변수명	정의
SAG_SH_L_INIT_ANG(VEL) SAG_EL_L_INIT_ANG(VEL) SAG_SH_R_INIT_ANG(VEL) SAG_EL_R_INIT_ANG(VEL) SAG_NK_INIT_ANG(VEL)	왼쪽 견관절 시상면 모터의 초기 각도(각속도) 왼쪽 주관절 시상면 모터의 초기 각도(각속도) 오른쪽 견관절 시상면 모터의 초기 각도(각속도) 오른쪽 주관절 시상면 모터의 초기 각도(각속도) 목관절 시상면 모터의 초기 각도(각속도)
SAG_SH_L_MID_ANG(VEL) SAG_EL_L_MID_ANG(VEL) SAG_SH_R_MID_ANG(VEL) SAG_EL_R_MID_ANG(VEL) SAG_NK_MID_ANG(VEL)	왼쪽 견관절 시상면 모터의 중간 각도(각속도) 왼쪽 주관절 시상면 모터의 중간 각도(각속도) 오른쪽 견관절 시상면 모터의 중간 각도(각속도) 오른쪽 주관절 시상면 모터의 중간 각도(각속도) 목관절 시상면 모터의 중간 각도(각속도)
SAG_SH_L_FIN_ANG(VEL) SAG_EL_L_FIN_ANG(VEL) SAG_SH_R_FIN_ANG(VEL) SAG_EL_R_FIN_ANG(VEL) SAG_NK_FIN_ANG(VEL)	왼쪽 견관절 시상면 모터의 최종 각도(각속도) 왼쪽 주관절 시상면 모터의 최종 각도(각속도) 오른쪽 견관절 시상면 모터의 최종 각도(각속도) 오른쪽 주관절 시상면 모터의 최종 각도(각속도) 목관절 시상면 모터의 최종 각도(각속도)
SAG_SH_L_MID_TIME SAG_EL_L_MID_TIME	왼쪽 견관절 시상면 모터의 중간 시간 왼쪽 주관절 시상면 모터의 중간 시간

변수명	정의
SAG_SH_R_MID_TIME SAG_EL_R_MID_TIME SAG_NK_MID_TIME	오른쪽 견관절 시상면 모터의 중간 시간 오른쪽 주관절 시상면 모터의 중간 시간 목관절 시상면 모터의 중간 시간

상체에 장착되어 있는 관상면 관절모터는 OP의 경우 어깨에만 장착되어 있고 각각의 최적화 변수들은 <표 5.8>과 같이 정의했다.

» **표 5.8** 관상면 상체 관절궤적의 최적화 변수

변수명	정의
COR_SH_L_INIT_ANG(VEL) COR_SH_R_INIT_ANG(VEL)	왼쪽 견관절 관상면 모터의 초기 각도(각속도) 오른쪽 견관절 관상면 모터의 초기 각도(각속도)
COR_SH_L_MID_ANG(VEL) COR_SH_R_MID_ANG(VEL)	왼쪽 견관절 관상면 모터의 중간 각도(각속도) 오른쪽 견관절 관상면 모터의 중간 각도(각속도)
COR_SH_L_FIN_ANG(VEL) COR_SH_R_FIN_ANG(VEL)	왼쪽 견관절 관상면 모터의 최종 각도(각속도) 오른쪽 견관절 관상면 모터의 최종 각도(각속도)
COR_SH_L_MID_TIME COR_SH_R_MID_TIME	왼쪽 견관절 관상면 모터의 중간 시간 오른쪽 견관절 관상면 모터의 중간 시간

상체의 목 부분에 장착되어 있는 횡평면 관절모터와 관련된 최적화 변수는 <표 5.9>와 같이 정의했다.

» **표 5.9** 횡평면 상체 관절궤적의 최적화 변수

변수명	정의
TRAN_NK_INIT_ANG(VEL)	목관절 횡평면 모터의 초기 각도(각속도)
TRAN_NK_MID_ANG(VEL)	목관절 횡평면 모터의 중간 각도(각속도)
TRAN_NK_FIN_ANG(VEL)	목관절 횡평면 모터의 최종 각도(각속도)
TRAN_NK_MID_TIME	목관절 횡평면 모터의 중간 시간

이와 같이 로봇이 임의의 동작을 하기 위해서는 총 150여개의 관절궤적 변수들이 적절히 사용되어야 한다. 이는 최신의 고성능 데스크톱 컴퓨터로도 최적화 코드

를 실행하기에 장시간이 소요되는 규모이다. 그러나 로봇의 관절과 자세의 대칭성을 이용하고 보행 시 여러 조건들을 적용하면 최적화 변수의 개수를 크게 줄일 수 있다.

5.3 | 제자리에서 방향 틀기

사람과 마찬가지로 휴머노이드 로봇도 전방에 장애물이나 목표물이 있을 경우 보행 중 전진 방향을 변경시켜야 한다. 이를 위해 횡평면 고관절을 회전시켜야 하며 <그림 5.1>의 3차원 전신 모델에서 ψ_{hp}^{l}과 ψ_{hp}^{r}이 그 역할을 한다. 이해를 돕기 위해 제자리에서 직립한 상태로 방향을 전환하는 것에 대해 알아보도록 하자.

직립한 상태에서 전진하고자 하는 방향을 회전하기 위해서는 한 쪽의 횡평면 관절에서 두 번의 회전이 연속적으로 일어나야 한다. 즉, 왼발 지지 상태에서 오른쪽으로 회전하기 위해서는 오른발을 든 상태에서 왼쪽 다리의 횡평면 관절(ψ_{hp}^{l})을 반시계방향(양의 방향)으로 돌림으로써 몸 전체의 방향을 오른쪽으로 틀면서 오른발을 착지 후, 양쪽 발을 평행하게 두기 위해 이번에는 왼쪽 다리를 들어 올린 상태에서 ψ_{hp}^{l}을 시계방향(음의 방향)으로 다시 회전시켜야 한다. 반대로 오른발 지지 상태에서 왼쪽으로 회전하기 위해서는 왼발을 든 상태에서 오른쪽 다리의 횡평면 관절(ψ_{hp}^{r})을 시계방향(음의 방향)으로 회전 후 다시 오른발을 든 상태에서 반시계방향(양의 방향)으로 회전시켜야 한다.

<그림 5.11>과 <그림 5.12>는 제자리에 서서 오른쪽으로 회전하는 원리를 개념적으로 보인 것이다. <그림 5.11>은 왼발 지지 상태에서 오른쪽으로 방향 틀기의 전반부를 나타내는 것으로, 다음의 세부동작으로 구성된다.

- 직립 상태에서 오른발을 들어올리기 전에 자세 안정을 위해 ZMP를 왼발로 이동시킨다. 이를 위해 양쪽 관상면 족관절(ϕ_{an}^{l}과 ϕ_{an}^{r})을 양의 방향으로 회전시키고,

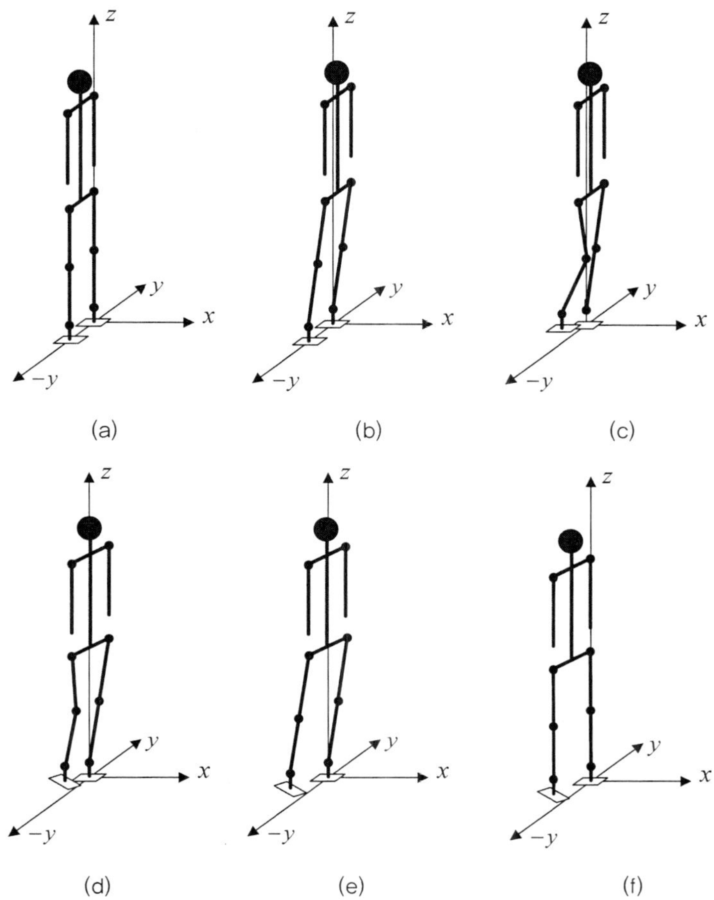

» **그림 5.11 오른쪽으로 방향 틀기의 전반부 개념도(왼발 지지)**

하체의 다른 관상면 각도는 상체 90° 조건을 만족시킨다(<그림 5.11(b)>).

- 방향을 틀 때 오른발이 걸리지 않도록 적당한 높이로 들어올린다. 이를 위해 오른쪽 다리의 시상면 관절 각도를 조절한다(<그림 5.11(c)>).
- 전신을 지지하고 있는 왼쪽 다리의 횡평면 고관절(ψ_{hp}^{l})을 반시계방향(양의 방향)으로 회전시켜서 몸의 방향을 오른쪽으로 튼다(<그림 5.11(d)>).
- 오른쪽 발을 착지하기 위해 들어올린 다리의 시상면 관절모터각을 모두 0°로 만든다(<그림 5.11(e)>).

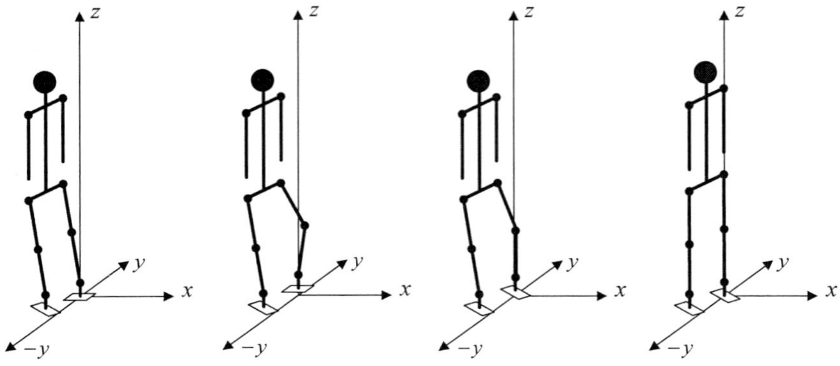

» **그림 5.12 오른쪽으로 방향 틀기의 후반부 개념도(오른발 지지)**

- 관상면 하체 관절모터각이 모두 0°가 되게 함으로써 방향 틀기의 전반부를 완료한다. 이때 로봇은 직립상태이지만 두 발의 방향이 어긋난 상태가 된다(<그림 5.11(f)>).

오른쪽으로 방향 틀기의 후반부는 양측 지지(double support phase) 상태에서 오른발 지지로 전환한 후 왼쪽다리를 들어 올려서 ψ_{hp}^{l}을 시계방향으로 회전시킨 후 착지하는 과정으로 구성되어 있다. 이 과정의 결과로서 두 발이 평행하게 정렬이 되며, <그림 5.12>에서 보인 것처럼 다음과 같은 세부단계로 구성된다.

- 오른발 지지 상태에서 왼발을 들어올리기 위해 ZMP를 오른발로 이동시킨다. 이를 위해 관상면 오른쪽 족관절(ϕ_{an}^{r})을 음의 방향으로 회전시키고, 상체 90° 조건을 만족시키도록 다른 하체 관절각을 조정한다(<그림 5.12(a)>).
- 비틀어진 왼쪽 다리의 방향을 틀어서 오른쪽 다리와 정렬하기 위해 왼발을 적당한 높이로 들어올린다. 이를 위해 왼쪽 다리의 시상면 관절 각도들을 목표값으로 회전시킨다(<그림 5.12(b)>).
- 충분히 들어올려진 왼쪽 다리의 방향을 틀기 위해 횡평면 고관절(ψ_{hp}^{l})을 시계방향으로 회전시킨다(<그림 5.12(c)>).

- 들어올려진 왼쪽 다리를 착지하고 직립자세를 만들기 위해 왼쪽 다리의 시상면과 관상면 관절모터각을 다시 0°로 만든다. 이로써 로봇은 제자리에서 오른쪽으로 방향을 바꿔 직립하는 것을 완료한다(<그림 5.12(d)>).

<그림 5.13>은 http://office.ucloud.com의 My ucloud/게스트폴더 code/matlab code 디렉터리에 있는 sim_rotate.m 파일을 이용해서 오른쪽으로 20°만큼 방향을 트는 것의 전반부를 시뮬레이션 한 것을 보인다. 오른발을 최대 높이로 들어올렸을 때의 시상면 각도와 이를 지지하기 위한 관상면 각도는 코드에서 다음과 같이 설정했다.

```
%%%% 오른쪽 방향틀기 %%%%
% 발을 들어 올려주기 위한 시상면 각도
SAG_KN_R_MID_ANG = deg2rad(42.5);    SAG_HP_R_MID_ANG = deg2rad(21.2);
% 오른쪽 방향으로 20도 틀기 위한 고관절 각도
TRAN_HP_L_MID_ANG = deg2rad(20);
% 발을 들어 올리는 동안의 관상면 각도
COR_AN_L_MID_ANG1 = deg2rad(15);     COR_AN_R_MID_ANG1 = deg2rad(-15);
```

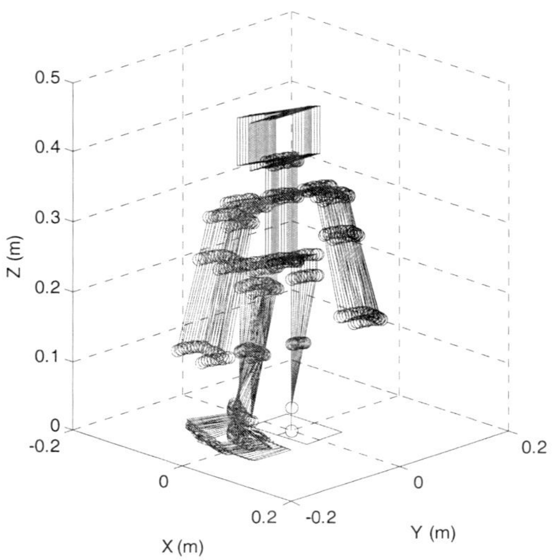

» **그림 5.13** 오른쪽으로 방향 틀기의 전반부 시뮬레이션

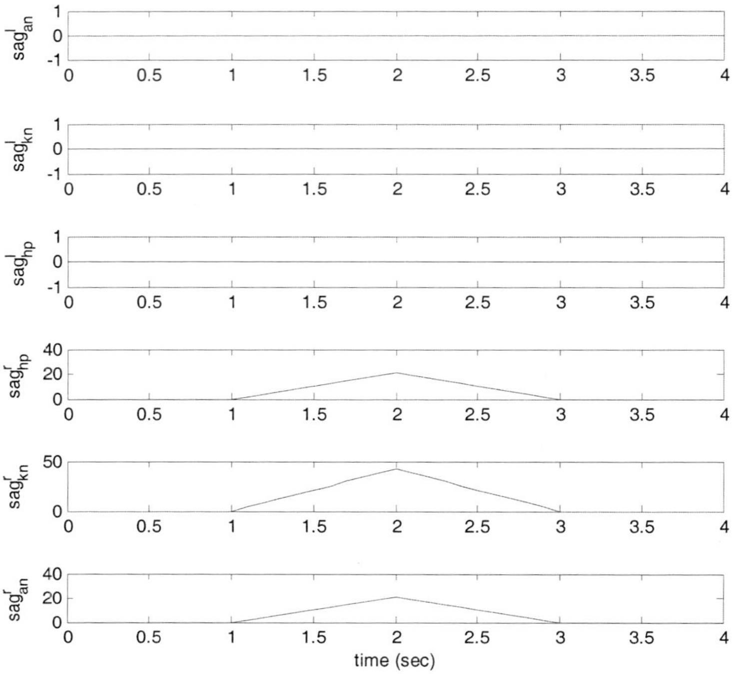

» **그림 5.14** 오른쪽으로 방향 틀기 전반부의 하체 시상면 각도 궤적

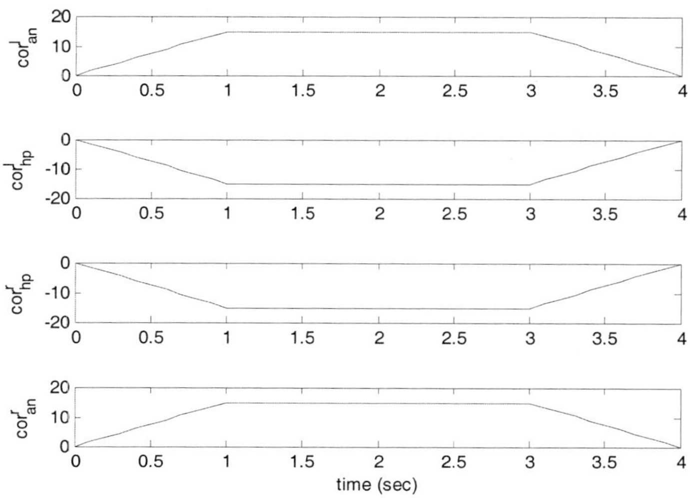

» **그림 5.15** 오른쪽으로 방향 틀기 전반부의 하체 관상면 각도 궤적

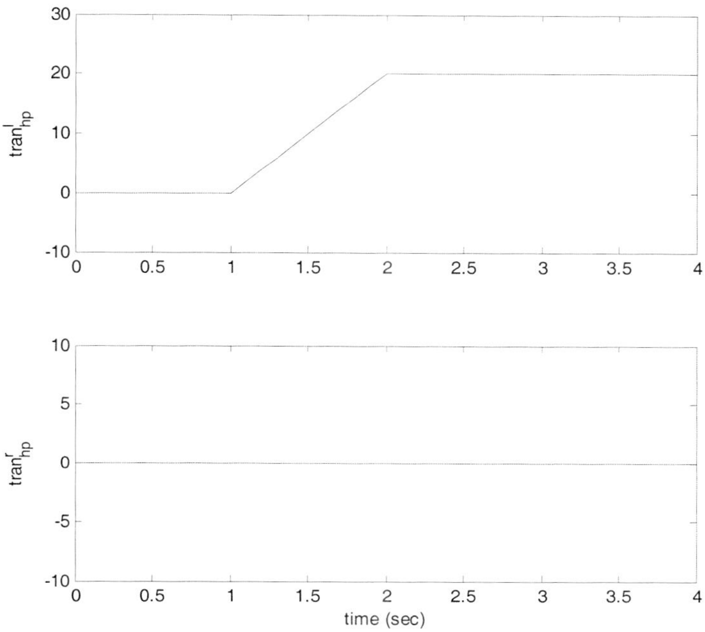

» **그림 5.16** 오른쪽으로 방향 틀기 전반부의 횡평면 각도 궤적

<그림 5.14~5.16>은 오른쪽으로 방향 틀기 전반부의 시상면, 관상면, 횡평면의 관절 각도 궤적을 각각 나타낸다. 그림에서 보듯이 등속회전 구간에서 각도 궤적을 생성하는 InterpolateAngInSeg 함수를 이용해서 직선을 이어 붙인 형태를 갖는 각도 궤적을 만들었으며, 1초 간격으로 <그림 5.13>의 각 움직임을 수행하게 했다. 휴머노이드 로봇 링크가 선형으로 움직이면 가속도가 0이 되므로 ZMP 값에 거의 영향을 미치지 않으며, 시뮬레이션 확인 결과 지지하는 발바닥 내에 위치했다.

<그림 5.17~5.20>은 오른쪽 방향 틀기의 후반부를 시뮬레이션 한 것과 이를 위한 시상면, 관상면, 횡평면의 하체 관절각 궤적을 각각 보인다.

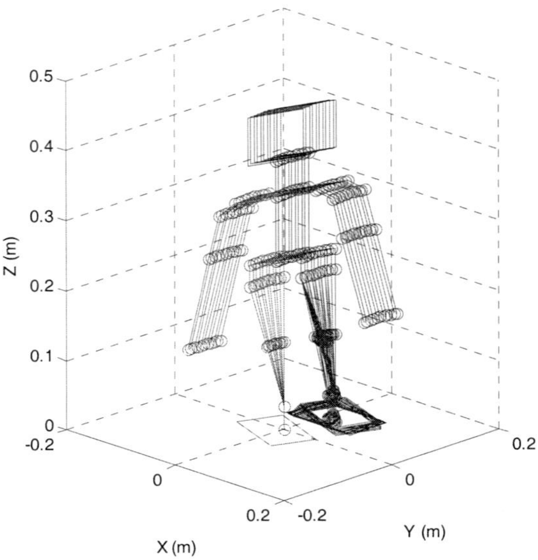

» **그림 5.17** 오른쪽으로 방향 틀기의 후반부 시뮬레이션

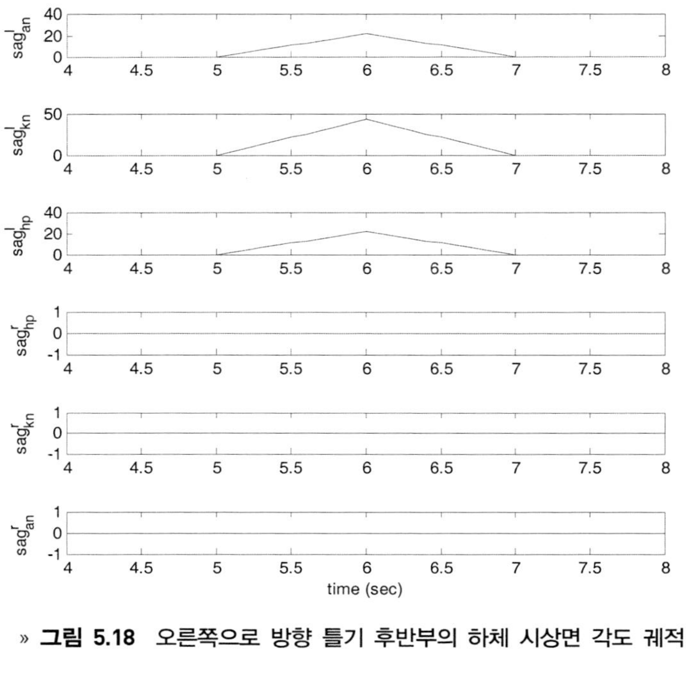

» **그림 5.18** 오른쪽으로 방향 틀기 후반부의 하체 시상면 각도 궤적

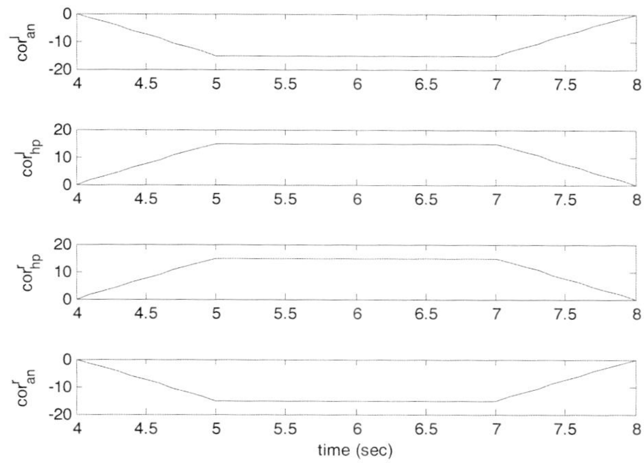

» **그림 5.19** 오른쪽으로 방향 틀기 후반부의 하체 관상면 각도 궤적

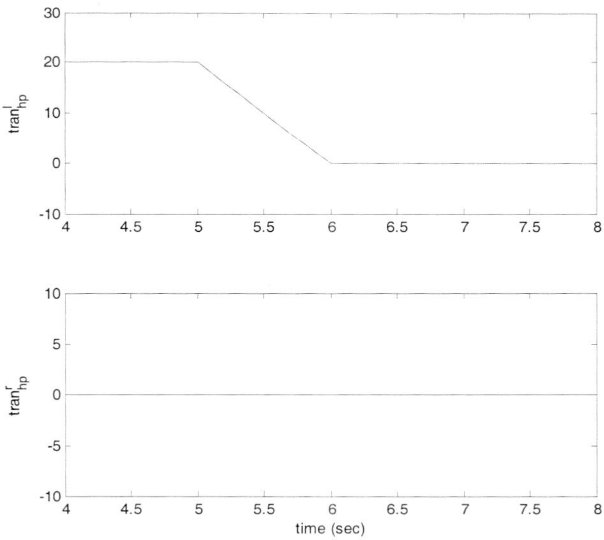

» **그림 5.20** 오른쪽으로 방향 틀기 후반부의 하체 횡평면 각도 궤적

그림에서 보듯이 방향 틀기 후반부에는 지지하는 다리가 왼발에서 오른발로 바뀌므로 시상면에서는 움직이는 관절이 위치한 다리가 바뀌고, 관상면에서는 회

전방향이 달라지며, 횡평면에서는 왼쪽 고관절의 각도가 20°에서 0°로 돌아왔음을 확인할 수 있다.

같은 방법으로 제자리에서 직립한 상태에서 왼쪽으로 방향을 틀고 다시 직립하는 것을 시뮬레이션해 보자. 왼발을 최대 높이로 들어올렸을 때의 시상면 각도와 이를 지지하기 위한 관상면 각도는 코드에서 다음과 같이 설정했다. 왼쪽으로 방향을 틀기 위해서는 오른쪽 고관절의 각도가 −20°로 설정되어야 함을 주의하자.

```
%%%% 왼쪽으로 방향틀기 %%%%
% 발을 들어 올려주기 위한 시상면 각도
SAG_KN_L_MID_ANG = deg2rad(42.5);   SAG_HP_L_MID_ANG = deg2rad(21.2);
% 왼쪽 방향으로 20도 틀기 위한 고관절 각도
TRAN_HP_R_MID_ANG = deg2rad(-20);

% 발을 들어 올리는 동안의 관상면 각도
COR_AN_L_MID_ANG1 = deg2rad(15);     COR_AN_R_MID_ANG1 = deg2rad(-15);
```

<그림 5.21>은 왼쪽으로 20° 방향을 트는 것의 전반부를 시뮬레이션 한 것을 보이고, <그림 5.22~5.24>는 시상면, 관상면, 횡평면의 하체 관절각 궤적을 보인다.

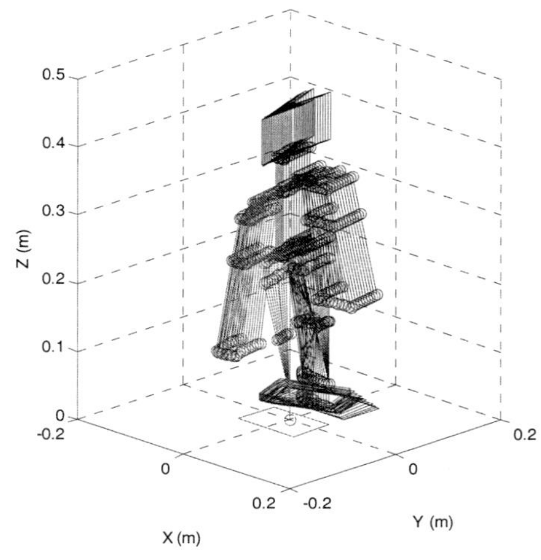

» **그림 5.21** 왼쪽으로 방향 틀기의 전반부 시뮬레이션

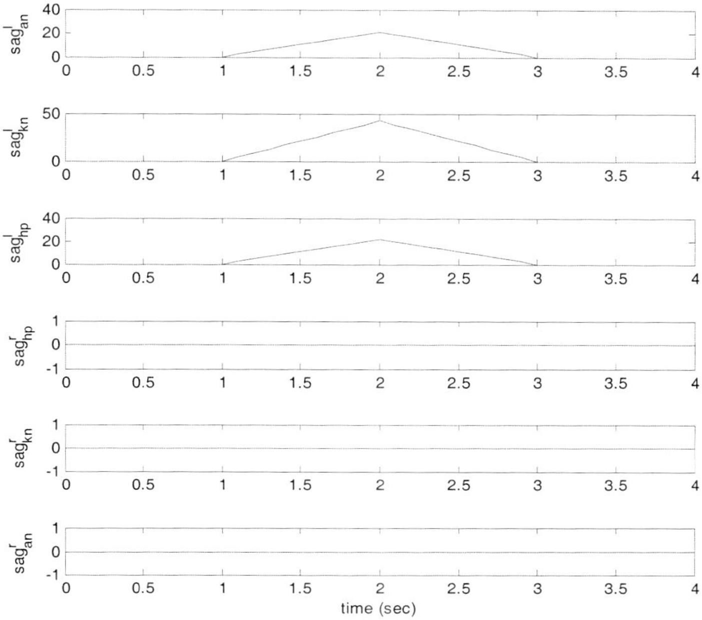

» **그림 5.22** 왼쪽으로 방향 틀기 전반부의 하체 시상면 각도 궤적

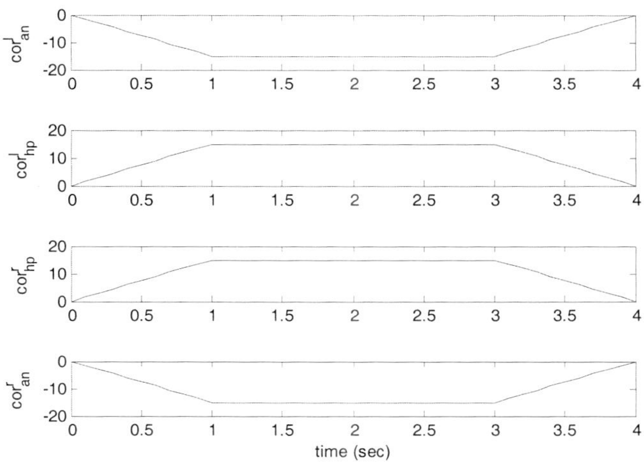

» **그림 5.23** 왼쪽으로 방향 틀기 전반부의 하체 관상면 각도 궤적

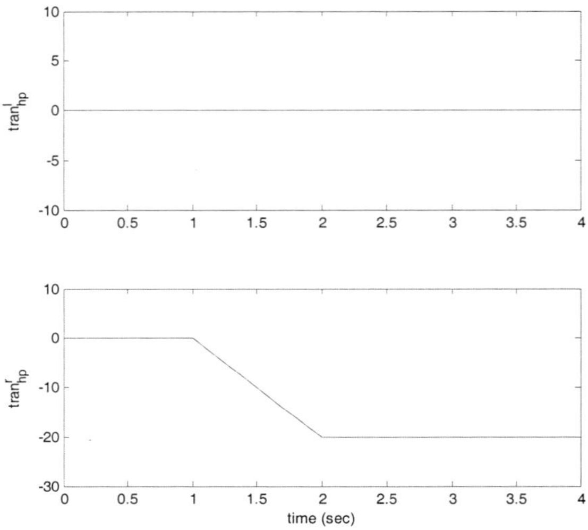

» **그림 5.24** 왼쪽으로 방향 틀기 전반부의 하체 횡평면 각도 궤적

<그림 5.25>는 왼쪽으로 20° 방향을 트는 것의 후반부를 시뮬레이션 한 것을 보이고, <그림 5.26~5.28>은 이를 위한 시상면, 관상면, 횡평면의 하체 관절각 궤적을 보인다.

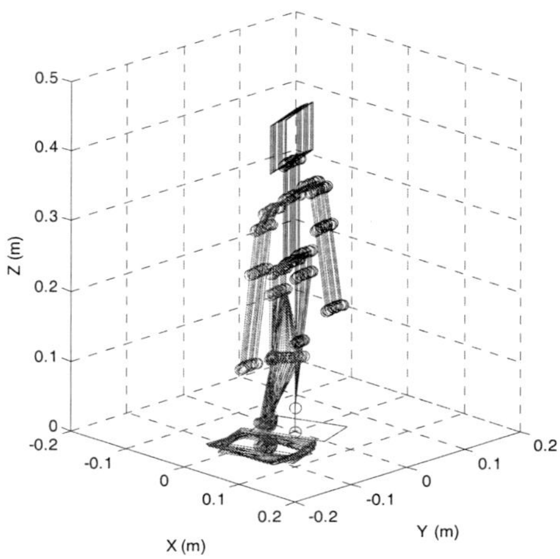

» **그림 5.25** 왼쪽으로 방향 틀기의 후반부 시뮬레이션

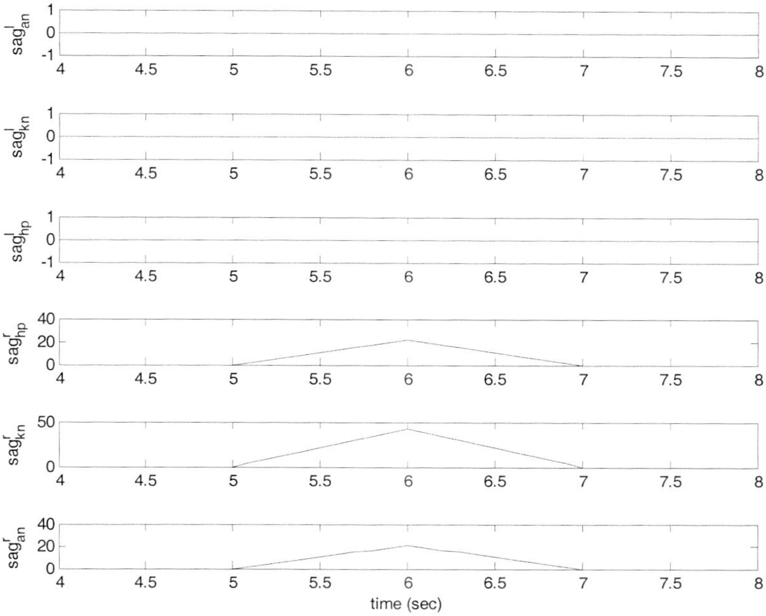

» **그림 5.26** 왼쪽으로 방향 틀기 후반부의 시상면 각도 궤적

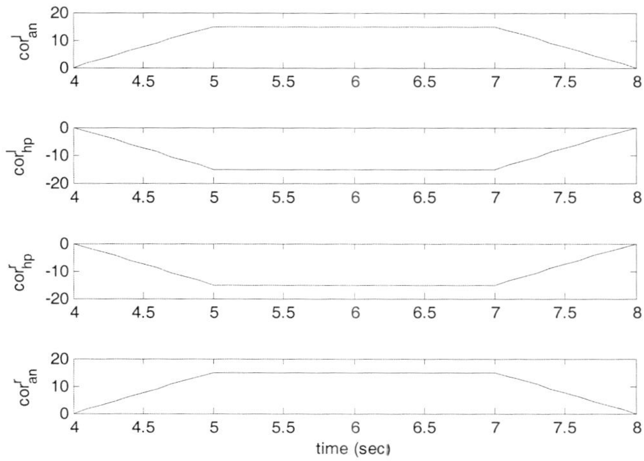

» **그림 5.27** 왼쪽으로 방향 틀기 후반부의 관상면 각도 궤적

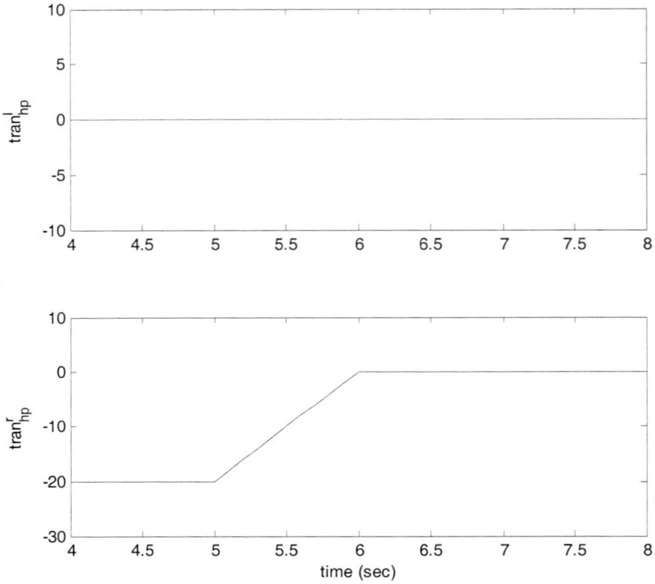

» **그림 5.28 왼쪽으로 방향 틀기 후반부의 횡평면 각도 궤적**

아래의 <코드 5.5>는 제자리에 선 상태에서 오른쪽이나 왼쪽으로 방향을 전환하는 것을 시뮬레이션하는 sim_rotate 코드로서, 오른쪽으로 방향 틀기를 시뮬레이션하고자 하면 turn_dir = 'RIGHT_TURN'으로 설정하면 되고 왼쪽으로 방향 틀기를 원할 경우 turn_dir = 'LEFT_TURN'으로 설정하고 실행하면 된다. 코드 후반부에 보면 시상면과 관상면에서 상체가 90°가 되게 하기 위한 하체 관절모터각 간의 관계식이 나오는데 이 내용은 다음 절에서 설명할 것이다.

```
                          ⋮
md = DH;
sim_type = 'pose_sim'
turn_dir = 'RIGHT_TURN' % 'LEFT_TURN';
                          ⋮
st = 0.1;             % 샘플링 타임

%%% 오른쪽 방향틀기
```

```
% 발을 들어올려주기 위한 시상면 각도
SAG_KN_R_MID_ANG = deg2rad(42.5);   SAG_HP_R_MID_ANG = deg2rad(21.2);
% 오른쪽 방향으로 20도 틀기 위한 고관절 각도
TRAN_HP_L_MID_ANG = deg2rad(20);
%%% 왼쪽으로 방향틀기
% 발을 들어올려주기 위한 시상면 각도
SAG_KN_L_MID_ANG = deg2rad(42.5);   SAG_HP_L_MID_ANG = deg2rad(21.2);
% 왼쪽 방향으로 20도 틀기 위한 고관절 각도
TRAN_HP_R_MID_ANG = deg2rad(-20);
% 발을 들어올리는 동안의 관상면 각도
COR_AN_L_MID_ANG1 = deg2rad(15);     COR_AN_R_MID_ANG1 = deg2rad(-15);
% 직립자세의 팔 각도
COR_SH_L_INIT_ANG = deg2rad(14);     COR_SH_R_INIT_ANG = deg2rad(-14);

for stg=1:2                          % 1: 회전 전반부, 2: 회전 후반부
   if stg==1
      gamma = 0;          % 기준좌표계에서 본 자유다리의 상대적 고관절 회전각
      if strcmp(turn_dir, 'RIGHT_TURN')
         sf = 'LEFT_SUPP'            % 왼발 지지
      elseif strcmp(turn_dir, 'LEFT_TURN')
         sf = 'RIGHT_SUPP'           % 오른발 지지
      end
      sp = [0, 0, 0];                % 지지하는 발의 초기 중심점 위치
      times = [0 1 2 3 4];
   else
      if strcmp(turn_dir, 'RIGHT_TURN')
         gamma = -TRAN_HP_L_MID_ANG;
         sf = 'RIGHT_SUPP'
      elseif strcmp(turn_dir, 'LEFT_TURN')
         gamma = -TRAN_HP_R_MID_ANG;
         sf = 'LEFT_SUPP'
      end
      sp = res(12:14);               % 지지하는 발의 후반부 초기 중심점 위치
      times = [4 5 6 7 8];
   end
   Ti = min(times);                  % 시작 시간
   Tf = max(times);                  % 최종 시간
   ns = floor((Tf-Ti)/st)+1;         % 샘플 수

   for i=1:ns
     t = (i-1)*st+Ti;
     t_i(i) = t;
     if strcmp(sf, 'LEFT_SUPP')==1
       [sag_an_l(i), sag_an_l_1d(i), sag_an_l_2d(i)]
          = InterpolateAngInSeg(t, times, zeros(1,length(times)));
       [sag_kn_l(i), sag_kn_l_1d(i), sag_kn_l_2d(i)]
          = InterpolateAngInSeg(t, times, zeros(1,length(times)));
       [sag_hp_r(i), sag_hp_r_1d(i), sag_hp_r_2d(i)]
          = InterpolateAngInSeg(t, times, [0 0 SAG_HP_R_MID_ANG 0 0]);
       [sag_kn_r(i), sag_kn_r_1d(i), sag_kn_r_2d(i)]
```

```
      = InterpolateAngInSeg(t, times, [0 0 SAG_KN_R_MID_ANG 0 0]);
    [cor_an_l(i), cor_an_l_1d(i), cor_an_l_2d(i)]
      = InterpolateAngInSeg(t, times, [0 COR_AN_L_MID_ANG1
      COR_AN_L_MID_ANG1 COR_AN_L_MID_ANG1 0]);
  elseif strcmp(sf, 'RIGHT_SUPP')==1
    [sag_an_r(i), sag_an_r_1d(i), sag_an_r_2d(i)]
       = InterpolateAngInSeg(t, times, zeros(1,length(times)));
    [sag_kn_r(i), sag_kn_r_1d(i), sag_kn_r_2d(i)]
       = InterpolateAngInSeg(t, times, zeros(1,length(times)));
    [sag_hp_l(i), sag_hp_l_1d(i), sag_hp_l_2d(i)]
       = InterpolateAngInSeg(t, times, [0 0 SAG_HP_L_MID_ANG 0 0]);
    [sag_kn_l(i), sag_kn_l_1d(i), sag_kn_l_2d(i)]
       = InterpolateAngInSeg(t, times, [0 0 SAG_KN_L_MID_ANG 0 0]);
    [cor_an_r(i), cor_an_r_1d(i), cor_an_r_2d(i)]
       = InterpolateAngInSeg(t, times,
       [0 COR_AN_R_MID_ANG1 COR_AN_R_MID_ANG1 COR_AN_R_MID_ANG1 0]);
  end
  [sag_sh_l(i), sag_sh_l_1d(i), sag_sh_l_2d(i)] = InterpolateAngInSeg(t,
    times, zeros(1,length(times)));
  [sag_sh_r(i), sag_sh_r_1d(i), sag_sh_r_2d(i)] = InterpolateAngInSeg(t,
    times, zeros(1,length(times)));
  [sag_el_l(i), sag_el_l_1d(i), sag_el_l_2d(i)] = InterpolateAngInSeg(t,
    times, zeros(1,length(times)));
  [sag_el_r(i), sag_el_r_1d(i), sag_el_r_2d(i)] = InterpolateAngInSeg(t,
    times, zeros(1,length(times)));
  sag_nk(i) = 0;  sag_nk_1d(i) = 0;   sag_nk_2d(i) = 0;

  [cor_sh_l(i), cor_sh_l_1d(i), cor_sh_l_2d(i)] = InterpolateAngInSeg(t,
   times, COR_SH_L_INIT_ANG*ones(1, length(times)));
  [cor_sh_r(i), cor_sh_r_1d(i), cor_sh_r_2d(i)] = InterpolateAngInSeg(t,
   times, COR_SH_R_INIT_ANG*ones(1, length(times))); tran_nk(i) = 0;
   tran_nk_1d(i) = 0;   tran_nk_2d(i) = 0;

  if stg==1  % 전반부
     if strcmp(turn_dir, 'RIGHT_TURN')
        [tran_hp_l(i), tran_hp_l_1d(i), tran_hp_l_2d(i)]
          = InterpolateAngInSeg(t, times, [0 0 TRAN_HP_L_MID_ANG
          TRAN_HP_L_MID_ANG TRAN_HP_L_MID_ANG]);
        tran_hp_r(i) = 0; tran_hp_r_1d(i) = 0; tran_hp_r_2d(i) = 0;
     elseif strcmp(turn_dir, 'LEFT_TURN')
        [tran_hp_r(i), tran_hp_r_1d(i), tran_hp_r_2d(i)]
          = InterpolateAngInSeg(t, times, [0 0 TRAN_HP_R_MID_ANG
          TRAN_HP_R_MID_ANG TRAN_HP_R_MID_ANG]);
        tran_hp_l(i) = 0; tran_hp_l_1d(i) = 0; tran_hp_l_2d(i) = 0;
     end

 else  % 후반부
     if strcmp(turn_dir, 'RIGHT_TURN')
        [tran_hp_l(i), tran_hp_l_1d(i), tran_hp_l_2d(i)]
           = InterpolateAngInSeg(t, times, [TRAN_HP_L_MID_ANG
```

```
            TRAN_HP_L_MID_ANG 0 0 0]);
        tran_hp_r(i) = 0; tran_hp_r_1d(i) = 0; tran_hp_r_2d(i) = 0;

    elseif strcmp(turn_dir, 'LEFT_TURN')
        [tran_hp_r(i), tran_hp_r_1d(i), tran_hp_r_2d(i)]
            = InterpolateAngInSeg(t, times, [TRAN_HP_R_MID_ANG
            TRAN_HP_R_MID_ANG 0 0 0]);
        tran_hp_l(i) = 0; tran_hp_l_1d(i) = 0; tran_hp_l_2d(i) = 0;
    end
end

if strcmp(sf, 'LEFT_SUPP')==1
    % 시상면에서 상체 90도 조건 및 자유다리 지면에서 90도 조건
    sag_hp_l(i) = -sag_an_l(i) + sag_kn_l(i);  sag_an_r(i)
      = -sag_hp_r(i) + sag_kn_r(i);
    sag_hp_l_1d(i) = -sag_an_l_1d(i) + sag_kn_l_1d(i); sag_an_r_1d(i)
      = -sag_hp_r_1d(i) + sag_kn_r_1d(i);
    sag_hp_l_2d(i) = -sag_an_l_2d(i) + sag_kn_l_2d(i); sag_an_r_2d(i)
      = -sag_hp_r_2d(i) + sag_kn_r_2d(i);
    % 관상면에서 상체 90도 조건
    cor_hp_l(i) = -cor_an_l(i);    cor_hp_l_1d(i) = -cor_an_l_1d(i);
       cor_hp_l_2d(i) = -cor_an_l_2d(i);
    cor_hp_r(i) = -cor_an_l(i);    cor_hp_r_1d(i) = -cor_an_l_1d(i);
       cor_hp_r_2d(i) = -cor_an_l_2d(i);
    cor_an_r(i) = cor_an_l(i);      cor_an_r_1d(i) = cor_an_l_1d(i);
      cor_an_r_2d(i) = cor_an_l_2d(i);
elseif strcmp(sf, 'RIGHT_SUPP')==1
    % 시상면에서 상체 90도 조건 및 자유다리 지면에서 90도 조건
    sag_hp_r(i) = -sag_an_r(i) + sag_kn_r(i);     sag_an_l(i) =
      -sag_hp_l(i) + sag_kn_l(i);
    sag_hp_r_1d(i) = -sag_an_r_1d(i) + sag_kn_r_1d(i); sag_an_l_1d(i)
      = -sag_hp_l_1d(i) + sag_kn_l_1d(i);
    sag_hp_r_2d(i) = -sag_an_r_2d(i) + sag_kn_r_2d(i); sag_an_l_2d(i)
      = -sag_hp_l_2d(i) + sag_kn_l_2d(i);
    % 관상면에서 상체 90도 조건
    cor_hp_r(i) = -cor_an_r(i);    cor_hp_r_1d(i) = -cor_an_r_1d(i);
       cor_hp_r_2d(i) = -cor_an_r_2d(i);
    cor_hp_l(i) = -cor_an_r(i);    cor_hp_l_1d(i) = -cor_an_r_1d(i);
       cor_hp_l_2d(i) = -cor_an_r_2d(i);
    cor_an_l(i) = cor_an_r(i);      cor_an_l_1d(i) = cor_an_r_1d(i);
      cor_an_l_2d(i) = cor_an_r_2d(i);
end

mth = [sag_an_l(i)  sag_kn_l(i)  sag_hp_l(i)  sag_hp_r(i)  sag_kn_r(i)
      sag_an_r(i) sag_sh_l(i) sag_el_l(i) sag_sh_r(i) sag_el_r(i)
      sag_nk(i)]';
mth_1d = [sag_an_l_1d(i)  sag_kn_l_1d(i)  sag_hp_l_1d(i)  sag_hp_r_1d(i)
    sag_kn_r_1d(i) sag_an_r_1d(i) sag_sh_l_1d(i) sag_el_l_1d(i)
    sag_sh_r_1d(i) sag_el_r_1d(i) sag_nk_1d(i)]';
mth_2d = [sag_an_l_2d(i)  sag_kn_l_2d(i)  sag_hp_l_2d(i)  sag_hp_r_2d(i)
```

```
                sag_kn_r_2d(i)
                   sag_an_r_2d(i)  sag_sh_l_2d(i)  sag_el_l_2d(i)  sag_sh_r_2d(i)
                      sag_el_r_2d(i) sag_nk_2d(i)]';
        mphi    = [cor_an_l(i)    cor_hp_l(i)    cor_hp_r(i)    cor_an_r(i)
                     cor_sh_l(i)    cor_sh_r(i)]';
        mphi_1d = [cor_an_l_1d(i)  cor_hp_l_1d(i)  cor_hp_r_1d(i)
                     cor_an_r_1d(i)  cor_sh_l_1d(i)  cor_sh_r_1d(i)];
        mphi_2d = [cor_an_l_2d(i)  cor_hp_l_2d(i)  cor_hp_r_2d(i)
                     cor_an_r_2d(i)  cor_sh_l_2d(i)  cor_sh_r_2d(i)];
        mpsi =    [tran_hp_l(i)   tran_hp_r(i)  tran_nk(i)]';
        mpsi_1d = [tran_hp_l_1d(i)   tran_hp_r_1d(i)  tran_nk_1d(i)];
        mpsi_2d = [tran_hp_l_2d(i)   tran_hp_r_2d(i)  tran_nk_2d(i)];

        % 관절모터각을 관절기하각으로 변환
        ang = TransMotorAng2GeomAng(mth, mphi, mpsi, 'non','rad', sf);
        ang_1d = TransMotorAng2GeomAng(mth_1d, mphi_1d, mpsi_1d,
                  'deriv','rad',sf);
        ang_2d = TransMotorAng2GeomAng(mth_2d, mphi_2d, mpsi_2d,
                  'deriv','rad',sf);

        th = ang(1:11);    th_1d = ang_1d(1:11);    th_2d = ang_2d(1:11);
        phi = ang(12:17);  phi_1d = ang_1d(12:17);  phi_2d = ang_2d(12:17);
        psi = ang(18:20);  psi_1d = ang_1d(18:20);  psi_2d = ang_2d(18:20);

        if md==DH
            res = GenMotionsWithDH(sf, sp, th, th_1d, th_2d, phi, phi_1d, phi_2d,
                  psi, psi_1d, psi_2d, 1);
        elseif md==PB
            error('PB model is not used in rotation');
        end
    end
    if flag_angle_show == 1
                                      ⋮
    end
    if stg==1   pause;   end
end
```

» **코드 5.5** sim_rotate.m 코드

5.4 | 이족보행

이번 절에서는 휴머노이드 로봇 모션의 기본적인 동작인 이족보행을 위해 PSO를 이용해서 전체 관절모터의 최적 각도 궤적을 구하는 방법에 대해 알아보자.

이족보행에는 지지하는 다리의 수에 따라 단측지지 상태(single support phase, SSP)와 양측지지 상태(double support phase, DSP)가 있다. 단측지지 상태란 한쪽 다리로만 온 몸을 지지하는 것을 의미하며, 양측지지 상태란 두 발 모두가 지면에 닿아서 전신을 지지하고 있는 상태를 의미한다. 양측지지 상태는 직립 상태에서는 매우 안정된 자세인 반면, 단측지지 상태는 상대적으로 불안정한 자세로서 특정한 조건이 아니면 로봇이 쓰러지게 된다. 만약 지지하는 발바닥 내에 현 자세의 영모멘트점이 위치한다면 단측지지 상태라 하더라도 로봇은 균형을 유지할 수 있다.

일반적으로 이족보행은 발을 바꾸면서 주기적으로 행해지며, 한 주기의 시작과 끝 부분은 양측지지 상태가 되고 보행 중에는 단측지지 상태가 된다.

이족보행의 스텝은 보행 시점에 따라 다음과 같은 세 가지 유형이 있다.

1) 초기 보행: 직립 상태에서 시작해서 보행준비 자세로 끝나는 보행
2) 주기 보행: 보행준비 자세에서 시작해서 발을 바꾼 보행준비 자세로 끝나는 보행
3) 최종 보행: 보행준비 자세에서 시작해서 직립상태로 끝나는 보행

<그림 5.29>는 세 가지 보행 유영을 개념적으로 나타낸 것으로 S_0와 S는 <그림 5.30>에 보인 것처럼 보폭(step)과 한걸음 폭(stride)을 각각 나타낸다. 보행에서 직립 상태란 팔과 다리를 모두 편 채로 몸 전체가 지면에서 수직으로 서 있는 자세를 말하며, OP의 경우 직립 상태의 관절모터각을 다음과 같이 설정했다.

$$\theta^l_{an} = \theta^l_{kn} = \theta^l_{hp} = \theta^l_{sh} = \theta^l_{el} = \theta^r_{an} = \theta^r_{kn} = \theta^r_{hp} = \theta^r_{sh} = \theta^r_{el} = \theta_{nk} = 0° \tag{5.40}$$

$$\phi^l_{an} = \phi^l_{hp} = \phi^r_{an} = \phi^r_{hp} = 0°,\ \phi^l_{sh} = 14°,\ \phi^r_{sh} = -14° \tag{5.41}$$

$$\psi^l_{hp} = \psi^r_{hp} = \psi_{nk} = 0° \tag{5.42}$$

이에 대한 다이나믹셀의 부호화된 초기 위치는 <표 5.1>~<표 5.3>에 정리되어 있다. 이로부터 직립상태의 시상면과 관상면 관절기하각을 식 (5.5), (5.9), (5.11), (5.15)로부터 계산하면 다음과 같다.

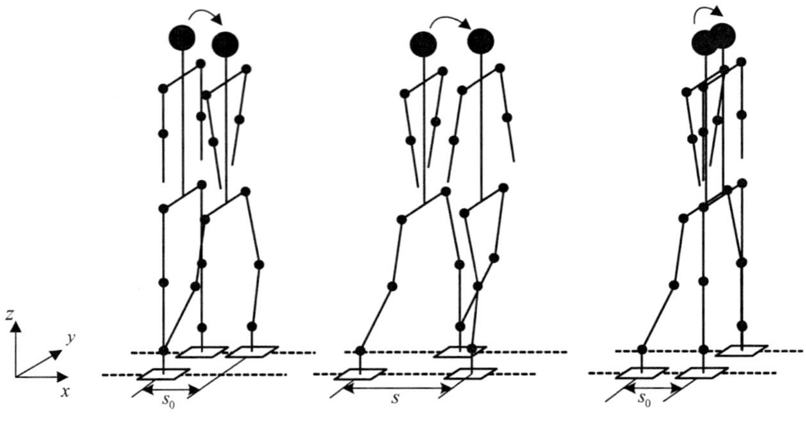

(a)초기 보행 (b)주기 보행 (c)최종 보행

» **그림 5.29** 세 가지 유형의 보행

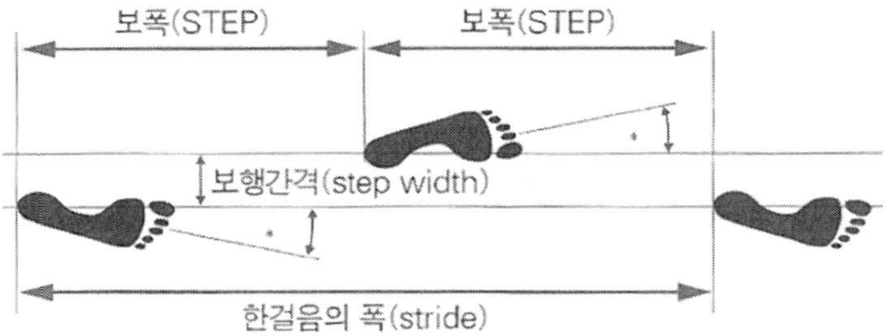

» **그림 5.30** 인간의 보행 시 보폭과 한걸음의 폭에 대한 정의

$$\begin{aligned} &\theta_1 = \frac{\pi}{2}, \theta_2 = 0, \theta_3 = 0, \theta_4 = \pi, \theta_5 = 0, \\ &\theta_6 = 0, \theta_7 = \pi, \theta_8 = 0, \theta_9 = \pi, \theta_{10} = 0, \theta_{11} = 0 \end{aligned} \tag{5.43}$$

$$\begin{gathered} \phi_1 = \phi_2 = 0, \phi_3 = \pi, \phi_4 = 0, \\ \phi_5 = \mathrm{deg2rad}(14) + \pi = 3.386, \phi_6 = \mathrm{deg2rad}(-14) + \pi = 2.897 \end{gathered} \tag{5.44}$$

$$\psi_1 = \psi_2 = \psi_3 = 0 \tag{5.45}$$

식 (5.44)는 왼발로 지지하는 경우이며, 오른발로 지지하는 경우는 ϕ_3의 각도만 π에서 $-\pi$로 바뀌고 나머지는 동일하다. 또한, 식에서 deg2rad 함수는 각도(degree) 값을 라디안(radian) 값으로 변환하는 역할을 한다.

<그림 5.31>은 DH법으로 직립상태를 시뮬레이션한 모습을 나타내며, 실행 파일은 http://office.ucloud.com의 My ucloud/게스트폴더의 code/matlab code 디렉터리의 sim_stand.m 파일이며 <코드 5.6>에 내용을 표시했다.

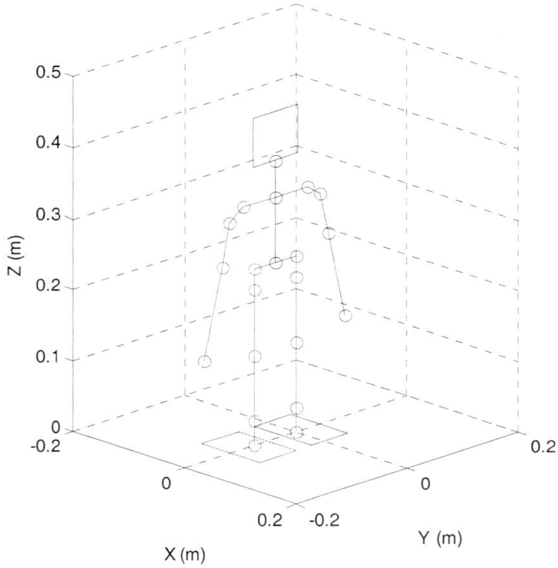

» **그림 5.31** DH법으로 표현한 OP의 직립자세(왼발 지지)

코드에서 OP를 모델링하는 방법에 따라 DH법일 경우 GenMotionsWithDH.m, PB법일 경우 GenMotionsWithPB.m 파일을 불러와서 각 관절의 3차원 좌표를 계산한다.

보행준비 자세란 <그림 5.29>에서 보듯이 주기 보행의 시작과 마침에 해당되는 직립자세이며 주어진 보폭을 만족시켜야 한다. 보행준비 자세는 주어진 작업의 종류(이족보행, 물건 옮기기, 경사면 보행, 계단 오르기 등)에 따라 달라지며, 같은 이족보행이라 하더라도 보폭에 따라 달라진다.

```
global DH PB link mass
global sim_type flags
global alpha gamma view_ang

DH = 1; PB = 2;

md = DH;                    % 기구학 방법: DH: Denavit-Hartenberg, PB: 투영법
%md = PB;
sf = 'LEFT_SUPP'                     % 왼발 지지
%sf = 'RIGHT_SUPP';          % 오른발 지지
sim_type = 'pose_sim'       % 자세 시뮬레이션
sp = [0, 0, 0];                      % 지지하는 발의 중심점 위치

view_ang = [45, 20];        % 로봇 시뮬레이션 관찰자 각도
alpha = 0;                  % 보행면 경사각
gamma = 0;                  % 보행방향 굴절각

spec = SpecROBOTIS_OP2(md);  % OP2의 규격 명세를 불러 옴
link = spec(1:21);
mass = spec(22:43);
flags = zeros(1,7);                  % 모션 생성 시 보여주는 그림에 관한 플래그

th = [pi/2 0 0 pi 0 0 pi 0 pi 0 0]; % 시상면 관절기하각
phi = [0 0 pi 0 3.386 2.897];        % 관상면 관절기하각
psi = [0 0 0];                     % 횡평면 관절기하각

th_1d = zeros(1,11);
th_2d = zeros(1,11);
phi_1d = zeros(1,6);
phi_2d = zeros(1,6);
psi_1d = zeros(1,3);
psi_2d = zeros(1,3);

fig_no = 1;

if md == DH
   GenMotionsWithDH(sf, sp, th, th_1d, th_2d, phi, phi_1d, phi_2d, psi, psi_1d,
psi_2d,
   fig_no);
elseif md == PB
   GenMotionsWithPB(sf,  sp,  th,  th_1d,  th_2d,  phi,  phi_1d,  phi_2d,  psi,
fig_no);
end
```

» **코드 5.6** sim_stand.m 코드

5.4.1 보행준비 자세 최적화

보행준비 자세는 양측지지상태에서 앞쪽의 발 중심점과 뒤쪽의 발 중심점 사이의 간격인 보폭 S_0를 정확히 유지해야 하며 움직이고자 하는 다리의 발이 지면에 착지해 있어야 한다는 조건을 모두 만족해야 하므로, 비용함수를 다음과 같이 정하고 PSO를 이용해서 이를 최소화하는 궤적 변수를 찾아야 한다.

$$J(\Theta, \Phi) = |X_c - (X_0 - 0.5S_0)| + |X_6 - (X_0 - S_0)| + 2|Z_6| \tag{5.46}$$

식에서 X_c, X_6, Z_6는 절대좌표계 상에서 로봇의 골반중심점의 X좌표, 뒤쪽에 위치한 자유다리(보행을 위해 들어 올릴 다리)의 발 중심점의 X좌표와 Z좌표를 각각 의미하며, X_0는 앞쪽에 위치한 발 중심점의 X좌표를 나타낸다. 이렇게 설정한 이유는 보행준비 자세로부터 주기보행을 시작하면 앞쪽에 위치한 발로 지지한 상태에서 뒤쪽에 있는 발을 들어 올리므로 기준좌표계는 앞쪽 발이 되기 때문이다. 그리고 $|Z_6|$항 앞에 가중치 계수 2가 곱해진 것은 오른발 바닥면이 지면에 닿아 있어야 하는 조건이 상대적으로 중요하기 때문이다.

식 (5.46)에서 $|X_c - (X_0 - 0.5S_0)|$ 항은 골반 중심점이 두 다리의 중심에 위치하도록 자세를 규정하는 역할을 한다. 즉, 하체의 6개 시상면 관절각도를 PSO로 최적화하여 골반중심점의 X좌표 X_c가 X_0의 뒤쪽으로 $0.5S_0$에 가까워지면 $|X_c - (X_0 - 0.5S_0)|$항은 0에 가까워지면서 최소값이 된다. 만약 상체가 약간 뒤쪽에 위치한 다소 점잖은 형태의 걸음걸이를 원한다면 $|X_c - (X_0 - 0.6S_0)|$으로 수정하면 되고, 반대로 상체가 가운데보다 약간 앞으로 나아간 자세를 원할 경우 $|X_c - (X_0 - 0.4S_0)|$와 같이 설정하면 된다. 그리고 보행 중 보폭이 변할 때마다 PSO로 최적화하기 보다는 모든 가능한 보폭에 대해 미리 표준 하체 관절각도 테이블을 만들어 둔 후 필요할 때마다 참조하는 형태로 하는 것이 효율적이다.

보행준비 자세를 PSO로 최적화하는 일례로, $S_0 = 0.05\ \mathrm{m}\,(5\ \mathrm{cm})$에 대해 최적의 시상면 관절모터 각을 탐색하는 과정을 살펴보자. 비용함수 식 (5.46)은 골반중심점과 뒤쪽 발 중심점의 좌표가 목표값에 대해 가지는 오차만을 계산하므로 신체의 다른 부위에 대한 세부적인 자세는 반영할 수 없다. 그러므로 보행준비 자세에 대해 몇 가지 조건들을 다음과 같이 추가적으로 부여하면서 비용함수를 최소화시킨다면 최소의 최적변수 만으로도 원하는 자세를 취할 수 있다.

- 조건 1: 상체는 시상면에서 θ_{tr}(상체 각도, 직립시 90°)이 되게 한다. 이 조건을 수식으로 표현하면 다음과 같다.

$$\theta_1 + \theta_2 + \theta_3 = \theta_{tr} \tag{5.47}$$

이 식을 식 (5.5)를 이용해서 관절모터각의 관계식으로 변환하면 다음과 같다.

$$\theta_{hp}^l = -\theta_{an}^l + \theta_{kn}^l + \frac{\pi}{2} - \theta_{tr} = -\theta_{an}^l + \theta_{kn}^l + \Delta\theta_{tr} \tag{5.48}$$

식에서 $\Delta\theta_{tr}(=\pi/2-\theta_{tr})$은 상체가 직각으로부터 기울어진 각도를 의미하며, 앞으로 기울면 양의 값, 뒤로 기울면 음의 값이 된다.

- 조건 2: 보행준비 자세는 관상면에서 보았을 때 직립자세에 해당되므로, 관상면 관절 각도들은 식 (5.41)을 이용해서 다음과 같이 정한다.

$$\phi_{an}^l = \phi_{hp}^l = \phi_{an}^r = \phi_{hp}^r = 0,\ \phi_{sh}^l = \mathrm{deg2rad}(14°),\ \phi_{\mathrm{sh}}^r = \mathrm{deg2rad}(-14°) \tag{5.49}$$

- 조건 3: 들어 올리고자 하는 발(뒤쪽 발)이 지면에 완전히 접지해 있게 하기 위해서는 발목 링크가 시상면에서 $-90°$를 유지해야 한다. 이 조건을 수식으로 표현하면 다음과 같다.

$$\theta_1 + \theta_2 + \theta_3 + \theta_4 + \theta_5 + \theta_6 = -\frac{\pi}{2} \tag{5.50}$$

이 조건에 식 (5.47)의 조건을 적용하고, 식 (5.5)를 이용해서 관절모터각으로 변환하면 오른쪽 족관절 시상면 모터의 각도는 다음과 같은 관계를 가진다.

$$\theta^r_{an} = -\theta^r_{hp} + \theta^r_{kn} + \Delta\theta_{tr} \tag{5.51}$$

위의 세 가지 조건을 모두 만족시키려면, PSO로 최적화해야 할 변수는 6개의 하체 관절 중 식 (5.48)의 θ^l_{hp}과 식 (5.51)의 θ^r_{an}을 제외한 다음의 네 파라미터가 된다.

$$\Theta = \left[\theta^l_{an}\ \theta^l_{kn}\ \theta^r_{hp}\ \theta^r_{kn}\right] \tag{5.52}$$

이 파라미터들에 대해 PSO를 이용해서 최적의 보행준비 자세를 찾는 코드는 matlab code/pso_posture_opt.m 파일과 CalcCost4PostureStabilty.m 파일에서 'pose'가 2인 경우에 해당하며 이 부분이 <코드 5.7>과 <코드 5.8>에 작성되어 있다. 참고로 'pose'가 1인 경우는 2.2.3절에서 OP가 안정된 자세로 물건을 집는 자세를 계산하기 위해 총 20개의 관절기하각을 최적화할 때 사용되었다.

```
md = DH;          % 기구학 방법: DH: Denavit-Hartenberg, PB: Projection-Based
sf = 'LEFT_SUPP';           % 왼발 지지
sim_type = 'pose_sim';      % 자세 시뮬레이션
sp = [0, 0, 0];             % 지지하는 발의 중심점 위치

alpha = 0;                  % 보행면 경사각
gamma = 0;                  % 보행방향 굴절각
view_ang = [45, 20];        % 로봇 시뮬레이션 관찰자 각도
sl = 0.05;                  % step 길이
sag_tr = 90;                % 시상면의 상체각도

no_pose = 2                 % 자세 번호
                                      ⋮
dimPar = 4;                 % 변수 개수
% par = [SAG_AN_L_INIT_ANG, SAG_KN_L_INIT_ANG, SAG_HP_R_INIT_ANG,
        SAG_KN_R_INIT_ANG]
upBnd =  [45 50 45 50]';    % 변수 상한값
lowBnd = [-45 5 -45 5]';    % 변수 하한값
n_part = 50;                % PSO 개체 개수
max_iter = 200;             % 최대 반복수행 횟수
                                      ⋮
```

» **코드 5.7** pso_posture_opt.m 코드에서 보행준비 자세 설정 부분

```
function cost=CalcCost4PostureStabilty(pose, md, sf, sp, sl, th_tr, x, fig_no, flags)
                                        ⋮
S0 = sl;          % 주기 보행 자세에서 양발의 중심점 간 거리
mth = [x(1), x(2), -x(1)+x(2)+90-sag_tr, x(3), x(4), -x(3)+x(4)+90-sag_tr, -20, 0, 20, 0, 0];
mphi = [0 0 0 0 14 -14];   % 관상면 직립자세 조건
mpsi = [0 0 0];
ang = TransMotorAng2GeomAng(mth, mphi, mpsi, 'non', 'deg', sf);

th = ang(1:11);
phi = ang(12:17);
psi = ang(18:20);
                                 ⋮
x6 = res(12);  z6 = res(14);  xc = res(16);
cost = abs(xc - (sp(1)-0.5*S0)) + abs(x6 - (sp(1)-S0)) + 2*abs(z6);
if fig_no ~= -1
  sprintf('xc = %.4f, x6 = %.4f, z6 = %.4f', xc, x6, z6)
end
                                 ⋮
```

» **코드 5.8** CalcCost4PostureStabilty.m 코드에서 보행준비 자세의 설정과 비용함수 계산 부분

<코드 5.7>을 이용해서 PSO의 개체수를 50, 최대 반복횟수를 100회로 설정하고 최적화를 실행한 결과, 5 cm의 보폭으로 직립할 때($\theta_{tr}=90°$)의 시상면의 하체 최적 관절각은 다음과 같다.

$$\begin{aligned}&\theta_{an}^{l}=1.44°, \theta_{kn}^{l}=18.54°, \theta_{hp}^{l}=17.10°,\\&\theta_{hp}^{r}=1.58°, \theta_{kn}^{r}=18.54°, \theta_{an}^{r}=16.97°\end{aligned} \tag{5.53}$$

위의 시상면 관절모터각 중 양팔의 각도값 $\left(\theta_{sh}^{l}, \theta_{sh}^{r}\right)$은 자연스러운 자세를 위해 왼팔에 대해 $-14°$, 오른팔에 대해 $14°$의 값을 지정했다.

<그림 5.32>는 PSO가 비용함수 식 (5.46)을 최소화하는 과정을 보이며, <그림 5.33>과 <그림 5.34>는 구해진 최적 관절 각도값들을 이용해서 DH법과 투영법으로 시뮬레이션한 보행준비 자세를 각각 나타낸다. 시뮬레이션은 matlab code 디렉터리의 sim_pose.m 코드에 no_pose를 4로 설정하고 최적화한 관절각을 입력해서

실행하면 된다. sim_pose.m 코드는 <코드 5.6>의 sim_stand.m 코드에 TransMotorAng2GeomAng 함수(<코드 5.1>)를 삽입함으로써 임의의 관절모터각 벡터를 명령값으로 주어도 관절기하각으로 변환하여 로봇의 자세를 생성할 수 있다.

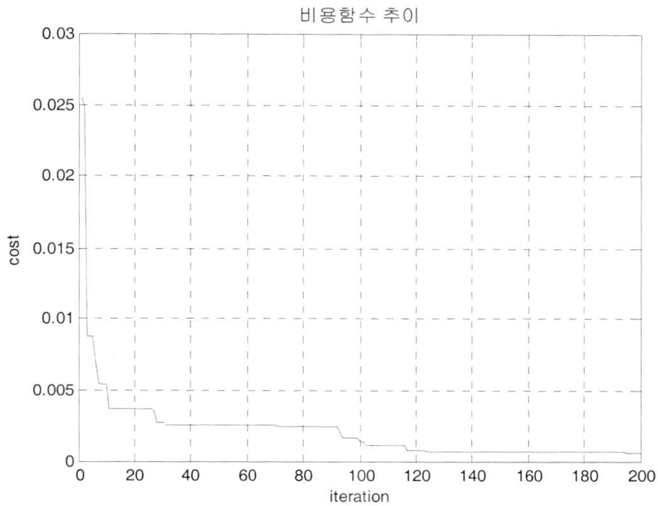

» **그림 5.32** PSO로 최적화 수행 시 비용함수 최소화 추이

```
sf = 'LEFT_SUPP'            % 왼발 지지
                                    ⋮
no_pose = 4;                % 자세 번호
                                    ⋮
mth = [1.44 18.54 17.1 1.58 18.54  16.97 -20 0 20 0 0];
mphi = [0 0 0 0 14 -14];
mpsi = [0 0 0];

ang = TransMotorAng2GeomAng(mth, mphi, mpsi, 'non', 'deg', sf);
ax = motor2ax12(mth, mphi, mpsi, 'deg')
th = ang(1:11);
phi = ang(12:17);
psi = ang(18:20);
                 ⋮
```

» **코드 5.9** sim_pose.m 코드

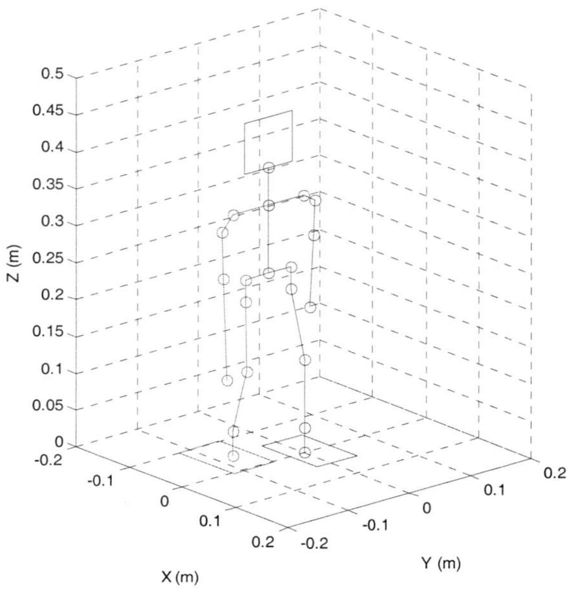

» **그림 5.33** 보폭이 5 cm인 휴머노이드 로봇의 보행준비 자세(3차원에서 DH법으로 수행)

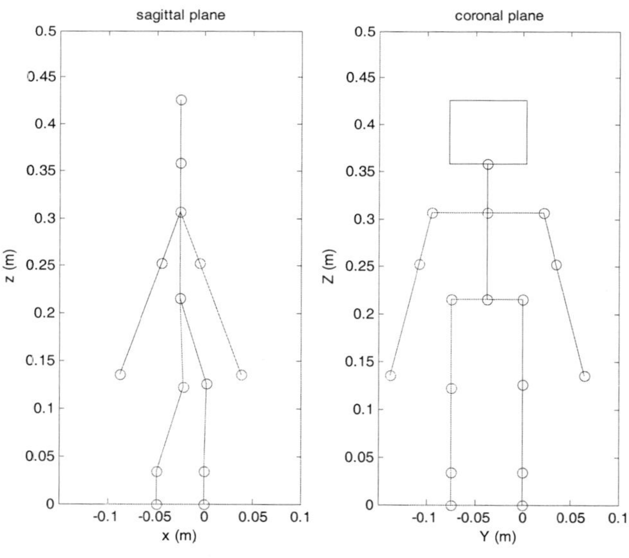

» **그림 5.34** 보폭이 5 cm인 휴머노이드 로봇의 보행준비 자세
(PB법을 사용해서 시상면과 관상면으로 각각 투영한 모습)

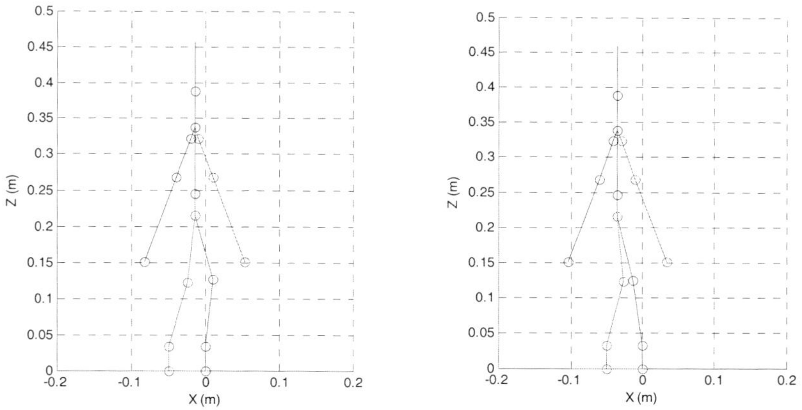

(a) 중심이 앞쪽에 있는 보행준비 자세 (b) 중심이 뒤쪽에 있는 보행준비 자세

» **그림 5.35** **보폭이 5 cm인 휴머노이드 로봇의 다양한 보행준비 자세**

만약 보행준비 자세의 조건을 바꾸고 싶다면 식 (5.49)에서 $|X_c - (X_0 - 0.5S_0)|$ 항의 계수인 0.5를 적절히 바꿔주면 된다. <그림 5.35(a)>는 이 값을 $0.3S_0$로 바꿔서 최적화함으로써 로봇의 중심점이 앞으로 나아간 자세를 나타내며, <그림 5.35(b)>는 이 값을 $0.7S_0$로 바꿔서 최적화함으로써 로봇의 중심점이 뒤에 위치한 자세를 나타낸다.

<그림 5.36>은 비용함수 식에서 중심점의 위치는 $0.5S_0$로 그대로 두고 보폭 S_0를 변경시켜서 최적화한 자세를 나타낸다. <그림 5.36(a)>는 pso_posture_opt.m 코드에서 S_0를 0.07 m로, <그림 5.36(b)>는 S_0를 0.1 m로 설정했을 때 몸체의 중심점이 두 발 사이에 오도록 PSO로 최적화한 자세를 각각 나타낸다.

<그림 5.37>은 보폭이 5 cm, 중심점의 위치가 $0.5S_0$이고, 상체각(θ_{tr})이 $80°$와 $70°$가 되는 자세를 PSO로 찾은 결과를 보인다. 이렇게 하기 위해서는 <코드 5.7>에서 sag_tr을 90에서 각각 80과 70으로 바꾸고 pso_posture_opt를 실행해야 한다. 상체 각도가 다른 자세를 구하는 이유는 짐을 옮기거나, 보행 속도가 빨라지는 경우에서처럼 상체가 직각이 아닌 경우가 발생할 때를 대비하기 위함이다.

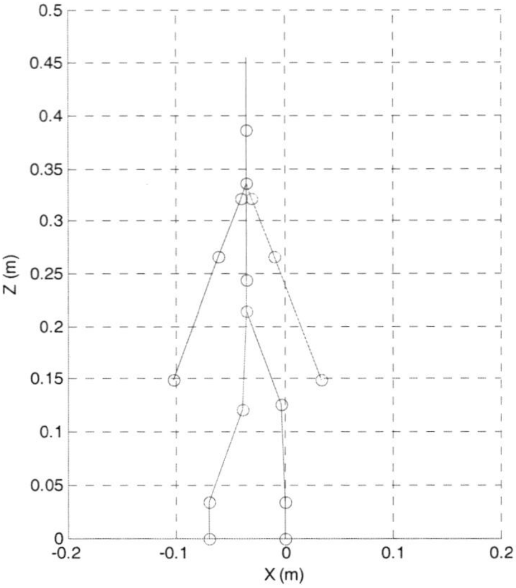

(a) 보폭이 7 cm이고 중심이 두 발 사이에 있는 보행준비 자세

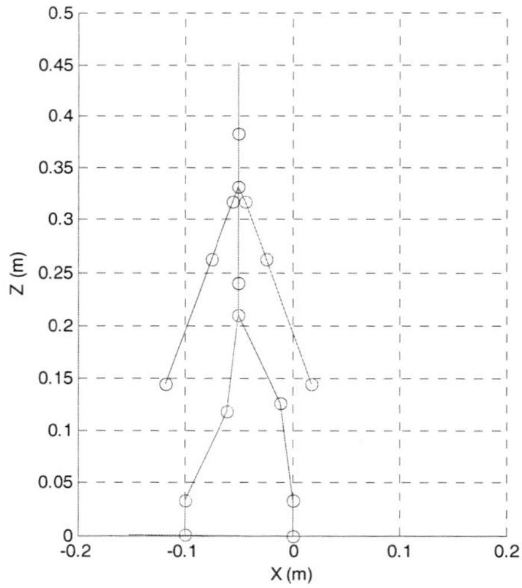

(b) 보폭이 10 cm이고 중심이 두 발 사이에 있는 보행준비 자세

» **그림 5.36** 다양한 보폭을 갖는 휴머노이드 로봇의 보행준비 자세

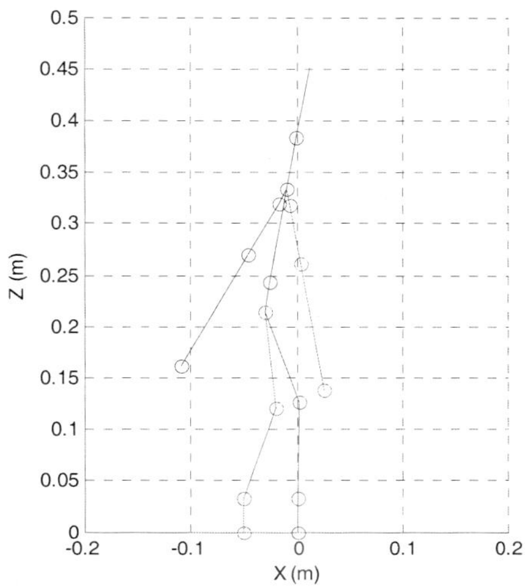

(a) 보폭이 5cm이고 상체각이 80°인 보행준비 자세

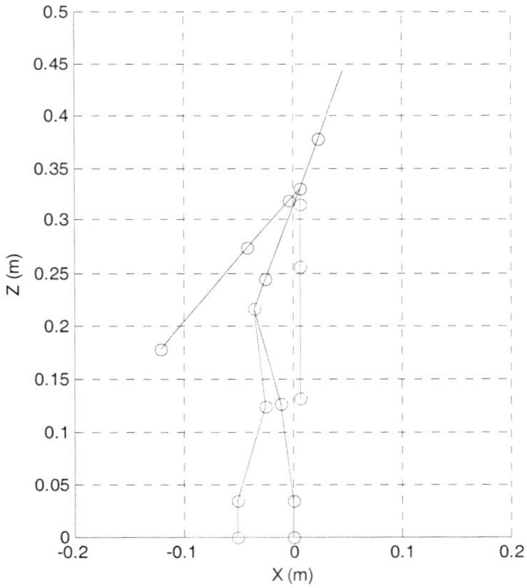

(b) 보폭이 5cm이고 상체각이 70°인 보행준비 자세

» **그림 5.37** 다양한 시상면 상체각(θ_{tr})을 갖는 휴머노이드 로봇의 보행준비 자세

위의 결과를 통해 사용자가 원하는 보폭과 중심점 위치, 상체 각도에 대한 관절 모터각을 역기구학을 사용하지 않고 최적화 알고리즘만으로 간편하게 찾아낼 수 있음을 확인할 수 있다. <표 5.10>은 보폭이 5 cm, 7 cm, 10 cm인 경우에 대해 하체의 시상면 관절각을 정리한 것이고, <표 5.11>은 보폭이 5 cm인 상태에서 상체각이 90°, 80°, 70°로 변화될 때의 시상면 관절각을 정리한 것이다. 이 값들 외에도 사용자가 원하는 미세한 보폭과 각도에 대해서도 PSO는 짧은 시간 안에 그에 해당되는 시상면 관절각을 찾을 수 있다.

» **표 5.10** 왼발 지지 시 보폭 변화에 따른 최적 시상면 관절각(단위: degree)

보폭	θ^l_{an}	θ^l_{kn}	θ^l_{hp}	θ^r_{hp}	θ^r_{kn}	θ^r_{an}
5cm	1.44	18.54	17.10	1.58	18.54	16.97
7cm	−2.05	17.85	19.90	−2.05	17.86	19.91
10cm	−6.69	18.21	24.91	−6.69	18.22	24.91

» **표 5.11** 왼발 지지 시 시상면 상체각 변화에 따른 최적 시상면 관절각(단위: degree)

θ_{tr}	θ^l_{an}	θ^l_{kn}	θ^l_{hp}	θ^r_{hp}	θ^r_{kn}	θ^r_{an}
90°	1.44	18.54	17.10	1.58	18.54	16.97
80°	1.50	21.96	30.46	16.58	25.80	19.23
70°	−6.67	8.59	35.26	26.21	21.67	15.46

5.4.2 보행준비 자세의 조정

만약 어떤 자세를 위한 관절각이 정해진 상태에서 상체를 숙이거나 젖히고, 보폭을 변화시키고 싶다면 굳이 PSO와 같은 최적화 알고리즘을 실행할 필요 없이 하지의 해당 시상면 관절모터각만 조정하면 된다. 이번 절에서는 다음 세 가지의 경우에 대해 직립 보행준비 자세의 하체 시상면 관절각을 적절히 조정하는 방법을 알아보자.

1) 보폭은 유지하고 상체만 원하는 각도로 조정
2) 상체 각도 조정과 함께 보폭도 증가 또는 감소
3) 경사면에서 안정되게 직립

첫 번째 경우로서 보행준비 자세에서 상체만 숙이거나 젖히기 위해 하지의 고관절을 어떻게 변화시키면 되는지 알아보자. 직립상태에서 상체를 앞으로 숙이면 식 (5.47)에서 θ_{tr}이 90°보다 작아지고, 식 (5.48)에 의하면 θ^l_{hp}이 상체 편향각 $(\Delta\theta_{tr} = 90° - \theta_{tr})$만큼 증가한다. <그림 5.1(a)>를 보면 상체가 앞으로 기울어진 만큼 자유다리의 고관절을 들어 올려주면(θ^r_{hp}을 증가시키면) 자유다리의 원래 위치를 그대로 유지함을 알 수 있다. 이를 증명하기 위해 자유다리의 들어올린 각도를 결정하는 θ_1에서 θ_4까지의 합을 식 (5.5)를 이용해서 관절모터각으로 표현해 보자.

$$\theta_{1234} = \theta_1 + \theta_2 + \theta_3 + \theta_4 = -\theta^l_{an} + \theta^l_{kn} - \theta^l_{hp} + \theta^r_{hp} - \frac{\pi}{2} \tag{5.54}$$

식에서 로봇이 상체를 앞으로 숙여서 θ^l_{hp}이 $\Delta\theta_{tr}$ 만큼 증가할 때 다음과 같이 θ^r_{hp}을 동일하게 $\Delta\theta_{tr}$ 만큼 증가시키면 서로 합하여 0이 되고, θ_1에서 θ_4까지의 합이 불변임을 알 수 있다.

$$\theta'_{1234} = -\theta^l_{an} + \theta^l_{kn} - \left(\theta^l_{hp} + \Delta\theta_{tr}\right) + \left(\theta^r_{hp} + \Delta\theta_{tr}\right) - \frac{\pi}{2} = \theta_{1234} \tag{5.55}$$

실제로 그러한지를 확인하기 위해 보폭이 7 cm인 보행준비 자세의 시상면 각도를 <코드 5.10>과 같이 수정해서 시뮬레이션을 실행해 보자.

```
sf = 'LEFT_SUPP'                        % 왼발 지지
                  ⋮
del_sag_tr = 10;     % 상체를 90도로부터 숙인 각도
mth = [-2.05 17.85 19.90+del_sag_tr -2.05+del_sag_tr 17.86 19.91 -20 0 20 0 0];
mphi = [0 0 0 0 14 -14]
mpsi = [0 0 0];

ang = TransMotorAng2GeomAng(mth, mphi, mpsi, 'non', 'deg', sf);
th = ang(1:11);
phi = ang(12:17);
psi = ang(18:20);
                  ⋮
```

» **코드 5.10** 상체각도만 변화될 때가 추가된 sim_pose.m 코드

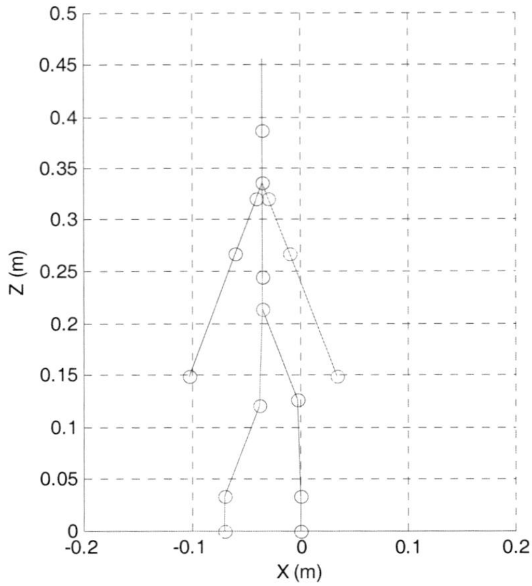

» **그림 5.38** 보폭이 7 cm이고 상체가 지면과 90°인 보행준비 자세

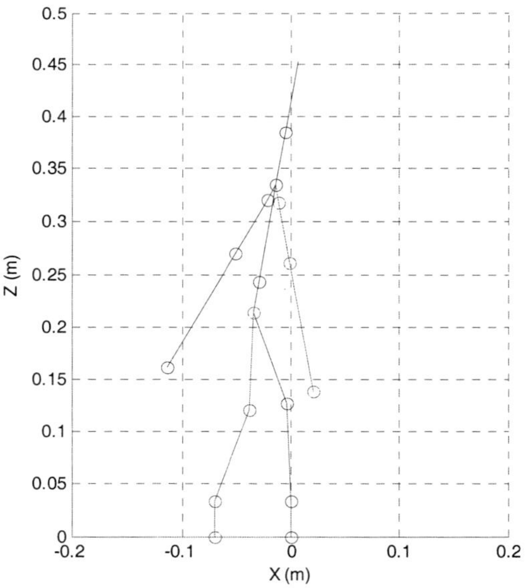

» **그림 5.39** 보폭이 7 cm이고 상체가 지면과 80°인 보행준비 자세

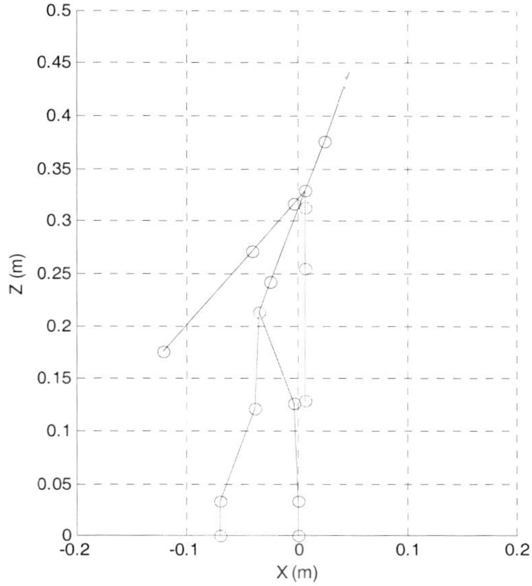

» **그림 5.40** 보폭이 7 cm이고 상체가 지면과 70°인 보행준비 자세

<그림 5.38>은 보폭이 7 cm 이고 상체가 지면과 90° 인 보행준비 자세를 시뮬레이션 한 것이며, <그림 5.39>와 <그림 5.40>은 <코드 5.10>에서 del_sag_tr을 각각 10° 와 20° 로 설정하고 시뮬레이션 한 것을 보인다. 그림에서 알 수 있듯이 양쪽 시상면 고관절에 원하는 상체 편향각을 더하기만 함으로써 로봇이 상체를 숙여도 자유다리의 위치가 변화하지 않는다. 이 방법은 미리 최적화된 관절궤적을 이용해서 이족보행 시, 보행 속도에 비례해서 상체의 각도를 더 숙여야 할 때 또는 짐의 무게에 비례해서 상체를 뒤로 젖혀야 할 때 유용하게 사용할 수 있다.

두 번째 경우로서, 어떤 자세를 위한 관절각이 정해진 상태에서 보폭을 증가 또는 감소시키고 싶다면 하체의 좌우측 시상면 족관절과 슬관절의 현재 각도를 동일한 비율로 증가 또는 감소시키면 된다. 관절각 배율을 κ라고 하면 지지하는 다리의 현재 족관절과 슬관절에 각각 κ를 곱해주고, 상체의 기울어진 각도가 $\Delta\theta_{tr}$이 되게 하기 위해 식 (5.48)을 이용하자. 이를 위해 왼발 지지 시 왼쪽 고관절의 각도는 다음과 같이 조정되어야 한다.

$$\theta_{hp}^{l}{}' = -\kappa\theta_{an}^{l} + \kappa\theta_{kn}^{l} + \Delta\theta_{tr} \tag{5.56}$$

그리고 자유다리 고관절의 경우 보폭 증가를 위해 현재 관절모터각에 κ를 곱하고 식 (5.55)에서처럼 $\Delta\theta_{tr}$을 더해줘야 한다. 그러므로 왼발 지지 시 오른쪽 고관절의 각도는 다음과 같이 조정되어야 한다.

$$\theta_{hp}^{r}{}' = \kappa\theta_{hp}^{r} + \Delta\theta_{tr} \tag{5.57}$$

자유다리의 슬관절의 경우 현재 모터각을 κ배 해주고, 족관절의 경우 지면에 직각으로 착지하기 위해 식 (5.51)에 상기 식을 대입하면 다음과 같이 조정되어야 한다.

$$\theta_{an}^{r}{}' = -\kappa\theta_{hp}^{r} + \kappa\theta_{kn}^{r} + \Delta\theta_{tr} \tag{5.58}$$

<코드 5.11>은 관절모터각 배율 κ를 gsa(gain of sagittal angle)로 명명하고 sim_pose.m 코드를 상기한 원리에 의해 수정한 부분이다. 이 코드에서는 보폭이 5 cm일 때를 기준으로 하므로 앞에서 구한 walk_ang_5m_90deg의 관절각 중 하지 11개의 관절각을 불러와서 이를 기준으로 했다. 조정된 보행준비 자세를 시뮬레이션하려면 no_pose를 5로 설정해야 한다.

```
                                         ⋮
del_sag_tr = 10;                        % 시상면 상체 각도 변화량(=90deg - sag_tr)
gsa = 1.5;                  % 관절각 배율
% 보폭이 5cm인 보행준비 자세(양측지지)
ang_walk_ready_5cm = [0, 0, 0, 0, 0, 0, 0, 0, 0, 0, 0, 0, 0, 0, 0, 14, -14, 0, 0, 0;
                      1.44, 18.54, 17.1, 1.58, 18.54, 16.97, -20 0 20, 0, 0, 0, 0, 0, 0, 14,
                      -14, 0, 0, 0;                % 왼발이 전방
                      16.97, 18.54, 1.58, 17.1, 18.54, 1.44, 20, 0, -20,  0, 0, 0, 0, 0, 0, 14,
                      -14, 0, 0, 0];               % 오른발이 전방
                                         ⋮
no_pose = 5;                % 자세 번호
                                         ⋮
row = 2;                    % 왼발 지지
mth = ang_walk_ready_5cm(row,1:11);
mth(1:2) = gsa*mth(1:2);  mth(3)=-mth(1)+mth(2)+del_sag_tr;
```

```
mth(4) = gsa*mth(4)+del_sag_tr;  mth(5) = gsa*mth(5);
mth(6)= -mth(4)+mth(5)+del_sag_tr;
mphi = ang_walk_ready_5cm(row,12:17);
mpsi = ang_walk_ready_5cm(row,18:20);
                          ⋮
```

» **코드 5.11** 상체각도와 보폭을 수정시키기 위한 sim_pose.m 코드 부분

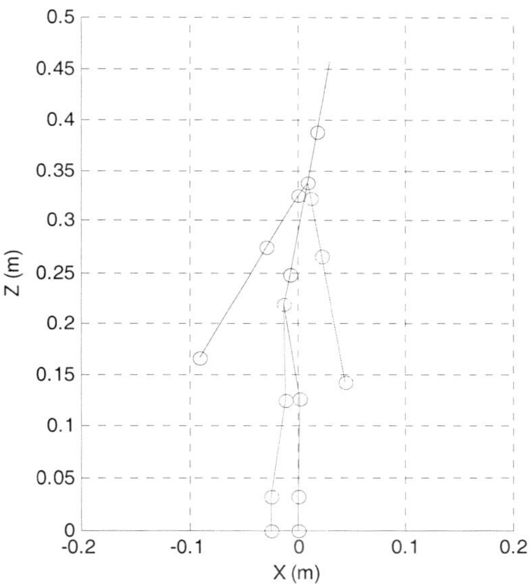

» **그림 5.41** 관절각 배율 κ가 0.5이고 상체 각도가 80°인 보행준비 자세

<그림 5.41>은 <코드 5.11>에서 del_sag_tr = 10, gsa = 0.5로 설정하고 보행준비 자세를 시뮬레이션한 것인데, 보폭이 0.5 cm의 절반으로 줄어들었음을 확인할 수 있다. <그림 5.42>는 <코드 5.11>에서 del_sag_tr = -10, gsa = 1.5로 설정하고 보행준비 자세를 시뮬레이션한 것이며, 보폭이 0.5 cm의 두 배로 늘어났고 상체각이 목표대로 100°가 되어 뒤로 젖혀졌음을 확인할 수 있다. 여기서 주의할 점은 관절모터각을 변화시킨다 하더라도 식 (2.95)에서 보듯이 관절좌표와는 삼각함수 관계가 있기 때문에 보폭은 정확히 κ배가 되지 않는다는 사실이다. 즉, κ가 0.5일

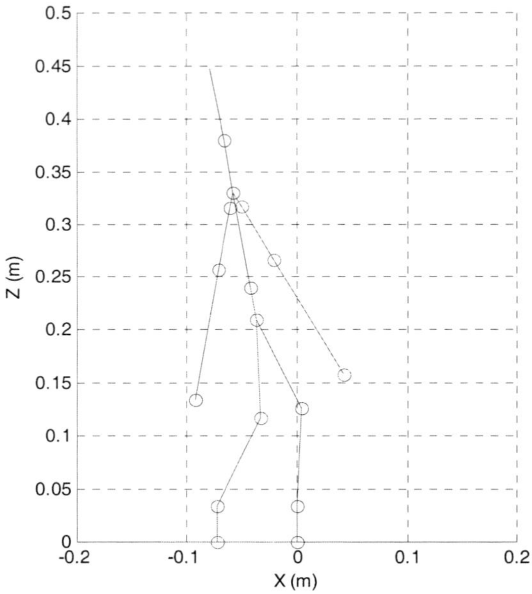

» **그림 5.42 관절각 배율 κ가 1.5이고 상체 각도가 100°인 보행준비 자세**

때와 1.5일 때 시뮬레이션 된 보폭은 각각 2.51 cm, 7.29 cm로서 5 cm 보폭의 0.5배와 1.5배인 2.5 cm, 7.5 cm와는 약간의 오차가 발생한다.

세 번째의 경우로서, 휴머노이드 로봇이 경사진 지면을 보행하는 경우를 고려해 보자. 휴머노이드 로봇이 인간의 주거 환경인 가정이나 사무실 내에서 이동할 때는 바닥의 경사가 거의 없다고 할 수 있지만, 실외에서는 다양한 경사면이 존재한다. 경사면에서 안정되게 걷기 위해서는 역진자 제어 기법 등을 적용해서 그 때마다 새로운 자세와 보행 패턴을 생성할 수도 있지만, 이 책에서는 평지에서의 표준 보행 패턴을 경사각에 따라 수정하는 방법을 제안한다.

먼저, 로봇의 상체에 장착된 관성센서를 이용해서 지면의 경사각을 정확하게 측정할 수 있고, 이 경사각을 α라고 하자. 이때 지면은 경사가 있지만 표면은 평평하다고 가정한다. <그림 5.43>은 휴머노이드 로봇이 평지에서 취하는 표준 보행준비 자세를 경사각이 α인 경사면에서도 안정되게 서 있도록 수정하는 개념도를 나타낸다. 인간의 경우 경사면을 올라갈 때는 상체를 90°에서 경사각만큼 숙이고, 무게 중심점도 적절히 앞으로 옮긴다. 이를 위해 앞쪽 다리의 무릎관절은 조금 더 굽히며, 뒤쪽 다리의 무릎관절은 조금 더 편다. 그렇게 해야만 <그림 5.43(a)>에서 보는 것처럼 보행준비 자세 P가 전신 무게중심점의 지면 투영점을 중심으로 전신을 α만큼 회전시켜서 얻은 안정된 자세 P'로 수정된다. <그림 5.43(b)>는 이렇게 수정된 자세 P'을 가지는 휴머노이드 로봇을 경사진 지면에 세웠을 때를 나타내며, 지면에 투영되는 무게중심점이 두 발 사이에 있어 경사면에서도 안정된 자세임을 알 수 있다. <그림 5.43>의 기하학적 변환 관계를 참고로 하여 지면 경사각에 적응적인 보행준비 자세 생성을 위해 6개의 시상면 하지 관절모터각을 아래의 원리에 의해 각각 조정해 보자.

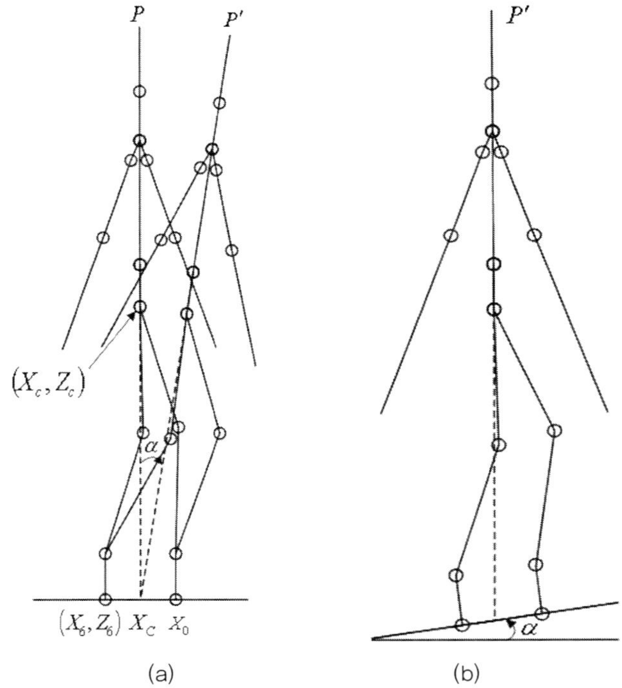

» **그림 5.43** 평지와 경사각이 α인 경사면에서의 보행준비 자세 관계

- 조건 1: 지지다리의 족관절과 슬관절을 이용해서 무게중심점 X_C를 전후로 이동시킨다.
- 조건 2: 지지다리의 족관절과 슬관절을 이용해서 무게중심점의 고도 Z_C를 현재보다 낮추거나 높인다. 오르막의 경우 Z_C를 낮춰야만 뒤쪽에 있는 자유다리의 발바닥이 지면에 완전히 닿을 수 있다.
- 조건 3: 지지다리의 고관절은 상체를 좀 더 앞으로 숙이거나 뒤로 젖혀서 경사면에서 상체를 중력방향과 평행하게 하는 역할을 한다.
- 조건 4: 자유다리의 고관절과 슬관절을 조정하여 자유다리 발 중심점의 X_6 좌표를 원하는 위치에 둔다.
- 조건 5: 자유다리의 고관절과 슬관절을 조정하여 자유다리 발 중심점의 Z_6 좌표를 0으로 만들어서 지면에 정확히 착지해 있도록 한다.
- 조건 6: 자유다리의 발이 지면에 착지해 있더라도 발의 각도가 지지하는 발의 각도와 같아야 하므로 이를 위해 자유다리의 족관절 각도를 조정한다.

이러한 원리를 적용해서 지면 경사각 α에 대해 하지의 6개 시상면을 적절히 조절하는 관절기하각 변화량($\Delta\theta_1 \sim \Delta\theta_2$)과 이에 상응하는 관절모터각 변화량($\Delta\theta^l_{an} \sim \Delta\theta^r_{hp}$)을 계산해 보자. 이를 위해 2.3.3절에서처럼 투영법 기반 역기구학을 사용하는데, 좀 더 직관적으로 이해하기 쉬운 식 (2.95)를 사용하도록 한다.

첫 번째 조건을 이용해서 골반 중심점 X_C를 X_C'으로 이동시키기 위한 족관절과 슬관절, θ_1과 θ_2의 변화량을 계산해 보자. <그림 5.1>의 시상면을 보면 보행준비 자세 시 고관절의 좌표는 $X_C = X_2$이므로 식 (2.95)를 활용하여 X_C와 θ_1, θ_2 사이의 관계식을 구하면 다음과 같다.

$$X_C = X_2 = X_0 + l^s_1 \cos\theta_1 + l^s_2 \cos(\theta_1 + \theta_2) \tag{5.59}$$

이제 θ_1을 $\theta_1 + \Delta\theta_1$으로 변화시키고 θ_2를 $\theta_2 + \Delta\theta_2$로 변화시켜서 X_C를

ΔX_C만큼 이동시킨다고 하면 다음의 관계식이 성립한다.

$$X_C + \Delta X_C = X_0 + l_1^s \cos(\theta_1 + \Delta\theta_1) + l_2^s \cos(\theta_1 + \Delta\theta_1 + \theta_2 + \Delta\theta_2) \quad (5.60)$$

이 식에서 식 (5.59)를 빼면 ΔX_C는 다음과 같다.

$$\begin{aligned}\Delta X_C = & \, l_1^s\{\cos(\theta_1 + \Delta\theta_1) - \cos\theta_1\} \\ & + l_2^s\{\cos(\theta_1 + \Delta\theta_1 + \theta_2 + \Delta\theta_2) - \cos(\theta_1 + \theta_2)\}\end{aligned} \quad (5.61)$$

이 식으로부터 $\Delta\theta_1, \Delta\theta_2$와 ΔX_C의 관계식을 도출하기 위해 식 (2.111)에서 cos 함수를 테일러 근사화한 식을 적용하여 정리하면 다음과 같다.

$$\begin{aligned}\Delta X_C & \approx -l_1^s \sin\theta_1 \Delta\theta_1 - l_2^s \sin(\theta_1 + \theta_2)(\Delta\theta_1 + \Delta\theta_2) \\ & = -\{l_1^s \sin\theta_1 + l_2^s \sin(\theta_1 + \theta_2)\}\Delta\theta_1 - l_2^s \sin(\theta_1 + \theta_2)\Delta\theta_2\end{aligned} \quad (5.62)$$

두 번째 조건을 만족시키기 위해 골반 중심점 Z_C를 Z_C'으로 이동시키기 위한 θ_1과 θ_2의 변화량을 계산해 보자. <그림 5.1>의 시상면을 보면 보행준비 자세 시 고관절의 좌표는 $Z_C = Z_2$이므로 식 (2.95)를 활용하여 Z_C와 θ_1, θ_2 사이의 관계식을 표현하면 다음과 같다.

$$Z_C = Z_2 = Z_0 + l_1^s \sin\theta_1 + l_2^s \sin(\theta_1 + \theta_2) \quad (5.63)$$

θ_1과 θ_2를 $\Delta\theta_1$과 $\Delta\theta_2$만큼 각각 변화시킨 결과 Z_C가 $Z_C + \Delta Z_C$로 바뀌었으므로, $Z_C + \Delta Z_C$는 다음과 같이 표현할 수 있다.

$$Z_C + \Delta Z_C = Z_0 + l_1^s \sin(\theta_1 + \Delta\theta_1) + l_2^s \sin(\theta_1 + \Delta\theta_1 + \theta_2 + \Delta\theta_2) \quad (5.64)$$

이 식에서 식 (5.63)을 빼면 ΔZ_C는 다음과 같이 계산된다.

$$\Delta Z_C = l_1^s\{\sin(\theta_1 + \Delta\theta_1) - \sin\theta_1\} + l_2^s\{\sin(\theta_1 + \Delta\theta_1 + \theta_2 + \Delta\theta_2) - \sin(\theta_1 + \theta_2)\} \tag{5.65}$$

이 식에 sin 함수에 대한 테일러 근사화 식을 적용하면 다음과 같이 유도된다.

$$\begin{aligned}\Delta Z_C &\approx l_1^s\cos\theta_1\Delta\theta_1 + l_2^s\cos(\theta_1+\theta_2)(\Delta\theta_1 + \Delta\theta_2)\\ &= \{l_1^s\cos\theta_1 + l_2^s\cos(\theta_1+\theta_2)\}\Delta\theta_1 + l_2^s\cos(\theta_1+\theta_2)\Delta\theta_2\end{aligned} \tag{5.66}$$

식 (5.62)와 (5.66)을 행렬식으로 표현하면 다음과 같다.

$$\begin{bmatrix}\Delta X_C\\ \Delta Z_C\end{bmatrix} = \begin{bmatrix}-l_1^s\sin\theta_1 - l_2^s\sin(\theta_1+\theta_2) & -l_2^s\sin(\theta_1+\theta_2)\\ l_1^s\cos\theta_1 + l_2^s\cos(\theta_1+\theta_2) & l_2^s\cos(\theta_1+\theta_2)\end{bmatrix}\begin{bmatrix}\Delta\theta_1\\ \Delta\theta_2\end{bmatrix} \tag{5.67}$$

주어진 ΔX_C와 ΔZ_C를 만족시키기 위한 $\Delta\theta_1$과 $\Delta\theta_2$를 계산하기 위해 이 식을 다음과 같이 역행렬을 사용해서 다시 표현한다.

$$\begin{bmatrix}\Delta\theta_1\\ \Delta\theta_2\end{bmatrix} = \begin{bmatrix}-l_1^s\sin\theta_1 - l_2^s\sin(\theta_1+\theta_2) & -l_2^s\sin(\theta_1+\theta_2)\\ l_1^s\cos\theta_1 + l_2^s\cos(\theta_1+\theta_2) & l_2^s\cos(\theta_1+\theta_2)\end{bmatrix}^{-1}\begin{bmatrix}\Delta X_C\\ \Delta Z_C\end{bmatrix} \tag{5.68}$$

세 번째 조건은 θ_1과 θ_2가 바뀜으로써 변화된 상체각 $\theta_{tr}'(=\theta_1' + \theta_2' + \theta_3')$이 $\pi/2 - \alpha$가 되도록 θ_3를 조정하는 것이므로 식 (5.47)과 같이 표현하면 다음의 관계식이 성립한다.

$$\theta_{tr}' = \theta_1' + \theta_2' + \theta_3 + \Delta\theta_3 = \frac{\pi}{2} - \alpha \tag{5.69}$$

이 식을 $\Delta\theta_3$에 대해 정리하면 다음과 같다.

$$\Delta\theta_3 = -\theta_1{}' - \theta_2{}' - \theta_3 + \frac{\pi}{2} - \alpha \tag{5.70}$$

이렇게 $\theta_1 \sim \theta_3$가 조정되었으므로 자유다리 발 중심점의 (X_6, Z_6) 좌표도 그에 따라 조금 이동하게 된다. 그러므로 $\theta_4 \sim \theta_6$를 조정할 때는 이 좌표로부터 $\Delta X_6, \Delta Z_6$가 얼마가 되어야 원하는 위치가 될 수 있는지를 계산해야 한다.

이제 네 번째 조건을 만족시키기 위해 자유다리의 고관절 각도가 발 중심점의 X좌표인 X_6를 어떻게 조정할 수 있는지를 알아보자. 식 (2.95)를 이용하여 X_6와 $\theta_4 \sim \theta_6$ 사이의 관계식을 표현하면 다음과 같다.

$$X_6 = X_3{}' + l_6^s \cos(\theta_{tr}{}' + \theta_4) + l_7^s \cos(\theta_{tr}{}' + \theta_4 + \theta_5) + l_8^s \cos(\theta_{tr}{}' + \theta_4 + \theta_5 + \theta_6) \tag{5.71}$$

식에서 $X_3{}'$과 $\theta_{tr}{}'$은 앞의 과정에서 수정된 X_3 좌표와 상체 각도를 각각 나타낸다. 이 식으로부터 자유다리의 고관절과 슬관절 기하각 θ_4와 θ_5를 각각 $\theta_4{}'(=\theta_4 + \Delta\theta_4)$과 $\theta_5{}'(=\theta_5 + \Delta\theta_5)$으로 조정하여 X_6가 $X_6{}'(=X_6 + \Delta X_6)$으로 바뀔 때의 관계식을 쓰면 다음과 같다.

$$\begin{aligned} X_6{}' = X_3{}' &+ l_6^s \cos(\theta_{tr}{}' + \theta_4 + \Delta\theta_4) + l_7^s \cos(\theta_{tr}{}' + \theta_4 + \Delta\theta_4 + \theta_5 + \Delta\theta_5) \\ &+ l_8^s \cos(\theta_{tr}{}' + \theta_4 + \Delta\theta_4 + \theta_5 + \Delta\theta_5 + \theta_6 + \Delta\theta_6) \end{aligned} \tag{5.72}$$

그런데, 여섯 번째 조건인 $\theta_{123456}{}' = -\frac{\pi}{2}$을 동시에 만족시키도록 우변의 네 번째 항에서 $\Delta\theta_6$를 조정하면 $l_8^s \cos(\theta_{123456}{}') = 0$이 된다. 그러므로 이 식에서 cos 함수를 테일러 근사화하고 앞의 방식대로 X_6의 변화량을 계산하면 다음과 같은 관계식을 얻게 된다.

$$\begin{aligned} \Delta X_6 &\approx -l_6^s \sin(\theta_{tr}{}' + \theta_4)\Delta\theta_4 - l_7^s \sin(\theta_{tr}{}' + \theta_4 + \theta_5)(\Delta\theta_4 + \Delta\theta_5) \\ &= -\left\{l_6^s \sin(\theta_{tr}{}' + \theta_4) + l_7^s \sin(\theta_{tr}{}' + \theta_{45})\right\}\Delta\theta_4 - l_7^s \sin(\theta_{tr}{}' + \theta_{45})\Delta\theta_5 \end{aligned} \tag{5.73}$$

다섯 번째 조건을 만족시키기 위해 θ_4와 θ_5를 $\theta_4+\Delta\theta_4$로 $\theta_5+\Delta\theta_5$로 각각 변화시켜서 자유다리 발 중심점의 Z좌표인 Z_6가 $Z_6'(=Z_6+\Delta Z_6)$이 될 때의 관계식을 유도해 보자. 식 (2.95)로부터 다음의 관계식을 도출할 수 있으므로,

$$\begin{aligned} Z_6' = Z_3' &+ l_6^s \sin(\theta_{tr}'+\theta_4+\Delta\theta_4) + l_7^s \sin(\theta_{tr}'+\theta_4+\Delta\theta_4+\theta_5+\Delta\theta_5) \\ &+ l_8^s \sin(\theta_{tr}'+\theta_4+\Delta\theta_4+\theta_5+\Delta\theta_5+\theta_6+\Delta\theta_6) \end{aligned} \tag{5.74}$$

이 식에서 우변의 네 번째 항은 마찬가지로 각도 조건 $\theta_{123456}'=-\frac{\pi}{2}$를 적용하면 $l_8^s\sin(\theta_{123456}')=-l_8^s$가 된다. 그러므로 앞의 원리를 적용하여 ΔZ_6를 구하면 다음과 같다.

$$\begin{aligned} \Delta Z_6 &\approx l_6^s \cos(\theta_{tr}'+\theta_4)\Delta\theta_4 + l_7^s\cos(\theta_{tr}'+\theta_4+\theta_5)(\Delta\theta_4+\Delta\theta_5) \\ &= \left\{l_6^s\cos(\theta_{tr}'+\theta_4)+l_7^s\cos(\theta_{tr}'+\theta_{45})\right\}\Delta\theta_4 + l_7^s\cos(\theta_{tr}'+\theta_{45})\Delta\theta_5 \end{aligned} \tag{5.75}$$

이제 식 (5.73)과 (5.75)를 행렬식으로 표현하면 다음과 같다.

$$\begin{bmatrix}\Delta X_6\\ \Delta Z_6\end{bmatrix} = \begin{bmatrix} -l_6^s\sin(\theta_{tr}'+\theta_4)-l_7^s\sin(\theta_{tr}'+\theta_{45}) & -l_7^s\sin(\theta_{tr}'+\theta_{45}) \\ l_6^s\cos(\theta_{tr}'+\theta_4)+l_7^s\cos(\theta_{tr}'+\theta_{45}) & l_7^s\cos(\theta_{tr}'+\theta_{45}) \end{bmatrix} \begin{bmatrix}\Delta\theta_4\\ \Delta\theta_5\end{bmatrix} \tag{5.76}$$

주어진 ΔX_6와 ΔZ_6를 만족시키기 위한 $\Delta\theta_4$와 $\Delta\theta_5$를 계산하기 위해 이 식을 다음과 같이 역행렬 식으로 표현한다.

$$\begin{bmatrix}\Delta\theta_4\\ \Delta\theta_5\end{bmatrix} = \begin{bmatrix} -l_6^s\sin(\theta_{tr}'+\theta_4)-l_7^s\sin(\theta_{tr}'+\theta_{45}) & -l_7^s\sin(\theta_{tr}'+\theta_{45}) \\ l_6^s\cos(\theta_{tr}'+\theta_4)+l_7^s\cos(\theta_{tr}'+\theta_{45}) & l_7^s\cos(\theta_{tr}'+\theta_{45}) \end{bmatrix}^{-1} \begin{bmatrix}\Delta X_6\\ \Delta Z_6\end{bmatrix} \tag{5.77}$$

마지막으로 여섯 번째 조건은 자유다리의 발이 지면과 이루는 각도에 관한 것으로서 식 (5.50)과 같이 자유다리 발목 링크가 시상면에서 $-90°$가 되게 θ_6를 조정해야 한다. 상기 조건으로 변화된 관절변수 $\theta_4'(=\theta_4+\Delta\theta_4)$과 $\theta_5'(=\theta_5+\Delta\theta_5)$을 이용해서 식 (5.50)을 다시 쓰면 다음과 같다.

$$\theta_{tr}' + \theta_4' + \theta_5' + \theta_6 + \Delta\theta_6 = -\frac{\pi}{2} = \frac{3\pi}{2} \tag{5.78}$$

그러므로 다음의 관계식으로 $\Delta\theta_6$를 계산할 수 있다. 식에서 $-\pi/2$ 대신 $3\pi/2$를 사용한 것은 $\Delta\theta_6$를 예각으로 만들기 위함이다.

$$\Delta\theta_6 = -\theta_{tr}' - \theta_4' - \theta_5' - \theta_6 + \frac{3\pi}{2} \tag{5.79}$$

테일러 근사화 원리를 적용하면 미세한 오차가 발생할 수밖에 없는데, 자유다리의 발 중심점의 Z_6좌표는 반드시 0이 되어야만 로봇 전신이 흔들리지 않고 고정된 자세가 만들어진다. 자유다리의 관절 중 Z_6좌표를 결정하는 데 중요한 역할을 하는 것은 슬관절각 θ_5이므로 식 (5.77)로부터 구한 $\Delta\theta_5$를 다시 한 번 조정하면 된다. 앞의 과정을 통해 계산한 관절기하각의 합을 $\theta_{1234}', \theta_{12345}', \theta_{123456}'$이라 하고 Z_6'좌표의 미세 조정을 위해 θ_5'에 $\Delta\theta_5'$을 한 번 더하면 식 (5.74)는 다음과 같이 수정된다.

$$\begin{aligned} Z_6'' = Z_3' + l_6^s \sin(\theta_{1234}') + l_7^s \sin(\theta_{12345}' + \Delta\theta_5') \\ + l_8^s \sin(\theta_{123456}' + \Delta\theta_5' + \Delta\theta_6') \end{aligned} \tag{5.80}$$

식에서 $\Delta\theta_6'$은 $\Delta\theta_5'$이 변해도 자유다리의 발목 링크가 지면과 $90°$가 되게 조정해 주는 역할을 하므로, 네 번째 항은 $l_8^s \sin(\theta_{123456}' + \Delta\theta_5' + \Delta\theta_6') = l_8^s \sin\left(-\frac{\pi}{2}\right) = -l_8^s$가 된다. 그러므로 Z_6''과 Z_6'의 차이인 $\Delta Z_6'$은 다음과 같이 표현된다.

$$\Delta Z_6' = l_7^s \sin(\theta_{12345}' + \Delta\theta_5') - l_7^s \sin\theta_{12345}' \tag{5.81}$$

이 식으로부터 $\Delta\theta_5'$을 구하면 다음과 같다.

$$\Delta\theta_5{}' = \sin^{-1}\left(\frac{\Delta Z_6{}' + l_7^s \sin\theta_{12345}{}'}{l_7^s}\right) - \theta_{12345}{}' \tag{5.82}$$

그리고 식 (5.78)을 만족시키기 위해 $\Delta\theta_6{}' = -\Delta\theta_5{}'$이 되어야 한다. 결과적으로 Z_6 좌표와 자유다리 발목링크 각의 미세조절을 위해 $\theta_5{}' = \theta_5 + \Delta\theta_5 + \Delta\theta_5{}'$, $\theta_6{}' = \theta_6 + \Delta\theta_6 + \Delta\theta_6{}'$로 계산해 주어야 한다.

지금까지 계산한 관절기하각의 수정 관계식을 관절모터각 수정에 적용할 경우 왼발 지지의 경우 $\theta_{an}^l = \frac{\pi}{2} - \theta_1$이어서 $\Delta\theta_{an}^l = -\Delta\theta_1$이 된다. 같은 원리로 $\theta_{kn}^l = \theta_2$이므로 $\Delta\theta_{kn}^l = \Delta\theta_2$, $\theta_{hp}^l = -\theta_3$이므로 $\Delta\theta_{hp}^l = -\Delta\theta_3$, $\theta_{hp}^r = \theta_4 - \pi$이므로 $\Delta\theta_{hp}^r = \Delta\theta_4$, $\theta_{kn}^r = -\theta_5$이므로 $\Delta\theta_{kn}^r = -\Delta\theta_5$, $\theta_{an}^r = \theta_6$이므로 $\Delta\theta_{an}^r = \Delta\theta_6$의 관계식이 성립한다. 반대로 오른발 지지의 경우 다음의 관계식이 성립한다.

$$\begin{gathered}\Delta\theta_{an}^r = -\Delta\theta_1,\ \Delta\theta_{kn}^r = \Delta\theta_2,\ \Delta\theta_{hp}^r = -\Delta\theta_3, \\ \Delta\theta_{hp}^l = \Delta\theta_4,\ \Delta\theta_{kn}^l = -\Delta\theta_5, \Delta\theta_{an}^l = \Delta\theta_6\end{gathered} \tag{5.83}$$

지금까지 구한 관절기하각 수정 계산식을 이용해서 경사각이 α인 경사면 위에 휴머노이드 로봇이 안정되게 서 있을 수 있는 보행준비 자세를 시뮬레이션해 보자. 먼저 $\Delta\theta_1$과 $\Delta\theta_2$를 구하기 위해서는 식 (5.68)에서 보듯이 ΔX_C와 ΔZ_C를 정해야 한다. <그림 5.43>을 보면 경사면에서 안정된 자세의 골반 중심점은 지지하는 발 중심점을 기준으로 α만큼 회전시키면 구해진다는 사실을 직관적으로 알 수 있으므로, 이로부터 <그림 5.44>와 같이 기하학적인 관계도를 그릴 수 있다. 그러므로 ΔX_C와 ΔZ_C는 다음의 관계식으로 표현 가능하다.

$$\Delta X_C = Z_C \sin\alpha,\quad \Delta Z_C = Z_C(\cos\alpha - 1) \tag{5.84}$$

<코드 5.12>는 경사각이 slope_ang일 때 보폭이 5 cm인 보행준비 자세의 6개 시상면 하지 관절들을 앞에서 설명한 방식으로 조절하는 부분을 나타내며, sim_pose.m 코드에서 pose를 6으로 설정하고 실행하면 된다.

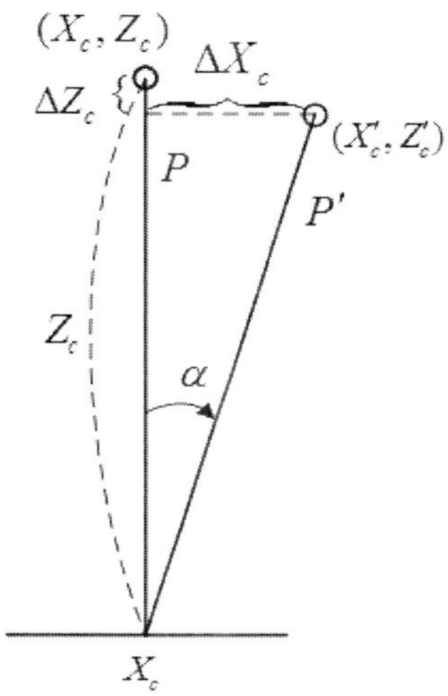

» **그림 5.44** 경사각이 α인 경사면에서 골반 중심점의 이동

```
slope_ang = deg2rad(5);
no_pose = 6;
                                    ⋮
md = DH;
del_sag_tr = 0;
row = 2;
mth = ang_walk_ready_5cm(row,1:11);  % 보폭이 5cm이고 왼발 지지 상태
                                    ⋮
mpsi = ang_walk_ready_5cm(row,18:20);
                                    ⋮
% 초기자세 측정
res = GenMotionsWithPB(sf, sp, th, th_1d, th_2d, phi, phi_1d, phi_2d, psi,
      fig_no)
th0 = th;
% 최초 보행준비 자세의 기준 좌표
X6_0 = res(12);  Z6_0 = res(14);  Xc_0 = res(16);  Zc_0 = res(18);
% 골반중심점의 목표 이동 거리 계산
del_Xc = Zc_0*sin(slope_ang);
```

```
del_Zc = Zc_0*(cos(slope_ang)-1);
% 지지다리의 관절 각도 조정
del_th = IKSupportLegJoints(th, phi, slope_ang, del_Xc, del_Zc);
th(1:3) = th(1:3)+del_th';
res = GenMotionsWithDH(sf, sp, th, th_1d, th_2d, phi, phi_1d, phi_2d, psi,
      psi_1d, psi_2d, 0)
% 골반중심점을 이동한 자세의 기준 좌표
X6 = res(12);  Z6 = res(14);   Xc = res(16);  Zc = res(18);

% 지지다리 발 중심점의 목표 이동 거리 계산
del_X6 = (1+.2*(slope_ang/deg2rad(10)))*X6_0 - X6;    % 경사각에 따라 보정
del_Z6 = Z6_0 - Z6;
% 자유다리의 관절 각도 조정
del_th = IKSwingLegJoints(th, phi, del_X6, del_Z6);
th(4:6) = th(4:6)+del_th';
res = GenMotionsWithDH(sf, sp, th, th_1d, th_2d, phi, phi_1d, phi_2d, psi,
psi_1d, psi_2d, 0);
X6 = res(12);    Z6 = res(14);    Xc = res(16);    Zc = res(18);

% 지지다리 발 중심점의 Z좌표를 0으로 만들기 위한 미세 조정
del_Z6 = Z6_0 - Z6;
l7s = link(8)*abs(cos(phi(1)+phi(2)+phi(3)));
th12345 = th(1)+th(2)+th(3)+th(4)+th(5);
del_th5 = pi-asin((del_Z6 + l7s*sin(th12345))/l7s)-th12345;   % 예각 보정
th(5) = th(5)+del_th5;

del_th6 = -del_th5;    th(6) = th(6)+del_th6;
res = GenMotionsWithDH(sf, sp, th, th_1d, th_2d, phi, phi_1d, phi_2d, psi,
      psi_1d, psi_2d, fig_no);
```

» **코드 5.12** 경사면에서 안정된 보행준비 자세로 수정하기 위한 sim_pose.m 코드 부분

<코드 5.13>은 <코드 5.12>에서 지지다리의 관절기하각을 계산하는 IKSupportLegJoints 함수이며, 이 함수의 인자는 현재의 시상면 관절기하각 벡터 th와 관상면 관절기하각 벡터 phi, 바닥의 경사각인 sl_ang, 골반중심점의 X축과 Z축 변화량인 del_Xc, del_Zc이다. 이 함수는 $\Delta\theta_1 \sim \Delta\theta_3$를 반환한다.

<코드 5.14>는 <코드 5.12>에서 자유다리의 관절기하각을 계산하는 IKSwingLegJoints 함수이며, 인자는 마찬가지로 th 벡터와 phi 벡터, 들어 올린 발 중심점의 X축과 Z축 변화량인 del_X6, del_Z6이다. 이 함수는 $\Delta\theta_4 \sim \Delta\theta_6$를 반환한다.

```
function del_th = IKSupportLegJoints(th, phi, sl_ang, del_Xc, del_Zc)

global link

th1 = th(1);  th2 = th(2);  th3 = th(3);  th12 = th1+th2;
phi1 = phi(1);

l1 = link(2); l2 = link(3);
l1s = l1*abs(cos(phi1));   l2s = l2*abs(cos(phi1));

del_th12 = inv([-l1s*sin(th1)-l2s*sin(th12), -l2s*sin(th12);
           l1s*cos(th1)+l2s*cos(th12), l2s*cos(th12)])*[del_Xc; del_Zc];
del_th1 = del_th12(1);
del_th2 = del_th12(2);
th1 = th1+del_th1;  th2 = th2+del_th2;
del_th3 = -th1 - th2 -th3 + pi/2 - sl_ang;

del_th = [del_th1 del_th2 del_th3];
```

» **코드 5.13** 지지다리의 관절기하각을 조정하는 IKSupportLegJoints.m 코드

```
function del_th = IKSwingLegJoints(th, phi, del_X6, del_Z6)

global link

th4 = th(4);  th5 = th(5);  th6 = th(6);
phi1 = phi(1);   phi12 = phi1+phi(2);   phi123 = phi12+phi(3);    phi1234 = phi123+phi(4);
l6 = link(7); l7 = link(8);  l8 = link(9);
l6s = l6*abs(cos(phi123));   l7s = l7*abs(cos(phi123));    l8s = l8*abs(cos(phi1234));

th45 = th4+th5;

sag_tr = th(1) + th(2) + th(3);

del_th45 = inv([-l6s*sin(sag_tr+th4)-l7s*sin(sag_tr+th45), -l7s*sin(sag_tr+th45);
          l6s*cos(sag_tr+th4)+l7s*cos(sag_tr+th45),
          l7s*cos(sag_tr+th45)])*[del_X6; del_Z6];
del_th4 = del_th45(1);
del_th5 = del_th45(2);
th4 = th4+del_th4;  th5 = th5+del_th5;
del_th6 = -sag_tr - th4 - th5 - th6 + pi*3/2;

del_th = [del_th4 del_th5 del_th6];
```

» **코드 5.14** 자유다리의 관절기하각을 조정하는 IKSwingLegJoints.m 코드

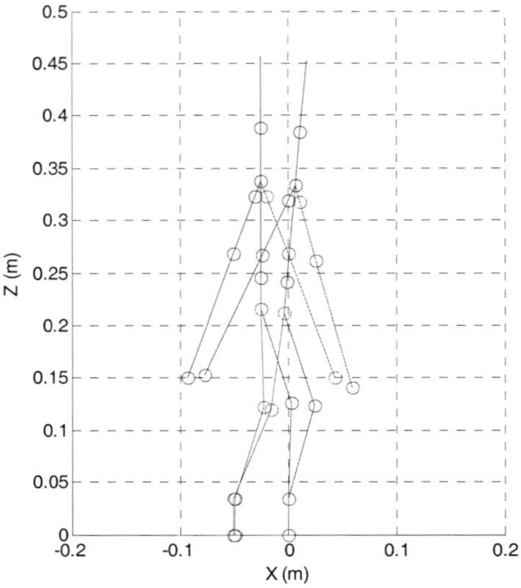

(a) $\alpha = 5°$

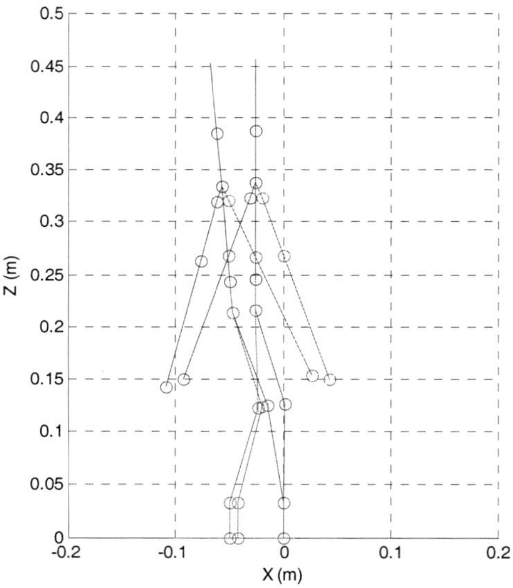

(b) $\alpha = -5°$

» **그림 5.45** 경사각이 α인 경사면에서 보행준비 자세 조정 시뮬레이션

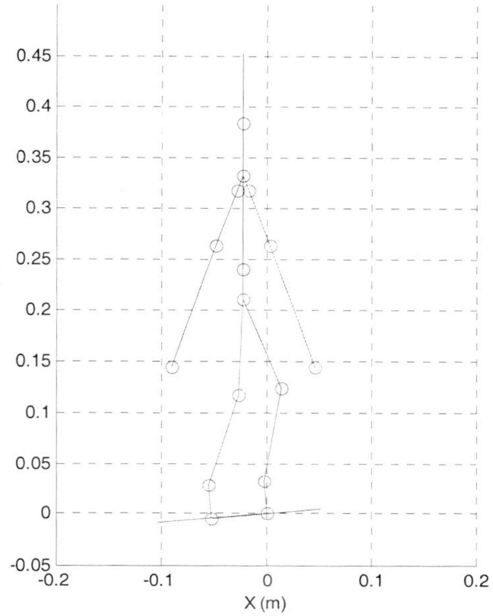

» **그림 5.46** 경사각이 10°인 경사면에서 조정된 보행준비 자세

<그림 5.45>는 sim_pose.m 코드로(no_pos=6) 경사각 α가 5°일 때와 $-5°$의 보행준비 자세를 시뮬레이션하여 초기 자세와 비교한 것으로, 자유다리 발 중심점의 X 좌표에서 약간의 오차가 발생하지만 원하는 여섯 가지 자세 조건을 잘 충족하고 있다고 할 수 있다. α가 5°일 때는 수정된 자세의 자유다리 발 중심점의 좌표 오차가 X축에서는 -1.7 mm이지만, α가 $-5°$일 때는 X축에서 8.5 mm가 되어 좀 더 부정확해짐을 알 수 있다. 이는 sin 함수와 cos 함수를 테일러 근사화하는 과정에서 각도에 따라 근사화 오차가 달라지는 특성에 기인한다. 그러므로 테일러 근사화를 통한 역기구학은 최적화 알고리즘으로 정확한 자세를 탐색하기 전에 대략적인 하지 관절기하각을 계산하는 데 유용하게 사용될 수 있다.

<그림 5.46>은 경사각이 10°일 경우에 조정한 보행준비 자세를 경사면 상에서 DH법으로 시뮬레이션한 것으로, sim_pose.m 코드에서 alpha = slope_ang로 설정하면 된다. <그림 5.43(b)>에서 볼 수 있듯이 상체가 중력방향과 일치하여 안정된

자세임을 알 수 있다. <표 5.12>는 세 가지 경사각에 대해 시상면 하체관절 조정각을 표로 정리한 것이다.

» **표 5.12 왼발 지지** 시 경사각 변화에 따른 시상면 하체관절 조정각(단위: degree)

경사각	$\Delta\theta^l_{an}$	$\Delta\theta^l_{kn}$	$\Delta\theta^l_{hp}$	$\Delta\theta^r_{hp}$	$\Delta\theta^r_{kn}$	$\Delta\theta^r_{an}$
5°	13.92	14.70	5.77	−4.08	−3.75	5.32
−5°	−10.45	−7.60	−2.15	10.37	12.06	−3.32
10°	31.18	36.32	15.15	5.86	18.60	22.72

5.4.3 이족보행을 위한 관절 각도궤적 최적화

이제 PSO를 이용해서 보행 시작 자세로부터 마침 자세까지의 전체 관절모터 회전 각도 궤적을 생성하는 과정을 살펴보도록 하자. 보행준비 자세의 경우 각 관절의 각도값만을 정해주면 되지만, 보행하는 동안의 전체 관절궤적을 구하기 위해서는 궤적의 형상 전체를 결정하는 파라미터들을 모두 최적화해야 한다. 이 절에서는 5.2.1절에서 소개한 혼합다항식을 이용해서 각 관절의 각도궤적 형상을 최적화하는 법을 다룬다.

이족보행을 위해서는 관절의 회전 특성에 따라 크게 2개의 세그먼트와 3개의 세그먼트를 갖는 혼합다항식 각도궤적으로 분류할 수 있다. 즉, 시상면의 11개 관절(θ^l_{an}, θ^l_{kn}, θ^l_{hp}, θ^l_{sh}, θ^l_{el}, θ^r_{an}, θ^r_{kn}, θ^r_{hp}, θ^r_{sh}, θ^r_{el}, θ_{nk})과 관상면의 상체 2개 관절(ϕ^l_{sh}, ϕ^r_{sh})은 2개의 세그먼트로 관절의 회전 각도궤적을 표현할 수 있지만, 관상면 하체 4개 관절(ϕ^l_{an}, ϕ^l_{hp}, ϕ^r_{an}, ϕ^r_{hp})은 직립을 위해 0°에서 시작해서 다시 0°로 복귀해야 하는 특성 때문에 3개의 세그먼트로 궤적을 만들어야 한다.

2-세그먼트 혼합다항식 궤적을 만들기 위해서는 식 (5.38)에 나타낸 것처럼 아래와 같이 9개의 파라미터가 있어야 한다.

$$t^1_0,\ t^1_f,\ t^2_f,\ q^1_0,\ q^1_f,\ q^2_f,\ \omega^1_0,\ \omega^1_f,\ \omega^2_f \tag{5.85}$$

이 중에서 시간 파라미터인 t_0^1, t_f^1, t_f^2는 보행 주기를 이등분하여 0, $T/2$, T로 설정하면 되며, 각도 파라미터인 q_0^1, q_f^1, q_f^2 중에서 초기 각도 q_0^1와 최종 각도 q_f^2는 앞에서 설명한 보행준비 자세의 관절각들을 사용한다. 마지막으로 각속도 파라미터인 $\omega_0^1, \omega_f^1, \omega_f^2$ 중에서 관절의 초기 각속도 ω_0^1과 최종 각속도 ω_f^2는 최소의 토크 생성과 부드러운 착지를 위해 0 또는 적절한 값으로 설정한다. 이런 조건들을 부여하면 2-세그먼트 혼합다항식 생성을 위해 PSO가 한 관절의 각도궤적에 대해 결정해야 하는 파라미터는 식 (5.85)에서 중간 각도 q_f^1, 중간 각속도 ω_f^1 밖에 남지 않게 된다. 그리고 이 값들을 편의상 q_m^1, ω_m^1이라고 하자.

3-세그먼트 혼합다항식의 경우 식 (5.39)에 나타냈듯이, 다음과 같이 총 12개의 파라미터가 필요하다.

$$t_0^1,\ t_f^1, t_f^2, t_f^3,\ q_0^1,\ q_f^1,\ q_f^2, q_f^3, \omega_0^1,\ \omega_f^1, \omega_f^2, \omega_f^3 \tag{5.86}$$

식에서 시간 파라미터 t_0^1, t_f^1, t_f^2, t_f^3 중 초기 시간과 최종 시간은 0과 T로 설정하면 되지만, 균형유지를 위해 상체를 왼쪽이나 오른쪽으로 완전히 이동시키는 데 소요되는 시간 t_f^1과 다시 원래 자세로 복귀하기 시작하는 시간 t_f^2는 정확히 알 수 없으므로 최적화 변수로 설정한다. 그리고 각도 파라미터인 q_0^1, q_f^1, q_f^2, q_f^3 중에서 초기 각도 q_0^1과 최종 각도 q_f^3는 보행준비 자세에서 보았듯이 0°로 설정하면 된다. 또한, 이족보행 시 관상면의 하체 관절들(ϕ_{an}^l, ϕ_{hp}^l, ϕ_{an}^r, ϕ_{hp}^r)은 시상면 관절들을 이용해서 다리를 앞으로 뻗는 동안 넘어지지 않기 위해 일정한 각도를 유지해야 하므로 $q_f^1 = q_f^2 = q_m$의 조건을 만족시켜야 한다. q_m은 ZMP 안정도를 만족시키는 최소의 각도값이어야 하므로 PSO를 이용해서 최적값을 찾아야 한다.

식 (5.86)에서 각속도 파라미터인 ω_0^1, $\omega_f^1, \omega_f^2, \omega_f^3$ 중 초기 각속도 ω_0^1와 최종 각속도 ω_f^3는 2-세그먼트 혼합다항식의 경우와 마찬가지로 각각 0 또는 적절한 값으로 설정한다. 그리고 관절이 회전하다가 일정 각도를 유지하기 시작하는 시점 t_f^1과

0°로 돌아가기 시작하는 시점 t_f^2에서의 부드러운 각도변화를 위해 두 중간 각속도 (ω_f^1, ω_f^2)도 모두 0으로 설정한다. 결국 3-세그먼트 혼합다항식 생성을 위해 최적화해야 할 각 관절별 파라미터는 식 (5.86)에서 중간 시각 t_f^1, t_f^2와 중간 각도 q_f^1가 된다. 편의상 3-세그먼트 혼합다항식의 중간 시각을 t_{m1}, t_{m2}라 하고, 중간 각도를 q_m이라고 하자.

지금까지의 내용을 정리하면, 주어진 보폭에 대한 보행준비 자세의 모든 관절각을 알고 있는 경우 PSO로 최적화해야 하는 관절 회전각 궤적 파라미터는 2-세그먼트 혼합다항식의 경우 중간 각도인 q_m과 중간 각속도인 ω_m이며, 3-세그먼트 혼합다항식의 경우 중간 시각인 t_{m1}, t_{m2}와 중간 각도인 q_m이다. 결과적으로 전체 20개의 관절에 대해 독립적으로 파라미터들을 최적화한다면, 16개의 관절은 2-세그먼트 혼합다항식으로 표현 가능하므로 총 32개의 최적변수를 필요로 하고, 나머지 4개의 관절은 3-세그먼트 혼합다항식을 사용해야 하므로 총 12개의 최적변수를 필요로 한다. 결국 총 44개에 이르는 궤적 파라미터들을 PSO로 최적화해야 하는데, 이 경우 최적화 시간이 상당히 많이 걸릴 뿐 아니라 전역해의 정확도도 떨어지는 문제점이 있다. 그러므로 인간의 보행 시 자세 특성을 참고하여 아래와 같이 네 가지 자세 조건을 로봇에 부여함으로써 최적변수의 수를 최소화해야 한다.

- 보행자세 조건 1: 보행 시 안정도를 유지하고 자연스러운 자세를 만들기 위해 상체가 시상면과 관상면에서 항상 일정각도를 유지하게 한다. 시상면에서의 상체 각도를 θ_{tr}이라고 하고 관상면에서의 상체 각도를 ϕ_{tr}이라고 하자. <그림 5.1(a)>에서 정의된 시상면 각도를 참고로 하면 상체를 앞으로 숙일수록 θ_{tr}은 90°에서 80°, 70°로 점차 감소한다. 또한, <그림 5.1(b)>에서 관상면의 각도는 지면에 대해 직각일 때 0°로 정의한 것을 고려하면 ϕ_{tr}은 상체가 왼쪽으로 기울 때는 음의 각도, 오른쪽으로 기울 때는 양의 각도가 됨을 유의하자.

  먼저, 보행하는 동안 시상면에서 상체 각도를 $\theta_{tr}(t)$로 만드는 조건을 수식으로 표현하면 다음과 같다.

$$\theta_1(t)+\theta_2(t)+\theta_3(t)=\theta_{tr}(t),\ 0\le t\le T \tag{5.87}$$

식에서 T는 보행주기로서 휴머노이드 로봇이 한 스텝 걸어가는 데 소요되는 시간을 나타낸다. 이 식을 식 (5.5)를 이용해서 왼발 지지 시 관절모터각에 대한 관계식으로 변환하면 다음과 같다.

$$\begin{aligned}&\theta_{hp}^{l}(t)=-\theta_{an}^{l}(t)+\theta_{kn}^{l}(t)+\Delta\theta_{tr}(t),\\&\Delta\theta_{tr}(t)=\frac{\pi}{2}-\theta_{tr}(t),\quad 0\le t\le T\end{aligned} \tag{5.88}$$

이 식과 식 (5.48)과의 차이점은 시간변수 t가 추가된 것으로, 이는 보행 시 각 순간에 대해 이 조건이 항상 유지되어야 함을 의미한다.
오른발로 지지하고 있을 때는 식 (5.87)에 식 (5.7)의 관계식을 적용하면 다음과 같이 위첨자만 r로 바꾼 관계식을 얻게 된다.

$$\theta_{hp}^{r}(t)=-\theta_{an}^{r}(t)+\theta_{kn}^{r}(t)+\Delta\theta_{tr}(t),\quad 0\le t\le T \tag{5.89}$$

그 다음으로, 보행하는 동안 관상면에서의 상체 각도를 $\phi_{tr}(t)$로 만드는 조건을 수식으로 표현하면 다음과 같다.

$$\phi_{tr}(t)=\phi_1(t)+\phi_2(t),\quad 0\le t\le T \tag{5.90}$$

이 식을 식 (5.11)에 의해 왼발 지지 시 관절모터각의 관계식으로 변환하면 다음과 같은 관계식이 성립한다.

$$\phi_{hp}^{l}(t)=-\phi_{an}^{l}(t)-\phi_{tr}(t),\ 0\le t\le T \tag{5.91}$$

오른발 지지 시에는 식 (5.13)의 관계식에 의해 다음과 같이 위첨자만 r로 바뀐 식이 된다.

$$\phi_{hp}^{r}(t) = -\phi_{an}^{r}(t) - \phi_{tr}(t), \ \ 0 \le t \le \ T \tag{5.92}$$

그러므로 왼발 지지 시 θ_{hp}^{l}과 ϕ_{hp}^{l}, 오른발 지지 시 θ_{hp}^{r}과 ϕ_{hp}^{r}의 관절궤적은 설정된 상체 각도에 따라 위의 수식으로 계산 가능하므로 PSO를 이용해서 따로 최적화할 필요가 없다.

- 보행자세 조건 2: 보다 자연스러운 보행 자세를 만들기 위해 보행 시 들어 올린 다리가 지지하는 다리와 평행을 유지하는 조건을 추가하자. <그림 5.1(b)>를 참고하면 왼발 지지 시 하체의 관상면 관절기하각 사이에는 다음의 관계가 있음을 알 수 있다.

$$\phi_{123}(t) - \phi_{1}(t) = \pi, \ \ 0 \le t \le \ T \tag{5.93}$$

여기에 식 (5.90)의 관계식을 적용하면 다음과 같이 풀어 쓸 수 있다.

$$\phi_{tr}(t) + \phi_{3}(t) - \phi_{1}(t) = \pi, \ \ 0 \le t \le \ T \tag{5.94}$$

이 식에 식 (5.11)의 관계식을 대입해서 정리하면 다음과 같은 관계식을 얻게 된다.

$$\phi_{hp}^{r}(t) = -\phi_{an}^{l}(t) - \phi_{tr}(t), \ \ 0 \le t \le \ T \tag{5.95}$$

동일한 원리로, 오른발 지지 시에는 <그림 5.2(b)>를 참고하고 식 (5.94)와 식 (5.13)을 이용하여 다음의 각도 조건을 유도할 수 있다.

$$\phi_{hp}^{l}(t) = -\phi_{an}^{r}(t) - \phi_{tr}, \ \ 0 \le t \le \ T \tag{5.96}$$

- 보행자세 조건 3: 보행 시 들어 올린 발은 항상 지면보다 높아야 로봇의 발이 바닥에 걸려 쓰러지는 일이 없어진다. 그런데 발의 각도가 지면과 평행하지 않으면 움직이는 발의 앞부분이나 뒷부분이 바닥에 부딪칠 확률이 높아지므로 들어 올린 발의 바닥면이 시상면과 관상면 모두에서 지면과 항상 평행하게 하는 조건을 추가하자. 이를 시상면 상의 관절에 대한 수식으로 표현하면 다음과 같다.

$$\theta_1(t)+\theta_2(t)+\theta_3(t)+\theta_4(t)+\theta_5(t)+\theta_6(t)=-\frac{\pi}{2},\ 0\le t\le T \tag{5.97}$$

이 식을 식 (5.87)의 상체각도 조건과 식 (5.5)의 왼발 지지 시 관계식을 이용하여 변환하면 다음과 같은 관계식을 얻을 수 있다.

$$\theta^r_{an}(t)=-\theta^r_{hp}(t)+\theta^r_{kn}(t)+\Delta\theta_{tr}(t),\quad 0\le t\le T \tag{5.98}$$

반대로 오른발 지지 시에는 다음과 같은 관계식을 얻을 수 있다.

$$\theta^l_{an}(t)=-\theta^l_{hp}(t)+\theta^l_{kn}(t)+\Delta\theta_{tr}(t),\quad 0\le t\le T \tag{5.99}$$

그 다음으로, 관상면에서 왼발 지지 시 발바닥이 지면에 평행하게 하는 조건을 <그림 5.1>을 참고해서 수식으로 표현하면 다음과 같다.

$$\phi_1(t)+\phi_2(t)+\phi_3(t)+\phi_4(t)=\pi,\quad 0\le t\le T \tag{5.100}$$

이 식을 식 (5.11)과 (5.90), (5.95)를 이용해서 들어 올린 오른발의 족관절모터각으로 변환하면 다음과 같다.

$$\phi^r_{an}(t)=\phi^l_{an}(t),\ 0\le t\le T \tag{5.101}$$

오른발 지지 시에는 식 (5.100)에 식 (5.13)과 식 (5.90), (5.96)을 적용하면 들어 올린 왼발의 족관절모터각은 다음과 같은 관계식을 가진다.

$$\phi_{an}^{l}(t) = \phi_{an}^{r}(t),\ \ 0 \le t \le\ T \tag{5.102}$$

결과적으로 이 조건을 추가하면 왼발 지지 시 θ_{an}^{r}과 ϕ_{an}^{r}, 오른발 지지 시 θ_{an}^{l}과 ϕ_{an}^{l}의 궤적은 따로 최적화해서 구할 필요가 없다.

- **보행자세 조건 4:** 보행 시 최소의 전력사용을 위해 양팔은 시상면 견관절들만 앞뒤로 회전시키고 관상면 견관절은 직립자세의 초기 각도를 유지한다. 이 때 시상면에서는 자연스러운 보행을 위해 한 스텝의 중간 시점에 양팔이 상체와 이루는 각도와 각속도가 서로 대칭이어야 한다. 반면에 관상면 견관절은 한 스텝 내내 보행준비 자세의 각도를 그대로 유지한다. 이를 관절모터각 조건으로 표현하면 다음과 같다.

$$\begin{gathered}\theta_{sh}^{l}(t_m) = -\,\theta_{sh}^{r}(t_m),\ \dot{\theta}_{sh}^{l}(t_m) = -\,\dot{\theta}_{sh}^{r}(t_m),\\ \phi_{sh}^{l}(t) = 14\,^{\circ},\ \phi_{sh}^{r}(t) = -\,14\,^{\circ},\ \ 0 \le\ t \le\ T\end{gathered} \tag{5.103}$$

  이러한 조건들을 종합하면, PSO로 최적화해야 할 궤적 관련 파라미터는 왼발 지지 시 다음과 같이 총 13개가 된다. 하체 관절각 관련 변수들은 오른발 지지 시에는 왼발과 오른발의 관절을 교체하기 위해 L을 R로, R을 L로 바꿔주면 된다.

이제 PSO로 최소화해야 할 이족보행 관련 비용함수를 어떻게 설계할지에 대해 알아보자. 일반적으로 안정된 이족보행을 위해서는 전신의 관절모터들이 다음의 조건을 모두 만족시켜야 한다. 이족보행 패턴을 평가하는 비용함수는 GenRoboticWalkingWithCost.m 파일이며, 각 조건에 해당하는 코드를 부분적으로 인용했다. GenRoboticWalkingWithCost.m 파일에 대해서는 비용함수 조건을 설명한 이후부터 자세히 설명될 것이다.

» **표 5.13** 왼발 지지 시 이족보행을 위한 전체 관절궤적 최적화 변수

순번	변수명	정의
1	SAG_AN_L_MID_ANG	왼쪽 족관절 시상면 모터의 중간 각도
2	SAG_KN_L_MID_ANG	왼쪽 슬관절 시상면 모터의 중간 각도
3	SAG_HP_R_MID_ANG	오른쪽 고관절 시상면 모터의 중간 각도
4	SAG_KN_R_MID_ANG	오른쪽 슬관절 시상면 모터의 중간 각도
5	SAG_AN_L_MID_VEL	왼쪽 족관절 시상면 모터의 중간 각속도
6	SAG_KN_L_MID_VEL	왼쪽 슬관절 시상면 모터의 중간 각속도
7	SAG_HP_R_MID_VEL	오른쪽 그관절 시상면 모터의 중간 각속도
8	SAG_KN_R_MID_VEL	오른쪽 슬관절 시상면 모터의 중간 각속도
9	COR_AN_L_MID_TIME1	왼쪽 족관절 관상면 모터의 첫 번째 중간 시간
10	COR_AN_L_MID_TIME2	왼쪽 족관절 관상면 모터의 두 번째 중간 시간
11	COR_AN_L_MID_ANG1	왼쪽 족관절 관상면 모터의 중간 각도
12	SAG_SH_L_MID_ANG	왼쪽 견관절 시상면 모터의 중간 각도
13	SAG_SH_L_MID_VEL	왼쪽 견관절 시상면 모터의 중간 각속도

- 비용함수 조건 1: 관절모터는 허용된 각도 이내에서만 회전해야 하는데 <그림 5.1(a)>에서 보듯이 하지의 양 무릎 관절모터각 θ^{l}_{kn}과 θ^{r}_{kn}은 항상 양이어야 한다. 만약 PSO가 선택한 개체의 조합이 보행 동안 이 조건을 위반하게 하면 해당 벌칙함수(penalty function) 값 cost_limit를 1씩 증가시키고 100이라는 큰 계수 w_limit_angle을 곱해서 전체 비용함수에 더한다. 이러한 조건은 관절모터의 고장을 방지하고, 혐오감을 줄 수 있는 팔이나 다리의 움직임을 생성하는 것을 방지하므로 매우 중요하다고 할 수 있다. 아래는 첫 번째 비용함수 조건에 해당되는 GenRoboticWalkingWithCost.m 파일 내 해당 코드이다.

```
if( (sag_kn_l(i) > pi/2.) || (sag_kn_l(i) < 0) )        cost_limit = cost_limit + 1.0;   end
if( (sag_kn_r(i) > pi/2.) || (sag_kn_r(i) < 0) )        cost_limit = cost_limit + 1.0;   end
                                ⋮
w_limit_angle = 100;
cost = w_limit_angle*cost_limit + w_height*cost_height + w_zmp*cost_zmp;
```

- 비용함수 조건 2. 보행 경로에 물체나 문턱이 있는 경우 충분히 발을 들어

올리면서 보행해야만 로봇이 그것에 걸려서 쓰러지지 않는다. 또한, 들어 올리는 발의 적정한 높이를 정하지 않고 하지 관절궤적 최적화를 하면 발이 바닥 위를 거의 쓸다시피 하면서 보행하는 궤적도 최적 결과로 도출된다. 실제로 이족보행 시뮬레이션을 통해 최적화된 하지 관절궤적을 OP에 적용해보면 지지하는 다리의 고관절모터의 토크가 충분하지 않아 들어 올린 다리가 밑으로 약간 처지는 현상이 발생하는데, 이를 고려해서 발을 충분히 들어 올릴 수 있도록 관절궤적을 생성할 필요가 있다.

인간은 걸을 때 들어 올리는 발의 궤적이 정규분포의 모양과 유사하므로 이를 모사하기 위해 이 책에서는 들어 올리는 발의 목표 궤적을 x축과 z축의 시간 축에서 따로 생성해서 합성하는 방법을 이용했다. 이를 위해 x축에서 보면 발이 계속 앞으로 전진하는 양상이므로 1-세그먼트 혼합다항식을 사용하고, z축에서 보면 발이 지면에 있다가 공중에서 잠시 머무른 후 다시 지면에 착지하는 궤적을 만들므로 3-세그먼트 다항식을 사용해서 궤적을 사용하면 된다. 이 조건을 구현하는 코드는 GenRoboticWalkingWithCost.m에서 다음 부분이다.

```
ref_swf_x(i) = CalcAngIn_1SegBP(t, 0, T, init_swf_x, fin_swf_x, 0, 0);
ref_swf_z(i) = CalcAngIn_3SegBP(t, 0, 0.4*T, 0.6*T, T, 0, des_fht, des_fht, 0, 0, 0, 0, 0);
cost_height = cost_height + st*(abs((ref_swf_x(i)-swf_x(i))/(fin_swf_x-init_swf_x)) +
            abs((ref_swf_z(i)-swf_z(i))/des_fht));
                      ⋮
w_height = 1;
cost = w_limit_angle*cost_limit + w_height*cost_height + w_zmp*cost_zmp;
```

코드에서 init_swf_x와 fin_swf_x는 한 스텝의 시작 지점과 종료 지점의 x좌표를 나타내고, T는 스텝 주기를 의미한다. 그리고 des_fht는 목표하는 최대 발높이를 의미하며, cost_height는 원하는 발 높이와 실제 발 높이의 오차를 누적해서 더한 값이다. 이 조건은 첫 번째 비용함수 조건처럼 반드시 만족되어야 하는 것은 아니므로 비용함수 값 cost_height에 곱해지는 가중치 w_height는 1.0으로 정했다.

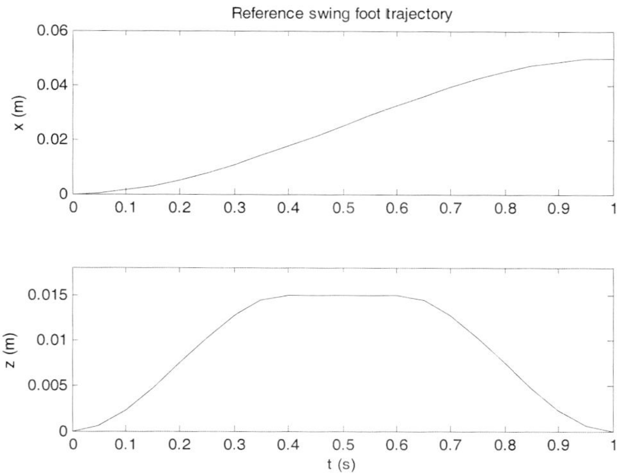

» **그림 5.47** 목표 보폭 5 cm, 발높이 15cm일 때의 ref_swf_x 궤적과 ref_swf_z 궤적

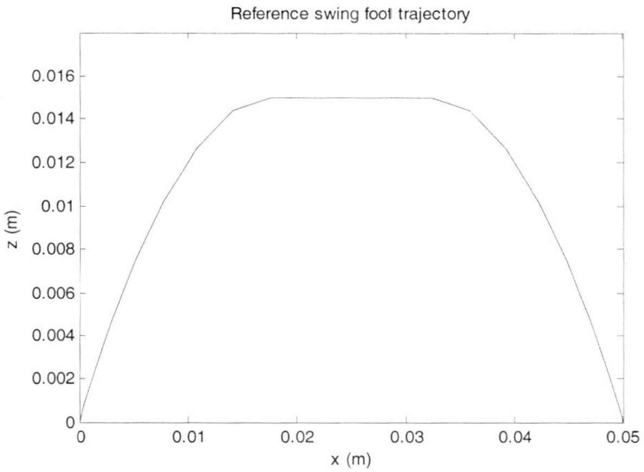

» **그림 5.48** 목표 보폭 5 cm, 발높이 15 cm일 때의 들어 올린 발의 x–z 평면 궤적

<그림 5.47>은 init_swf_x가 0, fin_swf_x가 0.05 m, des_fht가 0.015 m일 때 시간에 대한 ref_swf_x 궤적과 ref_swf_z 궤적을 각각 그린 것이며, <그림 5.48>은 이 두 궤적을 $x-z$ 평면에 함께 그린 것이다.

- 비용함수 조건 3: 휴머노이드 로봇이 보행 중 균형을 잃지 않기 위해서는 ZMP 궤적이 지지하는 발바닥 내 안정영역(stable region) 안에 최대한 머물러야 한다. 저자의 이전 책[21]에서는 매 시점의 ZMP가 지지하는 발바닥 내 안정영역 밖에 위치한다면 가장 가까운 경계선과의 정규화(normalized)된 거리를 계산해서 비용함수에 추가하는 방식으로 안정도 조건에 관한 비용함수를 계산했다.

  <그림 5.49>는 오른발로 지지할 때 네 개의 ZMP 점 A, B, C, D가 존재하는 경우를 예시하는 것으로, 굵은 사각형은 발바닥 가장자리를 나타내고 회색으로 칠해진 사각형은 보행 중 ZMP가 머물러야 할 안정영역을 의미한다. 그림에서 보듯이 C점은 안정된 영역 내에 있으므로 비용함수 값이 0이 되지만, A, B, D점은 안정된 영역을 벗어나므로 이탈한 거리의 최소값(점 A는 A_x, 점 B는 B_y)을 계산해서 비용함수에 추가해야 한다. 특히, 점 D는 x축과 y축 모두 안정영역을 벗어났으므로 비용함수 값은 $D_x + D_y$가 된다. OP의 발은 길이가 약 10 cm, 폭이 약 7 cm 이므로 다른 비용함수 값과 스케일을 맞추기 위해 x축 상의 ZMP 이탈 거리는 발 길이(l_ft_length)로 나눠주

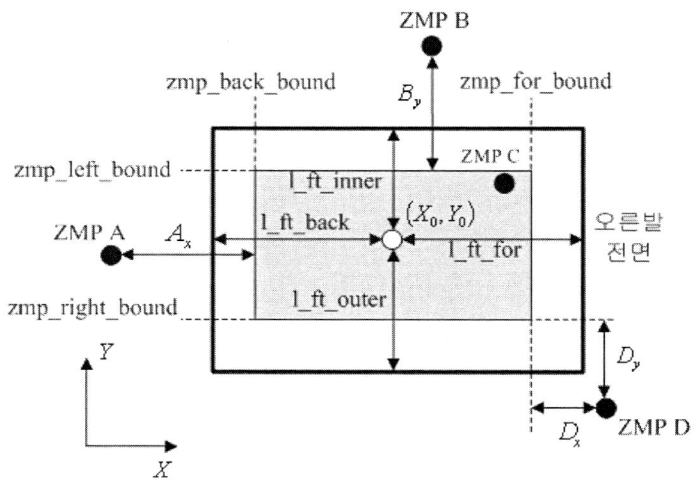

» **그림 5.49** 오른 발로 지지할 경우 네 가지 ZMP점에 대한 비용함수 계산 방법

고, y축 상의 ZMP 이탈 거리에 대해서는 발 폭(l_ft_width)으로 나눠줌으로써 정규화 했다.

<코드 5.15>는 GenRoboticWalkingWithCost.m에서 세 번째 비용함수를 계산하는 부분을 발췌한 것으로, ZMP가 지지하는 발의 길이와 폭의 80% 이내에 위치하지 않을 때는 불안정하다고 간주했다. 그리고 이족보행 시 전진하기 위해 양측지지 상태에서 단측지지 상태로 바꿀 때 ZMP는 안정영역을 벗어날 수밖에 없으므로 일정 비용함수 값이 생성되며, 가중치 w_zmp를 1 또는 2로 설정하면 된다.

```
% 안정된 발바닥내 영역의 앞쪽과 뒤쪽 x 좌표
zmp_back_bound = sp(1) - 0.8*l_ft_back;  zmp_front_bound = sp(1) + 0.8*l_ft_for;
% 안정된 발바닥내 영역의 오른쪽과 왼쪽 y 좌표
if strcmp(sf, 'LEFT_SUPP')==1
   zmp_right_bound = sp(2) - 0.8*l_ft_inner; zmp_left_bound = sp(2) + 0.8*l_ft_outer;
else
   zmp_right_bound = sp(2) - 0.8*l_ft_outer; zmp_left_bound = sp(2) + 0.8*l_ft_inner;
end
l_ft_length = l_ft_for + l_ft_back;     % 발의 길이
l_ft_width = l_ft_inner + l_ft_outer;   % 발의 폭

% 세번째 비용함수: ZMP가 지지하는 발바닥내 안정영역에 있는지 조사
if zmp_x < zmp_back_bound,
    cost_zmp = cost_zmp + abs((zmp_x - zmp_back_bound)/l_ft_length);
elseif zmp_x > zmp_front_bound,
    cost_zmp = cost_zmp + abs((zmp_x - zmp_front_bound)/l_ft_length);
end
if zmp_y < zmp_right_bound,
    cost_zmp = cost_zmp + abs((zmp_y - zmp_right_bound)/l_ft_width);
elseif  zmp_y > zmp_left_bound,
    cost_zmp = cost_zmp + abs((zmp_y - zmp_left_bound)/l_ft_width);
end
                         ⋮
w_zmp = 2;
cost = w_limit_angle*cost_limit + w_height*cost_height + w_zmp*cost_zmp;
```

» **코드 5.15** GenRoboticWalkingWithCost.m에서 세 번째 비용함수 계산 부분

이렇게 지지하는 발바닥 영역 내에 ZMP 안정영역을 정하고 ZMP가 그 안에 있기만 하면 아무리 휴머노이드 로봇이 상체를 전후좌우로 급격히 이동해도 비용

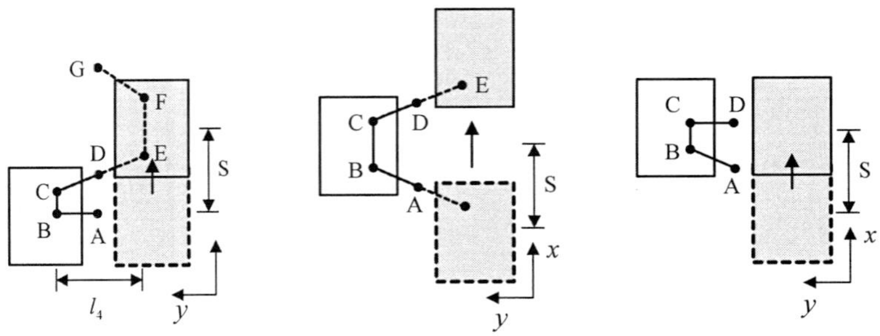

(a) 초기 보행　　(b) 주기 보행　　(c) 최종 보행

» **그림 5.50　보행단계 별 목표 ZMP 궤적**

함수 값이 0이 되도록 설계하면 부자연스러운(상체를 앞뒤로 크게 흔드는) 보행 패턴도 최적화 결과로 종종 생성하는 문제점을 안고 있다.

ZMP는 안정도 여부뿐만 아니라 로봇의 순시적(instantaneous) 자세에 대한 정보도 담고 있으므로, 최적화 시 부드럽고 안정된 보행에 대응되는 ZMP 궤적을 추종하게 하면 인간과 유사한 보행 패턴을 생성할 수 있다. 이 책에서는 <그림 5.29>에 보인 세 가지 보행단계에 대해 목표 ZMP 궤적을 직선을 이어 붙여 만든 후 휴머노이드 로봇이 이를 추종하게 하는 주요 관절궤적의 파라미터를 최적화하는 방법을 소개한다[22].

<그림 5.50>은 왼발 지지 상태를 기준으로 세 가지 보행단계에 대한 목표 ZMP 궤적을 직선을 이어 붙여서 생성한 것을 보인다. 그림에서 목표 ZMP 궤적 경유점 A는 보행 시작 시 ZMP를 나타내며, 이때 로봇은 양측지지상태에 있다. ZMP가 경유점 A를 통과한 직후에 로봇은 오른발을 들어 올리므로 단측지지 상태가 되고, 경유점 B는 안정된 자세를 만들기 위해 중심을 충분히 왼쪽으로 이동시켰을 때의 ZMP를 나타낸다. 이후 로봇은 ZMP를 경유점 C까지 이동시키며 앞으로 나아가는데, 이 때 지지하는 다리의 관상면 발목 각도를 유지하며 오른발을 앞으로 뻗는다. 마지막으로 경유점 D의 시점에 오른발을 착지함으로써 다시 양측지지상태가 된다.

<표 5.14>는 각 보행단계 별 목표 ZMP 궤적 경유점의 시공간 좌표를 나열한 것이며, T는 보행 주기, S는 로봇의 목표 보폭, l_4는 골반의 링크 길이를 나타낸다.

표에서 점 B와 C의 시간 경유점을 $T/5$와 $4T/5$로 잡은 이유는 인간의 평균 보행 속도(1.36 m/s로서 OP의 키로 환산 시 약 0.4 m/s)보다 실험에서 구현한 로봇 보행 속도가 느리며, 보행 속도가 느려질수록 DSP 시간(A-B, C-D구간) 비율이 늘어나기 때문이다.

» **표 5.14** 목표 ZMP 궤적 경유점의 (t, x, y)좌표

궤적 경유점	초기 보행	주기 보행	최종 보행
A	$(0,0,0)$	$(0,0,0)$	$(0,0,0)$
B	$\left(\frac{T}{5}, 0, \frac{l_4}{2}\right)$	$\left(\frac{T}{5}, \frac{S}{4}, \frac{l_4}{2}\right)$	$\left(\frac{T}{5}, \frac{S}{4}, \frac{l_4}{2}\right)$
C	$\left(\frac{4T}{5}, \frac{S}{4}, \frac{l_4}{2}\right)$	$\left(\frac{4T}{5}, \frac{3S}{4}, \frac{l_4}{2}\right)$	$\left(\frac{4T}{5}, \frac{S}{2}, \frac{l_4}{2}\right)$
D	$\left(T, \frac{S}{2}, 0\right)$	$(T, S, 0)$	$\left(T, \frac{S}{2}, 0\right)$

인간은 DSP와 SSP의 비율이 평균속도로 보행 시 약 6:4이며, A-B 구간과 B-C 구간, C-D 구간의 비율은 약 1:4:1이다[23]. 주의할 점은, 인간은 A-B 구간과 D-E 구간에서 DSP 상태로 몸의 무게중심만을 앞으로 이동하지만, 로봇의 경우 바로 발을 들어올려서 SSP 상태가 되므로 보행 주기에서 DSP의 비율은 10% 정도밖에 되지 않는다는 점이다.

<그림 5.50>에서 경유점 A의 시공간 좌표를 (t_0, x_0, y_0), 경유점 B의 시공간 좌표를 (t_1, x_1, y_1), 경유점 C의 시공간 좌표를 (t_2, x_2, y_2), 경유점 D의 시공간 좌표를 (t_3, x_3, y_3)라고 명명하면 특정 시점 $t(t_k \leq t < t_{k+1})$에서의 목표 ZMP 궤적의 2차원 좌표 $\left(x^r_{zmp}, y^r_{zmp}\right)$은 다음의 관계식으로 계산된다.

$$
\begin{aligned}
x^r_{zmp}(t) &= x_k + \frac{x_{k+1} - x_k}{t_{k+1} - t_k}(t - t_k), \\
y^r_{zmp}(t) &= y_k + \frac{y_{k+1} - y_k}{t_{k+1} - t_k}(t - t_k)
\end{aligned}
\tag{5.104}
$$

그리고 ZMP가 경유점 A-B-C-D를 통과하면 한 스텝의 보행이 완성된다.

그 다음 스텝은 보행시작의 경우 <그림 5.50(a)>에서 보듯이 ZMP가 점 D-E-F-G를 통과하게 하고, 주기 보행의 경우 왼쪽 다리에 있던 모터의 관절궤적을 오른쪽 다리로 상호 교환하여 반복하면 된다. 최종 보행의 경우 <그림 5.50(c)>와 같이 ZMP가 점 A-B-C-D를 통과하면 차려 자세로 종결하는 보행이 된다.

다음 코드는 GenRoboticWalkingWithCost.m 파일에서 목표 ZMP 궤적을 계산하는 부분이다.

```
l4 = link(5);
tr1=T/5; tr2 = T-tr1;
xr1 = sl/4; xr2 = sl-xr1;
if walk_ph == 1,   xr0 = sp(1);
else xr0 = sp(1)-sl/2;
end
if strcmp(sf, 'LEFT_SUPP')==1,   yr0 = sp(2)-l4/2;
else  yr0 = sp(2)+l4/2;
end
R0 = [0 xr0 yr0; 0 xr0 yr0; 0 xr0 yr0; 0 xr0 yr0];
if strcmp(sf, 'LEFT_SUPP')==1
   R1 = R0 + [0 0 0; tr1   0 l4/2; tr2 xr1  l4/2; T sl/2 0];  % 초기 보행
   R2 = R0 + [0 0 0; tr1 xr1 l4/2; tr2 xr2  l4/2; T sl   0];  % 주기 보행
   R3 = R0 + [0 0 0; tr1 xr1 l4/2; tr2 sl/2 l4/2; T sl/2 0];   % 최종 보행
else
   R1 = R0 + [0 0 0; tr1  0  -l4/2; tr2 xr1  -l4/2; T sl/2 0];
   R2 = R0 + [0 0 0; tr1 xr1 -l4/2; tr2 xr2  -l4/2; T sl   0];
   R3 = R0 + [0 0 0; tr1 xr1 -l4/2; tr2 sl/2 -l4/2; T sl/2 0];
end

if walk_ph==1             % 초기 보행
   max_ref_zmp_x = max(abs(R1(:,2)));
   max_ref_zmp_y = max(abs(R1(:,3)));
elseif walk_ph==2         % 주기 보행
   max_ref_zmp_x = max(abs(R2(:,2)));
   max_ref_zmp_y = max(abs(R2(:,3)));
elseif walk_ph==3         % 최종 보행
   max_ref_zmp_x = max(abs(R3(:,2)));
   max_ref_zmp_y = max(abs(R3(:,3)));
end
```

» **코드 5.16** GenRoboticWalkingWithCost.m에서 목표 ZMP 궤적 계산

코드에서 sl은 스텝 길이(step length)를 의미하며, walk_ph는 보행 단계를 나타낸다. 즉, walk_ph가 1일 때는 초기 보행, 2일 때는 주기 보행, 3일 때는 최종 보행을 의미한다. max_ref_zmp_x와 max_ref_zmp_y는 ZMP 이탈 거리를 정규화하기 위해 사용되며 코드에서 보듯이 목표 ZMP 궤적 좌표의 절대값 중 최대값으로 선정한다.

<코드 5.17>은 각 샘플 시간에서 목표 ZMP와 생성된 ZMP값의 절대값 오차를 x축과 y축에서 계산해서 정규화하고 샘플 타임(st)을 곱함으로써 안정도 관련 비용함수를 계산하는 부분을 보인다.

```
n=1;
while n<4
    if t<=R1(n+1,1)
        if walk_ph==1        % 초기 보행
ref_zmp_x=R1(n,2)+(R1(n+1,2)-R1(n,2))/(R1(n+1,1)-R1(n,1))*(t-R1(n,1));
ref_zmp_y=R1(n,3)+(R1(n+1,3)-R1(n,3))/(R1(n+1,1)-R1(n,1))*(t-R1(n,1));
        elseif walk_ph==2    % 주기 보행
ref_zmp_x=R2(n,2)+(R2(n+1,2)-R2(n,2))/(R2(n+1,1)-R2(n,1))*(t-R2(n,1));
ref_zmp_y=R2(n,3)+(R2(n+1,3)-R2(n,3))/(R2(n+1,1)-R2(n,1))*(t-R2(n,1));
        elseif walk_ph==3    % 최종 보행
ref_zmp_x=R3(n,2)+(R3(n+1,2)-R3(n,2))/(R3(n+1,1)-R3(n,1))*(t-R3(n,1));
ref_zmp_y=R3(n,3)+(R3(n+1,3)-R3(n,3))/(R3(n+1,1)-R3(n,1))*(t-R3(n,1));
        end
        break
    else
        n=n+1;
    end
end
cost_zmp = cost_zmp + st*(abs(ref_zmp_x-zmp_x)/max_ref_zmp_x+
            abs(ref_zmp_y-zmp_y)/max_ref_zmp_y);
                                    ⋮
w_zmp = 1.5;
cost = w_limit_angle*cost_limit + w_height*cost_height + w_zmp*cost_zmp;
```

» **코드 5.17** GenRoboticWalkingWithCost.m에서 목표 ZMP 궤적과의 오차 계산 부분

지금까지의 내용을 정리하면, 하지 슬관절을 보호하고 자유다리의 발 높이를 원하는 값으로 조정하면서 궁극적으로 안정된 이족보행 패턴을 만들기 위해 비용함수를 다음과 같이 설계했다.

$$J = w_a P_a + w_h J_h + w_{zmp} J_{zmp}$$

$$P_a = \begin{cases} P_a + 1, \ if \ \theta_{kn}^{l}(t_i) > \dfrac{\pi}{2} \text{ or } \theta_{kn}^{l}(t_i) < 0 \\ P_a + 1, \ if \ \theta_{kn}^{r}(t_i) > \dfrac{\pi}{2} \text{ or } \theta_{kn}^{r}(t_i) < 0 \\ 0, \qquad \text{otherwise} \end{cases}$$

$$J_h = T_s \sum_{i=1}^{N} \left\{ \left| \frac{x_{swf}^{ref}(t_i) - x_{swf}(t_i)}{x_{swf}^{init} - x_{swf}^{fin}} \right| + \left| \frac{z_{swf}^{ref}(t_i) - z_{swf}(t_i)}{z_{swf}^{des}} \right| \right\}, \ 0 \le t_i \le T \tag{5.105}$$

$$J_{zmp}^{(1)} = J_{zmp}^{(1)} + \begin{cases} \dfrac{\left| x_{zmp}(t_i) - x_{zmp}^{bound} \right|}{l_{ft}^{len}} \ if \ x_{zmp} \text{ is outside the stable region} \\ \dfrac{\left| y_{zmp}(t_i) - y_{zmp}^{bound} \right|}{l_{ft}^{wdth}} \ if \ y_{zmp} \text{ is outside the stable region} \end{cases}$$

$$J_{zmp}^{(2)} = T_s \sum_{i=1}^{N} \left\{ \frac{\left| x_{zmp}^{ref}(t_i) - x_{zmp}(t_i) \right|}{\max x_{zmp}^{ref}} + \frac{\left| y_{zmp}^{ref}(t_i) - y_{zmp}(t_i) \right|}{\max y_{zmp}^{ref}} \right\}$$

식에서 t_i와 N은 i번째 샘플 시간과 총 샘플 개수를 각각 의미하고, J_h식에서 x_{swf}, z_{swf}, x_{swf}^{ref}, z_{swf}^{ref}는 들어 올린 발의 x좌표와 y좌표, 목표 궤적의 x좌표와 y좌표를 각각 나타낸다. 또한, x_{swf}^{init}와 x_{swf}^{fin}은 스윙하는 발의 x좌표의 초기값과 최종값으로서 보폭에 따라 다르게 주어진다.

첫 번째 방식으로 안정도 비용함수를 계산하는 식인 $J_{zmp}^{(1)}$에서 x_{zmp}와 y_{zmp}는 계산된 ZMP의 x좌표와 y좌표를, x_{zmp}^{bound}와 y_{zmp}^{bound}는 <그림 5.49>에 보인 안정영역 경계선의 x좌표와 y좌표를 각각 나타낸다. 그리고 두 번째 방식으로 안정도 비용함수를 계산하는 식인 $J_{zmp}^{(2)}$에서 x_{zmp}^{r}와 y_{zmp}^{r}는 목표 ZMP의 x좌표와 y좌표를 각각 나타낸다. 식 (5.105)의 가중치에 관해서 w_a는 한계각(limit angle)과 관련된 벌칙 가중치 계수로서 100이라는 큰 값을 부여했고, w_h와 w_{zmp}는 정규화된 (normalized) 목표 발높이의 추종오차와 목표 ZMP의 추종오차의 값에 곱해지는 가중치 계수로서 몇 번의 실험 끝에 1과 1.5로 각각 설정했다.

이제 휴머노이드 로봇 이족보행 시뮬레이션의 핵심 코드인 GenRobotic WalkingWithCost.m 파일 전체에 대해 자세히 알아보도록 하자. 이 함수는 다음과 같은 보행 관련 파라미터들을 인수로 받는다.

- sf: 단측지지 시 지지다리(왼발 지지: 'LEFT_SUPP', 오른발 지지: 'RIGHT_SUPP')
- sp: 보행 시작 시 지지하는 발 중심점의 3차원 절대좌표
- stg: 굴절 보행이나 인간형 보행에서처럼 2단계 이상으로 구성된 보행 시각 단계(이 절에서는 기본값인 1단계로 설정)
- walk_cond: 이족보행의 종류와 특성에 관련된 조건들을 담은 벡터이며, 각 파라미터의 이름과 의미를 <표 5.15>에 정리했다.
- x: PSO로 최적화할 변수 벡터이며 이족보행의 경우 각 변수는 <표 5.13>에 정리된 바와 같이 13개이다.
- init_ang: 보행을 시작하는 자세의 전체 관절모터각
- fin_ang: 보행을 종료하는 자세의 전체 관절모터각
- djas: 경사면에서 보행 시 하체 관절각의 보정각
- fig_no: 시뮬레이션 결과를 보여주는 창의 시작 번호

<코드 5.18>은 GenRoboticWalkingWithCost 함수의 시작 부분이며, 이 함수에 할당된 인자에 이족보행 시뮬레이션의 각종 조건을 설정하면 된다. 코드에서 gsa는 하지 관절각 배율을 나타내는데, 휴머노이드 로봇의 보폭을 현재보다 늘이고 싶은 경우는 이 값을 1 이상으로 증가시키고, 현재보다 보폭을 줄이고 싶은 경우는 이 값을 1 이하로 감소시키면 된다.

» **표 5.15** GenRoboticWalkingWithCost 함수의 보행 관련 파라미터

보행 조건	파라미터 명	설명	종류/단위
walk_cond(1)	md	기구학 모델	DH, PB
walk_cond(2)	st	샘플 타임	초
walk_cond(3)	T	보행 주기	초
walk_cond(4)	sl	스텝 길이	미터
walk_cond(5)	des_fht	목표 발높이	미터
walk_cond(6)	walk_ph	보행 상태	1: 초기보행, 2: 주기보행, 3: 최종보행
walk_cond(7)	abs_max_cor_tr	관상면 상체 최대각	라디안
walk_cond(8)	des_sag_tr	시상면 상체 목표각	라디안
walk_cond(9)	vratio	보행속도 배율	기본:1, 이 값이 1보다 크면 보행속도가 빨라지고, 1보다 작으면 느려짐
walk_cond(10)	n_step	스텝 수	자연수
walk_cond(11)	use_ref_zmp	최적화 시 목표 ZMP 궤적 사용 여부	0: 사용하지 않음, 1: 사용함
walk_cond(12)	wdir	보행 방향	1: 전진, −1: 후진
walk_cond(13)	turn_ang	보행 방향 굴절각	라디안
walk_cond(14)	gsa	관절각 배율	기본:1, 이 값에 비례해서 해당 관절모터 각의 각도가 커짐
walk_cond(15)	foot_lift_ang	발높이 조절 관절각	자유발의 발높이만 들어올리기 위해 변화시키는 슬관절과 고관절의 각도 (라디안)
walk_cond(16)	slope_ang	지면 경사각	오르막은 양의 각도, 내리막은 음의 각도

```
function y = GenRoboticWalkingWithCost(sf, sp, stg, walk_cond, x, init_ang,
fin_ang, fig_no)
global DH PB link
global sim_type flags
global gamma

l1 = link(2); l2 = link(3);  l6 = link(7);  l7 = link(8);
l_ft_for=link(18);           l_ft_back=link(19);          l_ft_inner=link(20);
l_ft_outer=link(21);
flag_motion = flags(1);
flag_angle_show = flags(2);

% walk_cond 할당 받음
```

```
md = walk_cond(1);                   % 기구학 모델
         ⋮
foot_lift_ang = walk_cond(15);       % 발높이 조절 관절각
slope_ang = walk_cond(16);           % 지면 경사각

ns = round(T/st)+1;        % 샘플 개수
% 한 스텝 시작과 종료점의 x좌표 계산(자유발의 목표 궤적 만드는데 사용됨)

if walk_ph == 1            % 초기 보행
   init_swf_x=sp(1);       fin_swf_x=sp(1)+gsa*sl;
elseif walk_ph ==2         % 주기 보행
   init_swf_x=sp(1)-gsa*sl;  fin_swf_x=sp(1)+gsa*sl;
else                       % 최종 보행
   init_swf_x=sp(1)-gsa*sl;        fin_swf_x=sp(1);
end
```

» **코드 5.18** GenRoboticWalkingWithCost.m에서 이족보행 조건 설정 부분

<코드 5.19>는 주어진 조건의 이족보행을 위해 전신의 관절모터 회전각 궤적에 초기 각도와 중간 각도, 최종 각도, 그리고 초기 속도와 중간 속도, 최종 속도, 그리고 각 경유점의 시간 등의 조건들을 설정하는 부분이다.

```
abs_max_cor_an = deg2rad(x(11));
ivf=0;          % 초기 각속도 배율
fvf=0;          % 최종 각속도 배율
if strcmp(sf, 'LEFT_SUPP')==1
   max_cor_an = abs_max_cor_an;
   SAG_AN_L_INIT_ANG = gsa*init_ang(1)+djas(1); SAG_KN_L_INIT_ANG = gsa*init_ang(2)+djas(2);
   SAG_HP_L_INIT_ANG = gsa*init_ang(3)+djas(3); SAG_HP_R_INIT_ANG = gsa*init_ang(4)+djas(4);
   SAG_KN_R_INIT_ANG = gsa*init_ang(5)+djas(5); SAG_AN_R_INIT_ANG = gsa*init_ang(6)+djas(6);
   SAG_AN_L_FIN_ANG = gsa*fin_ang(1)+djas(6);  SAG_KN_L_FIN_ANG = gsa*fin_ang(2)+djas(5);
   SAG_HP_L_FIN_ANG = gsa*fin_ang(3)+djas(4);  SAG_HP_R_FIN_ANG = gsa*fin_ang(4)+djas(3);
   SAG_KN_R_FIN_ANG = gsa*fin_ang(5)+djas(2);  SAG_AN_R_FIN_ANG = gsa*fin_ang(6)+djas(1);
   SAG_AN_L_MID_ANG = gsa*(deg2rad(x(1))+(djas(1)+djas(6))/2);
   SAG_KN_L_MID_ANG = gsa*(deg2rad(x(2))+(djas(2)+djas(5))/2);
   SAG_HP_R_MID_ANG = gsa*(deg2rad(x(3))+(djas(3)+djas(4))/2)+foot_lift_ang;
   SAG_KN_R_MID_ANG = gsa*(deg2rad(x(4))+(djas(2)+djas(5))/2)+foot_lift_ang;
   SAG_AN_L_MID_VEL = wdir*gsa*vratio*deg2rad(x(5));
   SAG_KN_L_MID_VEL = wdir*gsa*vratio*deg2rad(x(6));
   SAG_HP_R_MID_VEL = wdir*gsa*vratio*deg2rad(x(7));
   SAG_KN_R_MID_VEL = wdir*gsa*vratio*deg2rad(x(8));
   SAG_AN_L_INIT_VEL = ivf*vratio*(SAG_AN_L_MID_ANG-SAG_AN_L_INIT_ANG)/(0.5*T);
                             ⋮
   SAG_KN_R_FIN_VEL =
```

```
        fvf*vratio*(SAG_KN_R_FIN_ANG-SAG_KN_R_MID_ANG)/(0.5*T);
    COR_AN_L_MID_TIME1 = x(9)*T;      COR_AN_L_MID_TIME2 = x(10)*T;
    COR_AN_L_MID_ANG1 = max_cor_an;
    SAG_SH_L_MID_ANG = gsa*deg2rad(x(12));
    SAG_SH_R_MID_ANG = -SAG_SH_L_MID_ANG;
    SAG_SH_L_MID_VEL = wdir*gsa*vratio*deg2rad(x(12));
    SAG_SH_R_MID_VEL = -SAG_SH_L_MID_VEL;
else
                              ⋮
    % 오른발 지지시 관절모터의 좌우 위치를 바꿔 할당
                              ⋮
end
cor_tr_ratio = abs_max_cor_tr/abs_max_cor_an;
SAG_SH_L_INIT_ANG = gsa*init_ang(7);  SAG_EL_L_INIT_ANG = gsa*init_ang(8);
                              ⋮
SAG_EL_L_MID_VEL = 0;  SAG_EL_R_MID_VEL = 0;  COR_SH_L_MID_VEL = 0;  COR_SH_R_MID_VEL = 0;
```

» **코드 5.19** GenRoboticWalkingWithCost.m에서 관절궤적 파라미터 설정 부분

<코드 5.20>은 인수로 입력받은 최적화 변수를 이용해서 2-세그먼트 혼합다항식(CalcAngIn_2SegBP)과 3-세그먼트 혼합다항식(CalcAngIn_3SegBP)으로 표현되는 관절각 궤적을 만들고, i 번째 샘플링 시점에서의 각도, 각속도(_1d(i)), 각가속도(_2d(i)) 값들을 호출하는 부분이다. 참고로 직진 보행시 횡평면 관절은 0°로 설정해야 한다.

```
cost_limit = 0;
cost_height = 0;
cost_zmp = 0;
max_swf_ht = 0;   % 들어올린 발의 최대 높이

for i=1:ns
    t = (i-1)*st;
    t_i(i) = t;
    % 순시 관절모터각 배열
    if strcmp(sf, 'LEFT_SUPP')==1
      [sag_an_l(i), sag_an_l_1d(i), sag_an_l_2d(i)] = CalcAngIn_2SegBP(t, 0,
         SAG_AN_L_MID_TIME, ... ,0);
      [sag_hp_r(i), sag_hp_r_1d(i), sag_hp_r_2d(i)] = CalcAngIn_2SegBP(t, 0,
         SAG_HP_R_MID_TIME,, ... ,0);
      [cor_an_l(i), cor_an_l_1d(i), cor_an_l_2d(i)] = CalcAngIn_3SegBP(t, 0,
         COR_AN_L_MID_TIME1, ... ,0);
      des_cor_tr=-cor_tr_ratio*cor_an_l(i);
```

```
    des_cor_tr_1d=-cor_tr_ratio*cor_an_l_1d(i);
    des_cor_tr_2d=-cor_tr_ratio*cor_an_l_2d(i);
  else
                        ⋮
    % 오른발 지지시 관절모터의 좌우 위치를 바꿔 할당
                        ⋮
  end
  [sag_kn_l(i), sag_kn_l_1d(i), sag_kn_l_2d(i)] = CalcAngIn_2SegBP(t, 0,
     SAG_KN_L_MID_TIME, …, 0);
  [sag_kn_r(i), sag_kn_r_1d(i), sag_kn_r_2d(i)] = CalcAngIn_2SegBP(t, 0,
     SAG_KN_R_MID_TIME, …, 0);
                              ⋮
  [cor_sh_r(i), cor_sh_r_1d(i), cor_sh_r_2d(i)] = CalcAngIn_2SegBP(t, 0,
     COR_SH_R_MID_TIME, …, 0);
  if strcmp(sf, 'LEFT_SUPP')==1
    % 시상면에서 상체 각도 조건(이하 각속도, 각가속도 식 생략)
    sag_hp_l(i) = -sag_an_l(i) + sag_kn_l(i) + pi/2 - (des_sag_tr-slope_ang);

    % 시상면에서 발바닥이 지면과 평행한 조건
    sag_an_r(i) = -sag_hp_r(i) + sag_kn_r(i) + pi/2 - (des_sag_tr-slope_ang);
    cor_hp_l(i) = -cor_an_l(i) - des_cor_tr;
    cor_hp_r(i) = -cor_an_l(i) - des_cor_tr;
    cor_an_r(i) = cor_an_l(i);
  else
                        ⋮
    % 오른발 지지 시 관절모터의 좌우 위치를 바꿔 할당
                        ⋮
  end
```

» **코드 5.20** GenRoboticWalkingWithCost.m에서 각도, 각속도, 각가속도 계산 부분

그리고 i번째 샘플링 시점에서의 순간 자세 계산을 위해 시상면, 관상면, 횡평면 관절모터각 벡터인 mth, mphi, mpsi를 다음 코드와 같이 구성한 후 TransMotorAng2GeomAng 함수를 이용해서 관절기하각으로 변환한다.

```
mth = [sag_an_l(i) sag_kn_l(i) … sag_el_r(i) sag_nk(i)];
mth_1d = [sag_an_l_1d(i) sag_kn_l_1d(i) … sag_el_r_1d(i) sag_nk_1d(i)];
mth_2d = [sag_an_l_2d(i) sag_kn_l_2d(i) … sag_el_r_2d(i) sag_nk_2d(i)];
mphi = [cor_an_l(i) cor_hp_l(i) … cor_sh_r(i)];
mphi_1d = [cor_an_l_1d(i) cor_hp_l_1d(i) … cor_sh_r_1d(i)];
mphi_2d = [cor_an_l_2d(i) cor_hp_l_2d(i) … cor_sh_r_2d(i)];
mpsi = [tran_hp_l(i)  tran_hp_r(i)  tran_nk(i)];
mpsi_1d = [tran_hp_l_1d(i)  tran_hp_r_1d(i)  tran_nk_1d(i)];
mpsi_2d = [tran_hp_l_2d(i)  tran_hp_r_2d(i)  tran_nk_2d(i)]];
```

```
% 관절모터각을 관절기하각으로 변환
ang = TransMotorAng2GeomAng(mth, mphi, mpsi, 'non', 'rad', sf);
ang_1d = TransMotorAng2GeomAng(mth_1d, mphi_1d, mpsi_1d, 'deriv', 'rad', sf);
ang_2d = TransMotorAng2GeomAng(mth_2d, mphi_2d, mpsi_2d, 'deriv', 'rad', sf);
th = ang(1:11);    th_1d = ang_1d(1:11);    th_2d = ang_2d(1:11);
phi = ang(12:17);  phi_1d = ang_1d(12:17);  phi_2d = ang_2d(12:17);
psi = ang(18:20);  psi_1d = ang_1d(18:20);  psi_2d = ang_2d(18:20);
```

이렇게 변환한 관절기하각으로부터 DH법이나 투영법으로 휴머노이드 로봇의 자세를 계산한 후 앞에서 설명한 대로 보행 패턴의 세 가지 비용함수를 계산한다.

이제 matlab code/pso_walk_opt.m 코드를 이용해서 최적의 이족보행을 위한 관절모터각 궤적을 구하는 과정을 알아보도록 하자. 먼저 각 최적화 변수의 탐색영역을 정해야 하는데, 탐색 범위가 너무 넓지 않으면서도 충분한 영역을 포함하도록 다음 페이지의 <코드 5.21>에서처럼 upBnd(최대값)와 lowBnd(최소값)을 정했다. 직관적인 탐색범위 설정을 위해 관절각 탐색영역의 단위를 각도(degree)로 표시했으며, GenRoboticWalkingWithCost 내부에서는 관절각을 반드시 라디안 단위로 사용하도록 변환해야 함을 주의하자.

코드에서 ang_walk_ready_5 cm 행렬은 보폭이 5 cm이고 상체가 90°인 보행준비 자세를 보행 단계(초기, 주기, 최종보행) 별로 벡터로 표현한 것이다. 이 행렬의 첫 번째 행은 초기 보행준비 자세를 위해 양측지지 상태에서 직립한 자세의 관절각을 나타내고, 두 번째 행은 주기 보행준비 자세로서 <표 5.10>에 보인 것처럼 왼발이 지지다리로서 5 cm만큼 앞으로 나아간 자세의 관절각을, 세 번째 행은 이 자세로부터 5 cm만큼 한 스텝 전진하여 오른발이 앞으로 나아간 보행준비 자세의 관절각을 나타낸다. 두 번째 자세는 왼발이 앞에 있으므로 그 직후 로봇은 왼발 지지 상태에서 보행을 하고, 세 번째 자세는 오른발이 앞에 있으므로 오른발 지지 상태의 이족보행을 위한 준비 자세가 된다. ia_lb와 fa_lb는 왼발 지지 상태에서 한 스텝이 시작될 때와 끝날 때의 관절각을 각각 나타내고, ia_rb와 fa_rb는 오른발 지지 상태에서의 보행 시작과 종료 시 관절각을 각각 나타낸다.

```
global ang_walk_ready_5cm
global DH PB link mass
global sim_type flags
global alpha gamma view_ang
global sl n_step

DH = 1; PB = 2;
%%%% 보폭이 5cm이고 상체가 90도인 자세 %%%%
ang_walk_ready_5cm = [0 0 0 0 0 0 0 0 0 0 0 0 0 0 0 0 14 -14 0 0 0;    %양측지지
   1.44 18.54 17.1 1.58 18.54 16.97 -20 0 20 0 0 0 0 0 0 14 -14 0 0 0; %단측 왼발 지지
   16.97 18.54 1.58 17.1 18.54 1.44 20 0 -20  0 0 0 0 0 0 14 -14 0 0 0]; %단측 오른발 지지

%%%%%%%%%%%%%%%%%% 로봇 종류 %%%%%%%%%%%%%%%%%%
md = DH;          % 기구학 방법: DH: Denavit-Hartenberg, PB: Projection-Based
sim_type = 'run_opt'      % PSO로 최적화
alpha = 0;                % 보행면 경사각
gamma = 0;                % 보행방향 굴절각
view_ang = [45, 20];      % 로봇 시뮬레이션 관찰자 각도

spec = SpecROBOTIS_OP2(md);  % OP2의 규격명세를 불러 옴
link = spec(1:21);    mass = spec(22:44);
l4 = link(5);

flag_motion = 0;          % 0: 연속 모션, 1: 키 입력 모션
flag_angle_show = 0;      % 0: 관절각 보여주지 않음, 1: 관절각 보여줌
flag_show_zmp = 0;        % 0: ZMP 보여주지 않음, 1: ZMP 보여줌
flag_show_com = 0;        % 0: CoM 보여주지 않음, 1: CoM 보여줌
flag_show_2d = 0;     % 0: 2D 평면 모델 보여주지 않음, 1: 2D 평면 모델 보여줌(PB법)
flag_show_trace = 0;      % 0: 모션 흔적을 보여주지 않음, 1: 모션 흔적을 보여줌
flag_cal_torque = 0;      % 0: 관절 토크 계산 하지 않음, 1: 관절 토크 계산 함

flags = [flag_motion flag_angle_show flag_show_zmp flag_show_com flag_show_2d
       flag_show_trace flag_cal_torque];
%%%%%%%%%%%%%%%%% 보행 조건 %%%%%%%%%%%%%%%
st = 0.05;
sf = 'LEFT_SUPP';         % PSO로 최적화 시에는 LEFT SUPPORT만을 기준으로 함
walk_ph = 2;              % 보행상태, 1:최초보행, 2:주기보행, 3:최종보행
wdir = 1;                 % 보행방향, 1:전진, -1:후진,
use_ref_zmp = 1;          % 목표 ZMP 궤적 기반 미사용(0), 사용(1)
T = 1;                    % 보행 주기 시간
st = 0.05;                % 샘플링 타임
sl = 0.05;                % 보폭(step length)
des_fht = 0.015;          % 목표 발높이

n_step = 1;                        % 초기/주기/최종 보행 총 스텝 수
vratio = 1;                        % 주기보행에서 기준 보행속도에 대한 비율
stg = 1;                           % stage: 1
gsa = 1.0;                         % 관절각 배율
abs_max_cor_tr = deg2rad(0);       % 상체 관상면이 좌우로 흔들리는 각도
```

```
des_sag_tr = deg2rad(90);           % 상체 시상면이 지면과 이루는 각도
foot_lift_ang = 0;                  % 발높이 조절 관절각
slope_ang = 0;                      % 지면 경사각
del_leg_joint_ang_slope = zeros(1,6);       % 경사각에 의한 관절각 조정값

%%%%%%%%%%%%%%%%%%%%%%%%%%%%%%%%%%%%%%%%
walk_cond(1) = md; walk_cond(2) = st; walk_cond(3) = T; walk_cond(4) = sl;
walk_cond(5) = des_fht;  walk_cond(6) = walk_ph; walk_cond(7) = abs_max_cor_tr;
walk_cond(8) = des_sag_tr; walk_cond(9) = vratio; walk_cond(10)= n_step;
walk_cond(11) = use_ref_zmp; walk_cond(12) = wdir; walk_cond(13) = 0;
walk_cond(14) = gsa; walk_cond(15) = foot_lift_ang; walk_cond(16) = slope_ang;

for i=1:20
    %%%% 초기 관절각 설정 %%%%
    if walk_ph == 1   % 초기 보행
        if sl == 0.05
            ia_lb(i) = deg2rad(ang_walk_ready_5cm(1,i));
            ia_rb(i) = deg2rad(ang_walk_ready_5cm(1,i));
        end
    else
        if sl == 0.05
            ia_lb(i) = deg2rad(ang_walk_ready_5cm(2,i));
            ia_rb(i) = deg2rad(ang_walk_ready_5cm(3,i));
        end
    end

    %%%% 최종 관절각 설정 %%%%
    if walk_ph == 3   % 최종 보행
        if sl == 0.05
            fa_lb(i) = deg2rad(ang_walk_ready_5cm(1,i));
            fa_rb(i) = deg2rad(ang_walk_ready_5cm(1,i));
        end
    else
        if sl == 0.05
            fa_lb(i) = deg2rad(ang_walk_ready_5cm(3,i));
            fa_rb(i) = deg2rad(ang_walk_ready_5cm(2,i));
        end
    end
end

if wdir==1       % 전진 보행
    init_ang=ia_lb;  fin_ang=fa_lb;
elseif wdir==-1 % 후진 보행
    init_ang=ia_rb;  fin_ang=fa_rb;
end

if strcmp(sf, 'LEFT_SUPP')==1
    if walk_ph == 1
        sp = [0, l4/2, 0];  % 지지하는 발의 중심점 위치
    else
```

```
        sp = [sl/2, l4/2, 0];
    end
else
   if walk_ph == 1
        sp = [0,   -l4/2, 0];
    else
        sp = [sl/2, -l4/2, 0];
   end
end

%%%%%%%%%%%%%%%%%%%% PSO 설정 %%%%%%%%%%%%%%%%%%%%
n_part = 50;                % 개체 수
max_iter = 200;             % 최대 반복횟수
w = 0.8;                    % 방향의 관성가중치
c1 = 2;  c2 = 2;            % 학습요인의 가중치
dimPar = 13;                % 최적화 변수 개수

upBnd =  [30  45  45  45  40  40  40  40  0.3 0.9  30  20  20]';     % 변수 상한값
lowBnd = [-30  0  -20  10 -40 -40 -40 -40  0.1 0.7  10 -20 -20]';    % 변수 하한값

v_max = 0.2*(upBnd-lowBnd);   % 속도 상한값
v_min = -v_max;                % 속도 하한값

% PSO 개체 초기 위치와 속도 설정
for i=1:n_part
    x_pos(i,:) = ((upBnd-lowBnd).*rand(dimPar,1) + lowBnd)';
    vel(i,:) = ((v_max-v_min).*rand(dimPar,1) + v_min)';
end
cost = 1e10*ones(n_part);
% 개체 최적해의 위치와 함수값
pos_pbest = x_pos;
cost_pbest= cost;
% 전역 최적해의 위치와 함수값
pos_gbest = [];
cost_gbest = 1e10;

%%%%%%%%%%%%%%%%%%%% PSO %%%%%%%%%%%%%%%%%%%%%%%%%
iter = 1; % 반복횟수
while iter== 1 || iter <= max_iter
    for pt= 1: n_part
        res = GenRoboticWalkingWithCost(sf, sp, stg, walk_cond, x_pos(pt, :),
            init_ang, fin_ang, del_leg_joint_ang_slope, -1);
        cost(pt) = res(4);
        % 현재 개체를 pbest에 비교
        if cost(pt) < cost_pbest(pt)
            pos_pbest(pt, :) = x_pos(pt , : );
            cost_pbest(pt) = cost(pt);
        end
        % 현재 개체를 gbest에 비교
        if cost(pt) < cost_gbest
```

```
            pos_gbest = x_pos(pt, :);
            cost_gbest = cost(pt);
        end
        % 새롭게 이동할 방향으로의 속도 계산
        vel_mod = c1*rand*(pos_pbest(pt,:) - x_pos(pt, :)) + c2*rand*(pos_gbest
            -x_pos(pt, :));
        vel(pt, :) = w*vel(pt, :) + vel_mod;
        % 속도값의 제한
        vel(pt, :) = min(v_max', vel(pt, :));
        vel(pt, :) = max(v_min', vel(pt, :));
        % 다음 회차의 개체 위치 계산
        x_pos(pt, :) = x_pos(pt, :) + vel(pt, :);
        % 위치 벡터의 제한
        x_pos(pt, :) = min(upBnd', x_pos(pt, :));
        x_pos(pt, :) = max(lowBnd', x_pos(pt, :));
    end
    pgb=pos_gbest;
    sprintf('iter=%d, cost_gbest=%.4e, pos_gbest=[%.2f, %.2f, %.2f, %.2f,
        %.2f, %.2f, %.2f, %.2f, %.2f, %.2f, %.2f, %.2f %.2f', iter, cost_gbest,
        pgb(1), pgb(2), pgb(3), pgb(4), pgb(5), pgb(6), pgb(7), pgb(8), pgb(9),
        pgb(10), pgb(11), pgb(12), pgb(13));
    gcost(iter) = cost_gbest;
    iter=iter+1;                % 반복횟수
end
iters = 1:iter-1;
figure(1)
plot(iters, gcost);
title('비용함수 추이')
xlabel('iteration'); ylabel('cost'); grid;
% PSO로 탐색한 최적해를 이용해서 이족보행 시뮬레이션 검증
flags(3)=1;   flags(6)=1;
GenRoboticWalkingWithCost(sf, sp, stg, walk_cond, pos_gbest, init_ang,
fin_ang, 1);
```

» **코드 5.21** pso_walk_opt.m 코드

PSO로 원하는 패턴의 이족보행을 구현하는 전신 관절궤적을 생성하기 위해 pso_walk_opt.m 파일에서 보행 조건으로 다음 페이지와 같이 왼발 지지, 보폭은 5 cm, 보행 주기가 1초이고, 목표 ZMP 궤적을 사용하지 않도록 설정했다. 그리고 PSO의 개체수를 50개, 최대 200번 반복으로 설정하고 최적해를 구했다.

```
sf = 'LEFT_SUPP';     % PSO로 최적화 시에는 LEFT SUPPORT만을 기준으로 함
walk_ph = 2;          % 보행상태, 1:최초보행, 2:주기보행, 3:최종보행
wdir = 1;             % 보행방향, 1(=sin(90deg)):전진,  -1(=sin(-90deg)):후진,
use_ref_zmp = 0;      % 목표 ZMP 궤적 기반 미사용(0), 사용(1)
T = 1;                % 보행 주기 시간
st = 0.05;            % 샘플링 타임
sl = 0.05;            % 보폭(step length)
des_fht = 0.015;      % 목표 발높이

n_part = 50;          % 개체 수
max_iter = 200;       % 최대 반복횟수
```

```
[SAG_AN_L_MID_ANG, SAG_KN_L_MID_ANG, SAG_HP_R_MID_ANG, SAG_KN_R_MID_ANG,
SAG_AN_L_MID_VEL, SAG_KN_L_MID_VEL, SAG_HP_R_MID_VEL, SAG_KN_R_MID_VEL,
COR_AN_L_MID_TIME1, COR_AN_L_MID_TIME2, ABS_MAX_COR_AN, SAG_SH_L_MID_ANG,
SAG_SH_L_MID_VEL] =
[2.43, 1.13, 20.46, 45.00, 10.92, 40.00, 40.00, -40.00, 0.30, 0.70, 10.00, 0,
20.00]
```

<그림 5.51>은 PSO가 탐색을 반복하면서 비용함수가 조금씩 감소하는 모습을 그래프로 나타낸 것이다.

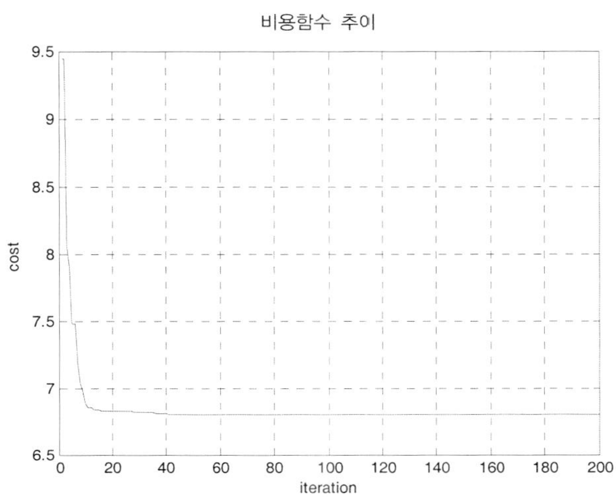

» **그림 5.51** 이족보행을 위한 비용함수 최소화 추이

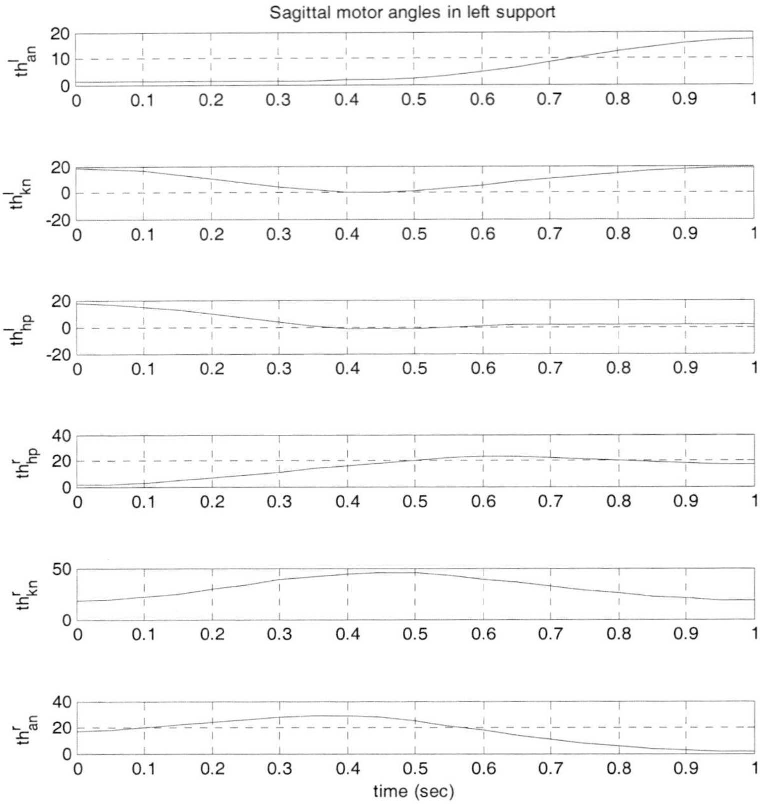

» **그림 5.52** PSO로 최적화된 시상면 하지 관절의 관절모터각 궤적

<그림 5.52>와 <그림 5.53>은 이 최적해가 실질적으로 생성하는 시상면 하지 관절모터각 궤적과 관상면 관절모터각 궤적을 그래프로 그린 것이다. <그림 5.54>는 이렇게 구한 최적 관절궤적들을 이용해서 휴머노이드 로봇이 5 cm의 보폭으로 한 스텝 걸어가는 것을 시뮬레이션한 것을 보인다.

<그림 5.55>와 <그림 5.56>은 각 샘플 타임에서 계산된 ZMP의 궤적과 자유발 중심점 절대좌표의 궤적을 그래프로 각각 그린 것이다. 그림에서 볼 수 있듯이 최적화된 이족보행에서는 로봇의 샘플 타임에서의 ZMP들이 직사각형으로 표현된 지지 발바닥(왼발) 내에 최대한 오랫동안 머무름으로써 안정적인 보행이 가능함을

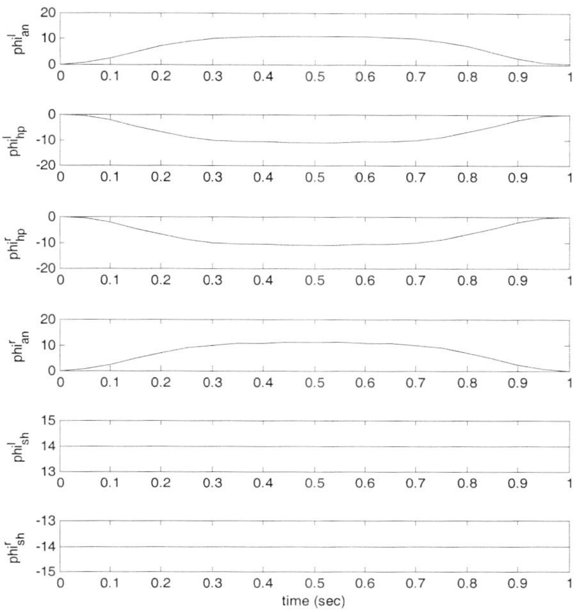

» **그림 5.53** PSO로 최적화된 관상면의 관절모터각 궤적

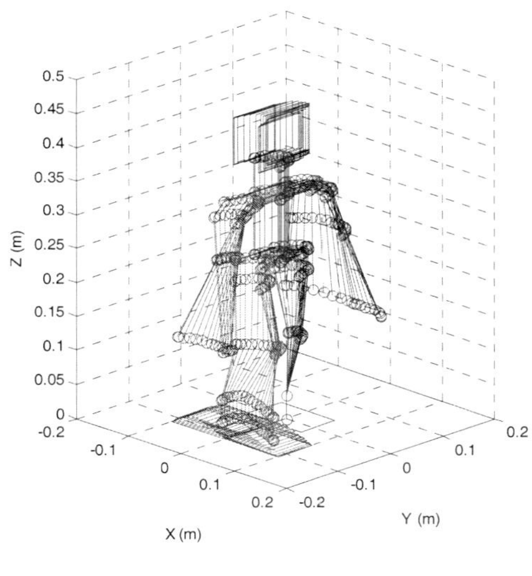

» **그림 5.54** 목표 ZMP 궤적을 사용하지 않고 PSO로 최적화한 보폭 5 cm의 이족보행 패턴 궤적

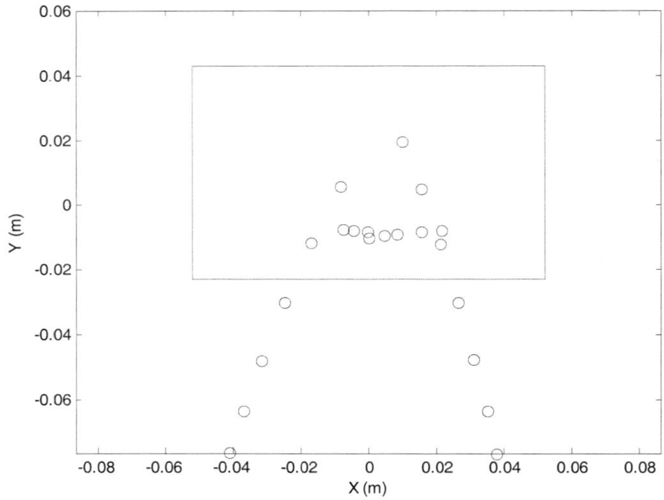

» **그림 5.55** 목표 ZMP 궤적을 사용하지 않고 최적화한 보행의 ZMP 궤적

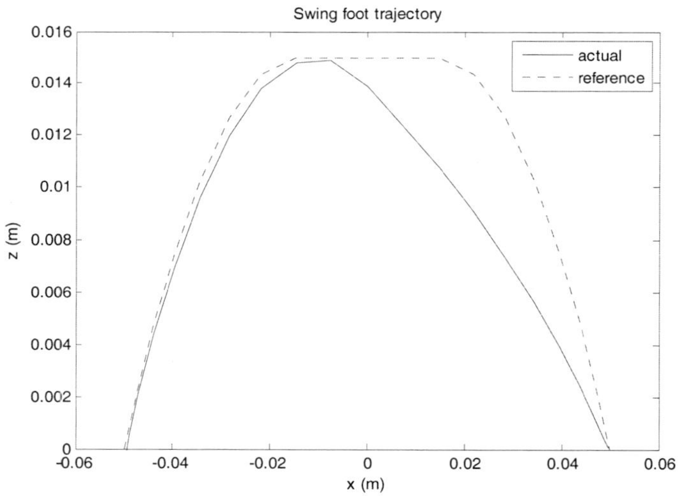

» **그림 5.56** 최적화된 보행의 자유 발 중심점 궤적(점선: 목표 궤적, 실선: 생성 궤적)

알 수 있다. 또한, 들어 올린 발의 중심점도 원하는 최고 높이인 1.5 cm에 근접하면서 부드럽고 자연스럽게 상승, 하강하는 것을 확인할 수 있다. 그런데 <그림 5.55>

를 보면 ZMP가 안정 영역의 경계선(발 안쪽)에 가까이 위치해 있어서 실제 로봇에 적용했을 때에 불안정해 질 수 있는 문제점이 있다.

이러한 단점을 해결하기 위해 <그림 5.50>과 같은 목표 ZMP 궤적을 추종하도록 PSO로 최적화해 보자. 이를 위해 pso_walk_opt.m 코드 앞부분의 use_ref_zmp를 0에서 1로 바꾸고 나머지 조건들을 이전과 동일하게 설정한 다음 최적화를 실행하면 다음의 최적해를 얻을 수 있다.

```
[SAG_AN_L_MID_ANG, SAG_KN_L_MID_ANG, SAG_HP_R_MID_ANG, SAG_KN_R_MID_ANG,
SAG_AN_L_MID_VEL, SAG_KN_L_MID_VEL, SAG_HP_R_MID_VEL, SAG_KN_R_MID_VEL,
COR_AN_L_MID_TIME1, COR_AN_L_MID_TIME2, ABS_MAX_COR_AN, SAG_SH_L_MID_ANG,
SAG_SH_L_MID_VEL] =
[0.18, 0.00, 22.29, 45.00, 15.53, 8.51, 18.82, -40.00, 0.30, 0.70, 12.86, 0.00,
20.00]
```

<그림 5.57>은 이렇게 구한 최적 관절궤적들을 이용해서 휴머노이드 로봇이 한 스텝 걸어가는 것을 시뮬레이션한 것을 보이며, <그림 5.54>와 거의 유사함을

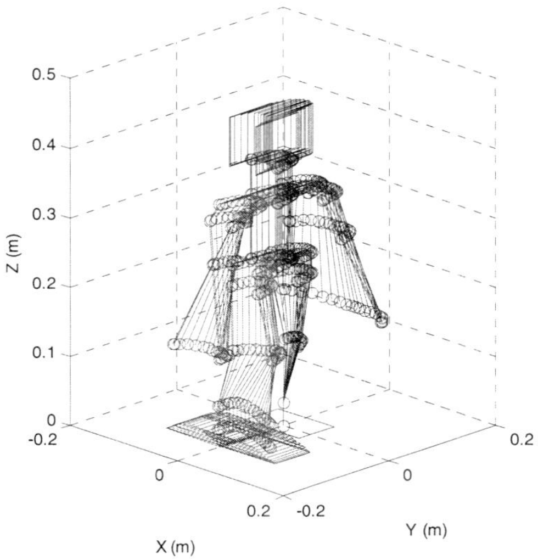

» **그림 5.57** 목표 ZMP 궤적을 추종하도록 PSO로 최적화한 보폭 5 cm의 이족보행

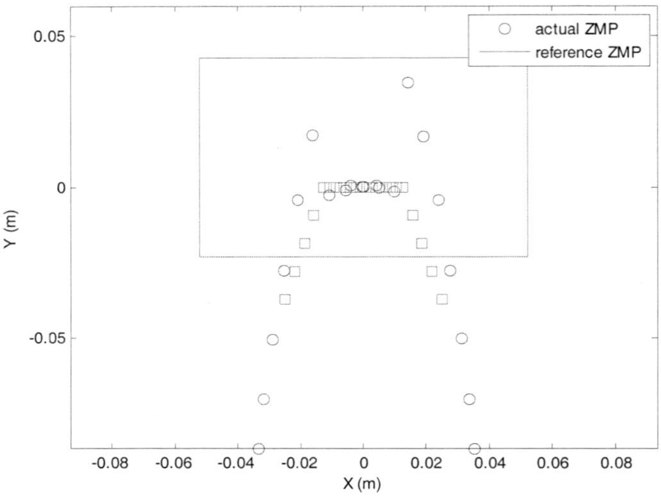

» **그림 5.58** 목표 ZMP 궤적을 추종하도록 최적화 한 보행의 ZMP 궤적

알 수 있다. <그림 5.58>은 보행 시뮬레이션 동안 계산된 ZMP 궤적을 표시한 것으로 <그림 5.55>에 비해 좀 더 가운데 쪽에 위치한다. 이는 목표 ZMP 궤적을 추종한 결과로서 보다 안정적인 보행 자세를 생성할 수 있게 한다. 다음 절에서는 이렇게 최적화된 이족보행 파라미터를 바탕으로 관절모터의 궤적 파라미터들을 수정함으로써 보행 속도와 방향 등의 특성을 조정할 수 있음을 보인다.

5.4.4 다양한 특성의 이족보행 시뮬레이션

이번 절에서는 앞 절에서 최적화한 이족보행 파라미터들을 기반으로 해서 다양한 특성의 보행을 sim_robotic_walk.m 파일로 시뮬레이션해 보자. 다음 페이지의 <코드 5.22>는 sim_robotic_walk.m 코드이며, 보행 조건을 설정하는 부분은 <코드 5.21>과 동일하다. 즉, flags 벡터 안의 flag_motion에서 flag_cal_torque까지의 값을 조정하여 보행 시뮬레이션 시 창에 표시하는 특성들을 원하는 대로 설정할 수 있다. 보행 조건에서는 보행의 상태를 walk_ph 값으로 최초 보행(1), 주기 보행(2),

최종 보행(3) 중 하나로 결정할 수 있고, 보행방향이 전진인지, 후진인지를 wdir 값을 1 또는 -1로 설정함으로써 정할 수 있다.

```
global DH PB link mass
global sim_type flags
global sl n_step
global alpha view_ang
global ang_walk_ready_5cm x_lb_5cm_1s

DH = 1;  PB = 2;
view_ang = [45, 20];

% 로봇 모델 종류
md = DH;                 % 기구학 방법: DH: Denavit-Hartenberg, PB: Projection-Based
%md = PB;                % 방향 전환 시 사용하지 않음
sf = 'LEFT_SUPP';        % 왼발 지지
sim_type = 'walk_sim';   % 보행 시뮬레이션
sp = [0 0 0];            % 지지하는 발의 중심점 위치

spec = SpecROBOTIS_OP2(md);  % OP2의 규격명세를 불러 옴
link = spec(1:21);
mass = spec(22:44);
l4 = link(5);

flag_motion = 0;         % 0: 연속 모션, 1: 키 입력 모션
flag_angle_show = 0;     % 0: 관절각 보여주지 않음, 1: 관절각 보여줌
flag_show_zmp = 0;       % 0: ZMP 보여주지 않음, 1: ZMP 보여줌
flag_show_com = 0;       % 0: CoM 보여주지 않음, 1: CoM 보여줌
flag_show_2d = 0;     % 0: 2D 평면 모델 보여주지 않음, 1: 2D 평면 모델 보여줌 (PB법의 경우)
flag_show_trace = 0;     % 0: 모션 흔적을 보여주지 않음, 1: 모션 흔적을 보여줌
flag_cal_torque = 0;     % 0: 관절 토크 계산 하지 않음, 1: 관절 토크 계산 함
flags = [flag_motion flag_angle_show flag_show_zmp flag_show_com flag_show_2d
        flag_show_trace flag_cal_torque];

%%%%%%%%%%%%%%%%%%%% 보행 조건 %%%%%%%%%%%%%%%%%%
flag_single_step = 1;              % 0: 전주기(최초-주기-최종) 보행, 1: 단일 보행
if flag_single_step == 1,    walk_ph = 2;    % 보행상태, 1:최초, 2:주기, 3:최종보행
else    walk_ph = 1;
end
use_ref_zmp = 1;                   % 목표 ZMP 궤적 기반 미사용(0), 사용(1)

n_step = 1;                        % 주기 보행 시 총 스텝 수(한 스텝만 할 때는 1로 설정)
wdir = 1;                          % 보행방향, 1:전진,  -1:후진,
turn_ang = deg2rad(0);             % 굴절보행 각도, +:왼쪽 터닝, -:오른쪽 터닝
slope_ang = deg2rad(0);            % 보행 지면의 경사각, +: 오르막, -: 내리막
gsa = 1;                           % 관절각 배율
foot_lift_ang = deg2rad(0);        % 자유다리를 들어올리기 위한 고관절, 슬관절각
abs_max_cor_tr = deg2rad(0);       % 상체 관상면이 좌우로 흔들리는 최대 각도(양수)
```

```
des_sag_tr = deg2rad(90);         % 상체 시상면이 지면과 이루는 각도(앞으로 숙이면 90
도보다 작아짐)
vratio = 1;                       % 주기 보행에서 기준 보행속도에 대한 비율:

alpha = slope_ang;                % 시뮬레이션 시 지면의 기울기
gamma = turn_ang;                 % 보행방향 굴절각

des_fht = 0.015;                  % 목표 발높이(최적화 시 사용)

T = 1/vratio;                     % 보행 주기 시간
st = 0.05;                        % 샘플링 타임(second)
sl = 0.05;                        % 보폭(step length)
%%%%%%%%%%%%%%%%%%%%%%%%%%%%%%%%%%%%%%%%%%%%%%%%%%%%
if sl == 0.05
    ang_walk_ready_5cm = [0, 0, 0, 0, 0, 0, 0, 0, 0, 0, 0, 0, 0, 0, 0, 14, -14,
        0, 0, 0;
        1.44, 18.54, 17.1, 1.58, 18.54, 16.97, -20, 0,20, 0, 0, 0, 0, 0, 0, 14,
        -14, 0, 0, 0;    % 왼발 지지 준비
        16.97, 18.54, 1.58, 17.1, 18.54, 1.44, 20, 0, -20,  0, 0, 0, 0, 0, 0, 14,
        -14, 0, 0, 0];  % 왼발 지지 준비
    if use_ref_zmp == 0        % 목표 ZMP 궤적이 없는 최적화 파라미터
        x_lb_5cm_1s=[-0.60, 0.00, 31.47, 45.00, -16.84, -10.69, 40.00, 1.99,
            0.30, 0.70, 10.00, 20.00, 20.00;    % 초기 보행
            2.43, 1.13, 20.46, 45.00, 10.92, 40.00, 40.00, -40.00, 0.30, 0.70,
            10.00, 0, 20.00;    % 주기 보행
            11.41, 12.34, 8.62, 45.00, 2.87, -21.49, -7.16, -40.00, 0.30, 0.70,
            10.00, 1.96, 8.78];     % 최종 보행
    elseif use_ref_zmp == 1      %목표 ZMP 궤적을 추종하는 최적화 파라미터
        x_lb_5cm_1s=[1.92, 0.98, 29.25, 45.00, -2.32, -22.09, -4.89, -40.00,
          0.30, 0.70, 12.73, 6.44, 20.00;
          0.18, 0.00, 22.29, 45.00, 15.53, 8.51, 18.82, -40.00, 0.30, 0.70,
          12.86, 0.00, 20.00;
          -0.43, 2.49, 15.98, 45.00, -2.98, -15.51, 6.90, -28.94, 0.30, 0.70,
          10.00, 0.17, 12.46];
    end
end

fig_no = 1;

walk_cond(1) = md; walk_cond(2) = st; walk_cond(3) = T; walk_cond(4) = sl;
walk_cond(5) = des_fht; walk_cond(6) = walk_ph; walk_cond(7) = abs_max_cor_tr;
walk_cond(8) = des_sag_tr;
walk_cond(9) = vratio; walk_cond(10)= n_step; walk_cond(11) = use_ref_zmp;
walk_cond(12) = wdir; walk_cond(13) = turn_ang; walk_cond(14) = gsa;
walk_cond(15)= foot_lift_ang;
walk_cond(16) = slope_ang;

WalkManager(sf, sp, walk_cond, fig_no, flag_single_step);
```

» **코드 5.22** sim_robotic_walk.m 코드

코드에서 n_step은 총 스텝 수를 나타내며, turn_ang 값을 0° 이외의 값으로 조절하면 보행 중 전진 방향을 좌측이나 우측으로 바꿀 수 있다. slope_ang은 경사면의 기울기를 나타내며 이 값을 양수로 정하면 경사면을 올라가는 보행을, 음수로 정하면 경사면을 내려가는 보행을 시뮬레이션한다. gsa를 1 이상으로 증가시키면 보폭이 커지고, 지면에 장애물이 있어서 다리를 좀 더 높이 들어올리고 싶은 경우 foot_lift_ang 값을 증가시키면 된다. 보행 시 로봇 전신의 좌우 흔들림을 좀 더 크게 해 주고 싶으면 abs_max_cor_tr을 0 이상의 양수로 설정하고, 상체의 각도를 숙인 상태로 보행하기를 원하면 des_sag_tr 값을 90° 이하로 설정하면 된다. 또한, 보행 속도를 높이고 싶으면 vratio 값을 1 이상으로 설정하면 된다.

<코드 5.23>은 이렇게 다양한 종류의 보행 명령에 따라 관련 조건들을 적절히 설정하는 역할을 하는 WalkManager.m 코드이다. 이 코드에서는 sim_robotic_walk로부터 전달받은 walk_cond 인자 중 보행주기, 보폭, 보행 상태, 상체 시상면 각도, 스텝 수, 보행방향과 관련된 파라미터들을 추출하여 그에 맞게 보행 시작과 종료 자세의 전신 관절모터각을 적절히 결정한다. 그리고 연속 보행 시 휴머노이드 로봇 기준좌표계의 원점을 직전 스텝의 자유다리가 착지했던 발 중심점의 좌표로 옮겨 주고, sf를 'LEFT_SUPP'에서 'RIGHT_SUPP', 또는 그 반대로 교대함으로써 자연스럽게 다음 스텝을 연결시켜 준다. 코드에서 GenRoboticsWalkingWithCost 함수는 앞 절에서 자세히 설명되었다.

```
function WalkManager(sf, sp, walk_cond, fig_no, flag_single_step)

global link global ang_walk_ready_5cm x_lb_5cm x_lb_7cm alpha n_step

l4 = link(5);
T = walk_cond(3);                    % 보행 주기
sl = walk_cond(4);                   % 보폭(step length)
walk_ph = walk_cond(6);              % 보행상태, 1:최초 보행, 2:주기보행, 3:최종보행
des_sag_tr = walk_cond(8);           % 상체 시상면이 지면과 이루는 각도(앞으로 숙이면 
90도보다 작아짐)
n_period_step = walk_cond(10);       % 주기보행 시 스텝 수
wdir = walk_cond(12);                % 보행방향, 1:전진, -1:후진,
turn_ang = walk_cond(13);            % 굴절보행 각도, +:왼쪽으로 터닝, -:오른쪽으로 터닝
gsa = walk_cond(14);                 % 관절각 배율
```

```
slope_ang = walk_cond(16);          % 보행 지면의 경사각, +: 오르막, -: 내리막

dev_sag_tr = pi/2 - des_sag_tr      % 목표 상체각이 90도와 이루는 각도 차
if turn_ang ~= 0                    % 굴절보행 시 2스텝이 필요함
   if n_period_step < 2
      n_period_step = 2;
   end
end
if flag_single_step == 1                        % 단일주기 보행
   init_ph = walk_ph;                           % init_ph: 보행 시작 시 보행 상태
   fin_ph = init_ph;                            % fin_ph: 보행 종료 시 보행 상태
   if walk_ph ~= 2, n_period_step = 1;
   end
else
   init_ph = 1;    fin_ph = 3;        % 전주기 보행
   n_period_step = 3;
end
%%%% 보행 조건에 따라 20개의 관절모터각 설정 %%%%
for w_ph = init_ph:fin_ph
   for i=1:20
      %%%% 보행 시작 시 관절각 설정  %%%%
      if w_ph == 1   % 최초 보행
         if sl == 0.05
            ia_lb(i) = deg2rad(ang_walk_ready_5cm(1,i));
            ia_rb(i) = deg2rad(ang_walk_ready_5cm(1,i));
         end
      else
         if sl == 0.05
            ia_lb(i) = deg2rad(ang_walk_ready_5cm(2,i));
            ia_rb(i) = deg2rad(ang_walk_ready_5cm(3,i));
        end
      end

     %%%% 보행 종료 시 관절각 설정 %%%%
      if w_ph == 3        % 최종 보행
         if sl == 0.05
            fa_lb(i) = deg2rad(ang_walk_ready_5cm(1,i));
            fa_rb(i) = deg2rad(ang_walk_ready_5cm(1,i));
         end
      else
         if sl == 0.05
            fa_lb(i) = deg2rad(ang_walk_ready_5cm(3,i));
            fa_rb(i) = deg2rad(ang_walk_ready_5cm(2,i));
         end
      end
      %%%% 고관절 각도를 조정해서 상체 경사각을 원하는 각도로 조정 %%%%
      if (i==3) || (i==4)
         ia_lb(i) = ia_lb(i)+dev_sag_tr;   ia_rb(i) = ia_rb(i)+dev_sag_tr;
         fa_lb(i) = fa_lb(i)+dev_sag_tr;   fa_rb(i) = fa_rb(i)+dev_sag_tr;
      end
```

```
end

%%%% 보행 조건에 따라 최적 보행 파라미터 선택 %%%%
for i=1:length(x_lb_5cm_1s)
    if sl == 0.05
        x_lb(i) = x_lb_5cm_1s(w_ph, i);
    end
    x_rb = x_lb;
    end
end
%%%% 연속 보행 시 기준점을 직전 보행의 자유다리 끝점으로 치환 %%%%
if w_ph ~= init_ph
    sp=res(1:3);  sf = SwitchSupportLeg(sf);
end

%%%% 보행의 방향이 후진으로 바뀌면 각 관절의 시작각과 마침각을 서로 교환 %%%%
if strcmp(sf, 'LEFT_SUPP')==1
    x = x_lb;
    if wdir==1          % 전진 보행
        init_ang=ia_lb;   fin_ang=fa_lb;
    elseif wdir==-1     % 후진 보행
        init_ang=ia_rb;   fin_ang=fa_rb;
    end
 else
    x = x_rb;
    if wdir==1          % 전진 보행
        init_ang=ia_rb;   fin_ang=fa_rb;
    elseif wdir==-1     % 후진 보행
        init_ang=ia_lb;   fin_ang=fa_lb;
    end
end
del_leg_joint_ang_slope = zeros(1,6);   % 경사면이 0도인 경우

is_multi_walk = 1;
stg = 1;
while is_multi_walk == 1
    sprintf('sf=%s, stg=%d', sf, stg)
    res = GenRoboticWalkingWithCost(sf, sp, stg, walk_cond, x, init_ang,
        fin_ang, del_leg_joint_ang_slope, fig_no);
    %%%% 주기 보행 시 보행 상태에 따라 다음 스텝을 준비 %%%%
    if (flag_single_step == 1) && (w_ph == 2) && (n_period_step > 1)
        n_period_step = n_period_step-1;
        stg = stg+1;
        sf = SwitchSupportLeg(sf);
        sp = res(1:3);
        if strcmp(sf, 'LEFT_SUPP')==1
            x = x_lb;
            if wdir==1          % 전진 보행
                init_ang=ia_lb;   fin_ang=fa_lb;
            elseif wdir==-1     % 후진 보행
```

```
                init_ang=ia_rb;   fin_ang=fa_rb;
            end
        else
            x = x_rb;
            if wdir==1         % 전진 보행
                init_ang=ia_rb;   fin_ang=fa_rb;
            elseif wdir==-1    % 후진 보행
                init_ang=ia_lb;   fin_ang=fa_lb;
            end
        end
    else
        is_multi_walk = 0;
    end
  end
end
```

» **코드 5.23** WalkManager.m 코드

지금부터 각각의 보행 패턴을 시뮬레이션과 함께 확인하도록 하자. 먼저, <코드 5.22>의 sim_robotic_walk의 보행조건 설정에서 flag_single_step을 1로 설정하고, walk_ph를 1, 2, 3으로 바꾸면서 실행하면 왼발 지지 상태에서 최초 보행, 주기 보행, 최종 보행을 각각 시뮬레이션할 수 있다. <그림 5.59>에서는 flag_show_trace를 1로 설정하여 0.05초 간격으로 세 가지 보행의 샘플 시간 별 자세 움직임을 MATLAB으로 시뮬레이션한 것을 비교했다.

후진 보행은 전진 보행 시 관절궤적을 최종 각도로부터 시간의 역순으로 추이를 따라가면서 시뮬레이션하면 된다. <그림 5.60>이 전진 보행 시 하체 특정 모터 관절의 궤적이며 2-세그먼트 혼합다항식으로 생성되었다고 하면, 시간이 $0 \rightarrow t_m \rightarrow T$로 진행될 때 궤적 각도 $q(t)$는 $q_0 \rightarrow q_m \rightarrow q_f$의 각도로 회전하고 각속도는 $\omega_0 \rightarrow \omega_m \rightarrow \omega_f$의 순서로 변화한다.

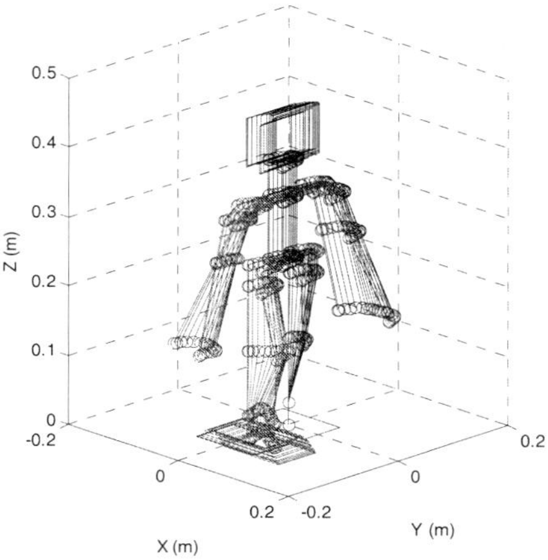

(a) 최초 보행

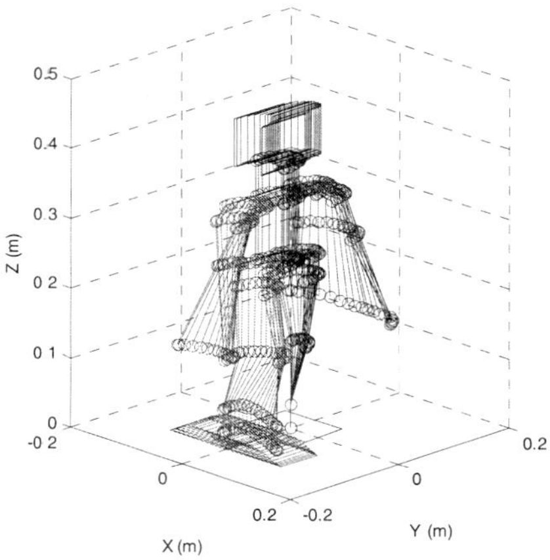

(b) 주기 보행

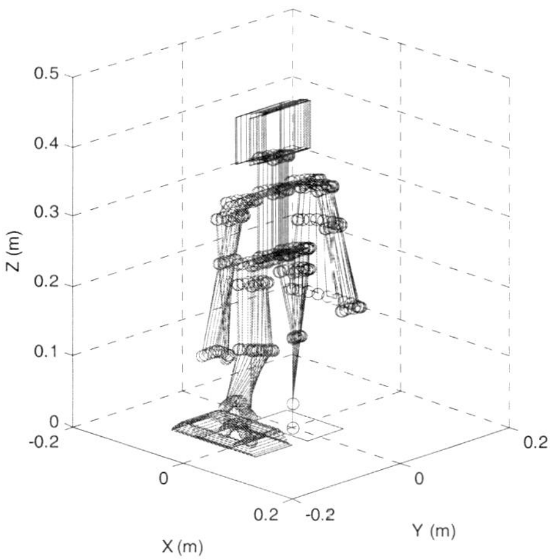

(c) 최종 노행

» **그림 5.59** sim_robotic_walk.m을 이용한 세 가지 보행상태 시뮬레이션

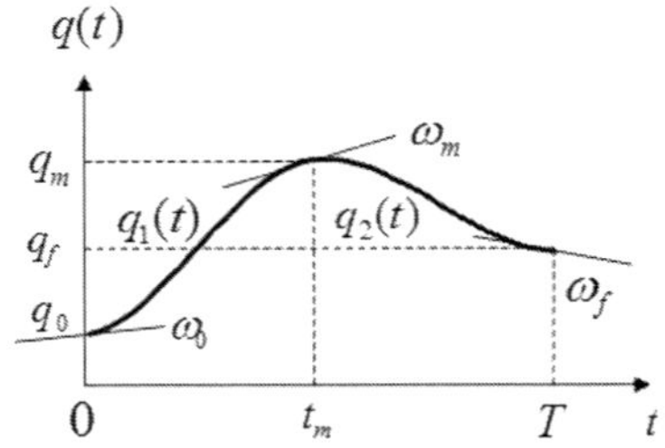

» **그림 5.60** 2개의 세그먼트로 구성된 혼합다항식의 궤적

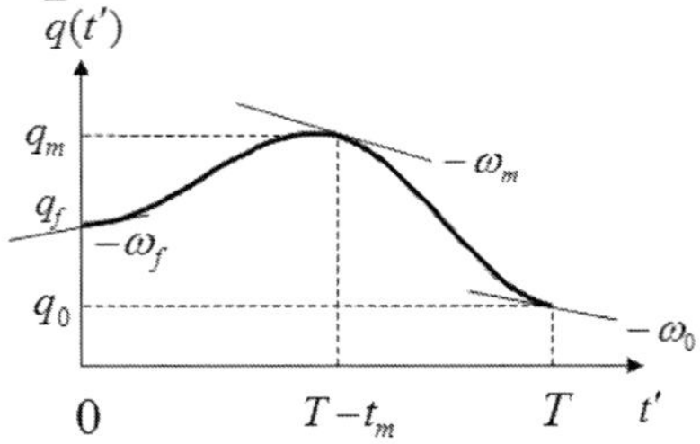

» **그림 5.61** 2개의 세그먼트로 구성된 역시간축 혼합다항식의 궤적

이 궤적을 BP_2라고 명명하면 다음 식으로 표현할 수 있다.

$$q(t) = BP_2(t, [0\ t_m\ T], [q_0\ q_m\ q_f], [\omega_0\ \omega_m\ \omega_f]),\ \ 0 \le t \le T \qquad (5.106)$$

이제 이 궤적을 시간의 역순으로 표현하기 위해 새로운 시간변수를 다음과 같이 정의하자.

$$t' = T - t \qquad (5.107)$$

후진 보행을 위해서는 t'이 $0 \to (T - t_m) \to T$로 진행될 때 각도 $q(t')$은 $q_f \to q_m \to q_0$로 변화하면서 각속도는 $-\omega_f \to -\omega_m \to -\omega_0$의 순서가 되어야 한다. 각속도에 음의 부호가 붙는 것은 식 (5.107)에서 볼 수 있듯이 t'의 부호가 t와 반대이기 때문이며, <그림 5.61>에 이 궤적을 도시했다. <그림 5.61>의 궤적을 식

(5.106)의 형태로 2-세그먼트 혼합다항식으로 표현하면 다음과 같다.

$$\bar{q}(t') = BP_2(t', [0\ T-t_m\ T], [q_f\ q_m\ q_0], [-\omega_f - \omega_m - \omega_0]),\ 0 \le t' \le T \quad (5.108)$$

<코드 5.24>는 GenRoboticWalkingWithCost에서 하체 관절의 각속도 관련 궤적 파라미터에 wdir을 곱하여 앞의 원리를 구현함을 보인다. 여기서 보행 방향이 전진일 때는 wdir을 1로, 후진일 때는 -1로 설정하면 된다. 궤적 중간값의 각속도는 <그림 5.61>에서 보듯이 후진의 경우 기울기에 -1을 곱해주었고, 궤적의 시작과 끝의 각속도는 초기각과 중간각, 중간각과 최종각과의 관계를 통해서 계산되었으므로 wdir을 사용할 필요가 없다.

```
if strcmp(sf,'LEFT_SUPP')==1
    max_cor_an = abs_max_cor_an;
    SAG_AN_L_INIT_ANG = gsa*init_ang(1);  SAG_KN_L_INIT_ANG = gsa*init_ang(2);
                            ⋮
   SAG_AN_L_MID_VEL = wdir*gsa*vratio*deg2rad(x(5));
   SAG_KN_L_MID_VEL = wdir*gsa*vratio*deg2rad(x(6));
   SAG_HP_R_MID_VEL = wdir*gsa*vratio*deg2rad(x(7));
   SAG_KN_R_MID_VEL = wdir*gsa*vratio*deg2rad(x(8));
   SAG_AN_L_INIT_VEL = ivf*vratio*(SAG_AN_L_MID_ANG-SAG_AN_L_INIT_ANG)/(0.5*T);
   SAG_KN_L_INIT_VEL = ivf*vratio*(SAG_KN_L_MID_ANG-SAG_KN_L_INIT_ANG)/(0.5*T);
   SAG_HP_R_INIT_VEL = ivf*vratio*(SAG_HP_R_MID_ANG-SAG_HP_R_INIT_ANG)/(0.5*T);
   SAG_KN_R_INIT_VEL = ivf*vratio*(SAG_KN_R_MID_ANG-SAG_KN_R_INIT_ANG)/(0.5*T);
   SAG_AN_L_FIN_VEL = fvf*vratio*(SAG_AN_L_FIN_ANG-SAG_AN_L_MID_ANG)/(0.5*T);
   SAG_KN_L_FIN_VEL = fvf*vratio*(SAG_KN_L_FIN_ANG-SAG_KN_L_MID_ANG)/(0.5*T);
   SAG_HP_R_FIN_VEL = fvf*vratio*(SAG_HP_R_FIN_ANG-SAG_HP_R_MID_ANG)/(0.5*T);
   SAG_KN_R_FIN_VEL = fvf*vratio*(SAG_KN_R_FIN_ANG-SAG_KN_R_MID_ANG)/(0.5*T);
                            ⋮
   SAG_SH_L_MID_VEL = wdir*gsa*vratio*deg2rad(x(13));
   SAG_SH_R_MID_VEL = -SAG_SH_L_MID_VEL;
   else
                            ⋮
   % 오른발 지지시 관절모터의 좌우 위치를 바꿔 할당
                            ⋮
end
```

» **코드 5.24** GenRoboticWalkingWithCost 코드에서 전·후진 보행을 위한 궤적 각속도 조절 부분

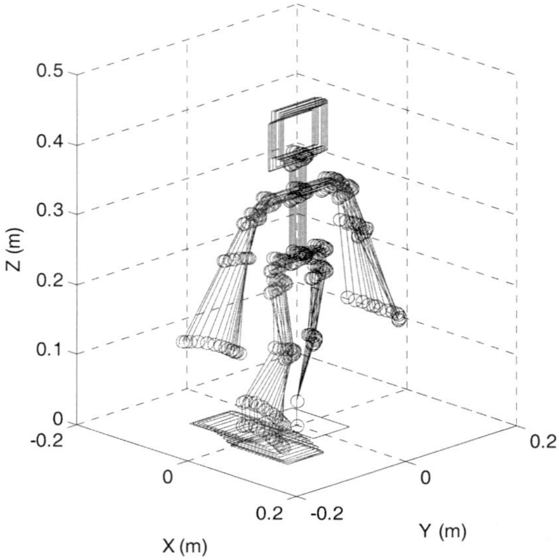

» **그림 5.62** sim_robotic_walk.m을 이용한 후진 보행 시뮬레이션(wdir=−1)

다음으로 굴절보행을 sim_robotic_walk로 시뮬레이션해 보자. 5.3절에서 보았듯이 제자리에서 방향을 틀기 위해서는 한쪽 다리의 횡평면 고관절에서 두 번의 회전이 연속적으로 일어나야 한다. 즉, 제자리에서 왼발 지지 시 오른쪽으로 $\psi°$(횡평면 절대좌표계 상에서는 $-\psi°$)만큼 방향을 틀기 위해서는 첫 번째 스텝에서 왼쪽 지지다리의 횡평면 고관절모터각 ψ^l_{hp}를 반시계방향으로(횡평면에서 $0°\rightarrow\psi°$) 회전시켜서 그 반작용으로 로봇 상체가 오른쪽으로 회전하게 한다. 두 번째 스텝에서는 자유다리가 된 ψ^l_{hp}을 시계방향으로 회전하여(횡평면에서 $\psi°\rightarrow 0°$) 원위치가 되게 하며, 그 결과로 전신이 오른쪽으로 $\psi°$만큼 회전한 방향을 바라보면서 양쪽 발이 평행하게 놓여진다. 왼쪽으로 굴절 보행을 하는 경우에는 지지하는 다리의 횡평면 고관절 각도만 $-\psi°$ 대신 $\psi°$로 바뀔 뿐 같은 원리가 적용된다.

이 원리를 굴절보행에 그대로 적용하면, 굴절보행 시 하체의 시상면과 관상면 관절모터 회전각 궤적은 표준 보행 궤적을 그대로 사용하고, 굴절보행 전반기에 지지다리에 속한 횡평면 고관절 회전각 궤적을 0°에서 목표 회전 방향각의 음의 값만큼 회전시키고 후반기에 다시 0°로 돌아오게 하면 된다. <코드 5.25>는 GenRoboticWalkingWithCost.m에서 굴절보헝을 구현한 부분이다.

sim_robotic_walk에서 OP가 왼쪽(반시계방향)으로 굴절보행 하기를 원하면 turn_ang 값에 양의 각도를 입력하고, 오른쪽(시계방향)의 경우 turn_ang 값에 음의 각도를 입력하면 된다. 이 값을 GenRoboticWalkingWithCost 함수에서 입력받으면, 우회전 보행 시 전반기(stg=1)에는 왼발 지지 상태에서 횡평면 왼쪽 고관절각 tran_hp_l이 0°에서 -turn_ang로 회전하고 후반기(stg=2)에는 오른발 지지 상태에서 tran_hp_l이 -turn_ang값에서 다시 0°로 회전한다. 이때 횡평면 오른쪽 고관절각은 계속 0°를 유지한다. 좌회전 보행 시에는 반대로 tran_hp_r이 0° → -turn_ang → 0°로 회전한다. <코드 5.25>에서 주의할 점은 전반기에 왼발 지지 상태였다면 후반기에는 오른발 지지 상태로 전환하여 보행 시뮬레이션을 수행한다는 사실이다.

<그림 5.63>은 sim_robotic_walk에서 turn_ang = deg2rad(20)로 설정하고 좌회전 굴절보행을 시뮬레이션한 것과 turn_ang = deg2rad(-20)로 설정하고 우회전 굴절보행을 시뮬레이션한 예를 각각 보인다. <그림 5.64>는 각 굴절보행 시 횡평면 고관절모터각의 회전궤적을 비교한 것으로 앞의 관절모터각 설명을 뒷받침한다.

만약 OP로 경사가 있는 평지를 보행하는 것을 시뮬레이션하고 싶다면 sim_robotic_walk에서 slope_ang 값을 오르막의 경우 양의 각도, 내리막의 경우 음의 각도를 정해주면 된다. <코드 5.26>은 WalkManager.m 코드에서 경사각이 0°가 아닐 경우 CalcDeltaAngsOfLegJointsOnInclinedFloor.m 함수를 호출하여 5.4.1절에서 유도했던 하체 시상면 관절각 조정 값들을 계산하고 이를 del_leg_joint_ang_slope 변수로 받는 과정을 나타낸다. 이 함수는 <코드 5.12>의 과정을 그대로 담고 있으므로 이를 참고하기 바란다.

```
if turn_ang ~= 0
    if stg==1                        % 굴절 전반기
        gamma = 0;      % gamma: 시뮬레이션 시 로봇이 향하는 방향
        if strcmp(sf, 'LEFT_SUPP')==1      % 우회전 굴절보행
            [tran_hp_l(i),     tran_hp_l_1d(i),     tran_hp_l_2d(i)]     =
              CalcAngIn_3SegBP(t, 0, COR_AN_L_MID_TIME1,
              COR_AN_L_MID_TIME2, T, 0, 0, -turn_ang, -turn_ang, 0,
              0, 0, 0)
            tran_hp_r(i) = 0; tran_hp_r_1d(i) = 0; tran_hp_r_2d(i) = 0;
        else                                % 좌회전 굴절보행
            [tran_hp_r(i),     tran_hp_r_1d(i),     tran_hp_r_2d(i)]     =
              CalcAngIn_3SegBP(t, 0, COR_AN_R_MID_TIME1,
              COR_AN_R_MID_TIME2, T, 0, 0, -turn_ang, -turn_ang, 0, 0, 0, 0);
            tran_hp_l(i) = 0; tran_hp_l_1d(i) = 0; tran_hp_l_2d(i) = 0;
        end
    elseif stg==2      % 굴절 후반기
        gamma = turn_ang;
        if strcmp(sf,'LEFT_SUPP')==1      % 좌회전 굴절보행
            [tran_hp_r(i),     tran_hp_r_1d(i),     tran_hp_r_2d(i)]     =
              CalcAngIn_3SegBP(t, 0, COR_AN_L_MID_TIME1,
              COR_AN_L_MID_TIME2, T, -turn_ang, -turn_ang, 0, 0, 0, 0, 0, 0);
            tran_hp_l(i) = 0; tran_hp_l_1d(i) = 0; tran_hp_l_2d(i) = 0;
        else                               % 우회전 굴절보행
            [tran_hp_l(i),     tran_hp_l_1d(i),     tran_hp_l_2d(i)]     =
              CalcAngIn_3SegBP(t, 0, COR_AN_R_MID_TIME1,
              COR_AN_R_MID_TIME2, T, -turn_ang, -turn_ang, 0, 0, 0, 0, 0, 0);
            tran_hp_r(i) = 0; tran_hp_r_1d(i) = 0; tran_hp_r_2d(i) = 0;
        end
    else               % 굴절보행이 두 스텝 이상이면 그 이후에는 직진 보행
        gamma = turn_ang;
        tran_hp_l(i) = 0; tran_hp_l_1d(i) = 0; tran_hp_l_2d(i) = 0;
        tran_hp_r(i) = 0; tran_hp_r_1d(i) = 0; tran_hp_r_2d(i) = 0;
    end
else                               % 직진보행
    gamma = 0;
    tran_hp_l(i) = 0; tran_hp_l_1d(i) = 0; tran_hp_l_2d(i) = 0;
    tran_hp_r(i) = 0; tran_hp_r_1d(i) = 0; tran_hp_r_2d(i) = 0;
end
```

» **코드 5.25** GenRoboticWalkingWithCost 코드에서 굴절 보행을 위한 관절궤적 조절 부분

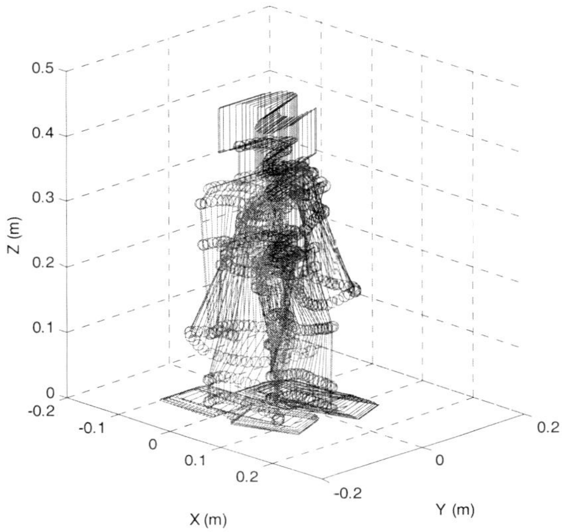

(a) 좌회전 굴절보행(turn_ang = 20°)

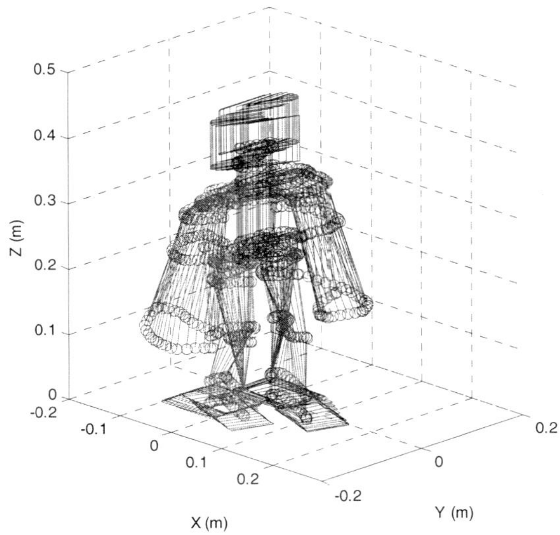

(b) 우회전 굴절보행(turn_ang = −20°)

» **그림 5.63** sim_robotic_walk.m을 이용한 굴절보행 시뮬레이션

3

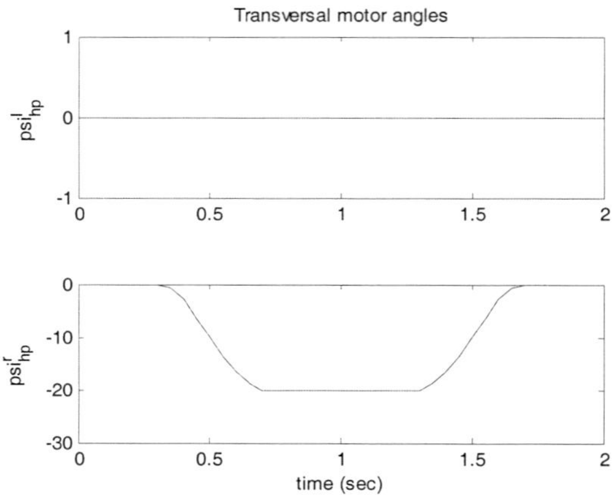

(a) 좌회전 굴절보행

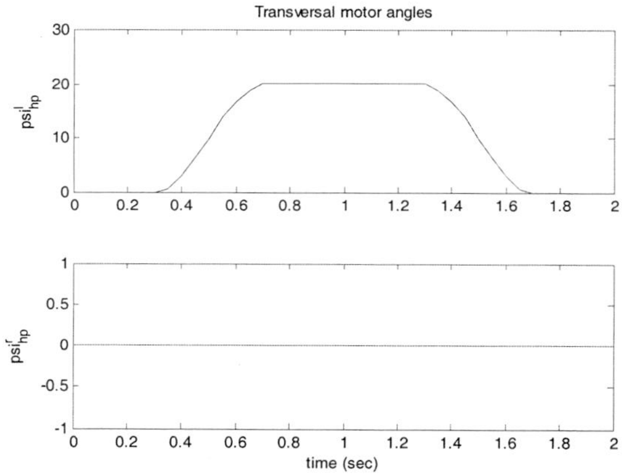

(b) 우회전 굴절보행

» **그림 5.64** 굴절보행 시 횡평면 고관절 회전각 궤적 비교

```
if alpha ~= 0
    mphi = deg2rad(ang_walk_ready_5cm(1,12:17));
    mpsi = deg2rad(ang_walk_ready_5cm(1,18:20));
    ang = TransMotorAng2GeomAng(gsa*init_ang, mphi, mpsi, 'non', 'rad', sf);
    th = ang(1:11);  phi = ang(12:17);   psi = ang(18:20);

    alpha = 0;  % 경사면에서의 관절각 조정시 alpha는 0으로 설정해야 함
    del_leg_joint_ang_slope  =  CalcDeltaAngsOfLegJointsOnInclinedFloor(md,
```

```
sf, [0,0,0], slope_ang,
                            th, phi, psi, 0);
    alpha = slope_ang;
else
    del_leg_joint_ang_slope = zeros(1,6);
end
```

» **코드 5.26** WalkManager.m에서 경사면에 따라 보행

```
function del_ang = CalcDeltaAngsOfLegJointsOnInclinedFloor(md, sf, sp,
    slope_ang, th, phi, psi, fig_no)
                                ⋮
% 보정 전의 자세
th0 = th;
                                ⋮
DEL_TH = th-th0;
if strcmp(sf,'LEFT_SUPP')==1
   del_sag_an_l = -DEL_TH(1);  del_sag_kn_l = DEL_TH(2);  del_sag_hp_l = -DEL_TH(3);
   del_sag_hp_r = DEL_TH(4);  del_sag_kn_r = -DEL_TH(5);  del_sag_an_r = DEL_TH(6);
else
   del_sag_an_r = -DEL_TH(1);  del_sag_kn_r = DEL_TH(2);  del_sag_hp_r = -DEL_TH(3);
   del_sag_hp_l = DEL_TH(4);  del_sag_kn_l = -DEL_TH(5);  del_sag_an_l = DEL_TH(6);
end
del_ang = [del_sag_an_l del_sag_kn_l del_sag_hp_l del_sag_hp_r del_sag_kn_r
    del_sag_an_r];
```

» **코드 5.27** CalcDeltaAngsOfLegJointsOnInclinedFloor.m에서 반환하는 각도 조정값

<코드 5.27>을 보면 CalcDeltaAngsOfLegJointsOnInclinedFloor 함수에서 반환하는 하체 시상면 관절각 조정값은 지지하는 다리와 상관없이 다음과 같다.

$$\Delta\, \Theta_{\alpha} = \left[\Delta\, \theta^{l}_{an}\ \Delta\theta^{l}_{kn}\ \Delta\, \theta^{l}_{hp}\ \Delta\, \theta^{r}_{hp}\ \Delta\, \theta^{r}_{kn}\ \Delta\, \theta^{r}_{an} \right] \tag{5.109}$$

그런데 CalcDeltaAngsOfLegJointsOnInclinedFloor 함수는 <그림 5.46>에서 보듯이 보행 시작을 위한 준비 자세에 대해 경사각에 따라 각도를 조정하는 역할을 하므로, 이 함수에서 반환하는 벡터는 보행 시 각 하체 시상면 관절모터각 궤적의 초기각의 변화량에 해당된다. 예를 들어 왼쪽 족관절모터각 θ^{l}_{an}을 다음과 같이 2-세그먼트 혼합다항식으로 생성했다고 하자.

$$\theta_{an}^{l}(t) = BP_2(t, [0\ t_m\ \ T], [{}^{i}\theta_{an}^{l}\ {}^{m}\theta_{an}^{l}\ {}^{f}\theta_{an}^{l}], [{}^{i}\omega_{an}^{l}\ {}^{m}\omega_{an}^{l}\ {}^{f}\omega_{an}^{l}]),\ \ 0 \le t \le\ T \tag{5.110}$$

식에서 관절변수의 앞쪽 위첨자 i, m, f는 각도와 각속도 값의 초기값, 중간값, 최종값을 각각 의미한다. 각속도는 <코드 5.24>에서 보듯이 초기/중간/최종 궤적각에 따라 자동으로 계산되므로 식 (5.110)에서 각도 변수만 다음과 같이 조정하면 된다.

$$\begin{aligned}\theta_{an}^{l}{}'(t) = BP_2(t, [0\ t_m\ \ T], [{}^{i}\theta_{an}^{l} + \Delta\,\theta_{an}^{l},\ {}^{m}\theta_{an}^{l} + \frac{\Delta\,\theta_{an}^{l} + \Delta\,\theta_{an}^{r}}{2},\ {}^{f}\theta_{an}^{l} + \Delta\,\theta_{an}^{r}],\\ [{}^{i}\omega_{an}^{l}\ {}^{m}\omega_{an}^{l}\ {}^{f}\omega_{an}^{l}]),\ \ 0 \le t \le\ T\end{aligned} \tag{5.111}$$

식에서 θ_{an}^{l}의 초기각에는 $\Delta\theta_{an}^{l}$을 더해주고, 최종각에는 $\Delta\theta_{an}^{r}$을 더해 주는데, 이는 한 스텝의 마지막 시점에는 OP가 발을 서로 바꾼 자세가 되기 때문이다. 중간각은 식에서 보듯이 두 조정각의 평균값을 더했으며, <그림 5.65>에 식 (5.111)에서 조정한 $\theta_{an}^{l}{}'$의 궤적을 파라미터와 함께 보였다.

<코드 5.28>은 GenRoboticWalkingWithCost.m 코드에서 실행 초기에 관절각 궤적 파라미터를 결정하는 부분으로, 경사면의 각도에 대해 계산한 $\Delta\Theta_{\alpha}^{LS}$(= djas)를 세 개의 경유점에서의 각도값에 추가해 준다. <그림 5.66>은 sim_robotic_walk에 slope_ang을 5°와 10°로 설정하고 시뮬레이션한 모습을 보이며 경사면에서도 안정되게 보행하는 것을 확인할 수 있다.

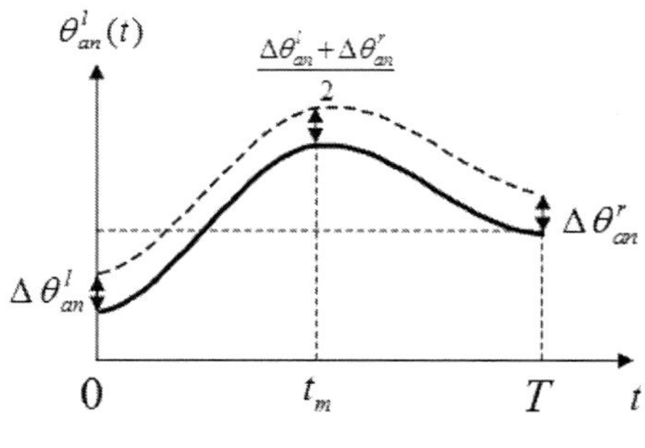

» **그림 5.65 경사면 보행을 위한 왼쪽 족관절모터각의 각도 조정**

```
                                ⋮
if strcmp(sf,'LEFT_SUPP')==1
  max_cor_an = abs_max_cor_an;
                                ⋮
  SAG_AN_L_INIT_ANG = gsa*init_ang(1)+djas(1);
  SAG_KN_L_INIT_ANG = gsa*init_ang(2)+djas(2);
  SAG_HP_L_INIT_ANG = gsa*init_ang(3)+djas(3);
  SAG_HP_R_INIT_ANG = gsa*init_ang(4)+djas(4);
  SAG_KN_R_INIT_ANG = gsa*init_ang(5)+djas(5);
  SAG_AN_R_INIT_ANG = gsa*init_ang(6)+djas(6);

  SAG_AN_L_FIN_ANG = gsa*fin_ang(1)+djas(6);
  SAG_KN_L_FIN_ANG = gsa*fin_ang(2)+djas(5);
  SAG_HP_L_FIN_ANG = gsa*fin_ang(3)+djas(4);
  SAG_HP_R_FIN_ANG = gsa*fin_ang(4)+djas(3);
  SAG_KN_R_FIN_ANG = gsa*fin_ang(5)+djas(2);
  SAG_AN_R_FIN_ANG = gsa*fin_ang(6)+djas(1);

  SAG_AN_L_MID_ANG = gsa*(deg2rad(x(1))+(djas(1)+djas(6))/2);
  SAG_KN_L_MID_ANG = gsa*(deg2rad(x(2))+(djas(2)+djas(5))/2);
  SAG_HP_R_MID_ANG = gsa*(deg2rad(x(3))+(djas(3)+djas(4))/2)+foot_lift_ang;
  SAG_KN_R_MID_ANG = gsa*(deg2rad(x(4))+(djas(2)+djas(5))/2)+foot_lift_ang;
                                ⋮
```

» **코드 5.28** GenRoboticWalkingWithCost.m에서 관절각 궤적 파라미터 설정 부분

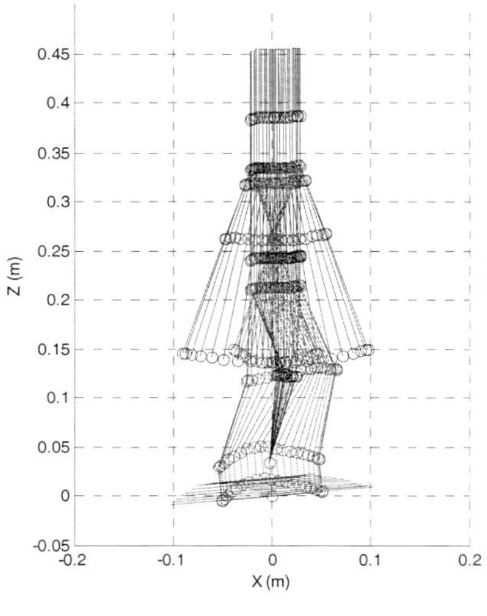

(a) $\alpha = 5°$

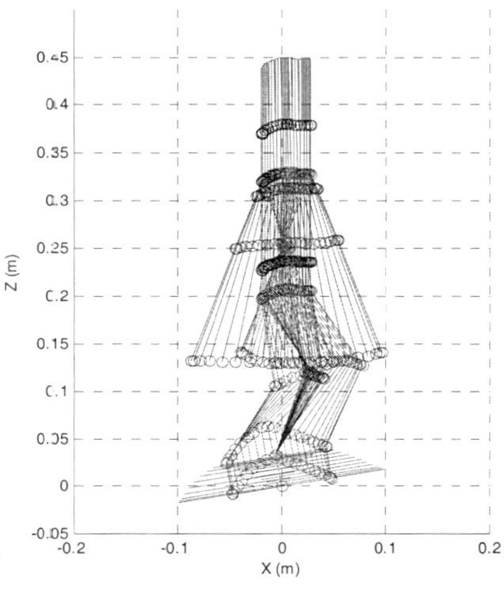

(b) $\alpha = 10°$

» **그림 5.66** 경사각이 α인 평면에서의 안정된 보행 시뮬레이션

보행 중 보폭을 증가시키거나 감소시키고 싶은 경우, <그림 5.41>과 <그림 5.42>에서 확인한 것처럼 관절각 배율 gsa를 1보다 증가시키거나 감소시키면 된다. 앞 페이지의 <코드 5.28>에서는 gsa가 각도와 속도 관련 파라미터에 곱해져 있음을 볼 수 있다.

<그림 5.67>에서는 gsa가 1일 때인 기준 보행 패턴과 gsa가 2와 0.5일 때의 보행 패턴을 sim_robotic_walk로 시뮬레이션한 것을 비교했다. gsa가 2일 때는 보폭도 약 2배로 증가하지만 고관절과 슬관절의 회전각 궤적도 크기가 2배가 되기 때문에 자유다리의 발이 2배 이상 높아짐을 확인할 수 있다. 반대로 gsa가 0.5일 때는 보폭과 자유다리의 발 높이가 절반 이하로 줄어드는 것을 알 수 있다. <표 5.16>에서는 gsa 변화에 따른 이족보행 시 보폭과 자유다리 발높이를 비교했다.

한편, 보행 중 지나가는 경로 상에 문턱이나 물건이 있어서 다리를 좀 더 높이 들어 올려야 하는 경우가 종종 발생한다. 이런 경우 보폭은 그대로 하고 자유다리를 들어 올리는 역할을 하는 시상면 고관절 기하각 θ_4를 증가시키는 반면에 θ_5를 감소시켜서 자유다리의 정강이를 내려줘야만 무게중심에 큰 영향을 미치지 않으면서도 자유다리의 발을 더 높이 들 수 있다. 이는 <그림 5.1>에서 보듯이 왼발 지지 시에는 자유다리의 고관절모터각 θ_{hp}^r에 양의 각도값(foot_lift_ang)을 더 해주고, 슬관절모터각 θ_{kn}^r에 동일한 양의 각도값을 더 해주는 것과 같다. 반대로 오른발 지지 시에는 θ_{hp}^l과 θ_{kn}^l에 동일하게 양의 각도를 더 해주면 된다. 여기서 주의할 점은 다리를 들어올리는 시점이 보행 자세의 중간 부분이므로, 중간시점에서만 자유다리의 고관절과 슬관절모터각궤적에 양의 각도값을 더해줘야 한다는 사실이다.

<코드 5.28>의 아래 부분에서 왼발 지지 시 SAG_HP_R_MID_ANG과 SAG_KN_R_MID_ANG에 foot_lift_ang을 동일하게 더해 주는 부분이 있는데 이렇게 함으로써 발을 좀 더 들어 올리게 한다. <그림 5.68>에서는 foot_lift_ang이 0°일 때인 기준 보행 패턴과 20°, 40°일 때의 보행 패턴을 sim_robotic_walk로 시뮬레이션 하여 비교했다. 시뮬레이션 결과에서 foot_lift_ang이 증가할수록 보폭은 그대로이지만 자유다리의 발이 비례해서 높아지는 것을 확인할 수 있다. <표 5.17>은 foot_lift_ang을 10° 단위로 증가시켰을 때의 변화를 정리한 것이다.

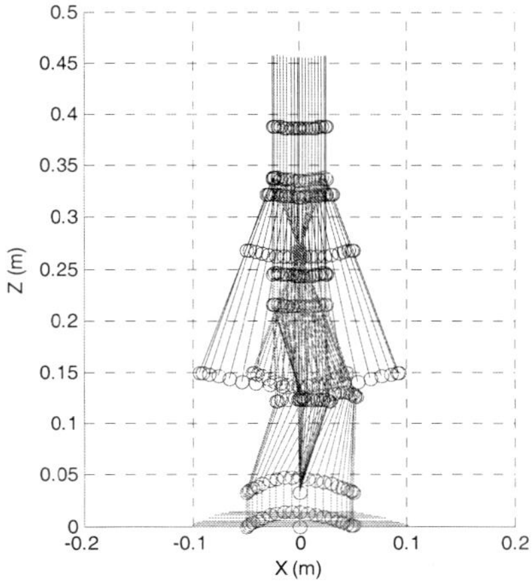

(a) gsa = 1.0

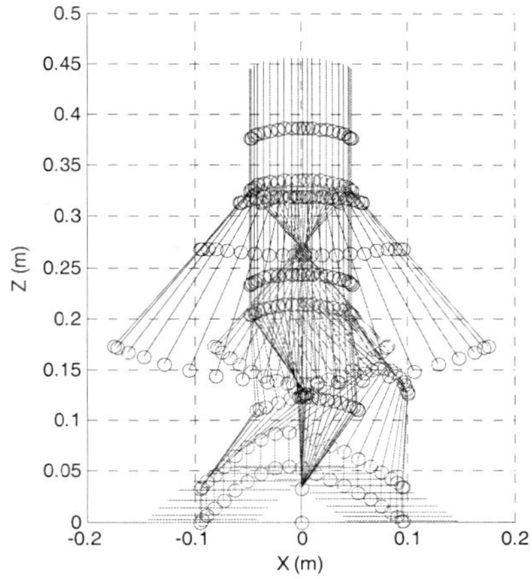

(b) gsa = 2.0

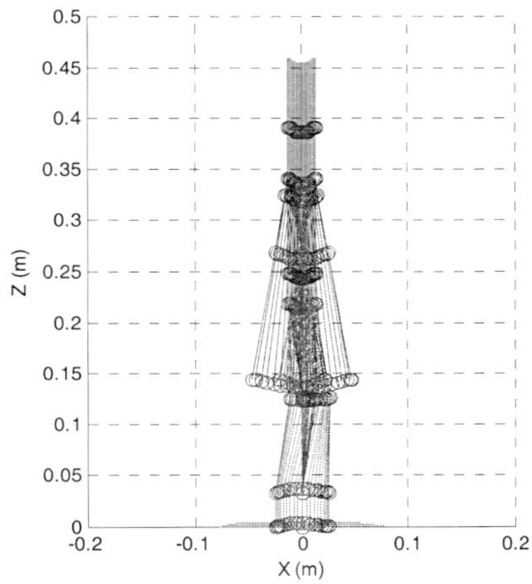

(c) gsa = 0.5

» **그림 5.67** 관절각 배율 조정에 따른 보행 특성 비교

» **표 5.16** 모터관절 배율 gsa의 변화에 따른 보폭과 발높이의 비교

gsa	보폭(mm)	발높이(mm)
1.0	49.6	13.8
2.0	94.4	53.0
0.5	25.1	3.5

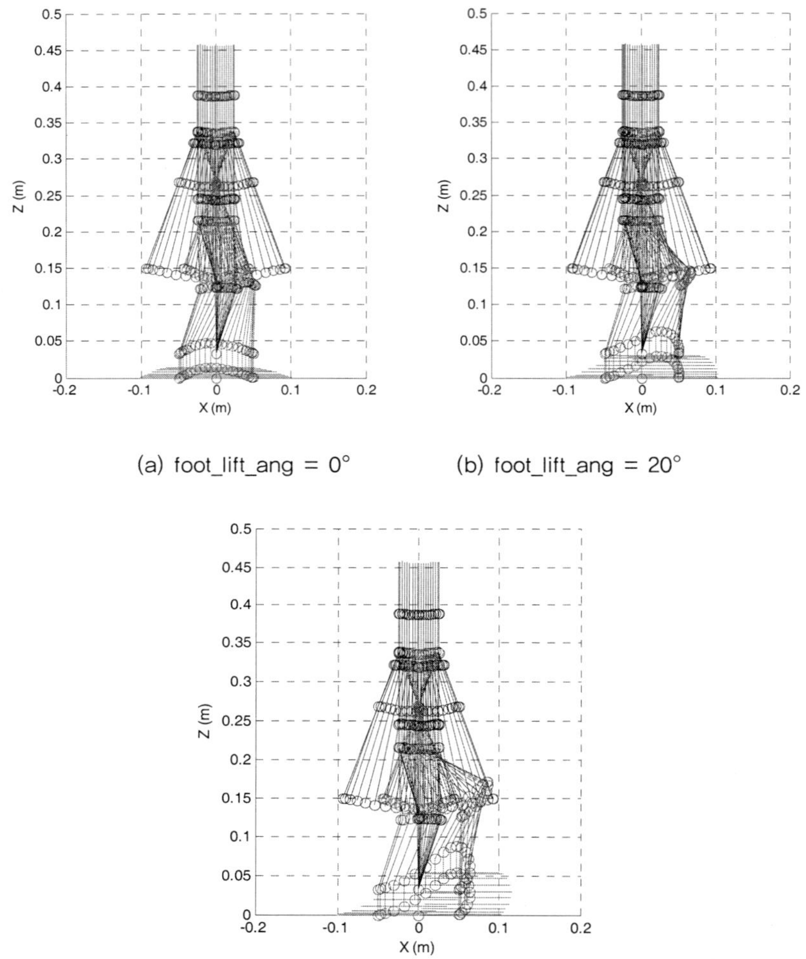

(a) foot_lift_ang = 0°　(b) foot_lift_ang = 20°

(c) foot_lift_ang = 40°

» **그림 5.68** foot_lift_ang 조정에 따른 보행 특성 비교

» **표 5.17** foot_lift_ang 변화에 따른 최대 발높이 비교

foot_lift_ang(°)	0	10	20	30	40
발높이(mm)	14.4	21.1	30.4	42.0	55.2

휴머노이드 로봇에게 성별, 나이, 성격, 기분 등의 인간적인 캐릭터를 부여해서 의인화하고 싶은 경우 보행 특성을 적절히 조정해야 한다. 보행 중에 상체를 좌우로 흔드는 폭을 조정하고 싶은 경우 sim_robotic_walk에서 abs_max_cor_tr을 양의 값으로 조정하면 된다. <코드 5.19>에서 보듯이 GenRoboticWalkingWithCost 함수에서 이 값을 받아 cor_tr_ratio (=abs_max_cor_tr/abs_max_cor_an)를 계산하며, <코드 5.20>에서 보듯이 이 값을 이용해서 des_cor_tr(=-cor_tr_ratio*cor_an_l(i))을 계산한다. 이렇게 계산된 des_cor_tr은 식 (5.91)와 (5.92)에서처럼 양쪽 고관절각에 더해져서 OP가 보행하는 동안 abs_max_cor_tr 만큼 상체를 좌우로 흔들게 한다.

<그림 5.70>은 상체를 좌우로 좀 더 크게 흔들기 위해 앞에서 최적화된 표준 이족보행 조건(sl = 0.05, use_ref_zmp = 1, walk_ph = 2)에 abs_max_cor_tr 값을 10°와 20°로 설정하여 시뮬레이션한 모션을 앞에서 본 모습이다. 그림에서 보듯이 이 값을 증가시키면 설정 각도에 비례해서 상체가 좌우로 좀 더 크게 흔들리는 것을 확인할 수 있다. 이로부터 펭귄처럼 좌우로 뒤뚱거리는 보행 패턴을 생성하고 싶은 경우 abs_max_cor _tr을 적절히 큰 값으로 설정하면 된다는 것을 알 수 있다.

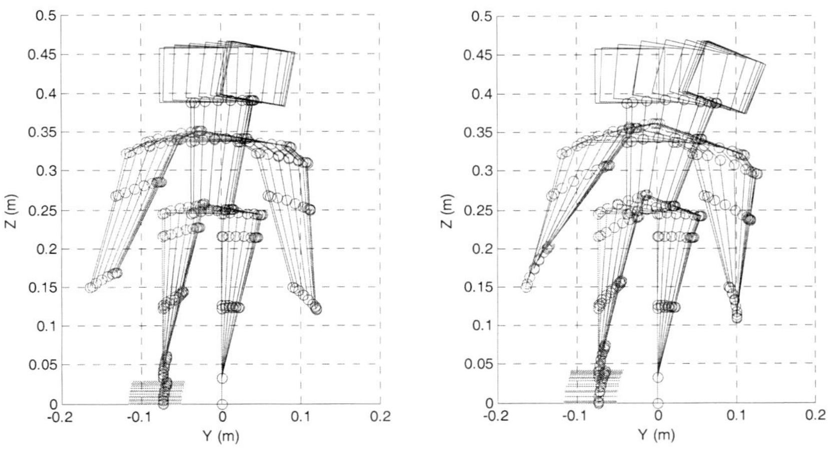

(a) abs_max_cor_tr = 10°　　(b) abs_max_cor_tr = 20°

» **그림 5.70** abs_max_cor_tr 값 조정에 따른 보행 특성 비교

보행에 있어서 속도를 높이는 경우 상체를 90°로 설정하면 관성력 때문에 뒤로 젖혀지는 문제가 발생하므로 약간 앞으로 숙여줘야 한다(des_sag_tr < 90°). 또는 다소 거만한 자세로 걷는 모습을 구현하려면 상체를 약간 뒤로 젖혀줘야 한다 (des_sag_tr > 90°). <그림 5.71>은 sim_robotic_walk에서 des_sag_tr을 80°와 100°로 조정함으로써 상체를 앞으로 숙인 채 또는 뒤로 젖힌 채 걸어가는 모습을 시뮬레이션으로 구현한 것이다.

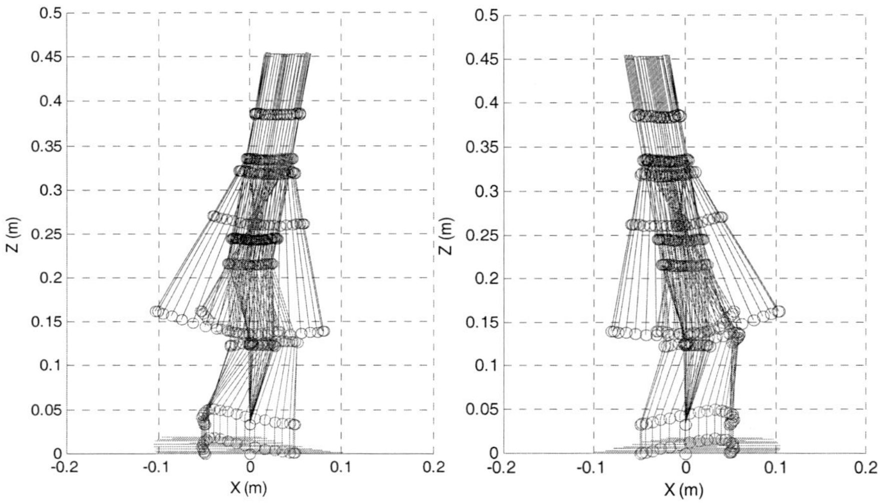

(a) des_sag_tr = 80° (b) des_sag_tr = 100°

» **그림 5.71** des_sag_tr 값 조정에 따른 보행 특성 비교

마지막으로 sim_robotic_walk에서 vratio 값을 조정해서 보행 속도만을 조절하는 것에 대해 알아보자. 보행 속도는 시상면 하체 관절모터각의 회전 각속도가 모두 동일한 속도로 빨라지거나 느려지면 된다. 이해를 돕기 위해 아래의 2-세그먼트 보행 궤적 식과 <그림 5.72>를 보행 속도 변화 전의 어떤 관절의 모터각 궤적이라고 하자.

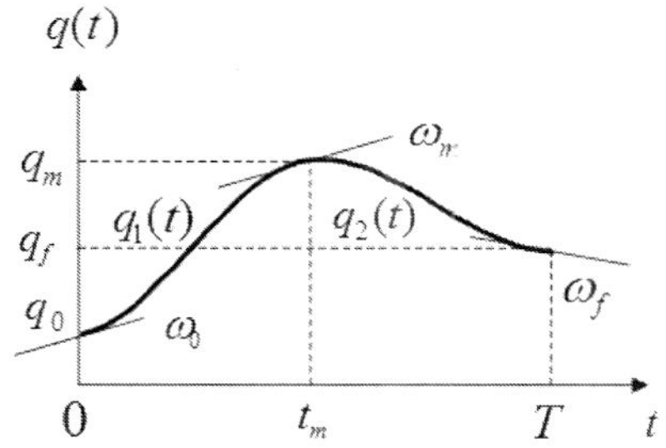

» **그림 5.72** 2개의 세그먼트로 구성된 혼합다항식의 원 궤적 $q(t)$

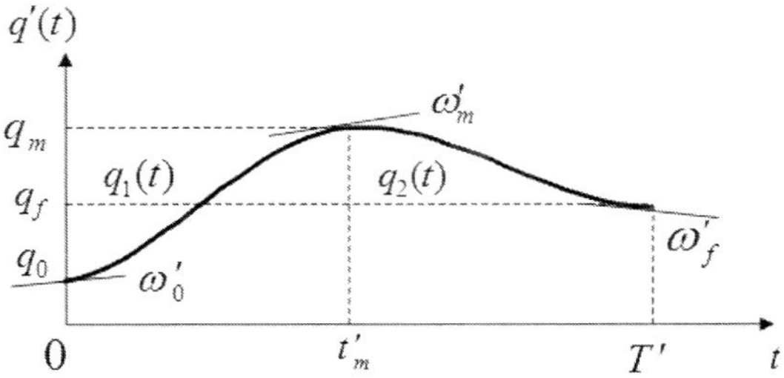

» **그림 5.73** $q(t)$ 궤적을 느리게 회전시켰을 때의 변형 된 혼합다항식의 궤적

$$q(t) = BP_2(t, [0\ t_m\ T], [q_0\ q_m\ q_f], [\omega_0\ \omega_m\ \omega_f]),\ \ 0 \le t \le T \tag{5.112}$$

<그림 5.73>은 <그림 5.72>의 원 궤적 $q(t)$를 느리게 회전시켰을 때의 변형된 궤적을 나타낸다. 이때의 속도 변화율 vratio을 η라고 표현하면 변형된 궤적은 다음의 관계식으로 쓸 수 있다.

$$q'(t) = BP_2(t, [0\ t_m{}'\ T'], [q_0\ q_m\ q_f], [\omega_0{}'\ \omega_m{}'\ \omega_f{}']),\ \ 0 \le t \le T' \tag{5.113}$$

식에서 보행 속도에 따라 변화된 시간과 각속도 파라미터는 다음의 관계식으로 표현된다.

$$t_m{}' = \frac{t_m}{\eta},\ T' = \frac{T}{\eta},\ \omega_0{}' = \eta\omega_0,\ \omega_m{}' = \eta\omega_m,\ \omega_f{}' = \eta\omega_f \tag{5.114}$$

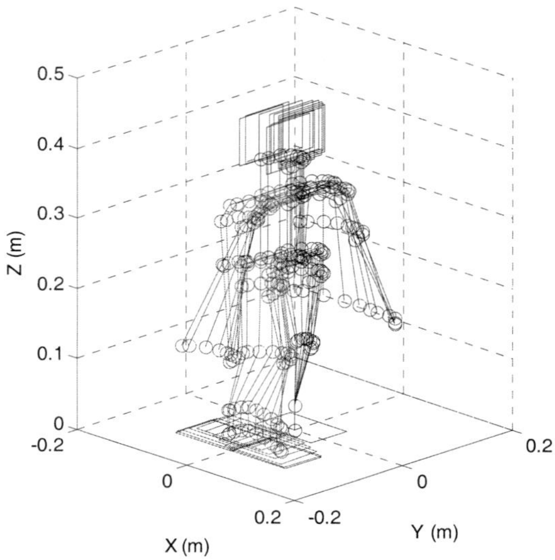

(a) vratio = 2

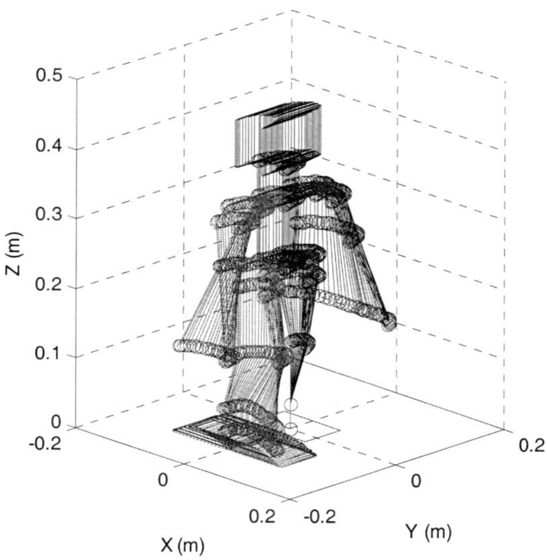

(b) vratio = 0.5

» **그림 5.74** vratio 조절에 따른 보행 속도 변화 비교

이렇게 vratio로 모터 회전각속도를 조절하는 부분은 <코드 5.24>에 나와 있다. <그림 5.74>는 vratio을 2로 조정해서 보행 속도가 2배 빨라지는 것과, 반대로 vratio을 0.5로 조정해서 보행 속도가 2배 느려지는 것을 sim_robotic_walk로 시뮬레이션 한 것이다. 각 모션의 샘플시간은 0.05초로 동일하므로 <그림 5.74(a)>처럼 정지 모션 간의 간격이 큰 것이 빠른 동작이고 <그림 5.74(b)>처럼 정지 모션의 간격이 조밀한 것이 느린 동작이다.

CHAPTER 6

로보티즈 OP의 모션 생성

제6장에서는 지금까지 소개한 내용을 로보티즈 OP에 적용하여 이족보행을 포함한 다양한 모션을 수행하는 방법을 설명한다. 이를 위해 저자는 optWalk라는 이름의 C++ 프로그램 패키지를 작성했다. 이 패키지는 http://office.ucloud.com의 My ucloud/게스트 폴더에 있으며, optWalk 파일을 OP의 /robotis/Linux/project 디렉터리 안에 복사하고 각 절에서 해당 내용을 실행해 보도록 하자.

6.1절에서는 optWalk 패키지의 전체 구조와 핵심적인 클래스인 SelfMotion 클래스의 메소드 함수에 대해 설명한다. 6.2절에서는 OP에 장착되어 있는 자이로 센서와 가속도 센서, FSR 센서로부터 읽어온 데이터를 보정(calibration)하는 방법을 소개한다. 6.3절에서는 이렇게 보정된 센서 데이터들을 이용해서 OP가 움직일 때 주요 하체 다이나믹셀을 적절히 제어하여 보다 안정된 자세를 만드는 방법을 설명한다. 6.4절에서는 부팅자세에서 기립하기, 손을 흔들거나 허리 굽히며 인사하기 등의 다양한 모션을 생성하는 방법을 소스 코드와 함께 설명한다. 6.5절에서는 제5장에서 시뮬레이션 했던 이족보행을 OP가 안정된 자세로 수행하는 것을 소스 코드와 함께 설명한다.

이번 장에서 사용되는 휴머노이드 로봇 플랫폼은 최신 버전인 로보티즈 OP2이며 책에서 사용된 optWalk 코드는 로보티즈 OP1에도 Makefile을 조금 수정하면 그대로 적용된다.

6.1 | optWalk 설명

<그림 6.1>은 optWalk 패키지의 파일 관계도를 보인 것으로 각 소스 코드 파일의 내용 및 역할은 다음과 같다.

- main.cpp, main.h: 텍스트 기반 UI를 이용한 전체 모션 흐름 제어
- MathFunc.cpp, MathFunc.h: 각종 수치연산에 필요한 수학적 함수 정의
- pso.cpp, pso.h: 모션과 자세 최적화 변수화를 위한 PSO 수행

- JointAngles.h: OP의 모든 관절각 관련 파라미터 정의
- SelfMotion.cpp, SelfMotion.h: 이족보행을 포함한 OP의 다양한 동작 생성 및 제어
- robotisOP.cpp, robotisOP.h: OP의 규격 정보 저장 및 기구학/동역학 연산 수행
- MotionDB.h: OP의 모든 동작과 관련된 관절변수와 관절궤적 데이터 저장

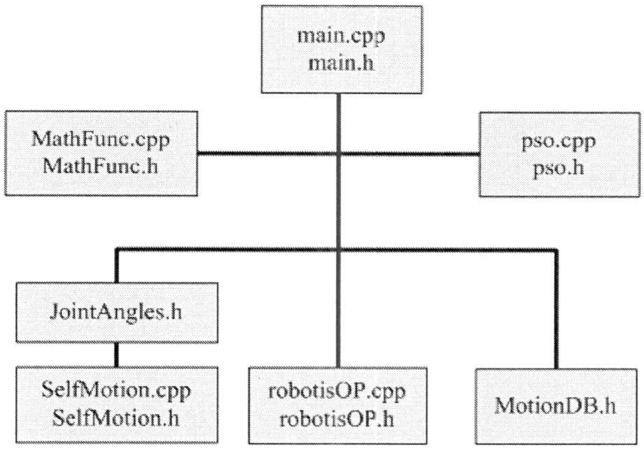

» **그림 6.1** optWalk 패키지의 파일 관계도

이 중에서 OP의 모션을 위해 새롭게 작성된 SelfMotion 클래스의 메소드 함수를 설명하면 <표 6.1>과 같다. 각 함수에 대한 보다 자세한 설명은 이후의 각 절에서 서술될 것이다.

optWalk를 실행하기 위해 제4장에서 설명한 것처럼 OP의 랜선을 노트북이나 데스크톱 컴퓨터에 꽂고 전원 스위치를 켠 후, 데스크톱 PC에서 UltraVNC Viewer를 실행시켜 OP의 내부 PC에 접속한다. 그 후 리눅스에서 터미널을 실행하고 다음 페이지의 코드와 같이 로그인 후 명령들을 순서대로 입력하면 optWalk의 메인 프로그램이 <그림 6.2>와 같이 실행된다.

```
>> sudo su
>> pw: 111111
>> cd /robotis/Linux/project/optWalk/
>> killall demo
>> /.optWalk
```

» **표 6.1** SelfMotion 클래스의 메소드 함수 설명

함수명	기능
ShowMotionStatus (cm730, level)	level에 따라 현재 모션의 ZMP 제어 여부, 샘플 시간, 모션 시간 등을 보여줌
JointAngleInitialization (cm730)	OP 전신의 관절모터각 벡터 mth, mphi, mpsi에 0을 써줌으로써 초기화
SensorInitialization(cm730)	자이로 관련 파라미터(sag_tr_gyro~prev_HPF_cor_tr_gyro)와 ZMP 제어를 위한 안정영역 관련 파라미터 초기화
AcqGyroAccelData(cm730)	X/Y/Z축 자이로 센서 데이터를 읽어 와서 sensor_data[0] ~sensor_data[2]에 저장하고, X/Y/Z축 가속도 센서 데이터를 읽어 와서 sensor_data[3] ~sensor_data[5]에 저장
AcqZmpData(cm730)	왼발과 오른발의 X/Y축 FSR 데이터를 읽어 와서 zmp_res[0]~zmp_res[3]에 저장
AcqAllSensorData (cm730, int cp)	AcqGyroAccelData 함수로 읽어 온 자이로 센서와 가속도 센서 데이터를 상보필터(complementary filter) 처리 함으로써 상체 기울기 각도 계산
	AcqZmpData 함수로 읽어 온 FSR 데이터로부터 정규화된 압력점 위치 데이터 l/r_zmp_x/y를 계산하고, 양쪽 발의 zmp_x와 zmp_y를 평균한 avg_zmp_x/y 계산
AcqJointData (cm730)	다이나믹셀들의 현재 위치값을 읽어 와서 각도로 변환함
SaveSensorData_TorsoAngle_LegJointAngles (cm730, ct, cp)	ct(현재 시간), l/r_zmp_x/y, alpha(시상면 경사각), beta(관상면 경사각), 상체의 시상면/관상면 기울기 각도, 하체 관절의 다이나믹셀 측정 값, 목표 회전각 들의 정보들을 motor_ctrl_data 배열에 저장
WriteFile_SensorData_TorsoAngle_LegJointAngles (ns, npar)	명령된 모션을 종료하기 전에 SaveSensorData_TorsoAngle_LegJointAngles 함수로 만든 motor_ctrl_data 배열을 motor_control_data.txt 파일에 기록

AdjustJointAngleByZMP (cm730, cp)	지지하는 발의 ZMP를 측정해서 발바닥 내에 정의된 안정영역을 벗어나는지 검사하고, 안정영역을 벗어날 경우 족관절, 슬관절, 고관절을 조절함으로써 자세 안정도 유지
BalanceControlByTorsoAngle (cm730)	상체의 기울기 각에 따라 시상면/관상면 족관절 각도를 제어함으로써 자세 안정도 유지
SendPositionValue2AllDynamixel(cm730, cp)	현재 시점의 목표 위치값 벡터인 GoalPos을 SyncWrite함수로 전체 다이나믹셀에 동시 전송함으로써 OP를 동작시킴
SensorActuatorCheck(cm730)	SensorInitialization과 JointAngleInitialization으로 센서값과 관절모터각을 초기화한 후, 샘플 수가 NO_SENS_DATA 이하거나 임의의 키 입력을 받기 전까지 AcqAllSensorData 함수로 상체 기울기와 양쪽 발의 ZMP 계산. 이 함수는 OP의 제어기가 세 가지 센서 데이터를 제대로 받아오는지 확인할 때 유용하며, AdjustJointAngleByZMP나 BalanceControlByTorsoAngle 함수를 추가함으로써 자세 제어 성능을 확인할 수도 있음
MakePostureWithMotorAngle (cm730)	원하는 자세를 위해 계산된 관절모터각 mth, mphi, mpsi 값을 받아서 다이나믹셀의 목표 위치와 속도값으로 변환 후 WriteWord 함수로 전송함으로써 OP의 자세를 구현
GenMotionsInStanding (cm730)	네 가지 모션 모드(전후좌우로 스윙, 횡평면 회전, 앉았다 일어서기)를 구현하기 위해 전신의 관절모터각을 계산하고 자세 제어 알고리즘을 추가하여 SendPositionValue2AllDynamixel 함수로 전송. 측정된 모든 센서 데이터와 다이나믹셀 데이터를 motor_control_ data.txt 파일에 저장함으로써 이 파일을 이용해서 MATLAB으로 분석 가능
SerialFrameMotion(cm730)	각 프레임의 모션에 대한 관절각 데이터를 입력으로 받아서 직선 보간 기법으로 연결동작을 수행하여 전체 모션 구현
RotateInStanding(cm730)	제5장에서 설명된 MATLAB 함수와 동일
WalkManager(cm730)	제5장에서 설명된 MATLAB 함수와 동일
GenRoboticWalkingWithCost (cm730, stg)	제5장에서 설명된 MATLAB 함수와 동일

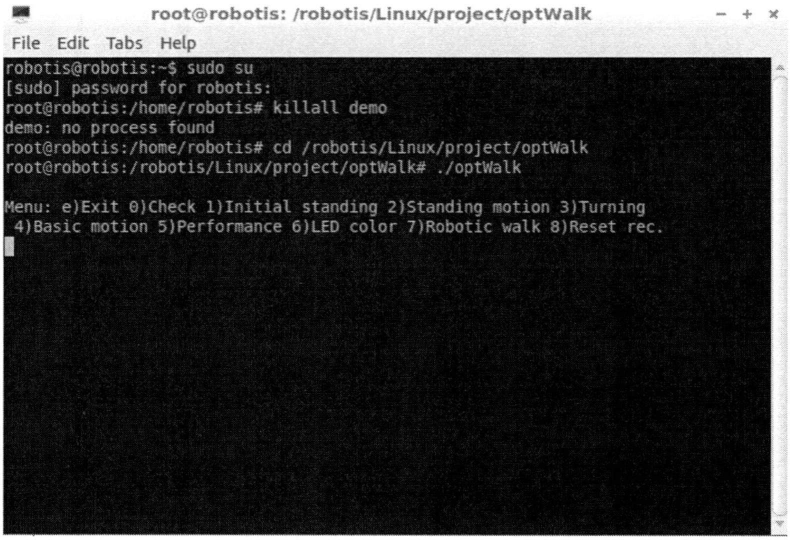

» **그림 6.2** optWalk의 메인 화면

다음은 각 메뉴의 의미와 사용자가 눌러야 할 명령키(괄호 안)를 나열한 것이다.

- Exit('e'): optWalk 프로그램 종료
- SensorActuatorCheck('0'): 센서 데이터를 확인 또는 보정하고 다이나믹셀 데이터 확인
- Initial standing('1'): 직립 기본자세(다른 모션 선택 전에 반드시 수행)
- Standing motion('2'): 제자리에 서서 앞뒤전후로 스윙하기
- Turning('3'): 제자리에 서서 좌우로 방향 틀기
- Basic motion('4'): Hello('h'), Bow('b'), Yes('y'), No('x') 등의 간단한 동작 수행
- Performance('5'): 스키 타는 동작, 댄스 등의 복잡하고 긴 모션 수행
- LED color('6'): OP의 눈과 이마에 있는 LED의 색깔 조정
- Robotic Walk('7'): 이족보행
- Reset rec.('8'): 센서/액추에이터 데이터 기록파일 지우기

각 메뉴에 해당되는 모션 생성 방법을 C++ 소스 코드와 함께 다음 페이지부터 설명한다.

6.2 | 센서 캘리브레이션

휴머노이드 로봇은 모션 시 작은 면적의 두 발로 전신을 지지해야 하므로 자세 안정성은 반드시 고려되어야 한다. 이를 위해 로봇에 장착되어 있는 다중 센서로부터 실시간 계측된 데이터를 계측 및 보정하여 전신의 기울기와 지지하는 발의 압력점 위치 등을 정확히 계산해야 한다. 그러면 로봇의 주제어기는 보정된 센서값들로부터 자세 안정도를 평가하고, 만일 안정도가 약화되었다고 판단될 경우 다음 샘플타임에 전송되는 액추에이터 명령값을 적절히 조절함으로써 안정된 모션을 유지할 수 있다.

일반적으로 휴머노이드 로봇의 경로생성과 모션제어, 보행제어에 많이 사용되는 센서에는 자이로스코프(이하 자이로) 센서, 가속도 센서, 기울기 센서, 힘/토크 센서, 압력센서(FSR 센서), 비전 센서, GPS 등이 있다. 각 센서의 특징에 대해 간략히 설명하면 다음과 같다.

- 자이로 센서, 가속도 센서, 기울기 센서: 로봇의 전신 또는 상체의 각도를 측정하는 역할을 하며 MEMS 기술의 발달로 저가의 부품이 판매되고 있음
- 힘/토크 센서: 손목이나 발목에 주로 장착되며, 물건을 잡을 때나 보행할 때 손목이나 발목에 가해지는 힘/토크를 측정하는 센서로서 비교적 고가임
- 압력센서: 발바닥의 모서리 부에 장착되어 발에 가해지는 압력의 중심점(Center of Pressure)을 측정
- 비전 센서: 로봇에 장착된 카메라의 영상 데이터를 분석함으로써 로봇의 현재 자세 추정, 장애물 회피, 목표물 접근 등에 사용됨. 현재 저가인 Microsoft

사의 Kinect가 많이 사용되고 있으며, 촬영 대상인 사람의 팔과 다리의 3차원 좌표와 깊이 데이터를 실시간으로 계산할 수 있어 기존의 고가 스테레오 카메라를 대체하고 있음

- GPS(Global Positioning System): 네 대 이상의 GPS 위성신호로부터 수신한 데이터를 이용해서 로봇의 현재 2차원 좌표를 측정하는 시스템으로 로봇의 위치측정(localization)에 주로 사용됨

휴머노이드 로봇의 실시간 모션 제어를 위해서는 이러한 다중 센서 데이터를 동시에 취득하여 각 신호를 적절히 필터링하거나 연산처리 후 합산하여 이를 주 제어기로 보내야 하는데 이를 센서 융합(sensor fusion)이라 한다.

센서 융합 시 몇 가지 주의할 사항이 있다. 먼저, 모든 센서 데이터에는 기본적으로 잡음(noise)이 섞여 있어서 저역통과필터(low pass filter, LPF)를 통과시킬 필요가 있다. 그리고 저가 센서의 경우 데이터가 부정확하거나 손실 또는 지연되어 들어오는 경우가 종종 발생하므로 이에 대한 대책을 마련해 두어야 한다. 그리고 센서의 특성에 따라 드리프트(drift, 자이로 센서와 같이 적분 연산을 수행함으로써 시간이 흐름에 따라 센싱 에러가 누적되어 점점 측정 오차가 커지는 현상)나 바이어스(bias, 센서 입력이 0일 때에도 출력값이 0이 아닌 경우로, 센서 자체의 일정한 오차)가 발생하는 경우가 있으며, 적정 샘플링 시간이 다른 경우가 많다. 예를 들어 휴머노이드 로봇의 안정된 자세제어를 위해서는 각도 센서의 경우 1초당 최소 100개(100 Hz) 이상의 센싱 데이터가 필요한데, 비전 센서의 경우 영상 데이터를 카메라로부터 전송받고 이로부터 특징점을 추출하는 데 요구되는 샘플링 주파수가 최대 25 Hz이므로 비전 센서 데이터만을 사용하면 자세제어를 위한 데이터가 1/4 정도밖에 되지 않는 문제점이 발생한다[24]. 이를 보상하기 위해 비전 센서 데이터가 들어오지 않는 샘플링 시간에는 가속도 센서나 기울기 센서 데이터를 보조적으로 활용해서 위치의 점진적인 변화를 지속적으로 계산해야 하는데 이를 추측 항법(dead reckoning)이라고 한다.

OP의 경우 앞에서 설명한 여러 센서 중 자이로 센서와 가속도 센서가 상체에

기본적으로 장착되어 있으며, FSR 센서는 로보티즈 사로부터 별도로 구입해서 발바닥에 장착할 수 있다. 그러므로 자이로 센서와 가속도 센서를 이용해서 OP의 전신 또는 상체만의 경사각을 측정하고, FSR 센서를 이용해서 자세 안정도를 측정하는 방법에 대해 알아본다. 이렇게 해서 추정된 자세 특징 값들은 6.2절의 균형 제어에 적용될 것이다.

모든 센서는 로봇에 장착 시 데이터 시트 상에 명시된 입출력 특성과 약간의 차이를 가지는데 이를 동일하게 조정하는 것을 센서 보정(sensor calibration)이라고 한다. 일반적인 관성 센서는 다음과 같은 선형 모델식으로 표현할 수 있다[25].

$$V = SMu + b \tag{6.1}$$

식에서 벡터 $V = [v_x\ v_y\ v_z]^T$는 해당 센서로부터 실제 측정된 값을, 대각행렬 $S = diag[s_x\ s_y\ s_z]^T$는 환산계수(scale factor)를, 벡터 $u = [u_x\ u_y\ u_z]^T$는 오차가 없는 센서의 참값을, 벡터 $b = [b_x\ b_y\ b_z]^T$는 센서의 바이어스 오차를 나타내고, 행렬 M은 센서의 비정렬 오차(misalignment error)와 비직교 오차(non-orthogonal error)를 나타내는 항으로 구성된다. 이 책에서는 간략화를 위해 비정렬 오차만을 다룰 예정이며, 이 경우 $M = diag[m_x\ m_y\ m_z]^T$은 대각행렬로 구성한다. 참고로 대각행렬 $diag[a\ b\ c]^T$는 3×3 정방행렬로서 대각선에 위치한 원소가 차례로 a, b, c이며 나머지 원소는 모두 0인 행렬이다.

식 (6.1)에서 수식을 간단하게 하기 위해 두 행렬의 곱 SM을 K^{-1}로 치환한 후 센서의 보정되지 않은 측정값으로부터 센서의 참값을 계산하는 식을 유도하면 다음과 같다.

$$u = K(V - b),\ K^{-1} = SM \tag{6.2}$$

자이로 센서와 가속도 센서에 대해서는 센서 보정을 먼저 시행해야 하며, 그 후 각 센서의 장점만을 선택하여 데이터를 필터링 및 취합함으로써 센서 데이터의 신뢰도를 높이는 상보필터(complementary filter)를 사용한다.

6.2.1 자이로 센서만을 이용한 각도 추정

OP에는 자이로 센서와 가속도 센서가 함께 내장되어 있는데, 이를 관성측정장치(Inertial Measurement Unit, IMU)라고 한다. 자이로 센서는 동체의 무게중심부에 설치되어 동체의 각속도를 측정하는 장치이기 때문에 센서가 움직이면 동체 좌표계(body frame)도 함께 변화한다. 그러므로 IMU의 움직임에 따라 항법 좌표계(navigation frame)와 동체 좌표계(body frame) 사이의 회전에 대한 좌표변환이 필요하다. 휴머노이드 로봇의 경우 항법 좌표계는 절대 좌표계에 해당되고, 동체 좌표계는 상대 좌표계에 해당된다.

<그림 6.3>은 비행체에 항법 좌표계와 동체 좌표계를 설정하는 방법을 보인 것으로, 일반적으로 항법 좌표계는 북쪽(X축 방향)과 동쪽(Y축 방향), 그리고 하방(Z축 방향)을 세 가지 직교 좌표축으로 설정한다. 동체 좌표계는 다음과 같은 세 개의 오일러 각을 이용해서 표현한다.

- 롤(roll)축: 비행체가 날아가는 방향축
- 피치(pitch)축: 롤축에 직교하면서 오른쪽 날개 방향을 향하는 축
- 요(yaw)축: 롤축과 피치축에 직교하면서 비행체의 하방을 향하는 축

참고로 이 오일러 각들을 휴머노이드 로봇에 적용하면 롤축 회전운동은 전진 방향축 중심으로 회전하는 모션(관상면 관절을 회전하여 상체를 좌우로 흔드는 동작)에 해당되고, 피치축 회전운동은 측면 방향축 중심으로 회전하는 모션(시상면 관절을 회전하여 상체를 전후로 흔드는 동작)이며, 요축 회전운동은 지면 방향축 중심으로 회전하는 모션(횡평면 관절을 회전하여 전진 방향을 바꾸는 것)이다. 다시 말해, 시상면-피치축, 관상면-롤축, 횡평편-요축의 대응 관계가 있다.

<그림 6.3>에서 보듯이 비행체가 정확히 북쪽을 향해 각도 변화 없이 지면과

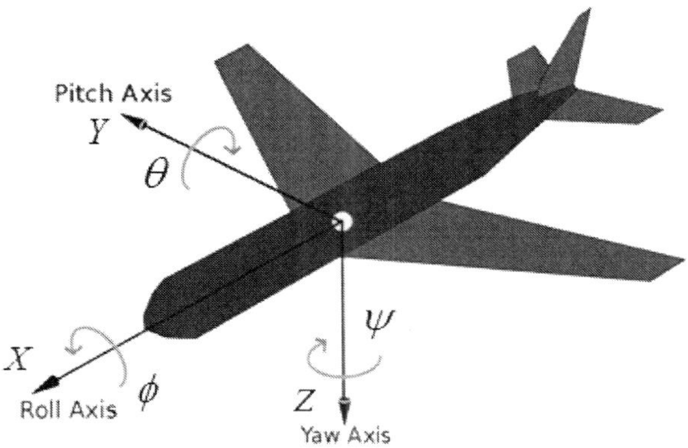

» **그림 6.3** 비행체의 오일러 각 정의

평행하게 날아간다면 항법 좌표계와 동체 좌표계는 북쪽 축(X축)-롤축, 동쪽 축(Y축)-피치축, 하방 축(Z축)-요축이 서로 일치할 것이다.

이 책의 관절변수 명명법에 따라 자이로 센서값으로 추정한 휴머노이드 로봇 상체의 관상면 관절각 변수를 ϕ_g, 시상면 관절각 변수를 θ_g, 횡평면 관절각 변수를 ψ_g로 이름을 붙이고, 롤축 자이로 센서의 각속도 데이터를 ω_{rl}, 피치축 자이로 센서의 각속도를 ω_{pt}, 요축 자이로 센서의 각속도를ω_{yw}라고 하면 다음의 관계식이 성립한다.

$$\begin{bmatrix}\omega_{rl}\\ \omega_{pt}\\ \omega_{yw}\end{bmatrix} = \begin{bmatrix}\dot{\phi}_g\\ 0\\ 0\end{bmatrix} + R_{x,\phi}\begin{bmatrix}0\\ \dot{\theta}_g\\ 0\end{bmatrix} + R_{x,\phi}R_{y,\theta}\begin{bmatrix}0\\ 0\\ \dot{\psi}_g\end{bmatrix} \tag{6.3}$$

식에서 두 회전행렬은 식 (2.12)와 (2.13)처럼 다음과 같이 정의된다.

$$R_{x,\phi} = \begin{bmatrix}1 & 0 & 0\\ 0 & \cos\phi_g & -\sin\phi_g\\ 0 & \sin\phi_g & \cos\phi_g\end{bmatrix},\ R_{y,\theta} = \begin{bmatrix}\cos\theta_g & 0 & \sin\theta_g\\ 0 & 1 & 0\\ -\sin\theta_g & 0 & \cos\theta_g\end{bmatrix} \tag{6.4}$$

즉, 롤축(X축)을 중심으로 $\dot{\phi}_g$의 각속도로 회전시킨 후, 피치축(Y축)을 중심으로 $\dot{\theta}_g$만큼 회전시킨다. 그 다음 요축(Z축)을 중심으로 $\dot{\psi}_g$만큼 회전시키면 이러한 복합회전의 결과로서 회전하는 동체 좌표계의 각 변화량은 항법 좌표계에서 바라볼 때 식 (6.3)과 같이 후행연산 식으로 표현된다.

식 (6.3)에서 우리가 계산하고자 하는 값은 $\dot{\phi}_g, \dot{\theta}_g, \dot{\psi}_g$이므로 식 (6.4)를 이 식에 대입해서 정리하면 다음과 같은 관계식을 얻을 수 있다.

$$\begin{bmatrix} \omega_{rl} \\ \omega_{pt} \\ \omega_{yw} \end{bmatrix} = \begin{bmatrix} 1 & 0 & -S_\theta \\ 0 & C_\phi & S_\phi C_\theta \\ 0 & -S_\phi & C_\phi C_\theta \end{bmatrix} \begin{bmatrix} \dot{\phi}_g \\ \dot{\theta}_g \\ \dot{\psi}_g \end{bmatrix} \tag{6.5}$$

이 식을 역행렬을 이용하여 $\dot{\phi}, \dot{\theta}, \dot{\psi}$에 대해서 풀면 다음과 같이 변환된다.

$$\begin{bmatrix} \dot{\phi}_g \\ \dot{\theta}_g \\ \dot{\psi}_g \end{bmatrix} = \begin{bmatrix} 1 & 0 & -S_\theta \\ 0 & C_\phi & S_\phi C_\theta \\ 0 & -S_\phi & C_\phi C_\theta \end{bmatrix}^{-1} \begin{bmatrix} \omega_{rl} \\ \omega_{pt} \\ \omega_{yw} \end{bmatrix} = \begin{bmatrix} 1 & S_\phi T_\theta & C_\phi T_\theta \\ 0 & C_\phi & -S_\phi \\ 0 & S_\phi / C_\theta & C_\phi / C_\theta \end{bmatrix} \begin{bmatrix} \omega_{rl} \\ \omega_{pt} \\ \omega_{yw} \end{bmatrix} \tag{6.6}$$

식에서 T_θ는 $\tan\theta$를 의미한다.

식 (6.6)은 1차 미분식이므로 이산시간(discrete time) 각도값 $\phi(k), \theta(k), \psi(k)$를 계산하기 위해서 437

오일러(Euler) 미분공식을 사용하면 된다. 오일러 미분공식은 변수 $\delta(t)$의 $k+1$번째 샘플 시간에서의 미분값을 다음과 같이 두 점에서의 기울기 값으로 근사화하는 것이다.

$$\left.\frac{d\delta(t)}{dt}\right|_{t=k+1} \approx \frac{\delta(k+1) - \delta(k)}{T} \tag{6.7}$$

이 관계식을 식 (6.6)에 적용하면 다음과 같은 식이 유도된다.

$$
\begin{aligned}
&\phi_g(k+1) \\
&= \phi_g(k) + T\big(\omega_{rl}(k) + \sin\phi_g(k)\tan\theta_g(k)\,\omega_{pt}(k) + \cos\phi_g(k)\tan\theta_g(k)\omega_{yw}(k)\big)
\end{aligned}
$$

$$
\theta_g(k+1) = \theta_g(k) + T\big(\cos\phi_g(k)\,\omega_{pt}(k) - \sin\phi_g(k)\omega_{yw}(k)\big) \tag{6.8}
$$

$$
\psi_g(k+1) = \psi_g(k) + T\left(\frac{\sin\phi_g(k)}{\cos\theta_g(k)}\,\omega_{pt}(k) + \frac{\cos\phi_g(k)}{\cos\theta_g(k)}\omega_{yw}(k)\right)
$$

식에서 T는 센서 데이터를 읽어오는 샘플 주기이다.

이제 식 (6.8)로 계산한 세 각도값을 식 (6.2)의 센서 보정 관계식에 적용하여 정확한 보정 계수 K와 바이어스 b를 계산해 보도록 하자. 이를 위해서는 참 센서값 u를 알아야 하는데, 일반적으로 정밀도가 높고 바이어스가 거의 없는 엔코더 센서를 로봇에 추가적으로 부착해서 측정된 값을 u로 간주한다. 보정 계수들을 계산하는 데에는 RLS(Recursive Least Squares) 방법[26]들이 많이 사용되지만 수식이 복잡하므로 이 책에서는 PSO를 이용해서 세 각도값에 관한 보정 계수 K_θ, K_ϕ, K_ψ와 바이어스 b_θ, b_ϕ, b_ψ를 계산한다.

이를 위해 SelfMotion 클래스에 정의된 GenMotionsInStanding 함수를 이용해서 OP가 직립한 상태에서 전후좌우로 스윙 및 회전하게 하고 자이로 센서와 가속도 데이터를 측정 및 저장한다. 이 함수는 optWalk의 주 메뉴에서 '2)Standing motion'을 선택하면 실행이 되며 다음과 같이 네 가지 모션 모드(motion_no)가 나타난다.

```
>> Select motion: p)Pitch swing r)Roll swing y)Yaw rotation u)Up and down
    c)Clear data m)Main e)Exit
```

'p' 키를 눌러서 motion_no가 1이 되면 OP의 양쪽 발목 피치관절만 회전하여 전신이 전후로 스윙하고, 'r' 키를 눌러 motion_no가 2가 되면 양쪽 발목 롤관절만 회전하여 전신이 좌우로 스윙한다. 'y' 키를 눌러 motion_no가 3이 되면 오른쪽 발을 살짝 들어올린 상태에서 왼쪽 고관절에 있는 요관절이 시계/반시계방향으로 회전한다. ‘u’ 키를 눌러 motion_no가 4가 되면 양쪽 다리에 있는 피치관절이 동시에 적절히 회전하여 상체를 수직으로 한 상태에서 앉았다 일어서기를 수행한다. main에서 선택된 motion_no는 SelfMotion 클래스의 motion_type에 기록되어 GenMotionsInStanding 함수에서 사용된다. 이 함수에 대한 자세한 설명은 6.4.2절에서 할 예정이다.

먼저 motion_type을 1로 설정하면 OP가 직립한 상태에서 16초 동안 전후로 스윙한다. 이런 모션을 만들기 위해 다른 관절각은 모두 0°로 설정하고, 좌우 시상면 발목 관절각을 다음의 식에 의해 회전한다.

$$\theta_{an}^{l}(t)=\theta_{an}^{r}(t)=5\sin(\pi t)+2\sin\left(\frac{\pi}{2}t\right)+\sin\left(\frac{\pi}{4}t\right) \quad (6.9)$$

다음은 GenMotionsInStanding 함수의 해당 코드이다. 그리고 <그림 6.4>는 이 식으로 생성한 관절각 파형으로서 ±7° 이내에서 부드럽게 변화함을 알 수 있다.

```
for(cp=0; cp<ns; ++cp){   // cp; 현재 샘플 포인트
    ct = cp*st;                    // ct: 현재 시간
    //// Determine sagittal ankle joint angles. ////
    if(motion_type==1){
        sag_an_l = sag_an_r = deg2rad(5)*sin(PI*ct) + deg2rad(2)*sin(0.5*PI*ct)
             + deg2rad(1)*sin(0.25*PI*ct);  // 센서 보정을 위한 신호 파형
                                              ⋮
}
```

<그림 6.5>는 GenMotionsInStanding 함수의 SaveSensorData_TorsoAngle_LegJointAngles 함수를 이용해서 sensor_init_data.txt 파일에 저장한 발목 피치 관절 다이나믹셀의 엔코더로부터 읽어 들인 회전각 측정값 sag_an_enc, 그리고 자이로 센서 데이터로부터 식 (6.8)을 이용해서 계산한 상체의 피치각 pitch_tr_gyro(θ_g) 궤적들을 하나의 창에 동시에 그린 것이다. 참고로 현재 OP는 센서 보정이 되어 있지 않은 관계로 main에서 is_sensor_calibrated를 false로 설정해야 하며, 이 때문

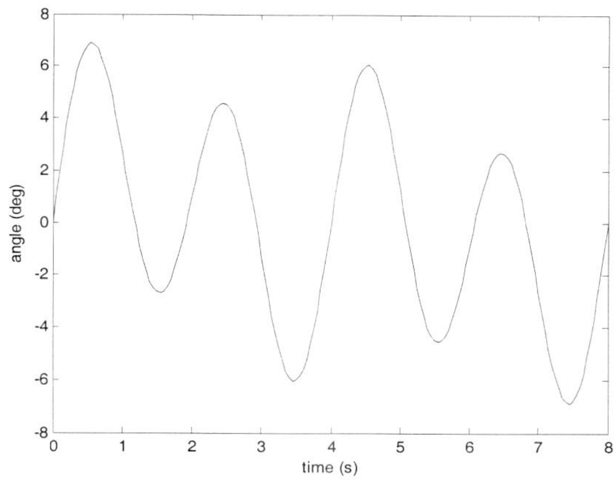

» **그림 6.4 센서 보정을 위한 하체 발목 관절모터각 목표 궤적**

에 SaveSensorData_TorsoAngle_LegJointAngles 함수에서는 센서와 다이나믹셀 데이터를 모두 담은 motor_ctrl_data 배열이 아니라, sensor_init_data 배열에 자이로 센서와 가속도 센서로 추정한 각도값을 배열한다. 또한, 이러한 배열 데이터를 텍스트 파일에 저장할 때에도 is_sensor_calibrated가 false일 때는 sensor_init_data.txt 파일에, is_sensor_calibrated가 true(센서 보정됨)일 때는 motor_control_data.txt 파일에 저장된다. 이 텍스트 파일들은 MATLAB에서 읽어 들여 모션과 제어 기능 등을 분석하는데 사용된다.

<그림 6.5>에서 주의할 점은 <그림 5.1>과 <그림 5.2>에서 보듯이 발목 관절모터각 θ^l_{an}이나 θ^r_{an}의 각도가 양의 값이 될 때는 발을 몸쪽으로 당기는 자세가 되고, 그 반작용으로 로봇이 직립해 있는 경우 전신이 앞으로 기울어진다. 그러나 <그림 4.9>에서 보듯이 피치각 자이로 센서의 각속도 측정값은 몸이 앞으로 기울 때는 음의 값이 되어 발목 관절모터각과는 부호가 반대가 된다. 그러므로 <그림 6.5>에서는 엔코더 센서값의 부호를 반대로 함으로써 자이로 센서각의 변화와 일치하게 했다. 그림에서 보면 실질적인 발목 관절모터 측정각(sag_an_enc) 궤적과 자이로 센서로 측정한 상체각(pitch_tr_gyro) 궤적이 크기에 차이가 있지만 유사한 패턴으

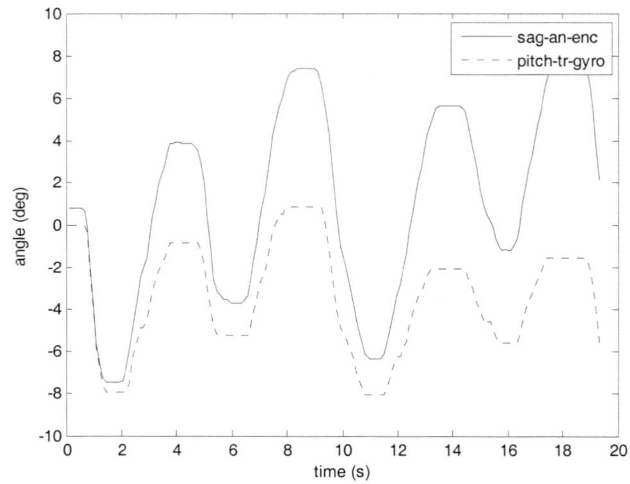

» **그림 6.5 자이로 센서와 엔코더 센서로 측정된 상체 피치각 궤적 그래프** (plot_sensor_data.m)

로 변화함을 알 수 있다. 이 그래프는 matlab code/check sensor and control 디렉터리의 plot_sensor_data.m 파일로 그려졌다. 이 코드에서는 세 가지 모션(전후, 좌우, 회전)에 대해 만들어진 sensor_init_data.txt 파일 이름에 각각의 접미어 _pitch, _roll, _yaw를 붙여 수정한 텍스트 파일을 읽어오게 함으로써 사용의 편리성을 높였다.

다이나믹셀의 엔코더로 측정한 각도가 신뢰할 만하므로 sag_an_enc 값을 기준으로 pitch_tr_gyro 값을 보정하도록 한다. 이 경우 피치각에 대해 식 (6.2)의 두 보정 계수를 K_θ와 b_θ라고 하고 PSO로 두 신호 간의 오차를 최소화하는 값을 탐색한다. 이를 위해 matlab code/check sensor and control 디렉터리의 pso_sensor_cal.m 파일에서 sel_sensor를 'pitch_gyro'로 설정하고 코드를 실행한다.

PSO는 개체수를 20으로, 최대 반복횟수를 50으로 설정했으며, 첫 번째 탐색변수 K_θ는 -5와 5사이에서, 두 번째 탐색변수 b_θ는 -20과 20 사이에서 탐색했다. PSO가 최소화해야하는 비용함수는 다음과 같이 설계했다.

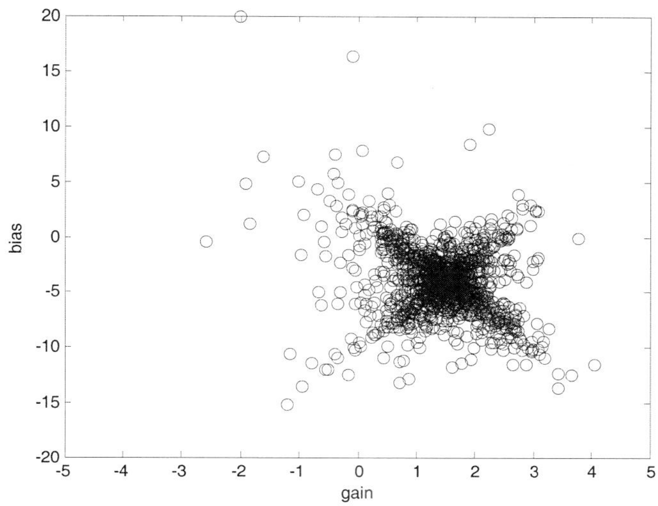

» **그림 6.6** 센서 보정을 위해 PSO로 두 계수의 최적화 변수값 탐색 시 수렴하는 모습

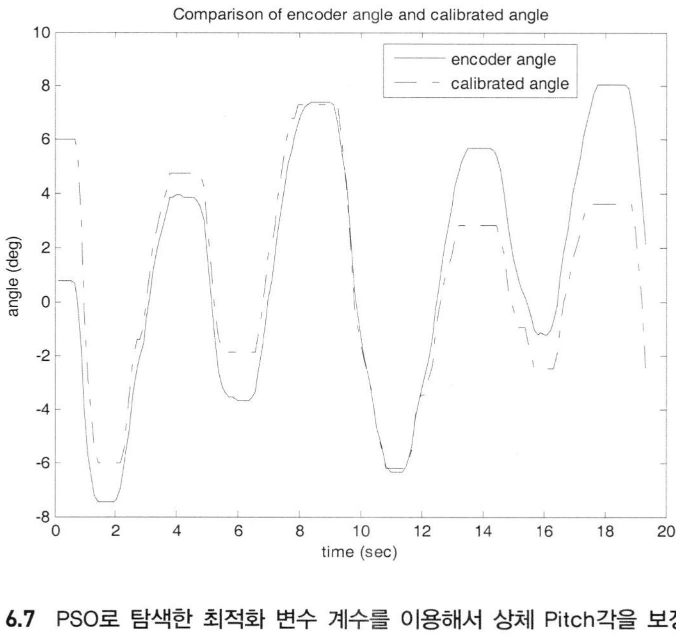

» **그림 6.7** PSO로 탐색한 최적화 변수 계수를 이용해서 상체 Pitch각을 보정한 결과

$$J(K_\theta, b_\theta) = \frac{1}{N}\sum_{k=1}^{N}|u_\theta(k) - K_\theta(\theta_g(k) - b_\theta)| \qquad (6.10)$$

식에서 $u_\theta(k)$는 기준 센서값인 sag_an_enc 값을, θ_g는 자이로 센서값으로부터 계산 된 피치각 pitch_tr_gyro를 의미하고, N은 측정한 센서 데이터의 총 개수를 나타낸다.

<그림 6.6>은 PSO가 반복적으로 진행되면서 K_θ와 b_θ가 수렴되는 모습을 보이며, <그림 6.7>은 이렇게 구해진 최적화 변수값 $K_\theta = 1.52$, $b_\theta = -3.97$를 이용해서 센서를 보정한 결과를 보인다. 비록 양과 음의 피크 부분에서 오차가 약간 발생하긴 하지만 <그림 6.5>와 비교하면 추정된 피치각 궤적 패턴이 현격하게 유사해졌음을 알 수 있다.

이제 롤축 자이로 센서를 보정하기 위해 optWalk의 Standing motion 메뉴에서 motion_type을 2로 설정하자. 그러면 OP가 직립한 상태에서 8초 동안 좌우로 스윙할 것이다. 이런 모션을 만들기 위해 다른 관절각은 모두 0°로 설정하고, 좌우 관상면 발목관절 다이나믹셀을 다음의 식에 의해 회전한다.

$$\phi_{an}^{l}(t) = \phi_{an}^{r}(t) = 10\sin(\pi t) + 4\sin\left(\frac{\pi}{2}t\right) + 2\sin\left(\frac{\pi}{4}t\right) \qquad (6.11)$$

이 식은 식 (6.9)에 2를 곱한 것과 같으므로 $\pm 14°$ 이내에서 부드럽게 변화함을 알 수 있다.

<그림 6.8>은 관상면 발목관절 다이나믹셀의 엔코더로부터 읽어 들인 롤각 측정값 cor_an_enc와 자이로 센서값으로부터 식 (6.8)을 이용해서 계산한 상체의 롤각 roll_tr_gyro(ϕ_g) 궤적들을 하나의 창에 동시에 그린 것이다.

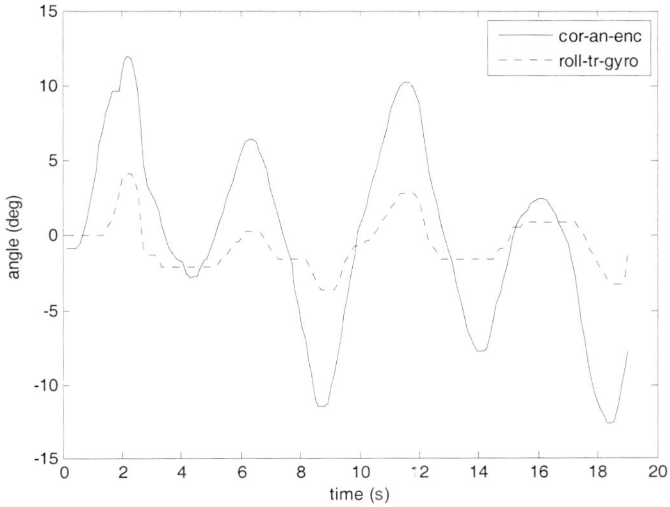

» **그림 6.8** 자이로 센서와 엔코더 센서로 측정된 상체 롤각 궤적 그래프

<그림 5.1>과 <그림 5.2>에서 보듯이 발목 관절모터각 ϕ_{an}^{l}이나 ϕ_{an}^{r}이 양의 방향으로 회전할 때는 로봇이 직립해 있는 경우 전신이 좌측으로 기울어진다. 그리고 <그림 4.9>에서 보듯이 X축이 회전축인 롤축 자이로 센서는 상체가 좌측으로 기울어질 때 양의 각속도 측정값을 출력하므로 피치각의 경우와는 달리 발목 관절 모터각과는 부호가 같다.

마찬가지로 pso_sensor_cal.m 코드에서 sel_sensor를 'roll_gyro'로 설정하고 실행함으로써 cor_an_enc 값을 기준으로 롤축 자이로 센서를 보정하도록 한다. 롤각에 대해 식 (6.2)의 두 보정 계수를 K_ϕ와 b_ϕ라고 하고 PSO로 두 신호 간의 오차를 최소화시키는 값을 탐색한다. PSO 탐색 조건은 피치각의 경우와 동일하며 비용함수는 다음과 같이 수정했다.

$$J(K_\phi, b_\phi) = \frac{1}{N}\sum_{k=1}^{N} |u_\phi(k) - K_\phi(\phi_g(k) - b_\phi)| \tag{6.12}$$

식에서 $u_{\phi}(k)$는 기준 센서값인 cor_an_enc 값을, ϕ_g는 자이로 센서값으로부터 계산된 피치각 roll_tr_gyro를 의미한다. PSO가 100회 반복해서 탐색 후 얻은 최적화 변수해는 $K_{\phi} = 3.02,\ \ b_{\phi} = -0.47$이며, <그림 6.9>는 이 계수들을 이용해서 보정한 자이로 센서의 상체 롤각과 관상면 발목 엔코더 값을 비교한 것이다.

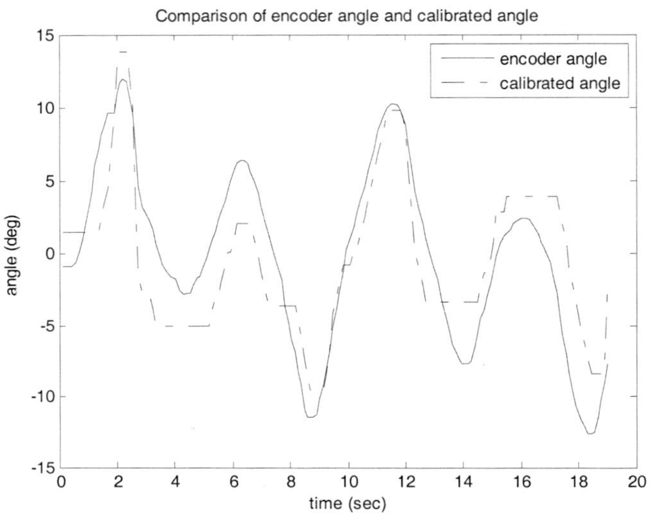

» **그림 6.9** PSO로 탐색한 최적화 변수 계수를 이용해서 상체의 롤각을 보정한 결과

이제 요축 자이로 센서를 보정하기 위해 optWalk의 Standing motion 메뉴에서 motion_type을 3으로 설정하고 OP로부터 센서 데이터를 얻는다. 그러면 OP가 오른발을 살짝 들어올리고 왼 다리로 균형을 잡은 상태에서 8초 동안 횡평면 왼쪽 고관절 다이나믹셀을 회전시켜 상체를 시계/반시계방향으로 회전할 것이다. 이때의 왼쪽 횡평면 고관절의 회전식은 식 (6.11)과 동일하다.

<그림 6.10>은 고관절 다이나믹셀의 엔코더로부터 읽어 들인 요각 측정값 tran_hp_enc와 자이로 센서값으로부터 식 (6.8)을 이용해서 계산한 상체의 요각 yaw_tr_gyro(ψ_g) 궤적들을 하나의 창에 동시에 그린 것이다.

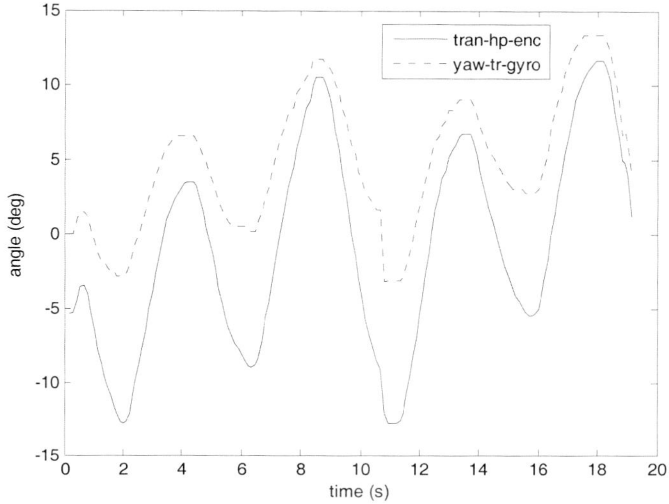

» **그림 6.10** 자이로 센서와 엔코더 센서로 측정된 상체 요각 궤적 그래프

<그림 5.1>에서 보듯이 왼쪽 다리로 지지하고 있는 상태에서 왼쪽 고관절 ϕ_{hp}^{l}을 반시계방향(양의 방향)으로 회전시키면 하체는 고정되어 있는 상태이므로 상체가 그 반대인 시계방향(음의 방향)으로 회전한다. <그림 4.9>에서 보듯이 요축 자이로 센서는 Z축을 중심으로 반시계방향의 회전을 양의 각속도 값으로 측정하므로 결국 상체 요각은 고관절모터각과는 부호가 반대가 된다. 그러므로 <그림 6.10>에서는 비교를 위해 원래 yaw_tr_gyro 값의 부호를 반대로 해서 궤적을 표시했다.

앞과 동일한 방법으로 pso_sensor_cal.m 코드에서 sel_sensor를 'yaw_gyro'로 설정하고 요각에 대해 식 (6.2)의 두 보정 계수를 최적화 변수화하면 $K_{\psi} = 1.50$, $b_{\psi} = 5.34$을 얻게 되며, <그림 6.11>은 이 계수들을 이용해서 보정한 자이로 센서의 상체 요각과 횡평면 고관절 엔코더 값을 비교한 것이다.

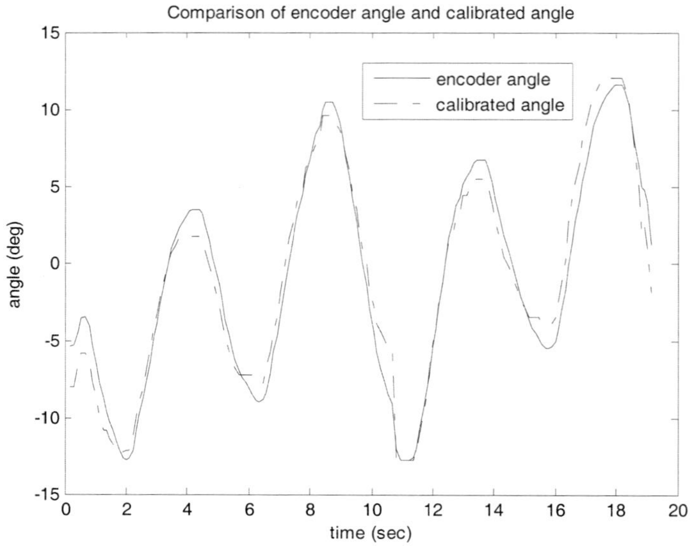

» **그림 6.11** PSO로 탐색한 최적화 변수 계수를 이용해서 상체의 요각을 보정한 결과

6.2.2 가속도 센서를 이용한 각도 추정

가속도 센서는 중력가속도의 영향을 받기 때문에 롤각과 피치각 추정에만 적용될 수 있다. OP에 장착된 가속도 센서의 각 축에 대한 정의를 나타낸 <그림 4.11>을 참고로 해서 가속도 센서의 출력값과 오일러각과의 관계를 구하면 다음과 같다.

$$\theta_a(k) = \sin^{-1}\left(\frac{a_y(k)}{\sqrt{a_y(k)^2 + a_z(k)^2}}\right) \tag{6.13}$$

$$\phi_a(k) = \tan^{-1}\left(\frac{a_x(k)}{a_z(k)}\right) \tag{6.14}$$

식에서 a_x, a_y, a_z는 <그림 4.11>에 정의된 각 축을 따라 측정된 가속도 센서 출력값들이다. 이 식을 식 (6.8)과 비교해 보면 현재 각도 추정을 위해 이전 값을 사용하지 않으므로 오차가 누적되지 않음을 알 수 있다.

가속도 센서 보정을 위해 이전 절에서 행한 실험으로 얻은 센서 데이터를 이용해서 피치각과 롤각을 추정해 보자. <그림 6.12>는 OP의 피치축 모션에 대해 측정된 각축의 가속도 센서 데이터를 표시한 것으로 하방을 향하는 z축 가속도 센서의 값이 지구 중력가속도 값인 $1g$를 중심으로 변화함을 볼 수 있다.

<그림 6.13>은 앞 절에서처럼 optWalk의 Standing motion 메뉴에서 motion_type을 1로 설정하여 OP가 전후로 $\pm 7°$로 스윙할 때 측정한 가속도 센서 데이터를 이용해서 식 (6.13)으로 피치각 θ_a를 계산한 결과를 보인 것으로, plot_sensor_data.m 파일에서 sel_sensor를 'pitch'로 설정하고 실행하면 된다.

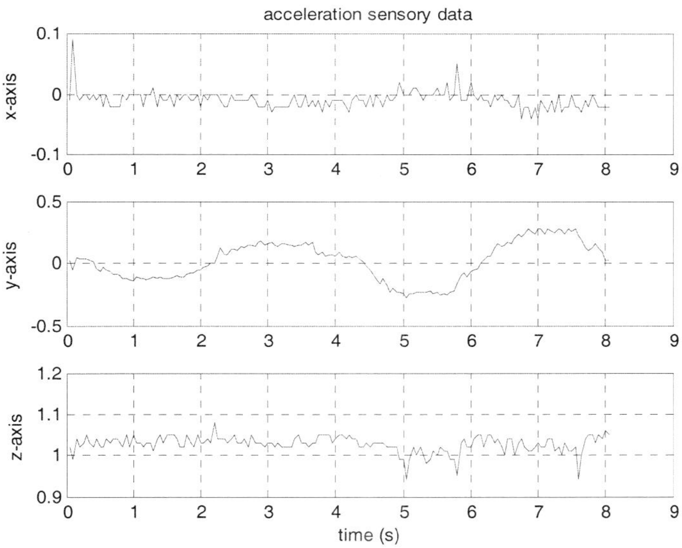

» **그림 6.12** 피치축 모션에 대한 축별 가속도 센서 데이터

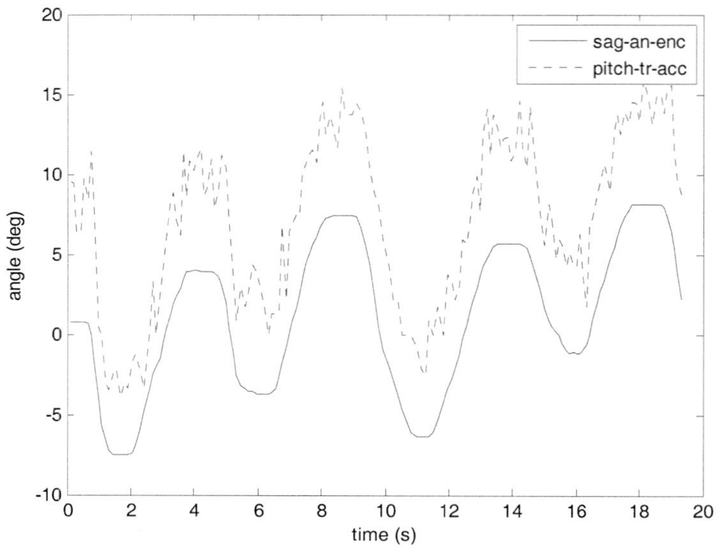

» **그림 6.13** 가속도 센서와 엔코더 센서로 측정된 상체 피치각 궤적 그래프

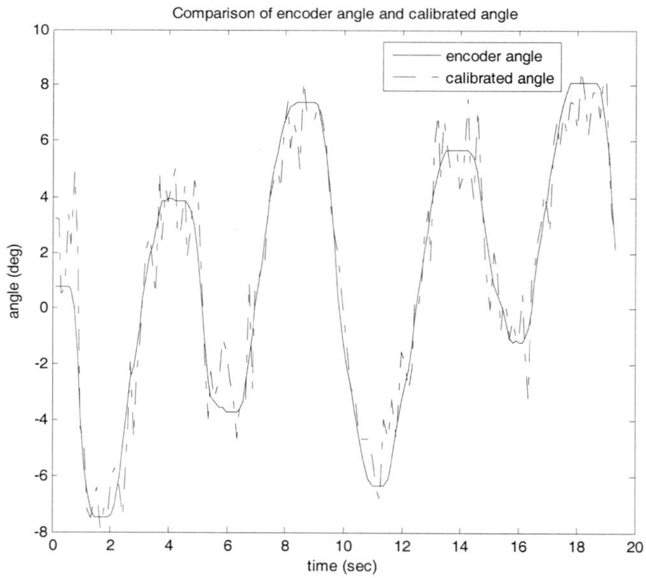

» **그림 6.14** 보정된 가속도 센서 데이터를 이용해서 상체 피치각을 추정한 결과

자이로 센서 데이터와 마찬가지로 pso_sensor_cal.m 코드를 이용해서 가속도 센서 데이터를 보정하기 위해 비용함수를 다음과 같이 수정한다.

$$J(K_1, b_1) = \frac{1}{N}\sum_{k=1}^{N}\left|u_\theta(k) - K_1\left(\theta_a(k) - b_1\right)\right| \tag{6.15}$$

식에서 $u_\theta(k)$는 기준 센서값인 sag_an_enc 값을, θ_a는 가속도 센서값으로부터 계산된 피치각 pitch_tr_acc를 의미하고, N은 측정한 센서 데이터의 총 개수를 나타낸다.

pso_sensor_cal.m 코드에서 sel_sensor를 'pitch_acc'로 설정하고 최적화 변수화를 실행하면 $K_1 = 0.83$, $b_1 = 5.60$의 해가 검출되며, <그림 6.14>는 이렇게 보정된 피치각 궤적이 엔코더 센서 데이터와 거의 일치함을 알 수 있다.

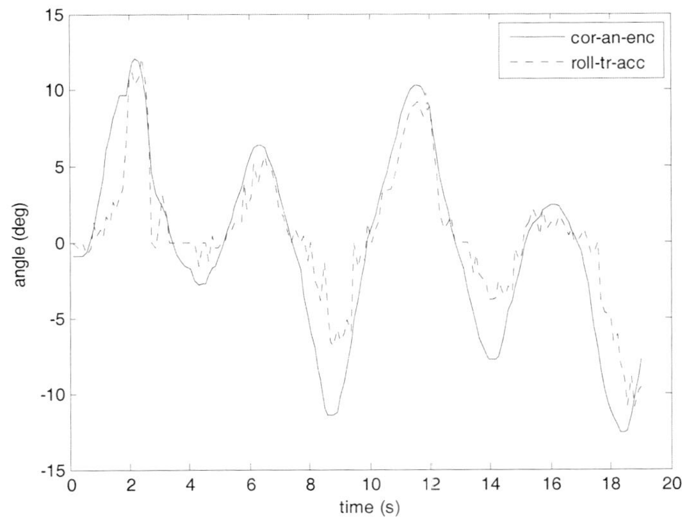

» **그림 6.15** 가속도 센서와 엔코더 센서로 측정된 상체 롤각 궤적 그래프

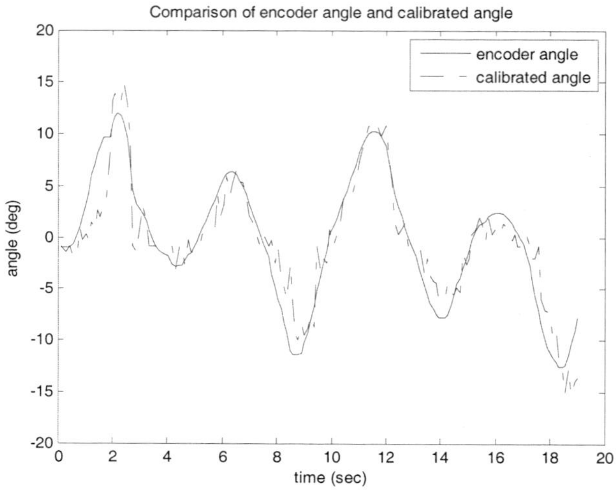

» **그림 6.16 보정된 가속도 센서 데이터를 이용해서 상체 롤각을 추정한 결과**

<그림 6.15>는 optWalk의 Standing motion 메뉴에서 motion_type을 2로 설정하고 실행함으로써 OP가 좌우로 $\pm 14°$로 스윙할 때 가속도 센서 데이터를 식 (6.14)에 적용함으로써 롤각 ϕ_a를 계산한 결과를 보인다. 동일한 경우인 <그림 6.8>과 비교해 보면 보정 전임에도 다이나믹셀 엔코더로 측정한 롤각 cor_an_enc 값과 거의 일치함을 알 수 있다.

pso_sensor_cal.m 코드에서 sel_sensor를 'roll_acc'로 설정하고 최적화 변수화를 실행하면 $K_2 = 1.32$, $b_2 = 0.67$의 해가 검출된다. <그림 6.16>은 이 값을 이용해서 가속도 센서 데이터로 상체 롤각을 보정한 결과이며 보정 전보다 조금 더 엔코더 데이터와 일치함을 알 수 있다.

이로써 자이로 센서와 가속도 센서의 보정이 끝났으며, 구해진 보정 계수들은 SelfMotion 클래스의 SensorInitialization 함수에 다음과 같이 정의해야 한다.

```
void SelfMotion::SensorInitialization(CM730 &cm730)
{
    if(is_sensor_calibrated == false){
        k_sag_gyro = k_cor_gyro = k_tran_gyro = 1.0;
            // calibration coefficients for gyro sensors
        b_sag_gyro = b_cor_gyro = b_tran_gyro = 0.0;
            // calibration biases for gyro sensors
        k_sag_acc = k_cor_acc = 1.0;
            // calibration coefficients for accelerometer
        b_sag_acc = b_cor_acc = 0.0;
            // calibration biases for accelerometer
    }
    else{
        k_sag_gyro = 1.52;   b_sag_gyro = -3.97;
        k_cor_gyro = 3.02;   b_cor_gyro = -0.47;
        k_tran_gyro = 1.50;  b_tran_gyro = 5.34;
        k_sag_acc = 0.83;    b_sag_acc = 5.60;
        k_cor_acc = 1.32;    b_cor_acc = 0.67;
    }
                        ⋮
}
```

6.2.3 상보필터(complementary filter)를 이용한 자세 추정

앞 절에서 확인했듯이 자이로 센서 데이터로부터 회전각 측정 시 적분에 의해 오차가 누적되는 현상(drift)이 발생하고, 가속도 센서 데이터에는 고주파 성분 잡음이 많이 포함되어 있는 문제점이 있다. 이러한 문제점을 해결하기 위해 자이로 센서값은 고역통과필터(high pass filter, HPF)를 통과시키고 가속도 센서값은 저역통과필터(LPF)를 통과시킨 후 합하는 상보필터(complementary filter, CF)가 고안되었다[27]. 이렇게 주파수 대역을 정한 이유는 자이로 센서값은 상대적으로 고주파 영역에서 좋은 특성을 가지고, 가속도 센서값은 저주파 영역에서 신뢰할 만한 특성을 가지기 때문이다. 상보필터의 구조는 <그림 6.17>과 같다.

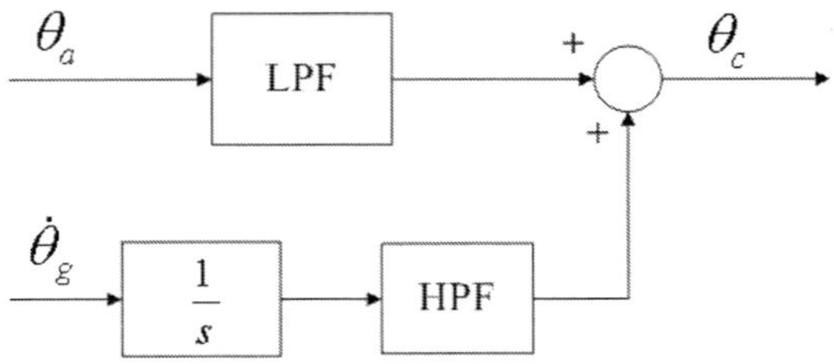

» **그림 6.17 상보필터의 구조**

상보필터를 라플라스(Laplace) 전달함수의 형태로 표현하면 다음과 같다.

$$\Theta_c(s) = G_l(s)\Theta_a(s) + G_h(s)\left(\frac{1}{s}\dot{\Theta}_g(s)\right) \tag{6.16}$$

식에서 $\Theta_a(s)$와 $\Theta_g(s)$는 가속도 센서값과 자이로 센서값을 통해 추정한 오일러 각의 라플라스 변환신호를 각각 의미하며, $G_l(s)$와 $G_h(s)$는 LPF와 HPF의 전달 함수(transfer function)를 각각 의미한다. 두 필터 사이에는 다음의 관계가 성립되어야만 합산을 해도 증폭이 되지 않는다.

$$G_l(s) + G_h(s) = 1 \tag{6.17}$$

이를 위해 가장 간단한 LPF와 HPF로서 다음과 같이 1차 필터를 사용한다.

$$G_l(s) = \frac{a}{s+a} \tag{6.18}$$

$$G_h(s) = \frac{s}{s+a} \tag{6.19}$$

식에서 a는 차단주파수(cutoff frequency)로서, 해당 필터의 이득이 −3 dB가 되는 주파수 값이다.

먼저 $\Theta_a(s)$를 LPF 처리한 신호 $\Theta_a^{lpf}(s)$는 식 (6.16)과 (6.18)로부터 다음과

같이 표현된다.

$$\Theta_a^{lpf}(s) = \frac{a}{s+a}\Theta_a(s) \tag{6.20}$$

이 식을 다시 쓰면 다음과 같이 표현된다.

$$s\Theta_a^{lpf}(s) = a\left(\Theta_a(s) - \Theta_a^{lpf}(s)\right) \tag{6.21}$$

라플라스 변환 관계에 의하면 $s\Theta_a^{lpf}(s)$ 는 $\dfrac{d\theta_a^{lpf}(t)}{dt}$ 를 라플라스 변환한 것이므로, 이 식을 시간 영역으로 역(inverse) 라플라스 변환하면 다음과 같이 표현된다.

$$\frac{d\theta_a^{lpf}(t)}{dt} = a\left(\theta_a(t) - \theta_a^{lpf}(t)\right) \tag{6.22}$$

이 식은 연속시간 시스템의 미분방정식이므로 식 (6.7)과 같이 오일러 미분공식을 쓰면 다음과 같이 k번째 샘플 시간에서의 각도 $\theta_a^{lpf}(k)$의 관계식이 도출된다.

$$\theta_a^{lpf}(k) = \theta_a^{lpf}(k-1) + aT\left(\theta_a(k) - \theta_a^{lpf}(k)\right) \tag{6.23}$$

$$\theta_a^{lpf}(k) = \frac{\theta_a^{lpf}(k-1) + aT\theta_a(k)}{1+aT} \tag{6.24}$$

마찬가지로 자이로 센서의 각속도 신호 $\Omega_g(s)$를 적분해서 얻은 $\Theta_g(s)$ 신호를 HPF로 필터링한 신호 $\Theta_g^{hpf}(s)$는 식 (6.16)과 (6.19)로부터 다음과 같이 표현된다.

$$\Theta_g^{hpf}(s) = \frac{s}{s+a}\left(\frac{1}{s}\Omega_g(s)\right) = \frac{s}{s+a}\Theta_g(s) \tag{6.25}$$

이 식을 정리하면 다음과 같이 표현되고,

$$s\Theta_g^{hpf}(s) = s\Theta_g(s) - a\Theta_g^{hpf}(s) \tag{6.26}$$

라플라스 변환의 미분 성질을 이 식에 적용하여 시간 영역으로 역 라플라스 변환하면 다음과 같이 표현된다.

$$\frac{d\theta_g^{hpf}(t)}{dt} = \frac{d\theta_g(t)}{dt} - a\theta_g^{hpf}(t) \tag{6.27}$$

이 식은 연속시간 시스템의 미분방정식이므로 앞에서와 같이 오일러 미분 공식을 사용하면 다음과 같이 k번째 샘플 시간에서의 $\theta_g^{hpf}(k)$의 관계식이 도출된다.

$$\theta_g^{hpf}(k) = \frac{\theta_g^{hpf}(k-1) + \theta_g(k) - \theta_g(k-1)}{1 + aT} \tag{6.28}$$

이제 식 (6.24)와 (6.28)에서 구한 신호를 식 (6.16)에 대입하면 다음과 같이 상보필터링된 상체 시상면 기울기 추정각을 계산할 수 있다.

$$\theta_{tr}^c(k) = \theta_a^{lpf}(k) + \theta_g^{hpf}(k) \tag{6.29}$$

상보필터를 구현하기 위해 몇 번의 조정 끝에 차단주파수 a를 10[rad/s]로 설정하고 식 (6.18)과 (6.19)에 표현 된 LPF와 HPF의 주파수 응답 특성을 확인해 보자. 참고로 $f = \frac{\omega}{2\pi}$의 관계식에 의해 10[rad/s]는 1.6[Hz]에 해당된다. <그림 6.18>과 <그림 6.19>는 MATLAB의 bode 함수를 사용해서 두 필터의 주파수 응답 곡선을 그린 것으로, 10[rad/s]에서 두 경우 모두 필터 이득이 -3dB가 됨을 확인할 수 있다. 상보필터의 소스 코드와 다음의 그래프를 그리는 코드는 comp_filter.m에 작성되어 있다.

<그림 6.20>은 OP의 피치축 스윙(motion_type=1) 모션 시 측정한 자이로 센서 데이터와 가속도 센서 데이터로 계산한 피치각을 HPF 처리한 각도 궤적과 LPF

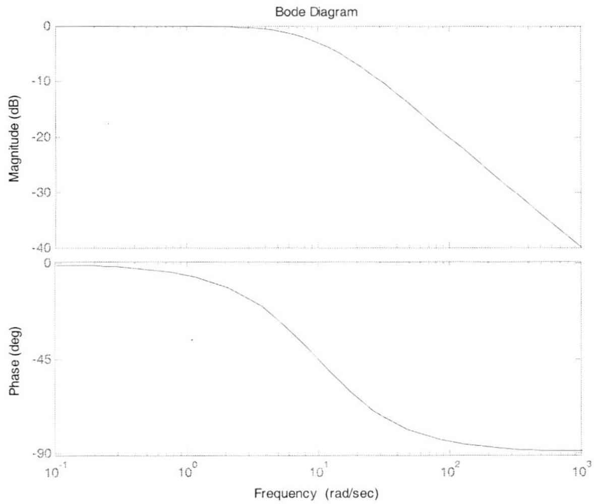

» **그림 6.18** 차단주파수가 10 rad/s인 1차 LPF의 Bode 선도

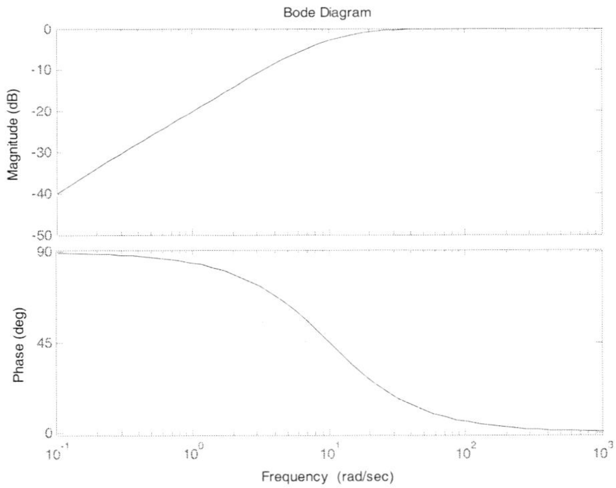

» **그림 6.19** 차단주파수가 10 rad/s인 1차 HPF의 Bode 선도

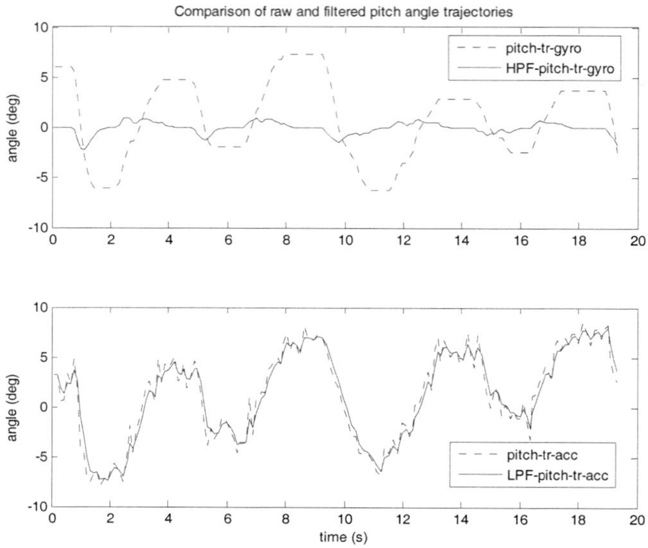

» **그림 6.20** HPF 처리된 자이로 센서 기반 피치각 데이터와 LPF 처리 된 가속도 센서 기반 피치각 데이터

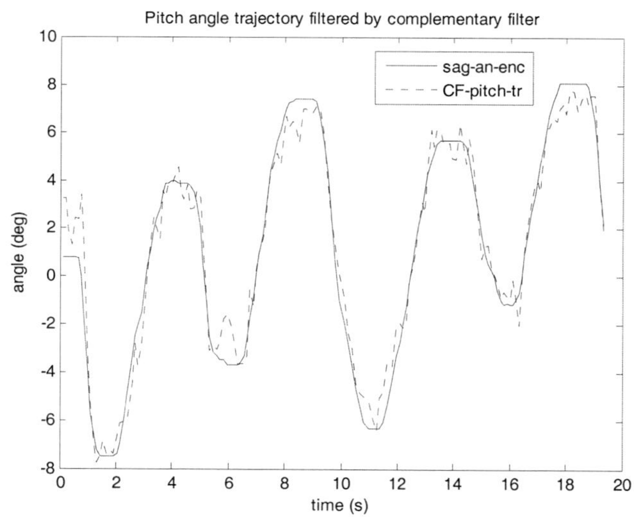

» **그림 6.21** 상보필터 처리된 피치각 궤적과 발목관절 엔코더로 측정한 피치각 궤적 비교

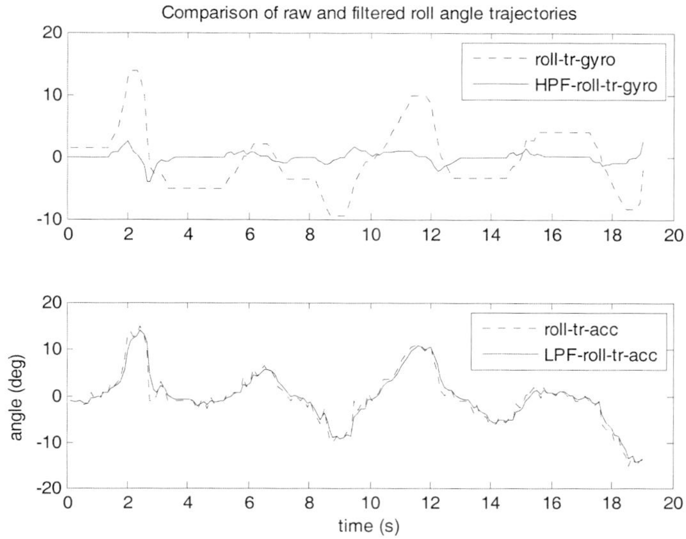

» **그림 6.22** HPF 처리된 자이로 센서 기반 롤각 데이터와 LPF 처리된 가속도 센서 기반 롤각 데이터

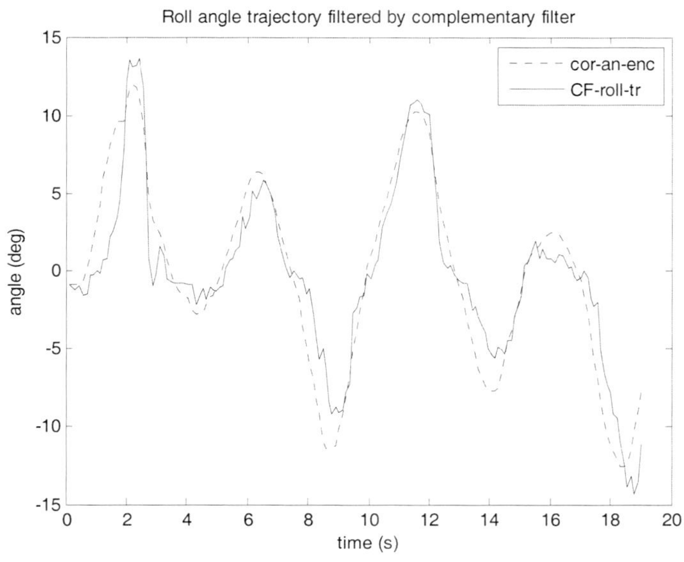

» **그림 6.23** 상보필터 처리된 롤각 궤적과 발목관절 엔코더로 측정한 롤각 궤적 비교

처리한 각도 궤적을 각각 보인다. <그림 6.21>은 이렇게 두 가지 필터로 처리된 각도 궤적을 더함으로써 상보필터 처리한 피치각 궤적과 시상면 발목관절 다이나믹셀의 엔코더 궤적을 비교한 것으로, <그림 6.7>, <그림 6.14>와 비교해 볼 때 두 신호 간의 오차가 훨씬 감소했으며 좀 더 파형이 부드러워졌음을 알 수 있다.

<그림 6.22>는 OP의 롤축 스윙(motion_type=2) 모션 시 측정한 자이로 센서 데이터로 계산한 롤각을 HPF 처리한 각도 궤적과 가속도 센서 데이터로 계산한 롤각을 LPF 처리한 각도 궤적을 각각 보인다. <그림 6.23>은 이 두 가지 필터 데이터를 더한 롤각 상보필터 처리 결과를 보이며, <그림 6.9>, <그림 6.16>과 비교했을 때 전체적으로 두 궤적 간의 일치도가 향상되고 LFP 처리를 통해 상당히 부드러운 각도 궤적을 얻을 수 있음을 알 수 있다.

SelfMotion 클래스의 AcqAllSensorData 함수에서 상보필터 처리를 하며, <코드 6.1>에 해당 코드를 나타냈다. 코드에서 act_st는 OP의 샘플 타임을 실체 측정한 값으로 통신 신호의 지연시간을 모두 포함한다.

```
void SelfMotion::AcqAllSensorData(CM730 &cm730, int cp){
    AcqGyroAccelData(cm730);

    roll_ang_vel =  deg2rad(1600.*(sensor_data[0]-512.)/512.);
    pitch_ang_vel = deg2rad(1600.*(sensor_data[1]-512.)/512.);
    yaw_ang_vel =  deg2rad(1600.*(sensor_data[2]-512.)/512.);

   cor_tr_gyro += act_st*(roll_ang_vel + sin(cor_tr_gyro)*tan(sag_tr_gyro)*pitch_ang_vel
              + cos(cor_tr_gyro)*tan(sag_tr_gyro)*yaw_ang_vel);
   sag_tr_gyro += act_st*(cos(cor_tr_gyro)*pitch_ang_vel - sin(cor_tr_gyro)*yaw_ang_vel);
    tran_tr_gyro += act_st*(sin(cor_tr_gyro)/cos(sag_tr_gyro)*pitch_ang_vel
              + cos(cor_tr_gyro)/cos(sag_tr_gyro)*yaw_ang_vel);
    // 자이로 센서로부터 추정된 상체 기울기 각
    cal_sag_tr_gyro = k_sag_gyro*(sag_tr_gyro-deg2rad(b_sag_gyro));
    cal_cor_tr_gyro = k_cor_gyro*(cor_tr_gyro-deg2rad(b_cor_gyro));
    cal_tran_tr_gyro = k_tran_gyro*(tran_tr_gyro-deg2rad(b_tran_gyro));

    sens_acc_x = 4*(sensor_data[3]-512.)/512.;
    sens_acc_y = 4*(sensor_data[4]-512.)/512.;
    sens_acc_z = 4*(sensor_data[5]-512.)/512.;

    // 가속도 센서로부터 추정된 상체 기울기 각
    sag_tr_acc = k_sag_acc*(asin( saturation(-1.0, sens_acc_y/sqrt
```

```
        ( sq(sens_acc_y)+sq(sens_acc_z) ), 1.0)) - deg2rad(b_sag_acc));
    cor_tr_acc = k_cor_acc*(atan(sens_acc_x/sens_acc_z) -
        deg2rad(b_cor_acc));
    tran_tr_acc = saturation(-PI/2., k_tran_acc*(asin( saturation(-1.0,
      sens_acc_y/sqrt(sq(sens_acc_x)+sq(sens_acc_y) ), 1.0))
      - deg2rad(b_tran_acc)), PI/2.);

    // 자이로 센서로부터 추정한 상체 기울기 각을 HPF 처리한 신호
    HPF_sag_tr_gyro = (prev_HPF_sag_tr_gyro + cal_sag_tr_gyro -
      prev_cal_sag_tr_gyro)/(1+w_co*act_st);
    HPF_cor_tr_gyro = (prev_HPF_cor_tr_gyro + cal_cor_tr_gyro
     - prev_cal_cor_tr_gyro)/(1+w_co*act_st);

    // 가속도 센서로부터 추정된 상체 기울기 각을 LPF 처리한 신호
    LPF_sag_tr_acc = (prev_LPF_sag_tr_acc + w_co*act_st*sag_tr_acc)/(1 +
      w_co*act_st);
    LPF_cor_tr_acc  =  (prev_LPF_cor_tr_acc  +  w_co*act_st*cor_tr_acc)/(1  +
      w_co*act_st);

    // 상보필터 신호
    CF_sag_tr = LPF_sag_tr_acc + HPF_sag_tr_gyro;
    CF_cor_tr = LPF_cor_tr_acc + HPF_cor_tr_gyro;
                                        ⋮
}
```

» **코드 6.1** AcqAllSensorData 함수의 상보필터 코드

6.2.4 FSR 센서

OP에는 옵션으로 발바닥에 FSR 센서를 장착할 수 있는데, 보행을 포함한 각종 모션에서 순간적인 자세 안정도를 측정할 수 있는 매우 유용한 센서이다. 4.1.3절에서 이미 설명했듯이 FSR 센서의 출력값은 0~254 사이의 정수값이므로 이를 <그림 4.14>에 정의된 발바닥 압력점의 정규화된(0.0~1.0 사이 값) 실수 좌표로 변환해야 한다. SelfMotion 클래스의 SensorActuatorCheck 함수는 GenMotionsInStanding 함수와 달리 직립해 있는 OP를 손으로 잡고 앞뒤좌우로 회전시킴으로써 해당 센서값을 직접 확인할 수 있는 함수이며 <코드 6.2>에 소스 코드가 기록되어 있다.

코드에서 보듯이 SensorActuatorCheck 함수는 센서 관련 파라미터와 관절각 관련 파라미터들을 초기화한 후(SensorInitialization, JointAngleInitialization), 샘플 개수가 NO_SENS_DATA 이상이 되거나 키 입력이 들어오기 전까지

AcqAllSensorData 함수를 통해 자이로 센서와 가속도 센서, FSR 센서로부터 데이터를 샘플링 시간 간격으로 읽어 와서 상체 기울기와 발바닥의 압력점의 위치를 추정한다.

FSR 센서의 출력 특성을 파악하기 위해 면이 평평한 테이블 모서리에 OP의 한쪽 발을 걸친 상태에서 전후좌우로 OP를 천천히 움직이며 FSR 데이터를 수집 후 그래프로 출력해 보자. <그림 6.24>는 왼발만 지면에 닿은 상태에서 전후좌우로 OP를 천천히 움직일 때 0.1초 간격으로 측정된 ZMP를 보인다. 상단의 그림은 왼쪽 발을, 하단의 그림은 오른쪽 발을 각각 의미한다. OP의 전신이 앞으로 기울수록 ZMP의 X축 값은 1에 가까워지고 뒤로 젖혀질수록 0에 가까워진다. 또한, OP의 전신이 좌측으로 기울수록 ZMP의 Y축 값은 1에 가까워지고 우측으로 기울수록 0에 가까워진다. <그림 6.24>는 왼발만 지면에 닿은 상태에서 전신을 움직이는 경우이므로 왼발의 ZMP는 전후좌우로 신속히 움직이는 데 비해 오른발의 ZMP는 $(0, 0)$ 좌표에 머물러 있음을 관찰할 수 있다. 실제로는 발이 공중에 뜰 경우 ZMP 값이 $(-1, -1)$이 되도록 AcqAllSensorData 함수에서 변환한다.

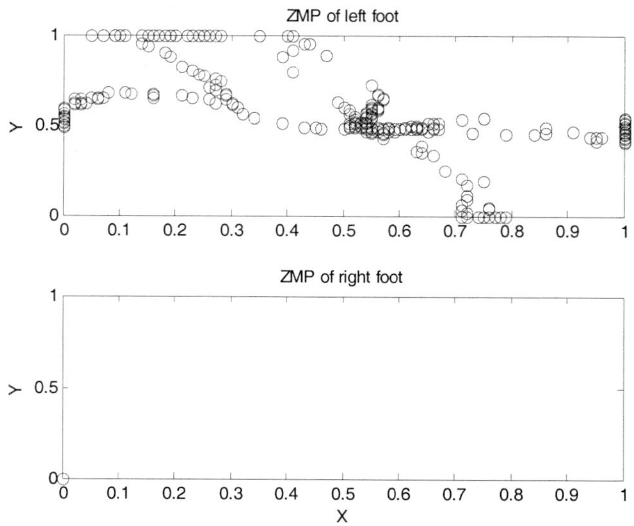

» **그림 6.24** 왼발 지지 상태에서 OP를 전후좌우로 움직였을 때 양쪽 발의 ZMP 변화

```
void SelfMotion::SensorActuatorCheck(CM730 &cm730){
   const int  NO_SENS_DATA = 100000;
   int  k, cp=0;           // 현재 샘플 포인트

   ShowMotionStatus(cm730, 0);
   SensorInitialization(cm730);
   JointAngleInitialization(cm730);

   p_gain = 36;
   for(int id=1; id<=NUM_ACTUATOR; ++id)
      cm730.WriteWord(id, MX28::P_P_GAIN, p_gain, 0);

   del_sag_an = del_sag_kn = del_sag_hp = del_cor_an = 0;
   act_t = 0.0, act_st = st;

   while(cp<NO_SENS_DATA && !kbhit()){
      tStart = clock();       // 현재 샘플 포인트에서의 시작 시간 측정
      AcqAllSensorData(cm730, cp);
      AcqJointData(cm730);

      if(balance_control_by_zmp == true){
                                    ⋮
      }
      if(balance_control_by_torso_ang == true){
                                    ⋮
      }
      CalcP2PVel_MX28(0.9*act_st, mth, mphi, mpsi, prev_mth, prev_mphi,
      prev_mpsi, GoalVel,
         "rad");          // 직전에 측정한 샘플 시간의 90% 값으로 관절 회전속도 계산
      for(k=0; k<NUM_ACTUATOR; ++k){
         cm730.WriteWord(k+1, MX28::P_MOVING_SPEED_L, GoalVel[k], 0);
      }
      TransMotorAng2MX28Position(mth, mphi, mpsi, GoalPos, "rad");
      SendPositionValue2AllDynamixel(cm730, cp);

      for(k=0; k<11; ++k) prev_mth[k]=mth[k];
      for(k=0; k<6; ++k)  prev_mphi[k]=mphi[k];
      for(k=0; k<3; ++k)  prev_mpsi[k]=mpsi[k];
      tFinish = clock();          // 현재 샘플 포인트에서의 종료 시간 측정
      // 현재 샘플 포인트에서의 소요 시간 계산
      act_st = (double)(tFinish - tStart) / CLOCKS_PER_SEC;
      act_t += act_st;            // OP의 실제 시간
      SaveSensorData_TorsoAngle_LegJointAngles(cm730, act_t, cp);
      cp += 1;
   }
   WriteFile_SensorData_TorsoAngle_LegJointAngles(cp, 9);
}
```

» **코드 6.2** SensorActuatorCheck 함수

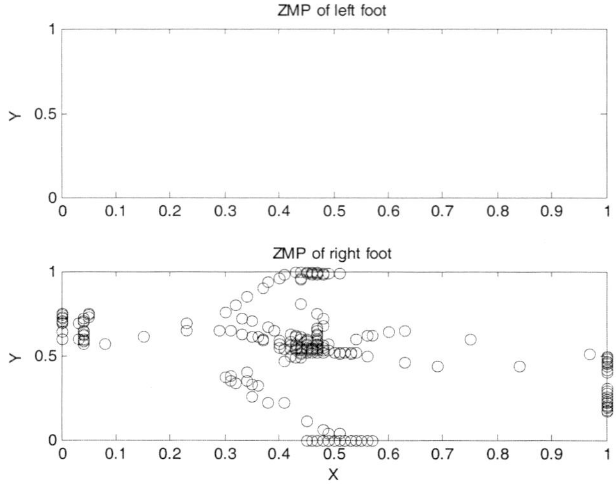

» **그림 6.25** 오른발 지지 상태에서 OP를 전후좌우로 움직였을 때 양쪽 발의 ZMP 변화

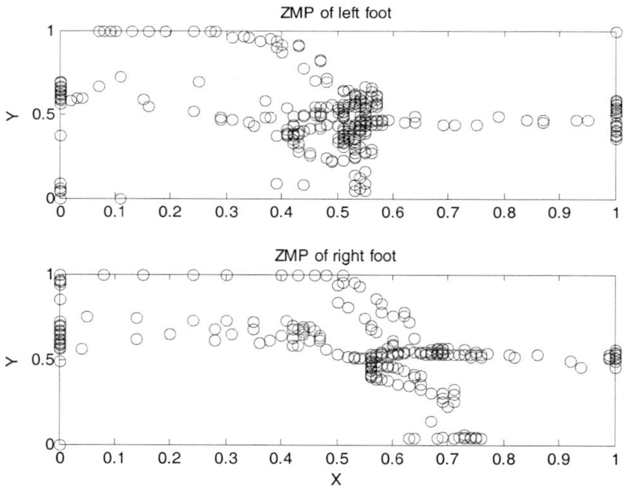

» **그림 6.26** 양측지지 상태에서 OP를 전후좌우로 움직였을 때 양쪽 발의 ZMP 변화

<그림 6.25>는 오른발만 지면에 닿은 상태에서 동일하게 전후좌우로 OP를 천천히 움직일 때 0.1초 간격으로 측정된 ZMP를 보인다. 그림에서 하단의 오른발

ZMP는 OP의 움직임에 따라 전후좌우로 상단의 왼발에는 아무 ZMP도 없음을 알 수 있다.

<그림 6.26>은 OP가 양 발로 책상 위에 서게 한 후 전신을 전후좌우로 움직였을 때 양 발에서 측정된 ZMP의 추이를 보인다. 비록 두 궤적이 완전히 동일하지는 않지만 비슷한 패턴을 보임을 알 수 있다. 만약 바닥이 완전히 평평하지 않아 한쪽 발에 좀 더 체중이 가해지면 양쪽 발의 ZMP는 그만큼 서로 다른 궤적 패턴을 생성시킬 것이다.

```
// AcqZmpData(cm730)의 내용
left_fsr_x = cm730.m_BulkReadData[FSR::ID_L_FSR].ReadByte(FSR::P_FSR_X);
left_fsr_y = cm730.m_BulkReadData[FSR::ID_L_FSR].ReadByte(FSR::P_FSR_Y);
right_fsr_x = cm730.m_BulkReadData[FSR::ID_R_FSR].ReadByte(FSR::P_FSR_X);
right_fsr_y = cm730.m_BulkReadData[FSR::ID_R_FSR].ReadByte(FSR::P_FSR_Y);

zmp_res[0] = left_fsr_x,  zmp_res[1] = left_fsr_y;
zmp_res[2] = right_fsr_x, zmp_res[3] = right_fsr_y;

// normalized current ZMP'S
for(int i=0; i<4; ++i){
   if(zmp_res[i] == 255){
      if((i==0) || (i==1))  zmp_res[i] = -254;
      else             zmp_res[i] = 508;
   }
}
if(((zmp_res[0] == 0) || (zmp_res[0] == 254)) && ((zmp_res[1] == 0) || (zmp_res[1] == 254))){
   zmp_res[0] = zmp_res[1] = -254;
}
if(((zmp_res[2] == 0) || (zmp_res[2] == 254)) && ((zmp_res[3] == 0) || (zmp_res[3] == 254))){
   zmp_res[2] = zmp_res[3] = 508;
}

l_zmp_x = zmp_res[1]/254.,        l_zmp_y = zmp_res[0]/254.;
r_zmp_x = (254.-zmp_res[3])/254.,  r_zmp_y = (254-zmp_res[2])/254.;
```

» **코드 6.3** FSR 정수 데이터를 정규화된 실수 데이터로 변환하는 과정

<코드 6.3>은 제어기가 FSR로부터 읽어 온 0~255의 정수 데이터인 left/right_fsr_x/y를 0~1 사이의 실수 데이터인 l/r_zmp_x/y로 변환하는 과정에 해

당되는 코드로서 AcqAllSensorData 함수의 뒷부분에 있다. 코드를 보면 FSR 센서 값으로 255가 들어오는 경우와 FSR의 위치가 발바닥의 네 코너 중 한 군데에 있는 경우에 그 발이 공중에 떠 있다고 간주하고 -1을 정규화된 실수 데이터로 변환함을 알 수 있다. 즉, l/r_zmp_x/y 값이 0과 1 사이에 있으면 그 발은 지면에 닿아 있는 것이고, -1이 되면 공중에 떠 있다고 제어기가 인식하게 했다.

6.3 | 균형 제어

휴머노이드 로봇이 서 있거나 보행 또는 모션 중에 자세 자체의 불균형성, 지면의 요철, 또는 외부로부터 가해지는 예기치 않은 힘에 의해서 쓰러지는 것을 막는 것이 자세제어(posture control) 또는 균형제어(balance control) 기술이다.

가장 전통적인 균형제어 기법은 휴머노이드 로봇 전신의 무게중심점을 하나의 역진자(inverted pendulum)로 간주한 후 기존의 역진자 제어기법을 적용하는 것으로 자세한 내용은 3.4절에 설명되어 있다. 역진자 제어기법을 기반으로 생성된 보행 패턴은 로봇의 무게중심점이 존재하는 평면이 지면과 평행해야 한다는 가정 때문에 이 방식을 적용한 일본계 휴머노이드 로봇(ASIMO, HRP 등)의 보행 모습을 보면 무릎을 펴지 않은 채 약간 엉거주춤한 형태로 걸어가는 특징을 보인다. 한편, Kajita 등이 제안한 역진자 제어기법은 안정된 이족보행을 위해 미리 계산된 목표 ZMP를 따라가게 하는 데 주안점을 두고 있다.

이 책에서는 실시간으로 로봇의 자세와 안정도 정보를 제공하는 자이로 센서와 가속도 센서 데이터를 활용하여 OP가 안정된 모션을 수행하는 방법을 새롭게 제안한다. 이와 관련하여 Huang 등은 인간의 리드미컬한 보행은 내적 패턴(inherent pattern)과 반사적 행동(reflexive action)을 적절히 조합한 결과라고 해석하고, 이러한 원리를 이용하여 휴머노이드 로봇의 안정된 보행을 위한 반사신경제어(sensory reflex control) 기법을 제안했다[28]. 반사신경제어에서 보행의 내적인 패턴은 피드포워드(feedforward) 제어로서 보행 전에 적절한 보행 패턴이 미리 생성되어 있어야 하고, 반사적 행동은 피드백(feedback) 제어로서 보행 중 예상치 못하게 발생하는 외부 환경 또는 로봇 자세의 변화를 센서값으로 실시간 감지하여 즉각적인 응답을 취하는 것으로 이해할 수 있다.

<그림 6.27>은 반사신경 제어기의 전체 구조를 나타내며, $\theta_p(t)$는 로봇 제어기에 피드포워드 되는 동적인 내적 패턴값을 의미하고, $\Delta\theta(t)$는 로봇의 현 자세로부터 측정된 센서 데이터를 기반으로 피드백되는 관절각 조정 값을 의미한다. 그림에서 θ_r은 목표 관절에 인가되는 각도 명령이며 다음 식으로 표현된다.

$$\theta_r(t) = \theta_p(t) + \Delta\theta(t) \tag{6.30}$$

이 책에서는 반사신경제어 알고리즘으로서 ZMP 반사신경 제어기와 상체각 반사신경 제어기를 설계 및 적용하여 OP의 균형 제어를 구현한다.

6.3.1 시상면 하체 관절각의 ZMP 반사신경 제어

ZMP는 OP의 발바닥에 장착되어 있는 FSR 센서로 측정되며 로봇 전신의 기울기에 따라 발바닥 내에서 전후좌우로 이동한다. 즉, 로봇이 앞으로 기울면 앞쪽으로

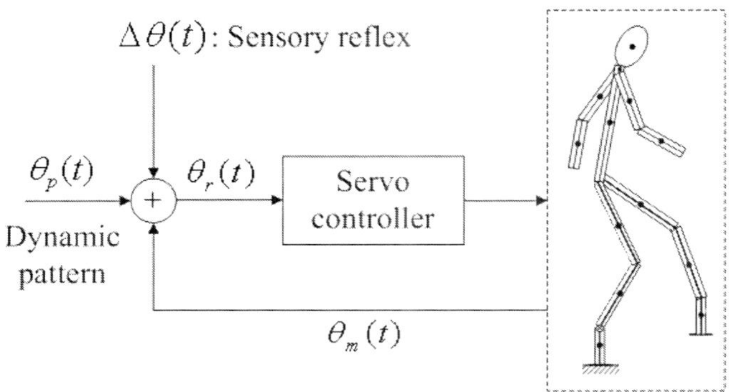

» **그림 6.27** 반사신경 제어기의 구조

이동하고 좌측으로 기울면 왼쪽, 우측으로 기울면 오른쪽으로 이동한다.

일반적으로 ZMP가 로봇의 발바닥 내에 존재하면 안정된 자세이지만, 발바닥의 테두리 쪽으로 ZMP가 이동하게 되면 자세의 균형이 크게 약화되어 이를 회복하기에는 이미 늦게 된다. 그러므로 그 전에 미리 ZMP 반사신경 제어를 수행해야 한다. 이를 위해 로봇의 발바닥 내에 <그림 4.14>의 정규화된 압력점 좌표계 상에서 목표 안정영역(desired stable region, DSR) R_d를 <그림 6.28>과 같이 설정하고, 현재 자세의 ZMP가 그 영역을 이탈할 경우 주요 관절의 회전각에 제한을 둔다. 즉, OP가 직립한 상태에서 앞뒤로 스윙하는 동작을 구현하는 중에 전신을 앞이나 뒤로 과도하게 기울여서 ZMP가 목표안정영역을 벗어나게 되면 시상면 족관절 $\theta_{an}^{l,r}$을 더 이상 회전시키지 않고 잠금 상태에 있게 함으로써 앞이나 뒤로 쓰러지는 것을 방지할 수 있다. 그리고 OP가 다시 초기 직립자세로 원위치하면서 ZMP가 목표안정영역 안으로 들어오게 되면 잠금 상태를 해제함으로써 계획한 동작을 할 수 있게 한다.

먼저 optWalk main 함수의 Standing motion 메뉴를 이용해서 OP가 직립한 상태에서 0.05초 샘플링 시간으로 양쪽 시상면 족관절을 크기가 10°이고 주기가 2초인 삼각 함수의 파형으로 앞뒤로 회전시킨다. <코드 6.4>는 GenMotionsInStanding 함수에서 이를 구현하는 부분이다.

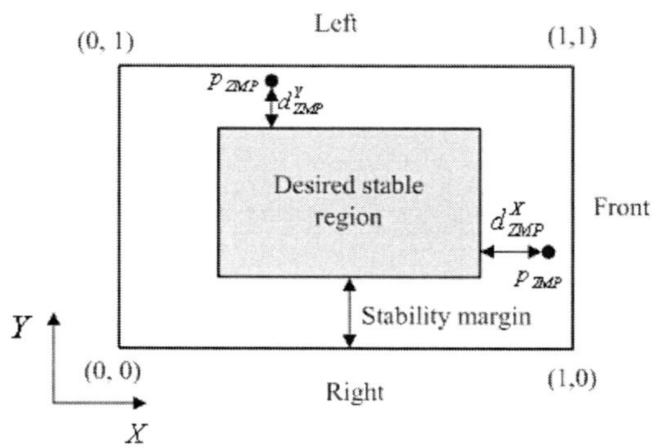

» **그림 6.28** 압력점의 정규화된 좌표계 상에서 안정된 ZMP 영역과 안정도 측정값

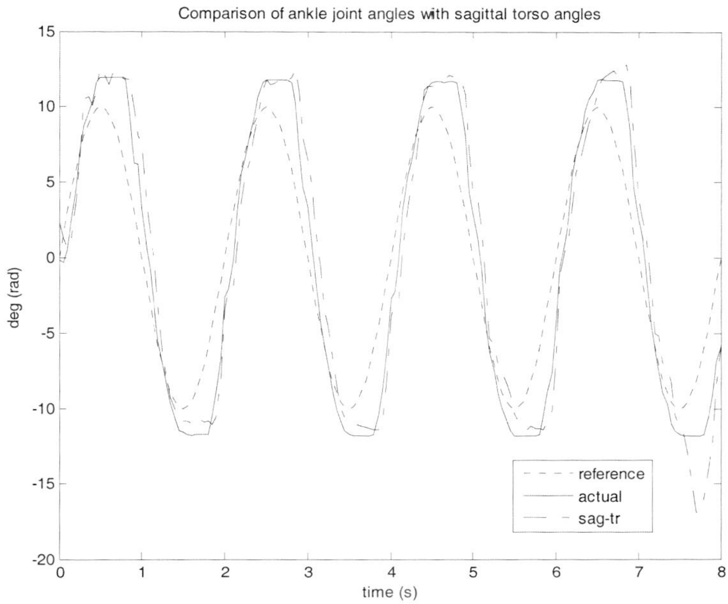

» **그림 6.29** 직립상태에서 전후로 10°씩 스윙하게 명령했을 때 왼쪽 족관절 각도의 목표각과 측정각, 그리고 측정된 상체 기울기 각 궤적의 비교

```
if(motion_type==1){
   sag_an_l = deg2rad(10)*sin(PI*ct);
   sag_an_r = sag_an_l;
}
```

» **코드 6.4** 직립상태에서 전후로 10°씩 스윙하게 하는 시상면 족관절 각도 설정

<그림 6.29>는 OP로 전후 스윙하는 모션을 수행하면서 측정한 왼쪽 족관절의 목표 회전각과 측정각, 그리고 상체의 회전각을 나타내는 것으로서 제어기와 다이나믹셀 간의 시간지연, 그리고 스윙 모션의 관성에 의해서 실제로 12° 정도의 크기로 전후 스윙을 함을 알 수 있다. 이러한 미세한 시간 지연은 균형 제어기 설계 시 고려되어야 한다.

<그림 6.30>은 이 상황에서 OP의 양쪽 발바닥에서 측정된 ZMP 궤적을 비교한 것으로, <그림 6.29>와 비교해 보면 발목 관절각이 최대각(10°)과 최소각(−10°)이 되었을 때 양쪽 발의 ZMP가 한계점인 1과 0에서 각각 약 0.5초 정도 머무름을 알 수 있다. 실제로 이 기간 동안 OP의 발바닥이 지면에서 살짝 들리면서 손으로 잡아주지 않으면 넘어질 만큼 자세가 불안정해 지게 된다.

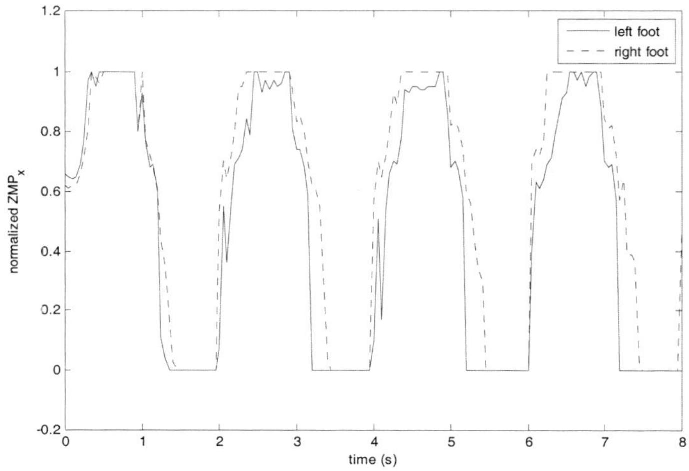

» **그림 6.30** OP가 직립상태에서 전후로 10°씩 스윙할 때 왼쪽발과 오른쪽 발에서 측정된 정규화된 ZMP 궤적 비교

```
                          ⋮
AcqZmpData(cm730);
                          ⋮
avg_zmp_x[cp] = 0;
n = 0;
if(l_zmp_x != -1){  avg_zmp_x[cp] += l_zmp_x;        ++n;    }
if(r_zmp_x != -1){  avg_zmp_x[cp] += r_zmp_x;        ++n;    }
avg_zmp_x[cp] = avg_zmp_x[cp]/double(n);

avg_zmp_y[cp] = 0;
n = 0;
if(l_zmp_y != -1){  avg_zmp_y[cp] += l_zmp_y;        ++n;    }
```

```
  if(r_zmp_y != -1){  avg_zmp_y[cp] += r_zmp_y;        ++n;    }
  avg_zmp_y[cp] = avg_zmp_y[cp]/double(n);
 }
```

» **코드 6.5** 양 발의 ZMP를 평균한 값인 avg_zmp_x와 avg_zmp_y를 계산하는 코드

이를 해결하기 위해 <그림 6.28>에 표현되어 있는 목표안정영역을 현재 ZMP가 이탈한 것인지 영역 안으로 다시 들어온 것인지를 확인하는 알고리즘이 필요하다. 이를 위해서 먼저, 현재 양 발바닥 ZMP의 X축과 Y축의 위치를 평균한 값인 avg_zmp_x와 avg_zmp_y를 계산해야 한다. <코드 6.5>는 이를 계산하는 부분을 보인 것으로 AcqAllSensorData 함수의 뒷 부분에 있다.

<코드 6.3>에서 어떤 발이 지면에 닿지 않으면 그 발의 ZMP 값은 -1로 저장하도록 했으므로, <코드 6.5>에서 avg_zmp_x와 avg_zmp_y를 계산할 때 발이 지면에 접촉해 있는지를 먼저 확인함을 알 수 있다. 그래서 만약 두 발이 다 접지해 있다면 양쪽 ZMP 데이터의 평균을 구하지만 한쪽 발만 접지해 있다면 그 발에 대한 ZMP 데이터만 읽어오게 된다.

<코드 6.6>은 AdjustJointAngleByZMP 함수에서 현재 ZMP가 목표안정영역을 벗어난 것인지 아닌지를 판단하는 알고리즘을 코드로 구현한 것이다. 코드에서 DSR_RATIO_X_L과 DSR_RATIO_X_H는 목표안정영역의 X축 방향의 최소값과 최대값, DSR_RATIO_Y_L과 DSR_RATIO_Y_H는 목표안정영역의 Y축 방향의 최소값과 최대값을 각각 의미한다.

ZMP는 로봇의 자세가 조금만 바뀌어도 민감하게 변하므로 전방 불안정 영역에 새로 진입한 avg_zmp_x의 개수를 ns_unstable_front, 후방 불안정 영역에 새로 진입한 avg_zmp_x의 개수를 ns_unstable_rear로 카운트 해서 ns_unstable_front와 ns_unstable_rear가 각자 1이상이면 해당 불안정 영역에 진입한 것으로 판단하는 방법이 적합하다. 이를 위한 플래그 변수로서 has_exited_front_boundary와 has_exited_rear_boundary는 현재 ZMP가 안정영역에 있을 때는 둘 다 false이다가, DSR의 전방 불안정 영역에 진입했다고 판단되면 has_exited_front_boundary만

```
void SelfMotion::AdjustJointAngleByZMP(CM730 &cm730, int cp){
    double  prev_avg_zmp_x = 0, prev_avg_zmp_y = 0;
    double  l_foot = l_ft_for + l_ft_back;

    DSR_RATIO_X_L = 0.4;  DSR_RATIO_X_H = 0.7;
    DSR_RATIO_Y_L = 0.3;  DSR_RATIO_Y_H = 0.7;
                                    ⋮
    for(int i=0; i<3; ++i){
       if(i > cp)  break;
       else prev_avg_zmp_x += avg_zmp_x[cp-i];
    }
    prev_avg_zmp_x = prev_avg_zmp_x/3.;     // avg_zmp_x의 최근 3개 데이터 평균
    if(avg_zmp_x[cp] > DSR_RATIO_X_H){
        ++ns_unstable_front;
        ns_unstable_rear = 0;
    }
    else if(avg_zmp_x[cp] < DSR_RATIO_X_L){
        ++ns_unstable_rear;
        ns_unstable_front = 0;
    }
    else{
        if((DSR_RATIO_X_L   <=   prev_avg_zmp_x)   &&   (prev_avg_zmp_x   <=
DSR_RATIO_X_H)){
            ns_unstable_front = 0;  ns_unstable_rear = 0;
            has_exited_front_boundary = false;
            has_exited_rear_boundary = false;
        }
    }

    if(ns_unstable_front >= 2){
        if(has_exited_front_boundary == false){
            has_exited_front_boundary = true;
            has_exited_rear_boundary = false;
            limit_mth[0]=mth[0], limit_mth[5]=mth[5];   // 발목 관절각 제한
        }
    }
    if(ns_unstable_rear >= 1){
        if(has_exited_rear_boundary == false){
            has_exited_rear_boundary = true;
            has_exited_front_boundary = false;
            limit_mth[0]=mth[0], limit_mth[5]=mth[5];    // 발목 관절각 제한
        }
    }
                              ⋮
```

» **코드 6.6** avg_zmp_x가 DSR 전후방의 불안정 영역에 진입했는지 판단하는 루틴

true로 설정되고, DSR의 후방 불안정 영역에 진입했다고 판단되면 has_exited_rear_boundary만 true로 설정된다.

이렇게 플래그를 설정하는 이유는 하체의 관절이 회전하다가 두 플래그 중 하나가 true가 되면 자세 안정도가 약화됨을 의미하므로 더 이상 회전하지 않고 잠금 상태가 되었다가, 다시 ZMP가 안정영역으로 돌아와서 이 값이 false가 되면 잠금 상태를 해제하기 위함이다. 코드에서 limit_mth가 이러한 잠금을 위한 최대각 또는 최소각이 된다.

<코드 6.7>은 GenMotionsInStanding 함수에서 현재 ZMP의 X축 좌표가 발바닥에 존재하는 영역에 따라 목표 발목 관절각 sag_an_l을 적절히 제한하는 부분을 나타낸다. 즉, has_exited_front_boundary 값이 true이면 현재 ZMP가 전방 불안정 영역에 존재함을 의미하므로 이 영역에 처음으로 진입한 시점에 측정한 발목 관절각인 limit_mth 값(<코드 6.6>)과 비교해서 더 큰 값이 되지 않도록 제한한다. 발목의 관절모터각은 몸이 앞으로 숙일수록 양의 값으로 증가하므로 이렇게 양의 피크값을 제한하면 더 이상 앞으로 숙이지 않게 된다. 반대로 has_exited_rear_boundary 값이 true이면 현재 ZMP가 후방 불안정 영역에 존재함을 의미하므로 이 영역에 처음으로 진입한 시점에 측정한 발목 관절각인 limit_mth 값(음의 각도)과 비교해서 더 작아지지 않도록 제한한다. 발목의 관절모터각은 몸이 뒤로 젖혀질수록 음의 값이 되므로 음의 피크 값을 제한하면 더 이상 뒤로 젖혀지지 않게 된다.

```
if(motion_type==1){
    sag_an_l = deg2rad(10)*sin(PI*ct);
    if(balance_control_by_zmp == true){
        if(has_exited_front_boundary == true)
            sag_an_l = min(sag_an_l, limit_mth[0]);
        else if(has_exited_rear_boundary == true)
            sag_an_l = max(sag_an_l, limit_mth[0]);
    }
    sag_an_r = sag_an_l;
}
```

» **코드 6.7** 현재 avg_zmp_x가 존재하는 영역에 따라 발목관절각을 조정하는 코드

optWalk의 main 함수에서 다음과 같이 im.balance_control_by_zmp를 true로 설정하면 평균 ZMP가 전후방 불안정영역에 진입했을 때 <코드 6.7>과 같이 발목 관절각을 조정할 수 있다.

```
case('2'):  // 직립 상태에서의 모션
    im.show_sensor_data = false;
    im.balance_control_by_zmp = true;
    im.balance_control_by_torso_ang = false;
    im.st = 0.05;
    if(motion_no ==2)  im.T = 12;
    else if(motion_no ==4)  im.T = 2;
    else im.T = 8;
    im.des_sag_tr = deg2rad(90);
    im.motion_type = motion_no;
    im.GenMotionsInStanding(cm730);
 break;
```

» **코드 6.8** main **함수에서 직립 상태로 전후 스윙하는 부분**

<그림 6.31>은 이전과 동일하게 OP가 직립한 상태에서 전후로 10°씩 스윙하게 하면서 ZMP를 이용한 자세제어를 수행할 때 avg_zmp_x와 prev_avg_zmp_x (avg_zmp_x의 최근 3개 데이터 평균값)의 궤적을 나타낸 것이다. 그림에서 궤적의 중간중간에 별표로 표시한 점은 avg_zmp_x가 전방이나 후방 불안정 영역에 진입한지 두 번째 지점을 나타낸 것으로, 이 점에서의 족관절 각이 바로 limit_mth 값이 된다. 자세 제어를 수행하지 않았을 때의 경우인 <그림 6.30>과 비교해 보면 정규화된 ZMP의 한계위치인 0과 1 근방에 머무르는 ZMP의 개수가 크게 감소했다는 사실을 알 수 있다.

<그림 6.32>는 이렇게 설정된 한계값에 의해 족관절이 제한된 범위 내에서 회전하는 모습을 보인다. 이를 <그림 6.29>와 비교해 보면 족관절의 목표각이 원래의 ±10°에서 약 ±8° 이내로 제한되었고, 이로 인해 실제 회전각은 ±10° 이내가 되어서 보다 안정된 자세가 되었음을 알 수 있다.

지금까지 두 발이 접지한 상태에서 ZMP가 발바닥의 전방이나 후방의 불안정 영역에 진입하는 경우 OP 시상면 족관절의 최대 회전각과 최소 회전각을 제한하는

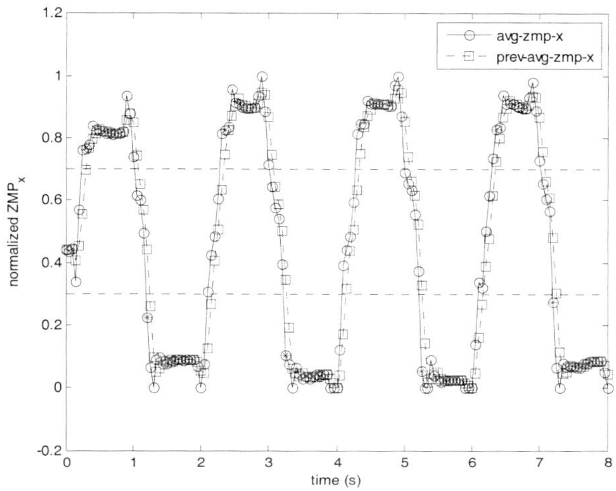

» **그림 6.31** ZMP기반 족관절 제어 시 직립상태에서 전후로 10°씩 스윙하는 모션에 대한 X축 ZMP 궤적

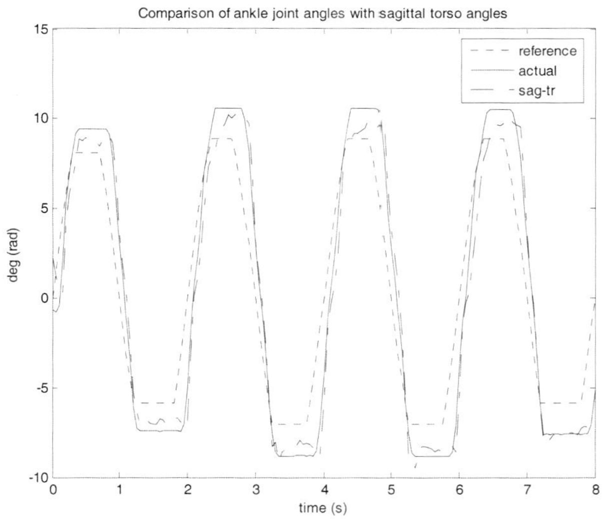

» **그림 6.32** ZMP기반 자세 제어를 하면서 직립상태에서 전후로 10°씩 스윙하게 했을 때 왼쪽 족관절 각도의 목표각과 측정각, 그리고 측정된 상체 기울기 각 궤적의 비교

방법으로 더 이상 불안정한 자세가 되지 않게 했다. 그러나 족관절의 회전속도가 큰 경우에는 이렇게 최대나 최소 회전각을 제한하더라도 로봇이 쓰러지는 것을 막지 못할 수도 있다.

안정도를 좀 더 빨리 회복하기 위해서는 슬관절이나 고관절을 적절히 회전시켜 상체를 현재의 반대방향으로 회전시켜야 한다. 슬관절각은 OP가 직립해 있는 경우 $0°$이며, 다른 관절과는 달리 양의 방향(무릎을 굽히는 방향)으로만 회전할 수 있다. OP가 직립해 있는 상태에서 앞으로 넘어지려 하는 경우 무릎을 굽히면 상체가 뒤로 젖혀지므로 자세 안정성을 좀 더 확보할 수 있지만, 뒤로 넘어지려 하는 경우 슬관절은 음의 각도로 회전할 수 없으므로 상체의 각도에 아무런 영향을 줄 수가 없다. 이 경우 고관절을 회전시켜서 상체가 앞쪽으로 기울어지게 하면 자세 안정성을 확보하는 데 조금 더 기여할 수 있다.

먼저, OP가 앞으로 넘어지려 하는 경우 슬관절모터를 양의 방향으로 회전시켜서 상체를 뒤로 젖히는 방법에 대해 알아보자. 이를 위해서는 OP가 앞으로 기울어져서 현재의 X축 ZMP가 DSR의 전방으로 d^X_{ZMP}(=prev_avg_zmp_x-DSR_RATIO_X_H)만큼 벗어났다고 할 때, 슬관절을 $\Delta\theta_2$만큼 회전시켜 OP 골반중심점의 X좌표 X_C를 반대방향인 $-d^X_{ZMP}$만큼 이동시켜야 한다. 참고로 지지하는 다리의 횡평면 관절각이 $0°$인 경우 X_C는 X_2와 같다.

이 문제를 수식화하기 위해 투영법의 기구학 식인 식 (2.95)로부터 먼저 θ_2와 X_2의 관계식을 다음과 같이 표현해 보자.

$$X_2 = X_0 + l^s_1 \cos\theta_1 + l^s_2 \cos(\theta_1 + \theta_2) \tag{6.31}$$

지지다리의 슬관절만을 이용해서 상체의 각도를 뒤로 젖히기 위해서는 이 식에서 θ_2만을 $\theta_2 + \Delta\theta_2$로 변화시켜서 X_2를 $X_2 + \Delta X_2$로 변화시켜야 하므로 다음의 관계식이 성립한다.

$$\Delta X_2 = l^s_2 \left[\cos(\theta_1 + \theta_2 + \Delta\theta_2) - \cos(\theta_1 + \theta_2)\right] \tag{6.32}$$

이 식을 풀면 다음과 같이 $\Delta\theta_2$와 ΔX_2의 관계식을 유도할 수 있다.

$$\Delta\theta_2 = \cos^{-1}\left(\frac{\Delta X_2 + l_2^s \cos(\theta_1 + \theta_2)}{l_2^s}\right) - \theta_1 - \theta_2 \tag{6.33}$$

그리고 $\Delta X_2 = -l_{ft} d_{ZMP}^X$($l_{ft}$: 발의 길이)의 관계가 성립하므로, $\Delta\theta_2$는 다음과 같이 표현된다.

$$\Delta\theta_2 = \cos^{-1}\left(\frac{-l_{ft} d_{ZMP}^X + l_2^s \cos(\theta_1 + \theta_2)}{l_2^s}\right) - \theta_1 - \theta_2 \tag{6.34}$$

마지막으로 제어기 코딩을 위해 식 (5.4)와 (5.6)의 관계식$\left(\theta_{kn}^{l,r} = \theta_2\right)$을 이용하여 슬관절모터각의 관계식으로 변환하면 다음과 같은 관계식을 얻을 수 있다.

$$\Delta\theta_{kn}^{l,r} = k_{ZMP}^{(kn)}\left[\cos^{-1}\left(\frac{-l_{ft} d_{ZMP}^X + l_2^s \cos(\theta_1 + \theta_2)}{l_2^s}\right) - \theta_1 - \theta_2\right] \tag{6.35}$$

식에서 $k_{ZMP}^{(n)}$은 슬관절각의 ZMP 균형제어기의 이득을 의미한다.

두 번째로, OP가 뒤로 넘어지려 하는 경우 지지다리의 고관절모터의 회전각을 양의 방향으로 증가시켜서 상체를 앞으로 일으키는 방법에 대해 알아보자. 식 (5.47)에 의하면 상체각 θ_{tr}은 θ_1부터 θ_3까지의 합이므로 $\Delta\theta_3 = \Delta\theta_{tr}$의 관계가 성립하며, 상체를 앞으로 회전시키는 것은 θ_{tr}이 감소하는 것$(\Delta\theta_{tr} < 0)$을 의미한다. 그리고 식 (5.4)와 (5.6)에서 θ_3와 $\theta_{hp}^{l,r}$ 간에 음의 변환 관계가 있으므로 이를 종합하면 다음의 관계식이 성립한다.

$$\Delta\theta_{hp}^{l,r} = -\Delta\theta_3 = -\Delta\theta_{tr} \tag{6.36}$$

그러므로 상체를 앞으로 일으키려면 $\Delta\theta_{tr}$이 음의 값이 되어야 하고, 이를 위해서 지지다리의 고관절각 변화량 $\Delta\theta_{hp}^{l,r}$은 양의 값이 되도록 회전해야 한다.

이처럼 OP의 상체가 뒤로 젖혀질수록 고관절 회전각을 증가시켜야 하기 때문에, 현재 X축 ZMP가 목표안정영역의 후방으로 벗어난 양의 거리 값 d_{ZMP}^{X} (=prev_avg_zmp_x-DSR-RATIO_X_L)에 비례해서 $\Delta\theta_{hp}^{l,r}$을 증가시키는 원리를 이용해서 다음과 같이 ZMP 균형 제어기를 설계하자.

$$\Delta\theta_{hp}^{l,r} = -k_{ZMP}^{(hp)}d_{ZMP}^{X} \tag{6.37}$$

식에서 $k_{ZMP}^{(hp)}$은 고관절각의 제어 이득을 의미한다.

<코드 6.9>는 AdjustJointAngleByZMP 함수에서 현재 측정된 X축 ZMP로부터 d_{ZMP}^{X}를 계산해서 슬관절 변화각 $\Delta\theta_{kn}^{l,r}$과 고관절 변화각 $\Delta\theta_{hp}^{l,r}$을 계산하는 루틴으로, <코드 6.6>의 앞부분을 확장한 것이다. <코드 6.10>은 GenMotionsInStanding 함수에서 시상면 하체관절각의 ZMP 반사신경 제어를 구현한 루틴을 나타낸 것으로 <코드 6.7>을 확장한 것이다. 코드에서 보듯이 <코드 6.9>에서 계산 된 관절각 제어 값 $\Delta\theta_{kn}^{l,r}$(del_sag_kn)과 $\Delta\theta_{hp}^{l,r}$ (del_sga_hp)를 슬관절과 고관절 회전각에 더함으로써 자세 제어를 수행했다.

```
if(prev_avg_zmp_x > DSR_RATIO_X_H){
   ++ns_unstable_front;
   ns_unstable_rear = 0;
   del_zmp_x = prev_avg_zmp_x-DSR_RATIO_X_H;
  del_sag_kn = K_zmp_kn*(acos(saturation(-1.0,  (-l_foot*del_zmp_x + l2s*cos(th1+th2))/l2s,
     1.0))-th1-th2);
   del_sag_hp = -K_zmp_hp*del_zmp_x;
}
else if(prev_avg_zmp_x < DSR_RATIO_X_L){
   ++ns_unstable_rear;
   ns_unstable_front = 0;
   del_zmp_x = prev_avg_zmp_x-DSR_RATIO_X_L;
  del_sag_kn = K_zmp_kn*(acos(saturation(-1.0, (-l_foot*del_zmp_x + l2s*cos(th1+th2))/l2s,
     1.0))-th1-th2);
   del_sag_hp = -K_zmp_hp*del_zmp_x;
}
```

» **코드 6.9** 현재 avg_zmp_x가 존재하는 영역에 따라 적절한 슬관절과 고관절 변화각을 계산하는 코드

```
if((is_sensor_calibrated == true) && (balance_control_by_zmp == true)){
   AdjustJointAngleByZMP(cm730, cp);

   if(has_exited_front_boundary == true){
      sag_an_l = min(sag_an_l, limit_mth[0]);
   }
   else if(has_exited_rear_boundary == true){
     sag_an_l = max(sag_an_l, limit_mth[0]);
   }
   sag_kn_l += del_sag_kn;
   sag_kn_l = max(0.0, sag_kn_l);
   sag_hp_l += del_sag_hp;

   if(motion_type != 3){
      sag_an_r = sag_an_l, sag_kn_r = sag_kn_l, sag_hp_r = sag_hp_l;
   }
}
```

» **코드 6.10** 현재 측정된 X축 ZMP로부터 슬관절과 고관절 회전각을 조정하는 코드

<그림 6.33>은 지금까지 설명한 ZMP기반 시상면 관절각 반사신경 제어를 수행했을 때의 상체 기울기 각도, avg_zmp_x, 족관절, 슬관절, 고관절의 시상면 회전각 궤적을 비교한 것이다. 그림에서 보면 두 번째 단에 있는 ZMP의 X축 값이 점선으로 표현된 목표안정영역을 벗어나면 세 개의 하체 관절의 목표 회전각도가 적절한 방식으로 변화함을 알 수 있다.

<그림 6.34>는 motion_type 이 1인 경우(직립상태에서 전후로 ±10° 스윙)에 대해 제안된 ZMP 반사신경 제어를 수행했을 때 avg_zmp_x의 궤적을 그린 것이다. <그림 6.30>, <그림 6.31>과 비교했을 때 한계점인 0과 1에 닿는 ZMP의 개수가 크게 줄었음을 확인할 수 있다. <그림 6.35>는 ZMP 반사신경 제어가 적용된 OP의 전후 스윙 모션을 찍은 것으로 전신이 앞쪽보다 뒤쪽으로 덜 기우는 것을 볼 수 있다. 그 이유는 상체에 내장되어 있는 SBC와 센서 보드 때문에 OP 전신의 실제 무게 중심이 약간 뒤쪽에 있기 때문이다.

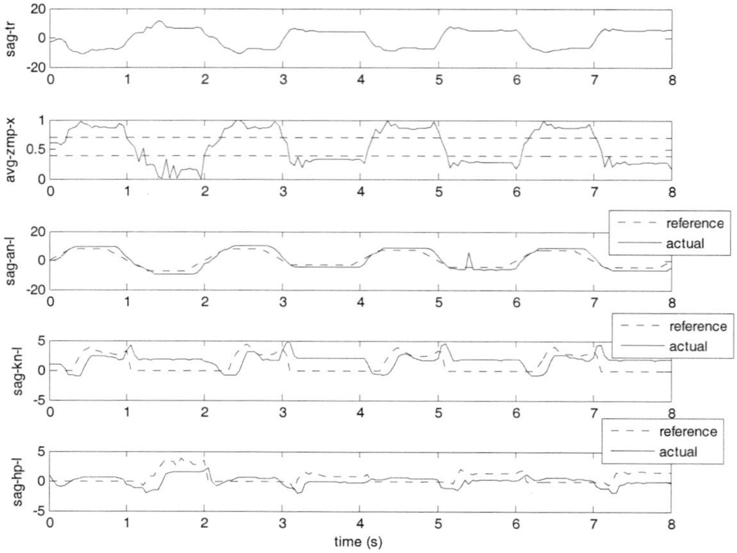

» **그림 6.33** 직립상태에서 전후로 10°씩 스윙 시 ZMP 기반 반사신경 자세 제어를 수행했을 때의 상체각과 정규화된 ZMP 위치, 시상면 3개 하체 관절각의 궤적 비교

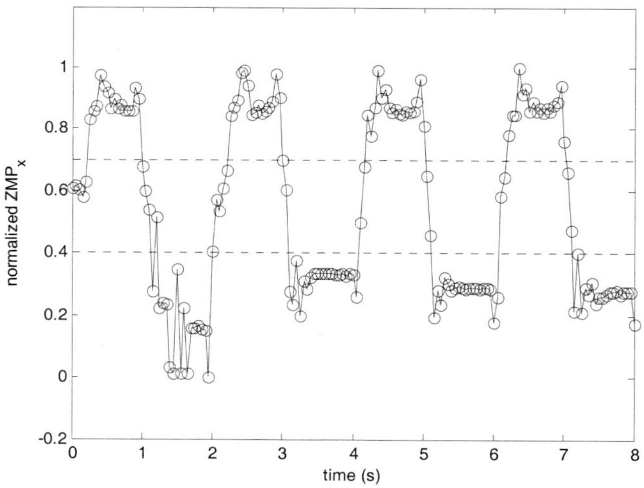

» **그림 6.34** ZMP기반 하체 3관절 반사신경 제어 시 직립상태에서 전후로 10°씩 스윙하는 모션에 대한 X축 ZMP 궤적

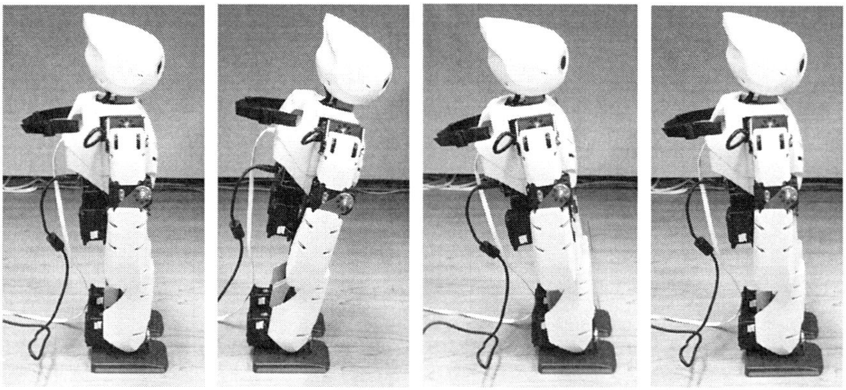

» **그림 6.35** ZMP 반사신경 제어가 적용된 OP의 전후 스윙 모션

지금까지 ZMP의 X축 좌표를 정규화해서 지지하는 발의 목표안정영역을 벗어날 때 지지하는 다리의 시상면 족관절과 슬관절, 고관절을 적절히 조정함으로써 자세의 안정도를 증대하는 원리에 대해 설명했다. 유사한 원리로 ZMP의 Y축 좌표를 정규화해서 미리 설정한 목표안정영역을 벗어나는 경우 지지하는 다리의 관상면 족관절과 고관절을 적절히 조정하여 OP가 옆으로 넘어지는 것을 막는 ZMP 반사신경 제어기를 설계할 수 있는지에 대해 알아보도록 하자.

관상면 ZMP 반사신경 제어를 위해 OP의 optWalk의 main 함수를 실행해서 '2)Standing motion > r)roll swing' 메뉴를 선택하면 직립한 상태에서 0.05초 샘플링 시간으로 양쪽 관상면 고관절을 크기가 15°이고 주기가 4초인 삼각함수의 파형으로 12초간 좌우로 흔든다. <코드 6.11>은 GenMotionsInStanding 함수에서 이와 관련된 부분이다.

```
if(motion_type==2){
    cor_an_l = deg2rad(15)*sin(PI/2.*ct);
}
cor_an_r = cor_an_l;
cor_hp_r = cor_hp_l = 0;
```

» **코드 6.11** 직립상태에서 좌우로 15°씩 스윙하게 하는 관상면 족관절 각도 설정

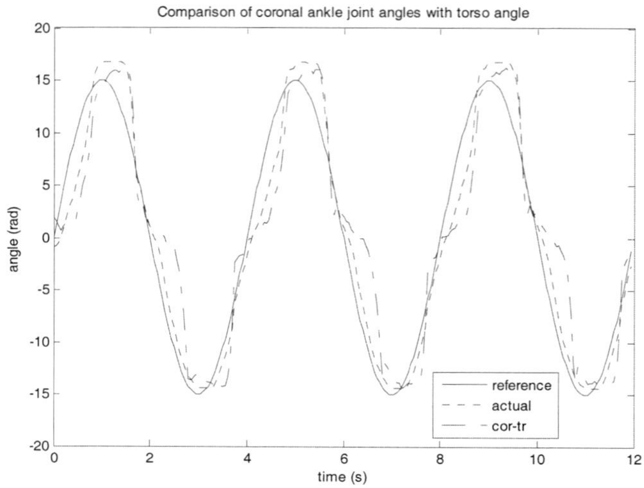

» **그림 6.36** 직립상태에서 좌우로 15°씩 스윙 시 왼쪽 관상면 족관절 각도의 목표각과 측정각, 그리고 측정된 상체 기울기 각 궤적의 비교

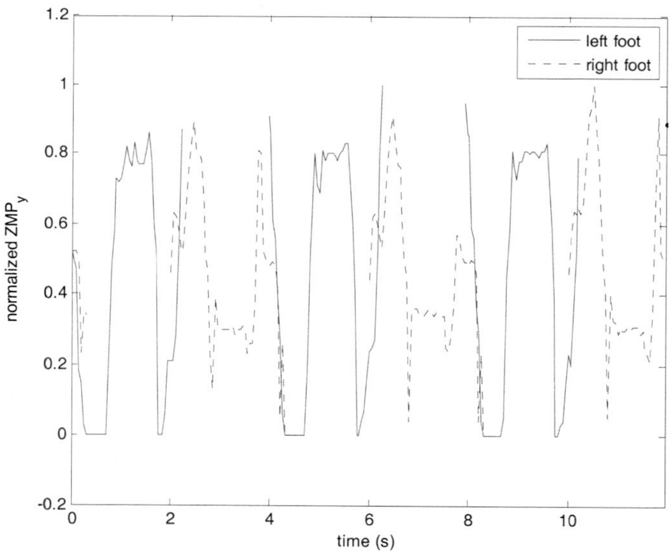

» **그림 6.37** OP가 직립상태에서 좌우로 15°씩 스윙할 때 왼발과 오른발에서 측정된 정규화된 ZMP 궤적 비교

<그림 6.36>은 OP가 직립 상태에서 좌우로 스윙하는 모션을 수행하면서 측정한 왼쪽 관상면 족관절의 목표 회전각과 측정각, 그리고 상체의 관상면 회전각을 나타내는 것으로서 제어기와 다이나믹셀 간의 시간지연, 그리고 스윙 모션의 관성에 의해서 실제로 17° 정도의 크기로 좌우로 역진자 운동을 하는 것을 볼 수 있다.

<그림 6.37>은 이때 OP의 양쪽 발바닥에서 측정된 ZMP 궤적을 비교한 것으로, <그림 6.36>과 비교해 보면 발목 관절각이 최대각(15°)과 최소각(−15°)일 때 양쪽 발의 ZMP가 한계값인 0과 1에서 짧은 시간 동안 머무름을 알 수 있다. 이 그림을 <그림 6.30>과 비교해보면 Y축 ZMP 궤적이 불연속적임을 알 수 있는데, 이는 motion_type이 2일 때는 왼쪽이나 오른쪽으로 전신이 기울 때 반대쪽 발이 올라가서 ZMP가 측정되지 않기 때문이다.

또한, OP가 ±15°로 좌우로 역진자 운동을 함에 있어 Y축 ZMP가 상당히 날카롭게 변화함을 알 수 있다. 이는 발바닥의 Y축 길이가 X축 길이의 60%에 불과하여 작은 자세 변화에도 민감하게 반응하기 때문이다. 이 때문에 앞 절에서처럼 X축 ZMP가 전방이나 후방 불안정 영역에 진입할 때마다 측정한 하체 시상면 관절각을 기준으로 회전각을 조정하면 자세가 오히려 불안정해지는 문제가 발생한다. 그러므로 좌우 움직임에 대한 자세 제어를 위해서는 ZMP의 Y축 데이터를 사용하는 대신 상보필터로 측정한 관상면 상체 기울기를 사용하는 것이 적절하다고 생각되어 다음 절에서 그 내용을 소개한다.

6.3.2 상체각 반사신경 제어

앞 절에서는 OP가 지지하는 다리의 발바닥이 지면에 완전히 접지해 있을 때 하체의 시상면 관절각을 제어하는 방법을 설명했다. 그러나 OP가 경사면 또는 비평탄지를 걸어가거나 외부로부터 힘이나 충격이 OP에 가해지는 경우 지지하는 발바닥의 한 쪽이 지면으로부터 들리는 경우가 발생한다. 이 순간 ZMP가 안정영역을 벗어나서 발의 가장자리에 몰리게 되므로 ZMP를 이용한 자세 제어를 수행할 시간적 여유가 없게 된다.

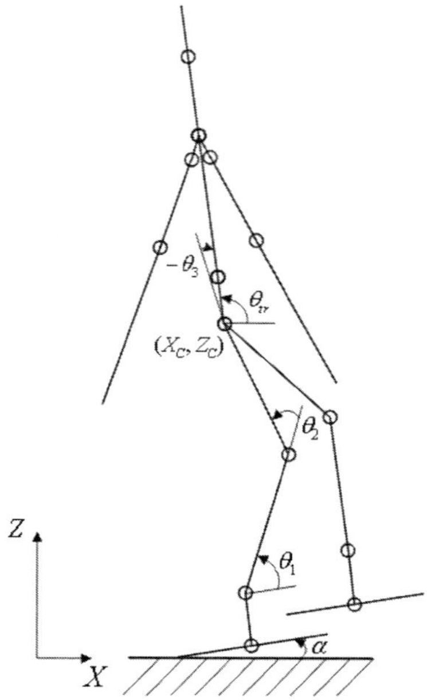

» **그림 6.38** 지지하는 발이 시상면에서 비접지 상태가 되면서 균형을 잃기 시작하는 자세

<그림 6.38>은 OP가 시상면에서 균형을 잃기 시작하면서 지지하는 발이 α의 각도로 지면으로부터 들어 올려진 순간을 나타낸다. 이때 ZMP 기반 반사신경 제어만을 하면 시상면 족관절 회전각이 제한각에 걸려 더 이상 회전하지 못하고 그대로 뒤로 넘어가게 된다. 이 점을 해결하기 위해 지지다리의 족관절을 적절히 회전시켜 상체가 지면과 이루는 각도 θ_{tr}이 90°가 되게 하는 방법을 생각해 보자.

<그림 6.38>을 보면 상체각 θ_{tr}은 다음의 관계를 가진다.

$$\hat{\theta}_{tr} = \hat{\alpha} + \hat{\theta}_1 + \hat{\theta}_2 + \hat{\theta}_3 \tag{6.38}$$

식에서 '∧'기호는 측정한 각도를 의미하며, $\hat{\theta}_1, \hat{\theta}_2, \hat{\theta}_3$는 다이나믹셀의 현재 위치값으로부터 환산된 관절 기하각을, $\hat{\alpha}$는 지면과 발바닥이 이루는 각을 나타낸다. 이 각은 현 자세의 불안정도를 나타내는 값으로 사용될 수 있으며 다음과 같이 측정값으로부터 계산할 수 있다.

$$\hat{\alpha} = \hat{\theta}_{tr} - \hat{\theta}_1 - \hat{\theta}_2 - \hat{\theta}_3 \tag{6.39}$$

OP의 상체를 앞으로 숙이면 θ_{tr}은 90°보다 작아지고, 뒤로 젖히면 90°보다 커진다. 한편 6.2.3절에서 계산했던 상체의 상보필터링 피치각 θ^c_{tr}(CF_sag_tr)은 상체를 앞으로 숙이면 음의 값이 되고, 반대로 하면 양의 각이 된다. 그러므로 다음의 관계식이 성립한다.

$$\hat{\theta}_{tr} = \frac{\pi}{2} + \hat{\theta}^c_{tr} \tag{6.40}$$

OP의 상체가 앞으로 숙여질 때, 시상면 고관절각을 아래 식과 같이 $\Delta\theta_1$만큼 변화시켜서 θ_{tr}이 90°에 최대한 가까와지게 하는 것이 상체각 반사신경 제어의 핵심이다.

$$\hat{\theta}_{tr} = \hat{\alpha} + \hat{\theta}_1 + \Delta\theta_1 + \hat{\theta}_2 + \hat{\theta}_3 \tag{6.41}$$

이 경우 θ_{tr}이 90°보다 작아지는 것을 다시 90°가 되게 하기 위해서는 $\Delta\theta_1$이 양의 값이 되어야 한다.

$\theta^e_{tr} = \frac{\pi}{2} - \hat{\theta}_{tr}$이라고 정의하면 식 (6.40)으로부터 $\hat{\theta}^c_{tr} = \hat{\theta}_{tr} - \frac{\pi}{2} = -\theta^e_{tr}$이 되며, 앞에서 설명한 제어 원리를 상체각 반사신경 제어 수식으로 표현하면 다음과 같다.

$$\Delta\theta_1 = K^{(1)}_{tr}\theta^e_{tr} = -K^{(1)}_{tr}\widehat{\theta^c_{tr}} \tag{6.42}$$

식에서 $K^{(1)}_{tr}$은 반사신경 제어기 이득이다. 왼발 지지의 경우 $\Delta\theta^l_{an} = -\Delta\theta_1$, 오른발 지지의 경우 $\Delta\theta^r_{an} = -\Delta\theta_1$의 관계가 있으므로 관절모터각 면에서의 상체각

반사신경 제어 수식은 다음과 같이 표현된다.

$$\Delta \theta_{an}^{l,r} = K_{tr}^{(1)} \hat{\theta}_{tr}^{c} \tag{6.43}$$

이제 관상면에서의 상체각 기반 반사신경 제어를 위해 <그림 6.39>와 같이 OP가 관상면에서 균형을 잃기 시작하면서 지지하는 발이 β의 각도로 지면으로부터 들어 올려진 순간을 보도록 하자. 오른손 법칙에 의해 그림과 같이 왼쪽으로 기울어질 때는 β의 회전각이 음의 값이 됨을 유의하자.

<그림 6.39>를 보면 관상면 상체각 ϕ_{tr}은 다음의 관계를 가진다는 사실을 알 수 있다.

$$\hat{\phi}_{tr} = \hat{\beta} + \hat{\phi}_1 + \hat{\phi}_2 \tag{6.44}$$

식에서 $\hat{\phi}_1, \hat{\phi}_2$는 다이나믹셀에서 측정된 족관절각과 고관절각을 나타낸다. 식에서 $\hat{\beta}$는 현 자세의 측면방향 불안정도를 나타내는 값으로 사용될 수 있으며, 다음과 같이 다이나믹셀의 현재위치 값으로부터 계산된 관절기하각을 이용해서 계산할 수 있다.

$$\hat{\beta} = \hat{\phi}_{tr} - \hat{\phi}_1 - \hat{\phi}_2 \tag{6.45}$$

<그림 6.39>를 참고하면 OP의 상체가 왼쪽으로 넘어지려 하는 경우 ϕ_{tr}은 0°보다 작아지고, 오른쪽으로 넘어지려 하는 경우 0°보다 커진다. 그러나 OP에서 측정한 상체의 관상면 롤각 ϕ_{tr}^{c}(CF_cor_tr)은 왼쪽으로 기울면 양의 값이 되고, 오른쪽으로 기울면 음의 값이 된다. 그러므로 측정된 ϕ_{tr}과 ϕ_{tr}^{c} 사이에는 다음의 관계식이 성립한다.

$$\hat{\phi}_{tr} = - \hat{\phi}_{tr}^{c} \tag{6.46}$$

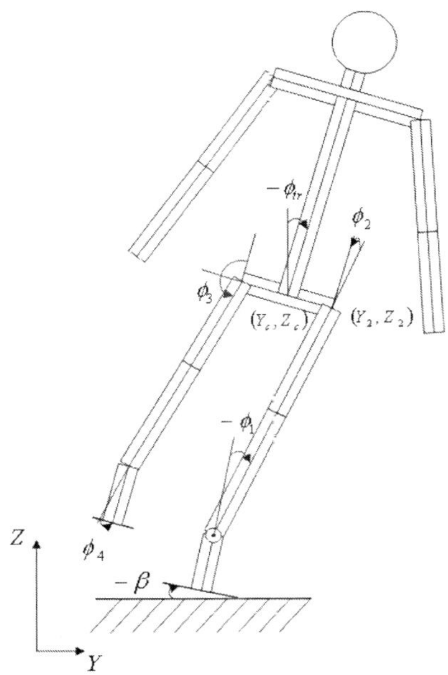

» **그림 6.39** 지지하는 발이 관상면에서 비접지 상태가 되면서 균형을 잃기 시작하는 자세

<그림 6.39>를 보면, OP의 상체가 왼쪽으로 기울어질 때 ϕ_{tr}은 더욱 음의 값으로 감소함을 알 수 있다. 그러므로 균형을 다시 회복하기 위해서는 다음과 같이 관상면 족관절 각도를 양의 방향으로 $\Delta\phi_1$만큼 변화시켜서 ϕ_{tr}이 0°에 최대한 가깝게 되도록 하는 것이 중요하다.

$$\hat{\phi}_{tr} = \hat{\beta} + \widehat{\phi_1} + \Delta\phi_1 + \hat{\phi}_2 \tag{6.47}$$

즉, ϕ_{tr}이 0°보다 작아지는 것을 다시 0°가 되게 하기 위해서는 $\Delta\phi_1$이 양의 값이 되어야 한다. 이러한 관계를 식 (6.46)에 적용하여 관상면 상체각 반사신경 제어 수식으로 표현하면 다음과 같다.

$$\Delta\phi_1 = K_{tr}^{(2)} \widehat{\phi_{tr}^{c}} \tag{6.48}$$

식에서 $K_{tr}^{(2)}$ 는 제어기 이득이다.

왼발 지지의 경우 $\Delta\phi_{an}^{l} = -\Delta\phi_1$, 오른발 지지의 경우 $\Delta\phi_{an}^{r} = -\Delta\phi_1$의 관계가 있으므로 식 (6.48)의 관계로부터 관절모터각 입장에서 상체각 반사신경 제어 수식은 다음과 같이 표현된다.

$$\Delta\phi_{an}^{l,r} = -K_{tr}^{(2)}\hat{\phi}_{tr}^{c} \tag{6.49}$$

<코드 6.12>는 이러한 상체각 반사신경 제어를 구현한 BalanceControlByTorsoAngle 함수로서, PI 제어기 형태로 구현했다.

<그림 6.40>은 상체각 반사신경 제어의 성능을 확인하기 위해 OP를 상장 케이스나 판자 같은 견고한 지지대 위에 올려놓고 지지대의 각도를 시상면에서 ±15° 이내로 천천히 변화시키면서 optWalk 메인의 0)Check 메뉴를 실행했을 때의 상체각 변화 추이를 보인 것이다. 이를 위해 main의 해당 실행 루틴(case('0'))에서 im.balance_control_by_torso_ang를 true로 설정해야 한다. <그림 6.29>에서 보듯이 반사신경 제어를 하지 않은 채로 OP를 전후로 스윙했을 때 상체각이 시상면 족관절모터각과 거의 일치하거나 약간 더 커졌음을 감안했을 때 <그림 6.40>의 시상면 상체각은 지면이 ±15° 이내로 기울고 있지만 ±5° 이내에서 잘 제어되고 있음을 확인할 수 있다.

```
void SelfMotion::BalanceControlByTorsoAngle(CM730 &cm730, double ref_pitch_torso, double
  ref_roll_torso){

  double err_pitch_torso = ref_pitch_torso - (PI/2.+CF_sag_tr);
  double err_roll_torso = ref_roll_torso - (PI/2.+CF_cor_tr);

  sum_err_pitch_torso += err_pitch_torso;
  sum_err_roll_torso += err_roll_torso;

  del_sag_an = -K_tr_ang_1*(err_pitch_torso + 0.2*sum_err_pitch_torso);
  del_cor_an = -K_tr_ang_2*(err_roll_torso + 0.2*sum_err_roll_torso);
}
```

» **코드 6.12** OP의 고관절에 대해 상체각 반사신경 제어를 수행하는 함수

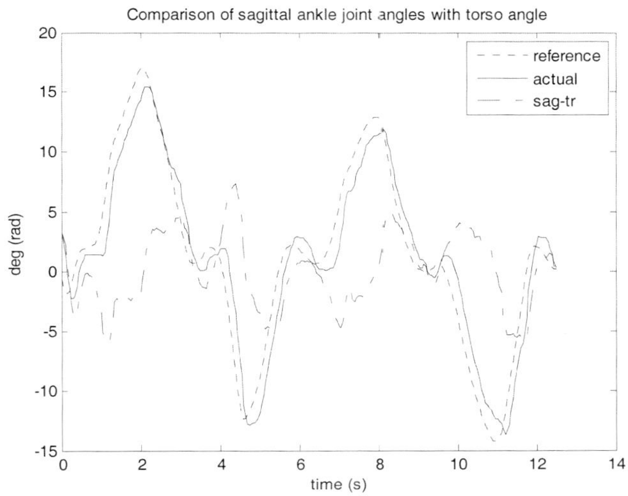

» **그림 6.40** OP의 지면이 시상면에서 ±15° 이내로 변화될 때의 상체각 반사신경 제어 결과

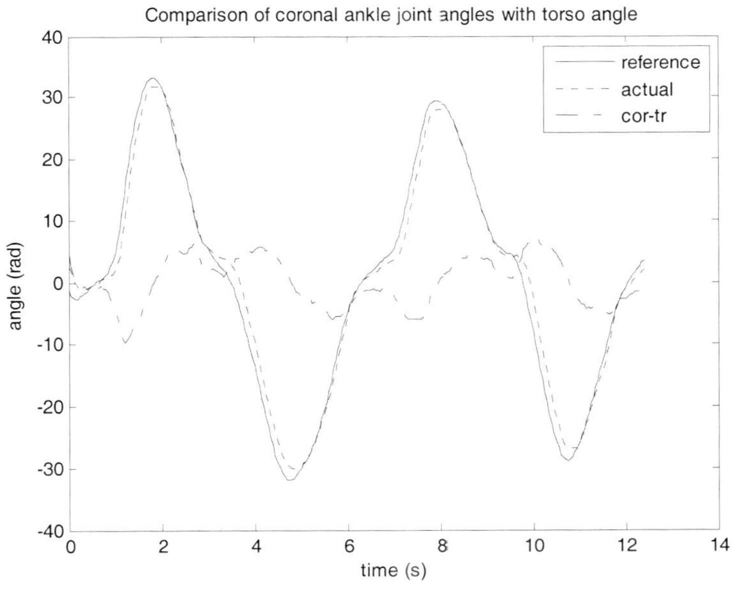

» **그림 6.41** OP의 지면이 관상면에서 ±30° 이내로 변화될 때의 상체각 반사신경 제어 결과

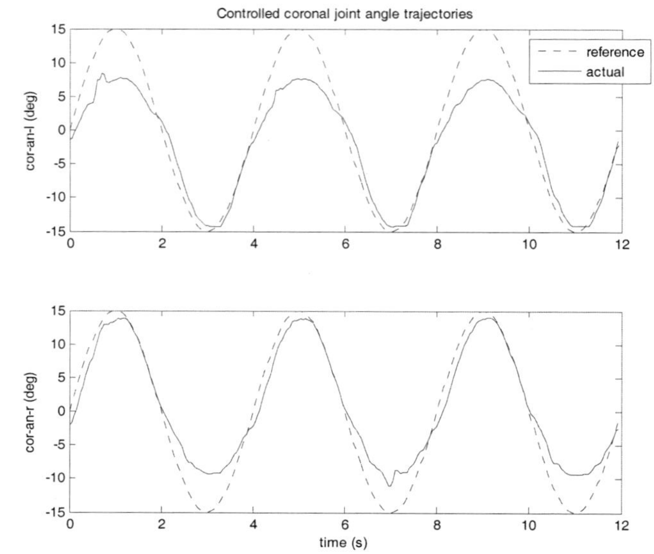

(a) 관상면 족관절 각도의 궤적 비교

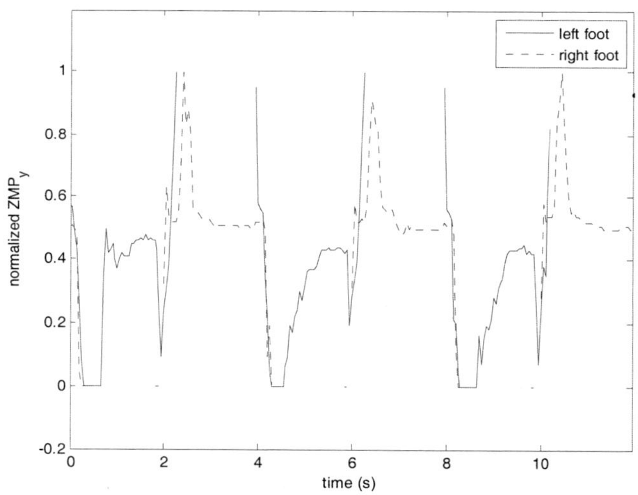

(b) 왼쪽 발과 오른 쪽 발에서 측정된 정규화된 ZMP 궤적

» **그림 6.42** 직립 상태에서 좌우로 15°씩 스윙 시 관상면 상체각 반사신경 제어 결과

<그림 6.41>은 OP의 지지대의 각도를 관상면에서 ±30° 이내로 천천히 변화시켰을 때의 상체각 변화 추이를 보인 것이다. <그림 6.36>에서처럼 반사신경 제어를 하지 않은 채로 OP를 좌우로 스윙했을 때 상체각이 관상면 족관절모터각과 거의 일치하거나 약간 더 커졌음을 감안했을 때 <그림 6.41>의 관상면 상체각은 ±10° 이내에서 잘 제어되고 있음을 확인할 수 있다.

상체각을 기반으로 한 관상면 관절각 반사신경 제어는 직립 상태에서 좌우로 스윙하는 모션이나 이족보행 시에도 유용하게 사용될 수 있다. 이를 위해 <코드 6.8>에서 im.balance_control_by_torso_ang를 true로 설정한 후 optWalk의 메인 메뉴에서 '2)Standing motion > r)Roll swing'을 실행하면 <그림 6.42>와 같이 좌우로 스윙하는 모션에서 향상된 균형 제어 결과를 얻게 된다. <그림 6.42(a)>는 관상면 족관절의 측정된 각도 궤적(actual)을 명령값 궤적(reference)와 비교한 것으로, 좌측 족관절은 양의 각도에서, 우측 족관절은 음의 각도에서 반사신경 제어가 적용된 것이다. 그림에서 보듯이 관절각 명령값이 과도하게 커지는 피크 부분에서 실제 족관절 각도가 크게 감소되어 <그림 6.42(b)>와 같이 양쪽 발의 ZMP 분포가 발바닥의 가운데로 몰리는 안정된 양상을 보인다. 관상면 관절각 반사신경 제어가 이뤄지지 않은 <그림 6.37>과 비교해 보면 확연한 차이를 알 수 있다.

6.4 | OP의 모션 생성

6.4.1 OP의 모션 구동하기

이번 절에서는 main 함수의 전체 구조 중 OP가 제자리에 서 있는 상태에서 다양한 모션을 생성하는 부분의 코드에 대해 설명한다. OP가 구현하는 모션의 종류는 크게 다음과 같이 분류할 수 있다.

- 직립한 상태에서 전후좌우로 스윙하고 앉았다 일어서기
- 인사하기, 고개 끄덕이기, 손 흔들기 등의 간단한 동작

- 체조, 댄스와 같은 복잡하고 긴 동작 수행하기
- 머리 부분의 LED 색깔 바꾸기

<코드 6.13>은 main.cpp 파일의 초기 부분을 나타낸다. OP의 초기화 작업으로서 signal 함수로 인터럽트를 활성화한 후 SelfMotion 클래스인 im을 생성한다. 그리고 모션 전체의 플래그인 is_continue_motion, is_init_start, is_init_walk 값들을 true로 할당한다. 이 중에서 is_continue_motion은 exit 메뉴가 선택되면 false 값으로 바뀌어서 while 루프를 빠져나와 OP를 멈추게 하는 역할을 하며, is_init_start는 Initial standing 메뉴가 선택되었을 때 프로그램 최초 실행 시에만 Action Editor의 Start 모션을 사용하게 하는 역할을 한다. is_init_walk는 OP가 이족보행을 할 때 초기의 직립자세인지 아닌지를 판단해서 적절한 보행 패턴을 설정하는 역할을 한다. 이족보행 관련한 자세한 내용은 다음 절에서 다룰 것이다.

```
int main()
{
    signal(SIGABRT, &sighandler);  // 인터럽트 핸들러
    signal(SIGTERM, &sighandler);
    signal(SIGQUIT, &sighandler);
    signal(SIGINT, &sighandler);
    SelfMotion im;                   // 모션 클래스 생성

    int  i, j, m, id;
    //// 모션 관련 명령어와 파라미터 ////
    bool is_continue_motion = true; // 모션의 계속 수행 여부
    bool is_init_start = true;      // OP의 최초 가동 여부
    bool is_init_walk = true;       // OP의 최초 보행 여부
    // 사용자가 선택한 메뉴  ////
    char main_sel='n', sub_sel='n', sel_dir='n', sel_color='k';
    char walk_res='n', prev_sel='n', cur_sel='n';
    char selected_motion='n';       // 사용자가 선택한 모션
    int  cmnd_level;                // 명령 레벨, 1: 상위 레벨, 2: 하위 레벨
    int  motion_no=0;               // OP에게 부여 된 모션 번호
    int  fr;                        // 모션의 프레임 인덱스
    int  color_val=0;               // OP의 LED 색깔 번호
    double wait_sec=0;              // 사용자 입력 대기 시간
    double ts_del[20]={0,}, ts1[20]={0,}, ts2[20]={0,};        // 모션의 시간설정 벡터
```

» **코드 6.13** main 함수의 초기화 부분

» **표 6.1** 모션과 관련한 main 함수의 메뉴들

main_sel	sub_sel / sel_dir / sel_color
Initial standing	–
Standing motion	Pitch swing, Roll swing, Yaw rotation, Up and down, Clear data, Main, Exit
Turning	Left, Right, Continue, Main, Exit
Basic motion	Hello, Bow, Yes, No, Main, Exit
Performance	Ski, Exercise, Dance, Main, Exit
LED color	White, Red, Green, Blue, Black, Variation
Reset Rec.	–

main 함수의 중요 역할은 사용자가 선택하는 모션 종류에 따라 실행 에러나 동작의 끊김 없이 OP를 적절히 움직이게 설정하는 것이다. main_sel, sub_sel, sel_dir, sel_color는 이와 관련하여 사용자가 선택하는 주 메뉴와 하위 메뉴, 방향 또는 LED 색깔 관련 메뉴를 담는 문자(character) 변수이다. 이 메뉴들의 초기값은 문자 'n'으로서 아무 동작도 하지 않을 때에 해당된다. <표 6.1>은 모션과 관련한 네 가지 선택 사항들을 표로 정리한 것이다.

코드에서 selected_motion은 사용자가 선택한 모션을 나타내는 문자 변수로서 main 함수의 하단에서 case 문의 인자가 되어 OP를 실행시키는 역할을 한다. 그리고 cmnd_level이 1일 때는 상위 메뉴를, 2일 때는 하위 메뉴를 가리키는 정수형 변수이다. 이 변수는 OP가 하위 모션(예를 들어 Turning의 Left)을 수행하는 경우 동작 완료 시 다시 상위 메뉴로 가지 않고 현재의 하위 메뉴를 그대로 유지하게 하는 역할을 한다. 이는 사용자의 편리를 위해 고안된 것으로, 하위 메뉴에서 상위 메뉴로 가고 싶은 경우 'm' 키를 누르면 되고, 그대로 OP 모션을 종료하고 싶은 경우 'e' 키를 누르면 된다.

코드에서 motion_no는 selected_motion과 연관되어 main 함수 후반부의 실행 루틴에서 SelfMotion 클래스의 함수를 호출할 때 사용된다. fr은 SerialFrameMotion

```
//// CM730 초기화 ////
minIni* ini = new minIni(INI_FILE_PATH);
if(MotionManager::GetInstance()->Initialize(&cm730) == false){
    linux_cm730.SetPortName(U2D_DEV_NAME1);
    if(MotionManager::GetInstance()->Initialize(&cm730) == false){
        printf("Fail to initialize Motion Manager!\n");
        return 0;
    }
}
Walking::GetInstance()->LoadINISettings(ini);
MotionManager::GetInstance()->AddModule((MotionModule*)Action::GetInstance());
MotionManager::GetInstance()->AddModule((MotionModule*)Head::GetInstance());
MotionManager::GetInstance()->AddModule((MotionModule*)Walking::GetInstance());
LinuxMotionTimer *motion_timer = new LinuxMotionTimer(MotionManager::GetInstance());
motion_timer->Start();
MotionManager::GetInstance()->LoadINISettings(ini);
Action::GetInstance()->LoadFile(MOTION_FILE_PATH);

im.is_sensor_calibrated = true;
init_data_file();         // 데이터 로그 파일 초기화
while(is_continue_motion){
    if(cmnd_level == 1){  // 사용자의 메뉴를 선택 받음
          printf("\nMenu: e)Exit 0)Check 1)Initial standing 2)Standing motion
           3)Turning \n 4)Basic motion 5)Performance 6)LED color 7)Robotic walk
           8)Reset rec. \n");
          prev_sel == 'n';   // 재시작 시 디폴트 값
          main_sel = _getch();
    }
    if(main_sel == 'e'){
          printf("Bye Bye !!\n");
          is_continue_motion = false;
          selected_motion = 'n'
    }
    if(main_sel == '2'){    // 제자리에서 움직이기
          selected_motion = main_sel;
          cmnd_level=2;
          printf("\n\n Select motion: p)Pitch swing r)Roll swing y)Yaw rotation
           u)Up and down c)Clear data m)Main e)Exit\n");
          sub_sel = _getch();
          if(sub_sel == 'p')  motion_no=1;              // 전후 스윙
          else if(sub_sel == 'r')  motion_no=2;         // 좌우 스윙
                                    ⋮
          else{  printf("\n Wrong command!!");  selected_motion = 'n'  }
    }
```

» **코드 6.14** main.cpp에서 CM730 초기화 및 주메뉴/하위메뉴 선택 받는 부분

함수를 이용해서 동작을 수행할 때 해당 프레임의 인덱스를 의미하는데, 자세한 내용은 다음 절을 참고하기 바란다. 그리고 color_val은 OP 얼굴 부분의 눈과 이마에 있는 LED의 색깔을 정해주는 정수로서 0에서 7FFF까지의 16진수 값을 가진다. 이와 관련한 자세한 내용은 6.4.3절에서 설명될 것이다.

<코드 6.14>에서는 OP를 구동하기 위해 제어기를 초기화하고 포트명을 U2D_DEV_NAME1으로 설정한다. 그 다음에 보행을 위해 Walking 클래스의 GetInstance 함수를 이용해서 초기 설정 파일(Data 디렉터리의 config.ini)을 읽어오고, Action, Head, Walking 클래스 들을 각각 초기화 후 AddModule 함수를 이용해서 MotionManager 클래스에 모두 등록한다.

OP는 모션이 실행되면서 센서와 모터 데이터를 motor_control_data.txt 파일에 저장하는데, init_data_file은 기존에 있던 이 파일의 내용을 모두 지움으로써 데이터 저장의 초기화 작업을 한다.

while 문 내부는 사용자가 'e' 키를 누르지 않는 이상 계속 반복되는 루틴으로서 cmnd_level이 1일 경우(최초 실행 또는 이전 모션에서 'm' 키가 눌러졌을 때)에 제자리 모션부터 복잡한 동작 구현, 얼굴의 LED 색깔 조정, 이족보행 등의 기본 모션 카테고리가 선택된다. cmnd_level이 2일 경우에는 선택된 기본 모션 카테고리의 하위 모션을 설정할 때이며, 예를 들어 main_sel이 2(제자리에서 움직이기)로 선택되면 다시 하위 메뉴인 Pitch swing, Roll swing, Yaw rotation, Up and down, Clear data, Main, Exit 중에서 하나를 고르라는 메시지가 나타난다. 이때 cmnd_level이 1에서 2로 바뀌게 되며, 선택한 모션이 끝나서 다시 사용자의 입력을 받고자 할 때에도 2로 유지가 되어 있다. 이렇게 하는 이유는 사용자가 제자리 모션 중 다른 모션을 계속해서 수행하고자 할 때 편리하게 하기 위함이다.

<코드 6.15>는 이렇게 사용자로부터 최종적으로 입력 받은 모션 명령(selected_motion)에 따라 해당 클래스나 파일의 함수를 읽어 와서 OP가 수행하게 하는 부분으로서 main.cpp 함수의 후반부이다. 전체적으로 switch 문으로 구현했으며, selected_motion의 기본값은 'n'(아무 동작도 하지 않음)이다.

각 case 문에서는 해당 동작과 관련한 기본 설정을 한 후 모션 함수를 실행시킨

```
                        ⋮
else{
    selected_motion = main_sel;
    cmnd_level = 1;
}

//// 사용자의 명령에 따라 ROBOTIS-OP 실행 ////
switch(selected_motion){
case('n'):  // 모션 수행하지 않음
    break;
case('0'):  // 센서 체크
    im.show_sensor_data = true;
    im.st = 0.05;
    im.SensorActuatorCheck(cm730);
    break
case('1'):  // 직립하기
    im.rspeed=100;
    if(is_init_start == true){
                Action::GetInstance()->m_Joint.SetEnableBody(true, true);
                MotionManager::GetInstance()->SetEnable(true);
                for(id=JointData::ID_R_SHOULDER_PITCH;
                id<=JointData::ID_L_ANKLE_ROLL; ++id)
                    cm730.WriteWord(id, MX28::P_MOVING_SPEED_L, 100, 0);
                Action::GetInstance()->Start(1);  // 액션에디터 1페이지 실행
                while(Action::GetInstance()->IsRunning()) usleep(8*1000);
                MotionManager::GetInstance()->SetEnable(false);
                is_init_start = false
    }
    for(j=0; j<11; ++j) im.mth[j]=deg2rad(erect_stand_ang[j]);
    for(j=0; j<6; ++j)  im.mphi[j]=deg2rad(erect_stand_ang[j+11]);
    for(j=0; j<3; ++j)  im.mpsi[j]=deg2rad(erect_stand_ang[j+17]);
    im.MakePostureWithMotorAngle(cm730);
    im.motion_status = STAND_ERECT;
    break;
                        ⋮
}
    }
    delete globMinCost;   delete localMinCost;  delete[] globMinPar;
    delete[] localMinPar;
    return 0;
}
```

» **코드 6.15** main.cpp에서 선택된 모션을 실행하기 위한 명령 코드 부분

다. 예를 들어 OP가 직립하기를 구현하는 case('1') 문을 보면 im.rspeed=100 명령문으로 다이나믹셀의 회전속도를 설정한다. 그리고 Action::GetInstance()->Start(1)

명령문으로 액션에디터를 불러와서 OP가 해당 페이지인 일어서기 동작을 하게 한다. 그리고 mth, mphi, mpsi 관절 벡터각에 차려자세의 각도값들을 설정한 후 im.MakePostureWith MotorAngle(cm730) 함수를 이용해서 OP가 초기 직립 자세로 서게 한다.

제자리에서 움직이기(case('2'))나 방향 회전(case('3')) 등을 구현할 때 기본적으로 사용되는 플래그는 im.show_sensor_data와 im.balance_control_by_zmp, im.balance_control_by_torso_ang로서, im.show_sensor_data가 true이면 SelfMotion 클래스의 AcqAllSensorData 함수 마지막부분의 printf로 터미널에 상체의 시상면/관상면 각도, 정규화된 4개의 ZMP 좌표를 매 샘플 타임 때마다 보여준다. im.balance_control_by_zmp와 im.balance_control_by_torso_ang를 true로 설정하면 앞 절에서 설명한 ZMP 및 상체기울기 기반 반사신경 제어를 각각 수행하고, false로 수행하면 제어기를 사용하지 않는다.

각 모션 명령 코드에 대해서는 다음 절에서 관련 함수와 함께 자세히 설명할 것이다.

6.4.2 OP의 모션 생성 함수

이번 절에서는 OP가 한 발 또는 두 발로 지지한 채 다양한 모션을 수행하는 것에 관해 설명한다. OP가 모션을 수행하는 데 사용되는 함수는 다음과 같으며 optWalk 디렉터리의 SelfMotion 클래스의 멤버 함수이다.

- MakePostureWithMotorAngle
- GenMotionsInStanding
- SerialFrameMotion
- RotateInStanding

먼저 MakePostureWithMotorAngle 함수에 대해 설명하면, 이 함수는 OP가 특정 정지 자세를 취하고자 할 때 사용되며 <코드 6.16>에 소스 코드가 기록되어 있다.

```
void SelfMotion::MakePostureWithMotorAngle(CM730 &cm730)
{
    int GoalPos[NUM_ACTUATOR];
    TransMotorAng2MX28Position(mth, mphi, mpsi, GoalPos, "rad");
   for(int id=JointData::ID_R_SHOULDER_PITCH; id<=JointData::ID_HEAD_TILT; ++id)
        cm730.WriteWord(id,  MX28::P_MOVING_SPEED_L, rspeed, 0);
    for(int k=0; k<NUM_ACTUATOR; ++k){
        cm730.WriteWord(k+1, MX28::P_GOAL_POSITION_L, GoalPos[k], 0);
    }
}
```

» **코드 6.16** SelfMotion 클래스의 MakePostureWithMotorAngle 함수

코드에서 NUM_ACTUATOR는 robotisOP.h에 정의되어 있으며 OP의 경우 20개의 다이나믹셀을 사용하므로 20으로 설정되어 있다. TransMotorAng2MX28Position 함수는 robotisOP.h에 정의되어 있으며 <코드 6.17>에서 보듯이 라디안이나 각도 단위로 할당된 시상면 관절모터각 벡터 mth, 관상면 관절모터각 벡터 mphi, 횡평면 관절모터각 벡터 mpsi를 MX-28의 목표위치값으로 변환하는 역할을 한다. <코드 5.2>와 <코드 5.3>을 보면 동일한 이름의 MATLAB 함수와 내용이 일치함을 알 수 있으며 5.1절의 관련 내용을 참고할 것을 권한다.

<코드 6.16>에서 cm730.WriteWord(id, MX28::P_MOVING_SPEED_L, rspeed, 0) 함수는 다이나믹셀의 목표속도를 정하는 역할을 하며 rspeed 값을 0에서 1023 사이의 값으로 설정하면 된다. 이 값을 0으로 설정하면 최대값인 117RPM이 되며, 60RPM(1초에 360°)으로 회전하기를 원하면 525로 설정하면 된다.

두 번째, GenMotionsInStanding함수는 OP가 직립한 상태에서 motion_type에 따라 다음과 같은 몇 가지 동작을 수행한다.

- motion_type = 1: 직립상태에서 전후 방향으로 스윙
- motion_type = 2: 직립상태에서 좌우 방향으로 스윙
- motion_type = 3: 한쪽 다리로 지지한 상태에서 관상면 고관절 회전
- motion_type = 4: 직립한 상태에서 앉았다가 일어나기

```
void TransMotorAng2MX28Position(double *mth, double *mphi, double *mpsi, int
  *GoalPos, const char* arg_angle){
    for(int k=0; k<NUM_ACTUATOR; k++){
        if(k==0)       GoalPos[k] = CalcPosition_MX28(k+1, mth[8], arg_angle);    // sag_sh_r
        else if(k==1)  GoalPos[k] = CalcPosition_MX28(k+1, mth[6], arg_angle);    // sag_sh_l
        else if(k==2)  GoalPos[k] = CalcPosition_MX28(k+1, mphi[5], arg_angle);   // cor_sh_r
        else if(k==3)  GoalPos[k] = CalcPosition_MX28(k+1, mphi[4], arg_angle);   // cor_sh_l
                                        ⋮
        else if(k==16) GoalPos[k] = CalcPosition_MX28(k+1, mphi[3], arg_angle);   // cor_an_r
        else if(k==17) GoalPos[k] = CalcPosition_MX28(k+1, mphi[0], arg_angle);   // cor_an_l
        else if(k==18) GoalPos[k] = CalcPosition_MX28(k+1, mpsi[2], arg_angle);   // tran_nk
        else if(k==19) GoalPos[k] = CalcPosition_MX28(k+1, mth[10], arg_angle);   // sag_nk
    }
}

int CalcPosition_MX28(int mxid, double ang, const char* arg_angle)
{
    int d=0, mx0=0, pos=0;

    if(mxid == 1)      { d=1;   mx0=2047; }
    else if(mxid == 2){ d=-1;  mx0=1995; }
    else if(mxid == 3){ d=-1;  mx0=1547; }
    else if(mxid == 4){ d=-1;  mx0=2540; }
                         ⋮
    else if(mxid == 16){ d=-1;  mx0=2047; }
    else if(mxid == 17){ d= 1;  mx0=2047; }
    else if(mxid == 18){ d= 1;  mx0=2047; }
    else if(mxid == 19){ d= 1;  mx0=2047; }
    else if(mxid == 20){ d= 1;  mx0=2300; }
    else printf("\nWrong ID");

    if(strcmp(arg_angle, "deg")==0)       pos = mx0 + d*iround(ang/0.0879);
    else if(strcmp(arg_angle, "rad")==0)  pos = mx0 + d*iround(ang/0.0015);
    return pos;
}
```

» **코드 6.17** RobotisOP.cpp의 TransMotorAng2MX28Position 함수

motion_type 1에서 3까지는 앞 절에서 센서 보정과 반사신경 제어를 위해 유용하게 사용되었다. motion_type 4는 직립한 상태에서 골반 중심점을 원하는 높이만큼 수직으로 낮추기 위해 하체의 시상면 3개 관절을 어떻게 회전해야 하는지를 보이기 위해 추가했다. 이렇게 하려면 골반 중심점이 원하는 만큼 내려갔을 때의 하지 관절각을 구할 수 있어야 한다. 이 경우 족관절각과 슬관절각만 구하면 되는데, 고

관절각은 상체를 90° 로 유지하기 위해 적절히 조정되기 때문이다. 이 값들을 앞에서처럼 테일러 근사화 함수를 사용해서 수식으로 풀면 각도 변화량이 커질수록 오차도 비례해서 커지므로 5.4.1절에서 했던 것처럼 PSO를 이용해서 구하도록 하자.

이를 위해 pso_posture_opt.m 파일에서 'pose'를 5로 설정해서 실행한다. <코드 6.18>은 pso_posture_opt.m 파일의 해당 부분을, <코드 6.19>는 CalcCost4PostureStabilty.m 파일의 해당부분을 나타낸다. <코드 6.18>에서 보면 최적화해야 할 변수는 시상면 족관절모터각과 슬관절모터각이므로 dimPar는 2로 설정했고 각 모터각의 상한각(upBnd)과 하한각(lowBnd)을 적절히 설정했다. 그리고 골반 중심점의 X축 좌표는 그대로 두고 Z축 좌표만 3 cm 아래로 내려가기 원하므로 del_Xc와 del_Zc를 각각 0, −0.03으로 설정했다.

<코드 6.19>는 CalcCost4PostureStabilty.m 파일에서 OP의 골반 중심점이 원하는 만큼 이동하게 하기 위해 PSO로 최소화시킬 비용함수를 구현한 부분이다. 시상면 관절모터각 벡터 mth에서 고관절각인 3, 4번째 원소가 −x(1)+x(2)로 설정된 이유는 시상면 상체각을 90° 로 유지하는 조건식 (5.48)을 참고하기 바란다. 코드에서 Zc0는 직립상태일 때의 OP 골반중심점의 높이로서 24.95 cm이다. PSO의 비용함수 값인 cost를 식으로 표현하면 다음과 같다.

$$J(\Theta) = |X_c - (X_0 + \Delta X_c)| + |Z_c - (Z_{c0} + \Delta Z_c)| \tag{6.50}$$

» **표 6.2** 골반 중심점의 Z축 좌표만을 ΔZ_c만큼 변화시키기 위한 최적화 변수 하체 관절모터각

ΔZ_c	−1cm	−2cm	−3cm	−4cm
$\theta_{an}^{l,r}$	18.87	26.81	33.00	38.28
$\theta_{kn}^{l,r}$	37.75	53.63	65.99	76.57

```
dimPar = 2;                 % 변수 개수
% par = [SAG_AN_L_ANG, SAG_KN_L_ANG]
upBnd =  [45 80]';          % 변수 상한값
lowBnd = [-45 5]';          % 변수 하한값
n_part = 50;                % PSO 개체 개수
max_iter = 200;             % 최대 반복수행 횟수

del_Xc = 0;                 % 중심점의 X좌표 변화량
del_Zc = -0.03;             % 중심점의 Z좌표 변화량
```

» **코드 6.18** pso_posture_opt.m 코드에서 pose가 5일 때의 설정 부분

```
function cost=CalcCost4PostureStabilty(pose, md, sf, sp, sl, th_tr, x, fig_no,
flags)
                         ⋮
   mth = [x(1), x(2), -x(1)+x(2), -x(1)+x(2), x(2), x(1), 0, 0, 0, 0, 0];
   mphi = [0 0 0 0 14 -14];   % 관상면 직립자세 조건
   mpsi = [0 0 0];
   ang = TransMotorAng2GeomAng(mth, mphi, mpsi, 'non', 'deg', sf);

   th = ang(1:11);
   phi = ang(12:17);
   psi = ang(18:20);
                         ⋮
   res = GenMotionsWithDH(sf, sp, th, th_1d, th_2d, phi, phi_1d, phi_2d, psi,
        psi_1d, psi_2d, fig_no);
                         ⋮
   Zc0 = 0.2495;   % 직립상태 시 골반중심점의 높이
   Xc = res(16);  Zc = res(18);
   cost = abs(Xc - (sp(1)+del_Xc)) + abs(Zc - (Zc0+del_Zc));
                         ⋮
```

» **코드 6.19** CalcCost4PostureStabilty.m 코드에서 pose가 5일 때의 비용함수 계산 부분

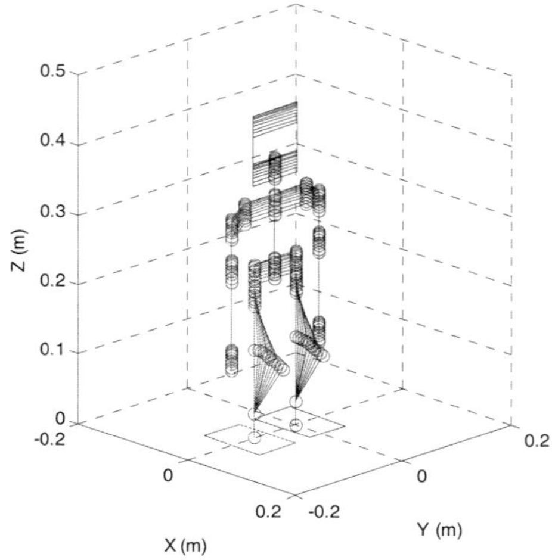

» **그림 6.43** 직립한 상태에서 앉았다 일어서는 자세 시뮬레이션 (sim_motion.m, no_motion=5)

<표 6.2>는 ΔZ_c를 -1 cm에서 -4 cm로 변화시키면서 pso_posture_opt.m (pose=5) 파일을 실행해서 얻은 족관절과 슬관적 모터각을 정리한 것이다. <그림 6.43>은 motion_type이 4일 때를 시뮬레이션하기 위해, sim_motion.m 파일에서 no_motion을 5로 설정하고 실행했을 때 OP가 직립 상태에서 골반 중심점을 3 cm 만큼 수직으로 내렸다가 다시 일어서는 동작을 실행하는 모습이다.

이제 GenMotionsInStanding 함수의 내용을 <코드 6.20>~<코드 6.24>를 통해 설명하고자 한다. <코드 6.20>은 GenMotionsInStanding 함수의 초기 부분으로서, 앉았다가 일어서는 두 가지 모션 프레임의 발목/무릎 관절각의 구간별 시작점과 끝점에 대한 인덱스와 시간, 각도값을 설정하고, 센서 초기값과 제어관련 설정값, 관절모터 관련 파라미터들을 초기화하는 작업을 한다. 그리고 세가지 관절모터각 벡터 mth, mphi, mpsi의 현재값과 이전값(prev_mth, prev_mphi, prev_mpsi)을 초기화하는데 이렇게 하는 이유는 적절한 다이나믹셀 목표 회전속도를 계산하기 위함이다. 또한, 이 부분은 JointAngleInitialization 함수에 포함되어 있다.

GenMotionsInStanding 함수는 사용자가 선택한 motion_type에 따라 OP의 관절각을 시상면, 관상면, 그리고 횡평면 상의 관절각 순서대로 차례로 적절한 각도값을 설정한다. <코드 6.21>은 GenMotionsInStanding 함수에서 시상면의 전체 관절각을 설정하는 부분이다.

```
int SelfMotion::GenMotionsInStanding(CM730 &cm730){
    // motion type = 1: 전후 스윙, 2: 좌우 스윙, 3: 고관절 회전, 4: 앉았다가 일어나기
    int  i, k;
    int  cp;              // 현재 샘플
    int  it0=0, itf=0;    // 구간의 시작점과 끝점의 인덱스
    double ct, t0=0, tf=0;         // 현재 시간, 초기 시간, 최종 시간
    //시상면 족관절과 슬관절의 경유점 각도 배열
    double seq_sag_an[10]={0,}, seq_sag_kn[10]={0,};
    //골반중심점의 Z축 좌표를 1cm, 2cm, 3cm, 4cm 만큼 내리기 위한 족관절과 슬관절 각도 배열
    double DES_SAG_AN[4]={18.87, 26.81, 33.00, 38.28};
    double DES_SAG_KN[4]={37.75, 53.63, 65.99, 76.57};

    k_tr_ang1 = 0.2, k_tr_ang 2 = 1.0, ktr_ang_3 = 0.5;
    for(k=11; k<=18; ++k)  cm730.WriteWord(k, MX28::P_P_GAIN, p_gain, 0);

    if(motion_type == 4){
        no_frame = 2;      // 앉고 일어서는 두 프레임의 모션으로 구성 됨
        for(i=0; i<=no_frame; ++i) times[i] = i;       // 프레임 시간 설정
        // 각 노드의 족관절과 슬관절 각도 설정
        seq_sag_an[0]=0, seq_sag_an[1]=deg2rad(DES_SAG_AN[2]), seq_sag_an[2]=0;
        seq_sag_kn[0]=0, seq_sag_kn[1]=deg2rad(DES_SAG_KN[2]), seq_sag_kn[2]=0;
    }
    int ns = floor(T/st)+1;         // 현 동작의 총 샘플 수
    ShowMotionStatus(cm730, 0);     // 모션 설정값을 보여줌
    SensorInitialization(cm730);    // 센서 초기값과 제어관련 설정값 초기화
    JointAngleInitialization(cm730);         // 관절모터각 관련 파라미터 초기화
    ///// JointAngleInitialization(cm730) 내용 /////
    for(k=0; k<11; ++k){
        mth[k] = prev_mth[k]=0;
    }
    for(k=0; k<6; ++k){
        mphi[k] = prev_mphi[k]=0;
    }
    for(k=0; k<3; ++k){
        mpsi[k] = prev_mpsi[k]=0;
    }
```

» **코드 6.20** GenMotionsInStanding 함수의 초기 부분

```
for(cp=0; cp<ns; ++cp){
    ct = cp*st;
    //// 시상면 족관절 설정 ////
    if(motion_type==1){  sag_an_l = sag_an_r = deg2rad(10)*sin(PI*ct); }
    else if(motion_type==4){
        // 현재 시점이 속하는 프레임의 시작점과 끝점 인덱스 찾기
        i=0;
        while(i<no_frame){
                if(ct<times[i+1]){
                    it0=i, itf=i+1;
                    break;
                }
                else ++i;
        }
        t0 = times[it0], tf = times[itf];  // 현재 프레임이 시작하고 끝나는 시간
         CalcInterpolateAng(ct, t0, tf, seq_sag_an[it0], seq_sag_an[itf],
          res);
        sag_an_l = sag_an_r = res[0];
    }
    else{    sag_an_l = sag_an_r = 0;      }
    //// 시상면 슬관절 설정 ////
    if(motion_type==4){
         CalcInterpolateAng(ct, t0, tf, seq_sag_kn[it0], seq_sag_kn[itf],
          res);
        sag_kn_l = sag_kn_r = res[0];
    }
    else{   sag_kn_l = sag_kn_r = 0;      }
    //// 시상면 고관절 설정 ////
    if(motion_type==4){  sag_hp_l = sag_hp_r = -sag_an_l+sag_kn_l+(PI/2.-des_sag_tr);  }
    else{   sag_hp_l = sag_hp_r = 0;      }
    //// 시상면 상체 관절 설정 ////
    sag_sh_l = sag_el_l = 0;
    sag_sh_r = sag_el_r = 0;
    sag_nk = 0;
```

» **코드 6.21** GenMotionsInStanding 함수의 시상면 관절각 설정 부분

motion_type이 1에서 3까지일 때의 시상면 관절각 설정값은 앞 절에서 다룬 내용을 참고하기 바라며, motion_type이 4일 때는 현재 시간 ct가 하체를 굽히는 첫 번째 프레임 시간(0초~1초)과 하체를 펴는 두 번째 프레임 시간(1초~2초) 중 어디에 속하는지를 먼저 확인한다. 그리고 검색한 현재 프레임의 시작점 인덱스(it0)와 끝점 인덱스(itf)를 이용해서 미리 계산한 seq_sag_an(족관절) 벡터와 seq_sag_kn(슬관절) 벡터의 해당 프레임별 초기각과 최종각을 불러온다. 그 다음에

는 식 (5.24)에 표현된 직선보간 함수(CalcInterpolateAng)를 써서 현재 시간에 대응되는 중간각을 계산해서 족관절과 슬관절 각도에 할당한다.

```
//// 관상면 하체 관절 설정 ////
if(motion_type==2 || motion_type==3){
   if(motion_type==2){
         cor_an_l = deg2rad(15)*sin(PI/2.*ct);
   }
   else{  // motion_type이 3인 경우 왼쪽 다리로 지지하고 오른쪽 다리 들어 올림
         CalcAngIn_3SegBP(ct, 0, 0.1*T, 0.9*T, T, 0, deg2rad(15),
           deg2rad(15), 0, 0, 0, 0, 0, res);
         cor_an_l=res[0];
   }
   cor_an_r = cor_an_l;
}
else{
   cor_an_r = cor_an_l = 0;
}
cor_hp_r = cor_hp_l = 0;
//// 관상면 상체 관절 설정 ////
cor_sh_l = 0;   cor_sh_r = 0;
//// 횡평면 관절 설정 ////
if(motion_type==3)
     tran_hp_l=deg2rad(10)*sin(PI*ct)+deg2rad(4)*sin(0.5*PI*ct)
     +deg2rad(2)*sin(0.25*PI*ct);
else tran_hp_l = 0;
tran_hp_r = 0;
tran_nk = 0;
```

» **코드 6.22** GenMotionsInStanding 함수의 관상면과 횡평면 관절각 설정 부분

<코드 6.22>는 관상면의 6개 관절, 횡평면의 3개 관절의 적절한 각도를 motion_type에 따라 설정해 주는 부분이다. motion_type이 3일 때는 앞 절에서 상체의 요축 자이로 센서 보정 시 사용되었으며, 오른쪽 다리를 들어올리기 위해 왼쪽 관상면 족관절(cor_an_l)을 <그림 5.15>처럼 고원 모양의 3-세그먼트 혼합다항식 궤적 모양이 나오도록 설정했다. 그리고 이렇게 다리를 들어올린 후 횡평면 고관절(tran_hp_l)을 <그림 6.4>와 같은 삼각함수 파형으로 회전하게 했다.

<코드 6.23>은 AcqAllSensorData 함수를 이용해서 현재 OP의 ZMP와 상체각

```
AcqAllSensorData(cm730, cp);
AcqJointData(cm730);
if(balance_control_by_zmp == true){
  AdjustJointAngleByZMP(cm730, cp);
    if(has_exited_front_boundary == true){
        sag_an_l = min(sag_an_l, limit_mth[0]);
      }
    else if(has_exited_rear_boundary == true){
        sag_an_l = max(sag_an_l, limit_mth[0]);
    }
        sag_kn_l += del_sag_kn;
        sag_kn_l = max(0.0, sag_kn_l);
        sag_hp_l += del_sag_hp;
    if(motion_type!=3){   // motion_type이 3인 경우 왼쪽 다리로만 지지하므로
                          // 오른쪽 다리의 시상면 관절각은 조정 불필요
          sag_an_r = sag_an_l, sag_kn_r = sag_kn_l, sag_hp_r = sag_hp_l;
    }
}
if(balance_control_by_torso_ang == true){
    BalanceControlByTorsoAngle(cm730), PI/2, PI/2.);
    if(is_double_supp == false){
        if(is_left_supp == true){
            sag_an_l += del_sag_an;
            cor_an_l += del_cor_an;
        }
        if(is_right_supp == true){
            sag_an_r += del_sag_an;
            cor_an_r += del_cor_an;
        }
    }
}
//// 현 샘플 시간에서의 목표 관절 회전각 벡터 ////
mth[0]=sag_an_l;  mth[1]=sag_kn_l;  mth[2]=sag_hp_l; mth[3]=sag_hp_r;
mth[4]=sag_kn_r; mth[5]=sag_an_r; mth[6]=sag_sh_l;  mth[7]=sag_el_l;
mth[8]=sag_sh_r; mth[9]=sag_el_r; mth[10]=sag_nk; mphi[0]=cor_an_l;
mphi[1]=cor_hp_l; mphi[2]=cor_hp_r; mphi[3]=cor_an_r;
mphi[4]=cor_sh_l;  mphi[5]=cor_sh_r;  mpsi[0]=tran_hp_l;  mpsi[1]=tran_hp_r;
mpsi[2]=tran_nk;

CalcP2PVel_MX28(st, mth, mphi, mpsi, prev_mth, prev_mphi, prev_mpsi, GoalVel,
  "rad");
for(k=0; k<NUM_ACTUATOR; ++k){
    cm730.WriteWord(k+1, MX28::P_MOVING_SPEED_L, GoalVel[k], 0);
}
TransMotorAng2MX28Position(mth, mphi, mpsi, GoalPos, "rad");
```

» **코드 6.23** GenMotionsInStanding 함수에서 자세 제어 및 목표 관절 회전각 설정 부분

```
        //// 전체 다이나믹셀에 현 샘플 시간에서의 목표 위치값 전송 ////
        //// SendPositionValue2AllDynamixel(CM730 &cm730, int cp) 시작 ///
        int n=0;
        for(int id=JointData::ID_R_SHOULDER_PITCH; id<JointData:
        :NUMBER_OF_JOINTS; id++)    {
          if(cm730.ReadWord(id, MX28::P_PRESENT_POSITION_L, &wStartPosition,
            0) == CM730::SUCCESS)
                present_pos[id-1] = wStartPosition;
          else  wStartPosition = prev_pos[id-1];

          wGoalPosition = GoalPos[id-1];
          if( wStartPosition > wGoalPosition ){
                wDistance = wStartPosition - wGoalPosition;
                pos_err[cp][id-1] = -wDistance;
          }
          else{
                wDistance = wGoalPosition - wStartPosition;
                pos_err[cp][id-1] = wDistance;
          }
          wDistance >>= 2;
          if( wDistance < 8 ) wDistance = 8;
          param[n++] = id;
          param[n++] = CM730::GetLowByte(wGoalPosition);
          param[n++] = CM730::GetHighByte(wGoalPosition);
          param[n++] = CM730::GetLowByte(wDistance);
          param[n++] = CM730::GetHighByte(wDistance);
          prev_pos[id-1] = present_pos[id-1];
        }
        cm730.SyncWrite(MX28::P_GOAL_POSITION_L, 5, JointData::NUMBER_OF_JOINTS-1,
          param);
        //// SendPositionValue2AllDynamixel(CM730 &cm730, int cp)의 끝 ///
        SaveSensorData_TorsoAngle_LegJointAngles(cm730, ct, cp);

        for(k=0; k<11; ++k) prev_mth[k]=mth[k];
        for(k=0; k<6; ++k)  prev_mphi[k]=mphi[k];
        for(k=0; k<3; ++k)  prev_mpsi[k]=mpsi[k];
    }
    WriteFile_SensorData_TorsoAngle_LegJointAngles(ns);
    return(1);
}
```

» **코드 6.24** GenMotionsInStanding 함수에서 목표 각과 각속도를 OP의 전체 MX28에 전송하는 부분

을 측정한 후 이 값들을 이용해서 6.3절에서 다룬 ZMP 반사신경 제어(AdjustJointAngleByZMP 함수)와 상체각 반사신경 제어(BalanceControlByTorsoAngle

함수)를 구현한 부분이다. 이러한 자세 제어를 수행하기 위해서는 main의 해당 실행 루틴인 case('2') 문에서 im.balance_control_by_zmp와 im.balance_control_by_torso_ang를 true로 설정해야 한다.

자세 제어를 통해 목표 관절모터각을 조정한 후 이 값들을 mth, mphi, mpsi 벡터에 할당하고, CalcP2PVel_MX28 함수는 직전 샘플 타임의 관절각 벡터인 prev_mth, prev_mphi, prev_mpsi 벡터와 현재 관절각 벡터를 이용해서 목표 각속도 GoalVel 벡터를 계산하여 다이나믹셀에 전송한다. 이 함수의 원리는 식 (5.23)에 수식으로 표현되어 있으며 robotisOP.cpp 파일에 정의되어 있다. 그리고 TransMotorAng2MX28Position 함수로 라디안 단위를 MX28의 위치값으로 변환하며 robotisOP.cpp에 정의되어 있다.

<코드 6.24>는 지금까지 계산한 최종 20개 관절모터각 위치값을 제어기 클래스의 내장 함수인 SyncWrite를 이용해서 동시에 전체 다이나믹셀에 전송함으로써 현재 샘플 타임에서의 순간 자세를 만들어주는 부분이다. 이 부분은 다른 모션 생성 함수에도 공통적으로 사용되므로 SendPositionValue2AllDynamixel 함수로 구현했다.

코드에서 SaveSensorData_TorsoAngle_LegJointAngles 함수는 매 샘플 시간 때마다 motor_ctrl_data 배열에 현재 시간, 현재 자세의 4개 정규화 ZMP, α각과 β각, 상체각, 다이나믹셀로 측정한 하체 관절각, 목표 하체 관절각 등의 주요 데이터를 저장하는 역할을 한다. 이 배열은 OP가 지정한 모션을 수행 후 WriteFile_SensorData_TorsoAngle_LegJointAngles 함수를 이용해서 motor_control_data.txt 파일에 저장된다. 이 텍스트 파일은 code/check sensor and control 디렉터리의 plot_control_data.m 파일을 이용해서 현재 모션의 각종 정보를 MATLAB으로 시각화하는 데 사용된다. 앞의 <그림 6.29>~<그림 6.42> 중 관절궤적과 ZMP 그래프들은 모두 plot_control_data.m으로 그려졌다.

SelfMotion 클래스의 세 번째 함수인 SerialFrameMotion 함수는 OP가 동작을 만들어내는 데 있어서 액션에디터처럼 관절 별 궤적을 간단하게 프레임(frame) 단위로 만들 때 사용된다. 즉, 어떤 동작을 몇 개의 프레임으로 나눌 수 있다면 그

프레임의 시작 자세와 마침 자세에 대한 전신의 관절각을 계산하거나 측정하여 얻어낸 후, 그 사이의 전신 관절각을 GenMotionsInStanding 함수에서 한 것처럼 보간법(interpolation)으로 계산하여 다이나믹셀에 전송함으로써 OP로 연속적인 모션을 구현하는 것이다. main.cpp의 코드에서 보듯이 이 함수는 인사하기, 손 흔들기, 고개 젓기 등의 단순한 모션과 춤추기, 체조 등의 복잡한 모션에도 적용되었다.

<코드 6.25>는 OP의 모션 중 가장 간단한 동작인 인사하기에 대한 main.cpp의 해당 코드이며, <그림 6.44>는 이 모션을 위해 sim_motion.m 파일에서 no_motion을 7로 설정하고 MATLAB 시뮬레이션을 수행한 것을 보인다. 그림에서 보듯이 이 동작의 첫 번째 프레임은 초기 직립상태에서 허리를 숙이는 자세까지이며, 두 번째 프레임은 허리를 숙인 자세로부터 다시 직립상태로 돌아오는 자세까지이다. 허리를 안정되게 숙이기 위한 시상면족관절, 고관절, 목관절 각은 sim_motion으로 시뮬레이션 하면서 각각 −10°, 40°, −10°가 적당함을 확인했다.

```
case('b'):  // 인사하기
   printf("\n ---- BOW!! ---- ");
   // LinuxActionScript::PlayMP3("byebye.mp3");
   im.st = 0.05;
   im.no_frame = 2;                // 프레임 수
   im.times[0]=0, im.times[1]=1, im.times[2]=2;  // 프레임별 할당 시간

   //// 전체 관절각 행렬 초기화 ////
   for(int fr=0; fr<=im.no_frame; ++fr){  // fr: 프레임
      im.delays[fr] = 0;
      for(i=0; i<11; ++i) im.mths[fr][i]=0;
      for(i=0; i<6; ++i)  im.mphis[fr][i]=0;
      for(i=0; i<3; ++i)  im.mpsis[fr][i]=0;
   }
   im.mths[1][0]=im.mths[1][5]=deg2rad(-10), im.mths[1][2]=im.mths[1][3]=
   deg2rad(40);
   im.mths[1][10]=deg2rad(-10);
   im.SerialFrameMotion(cm730);
   break
```

» **코드 6.25** 인사하기 동작에 대한 main.cpp의 코드

코드에서 times는 각 프레임이 시작하는 시간과 마치는 시간을 의미하며 각 프레임당 1초씩 할당했다. 만약 모션의 속도를 높이고 싶으면 times의 값을 감소시키면 된다. 그리고 mths[fr][i], mphis[fr][i], mpsis[fr][i]는 2차원 배열로서 첫 번째 인덱스 fr은 모션의 해당 프레임을, 두 번째 인덱스 i는 관절변수를 가리킨다. for 문을 써서 모든 관절각 행렬을 초기화한 후 주요 관절각의 프레임 별 각도를 앞에서 설명한 대로 설정했다.

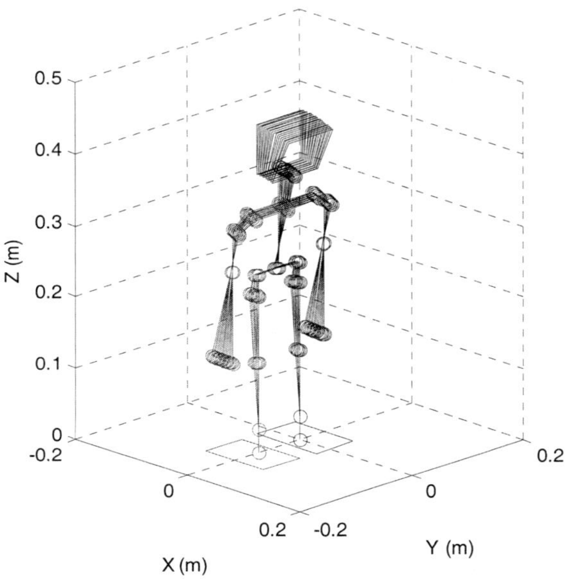

» **그림 6.44** 인사하는 자세 시뮬레이션(sim_motion.m, no_motion=7)

<코드 6.26>과 <코드 6.27>은 SerialFrameMotion 함수의 전반부와 후반부의 코드로서 몇 가지 모션에 대해 관절모터각을 하나씩 설정하던 GenMotionsInStanding 함수에 비해 코드가 상당히 간단한 것을 알 수 있다. 그 이유는 main에서 각각의 모션에 대한 프레임 별 관절모터각 행렬인 mths, mphis, mpsis들을 결정해서 이 함수에 인수로 보냈기 때문이다. GenMotionsInStanding 함수와 마찬가지로 각 샘플 시간에서의 각도는 보간법으로 해당 시간의 각도를 계산했다.

```
void SelfMotion::SerialFrameMotion(CM730 &cm730){
 int i, k;
 int it0=0, itf=0;
 double ct, t0 = times[0], tf = times[no_frame];
 double res[10];
 int ns = iround((tf-t0)/st)+1;
 //// 상체와 하체의 다이나믹셀 P제어기 이득 설정 ////
 for(int  id=JointData::ID_R_SHOULDER_PITCH;  id<=JointData::ID_L_HIP_PITCH;
 ++id)
        cm730.WriteWord(id, MX28::P_P_GAIN, p_gain, 0);
 for(int id=JointData::ID_R_KNEE; id<=JointData::ID_HEAD_TILT; ++id)
        cm730.WriteWord(id, MX28::P_P_GAIN, p_gain, 0);

 ShowMotionStatus(cm730, 0);         // 모션 설정값을 보여줌
 SensorInitialization(cm730);        // 센서 초기값과 제어관련 설정값 초기화
 JointAngleInitialization(cm730, STEND-ERECT) ; // 관절모터각 관련 파라미터 초기화
 act_t=0, act_st=st;
 for(int cp=0; cp<ns; ++cp){
        tstart=ckckc);
        ct = cp*st + times[0];
        i=0;
        while(i<no_frame){
           if(ct<times[i+1]){
                  it0=i; itf=i+1;
                  t0 = times[it0], tf = times[itf];
                  break;
           }
           else ++i;
        }
        for(k=0; k<11; ++k){
           CalcInterpolateAng(ct, t0, tf, mths[it0][k], mths[itf][k], res);
           mth[k]=res[0];
        }
        for(k=0; k<6; ++k){
           CalcInterpolateAng(ct, t0, tf, mphis[it0][k], mphis[itf][k], res);
           mphi[k]=res[0];
        }
        for(k=0; k<3; ++k){
           CalcInterpolateAng(ct, t0, tf, mpsis[it0][k], mpsis[itf][k], res);
           mpsi[k]=res[0];
        }
```

» **코드 6.26** SerialFrameMotion 함수의 전반부

```
AcqAllSensorData(cm730, cp);
AcqJointData(cm730);
if(balance_control_by_zmp == true){
      AdjustJointAngleByZMP(cm730, cp);
      if(has_exited_front_boundary == true){
               if(sf == LEFT_SUPP){
                   mth[0] = min(mth[0], limit_mth[0]);
                   mth[1] += del_sag_kn;
                   mth[1] = max(0.0, mth[1]);
               }
                else{
                   mth[5] = min(mth[5], limit_mth[5]);
                   mth[4] += del_sag_kn;
                   mth[4] = max(0.0, mth[4]);
                }
        }
        else if(has_exited_rear_boundary == true){
                if(sf == LEFT_SUPP){
                   mth[0] = max(mth[0], limit_mth[0]);
                   mth[1] += del_sag_hp;
                }
                else{
                   mth[5] = max(mth[5], limit_mth[5]);
                   mth[4] += del_sag_hp;
                }
          }
}
if(balance_control_by_torso_ang == true){
                                    ⋮
}
CalcP2PVel_MX28(0.9*act_st, mth, mphi, mpsi, prev_mth, prev_mphi, prev_mpsi,
   GoalVel, "rad");
for(k=0; k<NUM_ACTUATOR; ++k){
   cm730.WriteWord(k+1, MX28::P_MOVING_SPEED_L, GoalVel[k], 0);
}
TransMotorAng2MX28Position(mth, mphi, mpsi, GoalPos, "rad");
SendPositionValue2AllDynamixel(cm730, cp);
tFinish=clock();
for(k=0; k<11; ++k) prev_mth[k]=mth[k];
for(k=0; k<6; ++k)  prev_mphi[k]=mphi[k];
for(k=0; k<3; ++k)  prev_mpsi[k]=mpsi[k];
SaveSensorData_TorsoAngle_LegJointAngles(cm730, ct, cp);
}
WriteFile_SensorData_TorsoAngle_LegJointAngles(ns);
}
```

» **코드 6.27** SerialFrameMotion 함수의 후반부

<코드 6.27>에서 보듯이 SerialFrameMotion 함수도 GenMotionsInStanding 함수와 같이 ZMP와 상체각 기반 반사신경 제어를 수행하는데, 코드의 간결화를 위해 sag_an_l 같이 각 관절의 관절모터각 이름을 사용하는 대신 mth[0] 같이 관절모터 벡터를 이용해서 각도를 조정했다. 다른 부분은 GenMotionsInStanding 함수와 동일하다.

SelfMotion 클래스의 네 번째 함수인 RotateInStanding 함수는 OP가 제자리에서 보행 방향을 회전하는 것을 구현하며 <코드 6.28>은 main.cpp에서 제자리에 서서 방향을 전환하는 것과 관련한 코드 부분이다. 샘플 타임(st)은 0.05초, 총 방향 전환 시간(T)은 4초로 설정했다. 5.3절의 방향 전환 방법과 개념도, 시뮬레이션 결과들을 참고하면 직립 상태에서 방향 전환을 위해서는 크게 두 단계가 필요한데, 단측 지지 상태에서 전신을 원하는 방향으로 회전시킨 후 들어 올린 발을 내려놓은 전반부와 방금 내려놓은 발로 지지하며 이전의 지지다리를 들어 올리고 회전시켜 두 발을 평행하게 만드는 후반부이다. 각 단계의 전 관절궤적은 4개의 세그먼트로 구성되므로 총 8개의 세그먼트가 필요하고(im.n_seg=8), 각 세그먼트의 소요 시간인 t_seg는 총 모션 시간(T)을 n_seg로 나눈 값이 된다(im.t_seg=im.T/double(im.n_seg)). 코드에서 RotateInStanding 함수는 5.3절의 sim_rotate.m 파일을 C++ 코드로 변환한 것이다.

<코드 6.29>는 SelfMotion 클래스의 RotateInStanding 함수의 초기 부분으로서 방향 전환 각도에 따른 주요 관절각을 설정하는 부분을 나타낸다. stage 변수는 현재 모션이 방향전환 전반부인지 후반부인지 나타내는데, 1일 때는 전반부를, 2일 때는 후반부에 해당함을 의미한다. cseg는 현재 OP가 모션을 수행 중인 세그먼트 인덱스를 의미하며, half_nseg는 전반부 또는 후반부의 총 세그먼트 수로서 n_seg의 절반인 4가 된다.

이전의 모션 생성 함수와 마찬가지로 방향 전환을 실시하기 전에 모션 정보 출력(ShowMotionStatus), 센서 변수 초기화(SensorInitialization) 및 관절모터 값 초기화(JointAngleInitialization)를 수행한다. 그리고 for문이 수행되면서 현재 모션이 전반부인지 후반부인지, 회전하는 방향이 왼쪽인지 오른쪽인지에 따라 지지하는 다리와 그에 따른 주요 세그먼트 경유점(via point)에서의 관절모터각 값들을 할당한다. 이 값들에 관한 자세한 설명은 5.3절을 참고하기 바란다.

```
case('3'):  // 제자리에서 방향 틀기
    im.show_sensor_data = false
    im.balance_control_by_zmp = true;
    im.balance_control_by_torso_ang = true;

    im.st=0.05;
    im.T=4;
    im.n_seg=8;
    im.t_seg=im.T/double(im.n_seg);

    im.RotateInStanding(cm730);
    break
```

» **코드 6.28** 제자리에서 방향 틀기 동작에 대한 main.cpp의 코드

```
void SelfMotion::RotateInStanding(CM730 &cm730){
    int i, k, cp, stage;  // stage: 1은 전반부, 2는 후반부
    int cseg, half_nseg = iround(0.5*n_seg);   // half_nseg: 전반부/후반부의 세그
    먼트 수
    int ns = iround(T/st)+1;
    double ct, t0=0, tf=0, times[half_nseg]={0,}, ang_traj[half_nseg]={0,};

    ShowMotionStatus(cm730, 0);    // 모션 설정값을 보여줌
    SensorInitialization(cm730);   // 센서 초기값과 제어관련 설정값 초기화
    JointAngleInitialization(cm730, STAND_ERECT);  // 관절모터각 관련 파라미터 초
    기화
    COR_SH_L_INIT_ANG = deg2rad(14); COR_SH_R_INIT_ANG = deg2rad(-14);
    for(cp=0; cp<ns; ++cp){
       ct = cp*st;
       if(cp < iround(ns/2.0)){   // 방향틀기 전반부
          stage=1;
          for(i=0; i<=half_nseg; ++i)    times[i] = i*t_seg;  // 세그먼트별 시간 할당
          if(turn_dir == RIGHT_TURN){ // 왼발 지지로 오른다리를 들어서 시계방향으로 회전하기
                sf = LEFT_SUPP;
                SAG_HP_R_MID_ANG=deg2rad(21.2);  SAG_KN_R_MID_ANG=deg2rad(50);
                COR_AN_L_MID_ANG1=deg2rad(15);
                TRAN_HP_L_INIT_ANG=0; TRAN_HP_L_FIN_ANG=deg2rad(20);
          }
          else{  // 오른발 지지로 왼다리를 들어서 반시계방향으로 회전하기
                sf = RIGHT_SUPP;
                SAG_HP_L_MID_ANG=deg2rad(21.2);  SAG_KN_L_MID_ANG=deg2rad(50);
                COR_AN_R_MID_ANG1=deg2rad(-15);
                TRAN_HP_R_INIT_ANG=0; TRAN_HP_R_FIN_ANG=deg2rad(-20);
          }
       }
       else{   // 방향틀기 후반부
          stage=2;
          for(i=0; i<=half_nseg; ++i)  times[i] = (i+half_nseg)*t_seg; // 세그먼트 별 시간 할당
```

```
        if(turn_dir == RIGHT_TURN){ // 오른발 지지로 왼다리를 들어서 시계방향으로 회전하기
                sf = RIGHT_SUPP;
                SAG_HP_L_MID_ANG=deg2rad(21.2);
                SAG_KN_L_MID_ANG=deg2rad(50);
                COR_AN_R_MID_ANG1=deg2rad(-15);
                TRAN_HP_L_INIT_ANG=deg2rad(20); TRAN_HP_L_FIN_ANG=0;
        }
        else{  // 왼발 지지로 오른다리를 들어서 반시계방향으로 회전하기
                sf = LEFT_SUPP;
                SAG_HP_R_MID_ANG=deg2rad(21.2);
                SAG_KN_R_MID_ANG=deg2rad(50);
                COR_AN_L_MID_ANG1=deg2rad(15);
                TRAN_HP_R_INIT_ANG=deg2rad(-20); TRAN_HP_R_FIN_ANG=0;
        }
}
```

» **코드 6.29** RotateInStanding 함수에서 방향 전환 각도에 따른 주요 관절각 설정

```
    // 현재 시점이 속하는 세그먼트 인덱스와 시작/종료시간 검색
    for(i=0; i<half_nseg; ++i){
        if((ct >= times[i]) && (ct <= times[i+1])){
                cseg = i;
                t0 = times[i];  tf = times[i+1];
        }
    }
    if(sf==LEFT_SUPP){
       sag_an_l = sag_kn_l = 0;  sag_hp_l = -sag_an_l+sag_kn_l;  // 상체 수직화
        for(i=0; i<=half_nseg; ++i) ang_traj[i] = 0;
        ang_traj[2]=SAG_HP_R_MID_ANG;
        sag_hp_r = InterpolateAngInSeg(ct, cseg, t0, tf, ang_traj);
        ang_traj[2]=SAG_KN_R_MID_ANG;
        sag_kn_r = InterpolateAngInSeg(ct, cseg, t0, tf, ang_traj);
        sag_an_r = -sag_hp_r+sag_kn_r;  // 들어올린 발을 지면과 평행하게 만듦

        ang_traj[1]=ang_traj[2]=ang_traj[3]=COR_AN_L_MID_ANG1;
        cor_an_l = InterpolateAngInSeg(ct, cseg, t0, tf, ang_traj);
        cor_hp_l = -cor_an_l;
        cor_hp_r = -cor_an_l;   cor_an_r = cor_an_l-phi_tr;
    }
    else{
       sag_an_r = sag_kn_r = 0;  sag_hp_r = -sag_an_r+sag_kn_r;  // 상체수직화
        for(i=0; i<=half_nseg; ++i) ang_traj[i] = 0;
        ang_traj[2]=SAG_HP_L_MID_ANG;
        sag_hp_l = InterpolateAngInSeg(ct, cseg, t0, tf, ang_traj);
        ang_traj[2]=SAG_KN_L_MID_ANG;
        sag_kn_l = InterpolateAngInSeg(ct, cseg, t0, tf, ang_traj);
        sag_an_r = -sag_hp_r+sag_kn_r;  // 들어올린 발을 지면과 평행하게 만듦

        ang_traj[1]=ang_traj[2]=ang_traj[3]=COR_AN_R_MID_ANG1;
```

```
            cor_an_r = InterpolateAngInSeg(ct, cseg, t0, tf, ang_traj);
            cor_hp_r = -cor_an_r; //-phi_tr;
            cor_hp_l = -cor_an_r;   cor_an_l = cor_an_r-phi_tr;
        }
        sag_sh_l = sag_el_l = sag_sh_r = sag_el_r = 0;
        cor_sh_l = COR_SH_L_INIT_ANG;    cor_sh_r = COR_SH_R_INIT_ANG;
```

» **코드 6.30** RotateInStanding 함수에서 지지하는 다리에 따라 시상면과 관상면 전체 관절각 설정

```
        //// 고관절은 동일한 각도로 회전 ////
        if(stage==1){    // 방향틀기 전반부
            if (turn_dir == RIGHT_TURN){
                ang_traj[0]=ang_traj[1]=TRAN_HP_L_INIT_ANG;
                ang_traj[2]=ang_traj[3]=ang_traj[4]=TRAN_HP_L_FIN_ANG;
                tran_hp_l = InterpolateAngInSeg(ct, cseg, t0, tf, ang_traj);
                tran_hp_r = 0;
            }
            else{
                ang_traj[0]=ang_traj[1]=TRAN_HP_R_INIT_ANG;
                ang_traj[2]=ang_traj[3]=ang_traj[4]=TRAN_HP_R_FIN_ANG;
                tran_hp_r = InterpolateAngInSeg(ct, cseg, t0, tf, ang_traj);
                tran_hp_l = 0;
            }
        }
        else{   // 방향틀기 후반부
            if (turn_dir == RIGHT_TURN){
                ang_traj[0]=ang_traj[1]=TRAN_HP_L_INIT_ANG;
                ang_traj[2]=ang_traj[3]=ang_traj[4]=TRAN_HP_L_FIN_ANG;
                tran_hp_l = InterpolateAngInSeg(ct, cseg, t0, tf, ang_traj);
                tran_hp_r = 0;
            }
            else{
                ang_traj[0]=ang_traj[1]=TRAN_HP_R_INIT_ANG;
                ang_traj[2]=ang_traj[3]=ang_traj[4]=TRAN_HP_R_FIN_ANG;
                tran_hp_r = InterpolateAngInSeg(ct, cseg, t0, tf, ang_traj);
                tran_hp_l = 0;
            }
        }
        mth[0]=sag_an_l, mth[1]=sag_kn_l, mth[2]=sag_hp_l, mth[3]=sag_hp_r,
        mth[4]=sag_kn_r,  mth[5]=sag_an_r; mth[6]=sag_sh_l, mth[7]=sag_el_l,
        mth[8]=sag_sh_r, mth[9]=sag_el_r;
                                    ⋮
    }
    WriteFile_SensorData_TorsoAngle_LegJointAngles(ns);
}
```

» **코드 6.31** RotateInStanding 함수에서 회전 방향과 지지하는 다리에 따라 횡평면 관절각을 설정하는 부분 및 코드 후반부

<코드 6.30>은 RotateInStanding 함수에서 현재 시점이 속하는 세그먼트를 검색해서 시작 시간과 종료 시간을 불러온 후, 관절각의 세그먼트 경유점 각도를 저장하고 있는 ang_traj 배열을 이용해서 현재 시간에 해당되는 세그먼트의 각도를 보간법을 통해 계산하는 루틴이다. 코드에서 ang_traj 배열은 특정 관절에 국한되는 것이 아니라 필요한 관절에 대해 임의로 사용된다는 점에 주의하자.

<코드 6.31>은 RotateInStanding 함수의 나머지 부분에 해당되는데, 방향 전환 시 가장 중요한 역할을 하는 고관절 횡평면 각도를 현재 시간에 맞춰 계산하는 부분이 먼저 나온다. 코드에서 OP가 직립한 채로 오른쪽(시계방향)으로 방향을 틀 때는 왼쪽 고관절각인 tran_hp_l이 전반부에는 0°(=TRAN_HP_L_INIT_ANG)에서 20°(TRAN_HP_L_FIN_ANG)로, 후반부에는 20°(=TRAN_HP_L_INIT_ANG)에서 0°(TRAN_HP_L_FIN_ANG)로 변하도록 설정되었음을 알 수 있다. 반면에 OP가 직립 상태에서 왼쪽(반시계방향)으로 방향을 틀 때는 오른쪽 고관절각인 tran_hp_r이 전반부에는 0°(=TRAN_HP_R_INIT_ANG)에서 −20°(TRAN_HP_R_FIN_ANG)로, 후반부에는 −20°(=TRAN_HP_R_INIT_ANG)에서 다시 0°(TRAN_HP_R_FIN_ANG)로 변하도록 설정되어 있다.

6.4.3 OP의 얼굴 LED 색깔 조정

안드로이드(android) 로봇은 인간의 골격구조뿐만 아니라 얼굴과 눈동자, 피부, 머리카락 등의 외모까지 모방하고 내부 OS에는 인공지능을 탑재함으로써 외형적으로 인간과 거의 차이를 느낄 수 없이 행동하는 로봇을 지칭하며, 휴머노이드 로봇의 궁극적인 목표라고 할 수 있다. 터미네이터, 아이로봇 등의 수많은 할리우드 로봇 영화들에 등장하는 인간형 로봇들이 바로 안드로이드이다.

일반적으로 <그림 6.45>와 같은 안드로이드 로봇은 얼굴 부위에 수십 개의 모터가 장착되어 사람처럼 웃거나 찡그리기, 화내기 등의 표정을 어느 정도 유사하게 구현할 수 있지만 모터의 무게 때문에 중심 잡기가 대단히 어려워 안드로이드 로봇은 대부분 바닥에 고정되어 있다. 그래서 대부분의 휴머노이드 로봇의 얼굴 부위에 LCD 화면을 설치하거나 OP처럼 LED를 장착해서 사람들과 감성적인 소통을 할

» **그림 6.45** 한국의 생산기술연구소에서 개발한 안드로이드(EveR-2)

수 있게 한다.

OP의 얼굴 부위에는 이마 쪽에 삼각형 LED 한 개, 눈 쪽에 원형 LED 두 개가 있다. 이 LED들은 OP의 내장 PC(SBC)와 cm740 제어기의 상황을 보여주는 역할을 하지만 마찬가지로 OP의 감성을 표현하는 데에도 사용될 수 있다. 예를 들어 OP의 눈 색깔이 평상시에는 파란색이다가 편안할 때는 노란색 또는 녹색으로 바뀌고, 화가 날 때는 붉은 색으로, sleep 모드에 있을 때는 검은색으로 바뀌면 사용자가 OP의 상태를 보다 직관적으로 알 수 있을 것이다.

<코드 6.32>는 main.cpp에서 사용자가 눈의 LED 색깔을 선택하는 부분과 OP의 LED를 설정하는 부분의 코드를 나타낸다. 눈 색깔은 흰색, 붉은색, 녹색, 파란색 중에서 하나를 고를 수 있으며, Variation을 선택하면 색깔이 흰색에서 검은색으로 서서히 변하는 효과를 낸다. 아래 부분의 case문 실행 코드를 보면 16진수인 color_val 값을 조절함으로써 LED 색깔을 바꿀 수 있는데, <그림 6.46>은 color_val의 비트 값들이 어떤 색깔과 관련된 것인지를 보여준다. 즉, 순수한 붉은색은 color_val이 2진수 0000 0000 0001 1111로 설정될 때이며 이 값을 16진수로 표현하면 0x001F이다. 반면에 순수한 파란 색을 LED로 나타내고 싶으면 color_val을 2진수 0111 1100 0000 0000로 설정해야 하며 16진수로는 0x7C00이 된다. 빛은 물감과 달라서 RGB LED가 모두 켜져야 흰색이 되므로 color_val을 0111 1111 1111 1111(0x7FFF)과 같이 설정해야 OP의 눈이 흰색이 되며, 반대로 color_val의 비트들을 모두 0(0x0000)으로 설정하면 OP의 눈은 검은색이 된다.

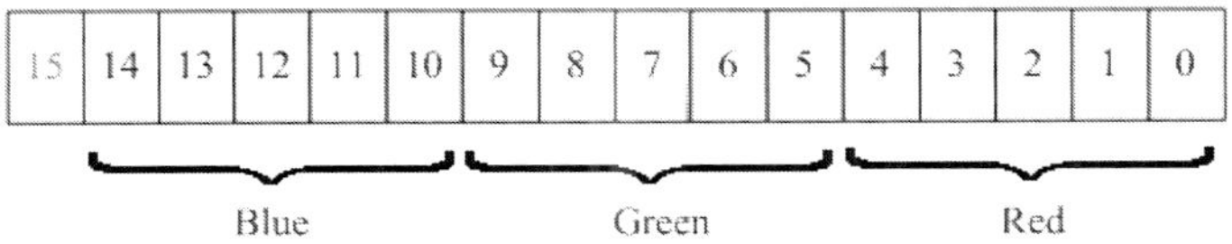

» **그림 6.46** color_val에 할당 된 비트

```
                                ⋮
else if(main_sel == '6'){
   printf("\nSelect color: w)White r)Red g)Green b)Blue k)Black v)Variation m)Main
    e)Exit\n");
    sel_color = _getch();
    if(sel_color == 'm'){
        cmnd_level=1;
        selected_motion = 'n';
    }
                                ⋮
}
                                      ⋮
case('6'): // 눈 LED 색깔 설정
    printf("\n Change colors of head and eye."); // (14~10: blue, 9~5: green,
    4~0: red)
    if(sel_color == 'w')            color_val=0x7FFF;    // 흰색(최대값)
    else if(sel_color == 'r')       color_val=0x001F;    // 붉은색
    else if(sel_color == 'g')       color_val=0x03E0;    // 녹색
    else if(sel_color == 'b')       color_val=0x3C00;    // 푸른색
    else if(sel_color == 'k')       color_val=0x0000;    // 검은색
    else if(sel_color == 'v'){
        color_val=0x7FFF;
        while(color_val >= 0x0000){
            color_val -= 10;
            cm730.WriteWord(CM730::P_LED_EYE_L, color_val, 0);
            usleep(1000);
        }
        break
    }
    cm730.WriteWord(CM730::P_LED_HEAD_L, 0, 0);
    cm730.WriteWord(CM730::P_LED_EYE_L, color_val, 0);
    break
                                      ⋮
```

» **코드 6.32** main.cpp에서 OP의 눈 LED 색깔 조정 부분

세 종류의 색깔 표현을 위해 각각 5비트가 할당되어 있으므로 $2^5(=32)$가지의 색깔을 표현할 수 있으며, 따라서 OP가 눈에 위치한 LED로 표현할 수 있는 색깔의 종류는 이론적으로 $32768(=32\times32\times32)$가지이다. 보다 다양한 색깔을 위한 컬러 비트 값은 인터넷에서 검색해서 사용하기 바란다.

6.5 | OP의 이족보행

6.5.1 OP의 보행 구동하기

이족보행의 원리와 다양한 보행 패턴을 생성하는 방법은 5.4절에서 자세한 설명과 함께 MATLAB으로 시뮬레이션했다. 이번 절에서는 optWalk에서 OP의 이족보행을 구현하는 C++ 코드 중 시뮬레이션 코드에 수정 또는 첨가된 부분 위주로 설명하고 실제 로봇으로 보행할 때 고려되어야 할 사항을 논할 예정이다.

<코드 6.33>은 main.ccp 파일의 초기 부분에서 이족보행과 관련한 코드만을 골라서 나타낸 것이다. 먼저 SelfMotion 클래스인 im을 생성하고, 임시 관절모터각과 임시 관절기하각을 선언한다.

while문 내부가 실행되어 사용자가 optWalk의 주메뉴 중 '7)Robotic Walk'를 선택하면 <코드 6.33>의 루틴을 통해 보행 조건의 하위 메뉴를 다시 터미널에 출력한다. 보행 조건으로는 Forward(전진), Backward(후진), Left(좌회전), Right(우회전), Faster(가속), Slower(감속) 등이 있으며 모션의 경우와 마찬가지로 Main과 Exit를 선택하면 상위 메뉴로 가거나 실행을 종료한다.

사용자가 하위 메뉴의 키를 입력하는 동안의 대기 시간을 기본적으로 20초를 할당하며, 이 시간 동안 키 입력을 하지 않으면 cur_sel에 's' 값을 부여해서 멈춤 상태로 만들고 이는 다시 20초 동안 기다리게 만든다. 이때 사용자가 'f', 'b', 'l', 'r', 'a', 'z', 'm', 'e' 중 하나의 키를 입력하면 kbhit 함수가 1이 되어 cur_sel에

```
int main()
{
                                    ⋮
    SelfMotion  im;                 // 보행 클래스 생성
                                    ⋮
    ////  보행 관련 파라미터  ////
    double temp_ang[20]={0,}, motor_ang[20]={0,};     // 임시 관절모터각
    double th[11]={0,}, phi[6]={0,}, psi[3]={0,};     // 임시 관절기하각
                                    ⋮
    while(is_continue_motion){
                                    ⋮
        else if(main_sel == '7'){    // 이족노행 메뉴
            if( prev_sel == 'n' || prev_sel == 's' ){  // 주메뉴를 실행했거나 멈춤 상태
                였던 경우
                printf("\nWalk condition: f)Forward b)Backward l)Left r)Right
                 a)Faster z)Slower m)Main e)Exit\n");
                wait_sec = 100;         // 기본적으로 100초 동안 키입력 대기
                printf(" time: %4d sec.", int(wait_sec));
                while(wait_sec > 0){    // 사용자 하위메뉴 키 입력 받음
                    if(kbhit()){
                        cur_sel = _getch();
                        wait_sec = 0;
                    }
                    else{
                          usleep(1000000);   // 1초간 시간 지연
                          wait_sec -= 1;
                          printf("\n time: %4d sec.", int(wait_sec));
                          if(wait_sec == 0)  cur_sel = 's'
                    }
                }
            }
            else  cur_sel = prev_sel;  // 새로운 명령이 없으면 이전 명령으로 계속 보행하기
```

» **코드 6.33** main.cpp의 이족보형과 관련한 초기 부분

입력한 문자값을 할당받고 키 입력을 위한 while문을 빠져 나간다.

<코드 6.34>는 사용자가 입력한 보행 세부 조건에 따라 적절한 플래그와 보행 파라미터를 설정하는 부분이다. 보행에 있어서 사용되는 플래그에는 flag_walk_phase가 있는데, 이 플래그는 SelfMotion 클래스의 WalkManager 함수에서 한 스텝의 시작 자세와 종료 자세를 정하는 역할을 한다. flag_walk_phase는 <그림 5.29>에 정의된 보행 유형에 따라 다음과 같이 네 가지가 있다.

- INIT2FIN: 초기/중기/최종 보행을 연결해서 수행
- INIT2PERIOD: 초기 보행
- PERIOD2PERIOD: 주기 보행
- PERIOD2FIN: 최종 보행

optWalk는 각종 모션과 이족보행을 하나의 main 함수로 구현할 수 있으므로 모션과 보행 사이, 그리고 보행과 보행 사이에 다양한 변화가 생길 수 있다. 이러한 변화에 OP가 지능적으로 대응하기 위해서는 보행 메뉴에서의 현재 명령(cur_sel)과 직전 명령(prev_sel), 직전에 수행했던 모션으로 인한 OP의 현 자세, 그리고 보행 플래그인 flag_walk_phase를 잘 활용해야 한다.

먼저, 직전 보행 명령이 새로 보행을 시작하는 경우('n')이거나 현재 모션 상태가 STAND_ERECT인 경우 flag_walk_phase를 INIT2PERIOD로 설정한다. 그리고 현재 명령이 'm'이나 'e'이면 주메뉴로 돌아가거나 종료하면서 다시 직립 자세를 만들어야 하므로 flag_walk_phase를 PERIOD2FIN으로 설정한다. 이 외의 경우는 flag_walk_phase를 PERIOD2PERIOD로 설정함으로써 주기 보행을 실시한다.

보행의 초기화 작업으로서 스텝 보폭(im.sl)은 5 cm, 왼쪽이나 오른쪽으로 보행 방향을 전환하게 하는 굴절 각도(im.turn_ang)는 0°, 전진 보행을 위해 im.wdir은 1로 설정한다. 이렇게 공통적인 보행 관련 파라미터를 설정하고 나면 case문에서는 현재 명령에 따라 다시 세부적인 파라미터를 설정한다.

후진 보행의 경우 im.wdir을 -1로, 좌회전 보행의 경우 im.turn_ang을 15°로, 우회전 보행의 경우 im.turn_ang이 −15°로 각각 설정되어 있음을 알 수 있다. 이 회전 각도는 회전 시 발이 서로 접촉하지 않는 최대 각도로서 이 값 이하의 크기로 설정해도 된다. 가속 보행의 경우 im.vratio 값이 0.2씩 증가하도록 설정되었으며, 반대로 감속 보행의 경우 im.vratio 값이 0.2씩 감소하도록 설정했다.

```
cmnd_level=2;
selected_motion = main_sel;
//// 이전 명령과 이전 자세에 따라 보행의 종류 설정 ////
if(prev_sel == 'n')  im.flag_walk_phase = im.INIT2PERIOD;  // 초기 보행
else               im.flag_walk_phase = im.PERIOD2PERIOD;    // 주기보행
if((cur_sel == 'm') || (cur_sel == 'e'))  im.flag_walk_phase = im.PERIOD2FIN;
// 최종 보행

im.sl = 0.05;        // 기본 보폭은 5cm
im.turn_ang = 0;    // 직진 보행
im.wdir = 1;        // 전진 보행(후진 보행은 -1)

switch(cur_sel){
    case('f'):  // 전진 보행
        im.cur_command = im.MULTI_STEP_FORWARD_WALK;
        im.wdir=1;
        printf("\n--- Forward walking ---");
        break;
    case('b'):  // 후진 보행
        im.cur_command = im.MULTI_STEP_BACKWARD_WALK;
        im.wdir = -1;
        printf("\n--- Backward walking ---");
        break;
    case('l'):  // 좌회전 보행
        im.cur_command = im.WALK2LEFT;
        im.wdir = 1;
        im.turn_ang = deg2rad(15);
        printf("\n--- Turning left ---");
        break;
    case('r'):  // 우회전 보행
        im.cur_command = im.WALK2RIGHT;
        im.wdir = 1;
        im.turn_ang = deg2rad(-15);
        printf("\n--- Turning right ---");
        break;
    case('a'):  // 가속 보행
        im.cur_command = im.WALK_FASTER;
        im.vratio += 0.2;
        printf("\n--- Faster walking ---");
        break;
    case('z'):  // 감속 보행
        im.cur_command = im.WALK_SLOWER;
        im.vratio -= 0.2;
        printf("\n--- Slower walking ---");
        break;
```

» **코드 6.34** main.cpp에서 선택된 이족보행 하위 메뉴에 따른 보행 파라미터 설정 부분

```
case('s'):  // 보행 정지
       selected_motion = 'n';
       printf("\n--- Stop ---");
       break;
case('m'):  // 주메뉴로 이동
       cmnd_level = 1;
       selected_motion= 'n'
       im.vratio = 1.0;
       printf("\n--- Back to Main ---");
       break;
case('e'):  // 프로그램 종료
       printf("\n--- Exit ---");
       is_continue_motion = false;
       break;
default:
       printf("\n Wrong selection!\n");
       selected_motion= 'n';  prev_sel = 'n';
       break;
}
```

» **코드 6.35** main.cpp에서 선택된 이족보행 하위 메뉴에 따른 파라미터 설정 부분

<코드 6.35>는 <코드 6.34>의 이후 코드로서, 보행을 일시 정지('s')하거나 보행 메뉴를 빠져 나와 주메뉴로 옮기거나('m'), 프로그램을 종료('e')하고 싶은 경우에 해당 파라미터를 설정하는 부분이다.

<코드 6.36>은 사용자로부터 입력 받은 보행 명령에 따라 SelfMotion 클래스의 WalkManager 함수를 호출함으로써 OP의 이족보행을 실행하기 위한 명령 코드이다.

먼저, 모션 생성 때와 마찬가지로 im.show_sensor_data, im.balance_control_by_zmp, im.balance_control_by_torso_ang를 false, true, true로 각각 설정해서 보행 중 센서 데이터를 출력하지 않으면서 반사신경 기반 자세 제어를 수행하게 했다.

cum_t는 누적 보행시간으로서 OP가 걷기 시작 후 보행을 종료할 때까지 측정한 시간이다. 이 값은 GenRoboticWalkingWithCost 함수의 SaveSensorData_TorsoAngle_LegJointAngles 함수에서 보행이 경과한 시간 값으로 사용된다. use_ref_zmp 값에서 des_fht까지의 보행 관련 파라미터들은 제5장에서 설명한 내용과 동일하다.

```
case('7'):  // 이족보행 실행
    im.show_sensor_data = false;
    im.balance_control_by_zmp = true;
    im.balance_control_by_torso_ang = true;
    im.pgain = 40;
    im.cum_t = 0.0;              // 누적 보행 시간
    im.use_ref_zmp = 1;          // 목표 ZMP궤적을 추종하는 보행 여부
    im.st = 0.05;                // 샘플 시간
    im.T = 1/im.vratio;
    im.des_fht = 0.02;                 // 목표 발높이
    im.flag_walk_tool = MOVE_OP;       // 시뮬레이션(SIM_COM)과 OP 구동 선택

    if(is_init_walk == true){
        im.sf=LEFT_SUPP;                   // 기본적으로 왼발 지지에서 보행 시작
        if(im.flag_walk_tool == SIM_COM)
            im.sp[0]=im.sp[1]=im.sp[2]=0;
        is_init_walk = false;
    }
    else{
        if(im.wdir == im.prev_wdir)        // 동일한 방향으로 보행할 때만 지지다리를 바꿈
            im.sf=SwitchSupportLeg(im.prev_sf);
    }
    //// OP 보행 실행 ////
    walk_res = im.WalkManager(cm730);
    im.prev_command = im.cur_command;
    im.prev_wdir = im.wdir;

    if(walk_res == 'm'){
        cmnd_level = 1;
        prev_sel = 's';
    }
    else
        prev_sel = walk_res;
    break;
                                ⋮
```

» **코드 6.36 현재 선택된 보행 메뉴를 실행하기 위한 명령 코드 부분**

flag_walk_tool 플래그는 휴머노이드 로봇의 이족보행을 컴퓨터 시뮬레이션으로 수행할 것인지(SIM_COM), 실제 다이나믹셀을 구동하여 OP를 구동할 것인지(MOVE_OP)를 결정한다. 물론 앞 장에서 했듯이 MATLAB으로 OP의 보행을 시뮬레이션할 수 있지만, 새로운 모션을 생성하기에 앞서 OP가 자체적으로 시뮬레이터로 어떤 모션의 최적화변수를 탐색할 때에 사용된다.

6.5.2 OP의 보행 생성 함수

이번 절에서는 앞 절의 <코드 6.36>에서 OP의 보행을 위해 호출했던 SelfMotion 클래스의 WalkManager 함수와 그의 내부 함수인 GenRoboticWalkingWithCost 함수에 대해서 MATLAB 함수와 달라진 부분 위주로 설명하고자 한다.

<코드 6.37>은 WalkManager 함수의 코드이며, 현재 보행 상태(cur_step_phase)와 다양한 보행 메뉴에 따라 스텝 시작 자세와 종료 자세의 관절각을 적절히 설정해 주고, 목표한 OP의 상체 기울기(dev_sag_tr)에 따라 양쪽 고관절각을 조정해 준 후 GenRoboticWalkingWithCost 함수를 호출해서 OP가 스텝 단위로 보행하게 한다.

코드에서 is_multi_step은 보행 스텝이 단수인지 복수인지를 정하는 플래그로서 while 내부를 보면 flag_walk_phase가 INIT2PERIOD거나 PERIOD2PERIOD이면 true가 되어 계속 보행이 반복되고, PERIOD2FIN이면 false가 되어 한 번의 보행을 하고 정지하게 된다.

cur_step_phase는 단일 스텝의 양상을 나타내며, flag_step_phase의 세 가지 상태(INIT_STEP, PERIOD_STEP, FIN_STEP) 중 하나를 flag_walk_phase에 따라 선택한다. 주기 보행과 최종 보행 때는 flag_walk_phase와 유사하지만, 초기 보행을 할 때 처음에는 cur_step_phase가 INIT_STEP이다가 그 다음 스텝에서는 PERIOD_STEP으로 전환되는 것을 유의하자. 이렇게 해야만 OP의 보행이 자연스럽게 연결된다.

init_posture_ind와 fin_posture_ind는 이렇게 설정된 cur_step_phase와 다음 스텝에서의 지지다리를 고려하여 전신 관절각의 2차원 배열인 ang_walk_ready_5 cm에서 적절한 인덱스를 부여한다. ang_walk_ready_5cm 배열은 보폭이 5 cm일 때의 유형별 보행준비 자세로서 MotionDB.h 파일에 정의되어 있다. 이 배열의 첫 번째 인덱스는 OP의 보행 준비 자세와 관련된 것이고, 두 번째 인덱스는 20개의 관절 위치를 의미한다. 자세 인덱스 중 0은 직립자세에 해당되고, 1은 <그림 5.29(b)>의 주기보행 자세 중 왼발이 앞에 나온 자세이며, 2는 오른발이 앞에 나온 주기 보행 자세에 해당된다. 예를 들어 코드에서 cur_step_phase가 PERIOD_STEP이고 왼발 지지 상태(sf=LEFT_SUPP)이며 앞으로 전진한다면(wdir=1), 한 스텝의 시작 자세는 왼발이 앞에 나와 있는 주기보행 자세여야 하고, 마침 자세는 한 스텝 전진한 결과로서 오른발이 앞에 나와 있는 주기보행 자세여야 한다. 그러므로 init_posture_ind는 1이 되어야 하고, fin_posture_ind는 2가 되어야 한다. 반면에 왼발지지 상태에서 후진 보행(wdir=-1)의 경우, 한 스텝의 시작 자세는 오른발이 앞에 나와 있는 주기보행 자세여야 하고, 마침 자세는 한 스텝 후진함으로써 왼발이 앞에 나와 있는 주기보행 자세여야 한다. 그러므로 init_posture_ind는 2가 되어야 하고, fin_posture_ind는 1이 되어야 한다. 나머지 경우에도 이러한 원리를 적용해서 init_posture_ind와 fin_posture_ind를 정했다.

x_lb_5 cm_1s는 5.4.3절에서 5 cm의 보폭으로 1초 동안 걸어갈 때의 최적화 변수 보행 패턴을 PSO로 최적화해서 구한 변수의 2차원 배열로서 MotionDB.h 파일에 정의되어 있다. 이 배열의 첫 번째 인덱스는 보행 종류를 나타내며, 인덱스 값 중 0은 초기 보행, 1은 주기 보행, 2는 최종 보행을 의미한다. 이 배열의 두 번째 인덱스는 최적화 변수의 인덱스로서 <표 5.13>에 정의되어 있다. x_rb_5 cm_1s는 왼발 지지 상태를 기준으로 최적화한 결과인 x_lb_5 cm_1s를 오른발 지지 상태로 변환한 최적화 변수로서, 상체 견관절 각도 변수인 마지막 네 개의 변수의 부호가 서로 반대임을 주의하자. 코드에서 지지다리가 왼쪽이냐 오른쪽이냐에 따라 왼쪽인 경우 x_lb_5 cm_1s를, 오른쪽인 경우 x_rb_5 cm_1s를 현재 보행 변수인 x에 할당받음을 알 수 있다. 이때 cur_step_phase는 이 배열의 첫 번째 인덱스를 조정하는 역할을 한다.

```
char SelfMotion::WalkManager(CM730 &cm730)
{
    bool is_multi_step = true;       // 복수 스텝으로 보행 여부
    char cur_sel = 'n';              // 보행 중 사용자가 입력한 메뉴
    int i, stg;                      // stg: 회전 보행 시 1은 전반부, 2는 후반부
    int cur_step_phase = INIT_STEP; // 현재의 스텝 종류
    int no_step = 0;                 // 총 스텝 수
    int init_posture_ind=0, fin_posture_ind=0; // 초기 자세와 최종 자세의 인덱스
    dev_sag_tr = 90.-rad2deg(des_sag_tr); // 시상면 상체각이 90도로부터 기울어진 각도

    ShowMotionStatus(cm730, 0);              // 모션 설정값을 보여줌
```

```
SensorInitialization(cm730);                // 센서 초기값과 제어관련 설정값 초기화
JointAngleInitialization(cm730);            // 관절모터각 관련 파라미터 초기화
while(is_multi_step){
    //// flag_walk_phase에 따라 cur_step_phase 설정 ////
    if(flag_walk_phase == INIT2PERIOD){
        is_multi_step = true;
        if(no_step == 0)  cur_step_phase = INIT_STEP;
        else             cur_step_phase = PERIOD_STEP;
     }
    else if(flag_walk_phase == PERIOD2PERIOD){
        is_multi_step = true;       cur_step_phase = PERIOD_STEP;
    }
    else if(flag_walk_phase == PERIOD2FIN){
        is_multi_step = false;      cur_step_phase = FIN_STEP;
    }
    //// cur_step_phase에 따라 보행 시작과 마침 자세의 인덱스 설정 ////
    if(cur_step_phase == INIT_STEP){
        init_posture_ind = 0;
        if(sf==LEFT_SUPP){
              for(i=0; i<NUM_OPT_PARAM; ++i)  x[i]=x_lb_5cm_1s[0][i];
              if(wdir == 1)  fin_posture_ind = 2;
              else           fin_posture_ind = 1;
        }
        else{
              for(i=0; i<NUM_OPT_PARAM; ++i)  x[i]=x_rb_5cm_1s[0][i];
              if(wdir == 1)  fin_posture_ind = 1;
              else           fin_posture_ind = 2;
        }
    }
    else if(cur_step_phase == PERIOD_STEP){
         if(sf==LEFT_SUPP){
               for(i=0; i<NUM_OPT_PARAM; ++i)  x[i]=x_lb_5cm_1s[1][i];
               if(wdir == 1){  init_posture_ind = 1;  fin_posture_ind = 2;  }
               else{  init_posture_ind = 2;  fin_posture_ind = 1;  }
         }
         else{
               for(i=0; i<NUM_OPT_PARAM; ++i)  x[i]=x_rb_5cm_1s[1][i];
               if(wdir == 1){  init_posture_ind = 2; fin_posture_ind = 1;  }
               else{       init_posture_ind = 1;  fin_posture_ind = 2;  }
         }
     }
     else if(cur_step_phase == FIN_STEP){
         if(sf==LEFT_SUPP){
               for(i=0; i<NUM_OPT_PARAM; ++i)  x[i]=x_lb_5cm_1s[2][i];
               if(wdir == 1)  init_posture_ind = 1;
               else          init_posture_ind = 2;
         }
         else{
                for(i=0; i<NUM_OPT_PARAM; ++i)  x[i]=x_rb_5cm_1s[2][i];
                if(wdir == 1)  init_posture_ind = 2;
```

```
                    else            init_posture_ind = 1;
        }
        fin_posture_ind = 0;    // 직립 자세의 인덱스
    }
    //// 보행 시작 자세와 마침 자세의 관절각 할당 ////
    for(i=0; i<NUM_ACTUATOR; ++i){
        init_ang[i] = gsa*deg2rad(ang_walk_ready_5cm[init_posture_ind][i]);
        fin_ang[i] = gsa*deg2rad(ang_walk_ready_5cm[fin_posture_ind][i]);
        if(i==2 || i==3){       // 목표 상체각에 따라 고관절각 조절 //
                init_ang[i] += deg2rad(dev_sag_tr);
                fin_ang[i] += deg2rad(dev_sag_tr);
        }
    }
      flag_walk_tool = MOVE_OP;
      stg = 1;
      //// OP로 한 스텝 보행하기 실행 ////
      GenRoboticWalkingWithCost(cm730, stg);
      prev_sf = sf;
      if(kbhit()){   // 사용자의 키 입력이 들어오면 보행을 완료함
          cur_sel = _getch();
          return cur_sel;
      }
      sf = SwitchSupportLeg(prev_sf);  // 다음 스텝의 지지하는 발을 바꿈
      ++no_step;
    }
    return('n');
}
```

» **코드 6.37** SelfMotion 클래스의 WalkManager 함수

그 다음 단계로서 이렇게 cur_step_phase와 지지할 다리에 따라 적절히 설정된 init_posture_ind와 fin_posture_ind로 ang_walk_ready_5 cm 배열로부터 스텝 시작 자세의 관절각 init_ang와 마침 자세의 관절각 fin_ang 배열을 읽어온다. 이때 목표 상체각이 90°와 다르면 그에 따라 두 고관절각에 상체의 기울기각(앞으로 숙이면 음의 각, 뒤로 젖히면 양의 각)만큼 더해 주면 된다. 자세한 내용은 식 (5.88)과 (5.89)를 참고하기 바란다.

GenRoboticWalkingWithCost 함수를 실행하기 전에 turn_ang을 초기 보행과 최종 보행 시에는 0으로 설정하고, flag_walk_tool을 MOVE_OP로 설정해서 OP의 다이나믹셀이 명령대로 움직이게 한다. 그리고 stg(한 스텝 걷기 위한 관절궤적 생성 단계)를 1로 설정하는데, 이는 모든 종류의 보행 스텝의 기본값이다.

GenRoboticWalkingWithCost 함수를 실행 후에는 사용자가 명령 키를 새로 입

력했는지 여부를 kbhit 함수로 확인한다. 만약 명령 키가 새로 입력되었다면 명령 문자를 cur_sel에 입력 받은 후 WalkManager를 종료하고 main 함수로 돌아간다. 그렇지 않다면 SwitchSupportLeg 함수를 이용해서 다음 스텝에서의 지지다리를 sf에 할당하고 다음 스텝에 대해 동일한 과정으로 프로그램을 실행한다.

이제 마지막으로 GenRoboticWalkingWithCost 함수에 대해 알아보자. 이 함수에 대한 설명은 제5장에서 MATLAB 함수 코드로 자세히 설명했으므로 OP로 구동하는 데 있어서 수정되고 추가된 부분 위주로 코드를 설명하려 한다.

이 함수에서 중요한 플래그는 flag_walk_tool로서 SIM_COM과 MOVE_OP가 있다. SIM_COM을 선택하면 제5장에서 MATLAB으로 수행했던 모션과 보행 시뮬레이션을 OP의 내장 컴퓨터에서 C++로 구현한다. PSO로 원하는 자세나 모션, 보행을 구현하는 관절각 관련 파라미터의 최적값을 찾고자 하는 경우 사용하면 된다. MOVE_OP는 주어진 관절각 궤적에 따라 OP의 이족보행을 구현하고자 할 때 선택한다. 코드에서 flag_walk_tool이 MOVE_OP인 경우 WriteWord 명령어를 통해 다이나믹셀의 토크를 활성화(TORQUE_ENABLE)하고 비례제어 이득을 정함으로써 초기화 하는 것을 볼 수 있다.

```
double SelfMotion::GenRoboticWalkingWithCost(CM730 &cm730, int stg){
                                        ⋮
    if(flag_walk_tool == MOVE_OP){
        for(i=1; i<=NUM_ACTUATOR; ++i){
            cm730.WriteWord(i,  MX28::P_TORQUE_ENABLE, 1, 0);
            cm730.WriteWord(i,  MX28::P_P_GAIN, p_gain, 0);
        }
    }
                                        ⋮
    for(i=0; i<ns; ++i){
        ct = double(i+1)*st;
                                        ⋮
        mpsi[0]=tran_hp_l; mpsi[1]=tran_hp_r; mpsi[2]=tran_nk;
        mpsi_1d[0]=tran_hp_l_1d; mpsi_1d[1]=tran_hp_r_1d; mpsi_1d[2]=tran_nk_1d;
        mpsi_2d[0]=tran_hp_l_2d; mpsi_2d[1]=tran_hp_r_2d; mpsi_2d[2]=tran_nk_2d;

        if(flag_walk_tool == SIM_COM){
                                        ⋮
        }
        else if(flag_walk_tool == MOVE_ROB){
```

```
            AcqAllSensorData(cm730, i);
            if(balance_control_by_zmp == true){
                AdjustJointAngleByZMP(cm730, i);
                  if(sf == LEFT_SUPP){
                     if(has_exited_front_boundary == true){
                           mth[0] = min(mth[0], limit_mth[0]);
                           mth[1] += del_sag_kn;       mth[1] = max(0.0, mth[1]);
                     }
                     else if(has_exited_rear_boundary == true){
                           mth[0] = max(mth[0], limit_mth[0]);
                           mth[1] += del_sag_hp;
                     }
                  }
                  else{
                     if(has_exited_front_boundary == true){
                           mth[5] = min(mth[5], limit_mth[5]);
                           mth[4] += del_sag_kn;    mth[4] = max(0.0, mth[4]);
                     }
                     else if(has_exited_rear_boundary == true){
                           mth[5] = max(mth[5], limit_mth[5]);
                           mth[4] += del_sag_hp;
                     }
                  }
            }

            CalcP2PVel_MX28(0.9*act_st, mth, mphi, mpsi, prev_mth, prev_mphi,
              prev_mpsi, GoalVel, "rad");
            for(k=0; k<NUM_ACTUATOR; ++k){
                  cm730.WriteWord(k+1, MX28::P_MOVING_SPEED_L, GoalVel[k], 0);
            }
            TransMotorAng2MX28Position(mth, mphi, mpsi, GoalPos, "rad");

            SendPositionValue2AllDynamixel(cm730, cp);
            cost = -1.;

            for(k=0; k<11; ++k) prev_mth[k]=mth[k];
            for(k=0; k<6; ++k)  prev_mphi[k]=mphi[k];
            for(k=0; k<3; ++k)  prev_mpsi[k]=mpsi[k];
                                       ⋮
            SaveSensorData_TorsoAngle_LegJointAngles(cm730, cum_t+act_t, i);

            if(i==ns-1){  // Record sensor data as text file
                  WriteFile_SensorData_TorsoAngle_LegJointAngles(ns);
                  cum_t += act_t;
            }
        }
    }
    return cost;
}
```

» **코드 6.38** SelfMotion 클래스의 GenRoboticWalkingWithCost 함수

for문 안에서는 앞에서 설명한 방식으로 전 관절에 대해 각 관절각 궤적 중 현재 샘플 타임에 해당하는 각도를 계산하고 flag_walk_tool이 MOVE_OP인 경우 AcqAllSensorData로 센서 데이터 측정, AdjustJointAngleByZMP로 ZMP 기반 하체 관절각 조정, SendPositionValue2AllDynamixel 작업을 통해 다이나믹셀을 구동하는 과정을 거쳐 보행을 실시한다.

6.5.3 OP의 안정된 보행을 위한 조정

앞 절에서는 이족보행을 위한 MATLAB 시뮬레이션 코드를 OP에 적용하기 위해 추가 및 수정한 내용에 대해 설명했다. 그러나 5.4절에서 보행 시뮬레이션을 위해 사용한 휴머노이드 로봇의 수학적 모델과 로봇 플랫폼인 OP 간에는 링크 무게중심점의 위치에서 차이가 발생한다. 특히 가장 무거운 부위인 상체의 무게중심점을 시뮬레이터에서는 <그림 2.38>에서 보듯이 상체 링크의 정중앙에 위치한다고 가정했지만 실제로는 SBC의 위치 때문에 상체에서 약간 뒤쪽에 위치한다. 그러므로 시뮬레이터에서 계산한 최적 보행 관절궤적을 OP에 그대로 적용하면 ZMP가 조금 더 뒤에 위치하게 되고, 이는 보행시 OP가 불안정하게 뒤로 젖혀지는 결과를 낳는다. 그러므로 OP의 실제적인 상황에 맞춰 보행 준비 자세와 관절궤적을 조금씩 조정해야 한다.

이를 조정하기 위해 optWalk 소스 코드에서 다음의 작업을 구현해야 한다.

- 보행 준비 자세에서 전신의 무게중심점을 앞쪽으로 옮겨서 앞쪽 발로부터 보폭의 10% 앞에 위치하게 함
- 보행 중 관성을 상쇄하기 위해 상체가 약간 앞으로 숙이도록 상체각(θ_{tr})을 조정
- 한 스텝 초기에는 상체를 앞으로 조금 숙였다가 다시 원위치하게 하고, 스텝 후기에는 상체를 뒤로 조금 젖혔다가 다시 원래의 상체각으로 돌아오게 함
- 인간이 보행하는 원리를 적용하여, 한 스텝 후기에는 부드럽고 자연스러운 착지를 위해 발등이 아래로 $3°(\Delta\theta_6 < 0)$정도 더 회전했다가 원래 각도가

되게 함

- GenRoboticWalkingWithCost 함수에서 다음과 같이 하체 관절각의 초기 각속도와 최종 각속도를 조정하는 이득값인 ivf와 fvf를 0이 아니라 0.1로 설정함으로써 vratio를 증가시켰을 때 동적인 보행이 가능하게 함

```
SAG_AN_L_INIT_VEL = ivf*vratio*(SAG_AN_L_MID_ANG-SAG_AN_L_INIT_ANG)/(0.5*T);
SAG_KN_L_INIT_VEL = ivf*vratio*(SAG_KN_L_MID_ANG-SAG_KN_L_INIT_ANG)/(0.5*T);
SAG_HP_R_INIT_VEL = ivf*vratio*(SAG_HP_R_MID_ANG-SAG_HP_R_INIT_ANG)/(0.5*T);
SAG_KN_R_INIT_VEL = ivf*vratio*(SAG_KN_R_MID_ANG-SAG_KN_R_INIT_ANG)/(0.5*T);
SAG_AN_L_FIN_VEL = fvf*vratio*(SAG_AN_L_FIN_ANG-SAG_AN_L_MID_ANG)/(0.5*T);
SAG_KN_L_FIN_VEL = fvf*vratio*(SAG_KN_L_FIN_ANG-SAG_KN_L_MID_ANG)/(0.5*T);
SAG_HP_R_FIN_VEL = fvf*vratio*(SAG_HP_R_FIN_ANG-SAG_HP_R_MID_ANG)/(0.5*T);
SAG_KN_R_FIN_VEL = fvf*vratio*(SAG_KN_R_FIN_ANG-SAG_KN_R_MID_ANG)/(0.5*T);
```

- 액추에이터인 MX-28의 P gain을 36~40 정도로 적절히 높게 설정함

<그림 6.47>과 <그림 6.48>은 이렇게 조정된 관절궤적으로 OP가 보폭 5 cm, 주기 1초로 걸어가는 것을 옆에서 본 모습과 앞에서 본 모습을 스냅샷으로 찍은 것이다. 미세한 굴곡과 기울어짐이 있는 연구실 바닥이지만 OP가 안정되게 잘 보행하는 것을 볼 수 있다.

이 책에서 지금까지 설명된 내용을 잘 이해했다면 보다 안정되고 동적인 보행을 위해서 OP의 관절각 궤적을 조정하고, 제어기 이득을 적절히 조절하는 것은 독자 혼자서도 충분히 가능할 것으로 믿고 자세한 내용은 독자의 몫으로 남기겠다.

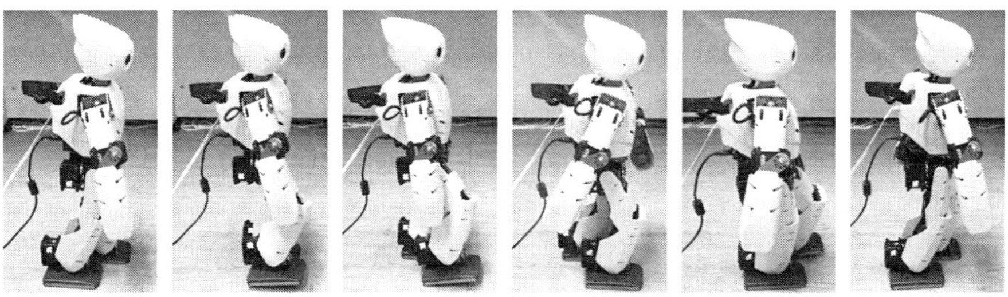

» **그림 6.47** 옆에서 본 OP의 보행 모습

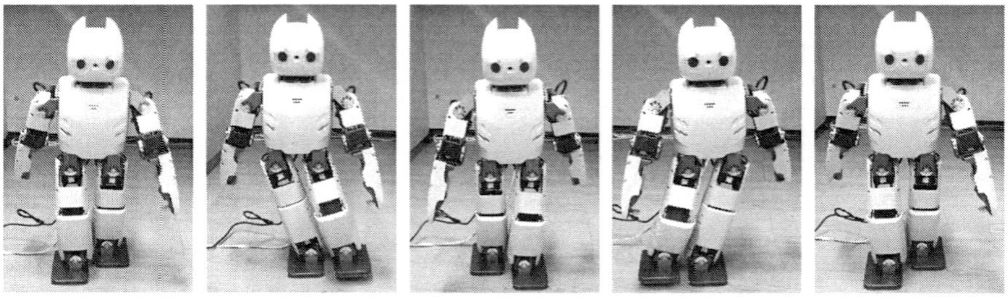

» **그림 6.48** 앞에서 본 OP의 보행 모습

6.6 | 휴머노이드 로봇 홈페이지

저자는 '휴머노이드 로봇 파크'(http://humanoidpark.kr/)라는 휴머노이드 로봇 전용 홈페이지를 개설해서 운영 중이며(<그림 6.49>), 이 책의 내용을 기반으로 좀 더 다양한 OP의 모션을 구현하는 MATLAB 코드와 향상된 제어 성능을 가지는 C++ 코드를 작성해서 자료실에 지속적으로 올릴 예정이다. 독자 여러분의 많은 관심과 참여, 지적과 격려를 부탁드린다.

» **그림 6.49** 휴머노이드로봇 파크 홈페이지 메인화면

참고문헌

[1] J. Denavit and R. S. Hartenberg, "A kinematic notation for lower-pair mechanisms based on matrices," J. App. Mech., vol. 77, pp. 215-221, 1955.

[2] E. Kim, T. Kim, and J. -W. Kim, "Three-dimensional modeling of a humanoid in three planes and a motion scheme of biped turning in standing," IET Control Theory and Application, vol. 3, no. 9, pp. 1155-1166, Sept. 2009.

[3] 김용수, MATLAB 입문과 활용, 높이깊이, 2005.

[4] Steve Parker, 박경한 외 4인 옮김, 인체(The human body book), 사이언스 북스, 2009.

[5] J. Kennedy and R. Eberhart, "Particle swarm optimization," IEEE International Conference on Neural Network, vol. 1, Ⅳ, Perth, Australia, Nov./Dec. 1995.

[6] D. E. Goldberg, Genetic Algorithm in Search, Optimization and Machine Learning, Addison Wesley, 1989.

[7] 이중상, 이상욱, 장석철, 석상문, 안병하, "Particle swarm optimization을 이용한 블랙 숄츠 옵션가격 결정모형", 한국경영과학회 춘계학술대회, pp.745-747, April 2005.

[8] Y. Shi and R Eberhart, "Parameter selection in particle swarm optimization," Annual Conference on Evolutionary Programming, San Diego, USA, 1998.

[9] 최영림, 최낙윤, 박상일, 김종욱, "휴머노이드 로봇 모델을 이용한 보행재활 훈련장치의 견인모터 속도 파형 생성", 한국지능시스템학회 논문지, 제 22권, 제 5호, pp. 631-638, October 2012.

[10] M. W. Spong, S. Hutchinson, and M. Vidyasagar, Robot Modeling and Control, John Wiley & Sons, Inc., 2006.

[11] K. S. Fu, R. C. Gonzalez, C. S. G. Lee, Robotics - Control, Sensing, Vision and Intelligence, McGraw-Hill, Inc., 1987.

[12] M. Vukobratović and D. Juričić, "Contribution to the synthesis of biped gait," Proc. IFAC Symp. Technical and Biological Problem on Control, Erevan, USSR, 1968.

[13] 김은수, 김조환, 김종욱, "최적화 기법인 mDEAS의 개발 및 휴머노이드 이족 보행 시 최적 관절궤적 생성에의 적용", 대한전기학회 논문지, 58권, 2호, pp. 382-390, February 2009.

[14] 김은수, 김만석, 김종욱, "유전 알고리즘을 이용한 이족보행 로봇의 계단 오르기 최적 보행 궤적 생성", 대한전기학회 논문지, 58권, 2호, pp. 373-381, February 2009.

[15] S. Kajita, F. Kanehiro, K. Kaneko, K. Fujiwara, K. Harada, K. Yokoi, and H. Hirukawa, "Biped walking pattern generation by using preview control of zero-moment point," Proc. IEEE International Conference on Robotics & Automation, pp. 1620-1626, Taipei, Taiwan, Sept. 14-19, 2003.

[16] Q. Huang, K. Yokoi, S. Kajita, K. Kaneko, H. Arai, N. Koyachi, and K. Tanie, "Planning walking patterns for a biped robot," IEEE Trans. Robotics and Automation, vol. 17, no. 3, pp. 280-289, June, 2001.

[17] http://ctms.engin.umich.edu/CTMS/index.php?example=InvertedPendulum&section=SystemModeling#1

[18] http://ctms.engin.umich.edu/CTMS/index.php?example=InvertedPendulum&section=ControlStateSpace

[19] N. Shvalb, B. Ben Moshe, O. Medina, "A real-time motion planning algorithm for a hyper-redundant set of mechanisms," Robotica, vol. 31, no. 8, pp. 1327-1335, 2013.

[20] 김조환, 김만석, 최민구, 김종욱, "uDEAS를 이용한 이동 로봇의 최적 전역 경로 계획", 한국지능시스템학회 논문지, 21권, 2호, pp. 268-275, April 2011.

[21] 김종욱, 혼자서도 즐기는 휴머노이드 로봇: 바이올로이드편, 홍릉과학출판사, 2012.

[22] 최낙윤, 최영림, 김종욱, "목표 ZMP 궤적 기반 휴머노이드 로봇 이족보행의 최적 관절궤적 생성", 로봇학회논문지, 제8권, 제2호, pp. 92-103, June 2013.

[23] J. Perry and J. M. Burnfield, Gait Analysis: Normal and Pathological Function, 2nd Edit., SLACK Incorporated, 2010.

[24] 박진성, 박영진, 박윤식, 홍덕화, "비전 센서와 자이로 센서의 융합을 통한 보행 로봇의 자세 추정", 제어·로봇·시스템학회 논문지, 17권, 6호, pp. 546-551, 2011.

[25] 김윤기, 박재현, 곽휘권, 박상훈, 이춘우, 이장명, "저가형 관성센서를 이용한 보행자 관성항법 시스템의 성능 향상", 제어·로봇·시스템학회 논문지, 19권, 6호, pp. 569-575, June 2013.

[26] Simon Haykin, Adaptive Filter Theory, Prentice Hall, 2002.

[27] 민형기, 윤주한, 김지훈, 권성하, 정은태, "최소자승법을 이용한 상보필터의 설계", 제어·로봇·시스템학회 논문지, 17권, 2호, pp. 125-130, Feb. 2011.

[28] Q. Huang and Y. Nakamura, "Sensory reflex control for humanoid walking," IEEE Trans. Robotics, vol. 21, no. 5, pp. 977-984, Oct. 2005.

찾아보기

이 책은 2013년도 교육과학기술부의 재원으로 한국연구재단의 지원(NRF-2013R1A1A2064135)을 받고, 2014년도 산업통상자원부의 재원으로 한국에너지기술평가원(KETEP)의 지원을 받아 수행한 연구 과제(No. 20134010200550)의 결과물입니다. 정부의 지원에 감사드립니다.

함께 즐기는 휴머노이드 로봇의 소스코드는
유클라우드(http://office.ucloud.com)에서 내려 받을 수 있습니다.

- http://office.ucloud.com 접속
- ID : pptsm@ucloud.com / PW : hp2274 입력
- [My ucloud] → [게스트폴더] → [함께 즐기는 휴머노이드 로봇]
- PW : ISBN 뒤 8자리(56003694) 입력

정가 29,000원

함께 즐기는 휴머노이드 로봇 – 로보티즈 OP 편 –

2015년 7월 1일 초판 인쇄
2015년 7월 10일 초판 발행
저 자 : 김종욱
발행자 : 우명찬 · 송 준
발행처 : 홍릉과학출판사
주 소 : 서울시 강북구 인수봉로 50길 10
01093
등 록 : 1976년 10월 21일 제5-66호
전 화 : (02) 999-2274~5, 903-7037
팩 스 : (02) 905-6729
e-mail: hongpub@hongpub.co.kr
http://www.hongpub.co.kr
ISBN: 979-11-5600-369-4